KB276173

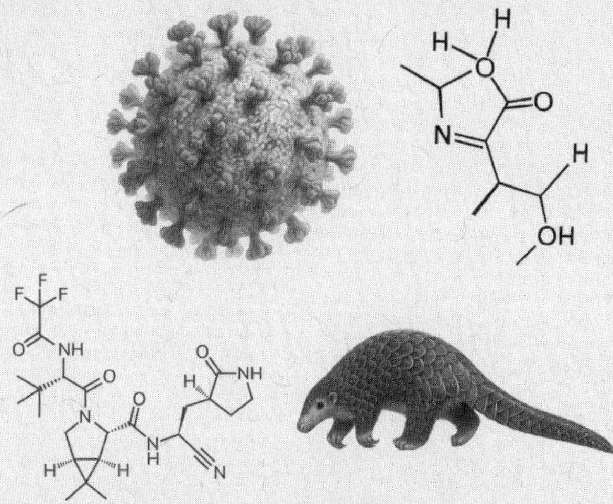

숨 가쁜 추적

코로나19는 어디서 왔는가?

David Quammen 지음

유진홍 옮김

이 팬데믹으로 사랑하는 사람을 잃은
모든 이들에게 바칩니다

등장인물 소개

(등장 순서대로)

리 이제　바이러스학자이자 면역학자이며 아리조나 주립대학교의 조교수로 코로나바이러스 전공. 코로나19의 발생을 인지하여 소셜미디어에 올려서 널리 알린다.

수잔 와이스　리 이제의 멘토로, 펜실베니아 페렐만 의대의 바이러스 학자. 사스를 비롯한 코로나 바이러스 전문가.

마조리 폴락　ProMED-메일의 부편집장. 전 세계에 코로나19의 발생을 알린다.

피터 다스작　생태보건 동맹(EcoHealth Alliance)의 회장.

위엔 궉융　홍콩 대학의 미생물학자. 일명 K.Y. 위엔.

조지 가오　중국 질병통제예방센터(CCDC)의 국장.

장 용전　상하이 공중보건 임상센터의 바이러스 학자.

자오 수　우한 중앙 병원의 호흡기내과 과장.

에드워드 홈즈　시드니 대학의 진화생물학자.

앤드류 램보우　에딘버러의 진화 바이러스학자이자 Virological (virological.org) 웹사이트의 설립자.

토니 파우치　여러분이 잘 아시는 미국 방역계의 수장인 그 유명인이 맞다. 원래는 앤서니 파우치인데, 굳이 '토니'라고 부르는 걸 보니 저자가 개인적으로 꽤 친한 듯.

니콜 루리　오슬로의 전염병 대비 혁신 연합(Coalition for Epidemic Preparedness Innovations, CEPI) 전략 자문이자 대비 계획의 책임자.

사라 길버트　옥스포드 소속으로 옥스포드-아스트라제네카 백신의 산파

도널드 버크　1997년 당시 RNA 바이러스의 진화와 변종 생성 성향에 의한

감염병 대량 발생을 경고하였다. 사실 원래는 인공지능에 기반을 둔 것이었지만.

알리 칸 전임 미 CDC 소속 공중보건 전문가로, 사스, 에볼라 등의 감염병 최전선에서 일했다. 현재는 네브래스카 대학 의료 센터의 공중 보건 대학 학장이다.

말릭 페이리스 스리랑카 출신의 학자로, 위엔과 함께 사스 바이러스를 최초로 분리하였다.

알리 모하메드 자키 사우디 아라비아의 의사로, 메르스 바이러스 발견에 공헌.

존 엡스타인 에코헬스 얼라이언스의 수의사이자 생태학자. 박쥐 바이러스 전문가.

이언 립킨 메일맨 공중보건대학 내 감염 및 면역 센터장. 박쥐 바이러스 전문가.

쉬 정리 우한 바이러스학 연구소 소속 박쥐 코로나바이러스 전문가. 사스 바이러스 연구에 큰 업적들을 성취하고 있었으나, 실험실 유출설 때문에 코로나19 팬데믹 당시 심한 비난에 시달리기도 한다. 아마도 독자분이 이 책에서 가장 주목해야 할 인물일 것이다.

크리스천 앤더슨 캘리포니아 라호야의 스크립스 연구소의 바이러스학 교수로 유전체 역학을 주업으로 하고 있다.

로버트 개리 툴레인 대학의 바이러스 학자.

제레미 패러 웰컴 트러스트 운영자이자 의학 연구자.

천 진펑 광저우 동물원 소속 바이러스 학자. 천산갑 코로나바이러스 연구에 공헌.

조지프 페트로시노&매트 웡 페트로시노는 베일러 의과대학의 미생물학자이고, 매트 웡은 그의 연구원이다. SARS-CoV-2가 인위적이 아니라 자연적으로 진화한 산물임을 시사하는 결정적인 게시물을 올린다.

장 미셸 클라베리&샨탈 에이버겔　마르세유 연구팀을 이끄는 부부 과학자로, 거대 바이러스를 발견하였다.

구안 이　홍콩 대학의 바이러스학자.

토미 찬-윅 람　홍콩 대학의 통계 유전학자이자 생물정보학자로 구안 이 팀 소속. 천산갑과 코로나19 팬데믹 사이의 연관성을 주장하는 논문을 네이처에 발표한다.

마리온 쿠프만스　로테르담 에라스무스 메디컬 센터의 바이러스학과 학과장이자 인수공통전염병 바이러스 전문가.

황 차올린&차오 빈　황은 우한 진인탄 병원의 부소장으로, 랜싯에 우한 환자 41명의 임상 증례와 역학적 연관성을 종합 분석한 첫 논문을 냄. 차오 빈은 교신 저자.

대니얼 R 루시　황의 임상 논문에서 화난 시장과 관련 없는 환자도 있음을 적시해 내었다.

엘리자베타 탄지　밀라노 대학의 바이러스 질병 전문가. 우한 발병 이전에 이탈리아에서 먼저 코로나19가 발병했음을 주장함.

데이비드 로드리게스-라자로　스페인 부르고스 대학의 미생물학자. 브라질의 폐수에서 우한 발병이 있기 전의 코로나19 바이러스를 발견함.

마이클 워로비　아리조나 대학의 진화 바이러스학자로 분자 계통발생학이 주요 연구 주제다.

새러 코우디　산타클라라 카운티의 보건 책임자 및 공중보건국장.

낸시 메소니에　CDC의 국립 면역 및 호흡기 질환 센터장.

베티 코버　로스앨러모스 국립 연구소의 베테랑 전산 생물학자.

마리노 가토　밀라노 폴리테크닉 대학의 생태학 명예교수로 질병 생태학 전문가이다.

가브리엘레 파가니　밀라노의 사코 병원 감염내과 레지던트.

샤론 피콕　캠브리지 대학의 미생물학 교수.

아인 오툴&베리티 힐 램보우 팀의 박사 과정 연구원으로 코로나19 변종 분석용 소프트웨어를 개발함.

툴리오 드 올리베이라 브라질 출신으로 남아공 콰줄루-나탈 대학의 코로나 바이러스 연구팀 수장으로 여러 변종을 발견해 냄. 특히 오미크론을 발견한 업적을 세웠다.

페니 무어 위트워터스란트 대학교의 연구 교수이자 바이러스-숙주 역학 전문가.

카를로스 모렐 브라질의 의사이자 감염 전문가. 자신이 코로나19를 앓는 경험을 한다.

윌리엄 오길비 커맥&앤더슨 G. 맥켄드릭 집단면역 이론을 수학적으로 정립하였다.

디디에 라울 하드록시클로로퀸이 코로나 치료제라고 주장한 프랑스의 과학자.

로널드 스완스트롬 노스캐롤라이나 대학교의 생화학자이자 진화 바이러스학자. 몰누피라비르의 부작용을 연구함.

바니 그레이엄 미 국립 감염 및 알러지 연구소 내 백신 연구 센터부소장 겸 그 산하의 바이러스 병원성 연구 실험실 실장. 모더나와 제휴하며 mRNA 백신 제조에 기여함.

스테판 방셀 모더나의 공동 소유주이자 CEO.

커털린 커리코 헝가리 출신의 생물학자로, mRNA 백신 제조에 크게 기여하여 노벨상을 수상한다.

드류 와이스먼 커리코와 함께 mRNA 백신을 만들어 낸다.

제이슨 맥클레란 바니 그레이엄의 박사 후 연구생. 모더나 백신에 기여한다.

윌리엄 갤러허 코로나19 바이러스의 기원을 복사선택 오류 이론으로 추론한다.

스파이로스 리트리스 그리스 출신의 바이러스 연구 박사과정에 있는 글래스고 대학원생으로 갤러허의 추론에 다중 기원 가설을 추가한다.

알리나 찬 브로드 연구소의 분자 생물학자이자 박사 후 연구원생. 연구실 유출설을 발표하여 파문을 일으킨다.

로저 프루토스 프랑스의 학자로, 순환 모델, 즉 단일이 아닌 다중숙주 바이러스 이론을 내놨다.

제시 블룸 애틀의 프레드 허친슨 암 연구 센터의 진화 바이러스학자.

작가의 노트

이 책을 쓴 과정에 대해서

이 책은, 제가 그동안 집필해 온 다른 저서들과는 달리 — 그리고 독자 여러분께서도 이해하실 수 있는 이유로 — 멀리 떨어진 현장까지 직접 가서 고된 야외 조사를 관찰하거나, 용맹한 생물학자들의 뒤를 따라 정글을 헤치고 다니거나, 실험실을 방문하거나, 절벽을 기어올라 옥상을 넘어 동굴을 가로지르는 일 없이 쓰였습니다.

즉, 진정제 총을 들고 고릴라를 추적하며 이동하거나, 박쥐를 채집하는 장면을 직접 목격하지 않은 채 쓴 책입니다.

이 책에 등장하는 전율의 순간들이 있다면, 그것은 이전과는 전혀 다른 형태로 다가올 것입니다.

코로나19 팬데믹이 시작된 이후, 저는 2년 넘게 공항에 발을 들이지 않았고, 2020년 한 해는 거의 가스통 하나(자동차)와 함께 보냈습니다.

그 대신, 과학 문헌들은 저에게 이루 말할 수 없이 큰 자산이 되었고, 팬데믹 이전의 여행에서 남긴 제 노트들과 기록들도 많은 도움이 되었습니다.

그리고 저는 줌(Zoom)이라는 앱에도 매우, 매우 감사하고 있습니다.

인용에 대하여

이 책에서 따옴표로 구분된 모든 인용문은 녹음 파일이나 당시 메모에서 옮겨 적은 내용을 그대로 발췌한 것이며, 문법을 다듬거나 문장의 흐름을 좋게 하기 위한 어떤 미화도 하지 않았습니다.

문장의 흐름이나 문법을 다듬기 위한 후편집은 하지 않았습니다.

사람들은, 그것이 모국어든 제4외국어든 상관없이, 대체로 문법적으로 완벽한 문장을 구사하지 않는 법입니다.

그렇기에 저는 사람들이 실제로 말한 그 말투 그대로 담고자 했습니다.

가끔씩 등장하는 문법적 오류 역시 그 증언자에 대한 존중, 그리고 그들의 목소리를 최대한 생생하게 전달하려는 저의 바람의 표현으로 이해해 주시기 바랍니다.

물론 "음…", "알다시피", "~처럼" 같은 군더더기는 가능한 한 덜어냈지만, 자주 하지는 않았고, 그 정도 선에서 멈추었습니다.

논픽션에서 말로 한 모든 발언은 '데이터'이며, 저 또한 과학자들이 데이터의 신성함을 존중하듯 그것을 존중합니다.

이름에 대하여

중국어 이름은 일반적으로 성을 앞에, 이름을 뒤에 표기합니다. 예를 들어, 위엔 궈융(Yuen Kwok-Yung, 袁國勇)이나 장 융전(Zhang Yong-Zhen, 张永振)이 그러합니다.

하지만 중국 과학자들이 영어 저널에 논문을 발표할 때는, 통상적으로 이름을 먼저, 성을 뒤에 쓰는 서양식 표기법을 따릅니다.

저는 이 책에서, 과학자들의 정체성과 인용 가능성을 존중하기 위해, 대체로 출판된 논문에서 사용한 서양식 이름 표기 관습을 따랐습니다.[*]

직함에 대하여

이 책에서 인용되거나 언급된 거의 모든 분들은 박사, 교수, 혹은 두 직함을 모두 가진 분들입니다.

저는 존중을 담은 비격식의 표현을 택하기 위해 이러한 직함은 모두 생략하였습니다.

---

[*] 작가님께는 죄송하지만, 본 번역자는 중국인 성함은 '성'-'이름' 순으로 표기하겠습니다. 이 책은 동아시아 문화권 대한민국 독자를 대상으로 하니까요.

목차

제1부
국민 여러분께서는 당황하실 필요 없습니다

1

이번 팬데믹의 도래는 일부 사람들에게는 전혀 놀라운 일이 아니었다. 그들에게 이것은 단지 피할 수 없는 암울한 현실이 눈앞에 나타난 충격일 뿐이었다. 이처럼 크게 놀라지 않았던 사람들은 다름 아닌 감염병 전문 과학자들이었다. 그들은 수십 년 동안 그러한 사건이 일어나는 걸 봐 오고 있었던 것이다. 마치 네브래스카 서부의 수평선에서 오고 있는 작고 어두운 점[1]이, 폭주하는 치킨 트럭이나 압연된 강철을 실은 18륜 트럭처럼, 가늠할 수 없는 속도로 그리고 엄청난 기세로 우리를 향해 돌진해 오는 모습을 지켜보는 것과 같았다. 그들은 다음 재앙의 주범이 무엇일지 알고 있었다. 그것은 페스트를 일으킨 세균도, 뇌를 파괴하는 곰팡이도, 말라리아를 유발하는 정교한 원생동물도 아닌—바로 바이러스일 것이라는 사실을.

그렇다, 바로 바이러스, 그리고 더 구체적으로 말하자면 "새로운" 바이러스일 것이다. 여기서 새롭다는 뜻은 무에서 유로 세상에 느닷없이 새로 나타난 것이 아니라, 이미 존재하고 있었지만, 인간을 감염시킬 수 있다는 사실이 처음으로 밝혀진 바이러스라는 뜻이다.

하지만 만약 인간의 입장에서 "새로운" 것이라면, "새로운" 바이러스는 어디에서 오는 것일까?

좋은 질문이다.

모든 것은 어딘가에서 비롯되는데, 인간에게 새로운 바이러스는 야생 동물에서, 때로는 가축을 매개로 하여 발생한다. 인간 이외의 숙주에서 인간으로 오는

1　네브래스카 주는 미국 중서부에 위치하며 특히 서부는 주로 넓은 평원으로 이루어져 있다. 이런 지형은 먼 곳에서 다가오는 무언가가 잘 보이지만, 동시에 그것이 얼마나 빠르게 다가오고 있는지, 얼마나 큰 힘을 가지고 있는지를 파악하기 어렵게도 한다. 따라서 이 표현은 과학자들이 예상하던 대로 팬데믹이 불가피하게 다가오고 있음을, 그러나 그것이 얼마나 빠르게 퍼지고 얼마나 많은 피해를 입힐지는 아직 알 수 없음을 비유한 것임을 알 수 있다.

이러한 종류의 전이는 종간전파(spillover)라고 알려져 있다. 마르부르크 혹은 마버그(Marburg), 광견병, 라싸(Lassa), 원숭이두창(monkeypox)을 포함한 이러한 바이러스는 인수공통 감염병(zoonosis)이라고 불리는, 인류에게 깊은 고통을 안겨주는 존재들이다.

인간이 앓는 감염병의 대부분은 인수공통 감염병이며, 동물 기원성 병원체에 의해 유발되는데, 이는 반복해서 우리에게 오거나(예를 들어 니파 바이러스, 이는 방글라데시의 과일박쥐에서 종간 전파됨) 과거에 이미 인간에게 들어와 있었다(HIV-1 그룹 M, 유행성 AIDS 아형, 이는 침팬지에서 종간 전파됨). 일부는 오래전부터 우리에게 있었기에(페스트 박테리아, 황열병 바이러스) 혐오스러울 정도로 친숙하다; 일부는 영화에 나오는 포식자 외계인처럼 놀랍도록 새롭고 흉포하다(에볼라 바이러스).

어떤 신종 바이러스는 매우 치명적일 수 있다. 특히 그것을 막아낼 백신이 존재하지 않거나, 치료제가 없거나 혹은 면역 반응을 유도할 만한 유사한 바이러스에 과거 노출된 경험조차 없다면 말이다.

그리고 만약 상황이 바이러스에게 유리하고, 우리에게 불리하게 돌아간다면 — 즉, 그것이 바이러스에겐 행운이고, 우리에겐 불운이라면 — 그 신종 바이러스는 마블링이 촘촘한 등심을 관통하는 고성능 탄환처럼, 인류를 무차별적으로 휩쓸고 지나갈 수도 있다.

이 과학자들 — 감염병을 공부했고 인수공통 감염병에 정통한 이 과학자들은 다음 팬데믹을 일으킬 것은 특정 종류의 바이러스일 것이라고 예측했다 — 그러한 바이러스는 특정한 종류의 유전체를 가지고 있는데, 이는 빠르게 진화하게끔, 즉 신속하게 변화하고 적응할 수 있는 능력을 갖추게 해주는 유전체이다.

그러한 유전체는 DNA가 아닌 RNA일 것이다. 즉, 오히려 연약한 단일 가닥 정보 분자이지 DNA 이중나선이 아니다.

RNA가 무엇인지, 어떻게 작동하는지, 단일 가닥 RNA 유전체가 왜 특별히 잘 변화하고 적응할 수 있는지에 대해서 당장은 신경 쓰지 마시라. 그렇게 빨리 적응하는 종류로는 인류에게 대혼란을 가져온 이력이 있는 두 그룹의 바이러스인 인플루엔자와 코로나바이러스가 있다는 것만 아셔도 충분할 것이다.

2019년 이전에는 "코로나바이러스"라는 단어가 대부분의 사람들에게 생소했지만, 이미 당시의 감염병 과학자들에게 불길한 예감을 주고 있었다.

그런 과학자들 중 한 명이 리 이제[Yize (Henry) Li]인데, 중국 출생의 바이러스학자이자 면역학자이며 현재 템페에 있는 아리조나 주립대학교의 조교수이다.

리는 둥근 얼굴의 젊은이로 세련되게 각진 안경을 쓰고 이마에 검은 앞머리를 늘어뜨리고 있다. 그는 상하이 파스퇴르 연구소에서 프랑스 교수의 멘토링을 받으며 박사학위를 취득했으며, 그 이후로 프랑스어와 영어권 환경 거주의 편의를 위해 앙리(헨리)라는 이름을 얻었다. 그는 2013년에 미국에 와서 펜실베니아 대학교 페렐만(Perelman) 의과대학의 베테랑 바이러스학자인 수잔 R. 와이스(Susan R. Weiss)의 지도하에 박사 후 과정을 밟았다.

와이스는 코로나바이러스의 권위자로, 그중에는 무섭긴 했지만 2003년도 한 해로 비교적 짧게 지나간 SARS(사스; 중증급성호흡기증후군)라는 질환을 일으키고 8,000여 명을 감염시켜 환자 10명 중 1명을 사망케 한 바이러스인 SARS-CoV도 전공이었다.

그녀의 연구실은 아라비아 반도에서 많은 환자가 발생하여 2012년에 처음으로 인간 병원체로 인정되었던 MERS(메르스; 중동호흡기증후군)도 연구한다; 메르스는 사스보다 상당히 높은 치사율을 가지고 있어서 확진자들 중 35%가 사망한다. 리 자신도 와이스와 함께 메르스 바이러스와 더불어, 쥐에서 간염을 유발하는 좀 덜 극적인 코로나바이러스를 연구했다.

그가 상하이에 기반을 둔 중국 뉴스 웹사이트인 DiYiCaiJing에서 어느 한 기사를 발견했을 당시인 2019년 12월 후반부에 그는 필라델피아에 있었다. 그 기사는 기밀로 추정되는 주의보에 대해 기술하고 있었는데, 이는 최근 한 우한 병원과 아마도 한 병원 이상의 직원들에게 회람되고 있었다. 이 주의보는 우한시 보건 위원회로부터 온 것으로 알려졌다. 그 웹사이트의 기자는 어찌어찌 해서 그 주의보의 존재를 파악했고, 그 위원회와 접촉하여, 거기서 온 것임을 확인했다. 그 주의보의 내용은 그 도시의 여러 병원에 폐렴 환자들을 입원시키는 원인으로 "알 수 없는 병원체"의 발생을 경고하는 것이었다.

즉시 리는 사람들이 흥미로운 정보를 얻으면 흔히 하는 행동을 했다: 그는 그 기사를 소셜 미디어에 올렸다.

위챗(WeChat)은 페이스북, 인스타그램, 왓츠앱, 줌(Zoom)의 기능을 결합한 다목적 중국 앱이다. 앙리 리와 상하이 파스퇴르 연구소의 다른 많은 졸업생 및 학생들을 포함하여 10억 명이 넘는 사용자를 보유하고 있다. 그는 이 앱을 주로 사용하여 중국에 있는 친구들과 소통을 하였다.

그가 위챗에 우한 소식을 올리자, 그의 친구들 중 일부는 "그래, 그건 루머야"라고 했고, 또 일부는 "그래, 사실이야"라고 반응했다. 그리고 그들 중 하나가 비장의 카드를 던졌는데, 이는 여러 임상 검체에서 박테리아와 바이러스를 포함한 여러 미생물의 유전체 조각이 포함된 실제 염기서열 분석 보고서였다. 그 검체들은 — 즉 어디선 목구멍에서 면봉으로 채취한 것, 또 다른 데선 콧구멍 채취물 — 처리 과정을 거쳐 RNA가 추출되고, DNA로 변환된 다음(안정성 때문), 누군가의 실험실에서 염기서열 분석 기계에 돌려졌다. 그 검체들은 흔히 그렇듯이 "지저분"했는데, 인간의 점막 표면에 존재하는 다양한 미생물을 반영하는 다양한 유전체의 얼룩과 때를 함유하고 있기 때문이었다. 그러나 그렇게 산만한 다양성의 와중에도, 적어도 이 검체들 중 하나에는 관련성 있는 데이터가 한 조각 있었다. 이 유전체 조각은 약 천 개의 글자로 이루어진 선형 염기서열로, 본체의 일부분이었겠지만, 상황을 설명하기엔 충분했다. 그것은 원래 유전체 서열의 거울 모양으로 대비되는 데이터였다. 독자나 본 필자가 보기엔 그런 염기서열은 그저 옹알이 정도였을 것인데 — attaaaggtttatacc 따위로 천여 개의 글자들을 이루고 있었을 테니까 — 하지만 헨리나 수잔 와이스 같은 과학자들에게는 소름이 끼칠 만큼 명료하게 말해주고 있었다.

"전 경악했어요"라고 리는 나중에 나에게 말해주었다. 그건 "SARS 코로나바이러스와 매우, 매우 유사하다"는 걸 알았기 때문이었다.

당시 와이스는 캘리포니아 라호야에서 안식년을 보내고 있었고, 매주 줌 회의로 리와 그녀 연구실의 다른 구성원들과 이야기를 나누었다. 그녀가 기억하기로 12월 말에 있었던 그 대화들 중 하나에서, 리는 중국 우한에 "무슨 일인가가 생겼다"고 언급했다.

1년여 후에 내가 그녀와 이야기를 나누었을 때, 와이스는 "그가 아마도 나에게 분명 이렇게 말했을 것입니다"라고 회상했다. "저기요, 중국에서 이 코로나바이러스가 돌고 있어요"라고.

그러나 "코로나바이러스"라는 용어 자체는 2019년 12월에 아직 통용되지 않고 있었다 — 아니, 적어도 그런 식의 바이러스 지식에 정통한 사람들끼리의 네트워크에서만 회자되었지 그 범주를 넘어서 일반인들에게까지 알려지고 있진 않았다. 와이스는 1월 2일 필라델피아로 돌아왔고, 그녀의 팀은 즉시 더 많은 N95 마스크를 주문하기 시작했는데, 이것은 그들이 메르스 바이러스(MERS-CoV)를 연구할 때 사용했던 것과 같은 종류이다. 장갑과 가운과 같은 다른 개인 보호 장비(PPE)는 이미 주문이 되어 있었다. 결국 그들은 슈트가 없는 우주 헬멧과 같은 동력 공기 정화용 인공호흡기(PAPR)를 추가했다. 그들은 준비를 하고 있었다. 그녀와 그녀의 젊은 동료들은 그 당시 이렇게 결단을 내렸다. 자신들은 이 새로운 코로나바이러스에 대해 연구를 해야 하며, 그래서 자신들은 이를 위해 자기 몸을 방어할 필요가 있다는 것도 알고 있었다.

2

 마조리 폴락(Marjorie Pollack)은 감염병에 대한 선도적인 국제 경보 네트워크들 중 하나에서 매우 민감한 경보 벨 역할을 하고 있다.

달리 표현하자면: 그녀는 ProMED-메일의 부편집장이다.

ProMED(흔히 알려진 대로)는 약 8만 명의 구독자를 가진 이메일 서비스로, 전 세계 각국에서 순간 순간 일어나고 있는 질병 발생을 감지하고 수집하여, 신뢰성 있는 정보를 전파하는 데 전념한다. 1994년에 40명의 구독자로 시작되었고, 현재 과학자들과 의료 전문가들로 구성된 국제 감염병 협회(International Society for Infectious Diseases)에 의해 운영된다. 사용 비용은 무료이다. 이 서비스는 독립적이고 비정치적이다. 끊임없이 계속 발송되고, 백과사전적이며, 때때로 불가사의하기도 하다. 만일 당신이 ProMED를 구독한다면, 당신은 어느 날 아침에 일어나 거기 이메일들 중 서너 개를 받을 수 있는데, 하나는 당신에게 라오스 물소들 사이의 울퉁불퉁한 피부병(바이러스성 질병)을 알려주고, 다른 하나는 캔자스의 한 사파리 공원을 방문한 아이들 사이에서 일어난 시겔라 이질(세균성 설사)을 알려주며, 세 번째로는 최근 콩고 민주 공화국에서 발생한 에볼라에 대해 당신에게 알려준다.

폴락은 1997년부터 이곳 운영진 소속이었다.

그녀는 뉴욕에서 태어나고 자랐으며, 1960년대 알타몬트 스피드웨이(Altamont Speedway)[2] 사건과 켄트 주립 대학(Kent State)[3] 사건이 끝난 직후의 다소 거친 시기에 뉴욕 대학교(NYU)를 졸업했다. 그녀는 평소엔 온화하지만

2　Altamont Speedway 사건: 1969년 12월 6일, 캘리포니아에서 열린 롤링 스톤스의 무료 콘서트에서 보안 문제로 인해 폭력 사건이 발생해 한 명이 사망한 사건으로 이는 1960년대 히피 문화의 이상이 무너지는 사건으로 간주되었다.

3　Kent State 사건: 1970년 5월 4일, 오하이오주 켄트 주립 대학에서 베트남 전쟁에 반대하는 시위를 하던 학생들이 주 방위군에 의해 총격을 받아 4명이 사망한 사건.

단호한 모습을 보일 때도 있다. 임상 의사로서 수련을 받은 그녀는 현재 의학 역학 분야에서 45년의 경력을 쌓았으며, 시카고에 있는 노련한 신문 편집자의 회의주의적인 눈썰미로 ProMED 작업을 하고 있다 — "설령 당신의 어머니가 당신을 사랑한다고 말해도, 꼭 다른 출처도 확인하라."[4]

필자가 방금 언급했듯이, 폴락을 경보 벨이라고 부르는 것은 좀 억울할 수도 있는데, 왜냐하면 그녀는 너무 큰 소리나 팡파르를 울리는 일 없이 조용히 자신의 보고서를 전달하기 때문이다. 그녀는 경고등에 더욱 가깝다. 평소에는 별 주의를 안 기울이던 대시보드가 빨간색으로 경고의 불빛을 내면 이를 주목해야 하고 어쩌면 걱정하기 시작해야 할지도 모른다는. 그러나 그녀가 하는 일은 정보를 전파하는 것이지, 걱정하는 것이 아니다.

2019년 12월 30일 월요일 저녁, 폴락은 남편과 롱아일랜드에 있는 주말 별장에서 저녁을 먹은 후, 평소처럼 컴퓨터 앞에 앉아 이메일을 확인했다. 그녀는 대만에서 온 동료의 메시지를 발견하였다. 이는 우한 시 보건 위원회로부터의 성명을 그녀에게 알려주는 내용이었는데, 중국 본토 도시에서 온 소셜 미디어를 통해 받은 것이었다. 성명서는 아마도 헨리 리가 DiYCaiJing에서 읽은 것과 같은 자문 메모일 것이었으며, 원인 모를 폐렴 증례들을 언급하고 있었다.

폴락은 "이 동료로부터 받은 이메일은 기본적으로 '우리가 이것에 대해 아는 것이 있습니까?'라는 것이었습니다"라고 말했다.

아니, 그들은 몰랐다, 그때까지는.

하지만 그녀는 몹시 궁금했기 때문에 그 후 2시간 30분을 온라인에서 연락처를 찾고 마우스로 웹을 긁으며 보냈다.

"우리가 한 일은, 우리 모두가 검색했다는 것, 여기서 '우리'란 대만의 동료이자

4　신문 기사나 보도 자료를 작성할 때 중요한 원칙 중 하나인 '사실 확인'의 중요성을 강조하는 격언으로, 이 원칙은 모든 정보, 심지어 가장 신뢰할 수 있는 사람이 제공한 정보조차도 반드시 다른 출처로부터 확인해야 한다는 것을 의미한다. 이는 공정하고 정확한 보도를 위한 필수적인 절차이다.

동료의 동료들을 뜻하는 겁니다"라고 그녀는 말하며 "또 다른 출처를 찾기 위해 언론을 검색하였죠"라고 말했다. 어느 동료가 결국 또 다른 출처를 발견했다; 그것은 평판이 좋은 중국어로 된 미디어 서비스인 시나 파이낸스의 보고였다. 거기서는 우한시 보건 당국의 "원인을 알 수 없는 폐렴 치료에 대한 긴급 공지"를 인용하고 있었다.

의문의 폐렴 증례는 한 건이 아니었다; 복수의 "환자들"이었다. 그들 중 적어도 한 명은 이 보고서가 남중국 수산 시장이라고 부르는 것과 연관성이 있었다. 한 기자가 보건 위원회 핫라인에 전화를 걸어 그 자문이 진짜임을 확인했다.

그 다음은?

"교열 편집자들은 동부 시간으로 오후 9시경에 시작해서 다음날 아침에 다시 기사를 픽업 합니다"라고 폴락이 내게 말했다.

프로메드는 계층별 편집 시스템으로서 신중하고 정확성을 유지하며, 폴락 자신도 20년 이상 이러한 계층 체제 대부분의 경력을 거쳐왔다: 자원봉사 웹 검색자, 주제 영역의 조정자, 지역 네트워크의 중재 편집자, 부편집자, 순환 최고 조정자, 부편집장 등을 말이다. 그녀의 상관으로는 보스턴 출신의 비판적인 전문가들 네트워크를 감독하는 매사추세츠 대학교 의과대학 교수 래리 매도프(Larry Madoff)가 있었다.

그러나 그때는 늦은 월요일 저녁이이서 폴락은 거의 혼자서 일을 처리하고 있었다.

"우리는 교열-편집되지 않은 것들은 보통 게시하지 않지요"라고 그녀는 말했다. "그러나 가끔, '긴급한' 경우가 있습니다. *당장* 처리하자는 것 말이죠." 그녀는 매도프와 당시 당직이었던 수석 조정자와 연락하여, 그 상황을 알려 주었다. 그녀는 자신이 알아낸 것의 잠정적인 의미를 알리기 위해 "정보 요청(REQUEST FOR INFORMATION)"이라는 제목으로 게시할 기사를 규합하였다. 그녀는 "원인 모를 폐렴"이라 보도하면서 일부 증례는 우한의 어느 시장과 관련이 있다는 세부 사항을 포함한 시나 파이낸스의 중국어 기사를 번역기로 영역했다. 오후 11시 59분, 폴락이 기사를 송고한 이후 수석 조정자는 기사 보내기 버튼을 클릭하였다. 그 메시지는 즉시 8만 명의 ProMED 구독자들에게 전달되었다. 본 필자까지 포함해서.

다음 날은 새해 전야였다. 폴락과 그녀의 남편은, 그들이 매년 그래 왔던 것처럼, 휴가용 별장이 있는 롱아일랜드의 동쪽 끝 근처 메콕스 만에 있는 작은 마을인 워터 밀에서 휴가를 보내고 있었다. 그들은 그곳을 여름에는 다른 사람들에게 임대했는데, 이는 햄튼 행사(the Hamptons scene)[5]를 피하기 위함이었으며(그것은 분명히 자신들의 취향이 아니었다), 자기들은 겨울에 그곳을 사용한다. 그들의 새해 축하 행사는 보통 워터 밀에서 가장 좋아하는 식당인 플라자 카페에서 저녁을 먹고 나서 귀가하여 TV를 보며 타임즈 스퀘어에서 공이 떨어지는 것[6]을 시청하는 것이다. 그러나 이날 밤은 새해 전야 임에도 평소 같지 않았다.

애피타이저와 메인 코스 사이에서 그녀의 휴대 전화가 울렸다.

"전화가 와서 밖으로 나갔죠."

그 전화는 피터 다스작(Peter Daszak)에게서 온 것이었는데, 그는 생태보건 동맹(EcoHealth Alliance)의 회장으로, 이 단체는 감염병으로부터 야생 동물과 인간을 보호하는 임무를 가진 연구 및 보존 단체이다. 다스작과 그의 동료들 중 일부는 2003년 이후 사스 바이러스의 기원을 찾고 그 이후 몇 년 동안 위험한 야생 동물 바이러스를 확인하고 경고하기 위한 다른 연구들을 함께해 온 중국의 특정 과학자들과 잘 연결되어 있었다.

폴락은 그날 아침 다스작과 통화를 했으며, 통화하는 동안 그는 중국에 있는 그

5 　"the Hamptons scene": 미국 뉴욕주 롱아일랜드의 끝부분에 위치한 휴양지인 햄튼스 지역은 특히 여름철에 유명 인사, 부유한 사람들, 저명 인사들이 모여드는 곳으로 잘 알려져 있으며, 고급스러운 파티, 사교 활동, 화려한 라이프스타일 등이 주된 특징이다. 따라서, "the Hamptons scene"을 피하고 싶다는 것은 이러한 화려하고 떠들썩한 분위기를 즐기지 않고, 한적한 겨울철에만 그곳에서 시간을 보낸다는 뜻이다.

6 　1903년부터 시작되어 매년 하는 타임즈 스퀘어에서의 새해 전야 행사다. 12월 31일 저녁 6시에 대형 LED 볼을 탑 꼭대기에 올려 놓고, 11시 59분부터 1분에 걸쳐 광장에 모인 수많은 군중들과 함께 카운트다운 속에 서서히 떨어지며, 자정이 되는 순간 모두 새해를 축하하게 된다. 우리나라로 따지자면 보신각 타종 행사에 해당한다.

의 정보통으로부터 얻은 중요한 뉴스를 그녀와 공유하였는데, 새로운 바이러스 유전체, 그러니까 단순한 유전자 절편 수준이 아니라 전체 염기서열 분석을 기반으로 한 소식이었다.

"그 서열은 사스와 유사했습니다"라고 폴락은 내게 말했다. 사스와 유사한 서열이란, 사람들 사이에 전염될 수 있고, 잠재적으로 상당히 치명적일 수 있다는 것을 암시했다. 그것은 불길한 뉴스였고, 이제, 폴락이 12월 늦은 밤 전화 받느라 밖에 서 있을 때, 다스작은 불편한 내용의 새로운 뉴스를 전해 주었다.

"저는 스웨터를 입고 있었죠, 당시 화씨 26도(섭씨 -3.3도)였거든요"라고 폴락은 회상했다. "저는 코트를 입고 있지 않았기 때문에 추워서 왔다 갔다 하며 피터와 이야기하고, 또 이야기하며, 얼마나 오랫동안 밖에 있었는지 기억이 안 나네요."

결국 웨이터가 와서 그녀에게 메인 식사 코스가 테이블 위에서 식어가고 있다고 말해 주었다. 대화는 계속되었다. 그녀는 더 많은 정보를 원했고, 다른 정보 출처를 요구했다. 다스작은 그러한 요구에 대해 그 당시에는 그녀에게 제공할 수 없었다.

"피터는 기본적으로 어떻게 그 시점에서 중국 사람들과의 의사소통이 완전히 중단되었는지에 대해 제게 말하고 있었습니다." 그녀는 차갑게 식은 저녁을 먹고 난 후, 남편과 함께 별장으로 돌아왔고, 타임즈 스퀘어에서 중계되는 쇼를 시청하는 대신에 자신이 하는 일을 재개하였다. 시나 파이낸스에서 다른 보고서를 찾았고, 또 다른 엉성한 기계 번역의 도움을 받아, 그것을 영어로 된 게시물로 바꾸었다.

그 보고서는 이렇게 시작을 하고 있었다: "우한에서 원인을 알 수 없는 폐렴 환자들이 여러 병원에서 격리되었습니다." 그러고 나서 다음 문장은 안심시키기 위한 의도가 보였다: "사스인지 아닌지는 아직 명확하지 않으며, 국민 여러분께서는 당황하실 필요가 없습니다."

3

초기의 폐렴 환자 중에는 65세의 배달원이 있었는데 그는 이보다 먼저 있었던 보고서에서와 마찬가지로, 마조리 폴락이 사용한 기계 번역기가 남 중국 수산 시장이라 불린 곳에서 일하고 있었다. 그 시장의 원래 이름인 武汉华南海鲜批发市场은 영어로는 화난 수산물 도매시장(Huanan Seafood Wholesale Market)으로 번역되며, 현재 이곳은 바이러스가 퍼진 초기 발상지로 악명이 높다.

"수산 시장"이라는 단어는 어순이 어떻건 그리고 어느 나라 언어로 표현되건 오해의 소지가 높았다. 왜냐하면 실제 거기서는 해산물 외에도 판매하는 것들의 종류가 많았다: 가금류, 가축의 고기, 그리고 다양한 형태의 야생 동물들이 일부는 산 채로, 일부는 죽거나 냉동된 형태로 팔렸다.

이 배달부는 2019년 12월 18일 우한의 중앙 병원에 입원했다. 그의 상태는 빠르게 악화되었다. 12월 24일, 의사들은 그의 폐에서 체액을 채취하여 광저우시에 있는 개인 유전체 염기서열 검사 회사인 비전 메디컬스에 그 검체를 보냈다. 비전 메디컬스에게 요청한 질문은 기본적이었다: 이 고통받는 인간의 검체 체액에는 어떤 종류의 병원체가 있는 것일까요?

평소 하던 절차대로라면 그 회사는 검사 결과를 보내 주었을 것이지만, 그러는 대신 회사의 누군가가 전화를 걸어 병원의 호흡기 의학 책임자인 자오 수(Su Zhao)라는 이름의 의사에게 연락했다.

"그들이 방금 우리에게 전화를 걸어 그건 새로운 코로나 바이러스라고 말했습니다"라고 자오는 베이징에 기반을 둔 뉴스 서비스 차이신에 말했다.

그들의 우려 표명은 전화 통화에만 국한된 것이 아니었다. 며칠 후, 비전 메디컬의 임원들이 남쪽으로 600마일 떨어진 광저우에서 와서 우한의 병원 및 질병 통제 공직자들과 그 유전체 결과를 논의하였다고 전해진다. 익명의 비전 메디컬 직원으로부터 온 것으로 추정되는 한 소셜 미디어 게시물에 의하면 그 병원은 "유사한 환자들이 많다"는 것을 인정하였고 "기밀 속에서 집중적인 조사"가 시작되었다.

한편 그 배달원은 다른 병원으로 전원되었고, 그 후 사망하였다.

첫 번째 염기서열 분석 직후, 중앙병원의 누군가가 다른 환자로부터 면봉 샘플을 채취했는데, 이번에는 시장과 관련이 없는 41세 남성이었다. 이 검체들은 베이징에 있는 캐피털 바이오 메드랩이라는 다른 곳으로 보내졌다. 이 회사에서 시행한 첫 번째 검사 결과는 2003년에 확인된 바 있는, 증례당 치사율 10%의 사스 코로나바이러스인 SARS-CoV로 나왔다.

이는 사스 바이러스에 대한 거짓 양성으로, 지나치게 정확하거나, 너무 정밀하거나, 검사 도구의 특이도가 부족하거나 검사 과정에서의 부주의로 초래되는 결함으로 생기는 일이었다. 사실 그것은 사스와 유사한 코로나바이러스이긴 하지만, 잘 알려진 그런 바이러스는 아니었다. 하지만 이 검사상의 실수가 교정되기 전에, 이 거짓 양성 결과는 우한에 있는 여러 병원의 의료 전문가들을 연결하는 사설 네트워크에서 번개처럼 번쩍하며 알려졌다.

그중에서도 센트럴에서 근무하는 젊은 안과 의사인 리원량(Wenliang Li)에게 그 결과가 도달되었다.

그의 이름을 들어보신 적이 있을 것이다.

그는 사람들에게 위험을 알린 유명한 순교자가 되었다. 우한 시간으로 12월 30일 오후 5시 43분, 그는 위챗의 의과대학 동기들의 사적인 단톡방에 "화난 수산 시장에서 사스 확진자 7명이 보고되었다."라고 게시했다. 그리고 한 시간 만에 그는 더 나은 정보를 얻어서 정정하길 "코로나바이러스 감염"이고 "정확한 바이러스 종"은 아직 확인되지 않았다고 하였다. 사랑하는 사람들에게 자신을 보호하라고 경고하라, 라고 그는 친구들에게 전했으며, 이는 당국에 의해 제재를 받게 되는 용감한 행동이었다. 비록 더 큰 규모로 전 세계에 경고를 보낸 건 아니었지만 말이다. 실제로도 그는 이렇게 썼다: "우리 그룹 이외에 밖으로 이 정보를 퍼뜨리지 마세요."

그 다음날 — 다시 말해, 그날은 새해 전날이었다 — 우한시 보건위원회는 또 다른 소셜 미디어 플랫폼인 웨이보에 성명을 내고 27명의 환자들을 우한 병원에 입원시킨 바이러스성 폐렴 발병 사실을 인정하면서도 그게 사스라는 소문은 일축했다. "다른 종류의 중증 폐렴일 가능성이 높습니다."

다른 민간 염기 서열 검사 회사에 추가로 환자 검체들을 보내 염기 서열 검사를 더 한 결과, 이는 사스 바이러스가 아님을 확실히 하였다, 사스가 아니라고 말이다. 그러나 유전체 서열의 80% 정도는 유사하였다.

그 결과는 우한시 보건위원회로 전해졌고, 바로 그 시점에서 지방 당국이 개입했다.

1월 1일, 차이신에 따르면, 후베이성 보건위원회는 염기 서열 검사 회사들에게 "검사를 중단하고 모든 검체들을 폐기하라"고 지시했다. 그 명령이 위험한 바이러스가 퍼지는 것을 억제하기 위함이었는지, 아니면 위험한 정보가 퍼지는 것을 억제하기 위함이었는지는 여전히 불분명하다.

4

그 소문은 중국 정부의 어떤 명령에도 아랑곳하지 않고 전광석화처럼 홍콩에 전해졌다. 홍콩은 중국 본토에서 오는 어떤 소식에도 매우 민감하게 반응하지만, 특히 나쁜 소식은 더욱 그러했다.

1997년 영국의 식민 지배가 끝난 이래, 중화인민공화국의 특별행정구역(special administrative region, SAR)으로서, 우리가 홍콩이라고 부르는 것은 홍콩 섬만 일컫는 게 아니라 본토 해안에 있는 구룡과 신계(新界)까지 모두 포함한다. 민주주의를 위해 싸우는 활동가들과, 중국이 홍콩 장악을 강화하여 "일국양제"라는 모순어법적인 이상이 유명무실해지며, 홍콩은 중국 본토와 양가감정적인 관계가 형성되고 있다. 비록 신계 지역의 많은 부분이 아직 녹색이고 언덕이 많으며 공원으로 보존되어 있지만, 홍콩 특별행정구는 지구에서 가장 인구 밀도가 높은 지역 중 하나이며, 정치적 긴장, 억만 장자, 민족적 다양성 및 순수한 인구 수뿐만 아니라 저명한 과학자와 특종에 굶주린 언론인들로 가득 차 있다.

12월 31일 주요 신문인 사우스 차이나 모닝포스트(the *South China Morning Post*, SCMP)는 홍콩 보건 당국이 이미 600마일 떨어진 우한에서 발생한 의문의 폐렴에 대한 긴급 조치를 준비하고 있다는 기사를 실었다.

홍콩은 1997년 조류 독감 발병의 기억을 갖고 있기 때문에, 크게 긴장하였다. 이 조류 독감은 환자 3명당 1명 꼴로 치명적이었던, 소규모지만 공포스러운 만남이었고, 본토의 광동에서 시작하여 홍콩까지 와서 이를 통해 전 세계까지 폭발적으로 퍼져 나갔던 2003년의 SARS-CoV는 사람을 죽일 수 있는 것으로 과학자들에게 알려지게 된 첫 번째 코로나바이러스였다.

SCMP에 따르면, 새로운 바이러스는 아직 홍콩에 도달하지 않았지만, 의료진은 경각심으로 무장을 했고, 증례들이 생기면 격리할 준비가 되었다고 한다.

이 신문은 또한 홍콩 대학의 베테랑 미생물학자인 위엔 궉용의 언급을 인용했다. 위험한 바이러스에 대한 그의 오랜 연구 경력으로 많은 정보를 갖고 있는 위엔은 우한 뉴스의 내용과 1997년과 2003년의 공포 사이의 특정한 유사점들, 즉 식품 시장과의 연관성, 높은 감염률에 주목했다.

"그러나 당황할 필요는 없습니다."라고 그는 SCMP와의 인터뷰에서 말했다. 2003년 이래 감염 감시와 통제가 개선됐으며 항바이러스제도 마찬가지라고 말이다.

정보는 여전히 부족했다.

그 당시 베이징에는 옥스포드에서 교육을 받은 바이러스학자인 조지 가오 중국 질병통제예방 센터(CCDC)의 국장 조차도 그에게 알리는 온라인 보고만 받고 있었다.

"저는 12월 30일 저녁에 이 소식을 들었습니다,"라고 가오가 내게 말했다. "중국은 매우 큰 나라입니다. 만약 의사들이 이른바 PUE (pneumonia of unknown etiology), 즉 원인 불명의 폐렴을 발견했다면, 그들은 제 소속 기관인 중국 CDC에 보고했어야 합니다. 하지만 그들은 보고하지 않았습니다. 아주 처음부터 그들은 그것이 독감이라고 생각했습니다.”

가오 자신은 사스(SARS-CoV), 메르스(MERS-CoV), 치쿤구니아(Chikungunya) 바이러스 및 기타 인수공통 바이러스뿐만 아니라 인플루엔자에 대한 전문가이다. 그의 전문 분야는 바이러스가 인간 세포에 결합하여 들어가는 기전이다.

“이 바이러스는 처음부터 독감**처럼** 보였습니다.”

그의 이런 표현은, 만약 당신이 우한의 최전선에 있는 의사들 같은 임상의라면 곧 독감을 의미했겠지만, 유전체를 판독하는 분자 바이러스 학자이거나 뾰족한 가시들이 박힌 바이러스 입자를 관찰하는 전자 현미경학자라면 독감이 아니라는 것을 의미했다.

“소문이 돌고 있다는 얘기는 들었어요. 하지만 저는 12월 30일이 돼서야 인터넷 매체에서 관련 보도를 직접 봤습니다.”

그래서 그조차도 온라인에서 오가는 질병 관련 이야기들에 관심을 기울이게 되었다. 그러나 그가 얻을 수 있었던 정보는 많지 않았다. 우한시와 후베이성 당국의 잘못된 신중함으로 인해 중국 질병통제예방센터에 직접 보고되기까지 며칠간 지체되었고, 그 대가는 컸다.

가오는 장관급인 상사들에게 경고를 하였다.

“그리고 다음 날 우리는 모든 전문가 팀을 우한으로 보냈습니다. 그때쯤 우리는 그것이 문제가 될 수 있다는 것을 깨닫고 있었죠.”

2020년 1월 1일 당시 세계보건기구(WHO)에도 아직 통보되지 않았다. 제네바에 있는 WHO 본부의 대규모 발병 대응 전문가들은 ProMED 게시물과 기타 온라인 보고서를 보았고 중국 국가보건위원회에 연락하며 상황을 주도하기 시작했다.

무슨 일이 일어나고 있는 것일까?

이틀 동안 WHO는 아무런 응답을 받지 못했다.

그러고 나서 중국에서 답답할 정도로 모호한 업데이트가 왔다:
우리에게는 현재 27건이 아닌 44건의 불특정 폐렴 환자들이 있다고.

1월 1일은 우한 당국이 "위생 및 개조"를 위해 화난 시장을 폐쇄한 날이기도 하다. 중국 CDC의 조지 가오(George Gao) 팀을 포함한 정부 과학자들이 시장의 유출 폐수, 가판대, 문, 그리고 상인들이 급히 떠나면서 남긴 일부 냉동 동물 사체에서 환경 검체를 채취하는 동안에도 민간 소독 회사의 기술자들이 소독을 수행했다. 해당 검체 채취는 폐쇄 당일 아침 일찍 시작되었으며 시장은 두 달 동안 중단되었다가 재개되었다. 검체 채취된 표면과 생물의 범위에는 쓰레기통, 운반 카트, 동물 우리, 공중 화장실 및 길고양이가 포함되었다. 시장의 "개조 보수"를 어느 정도 했는지는 상상의 여지로 남겨졌다.

이틀 후, 또 다른 검체 세트가 푸단 대학과 연계된 또 다른 바이러스학자인 상하이 공중보건 임상센터의 장 용전 교수에게 도달했다. 이 면봉들은 화난 시장과 관련이 없는 41세의 환자에게서 나온 것을 포함하여 시험관에 포장되었고, 금속 상자 안에 드라이아이스를 채워 보관되었으며, 우한에서 기차로 보내졌다. 장 교수와 그의 그룹은 거의 2일 밤낮으로 쉬지 않고 일하며, RNA를 추출하고, 그것을 DNA로 전환하며, 절편들을 배열하고, 데이터를 완전한 코로나바이러스 유전체 서열로 합쳤다. 아직 이름이 없던 이 바이러스의 유전체는 약 3만 개의 글자에 달했다.

"우리는 40시간도 걸리지 않아서, 매우, 매우 빨리 해냈습니다"라고 나중에 장 교수는 한두 번 정도밖에 안 했던 어느 인터뷰에서 타임지의 기자에게 이렇게 말했다. "그때 저는 이 바이러스가 아마도 사스와 80퍼센트 가까이 유사함을 깨닫게 됐습니다. 따라서 확실히, 그것은 매우 위험한 것이었죠."

즉시 그는 우한 중앙 병원의 호흡기내과 책임자인 자오 수에게 전화를 걸었는데, 자오는 민간 시퀀싱 회사로부터 당혹스러운 예비 결과 보고 전화를 받은 앞서 언급한 바로 그 사람이다.

장 교수는 자오에게 관심을 갖고 주의해야 한다고 경고했다. 왜냐하면 이것은 사스와 유사한 코로나 바이러스 — 그러니까 환자 10명당 1명에게 치명적인 SARS-CoV 그 자체는 아니지만, 같은 그룹에 속한 신종 바이러스이고 인플루엔자보다는 더 위험하기 때문이었다.

"사스와 유사한"이라는 비유에 함축된 것과 화난 시장과 관련된 증례들의 다양성에서는 아직 공개적으로 표명하지 않는 무엇인가가 있었다:

그 바이러스는 아마도 사람끼리 전염을 시킬 가능성이 있다는 것.

어떤 치명적인 새로운 바이러스, 즉 사람 대 사람의 호흡기 전염은 큰 대규모 발병의 가능성을 높인다.

전화 통화 직후, 대책을 보다 더 보강하기 위하여 장 교수는 우한으로 직접 가서 그곳의 보건 당국자들과 이야기를 나누었는데, 그들에게 시민들을 보호하기 위한 긴급 조치를 취하고 항바이러스 치료제를 개발하기 시작하라고 조언했다. 새로운 항바이러스제를 찾거나 과거에 사용된 약들을 재배치하는 그런 노력과, 누가 감염되었는지, 누가 감염되지 않았는지를 구별할 수 있는 진단 검사법을 준비하는 데에는 유전체 염기서열이 중요할 것이다. 장 교수와 그의 팀은 염기서열을 가지고 있었고, 그들은 이 염기서열을 오픈 액세스 국제 데이터베이스인 GenBank에 조용히 제출했지만, 아직 공개되지는 않았다.

일설에 의하면, 중국 국가위생건강위원회는 실험실들이 공식적인 승인 없이 바이러스에 대한 결과를 발표하는 것을 금지하는 비밀 명령을 내렸다.

중국의 적어도 두 개의 다른 팀들도 방법론적 차이로 장의 데이터와 약간만 다른 서열, 즉 사실상 같지만 세부적으로 살짝 다른 데이터를 가지고 있었다: 그 그룹은 쉬 정리(Zhengli Shi)라는 과학자가 이끄는 우한의 한 그룹과 베이징에 있는 질병통제예방센터의 조지 가오의 그룹이었다.

"우리는 검체를 얻었고, 유전체 전체에 대한 검사를 했습니다"라고 가오는 말했다. "3일 후, 아마도 1월 3일일 텐데요, 우리는 유전체 전체 염기서열을 규명했고, 그러고 나서 그것이 신종 코로나바이러스라는 것을 발견했습니다."

또한 전자현미경으로도 관찰했는데, 마치 잘 익힌 햄에 박힌 정향들이 튀어나온 듯한 모양으로 단백질 스파이크가 둥근 햇살 모양으로 뻗어 나오는 걸 보여 주었다. 이러한 소견으로 이 바이러스 과(科)에 코로나라는 이름을 붙여준 것이다. "우리는 바이러스의 모습을 보았습니다!"라고 그는 말했다. "아마도 코로나 바이러스인 것 같습니다. 표면에 왕관이 보이죠. 따라서 1월 7일에, 정체가 이미 확인되었습니다."

가오는 세계에 테드로스 박사로 알려진 세계보건기구(WHO)의 사무총장 테드로스 아드하놈 게브레예수스(Tedros Adhanom Ghebreyesus)와 직접 대화를 나누었다.

"그리고 같은 날, 테드로스 박사가 우리 보건부 장관과 이야기를 나누었죠." 가오는 자신의 그룹 등을 조율했고, UTC 1월 9일 늦은 저녁(UTC; 협정 세계시, 우리가 그리니치 표준시라고 부르는)에 3개의 검체에서 얻은 전체 유전체 염기서열을 — 필자가 다른 소식통으로 사용하는 어느 계정에 따르면 — 뮌헨에 본사를 둔 데이터베이스인 GISAID로 가오의 대리인이 이메일을 보냈다.

이 소식통에 따르면, 데이터는 빠르게 전문가에 의해 엄선하여 정리되었고, 이 염기서열들 중 두 가지는 그 조직의 웹 플랫폼에 게시되었는데, 이는 GISAID 사용자 자격 증명에 등록된 사람은 누구나 열람할 수 있었다. 늦은 UTC 저녁은 베이징의 다음날 이른 아침과 같은 시각이다. 그래서 1월 10일까지, 가오는 나에게, "WHO사람들은, 그들 모두 말입니다, 그것이 코로나 바이러스라는 것을 알고 있었습니다"라고 말했다. 어쨌든, 많은 과학자들은 이를 알고 있다는 것이다, 비록 아직 염기 서열이 제대로 공개된 것은 아니지만 말이다 — 당신이 "공개적으로"를 어떻게 정의하느냐에 달라지지만.

다음 날인 1월 11일 아침, 장 용전은 베이징으로 가는 비행기를 타기 위해 상하이의 훙차오 공항으로 갔고, 그곳에서 그는 가오와 같은 정부의 고위 관리들을 만났다. 탑승 과정 중에 그의 전화벨이 울렸다.

5

 그 전화는 호주 시드니에서 에드워드 C. 홈즈(Edward C. Holmes)가 건 것이었다.

홈즈는 영국 출신 진화 생물학자로 시드니 대학에 근무하고 있고, 장의 팀에서 새로운 바이러스의 염기서열 분석, 조립 및 분석에 임한 유일한 비중국인 멤버이다. 그는 바이러스, 특히 RNA 바이러스, 이 중에서도 특히 HIV, 인플루엔자, 홍역, 에볼라, C형 간염 바이러스, 뎅기 바이러스, 황열병 바이러스 및 코로나 바이러스를 포함하여 사람들을 감염시키는 바이러스의 분자 진화를 전문으로 한다. RNA는 인간 감염병의 코딩 언어이며, 홈즈는 탁월한 번역가 중 한 명이다.

홈즈에 대해 소개하기 위해서는, 이 무시무시한 분자인 RNA에 대해서 좀 더 이야기해야겠다.

이들 바이러스를 이해하는 것은 매우 중요하고, 장과 그의 동료들의 일에 매우 핵심적이기 때문이다.

머리글자는 리보핵산(ribonucleic acid)의 약자로, 유전자 정보를 암호화하고, DNA에 암호화된 정보를 전송하고, 이러한 정보를 분자 기계로 바꾸는 과정으로서 유전자 발현을 조절하는 등 세포와 바이러스에서 여러 가지 기능을 수행하는 거대 분자이다.

RNA의 주요 구조적 구성요소는 핵산 염기(뉴클레오티드 베이스; nucleotide base)로 알려진 아데닌(adenine), 사이토신(cytosine), 구아닌(guanine), 우라실(uracil)이라는 네 종류의 소단위체로 이루어진 사슬이다. 각각의 뉴클레오티드는 염기와 두 개의 다른 분자로 구성되어 있지만, 유전자 코딩에 관해서 따질 때는 이 나머지 두 개를 잊어버려도 된다. 염기는 문자 A, C, G, U로 표시되기 때문에 난 지금까지 "글자"라고 불러오고 있다. 이 염기들의 순차적 배열이 유전자를 이룬다.

순서대로 배열된 세 개의 염기가 특정 아미노산을 암호화하고(생물계에는 스무

가지의 아미노산이 있다) 이 아미노산이 꼬리에 꼬리를 물면서 단백질을 구성한다.

이게 바로 생명체가 만들어지는 원리이다.

또한 DNA는 선 모양의 염기 집합체이며, 구성원 중에 티민(thymine)이 우라실 대신이라는 게 RNA와 다른 점이고, 두 가닥이 서로 결합되어 나선형으로 이중 나선형을 이룬다는 것이 일반적인 형태이다.

유전체로서의 RNA는 이중나선의 DNA보다 더 자주 돌연변이를 일으켜서, 안정성이 결여되어 있다. RNA 바이러스가 잘 변이를 하고 적응력이 뛰어난 이유도 바로 그런 면에 있다.

여기서부터 나는 유전체 서열을 구성하는 "염기" 또는 "글자"라는 용어를 서로 호환하며 언급하겠다. RNA는 매력적인 분자이며, 그 어휘와 문법을 잘 아는 홈즈 같은 사람에게는 깊은 의미들을 지닌 언어이다.

홈즈는 자문을 해 주는 마법사이자 많은 영향력 있는 학술지 논문의 공동 저자로서만이 아니라, 권위적이지만 간결한 해설서인 2009년 출판된 "RNA 바이러스의 진화와 출현(*The Evolution and Emergence of RNA Viruses*)"으로 크게 존경을 받고 있다. 분자 진화라는 늪지대와 협곡으로 깊이 들어가는 교과서치고는 희한하게도, 이 책은 명료하고, 뚜렷하며, 가독성이 좋다.

기억에 남는 홈즈의 다른 특징 두 가지는 자부심의 포인트로 거의 반질반질하게 닦아 놓은 것처럼 보이는 예쁜 두상의 대머리라는 것과, 모두가 그를 에디라고 부른다는 사실이다. 세계 어느 곳에서든 분자 바이러스학자들과 이야기를 나누면서, 그들에게 "하지만 잠깐, 에디가 이런 저런 말을 한 적이 없나?"라고 상기시켜 주면, 그들은 그 말에 동의하지 않을 수도 있지만, 누구를 의미하는지는 알 것이다. 이 분야에 에디는 한 명뿐이니까.

내가 에디 홈즈와 처음 만난 건 십여 년 전, 그가 펜실베이니아 주립대학의 학과장을 하고 있을 때였는데, 그곳에서 그는 나를 맞이하며 작고 별로 꾸미지 않은 자기 사무실로 안내하였다. 거기에는 책상, 컴퓨터, 두 개의 의자, 몇 권의 책, 그리고 두 개의 벽 포스터가 걸려 있었는데, 하나는 바이러스로 이루어진 지구의 광대한 차원인 "바이로스피어(virosphere)"를 광고하고 다른 하나는 에드워드 호퍼의 그림인 나이트호크(Nighthawks)[7]를 만화로 각색한 버전으로, 카운터에서 호머 심슨(Homer Simpson)[8]이 손님으로 와서 도넛을 먹으며 즐거운 시간을 보내고 있는 광경이었다. "왜 호머 심슨인가요?"하고 나는 물어보았다. "호머 심슨이 절 닮았거든요"라고 에디가 대답했다.

2012년 시드니로 이사한 이후, 홈즈는 중국 동료들, 즉 장 용전이 이끄는 팀 및 다른 시니어 학자들과 여러 프로젝트를 공동으로 수행했으며, 그가 상하이와 베이징이라는 단 두 곳의 시간대로부터만 떨어져 있기 때문에 이러한 상호 작업은 수월하게 이루어졌다.

시간대 차이에도 불구하고, 이메일은 차분하고 객관적인 언어로 소통할 수 있고, 언제든지 답장을 보낼 수 있는 편리한 수단이다.

하지만 중국 과학자인 장은 즉각적으로 목소리를 주고받을 수 있고, 동시에 재량권을 유지할 수 있는 실시간 메신저 — 위챗(WeChat)의 즉시성을 선호했다.

그래서 2020년 1월 5일 일요일 아침, 홈즈가 가족과 함께 해변 나들이를 준비하던 중, 그는 장으로부터 한 통의 이메일을 받았다.

메일에는 단 한 줄만이 적혀 있었다:

"즉시 전화하시오!"

이것은, 장의 연구실이 바이러스의 전체 유전체를 조립하고, 그 정체가 사스(SARS)와 유사한 새로운 코로나바이러스임을 확인한 바로 몇 시간 후에 벌어진 일이었다.

6일 전, 홈즈는 많은 다른 사람들이 주목한 것을 자기도 알아차렸다: 마조리 폴

---

7   미국 화가 에드워드 호퍼의 대표작인 1942년 유화로, 늦은 밤 시내 식당 내부를 멀리서 식당의 큰 유리 창문을 통해 보는 것으로 묘사하고 있다. 식당 안에는 주인 1명이 일을 하고 있으며, 손님 3명이 카운터에 앉아 있다.

8   유명한 애니메이션 '심슨 가족'의 주인공. 비만한 체형에 대머리이고, 맥주와 도넛을 좋아한다.

락이 ProMED에 올린 원인 모를 폐렴의 여러 사례와 화난 시장을 연결하는 새해 벽두부터였다.

"오, 이런, 재미있네"라고 그는 생각했다. 그가 2014년 장과 더불어 우한 CDC(베이징 소재 중국 질병통제예방센터와 별개지만 관련은 있는 지역 센터)의 일부 동료들과 현장학습을 위해 같은 시장을 직접 방문한 적이 있기 때문이다. 그는 사람들로 붐비던 좁은 골목, 우리 안의 야생 동물들, 고기와 생선을 도살하는 것, 피와 내장이 배수구로 흐르는 적나라한 광경을 보았다.

"인수공통 질환이 일어나기에 여기만큼 안성맞춤인 데는 없을 겁니다."라고 홈즈는 최근 나에게 말했다.

그는 한 상인이 야생 포유동물, 아마도 너구리를 도살하고 있었던 걸 멀거니 서서 지켜보던 일을 떠올렸다. 그는 그 시장이 1,100만 명의 도시 한복판에 떡 하니 자리 잡고 있었다고 회상했다.

다음 날인 1월 1일, 그는 장과 조지 가오에게 이메일을 보냈다.

"저는 이것에 대해 읽었습니다"라고 그들 각각에게 말했다. "그것에 대해 작업하고 있나요? 제가 도울 수 있는 방법이 있을까요?"

아마도 버거울 정도로 과한 업무에 시달리는 것으로 추정되는 가오는 다음과 같이 간결한 답장을 보냈다: "작업하고 있음. 근하신년."

장은 아직 작업하고 있지 않다고 대답했다.

한 주가 지났고, 이 건에만 집중하지 못하게 하는 다른 일들이 있었다.

그리고 나서 일요일 아침에 장의 긴급한 메시지가 왔다: "즉시 전화하세요!"

홈즈는 해변으로 가족을 차로 데려다 주면서 그와 통화했다. 그리고도 차 사고가 나지 않은 것은 놀라운 일이었다.

우리는 이에 대한 논문을 쓸 필요가 있다고 장은 말했다. 사스의 귀환과 거의 흡사한 신종 코로나바이러스 — 과학 분야의 새 소식이다.

"잠깐, 그러지 마세요"라고 홈즈가 말했다. "학술지 논문보다 더 긴급한 것이 있죠."

"장 교수님, 당신이 제일 먼저 해야 할 일은 '**지금 당장**' 공중 보건 당국에 말하는 것입니다. 그것이 무엇인지 정확히 말해야 하고, 가능한 한 많은 정보를 공개해야 합니다."

정보가 의미하는 것은 곧:

유전체 자체, 사스와 유사하게 나왔다는 분석 결과, 호흡기 전파 가능성.

장은 이에 동의했고, 국가보건위원회에 즉시 통보했다.

"그래서 그가 염기서열을 입수한 바로 그날, 그는 무슨 일이 일어나고 있는지 당국에 말했습니다"라고 홈즈는 내게 힘을 주어 말했다. 홈즈는 중국 관리들 만이 아니라 중국 과학자들도 사실을 숨기고 적시에 대응하지 못했다는 비난을 예리하게 의식하고 있다.

그 후 며칠 동안, 그들은 빠른 속도로 논문을 썼고, 전화로 회의를 했으며, 이메일로 초안을 공유했는데, 여기엔 홈즈가 영문을 편집교정하고 유전체에 대한 그의 견해를 내용에 추가했다. 그는 또한 관심도가 얼마나 있을지 추정하기 위해 세계의 저명한 과학 저널 중 하나인 네이처의 편집자와 연락을 취했다. 네이처는 높은 관심을 보였지만, 그들은 논문과 함께 유전체 염기 서열을 공개하길 원했다. 장 교수 팀은 1월 7일 네이처에 논문 초안을 보냈는데, 이는 복잡하고 섬세하게 구성해야 하는 작업 치고는 빠른 속도였다. 하지만 중국에서의 장 교수의 상황과 주변의 압력과 관련된 이유들로 인해 이 염기서열은 여전히 난제로 남아 있었다.

그 후 이틀에 걸쳐, 염기서열 분석 작업으로부터 다른 사람들과 장 교수의 그룹이 분명히 알았던 것에 대한 추가 보고가 나오기 시작했다: 그것은 사스와 어느 정도 유사한 코로나 바이러스였다는 것. 네이처 지는 논문의 글 내용뿐만 아니라 유전체 정보를 원했는데, 홈즈 자신 조차도 아직 완전한 염기서열을 보지 못한 상태였다. 그는 여전히 장에게 모든 것을 공개하라고 밀어붙이고 있었다. 그때는 1월 11일 토요일 아침이었고, 이번 주말에 홈즈 가족은 해변으로 가지 않았다.

홈즈는 "장에게 전화를 걸어보니 비행기를 타고 있더군요"라고 말했다. "그리고 저는 말했죠. '장 교수님, 우리는 이것을 공개**해야 합니다**! 우리는 염기서열을 공개**해야 합니다**, 그렇죠? 모두가 원한다고요.'"

그들은 몇 분 동안 이야기를 나눴는데, 그때 장 교수는 자리에 앉아 안전벨트를 매고 있었다.

"저는 에디에게 생각할 시간을 1분만 달라고 했습니다"라고 회상하며 타임지 인터뷰에서 말했다. "그리고 나서 저는 오케이 했지요."

통화를 마친 후, 그는 박사 후 과정 연구원들 중 한 명에게 홈즈에게 염기서열을 보내라고 지시했다. 비행기는 이륙했고, 장 교수가 중국 북동쪽 35,000피트 상공에서 2시간 동안 비행하는 동안, 홈즈는 그것을 받았다.

유전체는 박사 후 과정 연구원에게서 이메일로 왔는데, 유전체 서열을 나타내기 위한 편리한 텍스트 형식인, FASTA 파일의 형태로 첨부되어 도착했다.

"특별한 메시지는 없었어요. 단지 FASTA 파일만 보내 줬더군요"라고 홈즈는 내게 말했다. "그랬어요."

아주 정교하지도 않고, 최고 속도와 재량도 없었다. 그는 파일을 열고 서열을 거의 후다닥 훑어보았는데, 여섯 개의 열로 되어 있었고, 각 열마다 글자(염기)는 10개씩이었으며, 행 한 줄 한 줄, 페이지 하나 하나마다 거의 삼천 자였다. 이는 곧 삼만 개의 염기를 의미하였으며 단지 a, t, c 그리고 g가 끊임없이 반복되어 조합된 것이었다. RNA는 매우 불안정하기 때문에 그것은 DNA로 변환되어 쓰여 있었다; 유전체 RNA는 통상적으로 염기서열 분석을 위해 동등한 DNA로 변환된다. "나는 그것이 도대체 무엇인지 확인하지도 않았어요. 그것은 피투성이 야광충 DNA일 수도 있어요."

이 인물은 유전체를 눈으로 훑어보고, 몇 개의 핵심 염기 서열을 잡아 내고, 몇 개의 비교를 할 수 있으며, 다른 사람들이 볼 수 없는 것들을 볼 수 있는 인물이다. 하지만 그는 그렇게 하지 않았다. "저는 그것을 가능한 한 빨리 해독해야 한다는 *거대한 압박감을 느껴요*."

다음으로 해야 할 일은 미리 준비가 되어 있었기에, 그는 즉시 해냈다.

에딘버러에서 기다리고 있던 이는 또 다른 저명한 진화 바이러스학자이자 홈즈의 30년 지기인 앤드류 램보우(Andrew Rambaut)였다. 램보우는 아직 제대로 된 학술지 논문이 아닌 전문적인 논평, 답변, 생각에 대한 의사소통 연결고리 역할을 하는 Virological (virological.org)이라는 웹사이트의 설립자이자 연장자로서 지도를 하고 있다.

"에디가 제게 전화를 건 것은 제 생각에 그 전 아침이었습니다"라고 램보우는 나중에 회상했다. "말하자면, 그는 장 교수와 함께 일하고 있었고 곧 염기서열 정보를 갖길 희망했습니다."

시드니는 에딘버러보다 11시간 앞섰기에, 홈즈와 장 교수의 토요일 아침은 램보우에게는 새벽이었다. "11일 새벽 1시쯤, 결국 저에게 이메일을 보내서 '좋아, 게시하자고요. 허락을 받았거든'이라고 말했죠." 첨부된 파일은 염기서열이 들어 있는 동일한 FASTA 파일이었다.

램보우의 제안으로 그들은 간단한 소개문을 작성하여 중국에서 나온 출처라고 인용을 하고, 장 용전을 선임 연락처로 언급하며 "이 데이터를 자유롭게 다운로드, 공유, 사용 및 분석하십시오."라고 덧붙였다. 두 사람 모두 "데이터"라는 단어가 복수라는 것을 알고 있지만 서두르고 있었다. 이 게시물은 여전히 "신종 2019 코로나바이러스 유전체"라는 제목과 "2020년 1월 10일"이라는 날짜가 적힌 바이로로지컬(Virological) 사이트에서 찾을 수 있지만, 홈즈의 기억과 램보우의 기록에 따르면 이는 에딘버러 시간으로 11일 오전 1시에 올라왔다고 한다. 이 차이는 유전체를 공개하는 데 **숨 가쁘게** 임했다는 걸 표현하는 것 외에는 중요한 게 아니다.

"시간을 재 봤지요"라고 홈즈는 내게 말했다. "제 생각엔 이메일이 도착한 후 온라인에 올라올 때까지 52분 정도 걸렸던 것 같습니다."

6

 "2020년 한 해 동안 내린 가장 중요한 결정은 무엇이었습니까?"라고 나는 토니 파우치(Tony Fauci)에게 물었다.

"가장 중요한 결정?"

그는 잠시 생각에 잠겼다.

"과학적인 결정과 정책적인 결정이 있지요."

수십 년 동안 국립알레르기감염증연구소(National Institute of Allergy and Infectious Diseases, NIAID) 소장으로 있으면서 국회의사당에서 의료 및 연구 정책을 옹호하며 많은 경험을 쌓은 그는 이제 도널드 트럼프 대통령의 백악관 코로나바이러스 대책 본부(Coronavirus Task Force)의 일원으로서 정책에 더 심도 있고 두드러지게 몰두했다.

2020년 그의 가장 큰 정책 결정은?

그것은 "대통령에게 맞서 목소리를 내기 위한 것이었고, 이는 다른 많은 것들" 즉 죽음의 위협, 그의 가족에 대한 괴롭힘, 소셜 미디어의 해시태그 #FireFauci(파우치를 잘라라)를 포함한 많은 것들로 이어졌다. 만약 내가 최근에 했던 것처럼 "Fauci는 트럼프와 맞선다"라는 검색어를 구글에 입력한다면, 당신도 58,400개의 검색 결과를 얻을 수 있을 것이다.

이렇게 약게 굴지 못한 정직성, 그중에서도 온건한 사례는 2020년 3월 20일 백악관 언론 브리핑에서 나왔는데, 그 당시에 트럼프 대통령이 하이드록시클로로퀸(hydroxychloroquine)을 코로나19 치료제로 선전하자 파우치 소장이 언급하길 그런 보고는 "어쩌다 한 번 그런 것이지" 과학적이지 않다고 하였다.

"저는 미국 대통령과 공개적으로 충돌하는 것을 그다지 좋아하지 않습니다"라고 그는 내게 말했다. 하지만 그렇게 하지 않았다면 그는 자신의 진실성과 더불어 과학이야말로 여전히 우리가 가야 할 길이라는 중요한 메시지를 손상시켰을 것이라고 덧붙였다.

그렇다면 과학적인 결정이란?

"단도직입적으로 말해서 우리는 백신을 개발해야 하고 정부는 백신을 만드는데 필요한 모든 지원을 우리 팀에 제공해 주어야 합니다."

장과 홈즈로부터 첫 염기서열을 얻을 수 있게 된 *직후에* 그는 이러한 의지를 표명했다. 백신 제작의 전선에서 그의 "팀"에는 NIAID의 소속 부서인 VRC (Vaccine Research Center)의 책임자 존 마스콜라(John Mascola)와 VRC의 선임 과학자이자 부소장인 바니 그레이엄(Barney Graham)이 있었는데, 그들은 mRNA(세포 내의 정보를 담고 있는 분자인 메신저 RNA)를 백신에 사용한다는 대담한 아이디어를 수년간 연구해 왔다. 그 원리 증명(proof-of-principle)[9] 작업은 실제 적용하기에 충분할 만큼 무르익는 수준까지 왔다.

12월 내내 원인 모를 폐렴에 대한 소문들이 중국 밖으로 새어 나오면서 파우치 소장과 동료들은 사스(SARS-CoV)와 유사한 면들에 주목했다.

그는 "우리는 모두 이렇게 말하고 있었습니다: '이것은 코로나 바이러스 냄새가 난다'고. 하지만 우리는 그것이 무엇인지 몰랐습니다. 그리고 바니 그레이엄이 '어이, 염기서열을 내게 갖다 줘. 우린 모두 시작할 준비가 되어 있어'라고 말했던 것을 기억합니다"라고 말했다. (바니 그레이엄도 그 순간을 기억하지만, 다른 식으로 말했다고 한다. 그는 "저는 '어이'라고 말하지 않았을 겁니다. 저는 아마도 '우리가 염기서열을 얻을 수 있다면, 무엇을 해야 할지 안다'는 식으로 말을 했을 것입니다."라고 말했다.)

동부 표준시로 1월 10일 늦게, 장과 홈즈 덕분에, 그들은 염기서열 데이터를 얻었다.

9　원리 증명(Proof of Principle) 또는 개념 증명(Proof of Concept) 작업이란 어떤 아이디어, 방법 또는 원리를 우선 실험해 봐서, 효과가 있을 가능성을 입증하거나 실제로 유용할 잠재력을 가지고 있는지를 확인하기 위한 시연을 말한다. 약제 개발을 예로 들자면 소규모로 투약 시도를 해 봐서 효과가 있을 가능성을 탐색하는 시도 과정을 말한다. 임상 시험으로 굳이 따지자면 1상이 이에 해당한다고 할 수 있다. 이 시도가 성공적이라면 보다 대규모로 본격적인 임상시험(2상, 3상)에 들어가기로 결정하게 된다.

다른 사람들은 준비가 되어 있었고, 무엇을 해야 할지도 알고 있었다. 의사이자 공중 보건 전문가로 질병 비상 사태에 대비하고 대처하는 데 정부에서 일한 심도 있는 경험을 가지고 있는 니콜 루리(Nicole Lurie)는 오슬로에 기반을 둔 비교적 새로운 주도기관인 전염병 대비 혁신 연합(Coalition for Epidemic Preparedness Innovations, CEPI)에 전략 자문이자 대비 계획의 책임자로 합류했다. 그녀의 역할은 무엇보다도 다른 백신들을 개발하는 개발자들을 참여시킬 방법을 찾는 것과 관련이 있었다. 그녀는 장 교수의 염기서열 자료가 올라오기 4일 전에 CEPI가 새로운 바이러스에 대한 작업을 시작하도록 하였다.

"1월 7일이 되자, 이것이 팬데믹 가능성이 있는 것이라는 것이 정말로 분명해 보였습니다"라고 루리는 나에게 말했다. "중국 CDC와 관련된 사람들과 다른 사람들 사이에 이것이 신종 코로나바이러스라는 소문이 많이 떠돌았습니다."

루리가 나에게 상기시킨 바와 같이, CEPI는 서열이 게시되는 대로 새로운 바이러스로 작업을 전환할 준비가 되어 있다는 내용의 긴급 요청으로 일부 백신 개발자들에게 연락했다. 그들은 그러한 작업에 대한 계약을 빠르게 체결할 것이었다.

선도적인 과학자들 중 하나로, 옥스퍼드 대학교의 대표적인 과학자인 사라 길버트(Sarah Gilbert)는 그녀와 그녀의 팀이 곧 개발할 백신에 대한 대규모 제조 계획을 논의하기 위해 런던에 있는 CEPI의 본사를 직접 방문하여 이에 대해 주도를 하기 시작했다(대부분 CEPI가 아닌 곳에서 받은 자금으로 연구하는 걸로 밝혀졌다). 이는 케임브리지에 본사를 둔 아스트라제네카의 도움으로 임상 시험을 통해 옥스포드-아스트라제네카 백신으로 이어졌다.

엠마 호드크로프트(Emma Hodcroft)는 스위스에서 박사후 과정으로 일하며 바젤대학교와 시애틀의 프레드 허친슨 암 연구센터가 공동으로 바이러스와 박테리아 병원체의 유전체 발산(the genomic divergence)을 추적하는 온라인 플랫폼을 향한 넥스트스트레인(Nextstrain)이라는 프로젝트를 진행했다.

유전체 발산을 추적하면 역학자들은 질병의 전파 경로를 지도로 나타낼 수 있다. 전파 경로를 지도로 나타내면 과학자들과 공중 보건 당국이 발병과 전염병을 이해하고, 미래에 전염병을 예방하고, 종식시킬 수 있는 것이다.

발산을 추적하는 것은 또한 연구자들로 하여금 성공적으로 안착하고, 인구 전체로 퍼져나가는 돌연변이를, 그리고 가끔은 다른 돌연변이와 합세하여 우리가 **변종**이라고 부르는 대박을 잡아낼 수 있게 해 준다.

변종이란 바이러스에 대적하는 우리의 방어를 물리치기 위해 때로는 엄청난 속도로 진화하는 바이러스를 말한다.

하지만 호드크로프트와 그녀의 동료들이 2020년 이전에 한 많은 연구는 헤드라인 뉴스 수준으로는 올라가지 않았다고 그녀는 내게 말했다.

"즉, 바이러스가 어떻게 변화하고, 어떻게 인간에게 뛰어들며, 어떻게 인간에게 적응하는지를 보는 것입니다. 그렇다고 해서 반드시 대부분 사람들의 레이더에 잡히지는 않죠."

신종 바이러스는 다르다.

"저는 염기서열이 나왔을 때를 기억하는데, 왜냐하면 이것이 정말 큰 일이었기 때문입니다"라고 호드크로프트는 말했다. Virological 사이트에 올라온 그 게시물은 그녀가 임하는 분야의 세계로 빠르게 퍼졌다. 대박 아니면 쪽박인, 섬뜩한 방식으로, 그것은 흥미롭고 인상적이었다.

"우리는 첫 번째 언급부터 첫 번째 염기서열까지 그렇게 짧은 시간에 미지의 바이러스를 규명한 건 처음입니다"라고 그녀는 말했다.

넥스트스트레인은 이를 주목했고, 더 많은 염기서열 자료들이 나오면서 이후 가계도를 그리기 시작했다. 그것이 얼마나 많은 가지와 잔가지를 칠지 아무도 예측할 수 없었다.

7

 12월 31일 사우스차이나모닝포스트(SCMP)에 "공포에 질리실 필요가 없다"고 말한 적이 있는 위엔 쿽융도 12일 후인 1월 11일부터는 매우

심하게 우려를 하게 되었다.

하지만 그의 새로운 걱정은 에디 홈즈가 방금 올린 유전체 염기서열에서 비롯된 것이 아니었다. 그는 좀 더 가까운 사람에게서 불길한 소식을 들었다.

홍콩대학교(HKU) 의과대학 내에 있는 미생물학과 내 감염병 학과장인 위엔은 홍콩과 본토에서 시간을 나누어 연구와 가르치는 것에 투자하였다. 그는 광둥성에서 20마일도 채 떨어지지 않은 선전시에 있는 홍콩-선전 병원에서 수석 감독자이자 교육자로 근무했다. 그는 그곳과 잘 연결되어 있었다. 그래서 그는 개인적인 경로를 통해 다음과 같은 소식을 즉각 들었다: 그 병원이 1월 10일에 어느 한 가족의 구성원 두 명을 보았고, 곧이어 나머지 두 명까지 보게 되었는데, 이들은 우한을 갔다 온 후 원인 모를 폐렴에 시달리고 있었다.

이들 중 누구도 화난 시장을 방문한 적이 없었다. 여행을 같이 가지 않고 선전에 있는 집에 남아 있던 또 다른 가족인 할머니도 앓기 시작했고 입원을 요하는 상태에 빠졌다. 할머니를 포함한 가족 다섯 명 모두가 새로운 바이러스에 양성 반응을 보였다. 이를 근거로 위엔은 코로나 바이러스가 사람에게 전염될 뿐만 아니라 도시로까지 퍼지고 있음을 즉각 알아차리게 되었다. 더욱 걱정스러운 것은, 열 살짜리 손자도 양성 반응을 보였고, 아무런 증상도 느끼지 못한 채 CT 검사에서 폐 손상을 보였다는 것이다. 위엔의 그룹은 영국의 주요 학술지인 랜싯(*The Lancet*)에 2주 이내에 빠르게 기고하고 온라인에 발표한 논문에서 "(무증상이라) 멀쩡히 걸어 다니는 불가사의한 이 폐렴 증례들"은 "아마도 대규모 발병으로 퍼져 나가는 출처가 될 가능성이 있다"고 선언하였다.

위엔은 전염병과 바이러스학으로 전향하기 전에 외과 의사로서 수련을 받았다. 그는 2003년에 사스 바이러스를 처음으로 분리하고 특성화한 팀의 소속이었다. 비공식적인 소통을 위해 그는 그의 첫 이니셜인 K.Y.로 통한다. 그는 가끔 거의 무모할 정도로 정직한 사람이고 그 2주 동안 침묵을 지키지 않았다.

"저는 정부에 '우리는 마스크를 써야 한다!'고 말했습니다"라고 위엔은 말했다. "증상 없이 바이러스를 퍼뜨리는 사람들이 있기 때문에 모든 이들의 마스크 착용은 매우 중요합니다!"

그 10살 소년의 증례는 가능성과 추가적인 증거가 곧 나올 것임을 시사하고 있었다.

"홍콩 정부에 그런 말을 했는가요?"라고 물었다. 훨씬 더 큰 용인 중국 정부도 고려해야 할 사항이었다.

"네." 그가 말했다. "그럼요."

"그리고 그들은 그것을 채택했나요?"

"아뇨!"

그러나 그는 뛰어난 과학자였기에, 빠르게 국가 자문단에 발탁되었다. 1월 19일, 그는 조지 가오, 종 난샨(Nanshan Zhong; 존경받는 인물이자 2003년 사스 사태 관리로 영웅으로 여겨지는 고위급 호흡기 내과의사), 그리고 다른 몇몇 전문가들을 포함한 고위급 패널의 멤버로서, 처음 발생한 곳부터 조사하기 위해 우한으로 날아갔다. 그곳에서, 그들은 우한 질병통제예방센터의 관계자들로부터, 환자 수가 급격히 증가하여 현재 198명이 되었고, 그중 35명이 중증이 되었으며, 9명은 중태에 빠졌다는 보고를 들었다. 더 나쁜 소식이 여전히 이어졌는데, 우한 병원의 의료 종사자 14명이 신경외과 환자 한 명에게서 전염되었다는 것이다. 우한 CDC 조사관들은 현재 이 질병을 "신종 코로나바이러스에 감염된 폐렴(novel coronavirus-infected pneumonia, NCIP)"이라고 부르며 그 바이러스 자체에 2019-nCoV라고는 명칭을 붙이고 있었다. 이 두 어설픈 이름은 덜 어설프긴 하지만 더 나을 것 없는 다른 이름으로 곧 바뀌어 더 오래 지속적으로 불리게 된다.

우한에서 하루만 지내는 걸로도 상황 파악에 충분했다. 위엔은 다른 선임 고문들과 함께 베이징에 갔고, 1월 20일, 그곳 국가위생건강위원회 부서 건물에서 열린 기자회견에서 그들은 이 바이러스가 사람에서 사람으로 전염되고 있다고 발표했다. 그것은 이미 우한을 넘어 베이징, 상하이, 선전으로, 그리고 태국, 한국, 그리고 일본으로 퍼져 나갔다.

위엔은 홍콩으로 돌아와 행정장관을 만나 그녀에게 홍콩특별행정구의 국경을 통제하고, 도착하는 여행객들에 대해 14일간의 격리를 의무화해야 하며, 앞서 그가 촉구했던 대로 다시 모든 사람들이 마스크 착용을 해야 한다고 조언했다. 1월 24일, 그와 홍콩대학교 및 홍콩선전병원의 동료들은 랜싯에 심천의 환자 가족 집단을 설명하는 중요한 (그러나 당시에는 충분히 주목받지 못했다) 논문을 발표했는데, 이 논문들은 사람과 사람 사이 전염의 증거를 제공한다는 명백한 메시지를 담고 있었다.

그 논문에 있는 열 살짜리 소년의 증례에는 더욱 불길하고 함축적인 또 다른 메시지가 숨어 있었다. 바이러스 양성 반응을 보이고 CT 촬영에서 폐 손상을 보이는 것 외에도, 그는 "증상 없이 바이러스를 뿌리고 있었다."

만약 이러한 무증상 감염이 가능하다면, 바이러스의 무증상 전파도 가능했다는 얘기다. 그러면 이 신종 코로나바이러스는 사스 바이러스나 최근 기억에 남아 있는 다른 어떤 병원체보다 훨씬 더 위험해질 것이다.

2020년 1월 25일에 초승달이 뜨는 중국의 음력 설은 보름 동안 이어지는 춘절과 함께 쇠게 될 것이다. 중국 전역에서, 사람들은 그 휴일 기간을 위해 친척들과 함께 여행한다 — 춘연(春運, Chūnyùn)이라고 알려진 가족 친척 재회를 위한 대규모 이동 — 쥐띠 해를 축하하기 위해서 말이다.

그들은 뜨거운 냄비, 만두, 밀랍으로 만든 오리, 국수 그리고 병원체를 같이 나누며, 대규모 밀접 접촉 그룹으로 모일 것이다. 만일 우연히도 바이러스가 호흡기 성향을 가지고, 그리고 아마도 무증상 전염 능력을 가지고 적응된다면, 인간의 기관(氣管)과 폐에 있는 새로운 서식지를 탐험할 수 있는 완벽한 환경이 된다. K.Y. 위엔은 앞으로 무엇이 올 것인지 예상할 수 있었고, 당황해하는 것은 비효율적이고 무의미하다는 것을 알고 있었다.

제2부

경고들

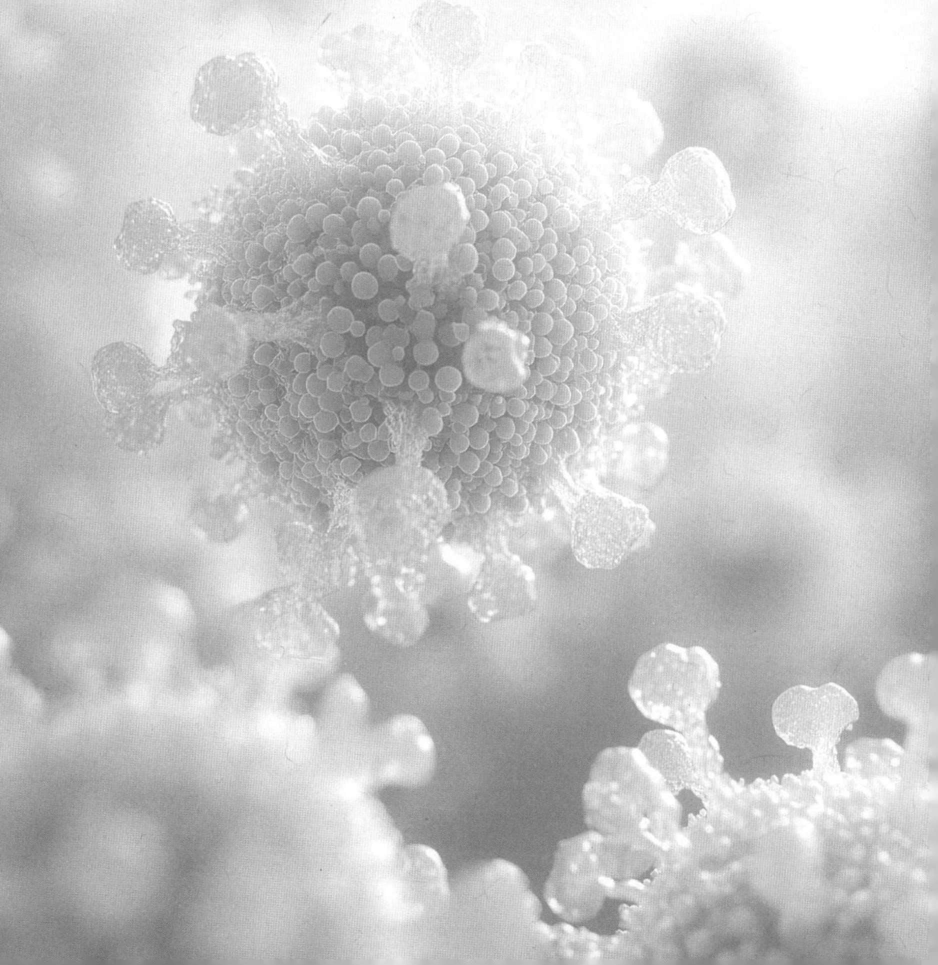

8

 일부 사람들은 경고의 시작을 따질 때 2003년 사스(SARS) 사태까지 거슬러 올라간다.

당시 사스는 싱가포르와 토론토, 베이징은 물론, 방콕과 하노이까지 강타했다. 하지만 물론, 그보다 훨씬 이전에도 경고는 있었다.

14세기, 동양에서 무역로를 따라 유럽에 도착한 쥐에 들러붙은 벼룩의 박테리아에 의해 발생한 선페스트; 1918~1919년, 병원체의 정체를 육안으로 관찰하거나 동정할 수 있는 시대가 오기 전, 최후의 팬데믹으로 약 오천만 명의 목숨을 앗아간 인플루엔자; 1976년 자이르 얌부쿠의 선교회에서 시작된, 지금까지도 정확한 동물 기원이 밝혀지지 않은, 혼란스럽고도 섬뜩한 최초의 에볼라 집단 발병; 그리고 에볼라보다 느리고 더 은밀했지만, 결과적으로 훨씬 더 많은 목숨을 앗아간 HIV-1 그룹 M — 그 바이러스는 카메룬 남동부 어딘가의 한 침팬지로부터 한 인간에게로 전파된 뒤, 수십 년 동안 은밀히 퍼져 1981년에 이르러서야 그 본색을 드러냈다.

이 모든 사건들은 당대에는 충분히 이해되지 못했지만, 각기 다른 방식으로 경계심을 자극했고, 다가올 미래를 위한 분명한 신호이자 교훈이 되었다.

다른 경고들은 보다 조용하고, 더 구체적인 모습으로 다가왔다.

그중 하나는 1997년 11월에 도널드 S. 버크라는 이가 애틀랜타에 있는 미국 미생물학 학회의 한 지부에서 초청 강연을 했을 때였다. 그 강연은 한센병을 전공한 저명한 의사이자 병리학자를 기리는 '채프먼 빈포드 기념 강연' 자리였다.

빈포드와 버크 사이의 공통점은 많지 않았다.

둘 다 미국 정부를 위해 전염병을 연구했다는 점 — 빈포드는 공중보건국(PHS), 버크는 군 의료 시스템 소속이었다는 것 정도였다.

버크는 볼티모어에서 와서 강연을 했다. 수십 년간 미 육군에 배속되어 HIV 및 다양한 병원체에 대한 연구를 수행한 그는, 이후 민간인 신분으로 존스 홉킨스 대학교의 교수직을 수락하며 이직하게 된다. 그가 그날 강연에서 전한 메시지의 핵심을 우리가 알 수 있는 이유는, 그가 다음 해 널리 알려지지 않은 여러 저자들과 공동으로 집필한 책에서 한 장을 맡아 출간했기 때문이다. 그가 쓴 장의 제목은 "새로 대두된 바이러스의 진화 가능성(*Evolvability of Emerging Viruses*)"이었다.

"RNA 바이러스를 경계하라, 왜냐하면 이들은 진화 가능성이 높기 때문이다." 버크는 그렇게 썼다. RNA 바이러스는 빠르게 변화하고, 빠르게 적응한다.

그가 그렇게 쓴 의도는 돌연변이에서 적응, 종간 전파에 이르기까지의 기본적인 생물학적 기전을 설명하기 위함이었다. 바이러스는 살아 있는 세포 안에서만 복제할 수 있으며 — 그들 자체는 세포가 아니기 때문이다 — 복제 과정에서 자연스럽게 돌연변이를 일으킨다.

즉, 자신의 유전체를 복제해 자손을 만들 때 작은 오류가 발생하는 것이다 — 그리고 RNA 바이러스는 지구상의 어떤 생물체보다도 더 빠르게 돌연변이를 일으킨다.

사실, 버크가 기술한 바에 의하면, 그들은 동물보다 약 1,000배 빠른 속도로 돌연변이를 일으키며, 이는 유전체를 구성하는 염기 만 개당 한 개꼴의 오류이다. RNA 바이러스의 유전체는 몇 천 개 또는 2만 개 또는 3만 개의 염기(인간 유전체의 30억 염기와 비교할 때)로 비교적 짧지만, 그 오류 발생률은 전형적인 RNA 바이러스의 모든 새로운 비리온(모든 바이러스 입자)에 적어도 한 번의 돌연변이를 초래하기에 충분하다. 그 결과, 그러한 새로운 비리온 각각은 최소한 한 개의 돌연변이를 통해 원래의 바이러스와 유전적으로 달라질 가능성이 있는 것이다.

돌연변이를 한다고 해서 적응을 하는 것은 아니지만, 적응이 형성될 수 있는 원천이 된다. 자연적인 선택이 그 형성을 해 주는 것이다.

돌연변이들이란 무작위로 이뤄지는 변화들이다.

그 변화들 가운데 대부분은 바이러스가 자손을 퍼뜨리는 능력에 손상을 입히거나, 혹은 아무런 영향도 주지 않는다.

만약 돌연변이로 인한 손상이 충분히 크다면, 그 바이러스는 자손을 남기지 못한 채 사라진다.

그러한 돌연변이 계통은 결국 진화의 막다른 골목에 다다르게 되는 것이다.

그러나 일부 돌연변이들은, 순전히 우연의 도움을 받아, 비리온이 비리온을 낳는다. 그들은 힘을 합쳐 바이러스 가문을 하나 일으킨다. 그러한 계통들은 제대로 잘 적응한 적자이고, 그렇게 해서 그들은 생존한다.

이 정도면, 독자께서도 아마 알아차리시겠지만, 다윈 101[10]이다.

하지만 일부 RNA 바이러스는 진화 능력을 더욱 높여주는 '비장의 수단'을 하나 더 가지고 있다:

그들은 한 바이러스 유전체에서 다른 바이러스 유전체로 일부를 바꾸는 재조합을 할 수 있다, 마치 측선에 들어선 열차가 객차 일부를 교환하듯. (예를 들어, 코로나 바이러스는 재조합 — *recombine* — 을 한다. 인플루엔자 바이러스는 분절된 유전체를 따라 일정한 지점에서 일어나는 교환과 함께 재배열 — *reassortment* — 이라고 불리는 그들만의 방식을 가지고 있다.) 이것은 그들의 유전체를 같은 세포 내에서 복제하는 과정 동안 일종의 분자 개입에 의해 발생한다.

버크는 이를 다음과 같이 설명했다.

재조합은 "매우 적합한 변종들끼리 교배를 시켜, 결함이 있는 유전자를 제거하고 기능적인 유전자로 대체하는 역할을 한다."

빈 화차들은 저 뒤로 남고, 번지르르한 풀먼 차량[11]이 연결되었다. 다시 말해 재조합은 바이러스에 주요한 새로운 옵션을 제공하고 유전자 쓰레기 조각을 제거한다. 이렇게 해서 바이러스가 자잘한 돌연변이 단위 쪼가리뿐만 아니라 큰 덩

10　101이란 기본 원리라는 뜻이다. 즉, 이 정도면 진화론의 기본 중 기본이라는 뜻.

11　풀먼(Pullman) 차량이란 기차 회사인 풀만 사가 만든 열차 차량을 말한다. 특히 침대 차를 지칭하는데, 풀만 사는 현재 존재하지 않지만, '침대열차'를 상징하는 단어로 지금도 남아 있다.

어리 단위로도 진화할 수 있도록 해준다.

좀 모호하게 들릴지도 모르겠다. 독자분이 고등학교 생물학에서 배운 걸 잘 기억하고 있다면 말이다. 왜냐하면 인간을 포함한 동물에서 알과 정자를 생산하는 동안 재조합이란 다른 식으로 일어나기 때문이다. 간단히 말하자면(그리고 감수분열이라는 새삼 다시 기억나는 개념은 잠시 놔 두고), 복잡한 생물체의 염색체는 중요한 순간에 일부분을 교환하고, 이것은 각 부모로부터 받은 유전자를 자손을 만들기 위한 새로운 유전자 조합으로 재구성한다.

이 과정을 성 관계라고 한다.

진화론적 측면에서 볼 때 그것의 가치는 부모와, 또한 형제자매와도 유전적으로 다른 (일란성 쌍둥이는 제외) 자손을 낳는 것이다. 다시 말해서, 그것은 집단에 개인 각각의 변이를 추가한다. 변이는 집단이 진화하도록 한다. RNA 바이러스는 성관계를 할 수 없기 때문에, 그들은 다른 식으로 재조합을 하여 같은 목적을 달성한다:

유전체 복제의 섬세하고 적나라한 행위에 참여하면서 RNA 일부분을 다른 바이러스와 바꾸는 것이다.

버크가 기술한 목적 중 일부는 강연과 발표된 버전에서 자신과 일부 동료들, 또한 군대에서 고용한 과학자들이 인공지능과 기계 학습 분야에서 발견한 것을 설명하는 것이었다. 그 동료들은 해군 인공지능 응용연구센터의 컴퓨터 과학자들이었다. 그들은 마법의 모델을 만드는 이들이었고, 버크는 이의 개념을 담당하였다. 해군에서 만든 모델들의 다른 임무들은 어뢰들에게 다른 어뢰들을 추격하도록 가르치는 것이었다. 이 공동 작업의 공통적인 목적은 바이러스가 어떻게 진화하고 생존하는지, 더 정확히는 어떻게 그러한 일이 일어날 수 있는지를 알기 위해 바이러스에게 그것이 일어날 수 있는 성공적인 모델을 만드는 것이었다. 이 똑똑한 해군 동료들은 버크와 함께 컴퓨터에서 변화와 도전을 반복하면서 발생하는 바이러스 진화를 시뮬레이션하는 계산 모델인 "가상 바이러스"를 고안해 냈다.

그렇다면, 이를 어떻게 구현할 수 있을까?

그들은 가상 바이러스의 다양한 버전을 만들면서, 세 가지 주요 매개변수의 차이에 따라 코딩했다.

첫째는 돌연변이율, 둘째는 재조합 능력의 유무, 셋째는 재조합이 가능할 경우, 그것이 어떤 방식으로 일어나는지였다. 이것이 단면과 단면끼리 서로 바꾸는지 — 다시 말해 열차 차량 하나를 다른 차량으로 바꾸듯, 기능은 유사하지만 세부 사항은 다른 유전체 영역들을 서로 바꾸는지 — 아니면 무작위로 일어나는지 여부.

여기서 무작위란 양 끝에 승무원 차량만 있고 기관차는 없는 열차처럼, 실제로는 운행이 불가능한 조합이 나올 수도 있다는 의미였다.

그들이 발견한 것은 이러했다.

RNA 바이러스 수준의 변이율과 유사한 재조합 능력을 갖춘 '이상적인' 컴퓨터 바이러스는 거의 최적에 가까운 효율로 진화한다는 것.

이것은 새로운 환경에서 빠른 바이러스 진화를 위한 완벽한 속성 집합이었다.

그리고 여기서 말하는 '새로운 환경'이란, 독자 여러분은 이렇게 이해하면 된다: 새로운 숙주. 심지어 **전혀 만나본 적이 없던 새로운 종류의 숙주** 말이다.

버크가 애틀랜타의 청중들, 그리고 훗날 그의 글을 읽을 독자들에게 절박하게 전하고 싶었던 핵심 메시지는 이것이었다.

새롭게 등장하는 RNA 바이러스는 팬데믹을 일으킬 가능성이 매우 높다는 것.

왜냐고?

그들은 완전히 새로운 숙주에 적응할 수 있기 때문이다.

그들은 큰 도약을 할 수 있고, 번창할 수 있다.

그는 그러한 재앙을 예측하고 예방하는 것이 중요하다고 주장했다. 그래서 그는 과(科; family)와 과 단위 하나하나를 살피면서 어떤 종류의 바이러스가 전 세계 인류에게 가장 큰 위험을 줄 수 있는지 확인하는 데 도움을 줄 수 있는 세 가지 기준을 제안했다.

첫 번째 기준은 가장 명확했다: 최근 인류 역사에서 팬데믹을 일으킨 악명 높은 병원체들을 포함한 바이러스 계통이 있을까?

예를 들어 인플루엔자를 포함한 계통이라면, 그렇다.

HIV를 포함한 계통이라면? 그렇다.

두 번째 기준: 특정 과의 바이러스가 인간 이외의 동물들에게 광범위한 질병을 유발하는가?

인플루엔자를 포함한 계통이라면, 그렇다. 많은 새들을 죽이는 조류 인플루엔자 바이러스뿐만 아니라 뉴캐슬병(닭들에게 전염성이 높은 질병)과 개 디스템퍼(재채기로 퍼져서 개는 물론이고, 개 과 이외의 포유동물들인 흰 족제비, 스컹크, 너구리, 오소리 등을 죽일 수 있다)를 감안한다면 말이다.

그리고, 오, 맙소사, 코로나바이러스 과도 있다.

그러니까 소 코로나바이러스, 고양이 코로나바이러스, 개 코로나바이러스, 쥐 코로나바이러스, 말 코로나바이러스, 칠면조 코로나바이러스, 그리고 돼지 전염병 설사바이러스(porcine **epidemic** diarrhea virus, PEDV)라고 불리는 지독한 것을 포함하는 코로나바이러스 과 말이다. 마지막에 언급한 돼지 코로나바이러스는 돼지의 소장에 있는 세포들을 공격하여 감염된 대부분의 갓 태어난 아기 돼지들을 죽음에 이르게 한다. 인간 소아마비처럼 분변-구강 경로를 통해 전염되지만, 분변-비강 전염도 가능하며, 한 돼지에서 다른 돼지로, 아마도 한 농장에서 다른 농장으로 퍼질 수도 있다. 그 이름 자체가 그것의 전염성을 말해준다: **epidemic** 말이다.

버크가 자신의 인공지능 프로젝트를 바탕으로 제시한 세 번째 기준은 내재적 진화 가능성이었다: 즉 바이러스는 얼마나 빨리 변이하는가?

얼마나 쉽고 원활하게 유전체 조각들을 교환할 수 있을까?

그는 이렇게 지적했다.

진화 가능성이 높은 바이러스일수록 동물 숙주로부터 출현해 인간에게 전염되고, 나아가 팬데믹을 일으킬 가능성이 훨씬 크다.

예를 들면?

다시 한번, 이렇게 선별된 리스트가 등장한다: 독감 바이러스 계열, HIV 계열, 뇌염과 뇌수막염을 일으키는 바이러스 계열, 그리고 코로나 바이러스 계열이다. 그리고 꼭 기억해 두자.

버크가 애틀랜타에서 이 강연을 한 해는 바로 1997년이었다.

2011년에 나는 돈 버크와 이 모든 것에 대해 이야기를 나누었다. 그 사이에 일어난 중요한 사건 중 하나가 2003년의 사스였는데, 바로 그가 경고한 대로 치명적인 코로나바이러스의 발병과 빠른 국제적 확산이 일어났다.

"다음 유행병을 예측하는 것이 얼마나 가능할까요?"라고 물었다. "어디서 오고 어떤 모습일지요."

"그때는 운이 좋아서 맞춘 겁니다"라고 그는 말했다.

9

버크가 감염병 분야로 진출하게 된 과정은 다소 우회적이었지만, 그가 미군에서 근무했던 이력을 감안하면, 그와 비슷한 과학자 집단 내에서는 드물지 않은 경로였다. 그는 클리블랜드에서 성장했고, 똑똑하고, 고등학교 성적이 좋았으며, 농구선수에 반장이었고, 지도 교사의 조언으로 웨스턴 리저브 대학의 학부생으로서 생물학 연구에 입문하기 시작했다.

1960년대 중반, 스푸트니크 충격의 여파가 여전히 생생하던 시기, 과학과 공학 분야에서 미국의 경쟁력을 끌어올리려는 국가적 열망 속에서 버크의 노력은 국립과학재단(NSF)의 훈련 보조금 지원으로 뒷받침되었다. 그는 우즈홀 해양 생물 연구소에서 여름 동안 히드라(해파리와 먼 친척인 작은 촉수를 가진 해양 생물)의 전기 자극을 연구했다. 이후 그는 하버드 의대에 진학했지만, 목표는 임상의가 아닌 오직 '연구'에 있었다. 1970년대 초, 인턴으로 근무하던 중 베트남 전쟁이 격화되었고, 그는 군 징집에 직면했다 ― 군대는 전장에서 뛸 군의관이 필요했다. 그래서 그는 자발적으로 국방부의 특정 프로그램에 지원함으로써, 자신이 어느 정도 선택권을 갖고 복무할 수 있도록 미리 조처를 했다.

그는 내게 이렇게 말했다.

"저는 전염병 관련 업무를 하게 될 거라고 생각했죠. 그리고… 후아추카 요새에서 탈장이 있는지 확인하는 일은 하고 싶지 않았습니다." 그가 언급한 후아추카 요새는 사실상 정규군 복무의 상징처럼 사용된 비유였지만, 실제로는 애리조나 주 남동부 사막에 위치한 오래된 수비대였다.

이곳은 단 3일만 머물러도 'AWOL (absent without leave; 무단이탈)' 병사가 될 수 있을 만큼 황량하고 고립된 장소로 악명 높았다.

경비병들은 언제나처럼, 당신이 포기하고 떠나는 순간을 지켜볼 준비가 되어 있는 이들이었다.

버크는 차를 몰고 메릴랜드 주 포트 데트릭으로 가서 미 육군 전염병 의학 연구소(USAMRIID)의 한 직책을 맡으면서 후아추카 근무와 탈장 여부를 검사하는 관행을 피했다. 그 자리는 육군 연구원들이 병원체가 유출되지 않도록 최대한 억제된 실험실에서 볼리비아 출혈열과 라싸열과 같은 어려운 열대성 질병을 연구했던 것으로 유명했던 묵직한 직책이었다.

"저는 연구에 필요한 기초적인 수련도 받은 적이 없습니다."라고 버크가 내게 말했다.

그는 어느 날 보스턴 시립 병원에서 레지던트 생활을 마치고 "다음 날 포트 데트릭에 출근했지요" 그는 실험실 바이러스학을 배우기 시작했다. USAMRIID 에서, 6년 동안 태국에서, 미군 전체의 HIV/AIDS 연구 수장으로서, 그리고 새로이 대두되는 질환의 위협에 대한 연구를 하며 근무했던 당시 기간을 세어 보면, 23년 동안 군에 머물면서 대령까지 올라간다.

그는 그 군 경력과 그 다음에 역학 교수와 피츠버그대 공중보건대학 학장으로서의 두 번째 경력 동안 바이러스에 대해 많이 숙지하였고, 내가 그와 연락이 닿았을 때도 여전히 그 자리에 있었다. 그가 가장 중요하게 여긴 것은, RNA 바이러스의 재조합 능력과 그것이 빠르게 적용하며 숙주를 바꾸는 능력 사이의 연관성이었다.

그는 이렇게 말했다. "가장 중요한 새로이 대두되는 전염병들이 고도의 재조합 능력을 보인다는 사실은, 단순한 돌연변이만이 아니라 유전자 교환이야말로 새로운 전염병 출현의 핵심이라는 강력한 가설로 이어집니다."

비록 그는 담담하게 말했지만, 실제로 유전자 교환이란 대개 유전자 전체가 아니라 일부 조각 단위에서 일어난다는 점을 그는 정확히 알고 있었고, 또한 코로나바이러스가 재조합을 매우 능숙하게 수행하는 바이러스라는 사실 역시 잘 알고 있었다.

버크는 "저는 앞날을 잘 내다보는 대가인 척하지 않습니다"라고 덧붙였다. "예측(predict)이란 단어는 너무 강력한 단어입니다."

그는 덜 극적인 용어를 선호했다. "'준비성을 높이기 위해 과학적 기반을 개선하는 것'이 더 나은 사고 방식일 수 있습니다."

"우리가 그렇게 하고 있나요? 그런 일이 일어나고 있나요?"

그때는 2011년 11월로, 조지 W. 부시 행정부는 팬데믹 대비의 필요성을 인식하고 이 일은 버락 오바마 행정부에 맡겼다. 미국 국제 개발청(The United States Agency for International Development, USAID)은 인간을 위험에 빠뜨릴 수 있는 동물 바이러스를 발견하고 식별하기 위해 2억 달러 규모의 프로젝트인 PREDICT를 시작했다. 국방고등연구계획국(The Defense Advanced Research Projects Agency, DARPA)은 바이러스 돌연변이의 발생률, 방향, 결과를 예측하는 데 전념하는 자체 질병 프로그램인 예언(Prophecy)을 도입했다.

또 다른 연방 기관인 생물의학 첨단 연구개발청(the Biomedical Advanced Research and Development Authority, BARDA)은 최근 팬데믹 및 모든 위험 대비법(Pandemic and All-Hazards Preparedness Act)이라는 법률을 제정하여 백신, 약물 치료법, 진단 도구 및 기타 공중 보건 비상 상황 대처를 위한 조치를 개발하고 비축하기 위해 설립되었다. 전 세계 과학자들은 사람들을 위험에 빠뜨릴 수 있는 동물 바이러스에 대한 현장 및 실험실 연구에도 몰두하고 있었다.

그 당시 버크는, 정치와 과학의 흐름 속에서 팬데믹 위협에 대한 대비 태세가 '훨씬 나아지고 있다'고 느꼈다.

그는 또한, 그 시점에서는 내게 크게 와 닿지 않았지만, 후에 질병 과학자들 사이에서 첨예한 의견 대립의 핵심 쟁점으로 떠오르게 될 중요한 구분을 언급했다.

바로 팬데믹 위협에 맞서 어떤 전략에, 어떤 연구비를 우선 배분할 것인가에 대한 문제였다: 즉 "예측과 예방" 대 "감시 배양과 대응"의 대립이라는 것.

PREDICT 프로그램은 그 이름에 반영되었듯이 전자의 접근방식을 수용했다.

에디 홈즈를 포함한 몇몇 저명한 바이러스학자들은 후자를 옹호하면서, 새로운 바이러스에 대한 예측은 불가능하거나 실행 불가능하며, 연구비는 감시와 대응에 투입되어야 한다고 주장했다(홈즈는 재조합에 대한 버크의 견해 중 일부에도 동의하지 않는다. 이 문제는 빅 텐트[12]이다).

그리고 어떤 바이러스가 어떤 숙주로부터 인간에게 전염될지 예측하는 것은, 예를 들어, 망원경에 의해 발견된 수백만 마일 떨어진 소행성의 이동경로가 지구로 곧장 날아올지 혹은 아닐지를 예측하는 것과 마찬가지로, 그리 쉽지 않다.

질병의 출현은 왜 그렇게 예측하기 어려운 것일까?

왜냐하면, 종간전파 같은 생태학적 사건들은 뉴턴 물리학으로 계산하여 소행성 경로를 예측하는 것보다 한없이 복잡하고 변덕스러운, 즉 살아 있는 개체들의 행동을 수반하기 때문이다.

감시와 대응의 접근법은 그때그때 임기응변으로 반응하는 것이지 예측하는 것이 아니며, *신속하고 필연적으로 반응하는 것이다.* 그것은 도시와 산간 벽지들

---

12 다양하게 대립하는 견해들이 대규모로 모인 집합체.

의 숙련된 사람들의 네트워크를 의미하며, 이메일이나 위챗의 속도로 전문 바이러스학자, 통신 센터, 공중 보건 시스템 및 국제 규제 기관들이 서로 연결되어, 발병 규모가 작으면 조기에 발견하고, 이를 억제하고 종식시키기 위해 과감한 조치들이 신속하게 이뤄졌다.

"아무래도 이제는 '예측과 예방'을 향해 나아가야 한다는 생각이 자리 잡고 있는 것 같아요"라고 버크는 당시 내게 말했다. "'감시와 대응'보다는 말이죠."

물론, 우리에게는 항상 두 가지가 모두 다 필요하다고 그는 말했다.

문제는 그 사이에서 어떻게 균형을 잡고, 무엇에 우선순위를 둘 것인가였다. 그리고 또 하나의 현실적인 문제는, 그 모든 것을 뒷받침할 예산은 한정되어 있다는 사실이었다. 그리고 나서 오늘날에 와 돌이켜보니, 그는 자신이 마치 선견지명이 있었던 사람처럼 보이게 된 어떤 선택을 자청해서 했었다는 사실을 회고하게 된다.

"제가 정부의 수장이었다면 코로나바이러스 진단 — 즉 감시와 대응 — 에 투자했을 겁니다.

하지만 저는 그런 자리에 있지 않으니, 그 대신 코로나바이러스 백신에 대한 더 나은 연구에 투자하고 있는 거죠"라고 버크는 말했다.

10

알리 칸(Ali Khan)은 수평선 저 멀리서부터 달려오고 있는 작고 어두운 점을 보고 있던 또 다른 전문가이다. 내가 그를 처음 만났을 때, 그는 2006년에 미국 CDC 소속의 국립 동물성, 벡터 매개성 및 장질환 센터(NCZVED)의 부소장이었고, 그래서 벌건 대낮에 팬데믹이라는 악몽을 꾸는 임무를 맡았다. 칸은 돈 버크처럼 수련을 받은 의사이자 역학자 경력을 갖고 있다. 그는 또한 솔직하고 짓궂은 유머를 가진 사람이다. 그의 CDC 사무실에서 처음 만났을 때 그는 견장이 달린 유니폼 스웨터를 입고 있었는데, 왜냐하면 그는 해군과 같은 계급 체계로 조직된 미국 공중보건국의 해군 준장이었기 때문이다. 그러나 스웨터 아래에는 정장용 셔츠를 입고 있진 않았다.

NCZVED ("NC 즈베드"라고 발음된다, 마치 러시아 농구 선수 이름처럼)는 애틀랜타 시내에서 북동쪽으로 6마일 떨어진 클리프턴 로드에 있는 질병통제예방센터 구내의 잠긴 대문들과 잠긴 문들 뒤에 있는 수수한 회색 건물 내에 입주하고 있었다. 그해 이틀간 방문하는 동안, 나는 복도를 따라 에볼라 바이러스들(네, 에볼라의 종류는 하나 이상이죠)과 그놈들의 치명적인 사촌 마르부르크 바이러스, 브롱크스의 웨스트 나일 바이러스와 애리조나의 신 놈브레 바이러스(Sin Nombre virus), 발리의 사원에서 관광객들의 머리 위로 뛰어다니는 원숭이들이 그들에게 옮기는 유인원 거품 바이러스(simian foamy virus), 애완동물로 판매되는 거대한 감비아 쥐를 타고 일리노이에 도달한 원숭이 수두, 아르헨티나의 주닌 바이러스, 볼리비아 출혈열을 일으키는 마추포 바이러스, 서아프리카의 라싸 바이러스, 말레이시아의 니파 바이러스, 호주의 헨드라 바이러스, 그리고 곳곳에 퍼져 있는 광견병에 대해 모두 알고 있는 과학자들을 차례차례 인터뷰했다.

이 모든 바이러스들은 동물에서 인간으로 전염되는 것으로 알려져 있거나 의심되고 있다. 이 바이러스들이 일으키는 질병이 인수공통감염병이다. 이 바이러스들 대부분은, 일단 인간의 몸 안에 들어오면, 대혼란을 일으킨다. (한 가지는 예외다: 유인원 거품 바이러스는, 비록 선명하게 이름이 붙여지기는 하지만, 결코 질병을 일으키는 병원체로 간주된 적은 없다.) 이들 중 일부는, 사람들 사이에서도 잘 전염되어, 수백 명이 사망하는 지역적인 발병 사례들을 터뜨렸다. 얼마 전까지만 해도, 이 바이러스들 각각은 "신종 바이러스"였다.

그 바이러스들은 과학과 인간 면역 체계 입장에선 여전히 비교적 생소한 것들이다. 그들은 예기치 않게 발생하고 치료하기 어렵다. 그것들을 연구하는 데 책임이 있는 NCZVED 내의 분과인 Special Pathogens(**특별** 병원체 분과)라는 이름에 반영된 바와 같이, 그 병원체들은 정말로 **특별**히 위험한 놈들일 수도 있다. 이러한 이유들로, 알리 칸을 포함한 일부 과학자들과 공중 보건 전문가들은 그들을 쉽사리 제압할 수 없는 난제로 여긴다.

"왜냐하면 그놈들은 우리를 늘 긴장하게 만들거든요"라고 그는 나에게 말했다. 방문한 지 이틀째 되는 날, 음울한 분위기의 브리핑이 이어지던 긴 일정의 중간쯤, 칸은 나를 초밥집으로 데려갔다. 그 자리에서 그는 느닷없이 익살스러운 말투로 나를 놀라게 했다.

"좋아요, 쾀멘" 하며 그가 말했다. "당신은 우리 사람들로부터 각종 질병에 대한 모든 이야기를 들었지요. 이 질병들 중 어떤 것이 가장 흥미 있어요?"

내가 *제일* 흥미 있는 *거*? 글쎄, 에볼라가 정말 재미있다고 나는 그에게 말했다. 그것은 당연한 대답이었고, 초보자다운 대답이었다. 마치 훌륭하지만 과소 평가받는 공포 소설 작가를 추천해 달라는 부탁을 받은 것처럼. 나는 그런 질문을 받으면 이렇게 말하곤 했다: 스티븐 킹이라고.

"아, 그러세요" 칸은 "다른 사람들과 마찬가지로 에볼라를 좋아하는군요" 하고 시큰둥한 말투로 말했다. (교수대 아이러니[13]: 그는 1995년 자이르주 키크윗에서 에볼라가 창궐했을 때 최전선에서 전염병 연구를 하고, 통제 조치를 조직하고, 전파 양식을 조사하고, 전염병을 '맨 처음 발생 환자'까지 추적하고, 고통과 죽음의 거대한 괴물을 종식시키기 위해 목숨을 걸었던 장본인이다.) 하지만 그는 자기는 사스였다고 말했다.

사스? 나는 2003년에 중국 남부에서 발병하여 토론토와 몇몇 다른 도시에서 사람들을 죽인 나쁜 바이러스성 질병으로만 알고 있었다. 나는 그 약어(SARS)가 치명적인 폐렴을 일으킬 수 있는 못 돼먹은 질환인 "중증 급성 호흡기 증후군(Severe Acute Respiratory Syndrome)"을 의미한다는 것은 알고 있었다. 나는 그 숫자가, 그러니까 약 8천 명의 감염자와 약 8백 명의 사망자가 나왔고,

---

13 매우 심각하거나 절망적인 상황에서 사용되는 냉소적이거나 비꼬는 유머나 혹은 아이러니한 상황. 에볼라로 대답하니까 불만스러워했지만, 정작 그는 에볼라에 경력의 많은 시간을 바쳤다는 역설적인 상황이 된 것.

그러고 나서 어떤 이유에서인지 발병이 멈췄다는 것을 알고 있었다. 그 바이러스는 사라졌다.

끝.

에볼라만큼 잠복해 있거나 팬데믹 독감만큼 뒤끝을 남기지 않았다.

"왜 사스죠?" 나는 물었다.

"왜냐하면 전염력이 매우 강하고 치명적이었기 때문이죠"라고 그는 말했다. 그리고 이어서 말하길, 우리는 매우 운 좋게 이를 종결시켰다고 하였다.

점심시간이었고, 노트북 컴퓨터는 따로 치워 놓고 가져오지 않았었기에 실시간 기록을 못했으며, 지금으로부터 15년 전이었다. 그래서 나는 칸이 사스와 관련해서 가장 연관성이 높은 또 다른 병원체를 언급했는지는 확실히 기억 나지 않는다: 그러니까 그게 코로나 바이러스에 의해 생겼다는 것 말이다.

11

알리 칸은 현재 오마하에 있는 네브래스카 대학 의료 센터의 공중 보건 대학 학장이다. 그는 오마하 토박이가 아닌 것처럼 보인다. 브루클린에서 파키스탄 이민자 부모 밑에서 태어나 그곳에서 자란 그는 브루클린 칼리지에 진학했고, 이어서 SUNY Downstate[14](역시 브루클린에 있다)로 의과대학 진학을 했다. "그러고 나서 저는 브루클린을 떠나는 미친 짓을 했어요"라고 그가 최근 말했다. 어쨌든, 그의 가족들 입장에서야 "삼촌들과 이모들이 브루클린을 떠나 도시로 간 적이 없기 때문에" 미친 짓으로 보였던 것이다. 브루클린에서 맨하탄까지는("사실상의 뉴욕 시인 셈") 지하철로 30분 거리 반경이었다.

그의 아버지인 굴라브 딘 칸은 파란만장하게 자수성가한 사람으로, 이모/고모

---

14 State University of New York: 어느 일개 특정 대학이 아니라 수십 개의 대학으로 이루어진 주립 대학 복합체이다. 그중에서도 Downstate는 가장 남단에 있으며 유일하게 의과대학과 부속 병원이 있는 곳이다.

와 삼촌들보다 더 모험심이 많은 사람이었다. 10대 소작농이었을 때, 굴라브는 카슈미르에서 걸어서 봄베이(뭄바이)로 갔으며, 나이를 속이고 선박에서 엔진에 기름을 칠하는 일을 했다. 그의 친구들은 그가 작았기 때문에, 꼬마(dimin-utive)라는 뜻으로 디니(Dini)라 불렀다. 미국으로 이주한 후, 디니 칸은 아파트를 구입할 만큼 충분한 돈을 모을 때까지 브루클린의 아파트 건물에서 보일러에 석탄을 넣는 난방 일을 했다. 그는 그렇게 돈을 벌고, 꽤 많은 재산을 모은 듯했다. 그가 부동산 투기를 잘못해서 빈털터리가 되기 전, 그는 어린 아들인 알리가 그의 가족의 문화, 종교, 언어에 대해 배워야 한다고 결정했다. 그는 알리를 파키스탄으로 보내 중고등학교를 다니게 했다.

아버지 칸은 계산 착오로 라호르에 있는 고전적인 영국 기숙학교를 선택했는데, 이 학교는 아들 칸이 우르두어나 이슬람교보다 크리켓을 배우기에 더 좋은 곳이었다.

이제 50대 중반이 된 알리 칸은, 내가 그에게 이번엔 Zoom으로 다시 인터뷰를 할 당시 킥킥 웃으면서 이 이야기를 해 주었다. 모니터상에서 그의 검은 머리와 수염에 회색빛이 도는 것을 볼 수 있었지만, 건강하고 쾌활해 보였다. 그는 오마하에 대해 상공회의소의 대변자처럼 말했다: 훌륭한 도시이고, 치안이 안정되어 있고, 가식 없는 품격을 갖고 있으며, 오래된 집에 살고, 뷰익을 운전하고, 지역 사회를 위해 백만 달러짜리 수표를 기꺼이 써주는 워렌 버핏 같은 억만장자들로 가득 차 있다고.

그는 "저는 학장이 되니 좋아요. 너무 재미있거든요"라고 말했다.

아마도 애틀랜타에서 마지막으로 했던 자리보다 조금 더 여유로울 것이다. 그는 2014년에, 자신이 몸담았던 직업, 국가 전략 비상 의료 용품 비축 관리, 800명의 직원 관리, 전염병 위협에 대비한 국가 생물 방어 전략 수립을 돕는 것 등을 포함한 CDC 공중 보건 준비 및 대응 사무소의 이사직을 떠나 오마하로 갔다. "CDC에서의 경력 끝자락에 저는 15억 달러의 예산을 관리했지요, 그 일은 인사와 재정 관리였습니다."

관료직으로서 높은 자리에 오르기 전에, 그는 와이오밍에서 방글라데시에 이르기까지, 전염병 대응을 위해 세계를 누볐는데, 이런 업무로 종종 "질병 카우보이"라 불렸다. 한타바이러스 발생을 조사하는 칠레 남부의 임무 동안, 그는 어떤 종류의 매개체가 바이러스를 옮겼는지 알아내기 위해 때때로 말을 타고 외딴 마을들을 방문해서, 설치류를 잡았다. 그는 "우리는 거기에 설치류가 매우 많다는 것을 빨리 알게 되었습니다"라고 말했다.

그가 사우디아라비아에서 리프트 밸리(Rift Valley) 열병을 연구한 후, 2001년 사우디 보건부 장관은 감사의 표시로 그에게 참수용 칼의 루시테 복제품을 주었다. 중부 자이르에서 위험한 순간, 즉 원숭이두창이 창궐했을 때, 그와 그의 팀은 격렬한 내전에서 두 세력들, 즉 로렌트 카빌라 게릴라들과 모부투 대통령의 반대 세력들이 오고 있다는 소식을 들었다. 미국 대사관 연락처는 위성 전화로 "그들은 아마도 당신들의 차량과 장비를 빼앗아 갈 것입니다"라고 경고했다. "하지만 아마 당신들을 죽이지는 않을 겁니다."

칸의 일행은 빠르게 짐을 싸서 작은 비행기를 타고 뺑소니를 쳤는데, 그 비행기는 엄청난 폭풍우를 뚫고 날아갔다.

"제 왼쪽에 앉은 친구는 기도를 하고 있었지요"라고 칸은 2016년에 출간된 화려한 현장 모험과 심각한 경고로 가득 찬 "차기 팬데믹"이라는 책에서 회상했다. "저는 제 옆에 앉은 프랑스 의사가 그의 가족에게 작별 편지를 쓰고 있는 것을 보았습니다. 그래서 저는 이렇게 생각했지요."

그가 한 생각: 이것은 위험한 직업이니, 목숨을 걸 가치가 있어야 한다.

CDC에서 20년 이상 동안, 분명히 그랬다. 1995년, 그는 에볼라가 창궐한 자이르의 키크윗에서 그런 일을 했다. 다음 해, 그는 크림-콩고 출혈열 조사 작업을 돕기 위해 오만 술탄국으로 갔다. 2001년 우간다에서, 다시 에볼라가 창궐했다. 차드는 2008년에 소아마비를 퇴치하기 위해 여전히 고군분투하고 있었고, 칸은 그곳에 갔다. 아마도 가장 운명적으로, 그가 장기적으로 전망했던 예감이 적중하여, 2003년에 사스를 만났다. 이는 그가 싱가포르에서 복무했던 당시였다.

하지만 CDC에서 그의 임기가 끝날 무렵 칸은 고위 관료로서, 조사하는 것이 아니라 조정하는 일을 담당했다. 과학은 그 업무에서 비중이 적었다.

"이제 (오마하에 오니) 제가 하는 일의 거의 대부분이 과학이네요"라고 그는 오마하에서 나에게 행복한 기분으로 말했다. 바이러스학, 역학, 생태학, 그리고 질병 과학의 다른 측면들은 "차세대 공중 보건 종사자들을 교육하는" 그의 임무에 본질을 제공한다.

그의 현재 거처 모습이 어떨지 궁금해진 나는 그에게 자신의 노트북을 들고 주변을 빙 둘러서 보여 달라고 요청했다(2009년과는 달리 이번 2020년은 줌으로 비대면 인터뷰 중이었다). 그의 사무실은 마치 악당들 갤러리처럼 다양한 병원체들의 전자현미경 사진이 초상화처럼 걸려 있는가 하면, 까마귀만큼 큰 모기 조각상 두 점, 스타워즈 시계, 빅 히어로 6 로봇 장난감, 전 세계 어린이들이 보내온 카드들, 콩고산 향로와 사우디아라비아의 참수 검 같은 여행 기념품과 선물들, 그리고 자신이 '나의 지표들'이라고 부르는 항목들을 적어둔 화이트보드까지, 절충적이고 기이한 장식들로 꾸며져 있었다. 그의 소중한 지표들은 학교에서의 학문적 목표를 향한 진척의 척도, 과학적 목표, 연구를 지원하기 위한 자선적 목표 등이다. 그는 "저는 증거에 기반하는 사람이라, 업무도 증거에 기반하여 합니다"라고 말했다.

나는 그에게 코로나19에 대해 물어봤다.

무엇이 그렇게 처참하게 잘못됐을까요?

그가 CDC에서 감독했던 공중보건 대비는 어디에서 했었나요?

대부분의 국가들, 특히 미국은 왜 그렇게 준비가 안 되었나요? 과학적인 정보가 부족했나요, 아니면 돈이 부족했나요?

"이건 상상력의 부재에 관한 문제입니다"라고 칸은 말했다.

그리고 물론, 상상력은 역사로부터 영향을 받는다.

12

 SARS-CoV의 역사는 2002년 말 중국 남동부의 주강(珠江) 삼각주 지역인 광저우와 다른 도시들, 즉 모두 합치면 지구상에서 가장 거대한 도시 집합체에서 기원을 알 수 없고 원인을 알 수 없는 "비정형 폐렴"이 확산되기 시작하며 시작되었다.

2003년 1월, 이 폐렴은 호흡기 질환을 앓고 있는 한 건장한 수산물 상인의 몸 속에 들어와 광저우 병원에 입원하면서 그곳에 침투하게 되었다. 그 병원에서, 그리고 그가 이송된 호흡기 시설에서, 생선장수는 기침을 하고, 헐떡이고, 게우고, 침을 뱉고, 특히 기관지 삽관을 하면서 수십 명의 의료인들을 감염시켰다. 그는 광저우 의료진들 사이에서 "독왕(毒王)"으로 알려지게 되었다. 이를 돌이켜보고 나서, 질병 과학자들은 그에게 슈퍼전파자라는 다른 호칭을 붙였다.

이 병원의 감염된 의사들 중 하나인 신장내과 의사는 독감과 같은 증상을 보였으나 상태가 호전되어 조카의 결혼식을 위해 3시간 동안 버스를 타고 홍콩으로 갔다. 가우룽 지역의 3성급 호텔인 메트로폴 호텔 911호실에 머물던 의사는 다시 증세가 나빠지면서 9층 복도를 따라 병을 퍼뜨렸다. 그 후 며칠 동안, 9층에 묵은 다른 손님들이 비행기를 타고 싱가포르와 토론토로 그 병을 가지고 귀국했다. 하노이에서도 특히 의료 종사자들 사이에서 환자가 발생하기 시작했는데, 이것은 이 병원체가 무엇이든 간에 사람에서 사람으로 잘 전염된다는 것을 보여 주는 경종이었다.

3월 12일, WHO는 이 새롭고, 중증의 호흡기 질환에 대해 전 세계적인 경보를 발령했다. 3월 15일까지, WHO는 전 세계적으로 150건의 새로운 증례를 보고했으며, 이것을 사스라고 불렀다.

두 가지 미스터리가 어렴풋이 대두되고 있었는데, 하나는 긴급하고 하나는 계속 머릿속에서 잊히지 않는 것이었다: 원인이 무엇이었을까?

새로운 바이러스일까? 만약 그렇다면, 어떤 종류의 바이러스일까?

첫 번째 미스터리는 옥스퍼드에서 미생물학 박사과정을 밟았던 스리랑카 의사 말릭 페이리스(Malik Peiris)가 이끄는 팀에 의해 곧 부분적으로 해결되었다. 페이리스와 그 팀원들은 인플루엔자를 전문으로 했고, 그래서 처음에 독감 바이러스일지도 모른다고 의심했다.

한 가지 우려스러운 가능성은 조류 독감인 H5N1인데, 조류 독감은 새들에게 골칫거리이며 사람에게 전염되는 드문 경우에 종종 치명적이지만 인간끼리 전염되는 것은 아니라고 알려져 있다. 이는 딱 한 달 전에 35세 홍콩 남성을 죽음에 이르게 했다. 그는 새해에 중국 본토를 방문했을 때 분명히 닭이나 오리와 같은 새들과 직접 접촉함으로써 걸렸다. 만약 H5N1이 현재 돌고 있는 병원체였다면, 그리고 만약 그것이 인간끼리 전염되는 형태로 진화했다면, 치사율은 끔찍할 수 있을 것이었다.

SARS 바이러스를 확인하는 한 가지 방법은 바이러스를 배양하는 것이었다. 즉, 실험실에서 배양한 세포에서 바이러스를 키우고 그 바이러스에 감염된 세포들이 파괴되는 것을 보는 것이었다. 하지만 처음에 시도한 배양은 아무런 성과도 거두지 못했다.

페이리스와 함께 이 팀을 이끌던 공동 리더는 K.Y. 위엔이었는데, 그는 훗날 17년 후 홍콩 정부에 코로나19를 일으키는 새로운 바이러스의 전염성에 대해 경고하게 되는 인물이기도 하다.

당시 위엔은 한 기자에게 이렇게 말했다.

"우리는 H5N1이라고 생각하고 있었습니다."

그 추정에 따라, 팀은 H5N1에 특화된 바이러스 배양 기술을 사용했다.

"그래서 우리는 진짜 사스 바이러스를 배양하는 데 실패했습니다. 기회를 놓친 것이죠. 그리고 우리는 그 점에 대해 솔직하게 말해야 합니다."

그들은 자신들이 이미 알려진 바이러스가 아니라, 전혀 새로운 바이러스를 다루고 있다는 사실을 처음에는 깨닫지 못했다.

이러한 오판으로 인해, 전염병의 초기 단계에서 결정적으로 중요한 몇 주를 허비하게 되었고, 그에 따른 대가를 치르게 되었다.

그러나 3월 중순이 되자 상황은 달라졌다.

그들은 두 명의 환자에게서 얻은 검체에서 바이러스를 검출했고, 그중 한 검체의 유전체 절편을 염기서열 분석하여 그것이 코로나바이러스라는 결론에 도달했다. 또한 다른 45명의 환자에게서 별도의 기술을 통해 바이러스의 존재를 확인함으로써, 그 바이러스가 사스의 원인임을 명확히 입증했다.

비록 이전까지 해 오던 전통에 따라 새로운 바이러스의 이름은 지리적 연관성으로 짓는 경향이 있었지만 — 에볼라는 자이르의 강에서, 마르부르크는 독일의 어느 도시 이름에서, 니파는 말레이시아 어느 마을 이름에서, 헨드라는 호주 교외의 이름에서 — 그렇게 하면 그 지역에 주홍글씨가 새겨진다는 우려가 아주 민감하게 팽배되고 있었다. 그래서 이 병원체는 SARS-CoV로 알려지게 되었다.

이 일은 여전히 두 번째 미스터리를 남겨두고 있었다: 바이러스의 기원.

이 바이러스가 동물에 의해 매개된 것으로 추정되는 만큼, 가장 중요한 질문은 다음과 같았다.

바이러스가 인간에게 오기 전 머물고 있었던, '저장 매개체' 역할을 한 숙주 동물은 과연 무엇이었을까?

맨 처음에 의심했던 것은 히말라야 야자 사향고양이였는데, 몽구스와 연관된 고양이 크기의 잡식 동물로, 남중국에서는 식용으로 고가에 거래되는 불운한 처지의 생물이기도 했다. 야생동물 거래가 주목을 끈 이유는 선전과 인근 도시 중산에서 초기 사스 증례들 중 몇몇이 사향고양이를 포함하여 야생동물 요리를 준비하는 식당 종업원들에게서 발생했기 때문이었다. 선전의 한 시장에 갇힌 다양한 동물들의 면봉 표본을 검사한 결과, 4마리의 사향고양이와 1마리의 너구리에서 바이러스 양성이 나왔다.

그 증거는 다소 미약했을 수 있지만, 전 세계적인 사스(SARS) 유행이 끝난 지 몇 달 후인 2004년 1월, 광저우에서 소규모의 두 번째 발병이 발생했다.

이 두 번째 발병에서는, 1차 유행 당시 염기서열이 분석된 모든 바이러스들과 전혀 다른 변종 바이러스가 확인되었고, 그 바이러스는 4명의 환자를 감염시켰다.

이는 곧, 사향고양이나 너구리 같은 야생동물로부터 또 한 차례의 바이러스 파급이 있었을 가능성을 시사했다.

이에 따라 베이징, 광저우, 홍콩대학의 과학자들은 공동 연구를 진행했고, 그들의 초점은 광저우의 신위안(新源) 동물시장으로 향했다 ― 이곳은 12개 성(省)의 농장에서 사육된 사향고양이들을 비롯해, 야생동물들이 대규모로 거래되는 대표적인 시장이었다.

그들은 이 시장에서 판매되고 있던 야자 사향고양이와 너구리들을 중심으로 새로운 조사에 착수했다.

신위안 시장은 북적이고 무질서한 공간이었다. 수많은 동물들이 좁은 우리 속에 겹겹이 쌓여 공포심과 체액을 공유하며 갇혀 있었고, 그 한가운데서 수백 명의 사람들이 일하며 생계를 유지하고 있었다. 도살된 동물들의 폐기물 사이를 아이들이 아장아장 다녔고, 가족들은 가게 위층의 비좁은 다락방에서 잠을 청했다. 이와 같은 환경에서 이루어진 조사에서, 91마리의 야자 사향고양이와 15마리의 너구리들이 바이러스 양성 반응을 보였다.

연구원들은 25개의 야생동물 공급 농장을 직접 방문해, 또 다른 천 마리의 사향고양이를 검사했지만, 그들 사이에서는 바이러스의 흔적을 전혀 발견하지 못했다.

이 결과는 사향고양이들이 농장에서가 아니라, 유통 과정 중에 감염되었을 가능성을 시사했다.

즉, 살아 있는 동물들이 도시 시장으로 이동되는 경로 어딘가에서, 다른 종의 동물들과 어쩔 수 없이 가까이 접촉하면서 감염되었을 가능성이 높았던 것이다.

그러나 이러한 정보들 중 어느 것도 사향고양이들의 생명을 구하지는 못했다. 광둥성 정부는 바이러스의 잠재적 출처로 지목된 사향고양이로부터 소비자를 보호한다는 명분하에 전면적인 도살 명령을 내렸다.

그리고 2004년 1월 6일 아침, 마스크와 보호복을 착용한 동물 통제 요원들이 시장에 나타나, 노점상들로부터 사향고양이들을 하나둘씩 압수하기 시작했다.

"오늘 사향고양이들은 모두 죽임을 당할 것입니다."

한 관리가 뉴욕 타임스 기자에게 그렇게 말했다.

사향고양이들은 익사 혹은 감전사라는 방식으로 처형되기 위해 끌려갔다.

하지만 이후의 연구에 따르면, 그들은 단지 바이러스의 불운한 중간 숙주에 불과했다.

다른 종의 어떤 동물에게서 바이러스에 감염되었고, 그 바이러스가 사향고양이를 거쳐 결국 인간에게 전파된 것이었다.

어떤 동물이었냐고?

가능성은 너무나 광범위했고, 표본을 확보하는 일은 극도로 어려웠다.

그리고 그 두 번째 미스터리를 푸는 데는, 결국 13년이라는 시간이 더 걸릴 것이었다.

13

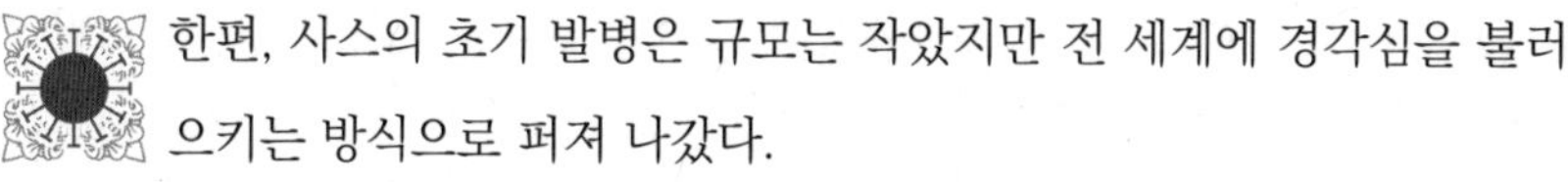 한편, 사스의 초기 발병은 규모는 작았지만 전 세계에 경각심을 불러일으키는 방식으로 퍼져 나갔다.

2003년 2월 23일, 홍콩을 방문하고 돌아온 78세의 여성 한 명에 의해 사스는 토론토에 도착했다.

그녀와 남편은 2주간의 여행 중 마지막 밤을 메트로폴 호텔의 9층에서 보냈기 때문에, 아마도 그곳에서 그 신장내과 의사로부터 감염되었을 것으로 추정된다.

이 여성은 앓기 시작했고, 3월 5일 집에서 가족들이 임종을 지켜보는 가운데 사망했으며, 그녀의 아들 중 한 명이 곧 증상을 보이기 시작했다. 일주일 동안 호흡곤란을 겪은 후 그는 응급실로 갔고, 그곳에서 격리되지 않은 채 액체를 미스트로 변환해서 환자의 목구멍으로 밀어 넣는 분무기를 통해 약을 처방받았다.

"그렇게 하면 숨 쉴 기도를 트이게 하니까요"라고 알리 칸은 말했다 — 사실, 소위 천식 발작을 예방할 수 있는 유용하고 안전한 도구이지만.

그러나 전염성이 매우 강한 바이러스에 대해서라면, 현명하지 못한 방책이었다.

"분무기로 숨을 다시 내쉬면, 근본적으로 폐 속에 있는 모든 바이러스를 끌어모아 올려서, 치료를 받고 있는 응급실의 공기로 다시 내보내는 것이죠."

응급실에 있던 다른 두 명의 환자가 감염되었는데, 그중 한 명은 곧 심장마비로 관상동맥질환 집중 치료실로 갔다. 그곳에서 그는 결국 8명의 간호사, 1명의 의사, 3명의 다른 환자, 2명의 사무원, 그의 아내, 그리고 2명의 기사를 감염시켰다. 그 환자는 슈퍼전파자라고 불릴 자격이 있다. 그녀의 아들이 응급실을 방문함으로 인해 병원과 관련된 사람들 중 128명의 환자가 발생했다. 그들 중 17명이 사망했다.

싱가포르에서 첫 번째 사스 환자 또한 최근에 홍콩을 방문했던 사람이었다. 두 명의 승무원이 쇼핑 휴가를 위해 그곳으로 비행기를 타고 왔고 메트로폴의 9층에 있는 방에서 머물렀다. 집으로 돌아온 그들 중 한 명이 열과 호흡 장애와 같은 증상이 발생했고, 그 도시의 가장 큰 시설들 중 하나인 탄 톡 성(Tan Tock Seng, TTS) 병원에서 치료를 받았다.

그녀는 개방 병동에 입원했다. 항생제는 효과가 없었다. 며칠 후, 고통에 시달리던 그녀는 중환자실로 옮겨졌다. 어느 시점에서, 아마도 이송되기 전에 그녀에게는 문병객들이 방문했었고, 그들 중 몇몇이 환자가 되어 병원으로 돌아오자 의사들은 전염성 있는 무언가가 있는데, 이는 아마도 그들이 들은 중국에서 괴질성 폐렴이 집단 발병했다는 소문과 관련되었을 것으로 의심했다. 그 당시 그 젊은 여성이 입원했던 병동에서 근무하는 간호사 네 명이 어느 날 한꺼번에 앓기 시작했다는 것을 그 병원에서 감염 관리를 감독했던 의사 브렌다 앙이 인지했다.

6년 후에 내가 그 병원을 방문하여 그녀를 만났을 때, "제게는 바로 그때가 결정적인 순간이었습니다"라고 작은 체구의 솔직한 여성 앙이 말해 주었다.

"모든 것이 걷잡을 수 없이 진행됐습니다."

결정적 순간은 2003년 3월 12일 수요일이었는데, 바로 그 날 제네바의 WHO가 이 "비정형 폐렴"에 대해 전 세계적 경보를 발표했고, 이후 SARS로 알려지게 된다.

말릭 페이리스와 그의 동료들이 바이러스를 분리하기 바로 전에 나온 WHO의 경보는, 그것이 "조류 독감"이 아니라, 다른 무엇인가, 즉 알려지지 않은 것으로서, 인간에게 전염될 수 있는 다른 무엇인가로 추정되며, 그러므로 환자들을 조심스럽게 격리할 것이 권장된다고 경고했다.

싱가포르 보건부는 사스 대책위를 구성했고, 탄 톡 성 병원은 사스 의사 결정을 위한 중추 센터로서 작전 본부를 설치했다.

그 무렵 알리 칸은 WHO 자문위원(CDC에 이어 두 번째로)의 자격으로 싱가포르에 도착해 조사와 대응을 조직하는 데 도움을 주었다. 그는 보건부의 수석 전염병학자인 츄 수옥 카이(Suok Kai Chew) 박사를 매일 만났고, 다른 사람들과 함께 사스 대책위를 통해 정부의 협력을 얻으며 전략과 전술을 개발했다. 공중 보건 전략은 격리와 검역(quarantine)이었다.

칸은 "이번 사태가 일어나기 전엔 검역과 격리는 전염병 발생에 자주 시행된 건 아니었습니다"라고 내게 말했다.

중세 유럽에서 전염병이 도는 기간 동안에 때때로 항구에 도착하는 선박들은 40일(quaranta)간 정박하고 나서야 상륙해야 하는 경우가 있었고, 지중해 항구인 라구사(현재 두브로브니크)는 페스트 지역에서 도착하는 여행객들을 30일간 격리시키는 트렌티노(trentino) 방침을 세웠다.

천연두가 발생한 19세기 후반과 20세기 초반 미국에서는 환자들(특히 가난한 사람이나 유색인종일 경우)을 격리시키는 수용소 — 높은 철조망으로 둘러싸거나 악몽 같은 "페스트 하우스" — 에 가두었는데, 이는 치료 목적이 아니라 일반 대중의 안전을 위해서였다.

칸은 "그것은 케케묵은 개념이었죠"라고 건조하게 말했다.

그와 츄 그리고 그들의 동료들은 그것을 보다 인간적인 방식으로 되살렸다.

탄 톡 셍은 사스를 보는, 그리고 사스만 전담해서 보는 병원이 되었고, 사스 이외의 다른 환자들은 싱가포르 종합병원으로 전원되었다. 사스의 의심 혹은 가능성이 있는 모든 환자들은 TTS에서 격리에 들어갔고, "의심 혹은 가능성이 있는" 환자의 정의는 WHO의 지침을 넘어 열이 나거나 호흡기 질환이 있는 사람을 다 포함하도록 확장되었다. 모든 기관의 모든 보건 의료 종사자들은 엄격하게 시행되는 N95 마스크 착용을 포함하여 PPE (Personal Protective Equipment; 개인보호장구)에 적응했고, 하루 세 번 스스로 발열이나 기타 징후를 확인하도록 하였다. 의료진도 한 기관으로만 근무가 제한되었기에 병원 간에 바이러스를 옮길 수 없었다. 환자의 삽관과 같은 위험한 시술 중에 그들은 정화된 공기를 주입하는 호흡기 헬멧인 PAPR (Powered Air Purifying Respirator)을 착용했다. 다른 질환이 있는 환자들은 퇴원 후 열흘 동안 자택 격리되었다.

지역사회 내 확산을 제한하기 위한 확고한 조치도 취해졌다.

3월 27일부로 학교는 문을 닫았고, 사스로 사망한 사람들의 시신은 24시간 이내에 화장 되었다. 조사관들은 또한 24시간 이내에 각 새로운 사스 환자들의 밀접 접촉자들을 추적했고, 그 접촉자들은 의무적인 자가 격리에 맡겨졌다.

칸은 격리 지침에 대해 이렇게 설명했다.

"좋아요, 접촉자 여러분. 당신은 집에 있어야 합니다. 당신의 집에는 카메라가 설치되고, 전화도 연결될 겁니다. 우리는 무작위로 전화를 걸 것이고, 그때 당신은 카메라를 켜고 그 자리에 있어야 합니다."

이미 800명 이상이 자택 격리 상태에 놓여 있었다.

격리 지침을 위반할 경우, 전자 발목 팔찌와 같은 추적 장치를 통해 이동이 감시될 수 있었다.

하지만 칸은 이렇게 말했다.

그러한 강제 격리는 곧 물류 문제로 이어졌다는 것.

"우리는 이렇게 말합니다. '우리가 그들을 격리 조치한 순간부터, 그들을 '책임져야' 하는 겁니다.'"

그들에게 음식을 제공해야 하고, 일반적인 건강 상태를 살피고, 그들이 의식주를 제대로 해결하고 있는지 확인해야 한다.

칸은 다시 물었다.

"그럼 누가 그들을 돌봅니까? 누가 그 비용을 감당하나요?"

그리고 곧바로 대답했다.

"만약 그 격리 조치를 시행한 주체가 정부 부처라면 — 그 부처가 책임을 지는 겁니다."

"그리고 싱가포르는 매우 특별한 곳입니다"라고 나는 말했다. "내 말은, 만약 당신이 킨샤샤에서 그런 것을 시도했다면 어땠을까요?"

"오, 맙소사, 제대로 안됐을 겁니다."

싱가포르는 질서정연한 곳이다. 싱가포르는 엄격하고 부유하다. 4월 24일까지 22명이 사망했으며, 이 시점에서 검역 위반자에 대한 처벌이 강화되어 벌금이 가중되고 투옥될 가능성이 있다. 택시 운전사들은 매일 체온을 검사했다. 버스와 자가용뿐만 아니라 창이 공항에 도착하는 승객들도 검사를 받았다. 5월 20일에는 11명이 침을 뱉은 혐의로 각각 300달러의 벌금을 부과받았다.

이러한 조치는 효과가 있었다.

2003년 7월 13일 마지막 사스 환자가 회복되어 탄 톡 성에서 걸어 나왔고 사스는 종결되었다. 어떤 사람들은 사스가 전 세계적으로 774명의 사람들을 사망하게 하면서 "소멸되었다"고 안이하게 말한다.

그것은 소멸된 것이 아니었다.

칸이 나에게 말했듯이, 그것은 잠깐 멈추었을 뿐이었다.

2009년에 방문했을 때, 나는 감염관리 담당 브렌다 앙에게 "지금 가장 걱정되는 것이 무엇인가요?"라고 물었다.

그녀는 좌절감을 느끼며 웃었다.

"이 정도면 됐다 생각하는 안일함이죠"라고 그녀가 말했다. "그리고 무관심."

일상적이지만 중요한 감염관리 조치들, 즉 부지런히 손을 씻고 문 손잡이를 알코올로 닦는 것은 위기가 지나면 실천하지를 않는다. "사람들은 현실에 안주하게 됩니다. 그들은 주변에 새로운 병원체가 없다고 생각합니다."

그리고 더 큰 교훈은, 집단 발병 지역을 넘어, 싱가포르를 넘어서까지 적용된다. 내가 예지력이 있었다면 아마도 나는 그녀에게 이렇게도 물어봤을지도 모른다 — "이 코로나바이러스뿐 아니라, 이후에 올 것에도 말이죠?"라고.

"단지 자신의 영역만 방어하는 건 의미가 없습니다." 앙은 말했다. "감염병은 전 세계 도처에 있거든요."

알리 칸도 나중에 같은 말을 했다.

"어디에선가 일어난 병은 전 세계 어딜 가도 있는 병입니다."

14

또 하나의 커다란 교훈은 사스에만 국한된 것이 아니었으며, 알리 칸에게 있어서도 전혀 새로운 것이 아니었다:

불균형적인 면의 중요성, 즉 한 명의 환자나 한 가지 상황이 다수의 사람들에게 바이러스를 전염시킬 수 있다는 것.

다시 말해서: 첫 증례 하나가 2차 증례들을 많이 만든다는 것.

우리가 역학자들이나 공중보건 당국자들이 슈퍼전파자들이나 슈퍼전파 상황들에 대해 이야기하는 것을 흔히 듣게 되니, 이제 이 개념은 친숙하다. 이는 오래된 개념으로, 적어도 20세기 초에 아일랜드 태생의 요리사 메어리 말론(장티푸스 메어리; Typhoid Mary로 불림)이 뉴욕에서 일하는 동안, 자신은 장티푸스에 걸린 흔적을 보이지 않았음에도 불구하고 51명을 감염시켰던 때부터 인식되었었다.

"슈퍼 전파자"라는 용어는 좀 더 최근에 만들어진 것이고, 칸이 내게 말한 바에 의하면 1992년 미니애폴리스의 한 동네 술집에서 41명을 감염시켰던 것으로 보이는 노숙자와 같이 전염성이 매우 높던 결핵 환자에게 처음 사용되었다고 한다. 칸의 경우는, 그가 1995년 자이르의 키크윗에서 에볼라 대응팀을 위한 접촉자 추적을 한 이래로, 그가 4년 후 발표한 한 저널 논문에서 이 용어를 유용하게 사용하였다.

그가 추적한 접촉자 중 두 명은 위장 출혈을 겪은 에볼라 환자였는데, 다른 많은 환자들은 이들 둘이 자신들과 접촉한 사람들이었다고 지목하였다. 그것은 그 두 명이 어떤 연결고리 역할을 했음을 강력하게 시사했다. 그 두 명만 해도 50건 이상의 전염에 원인이 되었을 수 있었다. 그것은 그들이 보인 출혈성 설사로 일어날 수도 있고 그렇지 않을 수도 있었다. "'슈퍼 전파자' 또는 '고빈도 전파자'라는 개념은 출혈열 치고는 새로운 개념이다"라고 1999년에 칸과 그의 공동 저자들은 기술했다. 그들은 '슈퍼 전파자' 또는 그 개념을 발명한 것이 아니지만 그 용어를 제대로 사용하고 있었다.

결핵이나 장티푸스뿐만 아니라 바이러스성 출혈열에도 이러한 다른 전례가 존재했으며, 칸의 논문은 이러한 전례들을 인용했다:

1970년 나이지리아에서 발생한 라싸열은, 이 기간 동안 한 사람이 병원 병동 한 곳에서 14명의 다른 사람들을 감염시킨 것으로 보이며, 1971년 마추포 바이러스에 의해 발생한 볼리비아 출혈열은, 감염된 여행자 한 명에게서 안데스 고원지대의 도시 코차밤바에 사는 4명에게 전염되었는데, 그곳은 바이러스도 저장 매개 숙주(저지대 설치류)도 없는 곳이었다. 또한, 다른 질병들 중에서도 성홍열을 일으키는 사슬알균은, 특히 코에 세균을 다량 보유하고 있는 사람일수록 이보다 적은 사람들(비록 그 사람들조차 체내에 다량의 세균을 보유하고 있을지도 모르지만)보다 훨씬 더 잘 전염시킨다는 충분한 증거도 있었다.

사스로 인해, 슈퍼전파자들의 중요성은 광저우에서 독왕의 증례를 시작으로, 홍콩에서 메트로폴 호텔의 911호실에 묵었던 신장내과 의사의 증례까지 고통스러울 정도로 분명해졌다. 칸과 그의 동료들은 싱가포르에서도 그것을 보았다.

"저는 와서 그들의 조사를 도와달라고 초빙 받았습니다"라고 그는 나에게 말했다. "그곳에 도착하니, 상황이 훨씬 더 구체적이 되었습니다."

그는 홍콩에서 쇼핑을 했던 승무원을 새삼 떠올렸다. 그것은 그를 당혹하게 만들었고, 다음과 같이 덧붙였다. "싱가포르에 사는 사람이 왜 쇼핑을 하러 다른 곳으로 가겠습니까? 왜냐하면, 제가 알기론, 거기 홍콩은 온 나라가 쇼핑몰이기 때문입니다."

더 싼 가격, 아마도 말이다.

어쨌든, 그녀와 그녀의 친구는 둘 다 감염되어 돌아왔다.

"여기서 즉각 얻게 되는 교훈은, 다른 많은 사람들을 전염시키는 데 탁월한 사람들이 존재한다는 것입니다."

1차 증례 대부분이 그다음 2차 증례를 만드는 일은 드문 법이다.

"그걸로 끝. 원래 다른 아무 데도 가지 않습니다. 하지만 다른 사람들에게 전염시키는 것을 그렇게 잘하는 것이 이 소수의 사람들입니다."

첫 승무원의 이름은 에스터 목이었다. 그녀의 감염은 그녀의 어머니, 그녀의 아버지, 그녀의 외할머니, 그녀의 삼촌, 그리고 (기도를 하기 위해 그녀를 방문했던) 교회의 목사에게 옮아갔고, 그들은 모두 탄 톡 성의 환자가 되었으며, 할머니를 제외한 모든 사람들이 사망했다. 상황을 알지 못했기에 비난받을 이유가 없었던 에스터 목은 네 명의 간호사들도 감염시켰으며, 이는 브렌다 앙의 관심을 끌었다. 목 자신은 살아남았다.

하지만 칸은 그런 환자들을 탓하기보다는, '생태학'이라는 또 다른 요소를 공평하게 언급했다.

그가 말하고자 했던 것은, 광범위한 전파가 생물학적 요인만으로 설명되지 않으며, 상황과 사람 간의 상호작용 — 즉 맥락 자체가 중요한 역할을 한다는 점이었다.

칸이 말한 가장 위험한 상황은 다음과 같았다.

전염성이 있다고 인식되지 않은 중증 감염자의 입원.

그리고 그러한 상황에서, 의료 종사자에게 가장 높은 위험을 초래하는 행위는 호흡기 위기를 겪는 환자에게 삽관을 하거나, 분무기로 약을 투여하는 절차였다.

이런 맥락에서 보자면, 광저우의 '독왕'이나 사스를 홍콩에서 토론토 자택으로 옮긴 할머니의 아들은 '슈퍼전파자'라기보다는, 보다 관대한 해석으로 '슈퍼전파 상황 속의 중심 인물' 정도로 간주할 수 있을 것이다. 장티푸스 메어리는 다양한 직업과 이름을 바꾸며 자신의 상태를 의도적으로 숨겼지만, 이 불운한 사람들은 그런 의도가 전혀 없었다.

칸은 또 다른 예로도 위험 요소가 될 수 있다고 덧붙였다. 에스더 목은 문병하러 온 사람들이 많았다.

칸은 CDC 동료인 피터 킬마르크스(Peter Kilmarx)에게서 슈퍼전파자 상황과 슈퍼전파자를 구분 짓도록 촉구를 받았는데, 킬마르크스는 1995년 키윗에서 에볼라 대응팀을 맡고 있던 칸의 동료들 중 한 명이었다.

칸은 나에게 "피터는 매우 착하죠"라고 말했다.

킬마르크스는, 독왕의 병실이나 그 밖의 위급한 상황에서 정확히 무슨 일이 있었는지에 대해 불확실한 정보만으로 누구든 쉽게 낙인찍는 불공정성에 민감하게 굴었다.

"그건 사람 탓인가요? 아니면 환경 탓인가요?"라고 칸은 당시 이렇게 자신에게 물어보았고, 지금은 나에게 물었다. "바이러스 탓인가요?"

확실한 답은 얻을 수 없다.

감염된 사람은 얼마나 많은 바이러스가 상기도로 축적되어 밖으로 배출될 준비가 되어 있는지, 그리고 얼마나 많은 바이러스가 하기도(폐)에서 고통을 유발하고 있는지를 측정하기 위해 검사를 받을 수 있다. 환경은 기계마다, 표면마다 검사할 수 있다. 하지만 바이러스에 대해 알아야 할 것은 항상 더 많을 것이다.

어떤 바이러스라도 말이다.

하지만 2003년은 그저 예행연습에 불과했다.

"우리는 사스라는 총알을 운 좋게 피했습니다"라고 돈 버크는 내게 말했다.

슈퍼 전파 상황이 일어나서 비참한 대가를 치렀다.

그렇다.

많은 환자수와 사망 증례의 증가 말이다.

하지만 전체적으로 보면 더 최악일 수도 있었다. 만약 이 바이러스가 모든 환자와 모든 상황에서 조금만 더 전염성이 높았더라면, "정말 큰 문제가 될 수도 있었을 겁니다"라고 그는 말했다. 하지만 그 사스 코로나 바이러스에는 한 가지 특징이 있었다, 아니, 달리 말해 '결핍되었던' 특징이 그 바이러스와 전 세계적 팬데믹 파국으로 갔을지도 모를 악몽 사이에 가로놓여 있었다.

"무슨 말이냐 하면, 대부분의 무증상 감염자들은 실제로 앓는 증상이 나올 때까지 전염성이 없었다는 것입니다. 그래서 우리에게 시간의 여유가 있었죠."

우리는 증례와 접촉자 추적, 격리를 식별할 수 있었다. 그러한 이유들로 인해 이 바이러스는 더 이상의 진행을 멈출 수 있었을 것이고, 막을 수 있었을 것이다.

만약 이 바이러스가 조금만 달랐다면, "전염성이 높고, 질병의 발현 증상이 다양하고, 누가 무증상 보균자인지 알아내기가 더 어려웠다면, 우리는 결코 사스를 억제할 수 없었을 것입니다."

그가 이 말을 한 것은 최근 대화가 아니라 과거 2011년에 대화를 나누던 중에 나온 것이었다. 그것은 예지였을까, 모델링이었을까, 아니면 또 하나의 운 좋은 추측이었을까?

15

 2012년, 다른 코로나 바이러스가 아라비아 반도에서 발생하여, 사스만 이례적인 사건이 아니었음을 알게 되었다.

최초로 인정된 증례는 6월 13일 제다의 한 개인 병원에 도움을 요청한 60세의 사우디 남성이었다. 그는 열이 나고 기침을 하고 침을 뱉으며 숨을 잘 쉴 수 없었다. 그의 흉부 엑스레이는 좋아 보이지 않았다. 다음 날 그는 중환자실로 이송되었고 산소를 공급받는 것을 돕기 위해 기관지 삽관을 했고, 혈액과 가래 검

체를 채취했다. 그의 혈액은 세균에 대해 음성, 가래도 2009년 전 세계를 돌았던 인플루엔자 바이러스의 일종인 H1N1에 대해 음성 반응을 보였다. 3일째에 시작한 다른 검사에서 그의 신기능이 떨어지는 것으로 나타났다. 8일 후, 호흡기 부전과 신부전을 겪으며 환자는 사망했다. 병원은 사후 검사를 하지 말라고 명령했는데, 이것은 그의 사인이 무엇인지 알려진 것으로 간주하자는 것을 의미했다.

하지만 사인은 알려지지 않았다.

이 병원의 의사인 알리 모하메드 자키(Ali Mohammed Zaki)는 이 증례에 여전히 관심을 갖고 있었다. 검체와 결과는 법에서 요구하는 대로 사우디 보건부에 넘겨졌지만, 자키는 추가 검사를 수행하기에 충분한 검체를 가지고 있었다. 그는 바이러스가 이 남성을 죽였을 것이라고 의심했는데, 아마도 일종의 파라믹소바이러스(paramyxovirus)일 것으로 짐작했다. 파라믹소바이러스는 홍역, 유행성 이하선염, 그리고 기관지염과 폐렴과 관련된 다른 질병들을 일으키는 RNA 바이러스 계열의 하나로, 인플루엔자 바이러스 및 코로나 바이러스와 함께 경계 대상 중 하나이다.

하지만 아니었다. 이 남성의 파라믹소바이러스 검사는 음성으로 나왔다.

자키는 그 후 사스 때문에 코로나 바이러스에 생각이 미쳤다.

당시 사람을 감염시키는 코로나바이러스는 5가지로 알려져 있었고, 그중 4개의 바이러스는 경미하고 감기와 유사한 증상만을 일으켰다.

다섯 번째가 사스였으며, 아마도 이 남성은 사스와 유사한 치사율을 가진 다른 코로나바이러스로 사망했을 것 같았다.

자키는 자신의 연구실에서 환자의 가래 검체에서 바이러스를 얻었다. 또한 네덜란드의 연구소에 연락하여 샘플을 보낼 준비를 하고 해당 과학자들과 협력하여 신종 코로나바이러스를 밝혀냈다. 자키는 네덜란드의 공동 저자들과 함께 발견한 내용을 발표하기도 전에 즉시 ProMED에 이 사실을 알렸다. 뉴욕에서, ProMED 부편집장으로서 훗날 코로나 19 경보를 하게 되는 마조리 폴락은

2012년 9월 20일 전 세계에 자키의 보고서를 게재했다.

이 질환의 발생은 첫 번째 증례인 60세의 그 노인으로만 끝날 것이 아니라는 것이 곧 분명해졌다. 3일 후, 폴락은 또 다른 보고서를 올렸는데, 이번엔 49세의 카타르 시민으로, 런던의 한 병원에서 위독한 상태로 입원해 있었고, 에어 앰뷸런스를 통해 카타르에서 전원되어 중환자실에 입원했으며 새로운 바이러스 검사에서 양성 반응을 보였다.

그는 첫 번째 환자와 최소한 한 가지 공통점을 가지고 있었다: 그는 최근에 사우디아라비아에 있었다는 것이다.

카타르의 게시물 직후, 폴락은 건강 및 위험 관리 회사인 International SOS와 협력하는 ProMED 구독자로부터 들은 소식으로, 5개월 전 요르단의 한 중환자실에서 유사한 중증 호흡기 질환이 발생해서 다른 11명에게 전염되었고, 그중 2명이 사망했다는 것을 기억해 냈다. 보고에 따르면 이 두 증례의 검체는 새로운 바이러스에 대해 양성 반응을 보였으나 확진 결과는 몇 주가 지나서야 도착했다. 이런 가운데 5명의 증례가 추가되어, 2012년 11월 말까지 총 9명의 신종 바이러스 희생자가 나왔고, 그때까지 이 바이러스나 증후군 모두 이름이 붙여지지 않았다.

마조리 폴락은 세 명의 공동 저자와 함께 이러한 증례 세부 정보를 대조한 논문을 즉시 발표했으며, 현재로서는 신종 바이러스에 대한 의문이 해답보다 더 많다고 언급했다.

이 질환이 발생한 국가들엔 무슨 일이 있었던 건가? 요르단 증례와 사우디아라비아를 연관 지을 여행 이력이 있었는가? 왜 희생자들은 주로 남성이었나? 또 확진자 9명 중 5명이 최근 여러 동물들에 노출된 이력이 있다는 점을 언급한 뒤 폴락과 공동 저자들은 이렇게 물었다: "무슨 동물들이었을까?"

16

에코헬스 얼라이언스에 고용된 수의사이자 생태학자인 존 엡스타인 (Jon Epstein)은 전화가 걸려온 2012년 10월 말 주말 동안 퀸즈의 집에 있었다. 이것은 마조리 폴락을 비롯한 다른 사람들이 거의 듣지 못했던, 중동에서의 새로운 바이러스에 대한 첫 번째 보고가 있은 직후였다. 콜롬비아 대학교(Columbia University)의 메일먼 공중보건대학(Mailman School of Public Health) 내 감염 및 면역 센터장인 이언 립킨(Ian Lipkin)이 전화를 건 것이었다. 립킨은 똑똑하고 세간의 이목을 끄는 분자생물학자로, 그는 자신의 연구의 골자를 "병원체 발견"이라고 표현한다. 엡스타인과 그는 특히 엡스타인의 전문 분야인 박쥐에서 나오는 새로운 바이러스의 식별을 위해 자주 팀을 이루어 일했었다. 그들의 협업을 간단히 말하자면, 엡스타인은 먼 곳으로 가서 동굴을 통과하고 천장을 가로질러 크고 작은 박쥐들을 잡고, 수의사들이 고양이를 다루듯이 부드럽게 그들을 다루며, 그들로부터 주로 피와 침을 그리고 면봉으로 대변을 채취한다. 립킨은 검체에서 바이러스를 감지하고 식별한다.

엡스타인은 나에게 "저는 그 날을 결코 잊지 못할 것입니다"라고 말했다.

"립킨의 입에서 나올 말이라고는 전혀 예상하지 못했던 것이었습니다."

"내일 뭐해요?" 립킨이 물었다.

"모르겠어요. 왜요?"

"우리는 사우디로 가는 비행기를 탈 것이거든요."

엡스타인은 업무상 전 세계를 다니며, 보통 그렇게 간단한 통보를 받은 적은 없었는데, 립킨은 서두르고 있었다. 사우디 보건부에서 립킨의 도움을 원했고, 립킨은 엡스타인의 도움을 원했는데, 왜냐하면 립킨은 이 최근에 나온 신종 코로나바이러스가 박쥐와 관련이 있을지도 모른다고 의심했기 때문이었다.

왜 박쥐일까? 이미 위험한 신종 바이러스들이 박쥐에서 출현하고 있었기 때문이다. 1994년 호주의 헨드라 바이러스, 1998년 말레이시아의 니파 바이러스,

2009년에 박쥐까지 거슬러 올라간 우간다의 마르부르크 바이러스, 더 악명 높은 마르부르크의 사촌쯤 되는 에볼라 바이러스도 박쥐에 서식하는 것으로 추정되었다, 비록 그때 확실한 증거는 발견되지 않았지만(아직도 발견되지 않고 있다). 오래 전부터 위험한 바이러스인 광견병은 박쥐에서 유래했다.

그리고 또 다른 코로나 바이러스인 사스 바이러스는, 엡스타인을 포함한 연구팀의 연구에 따르면, 박쥐와 상당히 설득력 있게 연관되어 있었다. 립킨은 사우디아라비아에서 발견된 이 새로운 바이러스에 대한 저장 매체가 박쥐라는 가설을 탐구하는 것을 이제 엡스타인이 돕기를 원했다. 엡스타인은 지표가 된 이 사건, 즉 제다의 병원에서 사망한 60세 남성이 발병한 곳 주변에서 박쥐들을 표본으로 수집하는 현장 프로그램을 마련할 수도 있었다.

나는 엡스타인에게 "사우디에 들어간다고 24시간 전에 통지하려면 무엇 무엇이 준비되어 있어야 하나요?"라고 물었다

그는 웃었다. 보건부가 당신을 긴급히 초대하고 콜롬비아 대학이 비자를 준비하도록 한다면, 할 수 있다고 그는 말했다.

그들은 리야드로 날아가, 부처 공무원들을 만난 다음, 메카의 관문 도시인 제다로 연결해서, 남동쪽으로 약 6시간 동안 자동차로 지표 환자가 살았던 비샤라고 불리는 마을로 진입했다. 연구팀에는 비슷한 박쥐 취급 경험을 가진 에코헬스 얼라이언스 출신의 엡스타인 동료인 케빈 올리발(Kevin Olival)과 검체를 취급하는 립킨 연구소의 기사, 섬세한 작업인 동물 검체 채취를 돕고 문화 면에서의 중재자 역할을 할 샴수딘 파그보(Shamsudeen Fagbo)라는 정부 부처에서 파견된 수의사가 포함되었다. 토양과 물이 좋은 농업 지역의 중심지이자 과일을 생산하는 야자수로 유명한 비샤에서, 그들은 그곳에서 사업가였던 지표 환자의 집에 갔다.

실제로, 엡스타인은 스스로 상황을 정리한 뒤, 그 남자가 소유하고, 여러 가족 구성원이 거주하는 세 곳의 서로 다른 주택을 확인했다. 그리고 그의 팀은 박쥐 감염의 흔적을 찾기 위해 그 집들을 조사했다. 그들은 또한 그 환자의 형제들을

직접 만났으며, 그들 중 일부는 그 부동산 중 한 곳에서 낙타와 양을 기르고 있었다.

"낙타라…"라고 내가 말했다. "하지만 그 시점에서 낙타는 그냥 또 다른 동물에 불과했죠?"

"전적으로 그랬죠."

그와 립킨은 사스를 염두에 두고, 가축이 인간과 직접적인 관련이 있는 바이러스의 중간 숙주일 가능성에 대해 논의했었는데, 왜냐하면 사향고양이를 통해 전염된 방식 때문이었다.

"우리는 그저 몰랐을 뿐이었어요. 그래서 모든 것이 가능한 대상으로 올랐어요. 하지만 우리는 박쥐에 집중하고 있었죠."

그들은 만일의 경우를 대비해 양과 낙타로부터 검체를 채취했다. 그들은 또한 그 남자가 소유하고 있던 철물점을 방문했는데, 그곳이 정원과 대추야자 과수원 앞에 위치하고 있다는 걸 발견했다. 엡스타인은, 날여우라고 알려진 테로푸스 속(the genus *Pteropus*)의 거대한 과일박쥐가 바이러스를 옮기는 방글라데시에서 니파 바이러스를 연구했었기 때문에, 대추야자에서 과일 박쥐와 바이러스 사이의 연관 가능성을 잘 연상 지을 수 있었다.

방글라데시의 대추야자나무는 식용 과일을 생산하지는 않지만, 미국 버몬트 주에서 사람들이 단풍나무를 두드려 수액을 채취하듯, 이 나무에서도 두드려 얻은 달콤한 수액을 채취할 수 있다.

이렇게 채취한 신선한 수액은 거리에서 거래되며, 사람들은 그것을 날것 그대로 마신다.

박쥐들 또한 이 수액을 찾아 날아오는데, 사람들이 수액을 얻기 위해 나무껍질에 낸 균열된 틈에서 박쥐들은 수액을 빼먹는 동시에, 그 자리에서 배설물이나 소변을 남긴다.

이러한 배설물은 종종, 나무에 매달린 작은 점토 항아리 — 즉, 수액을 모으기 위해 균열 아래에 걸어둔 항아리 안으로 떨어지게 되며, 그 결과, 신선한 수액에 섞인 바이러스가 사람에게 전파될 수 있는 경로가 된다.

이러한 연관성을 발견하고, 사람들에게 위험을 알려줌으로써 그러한 바이러스의 감염 경로를 차단하려고 노력하는 류의 일이 엡스타인과 에코헬스가 하는 일이다.

하지만 비샤 안팎에서 그는 그러한 박쥐와 인간의 상호작용에 대한 물증을 전혀 보지 못했다. 사실, 그는 박쥐들을 전혀 발견할 수 없었다.

그곳은 사막이었고, 야자수 숲으로만 우거지고 있었으며, 여기 저기 바위투성이 언덕들로 이뤄져 있었다. 그에게 더 친숙한 열대 숲 같은 그런 게 아니고.

그래서 연구팀은 지역 주민들에게 파그보를 통역사로 하여 "이 주변에 박쥐가 있나요?"라고 물어보기 시작했다.

엡스타인의 기억에 따르면, 아랍어로 박쥐를 뜻하는 단어는 "허파 피쉬(huf-fa-fish)"처럼 들린다. 여기에 키가 크고 머리가 짧으며 카키색 옷을 입어서 당시 미 해병대 소령으로 참칭할 수 있었던 엡스타인을 포함한 다섯 명의 남자가 비샤 주위를 돌아다니며 사람들에게 박쥐들의 사진을 보여주고 실마리를 찾았다.

엡스타인은 심지어 언덕에 있는 일부 전망대까지 올라가, 해질녘 날아오르는 박쥐들을 발견하기 위해 쌍안경으로 죽 훑어보았다.

파그보는 그에게 경고했다: "그 쌍안경으로 사람들 집을 향해 훑어보지 마세요, 왜냐하면 아시다시피 당신이 자기 가족들을 엿보고 있다고 생각할 것이기 때문입니다."

그러던 중 마침내, 어떤 남자가 차량을 몰고 와서 말했다. 그래, 이리 오세요. 제가 박쥐들 있는 곳으로 모셔다 드릴게요.

그들은 거의 아무 생각 없이 그 남자의 차에 올라탔다.

나중에 생각해 보니, 그렇게 응한 것은 경솔한 짓 같았다.

"만약 다른 나라에 있을 때 하지 말아야 할 일에 대한 교과서적 정의가 있다면 말이죠"라고 엡스타인은 그가 실수한 것에 대해 조심스레 웃으며 내게 말하였다. "그리고 전혀 가본 적도 없는 곳이고 현지 언어도 모른다면 — '그래요, 박쥐들이 있는 곳을 제가 보여드리지요. 박쥐들은 도시 밖에 딱 있어요'라고 말하는 전혀 낯선 이가 모는 차에 올라타는 게 아니죠." 특히 당신이 정찰을 하는 해병처럼 보인다면, 그 차에 덥석 타는 게 아니다.

그 남자는 그들을 태우고 6마일 정도 사막으로 가서, 가장자리가 다 부서진 오래된 건물들이 있는 버려진 마을로 데려갔는데, 그 건물들 중 일부는 (엡스타인은 나중에 들었는데) 거의 천 년 된 비샤 유적이었다. 어느 한 건물의 지하 방에서, 그들은 평온하게 앉아 있는 수백 마리의 박쥐들을 발견했다.

"저는 마치 제가 고고학 장소에 있는 것 같았죠"라고 엡스타인은 말했다. "믿을 수 없었습니다."

사막의 열기 속에서 그와 올리발은 전신 타이벡 보호복, 호흡기 헬멧, 장화, 장갑 등의 개인보호장구를 철저히 착용하고 있었다. 그러고 나서 그들은 천장이 낮은 방으로 내려갔다. 무더운 날씨였지만, 그들은 잘 알려지지 않은 새로운 바이러스가 방 안의 매캐한 공기 속에 떠다니며, 인공호흡기가 그들을 보호해 주기를 바랐다. 그제서야 동요하기 시작한 박쥐들의 소용돌이가 그들의 머리 주위를 날아 다녔다. 이들은 대추 야자 나무 사이에서 먹이를 구하는 커다란 날여우가 아니라, 주로 쥐꼬리박쥐로 알려진 집단으로, 가느다란 팔다리와 짧은 손가락, 길고 얇은 꼬리를 가진 작은 식충성 박쥐들이었다. 쥐꼬리박쥐는 아프리카, 중동, 남아시아의 건조한 지역이 원산지이며 동굴, 틈, 암벽을 따라, 이집트 피라미드를 포함한 무덤 속에 서식한다.

엡스타인과 올리발은 떨어진 배설물을 잡기 위해 낮은 방 바닥에 플라스틱 방수포를 깔고, 입구 하나에는 부드럽게 읽아매는 전형적 박쥐 잡기 도구인 하프 모양의 그물망을 설치하여, 걸려든 놈들은 천 주머니에 넣었다.

연구팀은 첫날 밤에 서너 마리의 박쥐를 잡아 이동 실험실 세트 바로 그곳에서 혈액, 대변, 그리고 목구멍에서 면봉으로 검체를 채취하고, 그 녀석들을 놓아주었다.

엡스타인 팀은 그날 밤 개가를 올렸고, 납치되지는 않았지만, 그 단계에서는 박쥐의 배설물과 침과 피 외에는 수집할 여지가 없었다.

검체들은 뉴욕에 있는 립킨의 실험실에서 분석될 것인데, 왜냐하면 사우디 보건부는 아직 이 신종 코로나바이러스를 검사할 능력이 없었기 때문이었다. 동굴과 악취 나는 지하실을 기어다니는 사람이 아니라 실험실 지도자이자 과학 외교관인 립킨 자신도 수도 리야드에서 회의를 하는 동안 그렇게 할 준비를 했고, 이 후 비행기를 타고 귀국했다.

엡스타인과 그의 현장 조사팀은 3주 동안 머물렀고, 유적지와 오늘날의 비샤에 있는 몇몇 버려진 건물들 속에 갇혀 있었다. 이들은 총 96마리의 박쥐를 포획하여 검체를 채취했다. 이 박쥐들 중 약 3분의 1은 쥐꼬리 박쥐였으며, 또 다른 3분의 1은 이집트 무덤 박쥐로 생생하게 알려진 종이다. 게다가 이들은 이 플라스틱 방수포에 떨어진 수백 개의 배설물 검체를 채취했다. 모두 합해 보면, 천 개 이상의 각 검체를 확보하였다. 라벨이 붙은 병에 담긴 이 검체들은 액체 질소로 냉동되었다가, 리야드에서 절차를 마친 후, 다시 뉴욕으로 날아갔다.

도착하자마자 미국 세관 검사관들에 의해 컨테이너가 열렸고, 연구를 위한 목적으로 보면 안타깝게도, 실온에서 48시간 동안 방치되어 있다가 컬럼비아에 있는 립킨의 연구실로 보내졌다. 검체들은 해동되어, RNA를 추출하고 염기서열을 결정하려는 작업에 손상을 줬지만(RNA는 빠르게 부서진다), 완전히 망치지는 않았다. 검체들 중에서, 립킨의 연구팀은 200개 이상의 다양한 코로나바이러스 유전체 조각들을 발견했는데, 이는 주로 다른 박쥐들로부터 이미 알려진 코로나바이러스들뿐만 아니라 비샤 박쥐들이 어찌어찌 보유하게 된 몇몇 개의 개과(犬科, canine) 코로나바이러스들, 그리고 돼지 감염에 있어 잘 알려진 병원체인 돼지 전염병 설사바이러스와 대조하여 잠정적으로 확인할 수 있었다. 여기서 얻은 교훈은 이렇다.

바이러스는 어느 한곳에 진득하게 정착하지 않고, 기회가 허락하는 곳이면 어디든 찾아가는 놈이며, 코로나바이러스는 육상 포유류에 대한 친화력으로 인해, 특히 더 그럴 수 있다는 것이다. 비샤 주변에서 수집된 수천 개의 검체 중

한 개가 연구팀이 찾고 있던 새로운 바이러스에 양성 반응을 보였다. 그 검체는 비샤 유적에서 잡힌 이집트 무덤 박쥐의 직장에서 채취한 것이었다. 짧은 RNA 절편으로 겨우 190개의 염기로 이루어졌지만, 매우 중요한 유전자의 염기서열과 완벽하게 일치하였는데, 이 유전자는 중대한 효소를 만드는 유전자로, 죽은 비샤 환자에게서 나온 바이러스의 유전체 내에 있는 것과 동일했다.

립킨과 그의 그룹이 엡스타인의 현장 팀과 사우디 보건부 일부 구성원들로 이뤄진 공동 저자와 함께 그들의 연구 결과를 발표했을 때, 이 신종 바이러스는 MERS-CoV라는 공식 이름을 얻었다. 질병 이름은 메르스로, 21세기 들어 지금까지 인간들 중에서 발생한 세 가지 위험한 코로나 바이러스 질병 중 두 번째이다.

17

당시 WHO의 업데이트에 따르면, 그 비샤 거주자의 사망과 2014년 1월 사이에, 메르스는 178명을 강타했고 그들 중 76명을 죽였다. 그 사례들은 주로 아라비아 반도에서 발생했고, 그곳으로부터 오는 여행자들에게서 발생했다. 일부는 사우디 동부의 한 병원에서 혈액 투석을 받고 있는 9명의 환자들 사이에서 발생한 것을 포함하여, 바이러스의 인간 대 인간 전염과 관련이 있다. 다른 모든 사례들에 있어서, 바이러스의 근원은 여전히 불확실하지만, 메르스 바이러스에 대한 항체를 발견한 몇몇 연구들로부터 이전에 인수 공통질환과 관련이 없었던 길들여진 가축의 한 종류에서 실마리가 나왔다: 드라머데리(dromedary). 즉, 아라비아 단봉 낙타이다.

그 연구들 중 하나인 네덜란드 과학자 팀이 국제 연구진과 함께 아라비아 반도, 카나리아 제도 등에서 소, 양, 염소, 낙타 등 다양한 가축의 혈액 혈청을 검사한 결과 낙타에서만 메르스 바이러스에 특이성이 있는 항체가 검출됐다.

이 팀은 영리하게도 오만 술탄국의 편리한 환경을 이용할 수 있는 기회를 얻었

다: 그들은 여러 주인들 소유의 은퇴한 경주용 낙타 무리들을 발견했다. 그들의 임신에 대한 염려 때문에, 이 낙타들은 소, 양, 그리고 다른 동물들이 유산을 하게 만드는 전염성 세균성 질병인 브루셀라증에 대해 일상적으로 혈액 검사를 받았다. 낙타들은 브루셀라증에 매우 잘 걸리므로, 따라서 브루셀라증 집단 검사 대상이다. 그러나 만약 여러분이 단봉 낙타의 경정맥을 두드리면, 여러분은 한 가지 이상의 종목을 검사할 수 있을 만큼 충분한 혈액을 얻는다. 네덜란드 팀은 은퇴한 오만의 경주용 동물 50마리에서 혈액 혈청을 얻었는데, 빙고! 50마리 모두 메르스 바이러스에 대한 항체에 강력한 양성 반응을 보였다.

낙타는 바이러스 사냥꾼들에게 갑자기 각광을 받게 되었고, 그 연구 이후 이언 립킨에 의해 조직된 사우디아라비아에서의 후속 연구를 포함한 다른 연구들이 뒤따랐다. 압둘아지즈 알라가일리(Abdulaziz N. Alagaili)라는 젊은 사우디 과학자가 그 분야에서 이끈 이 연구는, 메르스 바이러스 또는 메르스 유사 코로나 바이러스에 의한 감염 또는 적어도 그러한 바이러스에 노출된 혈청학적 증거가 사우디아라비아 왕국 전역의 6개 이상의 장소에 있는 단봉낙타들 사이에 널리 퍼져 있는 것을 발견했다. 혈청학적 증거: 즉, 항체이다. 200마리 이상의 낙타 중에서, 거의 75%가 양성 반응을 보였다. 알라가일리의 팀은 심지어 1992년으로 거슬러 올라가는 보관된 혈청 검체에서도 항체를 발견했다. 이것은 메르스가 인간에게 최초로 인정된 사례가 있기 전 20년 동안 낙타 집단 내에서 돌아다녔을 수도 있다는 것을 암시했다. 그것이 낙타를 바이러스가 인간에게 전염되는 중간 숙주, 또는 반대로 대안적인 가능성으로서, 정체가 알려지지 않은 감염을 가진 인간이 낙타에게 바이러스를 전염시켰는지를 암시하는지는 별개의 질문이었다.

또 다른 연구팀에는 홍콩 대학교의 연구원들이 있었는데, 그들 중 몇몇은 원래의 사스 발병에 대해 긴밀히 협력하였었다. 그들은 식용으로 도축 대기중이라는 특별한 상황에 놓인 낙타들을 이집트의 도살장에서 발견하였다. 연구원들은 건강해 보이지만 도축 운명에 처한 단봉낙타들 중 110마리로부터 코 면봉 검체를 채취하여 그중 4마리에서 항체뿐만 아니라 메르스 바이러스 RNA의 절편들을 발견하였다. 그 4마리 중 특히 유망한 것으로, 그들은 비샤 환자를 죽인 바이러스와 99% 동일한 거의 완전한 유전체 조각들을 조립하였다. 이것은 메르스 바이러스가 아마도 박쥐에서 유래하였을 것이지만, 낙타를 통해 인간을 감염시킬 가능성이 더 높다는 가설을 뒷받침하였다.

2015년, 매우 유사한 변종의 바이러스가 아라비아 반도에서 사업을 하고 돌아오는 68세의 남자의 몸에 들어와 대한민국에 도착했다.

그 당시, 메르스는 인플루엔자는 아니었지만, "낙타 인플루엔자"라는 별명이 붙여졌다. 그 한국인 사업가가 바레인, 카타르, 사우디 아라비아, 그리고 아랍 에미리트 연합국에 머무는 동안 언제 낙타의 재채기를 묻혔는지, 아니면 그가 사람으로부터 전염된 것인지는 아무도 모르지만, 그 의문은 직간접적으로 그에게서 전염된 186명의 한국인들에게는 아마 거의 의미가 없었고, 사망한 38명에게도 여전히 덜 중요했을 것이다.

사스를 몰고 온 것처럼 슈퍼 전파 사건들이 이 집단발병을 주도했지만, **한국의 의료 시스템이 가진 어떤 면으로 인해 악화되었다. 시민들은 제한 없이 어느 병원이나 방문할 수 있고 국가 보험을 통해 저렴한 의료 서비스를 받기 때문에 사람들은 병원 쇼핑을 자주 한다.** 이 사업가는 몸이 아픈 후 세 곳의 병원들을 방문했고, 마침내 서울에 있는 네 번째 병원에 입원하여 메르스 진단을 받았다. 진단을 지연시킨 이유들 중 일부는 그가 중동에서의 최근 여행 이력을 처음에 털어 놓지 않았다는 것이다. 결국 그는 거의 40명의 사람들을 전염시켰는데, 그중 두 명은 그 자체로 슈퍼 전파자가 되었고, 이는 106건 이상의 증례를 차지했다. 때로는 병실에 침대가 4개 이상 있었고 환자들은 문병객을 맞을 수 있도록 허용됐는데, 이것도 확산에 기여했다. 환기가 제대로 되지 않았고, 감염 관리가 부족했으며, 격리 기준 적용이 좁아서, 일상적인 접촉으로 감염된 사람을 놓친 것도 원인이었다.

"그들은 그 시점에서 알아차렸습니다"라고 알리 칸은 나에게 말했다. "당신의 지역사회 내에서 의료 관련 감염을 일으키고 병원에서 병원으로 옮겨 다니는 코로나바이러스가 무슨 짓을 저지르는지 말이죠."

한국의 메르스는 의료 환경이 잘되어 있음에도 불구하고 생기는 것이 아니라, 의료 환경 자체가 원인이 되어 발생하는 질병 전파를 나타내는 용어인 "병원성 확산"으로 이어질 수 있는 큰 실책의 교과서적인 예가 되었다.

5년 후 COVID-19가 도래했을 때 칸은 "아마도 그 경험이 그들이 이번엔 잘 대처하게 된 날것 그대로의 교훈이 되었을 것이라 생각합니다"라고 말했다.

한국은 2020년 1월 3일, 중국 발 뉴스에 빠르게 대응하여 우한에서 온 여행객들에 대한 선별 및 격리 조치를 했다. 이러한 조치 덕분에 2020년 1월 20일, 우한에서 인천국제공항으로 하선하는 여성에게서 첫 번째 한국 증례가 적발되었다. 정부는 위기 관리 경계 수준을 블루에서 옐로우로, 일주일 후 옐로우에서 오렌지로 상향 조정했다. 또한, 1월 27일, 보건 당국은 20개 의료 회사의 대표자들을 서울역에 소집하여, 해당 검사들이 빠른 규제 승인을 받을 것이라는 보장하에 민간 개발 진단 검사를 포함한 대응 도구의 개발에 대해 논의하였다.

대한민국의 관리들은 처음부터 이 발병을 심각하게 받아들였다. 그들의 대응은, 예를 들어, 한국보다 하루 앞선 1월 19일에 첫 발병 증례가 나온 미국에서 일어난 일과 일어나지 않은 일 모두와 강력하게 대조되었다.

첫 번째 미국 환자는 우한에서 가족을 방문하고 시애틀로 비행기를 타고 귀국한 후 증상이 있는 워싱턴 스노호미쉬에 있는 긴급 진료소에 도착한 한 남성이었다. 그의 면봉 검체는 하룻밤 사이에 CDC로 갔고, 그곳에서 양성 반응을 보였으며, 1월 21일에 그의 혈액도 채취되었다.

칸은 약간의 좌절감과 함께 "1월 22일 이후 매일매일은 허송 세월이었습니다. 미국 정부 때문에"라고 내게 말했다.

1월 22일은 수요일이었다. 칸은 미국 보건기관 지도자들이 벡턴, 디킨슨 회사 사람들을 불러 그들에게 다음 주까지 전국적인 검사 능력을 갖추기를 원한다고 덧붙였다.

정부는 그렇게 하지 않았다.

상상력의 실패.

"검사의 결핍으로 인해 이후 발병의 양상이 결정됐습니다."

한국은 최악의 상황을 상정하고 즉각적인 조치를 취할 수 있었다, 사스와 메르스를 기억하고 있기 때문에.

"한국은 우리가 참고할 좋은 예입니다"라고 칸은 말했다.

이 대화는 한국이 첫 번째 큰 유행에서 막 빠져 나오던 2020년 3월에 있었는데, 그때 그 나라는 확진자 수가 6천 명을 조금 넘었고, 5천 2백만여 명의 인구 중 100명 미만의 사망자로 이를 견뎌냈으며, 이로 인해 미국의 약 1천분의 1의 사망률을 기록했다. 나중에 있을 한국의 봉쇄 피로도, 2차, 3차, 4차 유행, 그리고 변종들은 아직 오지 않았던 시기였다. 하지만 적어도 그들은 시작을 잘했고, 그들식의 초기 팬데믹 대응은 고통을 덜고 생명을 구했다.

칸은 "그들은 매우 다른 접근법을 취했습니다. 우리가 해야 할 일은 그들이 하는 일을 보고 '우리도 똑같이 할 것이다'라고 말하는 것뿐이었죠. 하지만 우린 그러지 않았어요"라고 말했다.

과학자들은 그 위험을 분명히 설명할 수 있었고, 공중보건 당국은 그에 대한 대응 계획도 세울 수 있었다.

하지만 정부 기관의 관료들과 국가 지도자들은, 그 후 팬데믹으로 이어질 수 있는 대규모 집단 발병이 얼마나 파괴적일 수 있는지를 제대로 상상하지 못했다.

경고에 대해 칸과 대화를 나눈 지 10일 후, 도널드 트럼프는 텔레비전에서 말했다.

"그 누구도 전혀 몰랐습니다."

18

사스는 2003년 미국에 살짝 왔다 갔을 뿐으로, 27건의 의심 증례만 있었고, 슈퍼 전파하는 일도 없었으며, 사망자도 없었다. 이렇게 미미했던 것은 아마도 요행 때문이었던 것 같다. 이를 돌이켜 보며, 알리 칸은 돈 버크가 내게 말했던 그 비유적 표현을 또 해 주었다.

"우리는 총알을 운 좋게 피했어요."

그러나 그는 이어서 말했다: "우리는 사스라는 총알을 피했지만, 궁극적으로 그것이 꼭 좋은 일만은 아니었을지도 몰라요. 제 생각엔, 만약 그 총알을 피하지 못했다면, 이번 재앙에 더 잘 대비할 수 있었을 것 같거든요."

캐나다는 토론토에서의 사망 사례들로 인해 사스를 잊지 않았다.

그 결과, 코로나19의 발발 초기부터 훨씬 더 진지하게 대응에 나섰다 — 적어도 미국보다는.

한국 또한 마찬가지였다.

2015년 메르스 사태에서 혹독한 대가를 치렀고, 그때의 실패를 뼈아프게 기억하고 있었다.

그 경험은 미국에는 없는 전례이자, 또 하나의 귀중한 교훈이었다.

메르스는 미국인들의 삶과 인식에 사스보다 영향이 훨씬 더 적었다: 2014년의 두 건 모두 사우디아라비아에서 근무하고 돌아온 의료 종사자들로 가족이나 다른 접촉자들 사이에 2차 확산이 전혀 없었다. CDC는 메르스 발생을 눈치챘지만 다른 이들은 거의 눈치채지 못했다.

단일 가닥 RNA 바이러스의 잠재적인 위험에 대한 다른 경고는 다른 과학자들과 전 세계의 다른 사건들로부터 나왔다. 어떤 사람들은 그 경고를 들었고, 어떤 정부들은 그들의 교훈을 흡수했으나, 다른 많은 사람들은 그러지 않았다. 인플루엔자는 항상 위험한 것이고, 최고의 인플루엔자 연구자들은 세계적인 재앙에 대해 눈 하나는 꼭 뜨고 경계하면서 살고 있다. 1997년, 앞에서 한 번 언급했듯이, 매우 독성이 강한 형태의 조류 독감이 홍콩을 강타했다. 그것은 새에서 사람으로 옮겨졌고 18건의 증례를 일으켰으며, 그중 6건은 치명적이었다. 정부는 강력하게 반응했고, 100만 마리의 닭이 도살되었으며, 살아 있는 가금류(살아 있는 상태로 조류를 구입하여 갓 잡은 광둥 요리를 더 좋게 쳐 주는 홍콩에선 매우 중요한) 거래는 7주 동안 중단되었다. 그러고 나서 가금류 판매가 재개되었지만, 몇 년 안에 홍콩에서 닭의 예방 접종은 의무화되었다.

2009년 멕시코 중부의 돼지들 안에서 진화한 독감 바이러스는 1918-19 대유행의 바이러스와 동일한 아형인 H1N1 바이러스였기 때문에 특별한 관심을 끌었다.

에볼라 바이러스는 극적인 감염 사례에 과도하게 걱정하는 사람들이 흔히 대표적 예로 드는 바이러스다.

그래서 2013년부터 2016년까지 이어진 서아프리카의 에볼라 유행은, 세 개의 작은 나라에서 끔찍한 재앙을 불러왔고, 1만 1천 명에 달하는 사망자를 남겼다. 이 사태는 미국과 그 밖의 지역에서도 공포와 외국인 혐오를 자극했지만, 그 반응은 에볼라 바이러스의 특성을 잘 알고 있던 질병 과학자들이 아닌, 일반 대중과 무책임한 대중 논객들로부터 비롯된 것이었다.

과학자들은 알고 있었다 ― 에볼라 바이러스는 매우 치명적이긴 하지만, 전염성이 그리 높은 바이러스는 아니라는 사실을.

에볼라는 공기 중으로 전파되지 않는다.

호흡만으로 퍼지는 바이러스가 아니며, 혈액이나 설사 등 감염된 체액을 통해서만 전파된다.

그리고 지카 바이러스가 있다.

2015년 이전에는 브라질에서 모기가 물어서 사람들을 감염시키며 천천히 퍼지다가 급기야 출생아들에서 장애를 일으키는 일이 집단으로 발생할 때까지, 바이러스학자를 제외한 거의 누구도 이 바이러스에 대해 들어본 적이 없었다. 지카는 다른 바이러스와 같은 정도의 세계적인 불안감을 불러일으키지는 않았다.

왜냐하면 2015년에 바이러스가 급증하면서 심각한 위험에 처한 사람들은 한정된 범주의 집단 — 주로 신열대구에 살거나 여행을 온 젊은 임산부에 한했기 때문이었다. 이렇게 위협적인 사건들에 걸쳐 전문가들은 돈 버크가 1997년 당시에 제안했던 조언을 전반적으로 수용했다:

인플루엔자, 코로나 바이러스, 그리고 다른 RNA 바이러스를 조심하라, 그들은 빨리빨리 진화하며 새나 다른 포유류들에서 기원한다.

사스는 팬데믹의 미래에 대한 가장 관련성이 높은 예측 지표를 제공했으며, 그 단서에 주목한 과학자는 우한 바이러스학 연구소(Wuhan Institute of Virology, WIV)의 쉬 정리(Zhengli Shi)라는 중국의 바이러스학자였다.

코로나 바이러스 자체와 그 저장 매체 중간 숙주에 대한 그녀의 수십 년간의 연구는 대학 시절에 우연히 시작되었으며, 결국 그녀는 두 분야 모두에서 국제적인 명성을 얻고 코로나19 기간 동안 매우 혹독한 스포트라이트를 받게 되었다. 쉬 정리는 1964년 허난성의 한 마을에서 농부의 딸로 태어났고, 별로 유망하지 않은 전망을 갖고 인생이 시작된 것이었지만 한 가지 주목할 만한 유리한 점이 있긴 했다: 그녀의 아버지는 글을 읽을 수 있었다. 그래서 그는 수력발전소를 건설하는 곳에 취업할 기회를 잡았고, 그래서 가족들을 시골에서 도시 생활로 이끌 수 있었다. 쉬의 두 오빠들은 중등 교육을 받았지만, 큰 오빠는 21살의 나이에 요절했고, 두 번째 오빠는 대학을 열렬히 지망했지만, 입학 시험에서 떨어졌다. 그녀의 차례가 왔을 때, 그녀는 합격했다. 그녀는 이웃 지방에 남쪽으로 300마일 떨어진 우한 대학으로 가서 유전학 학위를 받았다. 졸업 후 허난성으로 돌아가기보다는, 남자친구 때문에 우한에 머물렀고, 곧장 촉박하게 대학원 진학을 위해 공부하기로 결정했다.

"저는 대학원 준비하느라 바빴어요"라고 쉬가 내게 말했다. "그래서 저는 어떤 연구소나 대학교 시험이 저에게 조금 더 쉬운지 알아봤어요"라고 말하며 웃었는데, 젊은 나이의 암중모색과 삶의 우연성에 대한 웃음인 것 같았다.

"그리고 나서 저는 우한 바이러스학 연구소에 입학 시험을 지원하기로 결정했어요.”

그녀는 합격했고, 차를 재배하는 농부들의 골치거리인 곤충을 감염시키는 바이러스를 석사학위 주제로 삼았다. 이는 실용적인 경향의 멘토가 배정해 주는 것이었다. 아마도 이 바이러스는 — 희망 회로를 돌리자면 — 그 해충을 통제하고 차 나무를 구하는 데 쓰일 수 있을 것이었다. 석사 학위 취득은 3년이 걸렸고, 그녀가 연구소의 보조원으로 취업하기에 충분했다.

몇 년 안에 그녀는 연구 과학자로 승진했고, 그 후 경제적인 문제가 되는 또 다른 바이러스, 즉 양식 새우를 앓게 하는 백반병 증후군에 대해 연구했다. 알아보기 쉽게 WSSV (white spot syndrome virus; 백반병 증후군 바이러스)라 부르는 이 바이러스는 전염성이 강하고 독성이 강해 열흘 안에 연못에 있는 모든 새우를 죽일 수 있다. 동물의 등뼈 곳곳에 불길한 흰색 반점을 만드는 것 외에도 아가미, 분비선, 신경 조직, 골수, 내장 및 몸의 다른 부분을 공격하여 세포를 죽이고 분해한다.

선 페스트와 에볼라 바이러스가 무섭다고 생각한다면 당신이 새우가 아니라는 사실에 감사하라.

WSSV는 1990년대 초 새우 양식자들에 관한 한 신종 바이러스로, 최근 대만에 출현한 후 어찌어찌해서 본토에 있는 새우에게까지 퍼져 업계를 거의 초토화시켰다. 그 바이러스는 너무나 새로운 유형이어서, 바이러스 분류학자들이 아예 그것을 위해 새로운 ‘과(科)’를 만들 정도였다.

쉬 정리는 WSSV 분야의 베테랑이 되었다.

그리고 스푸트니크 쇼크 이후 미국이 보였던 불안한 반응과 유사하게, 서구 과학을 따라잡기 위해 중국 정부가 유망한 젊은 과학자들에게 박사 학위 과정을 위한 해외 유학 기회를 제공하던 시기, 쉬 정리도 그 혜택을 받게 되었다.

그녀는 그 기회를 붙잡았고, 자신이 익숙하고도 치열하게 파고들었던 바로 그 주제 — WSSV — 를 박사 연구 주제로 삼았다.

그녀는 프랑스에 있는 몽펠리에 대학을 선택했는데, 그 이유는 그곳의 한 프랑스 과학자가 백반병 증후군에 대해 연구했기 때문이다. 그녀의 학위 논문 프로젝트는 WSSV의 유전자 염기서열 분석을 포함했다. 그녀는 자신의 실험실을 운영하는 선임 과학자로서 더 높은 지위로 우한 바이러스학 연구소에 돌아왔고 의심할 여지없이 백반병 증후군에 대한 조사로부터 오랫동안 안정적인 직업을 가질 수 있었으며, 아마도 그 문제의 해결책을 찾았고 도처에 있는 새우 농부들로부터 조용한 감사를 받았다.

그러나 그때 사스가 왔는데, 이것은 역학적 그리고 경제적인 면에서 중국에게 경각심을 일으키는 사건이었다. 한 추정에 따르면, 중국의 경제에 250억 달러의 대가를 치르게 했는데, 대부분은 관광객들이 오지 않아서 입은 손실이었다.

그녀는 2003년 당시엔 사스 대응에 참여하지 않았다. 그녀는 WHO 팀이 중국을 방문하여 바이러스의 기원을 찾기 위한 중국 과학자들의 계획을 세운 후인 2004년에 참여했다. 사향고양이들은 적어도 어느 정도는 우연히, 선전이나 어쩌면 다른 광둥성 도시들의 시장이나 식당들 가운데 어딘가에 바이러스를 퍼뜨리는 역할을 한 것으로 밝혀졌다. 하지만 유전적 증거에 따르면, 사향고양이들은 바이러스의 장기 저장 숙주가 아닌 중간 숙주였을 것이다. 어쩌면 그들은 바이러스가 맹렬히 복제되어 엄청난 양까지 축적되는, 인간의 감염 용량에 대한 문턱값을 충족시킬 수 있는, 심지어 필수적인 중간 숙주였을 수도 있고, 바이러스에게 진화적 변화로 인간에게 감염시킬 준비를 해 주었던 과도기 숙주였을 수도 있다. 그렇다면, 어떤 동물이 그 당시 장기 저장 숙주였을까?

2003년 WHO에서 온 이들 중에는 샹하이에서 태어난 분자생물학자 왕 린파(Linfa Wang)가 있었는데, 왕은 캘리포니아 박사과정을 밟고 인수공통 질병을 일으키는 바이러스 전문가로 현재 호주에 있는 거대하고 격리된 동물-건강 실험실에서 일하고 있으며, 흄 필드(Hume Field)는 호주 농림부(Department of Agriculture, Fisheries, and Forestry, DAFF)의 수의사, 환경과학자, 전염병학자이다. 왕은 바이러스가 숙주의 세포와 어떻게 상호작용하는지에 대한 유전적 세부사항에 심도 있게 정통했다. 필드는 호주 과일박쥐가 옮기는 바이러스인 헨드라의 저장 숙주와 전염에 대한 미스터리를 푸는 데 큰 역할을 했다. 이 바이러스는 때때로 죽어 가는 말을 구하려 애쓰던 훈련사나 수의사에게 전염되기도 했다. 그들 둘은 보존의학 컨소시엄(the Consortium for Conservation Medicine; 이름이 EcoHealth Alliance, 에코헬스 얼라이언스로 바뀌기 전 그의 조직)의 피터 다스작과 함께 호주 헨드라 바이러스와 말레이시아 니파 바이러스에 대해 10년 동안 함께 일했다. 필드는 실전 필드 현장에서 뛰었고, 왕은 실험실에서 연구에 임했다. 이 협업의 중국 측에는 베이징에 기반을 둔 동물학자이자 중국 박쥐 전문가인 장 슈이(Shuyi Zhang)가 있었다. 쉬 정리가 박쥐와 그들이 옮기는 바이러스의 영역에 들어간 것은 이 과학자들을 통해서였다.

2004년 3월, 한 국제 팀이 현지 조사를 시작하기 위해 모였다. 이 그룹에는 존 엡스타인과 그의 상사인 피터 다스작뿐만 아니라 DAFF 출신의 또 다른 호주인 크레이그 스미스(Craig Smith)도 포함되어 있으며, 그는 수술받느라 못 오고 회복 중인 흄 필드의 대리인이었다.

그들은 SARS-CoV와 유사한 바이러스를 찾기 위해 박쥐를 잡고 샘플을 채취하기 시작했는데, 그와 동시에 또 다른 목적이 있었다: 그들과 함께 연구할 중국인 동료이자 이런 분야의 신참자들에게 포획 및 샘플링 방법을 교육하는 것.

과일 박쥐가 니파 바이러스와 헨드라 바이러스를 옮기는 것으로 알려져 있고, 아마도, 코로나 바이러스인 것으로 생각되었기 때문에, 그들은 광둥성과 광시성 두 남쪽 지방의 동굴에 둥지를 틀고 있는 과일 박쥐를 대상으로 일을 시작했다.

쉬 정리는 자전거 배운 것을 기억해 내는 방식으로 긴 세월 전의 일을 회상했다. "제가 처음 방문한 곳은 광시였습니다"라고 그녀가 나에게 말했다. "제가 방문한 첫 번째 동굴이었어요."

이상했나요? 흥미로웠나요?

"약간 무서웠던 것 같아요."

그녀와 다른 사람들은 한번도 박쥐를 만져본 적이 없었다. 그녀와 다른 사람들은 완전한 개인 보호 장구로 중무장하지 않고 마스크와 장갑만 착용했으며, 이것은 그 당시 박쥐 표본 추출을 위한 표준 예방 절차였고 적절한 보호 조치를 고려했다. 또 다른 이유는 이곳이 큰 도시에서 멀지 않은 관광객들로 북적이는 동굴이었기 때문인데 어떤 사람은 완전한 보호 장구를 착용한 과학자들이 관광객들을 겁줄 수도 있다는 것을 신경 썼다. (중국뿐만 아니라 아프리카와 다른 곳에서도 박쥐 연구 연보에 반복적으로 언급되는 우스꽝스러운 상황이기도 하다. 보호 장비를 착용한 연구원들이 티셔츠와 슬리퍼를 신고 어슬렁대거나, 땀에 젖은 작업복을 입은 구아노[15] 광부들이 짐을 끄는 그런 동굴 속에서 동물들을 포착하고 있는 광경. 이런 우스꽝스러운 느낌을 대략적으로 설명하자면, 2021년 초 몇 달 동안 백신을 거부하며 코로나19는 사기라고 주장하는 경솔한 사람들로 가득 찬 식당에 N95 마스크를 쓰고 들어가는 광경을 상상하시면 될 것이다.)

연구팀은 고정된 그물로 동굴 안과 밖에서 박쥐들을 잡았는데, 그 이유는 박쥐들이 밤 동안 먹이를 찾기 위해 날아오기 때문이며, 면봉으로 검체를 얻고, 혈액을 채취하고 나면 풀어주었다. 과일 박쥐들을 다루는 건 벅찬 일일 수 있었는데, 일부는 크고 튼튼하며 날카로운 이빨과 큰 발톱을 가지고 있기에, 잘못 잡으면 탈출하려는 열정으로 (충분히 이해가 된다) 팔을 타고 올라 얼굴로 향하기 때문이다.

이제 동물의 팔을 따라 아주 작은 정맥에서 또는 다리에 붙어 있는 막에서 혈액을 몇 방울 뽑는 것을 상상해 보라. 금방 배울 수 있는 2인용 작업이지만, 박쥐와 사람 모두에게 위험하다. 물리면 즉각 광견병 치료제를 찾게 될 것이다.

"하지만 두 번째 이후로는, 그리고 그 이후로도 계속해서, 저는 박쥐를 다룰 때 전혀 겁을 먹지 않았어요. 심지어 *어떤* 박쥐들은 *아름답더라고요*."

그녀는 잠시 후 말을 고쳐 덧붙였다. "그러니까… 대부분의 박쥐들이 아름답다고 생각해요."

---

15 Guano: 박쥐의 배설물을 원료로 하는 고급 비료.

그 말을 듣고 나니 문득 궁금해졌다.

거의 20년 동안 익수류(박쥐) 바이러스를 연구해 온 이 여성이, 박쥐가 아름다운 생명체가 *아니라고* 인정하게 만들려면 — 과연 어떤 얼굴의 박쥐를 보여줘야 할까?

하지만 이들은 첫 번째 동굴부터 시작해서 두 번째 동굴에서도 운이 없었고, 사실 현장 검체 채취와 실험실 일괄 검사를 9개월에 걸쳐 반복적으로 실시한 후에도 운이 없었다. 이 동물들의 혈액과 침 속에는 많은 것들이 떠 있었고, 배설물 속에도 많은 것들이 들어 있었지만, 사스 바이러스에 대해 감지할 수 있는 어떤 증거도 없었다.

그녀는 "우리는 잘못된 방향으로 가고 있다는 것을 알아차렸습니다"고 말했다. 틀린 종류의 박쥐를 검체 대상으로 삼고 있었던 것이었다. 이는 이해 가능한 실수였는데, 그런 과일 박쥐는 사스가 발견된 곳까지 포함한 수산 시장들에서 때때로 판매되는 것이라는 점을 감안하면 말이다. 그리고 그릇된 바이러스 검출법을 사용하고 있었다.

그릇된 방법이란: SARS-CoV에만 매우 특이적으로 해당하는 RNA 절편들을 찾고 있었다는 것.

RT-PCR(역전사 중합효소 연쇄반응; reverse transcription polymerase chain reaction, 하지만 이 방법에 대한 설명은 생략하고 넘어갑시다)이라고 알려진 방법을 사용하여 바이러스 RNA를 (안정성을 위해) 동등한 DNA로 변환시킨 다음, (PCR을 사용하여) 그 작은 DNA 조각들을 검사에 쓰기 가능할 만큼 충분한 양으로 증폭시켜서 염기서열을 검사했을 것이다.

그런 식으로 접근하면 바이러스가 숙주 내에서 증식한 뒤 곧 사라지면서, RNA 조각들도 빠르게 분해되어 탐지되지 않았을 가능성, 혹은 사용된 분자 탐침(probe)이 사람을 감염시킨 SARS-CoV에 너무 특이적이어서 (박쥐에 서식하는 원조 사스 바이러스와 구별될 정도로) 실패했거나 아니면 이 두 가지 모두가 실패의 원인이었을 수도 있다.

"양성 결과를 전혀 얻지 못했어요"라고 쉬가 내게 말했다.

8개월간 작업을 했지만 실적은 바닥이었다.

"계속할 것인지, 그렇지 않으면 거기서 멈출 것인지 우리는 결정을 내려야 했습니다."

그녀는 계속하기로 하였다. 방법을 바꾸는 것으로.

그들은 사라지는 경향이 있는 RNA 절편보다는 숙주에 머무는 경향이 있는 항체를 감지하는 ELISA (enzyme linked immunosorbent assay)라고 알려진 다른 종류의 검사를 시도하게 된다. 만약 항체 검사가 여전히 음성으로 나온다면, 쉬는 "아마도 우리는 그 연구를 포기하였겠죠"라고 말했다.

그들의 또 다른 실수는: 거의 전적으로 과일박쥐로부터 검체를 추출했다는 것. 새로운 방법으로, 그들은 더 작은 식충성 박쥐들을 표적으로 삼았는데, 그중에는 편자박쥐로 알려진 다양한 그룹을 포함하였다. 다른 식충 박쥐들과 마찬가지로, 편자박쥐들은 먹이를 얻기 위해 반향정위(echolocation[16])를 사용하는데, 그들 이름의 유래인 콧구멍 주위의 크고, 살이 많고 편자 모양의 구조는 반향정위를 하는 삐삐 대는 음파를 집중해서 모아놓는 걸 도와주는 것으로 보인다. 이렇게 방법들을 바꾸면서 성과를 거두어서, 2004년 말까지 쉬 정리와 그녀의 동료들은 세 종류의 편자박쥐에서 사스 바이러스와 매우 유사한 항체를 발견했다. 그들은 PCR 방법을 사용하여 양성 검체들을 교차 검사했고, 그 검사에서도 양성을 얻었다. 그들은 **검체에서 살아 있는 바이러스를 전혀 증식시키지 못했지만**, 항체와 PCR 결과는 사스와 유사한 코로나바이러스가 편자박쥐에 서식한다는 강한 자신감을 주었다. 코로나바이러스 RNA가 풍부하게 들어 있는 박쥐 한 마리의 대변 검체에서 그들은 완전한 **유전체를 조립**했다. 그들은 그것이 피어슨 편자박쥐(*Rhinolophus pearsonii*)의 세 번째 샘플이라는 것을

---

16 음파나 초음파를 내어서 돌아오는 메아리에 의하여 상대와 자기의 위치를 확인하는 방법.

나타내는 구아노 Rp3라는 라벨을 붙였다. 토론토의 한 환자로부터 채취한 유전체는 사스 바이러스와 92% 일치했다.

그것은 주목할 만한 발견이었고, 주요 학술지에 게재될 만큼 충분히 주목할 만했지만, 쉬와 그녀의 동료들 단독으로 해낸 건 아니었다.

"사실, 두 팀이었습니다"라고 그녀는 말했다.

다른 한 팀은 홍콩 출신이었고, 이 책의 많은 흥미로운 대목들에 다시 등장하는 거침없는 미생물학자 K.Y. 위엔이 다시 선임 역할을 하고 있었다.

일찍이 나는 위엔에게 제각기 공통적인 결론에 도달한 이 중요한 발견 상황에 대해 물어보았다: 두 팀이 함께 일하였는가, 아니면 경쟁하였는가, 아니면 완전히 따로따로였는가?

"따로따로였습니다"라고 그는 주장하였다. "저는 그녀를 전혀 경쟁자로 보지 않아요."

그의 팀은 쉬와 그녀의 동료들이 무엇을 하는지 알지 못했고, 쉬의 팀도 홍콩 팀들에 대해 알지 못했다. 쉬와 엡스타인 그리고 그들의 동료들은 광시성과 후베이성에서 편자박쥐를 표본으로 추출하였고, 위엔의 팀 또한 대홍콩의 신계 지역에서 편자박쥐로부터 검체를 수집하였다.

위엔 교수팀은 2005년 9월 미국에서 매우 존중받는 학술지인 *Proceedings of the National Academy of Sciences*에 논문을 게재했고, 쉬 교수 팀은 한 달 뒤 사이언스에 논문을 게재했는데, 엡스타인, 다스작, 흄 필드, 크레이그 스미스, 장 슈이가 공동저자, 왕 린파가 교신 저자로서 마지막을 차지했다. 제목인 "박쥐는 사스와 유사한 코로나바이러스의 천연 저장 숙주다(Bats Are Natural Reservoirs of SARS-Like Coronaviruses)"라는 다른 그룹이 낸 논문의 제목이 되어도 이상하지 않을 정도로 평이했다.

거의 동시에 두 개의 주요 학술지에 이와 같은 유사한 연구 결과가 발표된 것은 세 가지를 시사한다:

그 결과들은 중요한 사안들이라는 것; 저장 숙주 미스터리에 대한 해결책은 많은 과학자들에 의해 열렬히 모색되었다는 것; 그리고 **사스와 유사한 코로나바이러스가 중국 남동부의 넓은 지역에 걸쳐 편자박쥐 안에 잠복하고 있었다**는 것.

19

코로나바이러스에 대한 쉬 정리의 연구는 이제 막 시작일 뿐이었다. 1년 내에, 그녀는 다른 두 종의 편자박쥐들로부터 채취한 검체에 기초하여, 두 개의 완전한 유전체를 더 조립했는데, 이 두 유전체 모두 사스 바이러스와 약 90 퍼센트 일치했다.

그 정도의 유사성은 비교적 최근의 과거에 공통 조상이 있었음을 시사하기에 충분했지만, 10퍼센트 차이는 진화 면에서 수십 년 전에 갈라졌음을 여전히 암시했다.

쉬 정리는 왕 린파와 장 슈이를 다시 한번 공동 저자로 한 논문에서, 편자박쥐에 나타난 강력하게 서로서로 갈라진 것으로 보이는 사스 유사 바이러스들이 사스 바이러스 자체의 공통 조상을 공유하고 있다는 점에 주목했다. *Journal of General Virology*에 발표된 이 논문은, 이러한 사스 유사 유전체들이 어떻게 진화했는지를, 유전자와 유전자 비교를 통해 분석하는 작업에 어느 정도 진전을 거두었다. 그리고 이번에는 쉬가 교신 저자였다.

쉬는 박쥐 코로나 바이러스 전문가가 되었다.

그녀는 국제 회의에서 강연을 했고, 중국과 (에코헬스 얼라이언스와의 협력을 포함하여) 미국 정부 기관으로부터 보조금 지원을 받았으며, 그 후 12년 동안 발표된 40개 이상의 코로나 바이러스 논문의 공동 저자로 등장했다. 예를 들어, 2008년에 그녀는 인간 사스 바이러스와 박쥐에서 나오는 사스와 유사한 코로나 바이러스들 중 일부가 어떻게 각각의 숙주 세포에 붙어서 침투해 들어가는지에 대한 비교 연구를 이끌었다.

이 연구팀이 다루었던 핵심적인 질문은, 그녀의 연구팀과 다른 사람들에 의해 발견된 사스와 유사한 박쥐 바이러스들이, 사스 바이러스 자체가 그랬듯이, 인간 세포를 감염시키고 따라서 박쥐에서 인간으로 흘러 들어가, 인간의 질병 발병을 일으킬 수 있는지 여부에 대한 것이었다.

이 질문을 탐구하기 위해 쉬 교수팀은 이러한 바이러스들의 유전체 일부를 가지고 실험실 조작을 수행하여, 소위 **슈도(pseudo; 가짜)바이러스 시스템이라 불리는, 바이러스처럼 세포 안으로 들어갈 수는 있지만, 바이러스 자체를 복제하거나 터져 나오지 않는 바이러스 입자** 집단을 만들었다.

이 접근법의 한 가지 장점은, 슈도바이러스는 길들여지되, **제대로 질병을 일으키지 않는다는 것**이다; 즉 그것은 **증식하지 못하며 연쇄적인 감염을 일으키지 못한다**. 그래서 그것은 특정한 특성들을 조사하기 위해 실험실에서 대체 바이러스로써 안전하게 사용될 수 있다.

관심의 대상인 절편은 스파이크 단백질을 생산하는 유전자로 각 구형 비리온 표면에 돋아난 복잡한 문 손잡이 모양의 물질이다. 이는 원 모양으로 빙 두르며 햇살이 뻗어 나가는 듯한 (코로나 같은) 솜털을 형성하였기에 코로나 과(科)라는 이름이 붙었다.

스파이크는 비리온의 외피(외부 포장지)에서 돌출되어 있다. 각 스파이크는 동일한 단백질 3개의 복사본이 거꾸로 된 삼각대처럼 묶여 있다. 정교하고 입체적인 분자 특성으로 비리온은 숙주 세포 표면의 수용체 분자를 잡고 외피를 세포막과 융합시키며 자신의 RNA 유전체를 진입시킬 수 있는 것이다. 당신은 스파이크가 자물쇠를 여는 열쇠처럼 수용체에 딱 맞아서 세포를 연다는 유사한 말(상투적인 문구다)을 자주 듣는다. 그 개념은 너무나 간단한데, 왜냐하면 스파이크가 매우 복잡하고 역동적인 물질임에도, 어느 스파이크와 어느 세포 수용체가 정확히 일치한다는 것은 곧 어떤 코로나 바이러스가 어느 특정 숙주 체내에 있는 어떤 세포를 딱 감염을 시키는지를 결정하는 것임을 말해주는 것이기 때문이다. 따라서 스파이크와 수용체가 딱 맞는다는 것은 숙주를 바꾸는 능력에도 영향을 미친다. 한마디로 종간전파(spillover)인 것이다.

2003년 이래의 이전 연구는 SARS-CoV가 ACE_2라고 불리는(왜 그렇게 불리는지는 신경 쓰지 마시라) 수용체를 사용한다는 것을 확인했다.[17]

이는 특정 인간 세포의 외부에 매달려 있는데, 그 세포는 일부는 혈관을 따라 구성하고 있고, 일부는 소장에, 일부는 심장과 신장 그리고 다른 장기에, 그리고 일부는 (가장 운명적으로) 상기도에 있다. ACE_2가 존재하는 이유는 ACE_2가 인간의 신진대사에 도움을 주는 효소이기 때문인데, 그중 하나는 혈압 조절을 돕는 것이다. 하지만 본의 아니게 이것은 세포를 취약하게 만들어 특정 바이러스에 침략 기회를 제공한다.

SARS-CoV의 스파이크 단백질은 간단히 S로 알려져 있으며, 쉬 그룹이 가장 흥미를 보이는 스파이크의 작은 부분은 ACE_2 세포 수용체에 달라붙는 스파이크에 중요한 아미노산(단백질의 단위들)의 짧은 영역인 수용체 결합 영역(receptor-binding domain, RBD)이었다.

여기서 적절한 비유는 열쇠와 자물쇠가 아니라, 벨크로 찍찍이일 수 있는데, 이 벨크로는 고리 쪽에 특정한 솜털 보풀이 필요하다. 이 작은 부분인 RBD가 어떤 사스 유사 코로나바이러스가 어떤 숙주를 감염시킬 수 있는지 결정하는 데 중요하지 않을까?

연구진은 유사 바이러스에 탑재된 사스 유사 박쥐 코로나바이러스 S 단백질을 인간 ACE_2 수용체에 테스트한 결과, 해당 수용체를 세포 진입에 사용할 수 없다는 사실을 발견했다.

연구진은 박쥐 ACE_2 수용체에 SARS-CoV의 스파이크를 테스트했지만, 마찬가지로 기능적인 일치점을 찾지 못했다.

그런 다음 연구진은 박쥐 바이러스 스파이크 중 하나에서 RBD를 잘라내고, 이를 SARS-CoV의 RBD로 대체했다. 그게 중요한 차이를 만들까? (이 RBD와

---

17 ACE: angiotensin converting enzyme의 약자이다. 무슨 역할을 하는 효소인지는 이어지는 문장에서 설명이 되어 있다.

ACE_2 내용은 약간 잡스러워 보일지 모르지만, SARS-CoV-2의 기원을 둘러싸고 발생한 논란을 이해하는 데 유용할 것이다.)

대납은 '그렇다'였다.

연구진은 실험실 세포 배양에서 이렇게 변형시킨 박쥐 바이러스가 인간을 감염시킬 수 있다는 증거를 보았다.

그들이 위험한 신종 바이러스를 만들어버린 것인가?

그건 아니다.

그들은 슈도바이러스(사이비 바이러스)로 연구하고 있었다.

그들이 뭔가 중요한 것을 알게 됐을까?

그렇다.

쉬 교수 팀은 박쥐에 서식하는 다른 코로나바이러스들이 유전체의 작은 부분을 바꿔서 어떻게든 RBD를 변경하면 "인간에게 감염될 수 있다"고 결론지었다.

어떻게 그런 일이 일어날까?

유전자 재조합에 의해서다.

코로나바이러스가 잘하는 것으로 악명이 높은 바로 그 방법으로.

5년 후, 박쥐를 잡고 검체를 채취하기 위해 더 많은 현장학습과 수개월간의 실험실 실험 및 분석 끝에, 그들은 인간 ACE_2에 부착할 수 있는 박쥐 바이러스를 발견했다고 발표했다.

그들은 우한에서 남서쪽으로 1,000마일 떨어진 윈난성 쿤밍시 근처 동굴의 편자박쥐 배설물 검체에서 이를 발견했다. 쉬터우 동굴로 알려진 이 지역은 중국산 갈색 편자박쥐 서식지였으며, 쉬 교수팀은 1년 이상에 걸쳐 계절별로 반복적으로 박쥐에게서 검체를 채취했다. 그들은 두 개의 더 독특한 코로나바이러스 유전체 서열을 조립할 수 있을 만큼 충분한 RNA 절편들을 회수했지만, 한 검체는 ― 다량의 박쥐 분변 ― 특히 생산적이었는데, 이 검체에서는 RNA를 회수했을 뿐만 아니라 살아있는 바이러스를 분리(즉, 성장)할 수 있었다.

박쥐의 배설물에서 바이러스를 증식시키는 것은 어려운 법인데, 이것은 사스와 유사한 코로나바이러스 중 최초로 배양된 것이었다. 그들은 그것을 우한 바이러스학 연구소의 이름을 따서, WIV1이라고 명명했다. 그것의 유전체는 인간 SARS-CoV와 95% 일치하여, 원래의 사스 바이러스와 가장 가까운 것으로 알려져 있다. 스파이크 단백질 내의 벨크로의 필수적인 작은 부분인 수용체 결합 영역에 대한 유전체에서, 인간 SARS와의 일치도는, 약 96%로, 훨씬 더 높았다. 이것만으로도 엄청난 발견이 되었지만, 아마도 추가적으로 더 많은 발견이 있었기 때문에, 이 논문은 거의 틀림없이 세계에서 가장 인정받는 과학 저널인, 네이처에 게재되었다.

쉬의 실험실 내 세포 배양에서 우글거리는 새로운 박쥐 바이러스인, WIV1은, 인간 ACE_2를 통해 세포에 침투할 수 있는 역량을 보여주었다. 이 사실은 그것이 인간을 감염시키기에 이미 준비가 되어 있는지도 모른다는 것을 의미했다. 그것은 사향고양이나 다른 중간 숙주를 통과할 필요가 없을지도 모른다.

"우리가 얻은 결과는 중국 편자박쥐가 SARS-CoV의 천연 저장 숙주라는 가장 강력한 증거를 제공한다"라고 쉬의 팀은 논문에 밝혔고, 사스와 유사한 코로나바이러스가 박쥐에서 인간으로 전염되는 데 중간 숙주는 필요하지 않을 수도 있다고 하였다. "그들은 또한 전염병 대비 전략으로서 신흥 질병이 일어날 위험 지역의 고위험 야생 동물 그룹을 대상으로 하는 병원체 발견 프로그램이 얼마나 중요한지 강조하고 있다."

팬데믹이 발생하기 6년 전, 쉬 정리는 다음과 같이 말한 것이다: **여러분, 대비하세요**.

20

쉬의 팀이 쿤밍 근처의 쉬터우 동굴에서 작업하던 때와 비슷한 시기인 2012년, 그들은 또한 남쪽으로 약 3시간 떨어진 폐광에서 박쥐의 검체를 채취했다.

윈난성 모장 현에 있는 통관이라는 마을에 있는 이곳은 쉬의 관심을 단계적으로 끌었던 독특한 역사를 가지고 있다. "모장 광산"이 나중에 전염병의 기원에 대한 어두운 이야기로 나올 것이기 때문에 자세하게 밝히는 게 중요하다.

쉬는 그녀가 가장 잘 기억하기로는 대략 7월인 그해 여름 언젠가 모장 광산에 대해 들었다.

첫 뉴스는 다른 연구원들로부터 들은 약간의 당혹스러운 소문이었는데, 그들은 쿤밍의 한 병원에서 누군가로부터 그것을 들었다고 했다: 모장 지역에서 온 여섯 명의 노동자들이 병에 걸렸고, 그들 중 다섯 명은 심하게 고통받았으며, 심각한 호흡기 질환의 치료를 위해 입원했다. 이들은 구리 광석 생산을 위해 다시 광산이 활성화될 수 있도록 동굴에서 박쥐 구아노를 치우기 위해 고용된 노동자들이었다. 그들은 지하에서 수일 동안 일했고, 구아노를 삽으로 퍼냈으며, 먼지를 들이마시고, 갱도의 공기에 걸려 있는 다른 무엇이든지 숨 쉬며 흡입하였다. 그들 중 적어도 한 명은 쉬가 이 상황에 대해 들었을 때 이미 사망했다. 다른 두 명은, 한 명은 입원 48병일 후에, 다른 한 명은 입원 109병일을 보낸 후에 사망하게 된다. 의사들은 그들이 앓는 병의 원인이 알려지지 않았기 때문에, 그들을 치료하는 데 애를 먹었다.

아마도 곰팡이 감염, 아니면 바이러스?

그들 중 한 명에 대한 사망 당시의 진단서에는 "심각한 폐 감염; 패혈증; 패혈성 쇼크, 복부 감염; 호흡기 심정지"라고 기술 되어 있었다. 병원은 그 환자들 중 네 명으로부터 혈청 검체를 채취했고, 그녀의 명성 때문에 쉬 정리는 박쥐 바이러스를 검사하도록 요청받았다.

"그들은 우리에게 혈청 검체를 보냈어요"라고 그녀가 혈청학적 검체에 속기를 하며 내게 말했다. 네 명의 환자들로부터 받은 13개의 혈청 검체, 사실 대변 샘플도, 코 면봉 검체도 없었다. "우리는 혈청만 가지고 있었어요."

그녀의 연구실 직원들이 검체들을 니파 바이러스, 에볼라 바이러스, 사스 바이러스에 대해 검사했지만, 아무것도 발견하지 못했다. 하지만 그러는 동안 그녀는 호기심을 가지게 되었다.

그래서 그녀는 자신의 팀을 모쟝으로 데리고 가서 박쥐들을 포획하고 검체를 채취하기 시작했다. 거기는 2차 연구 장소가 되어서, 그녀는 그 후 4년 동안 간헐적으로 와서 연구를 행했다. "우리는 검체를 채취했는데 — 이 동굴에서 총 7번 검체를 채취했습니다"라고 그녀는 말했다.

6종의 다른 박쥐들이 갱도에 둥지를 치고 더불어 지냈는데, 두 종의 편자박쥐와 다른 네 종의 박쥐들이었고, 쉬의 팀은 6종 모두에서 코로나바이러스의 증거를 몇 가지 발견했다.

그들의 1,322개의 검체 중에서 매우 다양한 코로나바이러스를 나타내는 RNA 절편을 검출했는데, 293 가지의 바이러스들이었고, 그중 284개는 인간에게 유해하다고 알려지지 않은 속(屬; genus)인 알파코로나바이러스에 속했다.

나머지 9가지 바이러스는 각각 하나의 핵심 유전자에 대한 염기서열 검사로 밝혀졌는데, SARS-CoV 및 MERS-CoV가 소속된 베타코로나바이러스 속에 속했다. 그 9개의 바이러스는 사스 바이러스와 더 유사하기 때문에 쉬 정리가 가장 큰 관심을 가졌다.

쉬의 팀이 그 9개 중 발견한 것 하나에는 4991이라는 번호가 붙여졌는데, 이는 특히 나중에 나올 역사의 전면에 등장할 것이었다.

가즈파초 스프가 오이와 다른 것처럼, 그 검체 번호는 해당 표본에서 나올 수 있는 모든 유전자 서열에 할당된 라벨과 구별된다; 그리고 어느 사자의 유전자 서열이 여러분의 실험실로 걸어 들어올 수 있는 살아 있는 사자와는 다른 것처럼, **바이러스의 유전자 서열은 배양이 되어 살아 있는 그 어떤 바이러스와도 엄연히 다른 것이다**; 그러나 그러한 구별은 이후 쉬 정리의 연구에 대한 비판의 와중에 논의에서 잊혔다.

중간 편자박쥐(*Rhinolophus affinis*)에서 얻은 검체 표본 4991은 2년 후 그들이 더 나은 장비를 갖게 되었을 때, 쉬의 그룹이 거의 완전한 유전체를 꺼내 서열을 매길 수 있을 만큼 충분한 물질을 포함하고 있었다. 그들은 *Rhinol-*

*ophus affinis*에 있는 Ra, 통관 마을의 TG, 그리고 표본이 수집된 연도인 2013년을 따서 **RaTG13**으로 명명했다.

이걸 왜 당신이 신경 써야 하는가?

이 비교적 단순한 변종에 이름을 붙인 사실들이 나중에 쉬 정리에게 사악하고도 혼미스럽게 비난하는 불씨가 되기 때문이다.

RaTG13은 바이러스의 기원에 대한 논란의 와중 속에 가장 중요하고 가장 잘 이해되지 않은 유일한 데이터 단편이 될 것이다.

쉬의 그룹이 이러한 결과를 처음 발표했을 때, 2016년에 주목받은 것은 표본 4991만이거나 그 안에 포함된 유전체 물질이 아니었다. 핵심은 너무나 많은 다른 코로나바이러스들이 한 광산 안에 공존하며 6종의 다른 박쥐들 사이를 순환한다는 것이었다.

저자들은 바이러스 다양성과 박쥐 다양성의 풍부한 혼합이 "재조합을 촉진하고 새로운 바이러스 변종의 출현을 촉진하는 현상이다. 우리의 연구 결과는 코로나바이러스의 천연 저장소이자 바이러스 병원체의 잠재적인 인수공통 전염병 기원으로서의 박쥐의 중요성을 강조한다"라고 기술하였다.

2017년에 쉬와 그녀의 동료들이 발표한 이 일련의 논문들 중 최종 논문은 실험실에서 바이러스 발견과 감염성 실험에 대한 그들의 5년간의 연구를 바탕으로 했다. 비록 그들은 중국 전역의 여러 장소에서 여러 종류의 박쥐 표본을 계속 추출했지만, 이 연구는 편자박쥐를 주로 보유하고 있던 쿤밍 외곽의 쉬터우 동굴이라는 한 장소에서 그들의 연구 결과를 요약했다.

샘플의 RNA 절편에서 그들은 11개의 신종 코로나바이러스의 전체 유전체 서열을 조립했으며, 모두 SARS-CoV와 상당히 유사했다. 이 11개의 바이러스를 가장 빛나게 만든 것은 그들 중에서 SARS-CoV 자체의 거의 정확한 형태인 유전자 영역, 즉 유전자 영역과 수용체 결합 영역(RBD)을 포함한다는 것이었다.

이들 유전체를 분석한 결과, 재조합은 한 유전체에서 다른 유전체로 부분들을 서로 섞고 일치시켜 온 것으로 나타났다. 전 세계 과학자들은 이것을, 편자박쥐로부터, 꼭 그 동굴이 아니라 하더라도 재조합에 의해, 그러고 나서 비슷한 성분을 함유하고 있는 또 다른 바이러스 내에서 생겨난 것이 2003년 사스 바이러스의 근원에 대한 확실한 증거라고 인정했다. 네이처 지의 한 논평을 보면, 이 바이러스를 "스모킹 건"이라고 불렀다.

불과 14년 만에 기원에 관한 수수께끼는 풀렸을지도 모른다.

하지만 또 다른 중국의 바이러스학자가 네이처 지에 기고한 논평에서 이렇게 의문을 표했다: 사스 바이러스가 쿤밍 근처에 있는 박쥐에게서 나왔다면, 그 바이러스가 그 박쥐에서 나와 어떻게 이웃한 주의 광저우까지 가는 600마일 이상의 경로에 단 한 명의 환자도 발생시키지 않고 도달할 수 있었느냐?

이 질문이 친숙하게 들린다면, 의심하는 사람들이 SARS-CoV-2에 대해서도 거의 비슷한 질문을 했기 때문이다.

가능한 대답은 다양한데, 이는 모든 사람들이 만족할 수도 불만을 품을 수도 있다. "이 연구는 SARS-CoV의 기원과 진화에 대한 새로운 통찰을 제공하며"라고 쉬와 그녀의 공동저자들은 2017 연구 논문에 기술했다. "그리고 미래에 SARS-CoV와 유사한 질병의 출현에 대비할 필요성을 강조한다"라고 썼다.

그 경보는 크게 그리고 오랫동안 울리고 있었지만, 그 당시엔 만인의 무관심과 이를 듣지 않는 공허 속으로 사라지고 있었다.

제3부
병에 담긴
메시지

21

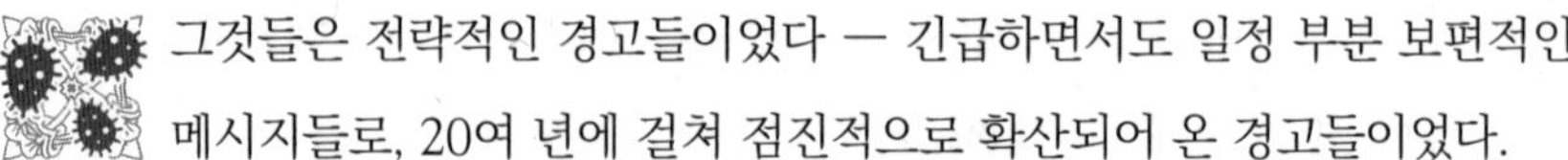 그것들은 전략적인 경고들이었다 — 긴급하면서도 일정 부분 보편적인 메시지들로, 20여 년에 걸쳐 점진적으로 확산되어 온 경고들이었다.

그러다 2019년 12월 말, ProMED의 마조리 폴락이 발신한 전술적 경보와 같은 경고들이 다시 울리기 시작했다.

하지만 그와 함께 우리가 지금 SARS-CoV-2로 부르는 신종 코로나바이러스에 대한 반응과 대응의 미흡함도 뒤따랐다.

12월 30일 저녁, 쉬 정리는 학회 참석차 상하이에 머물고 있었고, 우한 바이러스학 연구소 소장이 그녀의 휴대전화로 연락을 해왔다.

"밤 10시쯤이었어요." 쉬는 나중에 이렇게 말했다. "그때까지 저는 '원인 불명의 폐렴' 건에 대해 전혀 들은 적이 없었습니다."

이제 그녀는 이 소식을 들었다. 비정형 형태의 폐렴이 생겼다는 것. 도시 전역에 걸쳐 훑어보면 몇몇 증례에서 나타나며, 원인은 모르지만 예비 실험실 결과에 따르면 지금까지 알려지지 않은 코로나 바이러스가 관련되어 있을 수 있음을 시사한다는 것을. 환자의 일부 검체는 WIV에 막 도착했고, 소장은 쉬의 실험실이 그 검체들을 검사하길 원했다.

"저는 검사를 하라는 요청을 받았어요, 네"라고 그녀가 말했다. 바이러스를 더욱 확실하게 확인하기 위해서 말이다.

상하이 시간은 뉴욕 시간보다 13시간 앞서기 때문에, 폴락의 ProMED 첫 번째 게시물은 아직 올라오지 않았을 때였다; 필라델피아에 있는 수잔 와이스 연구소의 헨리 리와 같은 사람들이 위챗이나 다른 소셜 미디어를 통해 우한에 연결된 것을 제외하고는, 대부분의 세계가 여전히 이를 모르고 있었다.

우한 자체에서는, 소문은 났지만 몇몇 사람들에게만 소식이 전해졌다. 쉬는 즉시 자신의 연구소에 전화를 걸어, 밤샘하는 학부생들 셋이 여전히 그곳에 있다는 것을 알고, 늦은 시각이지만 집에 가지 말고 대기하라고 했고, 언제라도 다른 연구소에서 약속한 검체가 — 병원 검체에서 추출한 바이러스 RNA의 추출물 — 도착하면 받으라고 하였다.

그녀는 그것이 어떤 종류의 바이러스인지 확인하기 위해 두 가지 방법을 사용하여 작업을 시작하라고 그들에게 지시했다.

첫 번째 방법은 모든 종류의 코로나바이러스를 검출할 수 있는 광범위한 PCR 검사였다.

두 번째 PCR 방법은 사스와 관련된 코로나바이러스를 검출하기 위한 더 특이적인 방법이었다.

쉬 자신도 다음날 아침 상하이에서 회의를 가졌지만, 회의가 끝나자마자 12월 31일 우한으로 가는 기차를 탔다. 그녀는 곧바로 그녀의 실험실로 가서 학부생들이 그날 아침 얻은 PCR 결과를 보았다. "PCR 기계들이 데이터를 읽었습니다"라고 그녀는 말했고, 그 결과를 보고 "우리는 그것이 사스와 관련된 코로나바이러스라는 것을 알게 되었습니다"라고 말했다.

아직 쉬의 그룹은 전체 유전체의 염기서열을 분석하지는 않았지만, 다른 실험실에서 얻은 부분적인 염기서열 데이터를 가지고 있었다.

"제가 맨 처음 보인 반응은 염기서열을 비교할 필요가 있다는 것이었죠"라고 그녀는 말했다. 즉, 새 바이러스의 유전체를 자신의 실험실 검체에서 얻은 박쥐 코로나바이러스의 유전체와 비교하는 것이다. 그렇게 해서 불행하게도 서로 일치하는지 여부를 확인하기 위해서.

"그건 원래 그렇게 하는 겁니다!"라고 그녀는 이후 그녀에게 가해진 비판에 반응하여 좀 분개하며 말했다.

만약 그녀가 보도된 것처럼 자신의 데이터를 "필사적으로" 확인했던 것이라면, 그것은 새로운 바이러스가 그녀의 실험실에서 유출되었을 가능성을 그녀가 인식하여 속으로 찔려 하고 있었다는 것을 암시하는 것일까?

"아니요." 그녀는 그렇지 않다고 말했다.

그것이 의미하는 것은 중요한 업무에 대해서는 당연히 그렇게 열심히 한다는 것이었다.

그리고 그 새로운 바이러스는 그녀가 보유한 염기서열 기록 중 그 어느 것과도 일치하지 않았다, 그녀의 말을 믿을 수 있다면 말이다(그리고 나는 그녀를 믿을 수 있다고 생각한다, 증명할 수는 없지만).

"그래서, 12월 31일 오후, 저는 그것이 우리의 실험실에서 한 것과 아무런 관련이 없다는 것을 이미 알고 있었습니다."

그녀는 큰 안도감을 느꼈다.

그날 저녁 그녀는 우한시 보건위원회의 지역 공무원들을 만나 자신의 실험실 결과를 보고했다.

그러고 나서 그녀의 팀은 다시 작업에 착수했다. 이틀 안에, 그들은 거의 전체 유전체 서열의 잠정 초안을 손에 넣었다. 그들은 최초가 아니었을지 모르지만, 거의 완전한 유전체의 서열을 밝힌 가장 초기의 사람들 중 하나였다.

왜 그들은 즉시 그것을 발표하지 않았을까?

너무 빨리 해냈기에 결과의 정확도가 걱정되어서.

지난 2003년에 발표된 최초의 사스 유전체에는 오류가 있었다; 염기서열 결정 기술은 그 당시에는 덜 정확하고 신뢰성이 덜했으며, 빨리 해내느라 최종 확인을 나중에 하였다.

이번엔 달라야 했다.

보건위원회는 쉬의 실험실 외에 다른 두 기관에 염기서열을 만들어 내도록 요청했는데, 이들은 모두 독립적으로 작동하고 있었고, 그 후 각자의 버전을 비교하여 기술적 차이를 해결했다.

1월 6일에 가서, 쉬는 완전한 유전체를 갖게 되었고, 이는 정확하였으며 검증이 되었다. 하지만 쉬는 계속 신중하게 임하느라 그것을 공개하지 않았다.

그래서 에디 홈즈가 1월 11일(UTC) 초에 Virology 웹사이트를 통해 발표한 장 버전과 조지 가오의 팀이 1월 9일 말에 GISAID에 제출한 염기서열이 최초로 널리 사용된 SARS-CoV-2 유전체가 됐다.

그 시점에서 우선권을 잃었다고 해서 그녀를 힘들게 한 것은 아닌 것 같다.

이 새로운 바이러스가 그녀의 실험실에서 유출되었을 가능성에 대한 초기 의혹도 제기되었다.

이에 대해 쉬 정리는 이렇게 말했다.

"그건 정상적인 반응이라고 생각해요."

사람들은 추측하고, 때로는 비난도 하지만, 그건 결국 그들이 코로나바이러스의 복잡성을 잘 이해하지 못했기 때문이라는 것이 그녀의 생각이었다.

쉬는 그 복잡성 속에서 분명한 차이를 읽어낼 수 있었다.

자신이 염기서열을 분석한 모든 박쥐 바이러스는 이번 신종 바이러스와는 분명히 달랐으며, 자신이 실험실에서 배양한 바이러스들도 예외 없이 모두 달랐다는 것을 알고 있었다.

그녀는 덧붙였다.

"하지만 처음부터, 오케이… 너무 많이 설명할 필요는 없다고 생각했어요."

그럴 수도 있다.

설명 요구에 즉각 응하지 않았다고 해도, 결국에는, 머지않아 그 설명은 나올 수밖에 없을 것이다.

22

그 후 몇 주 동안, 쉬와 그녀의 그룹은 실험실에서 작업하느라 바빴다. 그들이 PCR로 검출한 절편들로부터 바이러스의 전체 유전체 서열을 조립하는 것 외에도, 그들은 그 서열을 SARS-CoV의 서열과 비교했고, 79.5% 동일하다는 것을 발견했다.

그렇기 때문에 이 바이러스는 또 다른 SARS 유사 바이러스지만, 원래의 SARS 바이러스는 아니었다, 왜냐하면 20%의 차이는 수십 년에 걸쳐 진화하느라 가지치기를 하며 뻗어 나갔음을 의미하기 때문이다.

그들은 다른 4명의 환자로부터 4개의 완전한 유전체를 더 조립했고, 그들 각각은 첫 번째 것과 거의 일치했다. 이는 그들이 보고 있는 것을 확인하는 데 도움이 되었다. 그들은 자신들의 바이러스에 WHO가 부르기 시작한 이름을 약간 변형시킨 nCoV-2019라는 잠정적인 라벨을 붙였지만, 아직 초기였고 최종 명명도 어떻게 될지 모르게 유동적이었다.

처음 몇 십 건의 증례들을 치료했던 우한 진인탄 병원의 의료진들을 통해, 그들은 한 환자의 하기도 깊숙한 데에서 검체를 얻었고, 그로부터 살아있는 바이러스를 배양시켰다. 그들은 그 바이러스를 배양액의 세포에 테스트했고, 그것이 ACE_2 수용체인 SARS-CoV와 동일한 수용체를 사용할 수 있다는 것을 발견했다. 게다가, 그것은 인간의 ACE_2뿐만 아니라 편자박쥐의 ACE_2를 사용할 수 있었다. 그래서 이 바이러스는 **이미** 다양한 숙주를 감염시키는 데에 광범위하게 적응한 것으로 보였다.

2020년 초 이 몇 주 동안에 이루어진 쉬의 연구에서 조금 더 이렇게 진도를 나간 결과는 지속적인 관심을 끌게 될 것이었다. 사실 이건 좀 약하게 표현한 것이다. 사실, 이 발견은 로르샤흐의 잉크반점 검사(Rorschach inkblot)처럼, 보기에 따라 전혀 다르고 주관적이며 경우에 따라서는 열정에 가득 차서 해석을 하기 십상이다(헤르만 로르샤흐의 카드 5가 박쥐처럼 보이는 것은 우연의 일치일까, 아니면 내 눈에만 그런 걸까?).

새로운 유전체의 한 영역과 신경 쓰일 정도로 익숙한 영역 사이의 강한 유사성을 발견하고서, 그 유사성을 좀 더 자세히 알아보았는데, 결국 그들은 RaTG13이라고 이름 붙인, 모쟝 광산에서 얻은 박쥐 바이러스의 전체 유전체 서열을 가져와서 진인탄 병원의 그것과 비교했다. 유사성은 **96.2%**였다. 그것은, **적어도 현재로서는**, RaTG13을 팬데믹 바이러스의 가장 가까운 친척으로 만들었다.

2020년 1월 23일, 쉬 정리와 그녀의 동료들은 이러한 연구 결과를 세상에 발표했다.

그들은 프리프린트 형식으로 발표했는데(preprint; 원고 초안으로, 웹사이트에

게시하되 동료 심사나 정식 학술지 발표를 하지 않은 것), 롱아일랜드의 권위 있는 기관인 Cold Spring Harbor Laboratory가 주관하는 프리프린트 저장소 bioRxiv("바이오 아카이브"로 발음됨)에 올렸다. 그들은 또한 이 원고를 네이처에 보내, 신속하게 동료 검토를 받고 2월 3일에 게재하였다.

한편, 중국에서는 1월 2일 진인탄 병원에서 41건의 실험실 확진 증례가 나온 후 1월 19일까지 다른 지역에서도 집단발병하여 1월 31일까지 11,791건의 중국 증례가 폭발적으로 증가했으며, 여행객을 통해 국경을 넘어 바이러스가 빠져나갔다.

태국은 1월 13일 방콕을 방문한 우한 출신 여성에게서 확진 증례가 보고되었다. 일본은 이틀 후 확진 증례가 확인됐고, 이후 1월 20일 한국과 미국 모두 첫 확진 증례를 보고했다.

우한시 위생위원회의 초기 보고서는 많은 증례를 화난 수산물 도매시장과 연관시켰다. 야생동물을 포함한 시장과의 연관성은 이 신종 바이러스가 어떻게 그리고 어디에서 인간에게 침투했는지에 대한 잠정적인 가설을 주도했다. 그러나 1월 1일, 우한 당국에 의해 시장이 폐쇄되고 청소가 완료되었기 때문에 그 잠재적인 역할은 전혀 철저하게 조사되지 않았다.

사람들은 점점 이 작은 미생물이 세계적인 문제가 될 수 있다는 것을 깨달으면서 전 세계적으로 우려가 커졌다. 단편적인 데이터와 어쩌다 한 번씩 언급되는 설들은 특히 바이러스의 기원에 대한 추측, 과감한 가설, 성급한 결론 및 혼란을 불러일으켰다.

그것은 어디에서 왔고, 어떻게 형성되었으며, 어떻게 사람들에게 유입되었는가? 1월은 열기로 가득 찬 달이었다.

다음 두 개의 초기 연구 논문은 이목을 끄는 이야기를 들려주고 싶어 하는 일부 과학자들의 어지러운 열망을 잘 보여준다.

첫 번째는 북경대학교, 광시 중의 대학교 및 기타 기관과 제휴한 중국 팀이 새로운 바이러스의 유전체와 뱀의 유전체 간의 특정한 유사점에 주목한 것이다.

이러한 유사점은 코돈(codon) 사용이라고 불리는 것과 관련이 있는데, 세 글자로 된 클러스터를 한 단위로 한 유전체(이를 코돈이라고 함) 하나하나가 정해진 아미노산 하나를 만들면서 차례차례 연결되며 어느 단백질을 만드는 것이다. 다시 말해서, 코돈 사용은 철자를 쓰는 것과 같다.

여기서 이해하기 위해 알아야 할 것은 각 아미노산마다 코딩을 하는 방법은 하나만 있는 게 아니고 다른 가능한 대안들이 있다는 사실이다 — 마치 영어 단어 "color"의 철자를 적는 방법이 다양하듯이 말이다. 철자가 "colour"인 것을 본다면 이게 무엇인지 감이 올 것이다: 이렇게 쓰면 영국식으로 철자를 쓴 것이라는 것. 이와 유사하게, 이 중국 연구원들은 새로운 코로나 바이러스의 코돈 사용에서 힌트를 얻었다고 주장했다: 뱀의 서열에서 말이다. 그 바이러스의 코돈 사용이 일부 뱀의 코돈 사용과 유사해 보였다는 이유로 그 바이러스가 오랫동안 뱀에 감염되어 왔다는 것을 의미할 수 있을까? 참으로 빈약한 주장이었다.

과학자들은 우한 주변 후베이성이 원산지인 두 종류의 뱀, 줄무늬 많은 우산뱀과 중국 코브라를 조사했다. 두 뱀 모두 그들의 아미노산에 쓰는 코돈 사용 양상들이 신종 코로나바이러스의 코돈 사용과 유사함을 보였다. 이는 새, 고슴도치, 마멋, 인간 또는 박쥐에서 볼 수 있는 것보다 더 유사했다. 저자들은 "뱀 또한 화난 수산물 도매시장에서 판매되었다"고 언급했지만, 어떤 종류의 뱀인지는 알지 못한 것으로 보인다. 우산뱀과 중국 코브라는 고대 광동의 별미인 뱀 수프 재료로 선호되기 때문에 시장에서 거래되었을 것이다. 그러나 연구자들은 조심스러운 태도를 취하며, 단지 그들의 코돈 사용 분석이 "그 바이러스의 야생 동물 저장 숙주가 무엇인가에 대한 약간의 통찰을 제공한다"고 제안하며, "동물 실험 연구를 통한 추가 검증이 필요하다"라고 단서를 달았다. 예를 들어, 새로운 바이러스가 뱀에서도 살아남을 수 있는지를 실험하기 위한 실험을 들 수 있다 — 이 연구자들은 하지 않았던 실험들이다.

이 연구는 동료 평가 월간 학술지인 *The Journal of Medical Virology*에 실렸지만, 과학계에서는 전혀 따뜻하게 받아들이지 않았다. 이는 황색 언론에서 대서특필되었고, CNN에서 보도되었으며, 선정적인 기사를 특히 선호하는 비과학자들의 관심을 끌었지만, 그 가설은 금방 수명을 다했다.

다른 과학자들은 증거들을 살펴보았고, 한마디로 다음과 같이 말했다: **퓹!**

그 달에 나온 두 번째 선정적 논문은 뉴델리에 있는 한 과학자 그룹이 1월 31일 bioRxiv에 프리프린트로 게재한 것이다.

이 저자들은 신종 코로나바이러스의 스파이크 단백질에서 4개의 "독특한" 아미노산을 발견했다고 주장했으며, 각각 6~12개의 아미노산 길이였다고 하였다. 이는 에이즈 바이러스의 팬데믹 하위 유형을 포함하는 HIV-1 구성 단백질의 아미노산 배치와 "괴이한 유사성"을 가지고 있었다. 그들은 그러한 유사성이 "자연에서 이렇게 우연히 생길 가능성이 없는 것"이라고 주장했다.

그들은 코로나바이러스에 있는 이렇게 뻗은 아미노산들을 "삽입" 이라고 불렀고, 이는 이것들이 실험실에서 조립되었음을 의미하며, 인간 세포에 더 전염성 있게 만들기 위해 HIV-1 유전체의 일부를 사용했을 수도 있음을 암시한다. 하지만 전문인 비평가들이 곧 지적했듯이, 이런 "괴이한" 우연은 전혀 기괴한 것이 아니었다. "삽입"은 삽입이 정말로 일어났다는 것이 아니라, 일상적으로 원래 있는 것이었으며, 다른 많은 생명체들(박쥐 바이러스 RaTG13도 포함)의 구조에서 보이는 아미노산 뻗친 것들과도 유사했다.

이 논문 전체는 그냥 헛소리였는데, 마치 셰익스피어의 전작에서 '못돼 먹은', '배우들', '과도하게 청구된', '시골 사람들' 같은 말들을 억지로 추려 조합한 다음 (당신도 할 수 있다), 우연의 일치로 된 단어 배열의 이 산물을 나팔 불고 다니는 셈이었다.

아무렴 스트랫포드 어펀 에이본[18] 출신의 영민한 극작가가 자신의 못돼 먹은 배우들이 시골 사람들에게 과도하게 비용 청구를 했다는 글을 일부러 남겼다고

---

18 Stratford-upon-Avon, 줄여서 Stratford. 셰익스피어의 고향.

믿을 수 있을까?

말도 안 된다.

이와 마찬가지로 신종 바이러스가, 실현되기 힘든 재조합을 통해 HIV-1로부터 유전체의 일부를 빼앗아 자기 것으로 삼았다는 가설 또한 말도 안 되는 것이다.

매우 빠르게, 이 논문은 삭제되었고, 만일 당신이 그것을 지금 온라인에서 찾아 낸다면, 당신은 각 페이지에 걸쳐 이렇게 쓰인 큰 회색 도장을 볼 것이다: "철회됨".

그 저자들은 성명서를 발표했다: "세계적으로 더 이상의 오해와 혼란을 피하기 위해, 우리는 프리프린트의 현재 버전을 철회하기로 결정했고, 논평들과 우려 들을 다루면서, 재분석 후에 수정된 버전으로 돌아올 것입니다."

그러나 그들은 결코 그렇게 하지 않은 것으로 보인다.

"저는 매우 화가 났습니다"라고 쉬 정리가 나에게 말했다.

뱀 이야기와 "기괴한 유사성" 논문은 2020년 초에 인터넷을 떠들썩하게 했 던, 핵심을 찌르지 못하고, 잘못된 여론 주도와 오해를 하던 사례들의 일각일 뿐이다. 그들 중 일부는 암시적이든 명시적이든 그녀의 연구실을 공격 목표로 삼았다.

"그래서 저는 이 정보, 그러니까 잘못된 정보에 담을 쌓고 차단하려고 했습니 다"라고 그녀는 말했다 — 이를 차단하고 진정을 시킨 다음, 집중하기 위해서.

"계속해서 연구 작업에 집중하기 위해서요."

<h1 style="text-align:center">23</h1>

 크리스천 앤더슨(Kristian Andersen)은 캘리포니아 라호야에서 이 모 든 것에 대해 강렬한 흥미를 갖고 지켜보았다.

"아마도 1월 첫째 주가 지나서야 저는 훨씬 더 걱정하기 시작했다고 얘기하고 싶네요"라고 그는 말했다. "그 시점 이후가 되어서야 갑자기 크게 걱정하게 되

었죠.”

앤더슨은 컴퓨터 유전학자인데, 이는 그가 유전체의 비밀을 조사하기 위해 심층적인 수학적 모델링과 컴퓨터 분석과 시뮬레이션을 사용한나는 것을 의미한다. 그는 작고 절제된 미소를 가진 군살이 없는 체형의 운동을 잘하는 남자이다. 덴마크에서 태어났고, 캠브리지와 하버드에서 수련을 받았으며, 현재 스크립스 연구소의 교수이다. 그가 선택한 연구 주제는 바이러스가 어떻게 진화하고, 출현하고, 더 진화하고, 인간에게 문제를 일으키는지를 이해하는 것이다. 그는 2013~2016년 에볼라 유행 기간 동안 시에라리온을 포함한 서아프리카의 라싸와 에볼라에 대해 연구했고, 진단 테스트를 개발하고 유전체 역학(genomic epidemiology)이라고 알려진 분야인 유전체 염기 서열 분석을 사용하여 감염 확산을 추적하는 일을 하였다.

“아닙니다”라고 앤더슨은 자기가 “유전체 역학”이라는 용어를 고안해 낸 것이 아니라고 내게 확실히 말했다.

이 학문은 2003년(덴마크 아르후스 대학원 재학 중)에 시작되었으며, 이로써 과학자들은 사스 바이러스가 광둥성을 벗어나 홍콩을 거쳐 세계로 이동하는 과정을 역추적할 수 있게 되었다. 염기서열 분석은 20세기 후반에 힘이 많이 들고 시간이 많이 걸리는 작업이었다가, 이제는 자동화되었지만 비용이 많이 들게 되어 인류 최초의 유전체 지도를 만드는 데만 27억 달러가 소요되었지만, 기술이 훨씬 더 개선되면서 비용도 절감되었고 속도도 빨라졌다.

2013~2016년 에볼라 악몽은 유전체 역학이 즉각적인 위기 대응에 중요한 도구가 될 수 있었던 첫 번째 역학적 사건이었다.

앤더슨은 파디스 사베티(Pardis Sabeti) 실험실의 박사 후 연구원이었는데, 사베티는 뛰어난 이란계 미국인으로 하버드와 브로드 연구소에서 공동으로 임명된 이였다. 앤더슨은 사베티를 비롯한 여러 선임 연구원들이 이끄는 대규모 팀에서 선봉을 섰다. 그런 다른 리더들 중 한 명은 에딘버러 대학의 앤드류 램보우였다.

혼란스러운 공중 보건 재앙 속에서 *극단적인 상태의* 환자들로부터 채취한 에볼라 변종의 염기서열을 밝히는 것은 강심장과 배짱을 가진 총명한 사람들에게 주어진 과제이다.

그렇게 되면 당신은 믿을 수 있는 친구를 사귀게 된다. 의심할 여지없이 이것이 바로 앤더슨이 2020년 초에 램보우와 다시 연결된 이유이며, 이 새로운 재앙이 시작되었을 때 공동저자로서 신종 바이러스의 유전체 분석이 바이러스의 기원에 대해 무엇을 시사하는지에 대한 논문을 쓴 이유이기도 하다.

앤더슨은 "우한에서 온 10개 또는 15개 정도의 유전체를 받자마자 확인해 보니, 그들은 기본적으로 모두 똑같았습니다"라고 말했다. 초기 증례에서 나온 유전체에 대한 접근이 1월 중순까지 있고, 그는 그 유전체가 돌연변이가 발생하더라도 기존 바이러스와 거의 다르지 않을 정도로 미미하다는 사실을 보고 걱정이 들었다.

왜 그랬을까?

"왜냐하면 이것이 아마도 사람에서 사람으로 전염되고 있다는 것을 말해주기 때문이죠."

만약 바이러스가 저장 숙주인 동물 내에 잠복하면서 도시의 시장으로 간다면, 다른 동물들 간의 돌연변이에 의해 최소한 약간이라도 다양한 양상의 돌연변이로 분산될 가능성이 있고, 그 후 다른 인간들에게 여러 번 종간전파된다면, 인간에서 얻은 검체를 검사해 보면 최소한의 다양성이라도 보여줄 것이다.

다양성이 없다는 것은 동물에서 인간으로의 종간전파가 거의 일어난 일이 없으며, 그러한 사실을 토대로 보면 거의 동일한 바이러스 변종이 인간에서 인간으로 빠르게 이동했다는 것을 시사한다. 그리고 눈에 띄는 다양성의 결핍은 앤더슨이 초기 유전체에서 본 소견이다. 이것은 당시 그가 알지 못했던 인간 대 인간 전염에 대한 다른 증거와 일치하는데, 예를 들어 선전에서 K.Y. 위엔이 우려를 제기한 5건의 가족 집단 감염이 그것이다.

앤더슨은 "그것이 바로 저와 에디, 앤드류, 밥이 기원의 아주 초기에서부터 따지며 연구를 시작한 이유입니다"라고 말했다.

"밥"은 뉴올리언스에 있는 툴레인 대학의 바이러스학자 로버트 F. 개리(Robert F. Garry)였는데, 시에라리온에서 라싸와 에볼라 바이러스 연구를 통해 앤더슨을 알게 되었고, 개리는 바이러스 연구와 수련을 맡아 정부 병원과 장기적으로 연결되어 있었다. 개리는 바이러스 단백질의 구조 생물학 전문가인데, 이는 단백질이 어떻게 접혀서 어떻게 기능하는지를 연구하는 분야로, 그는 유전체 염기서열을 보고 단백질이 어떻게 움직이는지를 추론할 수 있다. 그는 인디애나주 테레 오트에서 온 칠순의 연구원으로, 구레나룻과 두꺼운 콧수염을 제외하고는 황갈색 머리를 하고 있고, 구형 모델의 컴퓨터와 그들이 운영했던 모델을 기억하고 있으며, 지금은 더 나은 기계와 고급 기술을 사용하여 구조 생물학의 최전선에서 계속 활발하게 활동하고 있다.

"단백질 염기서열을 제대로 보고 그 단백질이 무엇을 하고 있는지 알아낼 수 있는 사람들이 이젠 많이 남아 있지 않습니다. 아시겠지만, 서열 중에서도 위험한 기능을 보이는 부분이 어디에 있는지를 알아내는 그런 능력 말이죠"라고 개리는 내게 말했다.

홈즈가 올린 웹사이트에서 신종 코로나바이러스의 서열을 보았을 때, 게리는 즉시 무엇이 위험한 부분인지 알아냈다.

"퓨린(furin) 단백질이 잘리는 부위였습니다"라고 그는 말했다. "그리고 그걸 발견했다는 것은 제가 그날 밤 잠을 설친다는 것을 의미했습니다."

퓨린 절단 부위는 코로나바이러스의 스파이크 단백질 내에 있는 일종의 방아쇠 역할을 하는 것으로, 바이러스가 세포에 붙어 안으로 들어가는 능력을 촉진한다. 먼저 스파이크 단백은 ACE_2와 같은 세포 외부의 수용체 단백질을 붙잡는다. 그러고 나서 절단 부위가 제 역할을 하게 된다. 스파이크의 두 주요 돌출부 사이의 접합점에 위치하고, 이것이 작동되면, 스파이크는 마치 트랜스포머 로봇이 갑자기 트럭으로 변신하는 것처럼 모양을 바꾸어, 스파이크가 세포막과 융합할 수 있는 방식으로 분열된다.

이렇게 하여 바이러스 유전체는 세포 속으로 삐죽삐죽 들어가 스스로 복제를 시작할 수 있게 한다. 퓨린 절단 부위를 작동시키는 것은 퓨린 분자와의 접촉이다. 퓨린은 중요한 기능을 하는 효소로, 어느 곳에나 작동하며 우리 몸 어디나 잔뜩 있다. 따라서 퓨린 절단 부위는 신체의 퓨린에 의한 유발을 받기에 최적화되어 있으며, 그렇게 해서 바이러스의 세포 침투를 더 용이하게 해 준다.

일부 바이러스는 세포 진입 기전의 일부 수단으로서 퓨린 절단 부위를 가지고 있으며, 이는 인간에게 매우 치명적인 바이러스가 되는 데 기여하는 것으로 보인다. SARS-CoV에는 이런 게 없었고 다행히도 그 바이러스는 그다지 효율적으로 전염되지 않았다. 따라서 새로운 코로나바이러스에 퓨린 절단 부위가 포함되었다는 걸 알게 되자 밥 개리는 바이러스가 더 잘 퍼질 수 있다는 우려를 표명했다.

"저는 바이러스학자 동료들 중 몇몇과 이야기를 시작했어요"라고 개리가 말했다. 그들 중 하나가 앤더슨이었는데, 그는 앤더슨이 이미 램보우 및 홈즈와 논의를 했다는 이야기를 들었다. 개리는 바이러스 유전체에 눈에 띄는 특징이나 명백한 이상 징후가 있으면 호기심 — 그러니까 정당한 호기심 — 그리고 의심과 학술 이론을 불러일으킬 것이라고 예견하였다, 그것이 적합한 것이건 아니건 말이다.

예를 들어, 그 바이러스는 인위적으로 만들어진 것처럼 보였을까?

퓨린 절단 부위가 돌연변이, 재조합(인위적이 아닌 자연적으로 다른 바이러스와 부분 교환하는)이나 진화에 의해서라기보다는 인위적으로 그곳에 삽입된 것일까?

"가끔은 바이러스학과 정치를 분리하는 것이 어려운 것 같습니다"라고 개리가 말했다.

"하지만 지난 1월 초, 그곳에서조차도, '우리가 이것에 대해 누구를 탓해야 할까요?'라는 질문이 있었습니다."

에디 홈즈는 그때쯤 스위스에서 열린 바이러스학 집담회에서 오랜 친구이자 현재 런던에 있는 보건 연구에 전념하는 재단인 웰컴 트러스트(Wellcome Trust)를 운영하는 의학 연구자 제레미 패러(Jeremy Farrar)로부터 비슷한 우려를 들었다.

"제레미는 저에게 이메일을 보내서 '그 바이러스는 **실험실에서 나온 것일 수도 있다는** 논의가 있습니다. 그 바이러스 서열 좀 봐 줄 수 있어요?'라고 말했습니다."

홈즈는 그 서열을 발표하기 위한 산파 역할을 했지만, 아직 그것을 검토 하지는 않았었다.

이제 그는 신종 바이러스와 96.2% 일치하는 박쥐 바이러스 RaTG13에 대한 쉬 정리의 프리프린트를 꺼내 유전체의 부분마다 비교하는 그림을 훑어보았다.

그가 보기에 이상하다고 생각되는 점은 없었다.

그는 호주로 돌아가는 비행기를 잡았다.

"그러고 나서 거의 다음 날, 크리스천 앤더슨이 제게 이메일로 '이 염기서열에서 매우 이상한 것을 보았는데요, 좀 봐 주시겠어요?'라고 했습니다."

앤더슨은 지금까지 퓨린 절단 부위에 대해 신경을 곤두세우고 있었고, 또 다른 가능성이 있는 이상 소견도 알아차렸다: 그 수용체 결합 영역(RBD), 그러니까 바이러스가 맨 처음에 세포에 부착하는 데 핵심적인 스파이크에 있는 벨크로 찍찍이 말이다.

그것은 두 조각으로 배열되어 있는데, RBD가 세포를 잡고, 퓨린 절단 부위가 세포 진입을 촉진한다. 유전체에 암호화되어 있는 이 새로운 바이러스의 RBD는 인간, 흰 족제비, 그리고 다른 동물들에게서 발견되는 그런 종류의 ACE_2 수용체를 잡는 데 분명히 매우 적합해 보였다.

그것은 SARS-CoV 그리고 쉬 정리의 박쥐 바이러스인 RaTG13의 RBD와 닮은 점이 거의 없었다.

그렇다면 그것은 대체 어디에서 온 것일까?

"그래서 저는 '오, 젠장'이라고 생각했습니다"라고 홈즈가 말했다. "우리는 당국에 알렸지요.”

그 당국자들 중 한 명은 다시 제레미 패러였는데, 그는 홈즈에게 유전체에 대한 그의 생각과 그것이 바이러스의 기원에 대해 알려줄 수 있는 것을 모아서 그것들을 공유하라고 촉구했다.

“그냥 보고서를 작성하세요.”

이때까지 관련이 되어 있던 다른 두 명의 다른 당국자들은 NIAID의 토니 파우치 소장과 NIAID가 속해 있는 국립보건원의 프란시스 콜린스(Francis Collins) 소장이었다.

패러는 2월 1일로 예정된 안보 집담회 소집 회의를 마련하였는데, 이 소집으로 앤더슨, 홈즈, 파우치, 콜린스 그리고 전 세계에 흩어져 있던 몇몇 다른 과학자들이 이 의문에 대해 논의를 하러 모일 수 있었다 — 그 유전체는 어디서 어떻게 그 바이러스가 기원을 했는지에 대해 말해줄 수 있는가?

한편, 앤더슨과 홈즈는 앤드류 램보우와 함께 이에 대해 논의하고 있었다.

“크리스천과 에디가 연락을 취해 ‘우리는 지금 그 바이러스를 검토하고 있다’고 말했죠”라고 램보우가 말했다. “‘그리고 우리가 기원에 대해 알아낼 수 있는 것을 찾으려 노력하고 있는데, 흥미롭고 꽤 특이한 특징들이 많이 있더군요’라고 말했습니다.”

그들은 램보우가 바이러스 진화에 대한 지식이 출중하여 그의 도움을 원했고, 밥 개리도 그러했다. 왜냐하면 램보우는 구조 모델링에 대한 전문성과 인위적으로 조정할 수 있는 것과 할 수 없는 것에 대해 잘 알고 있기 때문이었다.

2020년 1월 31일, 이러한 작업들이 시작되면서, 사이언스(*Science*)지에 존 코헨(Jon Cohen)의 기사가 실렸는데, 그는 사이언스 사내에서 신뢰할 수 있는 기자였다. 내용은 그들이 참여했던 것과 동일한 전반적인 작업에 대한 것이었다. “집단 발병의 기원에 대한 단서를 찾기 위한 코로나바이러스 유전체 채굴(Mining Coronavirus Genomes for Clues to the Outbreak’s Origins)”이라는 제목이었다. 그 기사는 박쥐 바이러스 RaTG13에 대한 쉬 정리의 논문을 설명했고, 시애틀의 트레버 베드포드(Trevor Bedford)라는 컴퓨터 생물학자가 이끄는 새로운 바이러스의 다양한 계통발생학적 분석(가계도로 기술함)을 인용했으며, 뱀 가설도 주목했지만 일축했고, 리처드 에브라이트(Richard Ebright)라는 분자 생물학자 — 실험실 유출의 위험을 수반하는 매우 위험한 바이러스 연구를 오랫동안 비판해 온 — 의 말을 인용해 새로운 바이러스가 자연적인 종간전파, 그러니까 인간이 아닌 동물로부터 직접 전파되는 것도 가능하지만, 실험실 사고에 의해서 인간에게 도달했을 수도 있다고 주장한 발언을 인용했다. 에브라이트의 자체 연구 전문 분야는 박테리아의 전사 과정(메신저 RNA를 만드는 유전자이자, 단백질의 청사진)이다.

코헨은 또한 에코헬스 얼라이언스의 피터 다스작이 에브라이트의 주장에 대해 답변한 발언을 인용하였다.

다스작은 "인간이란, 논란과 더불어 이러한 근거 없는 설들을 거부할 수 없는 것 같지만, 그럼에도 진실은 우리 얼굴을 정면으로 응시하고 있다"고 말했다.

"야생동물에는 믿을 수 없게 다양한 바이러스들이 있고 우리는 단지 피상적으로만 알아봤을 뿐이다. 그 다양성 안에, 사람들을 감염시킬 수 있는 바이러스들이 있을 것이고, 그 집단 내에는 질병을 일으키는 바이러스들이 있을 것이다."

코헨이 에브라이트와 다스작을 SARS-CoV-2 기원에 대한 의문에 서로 정반대의 의견을 가진 것으로 배치한 것은 옳았으며, 그들은 그 이후로도 그렇게 맞서는 입장을 유지해 왔다.

2020년 1월 31일은 금요일이었다.

그날 저녁, 토니 파우치 소장은 크리스천 앤더슨과 제레미 패러에게 이메일을 보내 코헨의 기사에 주의를 기울여 보라고 하였다.

"이 기사는 오늘 막 나왔습니다. 여러분은 그것을 보았을 것입니다. 만약 보지 않았다면, 다음 날 집담회 소집에서 토의 안건으로 다뤄볼 만한 흥미로운 기사입니다." — 그 토의는 집담회 소집 자리에서 다음 날까지 계속된다.

앤더슨은 "네, 읽었습니다"라고 하며 사실 자신과 홈즈 둘 다 코헨의 기사에 인용이 되었다고 정중하게 답장하였다. (파우치는 공사다망한지라, 그걸 알아차렸을 수도 있고 못 알아차렸을 수도 있다. 하지만 만약 알아차렸다면 그들이 이 기사가 출판된 것을 알고 있는지를 확실히 알고 싶어 했을 것이다.)

이후 앤더슨은 입증되지 않은 코로나바이러스에서 작고 예상치 못한 특징들을 평가하는 어려움을 언급했다.

재조합은 이것저것을 삽입할 수 있다. 박쥐 바이러스 같기는 한데, 비교 대상으로 삼을 박쥐 코로나바이러스 유전체는 상대적으로 적었다. 그는 이 두 가지 예상치 못한 특징인 RBD와 퓨린 절단 부위를 넌지시 언급했다.

"이 둘은 '특이한' 것이었나요, 아니면 그렇지 않았나요?"

"계통수에서 보면 바이러스는 완전히 정상적으로 보입니다."

그는 그것이 박쥐 바이러스에서 가까운 위치로부터 가지를 쳐서 갈라져 나왔다고 덧붙이며, 그래서 박쥐가 저장 숙주일 가능성이 있음을 시사했다.

그러나 여기엔 '그러나'라는 단서가 붙는데, 그럴 자격을 갖춰야 할 요건이 하나 있었다.

앤더슨은 "바이러스의 특이한 특징들은 유전체 전체의 0.1퍼센트도 되지 않는 매우 작은 부분만 차지합니다"라며 "어떤 특징들이 (잠재적으로) 인위 조작된 것인지를 보려면 염기서열 전체를 아주 자세히 살펴보아야 합니다"라고 말했다.

다음 날인 2월 1일 토요일, 그들은 UTC 7시(런던의 경우 패러)에 통화를 했는데, 그 시간은 워싱턴(파우치와 콜린스)이 오후 2시, 캘리포니아(앤더슨)가 오전 11시, 그리고 시드니의 홈즈에겐 일요일 오전 6시였다. 또한 램보우와 개리뿐만 아니라 마리온 쿠프만스(Marion Koopmans; 로테르담의 저명한 네덜란드 바이러스학자), 크리스천 드로스텐(Christian Drosten; 베를린의 바이러스학 연구소 소장), 패트릭 밸런스(Patrick Vallance; 영국 정부의 수석 과학 고문), 그리고 다른 몇몇 과학자들도 통화를 했다.

앤더슨과 홈즈는 그들이 유전체에서 무엇을 보았는지에 대해 짧은 발표를 했다. 이 그룹은 바이러스가 어떻게 인간에게 도달했는지에 대한 모든 가능한 시나리오들을 고려하여 각자의 생각을 교환했다 — 야생 동물에 의한 자연적인 종간 전파, 실험실 유출, 인위적으로 조작된 바이러스로 인한 전파 등.

쿠프만스와 드로스텐은 패러가 나중에 발간하게 되는 책인 『*Spike*』에 나온 대화에 의하면, 자연적인 종간전파가 가장 가능성 있는 설명이라고 주장했다.

"그렇게 주장한 게 맞아요"라고 쿠프만스는 내게 말했는데, 그녀가 그렇게 판단한 것은 다른 야생 코로나 바이러스에 퓨린 절단 부위가 있다는 것에 기반을 두고 있었다. 다른 추가적인 증거뿐만 아니고 말이다.

패러 자신은 그다지 확신하지 못했다. 전화 통화 직후 그는 자신의 생각은 자연적 전파라는 선택지와 실험실 유출이라는 선택지의 중간쯤에 있는 것으로 묘사했다. (나중에 그 역시 추가 자료를 토대로 자연적 기원이 가장 가능성이 높다고 결론짓게 된다.)

전화 통화는 한 시간 동안 계속되었다.

그 후 며칠 동안 앤더슨, 홈즈, 개리, 그리고 램보우는 논문 초안을 작성하기 위해 치열한 논의를 이어 갔다.

그들은 아이디어를 주고받으며, 전화 통화와 화상 회의, 그리고 공유된 구글 문서(Google Docs)를 통해 문장, 텍스트 조각, 임시 문단들을 하나씩 쌓아 올리기 시작했다.

그들의 기본 원칙은 이랬다 — 가능한 모든 시나리오를 객관적으로 고려하고, 열린 마음을 유지하며, 새로운 증거가 나오면 언제든 그 증거가 논의 방향을 이끌게 하자.

개리의 표현을 빌리자면, "전체에 대해 불가지론적이 되려고 노력하라"는 것.

지금까지 그들은 자신들이 일부 불특정 독자들을 위한 "보고서"로 그치는 것이 아닌, 과학 논문을 쓰고 있다는 것을 알고 있었고, 먼저 네이처에 게재하려고 투고해 볼 것이었다. 그들은 이미 그 논문을 보는 데 관심을 보이던 편집자들에게 연락했다.

네 명의 남자가 첫 번째 초안을 검토하고 있을 때, RBD는 불가해한 것으로 보였었다.

그들은 개리가 했던 종류의 구조 모델링을 통해 그것이 인간 세포에서 ACE_2에 결합하기에 매우 잘 최적화된 RBD임에 틀림없다는 것을 알았다. 그것은 완벽하지는 않았지만, 거의 너무 좋아 보였다. 그리고 그것은 독특했다.

"우리가 이전에 본 다른 바이러스들 중 어떤 것도 정확한 RBD를 가지고 있지 않았습니다"라고 앤더슨이 말했다. "솔직히 말해서, 그것은 꽤 우려스러운 것이었습니다."

그들은 그가 "실험실을 통해 유출되었을 가능성"이라고 말한 것에 대해 신중하게 재고했다. 그들은 함께 심사숙고했고, 몇몇 동료들과 생각을 공유했다.

앤더슨과 파우치 소장이 전화 회의 직전 날에 교환한 이메일은 이러한 맥락에서 주목할 만한 가치가 있는데, 왜냐하면 이 이메일은 나중에 정보자유법을 통해 "파우치 이메일"의 하나로 대중에게 공개될 것이고, 그렇게 되면 아무런 맥락도 없이 폭로되는 것으로서 떠들썩하게 될 것이었기 때문이다.

어두운 측면의 가설을 지지하는 사람들은, 그 이메일을 보면 앤더슨과 파우치 소장이 공모하여 바이러스가 실험실에서 조작되었다는 자신들의 믿음을 은폐하려 했다는 것을 보여준다고 주장할 것이다. 이러한 비난은 앤더슨이 파우치 소장에게, 분석 팀과의 논의 끝에, 적어도 일부는 "유전체가 진화론을 토대로 예상했던 것들과 일치하지 않는다는 것을 발견했다"고 언급함으로써 더욱 힘을 얻게 되었다. 그는 무슨 의도로 그렇게 말을 한 걸까?

글쎄, 진화 이론의 시각으로 보았을 때, 그 바이러스의 RBD와 퓨린 절단 부위는 SARS-CoV 또는 지금까지 확인된 박쥐 유래 SARS 유사 코로나바이러스들과는 유사하지 않았고, 따라서 기존 과학적 예측으로는 설명되지 않는 부분이 있었다.

그러나 앤더슨은 이메일을 이렇게 맺었다.

"그럼에도 우리는 이 사안을 훨씬 더 면밀히 검토해야 합니다. 아직 추가 분석이 남아 있기 때문에, 현재의 견해는 향후 변경될 가능성이 있습니다."

친숙한 측면을 가진 새로운 현상들은 — 거대한 갈라파고스 거북이들은 찰스 다윈에게는 생소한 것이었지만, 그 거북이들의 형태는 친숙했듯이 — 더 면밀한 조사와 새로운 사고를 필요로 했다.

"그 이메일이 보여주는 것은 과학적 과정의 명확한 예입니다"라고 앤더슨은 나중에 비판에 대한 반응으로 트위터에서 말했다. 그들은 실험실 유출, 조작된 바이러스, 자연적인 종간전파 등을 포함한 여러 가능성을 고려하고 있었으며, 어느 한쪽을 뒷받침하거나 반박할 수 있는 더 많은 데이터를 갈망하고 있었다.

"그냥 과학입니다. 지루하고요, 저도 알아요"라고 앤더슨은 썼다. 그러나 불확실성의 시기에 과학을 하는 것은 꽤 유용한 일입니다." 해결되지 않은 채 3주가 지나고, 연구는 2월까지 계속됐다.

그러고 나서 천산갑(pangolin)이 등장했다.

24

"이건 우리에게 있어 정말 크고도 결정적인 증거입니다."

앤더슨은 내게 그렇게 말하며, 이 바이러스는 자연적으로 발생한 것이라고 확신했다.

그가 그렇게 말할 수 있었던 것은, 쿤밍에 있는 세 명의 중국 과학자 팀이 수행한 연구와, 그 데이터를 재분석하고 추가 조사를 진행한 다른 과학자들 덕분이었다.

그 결과, 새로운 바이러스의 RBD(수용체 결합 부위)가, 야생에서 채취된 또 다른 코로나바이러스의 RBD와 매우 높은 일치도를 보인다는 사실이 밝혀졌다.

이 다른 바이러스는 2019년 초 광동을 통해 밀거래되어 야생동물 관리들에 의해 압수된 일부 말레이시아 천산갑에서 발견되었다.

휴스턴에서 일하는 과학자들이 접근 가능한 데이터에서 탐지한 RBD 일치에 대한 보고서는 2020년 1월 30일 Virological 사이트에 게시되었고, 며칠 후 앤더슨과 그의 동료들이 그들의 논문에 영향을 미칠 수 있는 시기에 딱 맞춰 이 게시물을 포착하였다.

일단 그것을 보자마자 앤더슨은 말하길, 자신과 동료들은 "**우리가 정말로 이상하다고 생각하는 것은 이미 자연계에 존재한다**"는 것을 알게 되었다.

천산갑은 희한 하고도 매력적인 동물이다.

서반구 사람들 대부분은 이놈을 한 번도 본 적이 없으며 심지어 동물원에서도 본 적이 없다. 그들은 갑옷을 입은 피부와 식습관, 길쭉한 머리, 이빨이 없는 입 때문에 비늘 달린 개미핥기로 대충 알려져 있지만, 진짜 개미핥기와는 밀접한 관련이 없다.

총 8종이 있는데, 4종은 아프리카가 원산지이고 4종은 아시아가 원산지다. 말레이산 천산갑(*Manis javanica*, 순다 천산갑으로도 알려진)은 자바와 보르네오부터 동남아시아를 거쳐 중국 국경을 살짝 넘어 윈난까지 자연 분포한다. 8종은 포유류 목 중 가장 기이한 종 중 하나인 폴리도타(*Pholidota*)라는 매우 뚜렷한 그룹을 구성한다. 그들은 혈통상으로는 육식동물과, 수렴 진화로 보면 아르마딜로와 비슷하다. 그들은 개미뿐만 아니라 흰개미도 먹지만, 그들 자신을 방어할 때 외에는 다른 생물들을 해칠 능력이 거의 없다.

그들은 온화하게 수동적이라 인간이 포획하는 데에 처참할 정도로 취약하다.

공격을 받거나 도전을 받을 때, 천산갑의 기본적인 방어 방식은 쥐며느리 벌레처럼 바깥쪽은 비늘로, 안쪽은 부드러운 부분으로 몸을 말아 공처럼 만들어 버리는 것이다.

원래 천산갑(pangolin)이라는 이름은 말레이어로 "몸을 마는 놈" 또는 "말아버리는 놈"을 의미하는 펑-골링(*peng-goling*)이라는 단어에서 왔다. 이런 식의 방어는 표범과 같은 포식자들에게는 효과가 있지만, 더 큰 뇌와 한 쌍의 손과 두 다리를 가진 적에게는 효과가 없다. 천산갑을 패서 다시 몸을 펴게 하거나 마을로 가져갈 수 있으니까.

왜 사람은 천산갑을 패서 몸을 노출시키게 하는가? 왜냐하면 그 살은 식용이니까.

왜 마을로 가지고 갈까? 아마도 그것을 팔기 위해.

왜냐하면 속살뿐만 아니라 비늘은 일부 문화권에서 소중하게 여겨지기 때문이어서, 야생 동물의 불법적인 국제 거래를 통해 재앙 수준으로 많은 천산갑들이 흘러 들어간다.

천산갑은 혼자서 먹이를 찾아 다니며 홀로 사는 동물로, 성체들은 잠시 모여 번식을 한다. 암컷은 몇 달 동안 자식 하나를 업고 다니며, 갑옷 안에 품어서 부드럽게 웅크린 채로 잔다.

비록 천산갑은 찾기가 어렵지만, 그들은 한때 끝없이 많아 보였을 것이다. 1975년과 2000년 사이에, 사라 하인리히(Sarah Heinrich)라는 독일 생물학자와 그녀의 동료들에 따르면, 멸종 위기에 처한 야생 동식물 종의 국제 무역에 관한 협약(CITES로 알려진 다국적 단체; the Convention on International Trade in Endangered Species of Wild Fauna and Flora)의 데이터베이스에 근거하여, 약 77만 6천 마리의 천산갑이 국제 시장에서 합법적으로 거래되는 상품이 되었다고 한다. 그 상품의 흐름은 인도네시아, 태국, 말레이시아를 포함한 국가들로부터 수출된 약 613,000개의 천산갑 가죽들을 포함한다.

천산갑 비늘은 전통 의학에서의 효능으로 인해 높은 평가를 받는 별개의 상품이다. 1994년과 2000년 사이에 중국과 홍콩에서 전통적인 중의학(traditional Chinese medicine, TCM)에 사용하기 위해 말레이시아로부터 약 19톤(약 47,000마리의 천산갑에 해당)의 천산갑 비늘이 수출되었다. 중국의 전통 의학은 오래된 문헌에 기록된 바와 같이, 천산갑 비늘이 가루로 만들어지거나 재로 만들어 개미에게 물린 상처, 한밤중의 히스테리, 악령, 말라리아, 치질, 그리고 편충에 효과적일 수 있으며, 여성의 수유를 촉진할 수 있다고 주장한다. 과학 입장에선 이러한 주장을 지지하지 않는데, 이는 비늘이 단지 여러분의 머리카락과 손톱과 같은 물질인 케라틴으로만 구성되어 있기 때문이다.

"다른 문화들을 비난하는 일은 많이 있지요"라고 사라 하인리히가 포츠담 근처에 있는 자신의 집에서 나에게 말했다. 그 손가락은 여러 방향을 가리킬 수 있다. 1975년과 2000년 사이에 수출된 대부분의 천산갑 가죽은 북미로 향했고, 그곳에서 핸드백, 벨트, 지갑, 그리고 멋진 카우보이 부츠로 바뀌었다. 천산갑 가죽은 눈을 사로잡는 악어 같은 류의 다이아몬드 격자 무늬를 가지고 있기 때문에 특히 탐나게 만든다. 린든 존슨 등의 부츠 제조업체인 루체즈 부츠 컴퍼니는 CITES가 야생에서 잡힌 아시아 천산갑의 수출 할당량을 0으로 정하여 국제 상거래를 원천적으로 불법화했던 2000년 이전까지 천산갑 가죽 부츠를 생산하였다.

그 무렵, 중국과 동남아시아 일부 지역의 천산갑 개체수는 급격하게 고갈되었는데, 이는 이를 좋아하는 미국인들을 위해 카우보이 부츠를 만드는 것뿐만 아니라 그 나라 지역별 소비에 의해서도 발생했다. 한때, 중국에서 약 15만 마리의 천산갑들이 매달 식칼 아래로, 그들이 먹는 고기로, TCM에 사용되는 비늘로 소비되었다.

옥스포드에 기반을 둔 천산갑 전문가 대니얼 챌런더(Daniel Challender)와 세 명의 공동 저자는, "그렇게 대량 소비를 함으로써 19세기 중엽에 명백히 중국에서 천산갑의 상업적 멸종을 초래했다"고 썼다. 그래서 남아 있는 몇 안되는 토착 천산갑들을 사냥하는 것보다는 천산갑을 수입하는 것이 더 실용적이었다.

챌런더는 베트남에 가서 시장 조사를 하고, 천산갑 비늘에 대한 가격 데이터를 수집했으며, 고기가 제공되는 식당을 방문하는 등을 통해 현장에서 박사 과정 일부를 수행했다. "만약 당신이 호치민에 있는 식당에 들어간다면, 천산갑 1킬로에 350달러를 지불하게 될 것입니다"라고 그는 나에게 말했다. 그것은 구울 수도 있고, 생강, 파와 함께 뜨거운 냄비에서 끓일 수도 있다. 그는 2012년에 식당에 앉아 세 명의 손님이 700달러의 천산갑 식사를 즐기는 것을 지켜보았던 것을 회상했다. 한 종업원이 살아 있는 이 동물을 낡은 자루에 담아 식당으로 옮겼다. 그것은 오직 비늘과 발톱만을 보여주며 공 모양으로 방어 자세를 만들고 있었다. "그들은 큰 밀대 몽둥이를 꺼내 패 가지고 의식을 잃게 했습니다"라고 챌런더는 말했다. 그러고 나서 "그들은 가위를 들고 목을 잘랐습니다." 피를 빼내서 손님들 저녁 식사를 위해 술과 섞었고, 그 살은 요리되었다.

아시아의 천산갑 개체수가 감소하면서, 아프리카 천산갑이 동쪽으로 대량 공급되기 시작했다. 초기부터 사하라 사막 이남 아프리카의 많은 사람들은 천산갑을 올가미로 잡아채서 "수확"하고, 개들을 풀어 추적하거나 숲에서 우연히 발견해서 잡았다. 사냥꾼들은 전통적으로 그들의 포획물을 소비하거나 지역 야생 고기 시장에 팔았다. 마침내 그 고기는 가봉의 리브르빌과 카메룬의 야운데와 같은 아프리카 도시들에서도 인기가 있게 되었고, 21세기 초 가격 상승으로 이어졌다. 내가 유일하게 살아 있는 천산갑을 본 것은 콩고 공화국으로 이어지는 길고 포장되지 않은 길을 따라 몇 시간 떨어진 카메룬 동남부의 외딴 마을인 요카두마에서였다.

이 불운한 생물은 내가 묵고 있던 엘리펀트 호텔 주방 직원 중 한 젊은이의 소유였다. 그는 막 그것을 시내 시장에서 사 온 참이었다. 그는 그것의 꼬리를 잡아서 들었고, 그 생물은 흐느적거리며 맥없이 매달려 있었다. 그것은 도로변의 가로수처럼 적갈색이었고, 같은 이유로, 그것은 요코두마 주변의 공기를 삼킨 측색 점토 먼지로 덮여 있었으며, 콩고 숲에서 북쪽으로 우르르 울리는 벌목 트럭에 실려서 왔다. 머리, 몸, 꼬리를 덮고 있는 비늘은 녹슨 금속 깃털처럼 보였다. 주방장은 그 생물을 다시 깨우기 위해 빗물받이에 담갔다가 몇 발자국 걷게 했다. 주둥이는 뾰족했고, 본질적으로 길고 국수 같은 혀를 겨냥하듯이 내밀고 있었다. 눈은 어둡고 작은 구슬 같았고, 반짝이지만 흐리멍덩했다. 비늘에 의해 보호되지 않는 복부는 창백한 크림색이었다. 그 생물은 네 가지 아프리카 종류 중 하나인 하얀 배를 가진 천산갑인데, 나머지 셋은 카메룬 남부가 원산지이다. 그 천산갑은 호텔 벽 근처 땅에 있는 작은 구멍으로 머리를 밀어 넣으며 숨으려고 했다. 그러나 상당한 앞 발톱과 굴을 파는 힘과 본능에도 불구하고, 안전한 곳으로 도망 갈 기회를 찾지 못했다. "당신은 그걸로 뭘 할 건가요?" 나는 그 청년에게 물었다. "식용인데요" 하고 그는 말했다.

그때는 2010년 5월의 일이었다. 그 후 몇 년 동안, 국제 상거래에 종사하는 사람들은 야운데나 그 너머로 천산갑을 짊어지고 더 오래 걸리지만 죽을 운명인 건 마찬가지인 여행을 시켰을지도 모르겠다. 아니면, 그 천산갑의 살코기들만 현지에서 소비되었을 수도 있고, 더 간편하게 수송될 수 있도록 단지 그 비늘만이 계속 밀거래되었을 수도 있다. 아프리카 천산갑의 비늘은, 카메룬과 나이지리아의 항구와 공항을 통해 아시아, 특히 베트남과 중국으로 많이 이동한다.

"저는 우리가 경유지의 역할을 하고 있다는 것을 알고 있습니다"라고 올라주모크 모레니케지(Olajumoke Morenikeji)가 말했다.

그녀는 동물학자이자 나이지리아 천산갑 보호 조합의 설립자다. 압수된 비늘이 수천 킬로그램이나 되는 걸로 판단하건대, "이게 나이지리아에서만 온 것일 리가 없습니다"라고 모레니케지는 말했다.

야생동물 거래를 감시하는 국제 네트워크인 TRAFFIC의 담당자인 룩 에보우나 엠볼로(Luc Evouna Embolo)도 야운데로부터 비슷한 이야기를 해주었다. 점점 더 많은 중개인들이 지역 사람들에게 밭에서 천산갑을 모으라고 시키며 돈을 지불한다. 그 중개인들은 불법적으로 천산갑을 수출하는 도시 사업가들에게 판매한다. 마을 사람은 카메룬의 경제 수도인 두알라에서 30달러의 가치가 있는 천산갑에 3,000 CFA 프랑(약 5달러)을 받을 수 있으며, 중국에서는 더 받을 수 있다. 2017년에 경찰은 5톤 이상의 규모에 달하게 압수를 했고, 이 과정에서 두 명의 중국인 밀매상들이 체포되었다.

2016년 말, CITES는 야생에서 잡힌 천산갑과 그 부분들의 모든 국제 무역을 불법으로 만들기로 결정했지만, 거래는 계속되었다. 이제 거래의 범위는 세관원과 다른 국가 집행 당국에 의해 압수되거나 비정부 조사관들에 의해 탐지된 부분에서만 측정될 수 있다. 한 추정에 따르면, 거의 90만 마리의 천산갑이 지난 20년 동안 밀수되었다. 일부는 살아 있었다. 일부는 죽었고, 비늘이 벗겨졌고, 냉동되었다. 그 비늘은 때때로 캐슈넛, 굴 껍질 또는 페플라스틱으로 표시된, 운송 용기 안의 자루 또는 상자에 숨겨져 있었다. 챌런더와 하인리히와 같이 이 거래를 추적하는 사람들은 천산갑이 세계에서 가장 많이 거래되는 야생 동물인 것 같다고 말한다.

중국 도시에서는 *예 웨이*(野味), 혹은 "야생 취향"이 유행하고 있다 — 이는 건강하고 활기를 북돋우는 속성들이 배어 있는 것으로 추정되는 야생 고기를 말한다. 일부 소비자들은 천산갑을 먹는 것이 존경받는 국가 전통이라는 개념을 소중히 여긴다. 그러나 그 개념은 최근에 반론을 얻고 있다. 2020년 초, 유 우페이(Wufei Yu)라는 중국 언론인이 뉴욕 타임즈에 뱀, 오소리, 천산갑 등 특정 야생 동물의 살을 먹지 말라고 충고하는 오래된 옛글을 강조하는 칼럼을 게재했다. 유는 당나라 때인 652년(서양력 기준) 선 시먀오라는 연금술사가 "우리 위장에 잠복하고 있는 질병 때문이다. 천산갑의 고기를 먹지 마라. 그것이 그 잠복 질병을 깨워서 해를 끼칠 수 있기 때문이다"라고 경고했다는 것을 발견했다. 천 년 후, 현재 TCM의 기초가 된 것으로 여겨지는 의학 및 약초에 대한 지식의 개요에서, 의사 리 시전은 천산갑을 먹으면 설사, 열, 경련을 일으킬 수 있다고 경고했다. 천산갑은 의약품으로 유용할 수 있다고 리는 인정했지만, 고기로 먹는 것에는 주의하라고 했다.

베이징에 있는 중국 생물 다양성 보존 녹색 발전 재단의 대표를 맡고 있는 저명한 환경보호론자 저우 진펑은 "그것은 전통의 문제가 아닙니다"라며 "돈의 문제입니다"라고 나에게 말했다.

그리고 이제는 천산갑의 중국 유입과 함께 새로운 우려가 생겨났다: 특정 바이러스의 유입이라는.

2019년에는 주의를 기울이지 않았던 점이었다. 그해 3월 24일, 광저우에 있는 광둥 야생동물 구조센터는 세관 직원들에 의해 압수되었던 살아 있는 21마리의 말레이 천산갑을 보호하고 있었다. 그들 중 대부분은 피부 발진과 호흡 곤란을 겪으며 건강이 좋지 않았고, 16마리가 사망했다. 부검 결과 거품이 낀 액체를 포함하고 있는 폐 부종을 보였고, 어떤 경우에는 간과 비장이 부어 있었다. 광저우 정부 연구소와 천 진핑(Jinping Chen)이 이끄는 광저우 동물원 소속 3인의 과학자들은 죽은 11마리의 동물들로부터 조직 샘플을 채취하여 바이러스의 유전체가 있는지를 찾았다. 그들은 사람들에게는 무해하지만 설치류에게는 질병을 일으키는 것으로 알려진 센다이 바이러스(Sendai virus)의 징후를 발견했다.

그들은 또한 코로나바이러스로부터 나온 RNA 절편을 발견했다. 그럼에도 불구하고, 천 연구진이 팬데믹 이전인 2019년 10월 24일에 이 보고서를 발표했을 때는 큰 뉴스가 아니었다. 과학자들은 센다이나 코로나바이러스가 이러한 천산갑을 죽였을 수도 있으니, 천산갑 보존과 더불어 행해진 추가 연구를 통해 그 바이러스가 다른 포유동물로 옮겨갈 수도 있다는 점에 주목했다. 그들은 2019년 이전 쉬 정리의 논문에서 볼 수 있는 코로나바이러스 출현 가능성에 대한 긴급 경고와 같은 것은 표현하지 않았다.

3개월 후, "코로나바이러스"라는 단어는 훨씬 다른 의미로 다가오고 있었다. 그 신종 바이러스는 분리되고 염기서열이 밝혀졌으며, 전 세계에 비상이 걸렸고, 중국은 1,287명의 코로나19 확진자가 발생했으며, 다른 9개국(이제 프랑스, 베트남, 싱가포르 포함)에서 첫 확진자가 발생했고, 쉬의 그룹은 기존 코로나바이러스와 96.2%의 유사성을 보인 박쥐 바이러스 RaTG13을 보고하는 논문을 막 게시했다.

이것은 새로운 바이러스가 박쥐에서 유래했을 가능성이 높다는 강력한 증거였지만, 유전체 간의 차이가 4퍼센트라는 것은 완벽한 일치와는 거리가 먼 수치였다. 계산 방법과 변이율에 대한 가정에 따라 수십 년 — 혹은 20년 — 아니면 아마도 60년의 진화적 분기가 있었음을 의미한다.

새로운 바이러스는 그 시간을 어디에서 보냈으며, 박쥐나 다른 동물의 어떤 개체군에서 진화했으며, 그리고 그 후 어떻게 그 막간의 시간 동안 첫 번째 인간 숙주로 흘러 들어갔을까?

어디서, 어떻게, 무슨 방법으로 말인가?

이러한 질문들이 계류 중인 가운데, 추정의 연쇄 고리상에 또 다른 연결고리가 나타났다.

2월 7일, 사우스차이나 농업대학 리우 야훙 총장은 광저우에서 가진 기자회견에서, 자신의 연구소 내 한 팀이 아직 정식 발표되지 않은 논문에서 박쥐와 인간 사이의 간극을 메우는 바이러스의 중간 숙주일 가능성이 있는 동물을 발견했다고 선언했다: 천산갑이었다.

중국 관영 뉴스 통신인 신화의 보도에 따르면, 이 연구원들이 조사한 천산갑 바이러스는 사람에게 나타나는 신종 코로나바이러스와 99% 일치했다.

이 발표는 연구원들이 발견한 것을 과장한 것이었지만, 많은 헤드라인 기사들의 광풍을 일으켰다. 제네바에 있는 CITES 사무국조차도 다음 날 트위터에 "#천산갑이 #코로나바이러스를 사람에게 옮겼을 수도 있다"고 하며, 귀여운 천산갑을 등에 업은 암컷 천산갑이 나뭇가지에 올라 개미를 먹을까 기웃거리는 영상과 함께 그 시큰둥한 트윗을 게재했다.

이 트윗이 내포한 의미는 다음과 같았다: 이 사랑스러운 동물들이 치명적인 바이러스를 옮긴다. 그러니 그들을 괴롭히지 말고 그냥 두어라.

표와 그래프들 그리고 조심스럽게 선택한 언어로 이뤄진 사우스 차이나 농업대학의 연구가 온라인에 올라오자, 그 큰 결과는 리우 소장이 광고했던 만큼 크지는 않았지만 그래도 극적이었다.

이들 연구진이 모은 코로나바이러스 유전체는 광동성 야생동물 구조센터에서 똑같이 비참한 운명으로 죽은 동물들 중 일부에서 채취한 천산갑 폐 조직 샘플에서 얻은 것으로, 예를 들어, SARS-CoV-2 유전체의 동일한 부분과 99% 유사한 일부 유전자 영역을 포함하고 있었지만, 전체적인 일치도는 그리 밀접하지 않았다. 연구진은 아마도 두 개의 코로나바이러스가 한 동물에 모여들어 각자의 유전체들을 교환, 즉 재조합을 했을 것이라고 논문에 밝혔다.

이러한 재조합은 심지어 운명적이었다고 볼 수도 있었다. 천산갑 코로나바이러스의 한 유전체 부분이 박쥐 코로나바이러스의 어느 부분과 바꿔서 끼어들어갔으니 말이다.

그 부분은 하필이면 수용체 결합 영역(RBD)이었다.

한편 세계의 다른 지역에 있는 다른 팀들도 같은 선례를 열렬히 추적하고 있었다.

사우스 차이나 농업대학 그룹이 했던 것처럼 천산갑 샘플에 직접적으로 접근하지 않더라도 이것은 가능했는데, 이는 세계화된 유전체학의 현 시대에 연구자들이 유전체 데이터를 빠르고 자유롭게 공유하는 것의 가치를 인식했기 때문이다. 그들은 부분적이든 전체적이든 유전체서열을 공개 접근 데이터베이스에 업로드함으로써 과학 서비스로서 국가 정부에 의해 지원되고 GenBank, GISAID, SRA 및 RefSeq와 같은 약칭 라벨로 분자 생물학자와 유전학자에게 알려져 있다. 이러한 데이터베이스 중 일부는 메릴랜드 주 베데스다에 있는 미국 국립 생명공학 정보 센터(National Center for Biotechnology Information, NCBI)에 의해 철저한 협력 속에 유지 관리된다. 다른 과학자들은 자유롭게 전체 서열 또는 일부 서열 영역을 다운로드하고 그들만의 컴퓨터 도구, 알고리즘 및 가설을 사용하여 면밀히 조사할 수 있다.

휴스턴에 있는 베일러 의과대학의 조지프 F. 페트로시노(Joseph F. Petrosino)가 이끄는 한 팀은, 원래 천 진핑 그룹이 광저우에 있는 죽은 천산갑들로부터 수집한 바이러스 유전체 염기서열을 가지고 그 연구를 진행했다.

이 팀의 참여는, 페트로시노의 연구실에서 일했지만 그 이상의 광범위하고 활발한 관심을 가지고 있는, 매트 윙(Matt Wong)이라는 활기찬 젊은 생물정보학자가 우한을 벗어난 신종 코로나바이러스가 무엇과 유사할지에 대한 질문에 흥미를 가지게 되면서 시작되었다.

그 질문은 **무엇과 유사할 수 있을까?** 였고, 당연히, 다음 질문으로 이어졌다: **그것은 어디에서 온 것일까? 그리고 그것은 어떻게 만들어졌을까?**

25

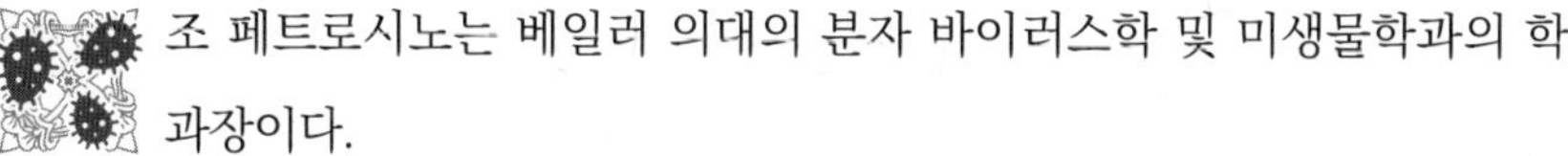 조 페트로시노는 베일러 의대의 분자 바이러스학 및 미생물학과의 학과장이다.

그는 유전체학을 사용하여 탄저병 및 야토병 박테리아와 같은 잠재적인 생물 무기 물질에 대한 백신을 개발하면서 생물 방어 연구자로서의 경력을 시작했다. 몇 년 후 페트로시노는 인체 마이크로바이옴(microbiome; 미생물총) — 인체에 서식하는 모든 미생물의 집합체로 일부는 잠재적으로 해롭고 일부는 이로우며 일부는 인체에 가치 있는 공헌을 하는 — 의 유전체학으로 초점을 옮겼다. 2007년, 미국 최대의 의학 연구 자금 지원 기관인 미국 국립 보건원(NIH)은, 페트로시노가 내게 언급했듯이, 이 미생물들이 "모든 종류의 인간 건강 및 질병 예방 영역에서 매우 중요하다"는 사실을 인지하여 인간 마이크로바이옴 프로젝트를 시작했다.

그리고 감염병뿐만 아니라 암에서 자폐증을 거쳐 당뇨병에 이르기까지 다양한 것들이 관련되어 있다고 그는 말했다. 그곳에 서식하는 구성원들의 공동체, 즉 우리 몸 자체가 생태계인 그 공동체는 매우 다양한 박테리아뿐만 아니라 바이러스, 곰팡이, 고세균(archaea; 박테리아처럼 단순한 세포로 이루어진 생물이지만, 전혀 다르고 1977년까지는 발견되지 않았었음), 그리고 원생동물도 포함한다. 그것은 복잡하게 얽혀 뒤범벅이 되어 있는 곳이다. 무엇이 존재하는지를 구별하고 특정한 미생물군이 어떻게 이 질병을 유발하거나 예방할 수 있는지를 조사하기 위해 페트로시노의 실험실은 강력한 소프트웨어 도구를 사용하여 혈액 샘플 속의 소용돌이치는 다양성 또는 대변 얼룩으로부터 관련된 유전체 절편을 잡아낸다. 컴퓨터를 사용하여 유전체 서열을 포함한 생물학적 데이터를 파악하고 해석하는 것 — 그것이 바로 생물정보학의 본질이며, 그래서 페트로시노는 생물정보학자와 유전체 분석가로 이루어진 팀으로 실험실을 구성하고 있었다. 매트 윙은 그 팀에 합류하여 정돈되지 않은 엄청난 양의 절편들로부터 연관성 있는 유전체 데이터를 분류하는 소프트웨어 도구 개발을 담당했다.

웡은 대학원생이 아니었다. 그는 이학 박사 학위 취득에 관심이 없었으며, 적어도 부분적인 이유로는 학위 취득을 하려면 그가 이 프로젝트도 하고 저 프로젝트도 하는 것보다 특정 프로젝트 하나에만 집착해야 하기 때문이었다. 그는 청부 총잡이인 셈이었고, 이번 일은 데이비스에 있는 캘리포니아 대학에서 이학사로 졸업한 이후 그의 세 번째 실험실 일이었다. 데이비스에 있던 시기에, 그는 "부전공으로 많은 프로그래밍 과정을 수강"했고, 그 후 전문가로서 "생물정보학 분야에 코가 꿰이는 거 비스름하게 되었다." 2012년에 페트로시노 연구소에 들어가 8년 동안 그곳에서 다른 이들 눈에 띄지 않고 조용히 일했다.

줌(Zoom)으로 웡과 소통할 때, 나는 그에게 "당신이 하는 역할을 어떻게 설명하겠습니까?"라고 물었다. 그 당시 그는 휴스턴에 있지 않았다; 그의 설명에 의하면 자기는 며칠 동안 라스 베가스에 머물고 있는데, 왜냐하면 그의 고향 포켓볼 팀이 지역 대회에서 우승을 해서 무료 여행권을 얻어, 리오 호텔에서 열린 토너먼트 시합에 참석하러 와 있었기 때문이었다.

"저는 일루미나 기계(the Illumina machine)에서 나온 FASTQ[19] 파일들을 분석하기 위해 파이프라인을 만들었습니다"라고 그는 말했다. 그러고 나서 그는 그게 도대체 무엇을 의미하는지 설명했다: 파이프라인은 데이터를 검증하고 분석하는 일련의 절차적 단계입니다. 일루미나 기계는 염기 서열 분석을 해 주는 기계입니다. FASTQ는 — 아이고, 몰라도 돼요.

페트로시노는 웡의 일을 좀 더 간단하게 설명했다: "복잡한 데이터 혼합물로부터 바이러스 유전체 데이터를 채굴할 수 있는 컴퓨터 도구"를 만드는 것이라고. 페트로시노는 건초 더미에 있는 바늘을 생각해 보라고 말했다. 건초 더미는 생물학적 샘플이다. 건초는 박테리아, 다른 미생물총, 인간 숙주에서 나온 모든 종

---

19 염기 서열과 해당 품질 점수 모두를 저장하기 위한 텍스트 기반 형식.

류의 DNA에다가 아마도 다양한 바이러스에서 나온 RNA까지 더해서 이루어져 있다. 바늘은 관심 대상인 바이러스다. 매트 웡이 개발하는 것을 도운 도구들은 건초로부터 바늘을 끌어낼 수 있는 강력한 자석인 셈이다.

그러고 나서 페트로시노는 비유를 바꾸었다. 2020년 초, 그의 연구실은 언제나 그렇듯이 마이크로바이옴을 연구하고 있었다고 그는 설명했다. 그들은 마이크로바이옴 연구를 위해 연구 자금을 받았다. 그런데 우한에서 신종 코로나바이러스가 발생했다.

매트에게는 새삼스러운 일이 아니지만(그리고 페트로시노가 말하길 매트와 함께 일하는 다른 많은 생물정보학자들 또한 그랬다), 그렇게 새로운 건이 생기면 지금까지 하던 일에 대한 집중력을 흩어버릴 수 있다.

"마치 '앗, 다람쥐다!' 하는 것 같죠. 그리고 그쪽으로 한눈을 팔죠."

다람쥐를 발견하면 지금 하던 일에 쏟던 집중이 흐트러져서 어쩔 수 없이 그 쪽으로 관심을 돌리게 되지 않는가?

매일 아침 나는 똑똑하고 어린 러시아 늑대 사냥개를 산책시키는데, 도중에 내가 나무 위에 사는 설치류들을 보고 '다람쥐다!'라고 하면 이 녀석도 산책하다 말고 나 못지않게 흥미를 보인다. 그래서 나는 이해했다.

그때 2020년 1월, 페트로시노는 벨리즈에 있는 다른 미생물학 부서의 학과장들을 만나러 가게 되었다.

웡은 그에게 이메일을 보내며, "있잖아요, 제가 사용할 수 있게 우한 바이러스 유전체를 손에 넣을 수 있을까요?"라고 물었다.

그는 에디 홈즈가 이미 Virological 사이트에 그 유전체를 올렸다는 것을 몰랐고, 페트로시노도 마찬가지였다.

어쨌든, 웡은 결정했다. 다람쥐를 쫓는 사냥개처럼, 그는 쾌활하게 덤불 속으로 뛰어들었다.

"저는 단지 제 파이프라인이 데이터베이스에 실제로 있지 않은 유전체를 가지고 얼마나 잘 유전체를 생성할 수 있는지 알고 싶었습니다."

그는 힘든 방법으로 그것을 하고 싶었다.

"내 말은, 누군가가 이미 전체 유전체를 만들었고, 저는 단지 그 유전체를 만들어낼 수 있는지 알고 싶었던 겁니다, 그 유전체의 정체가 무엇인지를 모르는 채로요."

휴스턴에 있는 자신의 컴퓨터에서 접근할 수 있는 것은 우한의 첫 환자 중 한 명의 하부 호흡기 기관지경 세척으로 얻어낸 액체 샘플에서 추출한 짤막짤막한 유전자 코드 절편의 형태인 ─ 인간, 바이러스, 마이크로바이옴, 당신이 가지고 있는 것 ─ 건초 더미 속의 날 데이터였다. 원고(reads)라고 불리는 이 조각들은 국립생명공학정보센터(the National Center for Biotechnology Information)와 이에 준하는 유럽 및 일본의 동등한 기관들의 공동 노력인 서열 원고 저장소(the Sequence Read Archive, SRA)라는 데이터베이스에 보관되어 있었다. SRA 원고, 그리고 자신이 고안한 방법과 도구("나의 파이프라인")를 사용하여 윙은 "우한 수산물 시장 폐렴 바이러스"라고 명명된 데이터베이스에 장용전, 에디 홈즈, 그리고 중국인 동료들에 의해 입력된 바이러스를 찾아내서 이와 밀접하게 일치하는 SARS-CoV-2 유전체 버전을 하나 조립했다. 이것은 매트 윙에게 있어서, 준비운동인 셈이었다.

그리고 나서 1월 26일, 헬리콥터 한 대가 캘리포니아 칼라바사스 근처의 산비탈에 추락했다.

조종사와 탑승객 전원인 총 아홉 명이 사망했는데, 이 중엔 은퇴한 농구선수 코비 브라이언트와 그의 13살 난 딸이 포함되어 있었다.

이 소식은 매트 윙이 매주 열리는 실험실 회의 중 하나에서 발표를 준비하던 와중에 강력하게 보도되었다.

"코비 브라이언트가 방금 세상을 떠났고, 저는 이제 어떻게 살아야 하나 생각하고 있었습니다."

다람쥐는 마치 설치류가 눈 표범으로 둔갑한 것처럼 점점 더 커졌고, 점점 더 의미 있게 되었으며, 유혹의 손짓을 했다.

"그때까지 저는 사실 코로나바이러스에 대해 전혀 몰랐습니다."

그는 이들을 연구한 적이 없었다.

그는 코로나바이러스의 유전체가 어떻게 감염의 기능적 측면으로 해석되는지 탐구한 적이 전혀 없었고 코로나바이러스의 기원에 대해 궁금해한 적도 전혀 없었다.

이제 그는 궁금해졌다.

윙은 그 시점에서, 우리 대부분이 2020년 1월에 들었던 것보다 더 아는 것이 거의 없었다: 즉 그 신종 바이러스는 아마도 박쥐에서 다른 동물을 중간 과정으로 거쳐서 사람으로 전염되었을 것이라는 수준으로 말이다.

그는 "아마도 난 중간 숙주를 찾는 것을 도울 수 있을 것이야"라고 생각했다.

그는 과일박쥐, 편자박쥐, 천산갑 등 중국 남부의 다양한 동물에서 채취한 바이러스 및 기타 생명체의 유전체 절편이 포함된 데이터 세트를 다운로드하기 시작했다. 그중 하나는 쉬 정리가 원난성 박쥐에서 발견한 코로나바이러스의 염기서열인 RaTG13이었다. 200개의 직소 퍼즐 조각들이 동전 빨래방 건조기 안에서 뒤섞여 도는 것처럼 혼란스러운 와중에도 작년에 천 진핑 그룹이 광둥 야생동물 구조 센터의 죽은 천산갑들에게서 얻은 코로나바이러스 염기 서열의 일부가 있었다.

"데이터 세트를 수집하는 것만으로는 무슨 일이 일어나고 있는지 진정으로 파악하기에 충분하지 않죠"라고 윙이 내게 말했다.

데이터 세트의 원시 정보를 알려진 바이러스에 대한 데이터와 결합하고, 일부 조각을 약간 바꾸는 바이러스 돌연변이를 고려하고, 수행된 염기서열 분석의 다양한 신뢰성을 따져봐야 할 것이다.

"제 입장에서는 운이 좋게도"라고 그는 덧붙였다. "이미 그 작업을 위해 정확히 설계된 파이프라인을 작성해 놓고 있었죠."

그의 퀵실버 소프트웨어 도구와 너드 수준의 탁월한 스킬로, 그는 염기서열을 깨끗이 다듬고, 유전체를 조립하고, 무엇이 밀접하게 일치하고 무엇이 일치하지 않는지 확인하기 위해, "우한 수산물 시장 폐렴 바이러스"와 함께 정렬했다. 전체적으로 가장 밀접하게 매치가 된 것은 쉬 그룹의 편자박쥐 서열인 RaTG13 이었다.

하지만 **매치가 된 또 다른 변종**이 웡의 관심을 끌었다.

천산갑 바이러스 유전체의 한 작은 영역은 새로운 인간 바이러스의 해당 영역과 훨씬 더 유사했다. 만약 여러분이 RNA 문자를 그들이 의미하는 아미노산으로 번역하면, 그것은 총 만 개의 문자들 중에서 약 200개에 달하는 아미노산이 나온다.

그는 실험실 집담회 발표에서 어떤 강력한 결론도 이끌어내지 못한 채 이에 대해 이렇게 묘사했다.

"저는 이를 테면 이런 식으로 말했죠. '그래, 꽤 멋진 결과입니다. 전 천산갑 데이터 세트에서 무작위로 추출해서 집단 발병 원인 변종에 가까운 코로나 바이러스를 발견했어요. 하지만 다른 중국 과학자들이 그것보다 훨씬 더 발병 원인 바이러스에 근접한 다른 바이러스를 발견했습니다. 그렇다면, 아시다시피, 원인 바이러스는 아마도 박쥐에서 바로 나온 것일 겁니다' 하는 식으로 말했지요."

그러고 나서 별다른 반응은 얻지 못했다. 그때 그는 위화감이 들고, 하찮으면서도, "멋진" 무언가를 인지했다. 그러나 그 직후, 웡은 "만약 그 유전체 영역이 실제로 중요한 것을 의미한다면?"이라고 궁금해하고 있었다.

코비 브라이언트는 세상을 떠났고, 삶은 짧았으며, 그는 더 큰 의미를 원했다. 그는 코로나바이러스에 관한 "엄청나게 많은 논문 더미들"을 다운로드받아, 그들의 유전체 구조와 기능에 관해 읽으며 문헌 속으로 뛰어들었다. 그는 자신이 포착한 비정상적인 부위가 스파이크 단백질이라는 것에 속한다는 것을 재빨리 알아 차렸다.

"스파이크 단백질이라 — 꽤 중요하게 들리더라고요"라고 그가 자신이 당시 떠올렸던 생각을 내게 말해주었다. "그러면 스파이크 단백질의 구조에 관해 읽게 되고, 마치 — 잠시만요. 수용체 결합 영역(receptor-binding domain)! 정말 중요하게 들리네요!"

인간의 면역 반응으로서의 의미를 담고 있고, 백신 개발에도 영향을 미칠 수 있다는 것을 그는 깨달았다. 기능적인 RBD가 없었다면, 이놈은 인간 세포를 감염시킬 수 없었을 것이다.

"그게 바로 바이러스를 무력화시킬 수 있는 방법입니다."

바이러스의 기원에 대해서도 시사하는 바가 있었다.

그게 박쥐에서 나온 것이라면 왜 천산갑에 있는 바이러스의 RBD와 매우 흡사한 RBD를 가지고 있었을까?

다음 날 아침, 윙은 자신이 발견한 것을 단 한 문단으로만 설명하는 간략한 성명서를 작성하고, RaTG13과 새로운 바이러스, 그리고 RBD 영역에서 천산갑 바이러스 서열과 비교하는 것을 보여주는 두 개의 수치를 첨부했다.

RaTG13의 RBD는 우한 바이러스의 RBD와 90% 유사했다.

천산갑 RBD는 우한 RBD와 97% 유사했다.

이 결과는 새로운 바이러스를 형성한 "잠재적인 재조합 사건"을 나타낸다고 그는 결론을 내렸다. 윙은 이것을 Virological에 그가 어렸을 때부터 쓰기 좋아했던 말도 안 되는 사용자 이름인 "torptube"라는 사용자명으로 올렸다.

설립자인 앤드류 램보우에 따르면, Virological은 그러한 게시물을 위해 있는 것이었다. 램보우는 그것을 완전히 초안을 완성한 논문을 위한 배출구로 의도한 것은 결코 아니었다. 그런 용도라면 BioRxiv와 같은 다른 사이트들이 있었다. 램보우는 Virological이란 과학자들이 학회가 열리는 호텔 바에서 브레인스토밍을 교환하듯이 추측적인 생각, 부분적인 데이터, 흥미로운 수치, 그리고 잠정적인 생각들이 과학자들 사이에서 자유롭게 교환되는 토론의 장으로 보았다.

"저는 그것이 — 프리프린트용 서버가 되는 것에 대해 매우 거부감을 가지고 있습니다"라고 램보우는 말했고, 그러고 나서, 익살스럽게 "아마도 그것은 프리프린트의 프리프린트 서버일 것입니다."라고 덧붙였다.

자신의 조그만 프리프린트를 게시한 윙은 다른 연구소 회의로 향했고, 다른 부서의 구성원들과 논의를 나누는 자리에서 그의 상사인 조 페트로시노와 마주쳤다. 웡이 기억하는 바에 의하면, 그들 중 한 명이 페트로시노에게 당신네 실험실이 신종 코로나바이러스에 대해 무언가 연구 작업을 하고 있느냐고 물었다. 그렇게 물어보는 건 자연스러운 일이었다 — 전 세계 도처의 바이러스 실험실은 원래 우선 순위로 할 주제를 바꾸면서, 다른 일들을 제쳐 두고, 위협적인 새로운 바이러스에 대해 연구를 새로 시작하곤 하니까. 페트로시노는, 아니오, 우리 연구소에서는 그런 걸 주종으로 하지 않고 있습니다, 하지만 우리 팀 매트는 좀 다른 사이드 주제를 하고는 있다고 대답했다. 그 말을 듣고 웡은 이렇게 말하기 시작했다. "네, 제가 뭔가 흥미로운 걸 발견했고요, 그걸 오늘 아침 Virological에 올렸어요."

웡은 "저는 그 순간 조가 문자 그대로 맙소사 하며 손바닥으로 얼굴을 덮었다고 확신해요"라고 회상했다. 그의 연구실 소속의 생물정보학자 중 한 명인, 이학 박사 학위가 없는 데이터 전문가인 그가, 방금 세계에서도 가장 영민한 바이러스학 전문 웹사이트에 세상에서 제일 무서운 신종 바이러스에 대해 한말씀 했다고? 만약 그 게시물이 완전히 틀린 거라면? 만약 형편없는 거라면? "오, 걱정 마세요"라고 웡은 페트로시노에게 말했다. "전 제 실명으로 올리지 않았어요."

그러니까 이는 조지프 페트로시노 실험실의 공식 입장이 아니라는 말씀이다. 그냥 torptube라는 사용자가 올린 좀 FYI[20] 하시라는 게시물이다. 한편 이에 대해 페트로시노가 기억하는 내용은 웡에게 모든 공을 돌리면서도 좀 조미료를 덜 친 내용이다.

어쨌든, 크리스천 앤더슨은 Virological에서 torptube의 게시물을 보았고, 중요한 순간에 SARS-CoV-2가 **인위적이 아니라 자연적으로 진화한 산물임**을 납

득하는 데 도움이 되었다.

조 페트로시노 역시 웡이 발견한 것의 장점을 인정했고, 그 후 며칠 동안 그와 웡은 다른 두 명의 공동 저자와 함께 RBD 일치와 그로 인해 가능한 영향을 설명하는 원고 논문을 준비했다. 그들은 즉시 그것을 프리프린트로 게시하며 미국의 주요 학술지에 투고했다. 그러나 편집자들이 코로나19 논문 홍수에 시달리던 그 학술지에서 그것은 임상적 관련성을 다루는 투고 논문들에 밀려 서들시들 잊혀 갔고, 그 사이에 다른 과학자들도 천산갑의 연관성을 알아채어 다른 주요 학술지에 논문을 발표했다. 웡-페트로시노 원고가 주목을 받았을 때는 이미 신선함과 우선순위의 시기는 지나갔다. 그들의 논문은 결국 출판되지를 못했다. 그러나 바이러스학에 대한 torptube의 간략한 메시지는 앤더슨과 그의 공동 저자들이 바이러스의 기원에 대해 초안을 작성하던 논문에 주요한 영향을 미쳤다.

"밥, 에디, 앤드류와 대화를 나눴던 기억이 나는군요"라고 앤더슨은 말했다. "마치 '세상에, 저기 있잖아' 하는 느낌이었어요."

그래서 그들은 SARS-CoV-2의 수용체 결합 영역은 일부 실험실에서 설계된 것이 아니라고 결론을 내렸다. 그리고 어떤 악의적이거나 무모한 과학자에 의해 삽입되었다는 징후도 없었다. 자연 선택에 의해 설계되었고, 아마도 재조합에 의해 삽입되었을 것이다. 그것은 자연계에 이미 존재했고, 천산갑과 다른 동물들의 코로나바이러스 감염을 촉진시켰다. Torptube가 그것을 발견한 것이다.

그들은 논문의 초안을 계속 작성했다. 이때쯤 그들은 또 다른 공동저자로 컬럼비아 대학의 이언 립킨을 추가했다. 이 논문은 프리프린트로 2월 16일에 Virological로 올렸고(램보우가 프리프린트를 반려하는 경향에도 불구하고), 그동안에 그들이 투고한 주요 학술지에서는 심사 편집 과정이 느리게 진행되고 있었다. 그 논문의 제목은 "SARS-CoV-2의 근위 기원(The Proximal Origin of SARS-CoV-2)"이었다. 이 논문이 논쟁의 초점이 되었다고 말한다면 이는 많이

절제된 표현일 것이다.[21]

26

그들의 주장은 다음과 같이 있는 그대로 순수한 것이었다: 우한에서 출현한 SARS-CoV-2의 유전체는 설명이 필요한 두 가지 주목할 만한 특징을 코딩하고 있었다. 이 두 가지 특징은 이전에 알려진 다른 사스 유사 코로나바이러스(비록 일반적으로 코로나바이러스들 사이에서 특출난 건 아니었고, 다른 바이러스들에서도 유사한 것들이 있었다)에서 볼 수 없었던, 예상치 못한 것이었다. 두 특징 모두 세포를 붙잡는 스파이크 단백질에 놓여 있었다.

첫 번째는 수용체 결합 영역(RBD)이었다.

두 번째는 퓨린 절단 부위였는데, 이는 숙주의 퓨린이 자극을 주면 스파이크로 하여금 절단을 하게 함으로써 세포 막에 바이러스가 융합되게 해 준다.

두 특징의 효과는 바이러스가 인간에 더 잘 감염되도록 하는 것이었다.

그러한 이유로, 다섯 명의 저자들은 과학계와, 그리고 과학계를 넘어서 바이러스의 기원에 대한 의문에 대해 이미 "상당한 토의"가 있었다고 하였다(그러나 나중에 올 것에 비하면 중얼거림 수준도 아니었다). 그래서 그들은 두 특징을 면밀히 살펴봤고, 그들은 어떻게 그 특징들이 생겨났는지에 대한 네 가지 유력한 시나리오에 대해 논의했다.

첫 번째 시나리오는 실험실에서의 유전자 조작이었다.

앤더슨과 그의 공동 저자들은 이 시나리오는 일축했다. 그 근거는SARS-CoV-2 유전체의 본체가 바이러스 엔지니어링에 사용된 것으로 지금까지 알려

21　나중에 여러 차례 자세히 기술되겠지만, 이 논문은 과학계에 국한한 순수 학문적 논쟁에 그치지 않고, 실험실 유출설을 주장하는 그룹과의 갈등, 미 정부가 중심이 된 정치적 충돌, 중국과의 대립 등 국제 관계에까지 확산되는 데에서 중심이 된 논문이 되었다. 그래서 '논쟁의 초점'이란 표현은 많이 절제되어 과소평가된 표현이라고 저자가 기술한 것이다.

진 그 어떤 바이러스 틀과도 유사하지 않으며, RBD는 그 효과를 예측할 수 없었던 비정상적인 조합이었다는 점이었다.

그들이 판단하기에, 단지 한 가지 형태의 시행착오 만이 그걸 만들어 낼 수 있었을 것이라 하였다. 그 형태란 지칠 줄 모르고, 맹목적이며, 무한정 지속되는 형태: 즉, 자연 선택에 의한 진화를 말하는 것이었다.

그게 바로 두 번째 시나리오였다: 인간에게 종간전파되기 전에 동물 숙주 내에서 바이러스에 작용하는 자연 선택이었다.

천산갑 코로나바이러스가 여기서 중요한 근거였는데, 이는 SARS-CoV-2의 RBD와 거의 동일한 RBD가 야생 동물에서 *진화할 수 있다*는 것을 보여주었다. — 실제로 그렇게 *진화하기도 했기* 때문에. 그리고 물론 육류 및 의약품을 위한 국경 간 살아 있는 천산갑 거래는 수천 마리의 동물이 상인으로부터 구매자에게, 도살자로부터 소비자에게로 이동하면서 천산갑 바이러스가 어떤 사람에게 종간전파될 수 있는 많은 기회를 제공했다.

퓨린 절단 부위는 또 다른 문제였고, 천산갑 바이러스에서는 그런 유사한 것도 나타나지 않았었다.

세 번째 시나리오에서는 바이러스의 선조 유형이 동물 숙주에서 한 명 이상의 사람에게 종간전파되고, 그러고 *나서* 사람들끼리 느리고, 비효율적이며, 조용하게 전염이 되는 얼마간의 기간 동안, 그러한 별것 아닌 전염력에서 대폭 개선시킨 진화적 단계로 올라감으로 인해 기가 막힌 절단 부위를 얻었다는 것이다.

이렇게 눈에 띄지 않게 조용히 더듬거리며 인체 감염이 일어나던 시기는 2019년 10월에서 11월 정도에 일어났을 것이며, 어쩌면 더 일찍 시작되었을 수도 있었다. 그런 식으로 팬데믹 전까지 조용한 전조가 있었다는 증거는 알려진 바가 없지만, 일부나마 좀 있을 수도 있다. 좀 더 이전 기간 동안 다른 용도로 채혈된 혈액 검체들을 가지고 바이러스에 대한 항체를 측정해 봐야 한다고 저자들은 제안했다. 그 제안은 곧 다른 과학자들에 의해 이어졌지만, 결과는 애초부터 모호할 수밖에 없는 것이었다. (이런 모호한 연구들에 대해서는 아래에서 다시 언급하겠다.) 지금까지 이루어진 연구들은 보존된 샘플 속에 존재할지도 모를 단서들을 탐색하기 시작한 수준에 불과하다. 냉동 혈액 혈청의 한 가지 장점은 수산 시장에서 문 손잡이, 엘리베이터 버튼 또는 도마보다 바이러스 존재의 증거를 훨씬 더 오래 유지할 수 있다는 데 있다.

네 번째 시나리오가 가장 복잡했다.

몇몇 과학자 팀이 사스와 유사한 코로나바이러스로 "(계대) 통과" 실험을 했다고 상상했다. 즉, 의도적으로 일련의 실험실 동물들을 감염시키는 것인데, 각각의 동물은 감염된 선배 동물들로부터 나온 바이러스를 대를 이어받는 것이다. 그렇게 함으로써 대대로 이어질 때마다 바이러스는 그 동물들에게 점점 더 잘 적응을 하게 된다. 혹은 살아 있는 동물이 아니라 세포 배양을 통해 대를 잇게 할 수도 있는데, 여기에 쓰이는 세포는 한때 사람(혹은 적어도 유인원)에게서 얻어 실험실 용으로 계대배양한 것이다. 그렇게 하면 RBD가 진화하게 할 수도 있을 것이다(하지만 천산갑 RBD를 보면 이러한 생각은 불필요하게 되었다). 그리고 어쩌면 바이러스가 우연한 감염으로 실험실 요원에게 들어갔고, 그는 다른 사람에게 기침을 했을 수도 있다.

그러나 그것은 이뤄질 것 같지 않은 일련의 단편적인 확률들이었고, 그것들을 곱하면 여느 분수들과 마찬가지로 그 수가 작아져서 안 될 확률만 커진다.

천산갑을 감염시키는 야생 바이러스에서 유사한 RBD 적응을 발견한 저자들은 이것이야말로 "SARS-CoV-2가 어떻게 재조합 또는 돌연변이를 통해 이러한 적응 능력들을 얻었는지에 대해 훨씬 더 강력하고 간결한 설명을 제공한다"고 썼다.

퓨린 절단 부위는 이 네 번째 시나리오의 잣대로 보려면 심지어 설명하기가 더 힘들었다.

실험 연구(일부는 논문으로 발표되었으며 더 많은 논문들이 나올 것임)의 결과들을 보면 퓨린 절단 부위가 되기엔 복잡하고 될 것 같지도 않은 구조는 바이러스를 세포 계대배양을 하며 대를 잇게 한다고 해서 만들어지는 것은 아닌 것으로 보인다.

한 가지 문제, 단 한 가지 문제는 절단 부위의 특정한 특징들(숙주의 항체로부터 스스로를 보호하는 걸로 보이는 방식)이란 "면역 체계의 관여"를 시사한다는 것이었다. 다시 말해서, 그러한 방어를 형성하기 위해서는 자연적인 선택 압력이 작동한다는 것.

가젤은 사자와 치타가 없었다면 빠르게 달리지 않았을 것이다. 거북이들이 여우와 코요테로부터 보호받을 필요가 없다면 껍데기를 가지고 있지 않았을 것이다. 그러나 세포로 이루어진 페트리 접시는 면역 체계를 포함하고 있지 않다.

그러므로, 세포 배양에서 바이러스를 계대 통과시키는 것은 SARS-CoV-2가 가지고 있는 것처럼 보이는 방어와 같이 항체에 대한 수비 능력을 만들어 주는 어떤 선택 압력도 제공하지 않는다.

2020년 3월 17일 "SARS-CoV-2의 근위 기원(The Proximal Origin of SARS-CoV-2)"이 발표되었다. 그것이 논문의 최종 버전이었지만 앤더슨과 그의 공동 저자들이 인정한 것처럼 이 주제에 대한 최종 단어는 아니었다. 아무리 잘 뒷받침된다 하더라도, 과학적 설명이 항상 그래야 하듯이 이는 잠정적인 것이었다.

그들은 자연적 기원설이 대안들보다 더 "간결하다" — 더 단순하고, 개연성 없는 것들과 하찮은 가정들로 인한 어수선함이 덜 하다는 것을 의미한다 — 는 것을 발견했는데, 간결함이란 과학의 또 다른 중요한 가치이다. 이 사실을 그들은 일찍이 깨달았다: 시간을 더 들여서 추가적인 연구를 하면 명확성을 더할 수 있다는 것을.

그들은 "더 많은 과학적 자료들이 증거의 균형을 흔들어서, 하나의 가설이 다른 가설보다 우월하게 만들 수 있다"고 썼다. 또한, 더 많은 주장들이 나오면 의견의 균형을 흔들 수도 있지만, 그것은 또 다른 문제이다.[22]

---

22 과학적 진실은 증거로 결정되지만, 대중의 의견은 논쟁에 따라 달라질 수도 있다는 뜻임.

27

바이러스의 기원이 아니라 바이러스가 어떻게 움직이는지에 관한 더 많은 과학적인 데이터가 곧 나왔는데, 특히 중국과 일본 근해에 있는 크루즈선 다이아몬드 프린세스 호에서 그러했다. 이 배는 거의 SARS-CoV-2 감염과 전파 연구를 위한 떠다니는 실험실이 되었다.

프린세스 크루즈 사가 소유하고 운영하는 미국 선박인 다이아몬드 프린세스는 2020년 1월 20일 중국, 베트남, 대만의 해안을 따라 항해를 하기 위해 일본 요코하마에서 출발했다. 일본과 동남아시아 주변의 바다에서 휴가를 보내는 것을 전문으로 하며 주로 60세 이상의 고령 고객을 대상으로 식사 서비스를 제공하는(대부분의 고급 크루즈 선박처럼) 세계 최대의 호화 여객선이다. 그날 2,666명의 승객과 1,045명의 승무원을 포함하여 3,711명을 태웠다. 승객 중 한 명은 홍콩 출신의 80세 남성으로, 그 배를 타기 위해 며칠 전에 비행기를 타고 일본으로 들어왔다. 배가 뜨기를 기다리는 동안 그는 기침을 했다. 어쨌든 그는 승선했다. 5일 후 배가 홍콩에 도착했을 때, 80세의 이 남성은 분명히 몸이 아팠기 때문에 크루즈 여행을 중단하고 다시 홍콩에 내렸다. 그로부터 7일 후에 그는 열이 나서 입원했고 SARS-CoV-2 검사에서 양성 반응을 보였다. 한 보고서에 따르면, 이 남성에 대한 뒷이야기는 그가 요코하마로 여행하기 일주일 전에 중국 본토의 선전을 방문했다는 것이다. 그 보고서에는 그가 선전에서 무엇을 했는지 언급되어 있지 않지만, 이 보고서가 암시하는 것은 그가 그곳에서 바이러스에 걸렸다는 사실이다, 어떻게 해서였든.

다이아몬드 프린세스호는 며칠 동안 남쪽으로 향해 베트남으로 갔다가, 1월 31일 다시 대만 북쪽 해안에 있는 항구인 기륭으로 돌아왔는데, 그날은 홍콩에서 중도 하선했던 그 남성이 양성 반응을 보였던 날의 하루 전날이었다. 기륭은 수도 타이페이에서 불과 30분 거리에 있는 역사적인 도시이며, 대부분의 승객들은 당일 관광을 위해 해변에 갔다. 대만은 1월 21일에 첫 코로나19 증례가 나왔기에, 일부 국경 통제와 검역을 책임지는 전염병 지휘 센터가 가동되었다. 일주일 후, 바이러스가 만연한 지역에서 온 외국인들에 대한 입국 제한이 있었다. 그러나 그 조치들은 분명히 다이아몬드 프린세스 승객들이 해변가에서 보내는 일정을 막을 만큼은 아니었다.

2월 1일, 홍콩 위생부는 정부 웹사이트를 통해 열이 난 그 80세 남성이 COVID-19로 진단되었다고 발표했다. 다음날, 홍콩은 그 당시 배의 행선지이던 일본에 알렸고, 그 소식이 대만으로 전해졌을 때, 그것은 "지역사회 확산을 두려워하는 일시적인 공포"를 조성했다고 한 대만 과학자 그룹이 말했다. 다이아몬드 프린세스호에 탑승한 승객들은 여전히 이를 의식하지 않거나 별로 걱정하지 않았고, 사람들이 잔뜩 북적대는 댄스 파티, 카지노, 그리고 뷔페를 즐겼다.

배는 예정보다 하루 빠른 2월 3일 저녁 요코하마로 돌아왔지만, 정박이 허용되지 않아 항구 앞바다에 닻을 내렸다. 그날 밤 일본 후생노동성 검역 팀이 탑승해 작업한 결과, 코로나19 유사 증상을 보이거나 80세 남성과 밀접 접촉한 273명(대부분 승객, 승무원 몇 명)을 확인했다. 보건 당국은 승객과 승무원을 대상으로 인후 면봉과 PCR 검사를 시작했지만, 실험실 일 처리 용량의 한도 때문에 결과가 천천히 나왔다. 1차 검사 대상 31명 중 10명이 양성이었다. 따라서 이 배는 코로나19의 불길에 휩싸였던 것으로 추정된다. 당국은 이 크루즈 여행이 종료되었으며, 탑승한 모든 사람이 14일 동안 쿼런틴 격리될 것이라고 선언했다. 이제 아무도 춤을 추고 있지 않다고 가정해도 무방하다.

검사를 받은 273명 전체에 대한 결과는 2월 7일에 나왔으며, 61건, 즉 22%의 양성 반응을 보였다. 이는 보건복지부에게 경각심을 일깨우기에 충분해서, 그 후 열흘에 걸쳐 모든 사람들을 대상으로 검사를 진행하게 된다. 이 새로운 바이러스가 한 사람에게서 다른 사람으로 전염될 수 있다는 것은 약 한 달 전부터 분명했지만, 얼마나 쉽게, 어떤 상황하에서(실내, 실외, 일상적인 접촉 또는 밀접한 접촉) 어떤 방식으로(호흡기 비말, 공기 중의 비리온, 문 손잡이, 악수 등) 어떤 패턴으로(일률적인 전파 또는 슈퍼 전파) 되었는지에 대한 의문은 여전했다.

게다가 묻기에는 너무나 우울한 또 다른 중요한 질문이 있었다:
바이러스가 무증상 감염자로부터도 전염될 수 있는 것일까?
주변에서 잘만 걸어 다니고, 멀쩡하며, 가는 곳마다 바이러스를 내뿜는 '조용한' 전파자들이 있었을까?

2월 17일, 일본 정부는 선박 검역 명령을 수정하였는데, 다른 나라들이 자국에서 격리시킬 수 있도록 시민들을 하선시키고 항공기로 대피시키는 것을 허용하는 범위 내에서였다. 미국 정부에 의해 전세를 낸 300명 이상을 태운 두 대의 비행기가 즉시 미국으로 출발했다. 그 미국인들 중 일부는 오마하로 날아가 플래트 강의 주 방위군 기지에 있는 격리 시설로 들어갔고, 그곳 네브래스카 대학 의료 센터의 알리 칸 교수진은 그들의 추가 격리, 선별 및 치료를 관리했다. 또 다른 두 대의 비행기가 홍콩 주민들을 이송하여 홍콩 신계의 숲이 우거진 언덕에 5개의 고층 건물로 이뤄진 춘영이라고 불리는, 최근에 지어지고 평소엔 비어 있는 공공 주택 단지에 격리시켰다. 그곳이 바로 K.Y. 위엔과 팀들이 연구를 위해 방문했던 곳이었다.

위엔은 다이아몬드 프린세스 사건이 통제된 접촉, 전염, 조용한 확산에 대한 일종의 자연스러운 실험으로서 과학적 기회라는 것을 인식했다.

"그 당시에 우리는 이미 무증상 또는 증상 발현 전 감염에 대해 도움이 되는 다른 데이터를 가지고 있었습니다"라고 위엔은 내게 말했다.

드물지만 중요한 다른 데이터에는 선전 병원에서 위엔의 동료들이 일찍 발견한 가족 집단 발병이 포함되었다. 그 가족 중 한 명이 우한을 방문했을 때 마스크 착용을 거부했던 10세 어린이는 임상 징후를 보이지 않았음에도 불구하고 양성으로 확인되었다. 그 가족에 대해 보고한 지난 1월 24일, 위엔의 팀은 "무증상 감염이 가능해 보이기 때문에 가능한 한 빨리 환자를 격리하고 접촉자를 추적하고 격리하는 것이 중요할 것"이라고 경고했다. 그러나 이는 대충 받아들여지고 일회성으로 끝났는데, 이와 비교해서 다이아몬드 프린세스 호에 탑승한 사람들은 이보다는 나았다. 그들은 배에서 내리기 전에 모두 일본 보건 요원들에 의해 코로나19 검사를 받았다.

위엔은 "이들 모두 말이죠"라고 말했다. "매우 잘 통제되고 있습니다."

이 크루즈에는 승객 전체의 10분의 1인 거의 400명의 홍콩 시민들이 탑승했다. 이들 중 76명이 선상 검사에서 양성 반응을 보여 일본에서 병원 격리에 들어갔다. 입원한 환자 중 2명은 사망했다. 거의 300명의 다른 홍콩인들은 음성 반응을 보여 하선이 허용되었다. 일부는 일본에 머물렀고, 나머지는 비행기를 타고 춘영 주택 단지에 격리되었다. 과학자들은 성인 215명으로부터 자발적인 참여를 얻은 다음 그들 모두를 다시 검사하기 시작했고, 2주 격리 기간 동안 4일마다 다시 검사했다. 그 사람들 중 9명은 PCR과 항체를 포함한 여러 가지 측정법으로 양성 반응을 보였다. 이를 다시 말하자면: 그들의 몸은 바이러스를 담고 있었고, 그들의 면역 체계는 바이러스가 있음을 알고 있었고 별로 좋아하지 않았다. 9명 중 6명은 14일 격리 기간 내내 무증상 상태로 남아 있었다.

위안과 그의 동료들은 발표한 보고서에서 "유람선 집단 발병이 지역사회 발생 시나리오의 축소판이라면 사람들은 폐렴이 있건 없건 바이러스를 장기간 옮길 수 있지만 무증상 상태를 유지할 수 있다"고 결론을 내렸다.

그리고 그들은 그것을 가지고 다니는 것 이상의 일을 할 수 있다: 퍼뜨릴 수 있다는 것.

그는 내게 이렇게 말했다. "매우 중요합니다. 그게 바로 팬데믹을 통제할 수 없는 이유입니다." — 이 팬데믹을 통제할 수 없다는 뜻이다, 어쨌든 말이다 — "왜냐하면 여기 저기 전염을 시키고 다니는 무증상 증례들이 많기 때문입니다."

"생각해보세요"라고 그는 말했다.

우리는 다이아몬드 프린세스에서 9명의 양성 반응을 발견했고, 그중 6명은 무증상이었어요. 매우 개략적인 지침을 대충 적용해서, 당신이 증상을 보이는 사람들을 환자로 인식해도, "최소 두 명은 환자가 더 있는 겁니다." 당신의 배, 당신의 도시, 당신의 나라를 통해 바이러스를 눈에 띄지 않게 퍼뜨리는 것입니다.

증상이 나타날 때쯤이면, 그 사람의 코와 목에 있는 바이러스 양은 사실상 이미 최고조에 달한 것이죠.

"이걸 어느 시점에서 알았습니까?"라고 나는 물었다.

3월 말이라고 그는 말했지만 정확한 날짜는 기억해 내지 못했다.

"누구한테 얘기했어요?"

"글쎄요. 물론, 정부에 즉시 말했죠."

그래서 위엔과 그의 동료들이 온라인에 올린 프리프린트를 본 사람들뿐만 아니라 홍콩의 행정장관도 위험을 알고 있었다. 정치 지도자들과 공중 보건 공무원들에게는 어떻게 이 상황을 주도해 가야 할지에 대한 지혜가 남아 있었다: 열 나는 사람들이 있나 체크하고, 기침하는 사람들을 검사한다. 그러면 나머지 시민들은 괜찮을 것이다.

"이것이 무증상 전파를 세계에 알린 첫 번째 경고였을까요?"

아니요, "첫 번째 경고는 1월입니다"라고 위엔은 말했다.

그의 팀이 1월 24일에 출판한 논문에 기술했듯이, 우한을 방문했을 때 마스크 착용을 거부했던 선전의 그 무증상 아이가 첫 번째 경고였다. 다이아몬드 프린세스는 무증상 확산에 대한 두 번째 경고였다. 경고 두 개가 필요하다면 말이다.

28

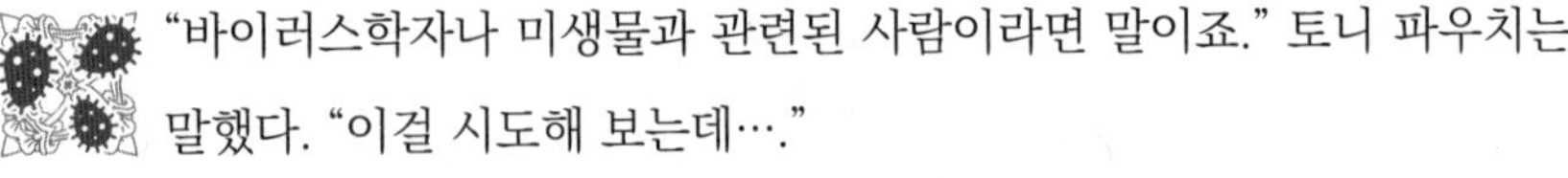

"바이러스학자나 미생물과 관련된 사람이라면 말이죠." 토니 파우치는 말했다. "이걸 시도해 보는데…."

그는 여기서 망설이며 다음 단어를 이탈리아어로 들리는 걸로 택해서 말을 이어갔다.

"…바이러스를 anthropomologize[23] 하려 하지요, 짐작하건대."

이 "anthropomologize"는 그가 만든 신조어였지만, 난 그가 무슨 의도로 그랬는지 알았다.

"당신은 아마 이미 그렇게 해 봤을 겁니다, 당신이 바이러스에 관해 쓴 이전 글에서 말이죠"라고 그는 말했다.

"예."

"당신은 이를 비유로 바꾸는군요."

"예."

"그래서 만약 이 바이러스가 정말로 사악한 사람이라 가정한다면, '내가 무엇을 하고 싶고, 어떻게 하면 가장 큰 피해를 입힐 수 있을까?'라고 할 것입니다. 무엇보다 우선, '나는 복제를 *매우 효율적으로* 해야 해. 하지만 나는 모든 사람을 죽이고 싶지는 않아'라고 하겠죠."

그는 모든 사람을 죽이지 말아야 할 이유에 대해서는 굳이 말하지 않았다: 왜냐하면 그는 어떻게 하면 진화가 성공할 지에만 신경을 썼으니까.

미국에서 가장 신뢰받는 질병 과학자는 차분한 솔직함과 브루클린 억양으로 마치 사악한 바이러스처럼 생각하는 전략으로 나오고 있었다 ― 그래서 설득력이 있었다.

토니 파우치 소장은 척추가 강철인 양 매우 꼿꼿했고 혈관 속에는 결코 얼지 않는 혈액을 가진 양 피 끓는 정열을 가지고 있다.

이 치밀한 남자는 벤슨허스트 출신으로 약사의 아들이고, 1984년부터 거대한 연방연구기관(NIAID)의 소장을 맡고 있으며, 의회에서 증언하는 수많은 힘든 날들을 보낸 베테랑이다.

---

23 사전에 없는 단어지만 맥락을 보면 파우치가 무슨 의도로 이런 신조어를 썼는지 짐작이 될 것이다. Anthro는 인류라는 뜻이고, pomo-는 어떤 형태로 만드는 걸 의미한다. 따라서 원래는 anthropomorphize라는 단어를 사용했어야 했다. 즉, '의인화하다'라는 뜻으로.

그가 그렇게 도덕적이지 않았더라면 감비노 조폭 패밀리의 수장 노릇이나 예수회의 최고 지도자로 일했을 수도 있었을 것이다. 그의 의지와 야망의 힘은 그가 고등학교 때 5피트 7인치의 신장으로 농구팀의 주장을 맡았었다는 사실을 봐도 더욱 잘 알 수 있다.

"'나는 정말로 특출난 악당이 될 거다'"라며 그는 자기가 바이러스라는 역할에 몰두한 목소리로 계속 말했다.

"나는 인구의 40퍼센트를 감염시키는 상황을 원하노라. 그리고 사람들이 나에게 감염되었다는 걸 알기를 원하지도 않아. 완전히 무증상이기를 원해.'"
이제 큰따옴표 안에 있는 작은따옴표는 잊어버리시라. 그는 이제 이 바이러스를 퍼뜨리고 있었다.

"나는 감염이 전파되기를 원합니다." 파우치 소장은 이어서 말했다. 그렇게 해서 "감염의 50%는 증상이 없는 사람들이 전염시키는 겁니다. 그래서 이 모든 젊고 무증상인 사람들 — 난 정말로 이들에겐 하나도 신경 안 씁니다."

"죽이는 것이 중요한 게 아닙니다"라고 그는 말했다.

"죽이는 건 아무 상관이 없어요, 그를, 그러니까 바이러스에 감염되기 쉬운 취약한 사람들이 많이 있는 한."

"나는 인구 집단을 말살하려는 게 아닙니다. 단지 상당한 피해를 입히려는 것이지요."

"으흠." *계속 하시죠*, 라고 나는 생각했다.

나는 그의 페이스를 무너뜨리고 싶지 않았다.

"노인들. 그리고 기저질환을 가진 사람들."

부수적인 사상자들, 바이러스의 임무(증식, 전파, 생존)와 무관하게 생기는.

"으흠."

"그러므로 동시에" 그는 중간쯤 되는 수준의 학생들을 가르치는 고등학교 생물 선생님의 인내심이 담긴 어조로 말했다. "나는 혼종입니다. 나는 매우, 매우 무해한 바이러스이고, 대다수에겐 증상을 일으키지 않아요."

전염성이 높되, 대부분의 감염된 사람들에게는 증상이 경미하고, 많은 사람들에게는 보이지 않으며, 따라서 숙주 인구와 그들의 더 멍청하고 고집만 센 지도자들을 현 상태에 만족하도록 유혹한다.

"동시에 나는 취약한 집단에게는 절대적으로 치명적일 수 있습니다."

"예." 나는 감탄하며 말했다.

"그리고 그것이 바로 이 바이러스의 사악하고 음흉한 성격입니다."

29

 물론 '사악함'과 '음흉함'은 의인화된 용어일 뿐만 아니라 상대적인 용어이기도 하다.

'SARS-CoV-2'는 끔찍한 인간 병원체이며, 우리의 건강과 복지에는 적대적이고, 우리의 눈에는 혐오스럽고, 우리에게는 사악하고 음흉한 존재다.

하지만 그건 여전히 "그냥" 바이러스다. 바이러스라는 것이 원래 하는 일을 하는: 즉, 다양한 유전체를 통해 증식을 하는 모든 생명체를 지배하는 이른바 다윈의 세 가지 필수 사항을 충실히 따르는 것이며, 이는 바이러스이건 회향식물이건, 쥐이건, 민들레이건, 캥거루이건, 다 마찬가지다.

이러한 필수 사항은

① 자신을 가능한 한 풍부하게 복제하고

② 지리적 공간에서 자신의 세력을 확장하고

③ 그러다 결국은 자신의 세력을 뻗치는 것이다.

대부분의 사람들은 모든 바이러스를 혐오스러운 것으로 여기는 경향이 있다.

마치 이 작은 자기 복제 DNA와 RNA 덩어리가 인간을 재채기, 기침, 피, 질식사, 고통받고 죽게 만드는 것 외에는 지구상에서 아무런 역할도 하지 못하는 것처럼 말이다.

일부 바이러스들이 그렇긴 하다.

유명한 바이러스들 대부분이 그러하며, 그게 바로 그들이 유명한 이유이다. 하지만 SARS-CoV-2가 무엇인지, 어디서 왔는지, 어떻게 작동하는지, 그리고 심지어 *왜* 그렇게 작동하는지를 이해하려면, 토니 파우치 소장의 "나, 바이러스" 관점보다 더 넓은 관점이 유용하다. 우선, 바이러스가 전혀 없는 지구를 상상해 보자.

우리가 마술 지팡이를 흔들면 바이러스는 모두 사라진다. 광견병 바이러스가 갑자기 사라졌다. 소아마비 바이러스가 사라졌다. 에볼라가 사라졌다. 수단 바이러스, 타이 숲 바이러스, 분디부교 바이러스, 레스턴 바이러스를 포함한 6개의 에볼라 바이러스가 모두 사라졌다. 홍역 바이러스, 유행성 이하선염 바이러스, 그리고 다양한 인플루엔자가 사라졌다.

이렇게 되면, 즉시 인간의 고통과 죽음은 엄청나게 줄어버린다.

HIV-1이 사라져서 에이즈 재앙은 결코 일어나지 않았고, HIV-2도 사라졌다. 추악한 혼란을 기록한 니파와 헨드라, 마추포와 신놈브레 바이러스가 사라졌다. 뎅기 바이러스가 사라졌다. 모든 로타바이러스가 사라졌는데, 매년 설사와 탈수로 수십만 명이 사망하는 개발도상국의 어린이들에게 큰 자비가 되었다.

지카 바이러스가 사라졌다. 황열병 바이러스가 사라졌다. 일부 원숭이들이 옮기고, 사람에게 전염되면 가끔 치명적으로 변하는 B형 헤르페스 바이러스가 사라졌다. 수두, 간염, 대상포진, 심지어 보통 감기까지 걸리는 사람은 더 이상 없다. 천연두의 원인 바이러스? 그 바이러스는 야생에서는 1977년까지 제거되었지만, 이제는 보안이 철저한 냉동고에 있던 으스스한 마지막 샘플까지 사라졌다. 사스 코로나 바이러스가 사라졌다. 메르스 코로나 바이러스도 사라졌다. 또한 인간을 감염시키는 것으로 알려져 있지만 가벼운 증상만을 일으키는 것으로 알려진 다섯 개의 다른 코로나 바이러스들도 사라졌다. 박쥐를 매개로 하는 모든 코로나 바이러스들과 천산갑을 감염시키는 모든 코로나 바이러스들이 사라졌다. 그리고 당연히 우리에게 사악하고 음흉하며 재앙적인 SARS-CoV-2가 사라졌다. 기분이 좀 나아졌는가?

아뇨.

이 시나리오는 여러분이 생각하는 것보다 더 모호하다.

사실, 우리는 바이러스의 세계 속에서 살고 있다. 추정도 할 수 없도록 다양하고, 측정도 할 수 없도록 풍부하며, 유해함과 이로움의 — 인간의 건강과 복지에조차도 — 이중성을 갖고 있는 바이러스 말이다. 대양만 놓고 봐도 우리 눈에 보이는 우주의 별들보다 많은 수의 비리온이 있다. 포유류는 적어도 32만 가지의 바이러스를 갖고 있다. 포유류가 아닌 동물, 식물, 육상 박테리아, 그리고 다른 가능한 숙주 모두를 감염시키는 바이러스까지 추가하면 그 총수는 — 엄청나게 많다. 그리고 그 엄청난 숫자를 넘어, 우리가 짐작도 못하는 종류의 엄청난 결과물들이 있다: 그러한 바이러스들 중 다수가 지구의 생명체에 해를 끼치지 않고 적응에 의한 이익을 가져다준다, 인간까지 포함해서.

우리는 그들이 없었다면 존속할 수 없었을 것이다. 그들이 없었다면 우리는 원시의 진흙탕에서 일어서지 못했을 것이다. 예를 들어 바이러스에서 유래해 현재 인간을 비롯한 영장류의 유전체에 존재하는 DNA는 두 가지로 나뉘는데, 그 유전자가 없었다면 놀라운 사실이지만 성공적인 임신은 불가능했을 것이다. 지구상 동물의 유전자 가운데에는 기억을 작은 단백질 거품 속에 포장하고 저장하는 데 도움을 주는 바이러스 DNA가 자리 잡고 있다. 바이러스와 공존하는 또 다른 유전자들은 배아의 성장에 기여하고, 면역체계를 조절하고, 암에 저항한다 — 이 중요한 영향들은 이제서야 이해되기 시작했다. 바이러스는 주요 진화적 이행을 시작하는 데 중요한 역할을 해온 것으로 밝혀졌다.

나의 생각 실험처럼 모든 바이러스를 제거하면, 우리 행성을 덮고 있는 엄청난 생물학적 다양성은 무너질 것이다. 아름다운 목조 건물에서 모든 못을 모조리 제거하면 갑자기 와르르 무너지듯이.

바이러스는 기생체다, 그렇다 — 유전적인 기생체, 좀 더 정확히 말하면, 다른 생물의 자원을 이용해 자신의 유전체를 복제하는 기생체 — 그러나 어떤 경우에는 기생이 방문자와 숙주 모두에게 이익이 되는 공생, 상호 의존에 가깝다.

SARS-CoV-2가 인간에게 입힌 공포와 불행, 슬픔에도 불구하고, 바이러스는 불과도 같아서, 모든 경우에 나쁘거나 모든 경우에 다 좋거나 하는 현상은 아니다: 이익을 가져올 수도, 파괴를 가져올 수 있다. 바이러스는 진화에 있어 어둠의 천사들이라, 멋진 반면에 끔찍하기도 하다. 그것이 바로 두려움과 개탄에 머물지 않고 그들을 이해할 가치를 갖게 하는 이유다.

바이러스가 이렇게 다채롭다는 사실을 이해하려면 바이러스란 무엇인지, 무엇이 아닌지에 대한 기본부터 시작해야 한다. 무엇이 아닌지 말하기는 더 쉽다. 앞서 언급했듯이, 그들은 살아있는 세포가 아니다. 여러분이나 나의 몸, 문어나 앵초의 몸을 구성하기 위해 대량으로 조립된 세포는 단백질을 만들고 에너지를 포장하며 다른 특수 기능을 수행하는 정교한 기계를 포함하고 있으며, 자세한 것은 세포가 근육세포인지 목질부세포인지 뉴런인지에 따라 다르다. 박테리아도 비슷한 속성을 가진 세포이지만, 훨씬 간단하다. 이와 유사하게, 원시 박테리아(archaeon)는 박테리아보다 조금 더 복잡하며, 세포핵은 없지만 대사와 재생산이 가능하다.

바이러스는 이들 어느 것에도 해당하지 않는다.

바이러스가 무엇인지는 지난 120여 년 동안 정의가 여러 번 바뀔 정도로 어려운 일이었다.

1898년 담배 모자이크 바이러스를 연구한 네덜란드의 식물학자 마르티누스 베이제린크(Martinus Beijerinck)는 전염성 액체라고 추측했다. 한동안은 주로 입자의 크기로 바이러스를 정의했는데, 박테리아보다 너무 작아서 초세공 세라믹 필터에 잡히지 않고 통과하여 여전히 질병을 일으킬 수 있는 그런 입자로 말이다. 이후 바이러스는 매우 작은 유전체만 가지고 있는, 현미경으로 보이지 않는 것으로 이해되었다 — 옳은 정의이긴 했지만 이러한 것들을 이해하기 위한 첫걸음일 뿐이었다.

"나는 역설적인 관점을 옹호해야 하겠다"라고 프랑스의 미생물학자 앙드레 르보프(André Lwoff)는 1957년에 발표한 영향력 있는 에세이 "바이러스의 개념"에서 이야기를 꺼냈다.

"다시 말해서, 바이러스는 바이러스일 뿐이다[24]라는 관점 말이다."

이는 아주 유용한 정의는 아니고, 단지 "그들은 그들 고유의 독특한 특색을 가진 존재임"을 말하는 다른 방식일 뿐이다. 그는 기나긴 긴 논고를 본격적으로 시작하기 전에 그저 목구멍을 가다듬으며 빌드업하고 있었다.

르보프는 바이러스란 정의하기보다 묘사하기가 더 쉽다는 것을 알고 있었다. 그는 각 바이러스 입자가 캡시드라고 알려진 단백질 캡슐 안에 포장된 일련의 유전자 지시사항(DNA 또는 RNA 중 하나로 쓰여진)으로 구성되어 있다는 것을 알고 있었다. 캡시드는 경우에 따라 막으로 된 외피(캐러멜 사과 위에 덮인 캐러멜과 같은)로 둘러싸여 있어 바이러스를 보호하고 세포를 붙잡는 데 도움을 준다. 바이러스는 세포 안으로 들어가거나 적어도 유전체를 주입하고 유전 정보를 단백질로 바꾸는 3D 프린팅 기계를 조작해야만 자신을 복제할 수 있다.

숙주 세포가 운이 나쁘면 새로운 비리온이 많이 만들어지고, 폭발하여 세포는 잔해로 남게 된다. 그런 류의 손상은 — 예를 들어 SARS-CoV-2가 인간 호흡기 기도의 상피 세포에 입히는 손상 — 바이러스가 어떻게 병원체로서 작동하는가를 부분적으로 보여준다.

하지만 만약 숙주 세포가 운이 좋다면, 바이러스는 그저 이 아늑한 전초 기지에 정착하여 휴면 상태로 들어가거나 숙주의 유전체에 유전체를 역설계하며 때를 기다릴지도 모른다. 이 두 번째 트릭은 HIV-1과 같은 레트로바이러스가 하는 일이다. 이는 유전체의 혼합, 진화, 심지어 인간으로서의 정체성에 대한 우리의 감각에도 많은 영향을 미친다. 인간 유전체의 8%는 수백만 년에 걸쳐 이러한 방식으로 우리 계통에 삽입된 바이러스 DNA로 구성되어 있다.

그것은 "나, 바이러스"라는 비유에 대한 매우 다른 해석이다. 토니 파우치와 다

---

24 바이러스가 생물과 무생물 사이의 경계에 있는 존재로 보지 말고, 그냥 바이러스라는 고유 범주 자체로 보자는 뜻.

른 모든 사람들뿐만 아니라 당신과 나 모두 우리 유전체에 8%의 바이러스 유래 유전체가 있다. 이것은 우리의 뱃속과 피부 및 다른 어디에나 있지만, 레트로바이러스 DNA와 같은 유전체처럼 우리의 유전체 속에 들어 있는 것이 아닌 인간 마이크로바이옴의 바이러스는 포함시키지도 않은 것이다.

바이러스가 예외 없이 악의적이라는 — 항상 해를 끼친다는 — 개념은 과학자가 아닌 사람들만 갖고 있는 것이 아니다. 영국의 저명한 생물학자인 피터 메다워(Peter Medawar)는 그의 아내 진(Jean Medawar)과 같이 쓴 1983년에 나온 인기 있는 책에서 이렇게 역설하였다.

"어떤 바이러스도 좋은 일을 하지 않는 것으로 알려져 있다: 바이러스는 '단백질로 싸인 나쁜 뉴스의 한 조각'이라는 평판을 듣고 있는 것이다."

그들은 잘못 알고 있었고, 이는 그 당시 상당수의 과학자들 또한 그러했다. 왜냐하면 1983년은 유전체에서 바이러스를 발견하고 그들의 기능을 알아내기엔 너무 이르기 때문이다. 그것은 바이러스라면 COVID-19, AIDS, 독감과 같이 나쁜 뉴스라는 범주로 국한해서 알고 있는 이라면 누구에게나 여전히 받아들여지고 숙지되고 있는 개념이다. 그러나 오늘날 착한 일을 하는 많은 바이러스들이 알려져 있다. 단백질 캡시드에 싸인 것은 — 그러니까 병에 담긴 메시지 — 유전자를 담은 공문이며, 상황에 따라 좋은 뉴스 또는 나쁜 뉴스로 밝혀질 수 있다.

최초의 바이러스는 어디에서 온 것일까?

이에 대답하려면 눈을 가늘게 뜨고 응시하면서 40억년 전으로 돌아가야 한다. 긴 분자, 단순한 유기 화합물, 그리고 에너지로 구성하여 조리된 스프에서 지구상의 생명체가 방금 생겨나던 그 당시로.

긴 분자들 중 일부(아마도 RNA)가 복제되기 시작했다고 가정해 보자. 이 분자들은 자기 환경으로부터 작은 분자들을 적절한 곳에 맞게 끌어당겨 자신을 복제했다. 바로 그 지점에서 다윈의 자연 선택은 시작되었을 것이다. 거기서 최초의 유전체인 이 분자들이 재생산, 돌연변이 및 진화를 하면서 말이다. 경쟁력을 찾아 더듬거리며, 일부는 막과 벽 안에서 보호 장치를 발견하거나 만들어 최초의 세포로 이어졌을 수도 있다. 이 세포들은 분열을 통해 자손을 낳았고, 둘로 나뉘었다. 넓은 의미에서도 서로 갈라져서, 세포 생명체의 세 영역 중 두 영역인 박테리아와 고세균이 되었다. 세 번째인 진핵생물은 얼마 후에 생겨났다. 여기에는 우리와 모든 다른 생명체(동물, 식물, 곰팡이, 아메바와 규조류 같은 특정 미생물)가 포함되며, 유전체를 깔끔하게 고정하고 있는 핵과 같이 복잡한 내부 해부학적 구조를 가진 세포들로 구성되어 있다. 현재 그려진 생명의 나무 위에 있는 세 개의 거대한 팔다리가 바로 박테리아, 고세균, 진핵생물이다.

잠깐, 그럼 바이러스는?

어디에 있어야 적합하지?

네 번째 가지에 있나?

아니면 다른 곳에서 날아온 기생 부착물인 겨우살이의 일종인가?

생명 나무의 대부분 버전은 바이러스를 완전히 생략한다. 왜냐하면 바이러스를 어느 곳에 놔도 생명 나무보다 훨씬 더 복잡한 논쟁 문제에 처하게 되기 때문이다.

어떤 학파는 바이러스가 살아있지 않기 때문에 나무에 포함되어서는 안 된다고 주장한다. 그것은 제자리를 맴돌며, 해결될 수 없는 논란이며, 여러분이 "살아있다"를 어떻게 정의하느냐에 달려 있다. 더 효과적인 것은 바이러스를 생명이라는 빅 텐트 안에 포함시킨 다음 그들이 어떻게 들어갔는지 궁금해하는 것이다.

바이러스의 진화론적 기원을 설명하는 데는 세 가지 주요 가설이 존재한다.

이 분야의 과학자들에게는 바이러스-먼저, 탈출, 그리고 감축으로 알려져 있다.

바이러스-먼저: 바이러스가 세포보다 먼저 출현했는데, 자기 복제 분자의 원시적인 스프로부터 어떻게든 직접 조립되었다는 생각이다.

탈출 가설은 세포내 유전자나 유전체가 밖으로 새어 나가면서 단백질 캡시드 외투를 뒤집어 입고, 멋대로 설치게 되어, 기생체라는 새로운 틈새를 찾았다고 가정한다.

감축 가설은 일부 세포가 경쟁적인 압력하에서 크기가 위축되면서(작고 단순하면 복제하기가 더 쉬워짐), 세포에 기생함으로써만 유전자가 복제되고 영구화 될 수 있는 미니멀리즘이 되면서 유래했음을 시사한다.

이 세 가지 가설은 각각 일리가 있다. 하지만 2003년, 몇 가지 새로운 증거들이 전문가들의 의견을 감축 쪽으로 기울였다: 바로 거대 바이러스다.

그것은 아메바 안에서 생활하는(또는 당신이 원하신다면 "살아 있는"으로 강조하여 표현하겠다) 것으로서 발견되었다. 이 아메바들은 영국 브래드포드에 있는 냉각탑에서 가져온 물에서 수집되었다. 이 물 일부에 이 신비한 방울이 있었다. 그것은 광학 현미경으로 볼 수 있을 만큼 충분히 컸고(바이러스들은 원래 너무 작아서 광학 현미경으로 못 보고, 전자 현미경으로만 보인다), 그래서 작은 박테리아처럼 보였다. 과학자들은 거기서 박테리아 유전자를 검출하려고 노력했지만, 아무것도 발견하지 못했다.

마침내 프랑스 마르세유에 있는 한 연구팀이 이 바이러스로 다른 아메바들을 감염시키도록 했고, 그 유전체의 염기서열을 분석하고, 그것이 무엇인지 인식하고 나서, 이 바이러스가 최소한 크기에 관한 한은 박테리아를 모방했기(mimick) 때문에, 미미바이러스(Mimivirus)라고 이름을 지어 주었다. 지름은 가장 작은 박테리아보다 더 컸다. 유전체 또한 바이러스치고는 커서, 거의 1,300,000 염기 길이였는데, 말하자면 13,000길이의 인플루엔자 바이러스, 30,000길이의 코로나 바이러스, 혹은 심지어 194,000길이의 천연두 바이러스에 비해서도 길었다. 이는 존재가 "불가능"한 바이러스였다: 바이러스의 특징을 가지고 있지만, 규모 면에서 너무 큰 바이러스, 마치 새로 발견된 4피트 날개폭을 가진 아마존 나비처럼 말이다.

장 미셸 클라베리(Jean-Michel Claverie)는 마르세유 팀의 수석 멤버였다. 클라베리는 미미바이러스의 발견이 자신에게 "많은 문제를 야기했다"고 말했다. 왜 그럴까? 유전체 염기서열을 분석한 결과, 바이러스에서 단 한 번도 본 적이 없는 독특한 세포질로 추정되는 효소를 코딩하는 유전자 4개가 예상치 못하게 밝혀졌기 때문이다. 그는 그 효소들은 아미노산을 단백질로 조립하기 위해 유전자 코드를 번역하는 요소들 중 하나라고 설명했다.

"그러므로 의문은" 하고 클라베리가 말했다. "도대체 왜 바이러스 따위가 이런 환상적인 효소들을 필요로 하느냐는 겁니다, 원래는 세포 내에서 작동하는 그런 효소가 말이죠. 자기가 할 필요 없이 숙주로 삼을 세포로 하여금 처리 작업을 시키면 되는데, 그렇죠?"

정말로 무엇이 필요했던 걸까?

논리적으로 추론해 보면, 미미바이러스는 세간살이 다 처분하고도 그 효소들이 남았던 게 아니냐는 것이다. 왜냐하면 미미바이러스의 혈통이 세포의 유전자 감축에서 비롯되었으니까.

미미바이러스는 우연이 아니었다. 곧 사르가소 해(海)에서 비슷한 거대 바이러스가 검출되었고, 발견 최초에 붙여졌던 이름은 미미바이러스 속(屬)으로 승격하여 다른 여러 거인들을 포함하게 되었다. 그 후 마르세유 연구팀은 거대한 놈을 두 개 더 발견하였다 — 이번에도, 아메바에 기생하는 놈들로 — 하나는 칠레 해안의 얕은 해양 퇴적물에서 채취하였고, 나머지 하나는 호주의 연못에서 채취하였다. 이들은 미미바이러스보다 최대 두 배나 커서 더욱 변칙적이었는데, 그래서 이들은 별도의 그룹으로 분류됐다. 이들에게는 클라베리와 그의 동료들이 판도라바이러스라는 이름을 붙여 주었는데, 판도라의 상자를 연상케 하였다. 2013년도에 이에 대해 설명했는데, "추가 연구에서 예상되었던 깜짝 결과들"이라는 의미였다고 한다.

클라베리 논문의 선임 공동저자는 바이러스학자이자 구조 생물학자이자 그의 아내이기도 한 샨탈 에이버겔(Chantal Abergel)이었다. 에이버겔은 피곤해하는 웃음을 지으며 나에게 말했다. 판도라바이러스 그룹 중에서, "그 녀석들은 매우 연구하기 힘들었어요. 그들은 내 아기들이죠"라고 말했다. 그녀는 그들이 무엇인지 구별하기가 얼마나 어려웠는지 설명했다 — 세포와는 너무 다르고, 고전적인 바이러스와도 다르고, 이전에 본 적 없는 많은 유전자를 가지고 있는 이 생명체들. "그런 모든 특징들이 그들을 매혹적으로 보이게 할 뿐 아니라 또한 신비롭게도 보이게 합니다." 한동안 그녀는 그들을 NLF라고 불렀다: 새로운 형태의 생명체(*new life form*). 그러나 박테리아와 고세균과는 달리 그것들이 핵분열에 의해 복제되지 않는다는 것을 관찰함으로써, 그녀와 그녀의 동료들은 그것들이 지금까지 발견된 것 중 가장 크고 가장 당혹스러운 바이러스라는 것을 깨달았다.

이 발견들은 마르세유 그룹에게 감축 가설의 대담한 변형이 필요함을 시사했다. 바이러스는 고대 세포에서 환원됨으로써 생긴 것일 수도 있지만, 그런 세포는 더 이상 지구에 존재하지 않는다. 즉, 박테리아나 고세균 영역, 또는 이 둘이 공유했던 어떤 세포 조상에서도 유래한 것이 아니라, 이제는 멸종된 미지의 또 다른 미생물 혈통 X에서 유래했다는 것. 그 혈통의 잔존하는 후손은 제외하고 말이다. 즉 바이러스를 말함이다.

이는 고생물학자들이 유쾌하게 상기시킨 것과 비슷하다:

공룡은 완전히 멸종된 것은 아니며, 여전히 우리 곁에 있고, 우리는 이들을 새라고 부른다.

에이버겔과 클라베리는 미생물 혈통 X에 대해 언급하지 않는다. 그들은 그 대신, 그들의 논문에서, 오늘날 알려진 모든 세포의 보편적인 공통 조상과는 다르고, 경쟁 관계에 있었을지도 모르는, 일종의 "조상 원세포(ancestral proto-cell)"를 언급한다. 어쩌면 이 원세포들은 경쟁에서 패배해서, 종속 없이 자유로이 사는 생명체가 살 수 있는 모든 틈새 생태계에서 제외되었을 수도 있다. 그들은 다른 세포의 기생충으로 살아남아, 자신의 유전체를 긴축하여, 소위 말하는 바이러스가 되었을 수도 있다. 사라진 세포 영역으로부터, 어쩌면 바이러스만이 살아 남아 있는 것일 수도 있다. 티라노사우루스 렉스의 깊은 유전적 잔재를 갖고 있으면서 나무에 앉아 있는 까마귀처럼.

30

크리스천 앤더슨과 그의 협력자들이 발표한 "SARS-CoV-2의 근위 기원"은 네이처 메디신에 실렸는데, 분별 있는 사람이라면 누구나 알 수 있는, 즉 코로나19 위기가 팬데믹이라고 WHO가 공식적으로 선언한 지 불과 6일 만이었다. 그때까지 중국은 81,116명의 확진자를 보고했고, 이탈리아는 27,980명의 확진자와 2,503명의 사망자로 누적 2위를 차지했으며, 미국은 "단지" 3,503명의 확진자를 집계했는데, 이들 중 사망자가 58명이었다. 진단 검사가 잘 안되어 있고, 일부 지역, 특히 미국에서는 제대로 시행되지 못했기에 얼마나 많은 환자들을 놓쳤는지를 감안해 보면, 확인되지 않은 확진자의 수는 의심할 여지없이 훨씬 더 많았다. 바베이도스는 최근 미국에서 입국한 사람들을 대상으로 첫 두 건의 사례를 보고했다. 에티오피아는 5건, 우즈베키스탄은 4건의 사례를 보고했다. 진단되건, 되지 못했건, 바이러스는 전 세계에서 유행하고 있었다.

"우리의 분석은 SARS-CoV-2가 실험실에서 만들었거나 의도적으로 조작된 바이러스가 아니라는 것을 분명히 보여준다"라고 앤더슨과 그의 공동 저자들은 논문에 기술하였다.

그들의 논리와 증거는 언뜻 보기에 변칙적으로 보이는 유전체의 두 가지 특징, 즉 RBD와 퓨린 절단 부위를 다루고 있다. 매트 웡 덕분에 그들은 매우 유사한 RBD가 야생에 존재하며, 특히 천산갑을 감염시키는 코로나 바이러스들에 존재한다는 것을 알아냈다. 자연적인 선택이 그것들을 설계한 것이다. SARS-CoV-2에 있는 RBD는 더 이상 변칙적으로 보이지 않았다.

천산갑 코로나바이러스나 SARS-CoV-2와 유사한 박쥐 바이러스인 RaTG13에서는 그러한 기전이 발견되지 않았기 때문에 퓨린 절단 부위는 조금 더 복잡했다. 저자들은 절단 부위가 실험실에서 유전자 조작되었거나 배양되어서 나온 것일 수도 있다는 설에 대해서 의문을 표시했었는데, 이는 여러 복잡한 이유 때문이었고, 이러한 이유들은 대부분의 분자 바이러스 학자들에게 설득력은 있었지만, 모두를 만족시키지는 못했다. 이런 결론에 대해서는 비판하는 이들이 있을 것이다. 조작된 바이러스가 아니더라도 어떤 섬뜩한 사고에 의해 실험실에서 유출되었을 수도 있다는 아우성이 있을 것이다. 그리고 그런 아우성에 대해 앤더슨과 다른 학자들이 수긍하는 반응을 보일 수도 있었을 것이다. SARS-CoV-2의 기원에 대한 논쟁은 2020년 3월 17일 당시에는 결론이 나지 않고 있었다.

다른 팀들에 의한 추가적인 연구들은 천산갑과의 연관성을 조사했다. SARS-CoV-2와 광동 천산갑 바이러스에서 RBD의 유사성은 무엇을 의미했는가?

천산갑이 두 종류의 코로나바이러스에 동시에 감염되었고, 증식 중에 재조합되어 한 종류의 RBD를 다른 종류의 RBD로 패치했을까?

천산갑이 그 재조합된 바이러스를 수 세기 혹은 수천 년 동안, 충분히 오랫동안, 즉 무난한 상호 수용이 진화할 수 있을 정도로 오랫동안 보유하여, 천산갑이 진정한 저장 숙주, 즉 바이러스가 평화롭고 안전하게 거주하는 피난처가 되었을까?

아니면, 불운한 천산갑, 혹은 어떤 천산갑의 수송물이 최근 자연 저장 숙주와 인간 사이의 중간 역할을 했을 수도 있다.

아니면 어쩌면 천산갑 바이러스와 RaTG13, 그 유사한 박쥐 바이러스가 그 RBD를 가진 박쥐 바이러스라는 공통 조상을 공유했을 수도 있고, 천산갑 바이러스가 RBD를 유지했을 수도 있지만, RaTG13은 재조합을 통해 RBD를 잃었을 수도 있다.

이러한 의문에 대해, 그 후 두 달 동안 저명한 학술지에 발표된 소규모 연구들은 흥미로운 자료와 정보를 제공하는 추정들을 제공했다. 그 연구들은 또한 웡-페트로시노 논문보다 미리 나왔는데, 아직도 다른 학술지 — 이름을 공개해서 당혹하게 하고 싶지 않은 그런 학술지 — 에서 초안만 제출되어 있으며, 거기서

소실되었거나, 어디 잘못 두었거나, 산더미 같은 원고들 속에 묻혀 있거나, 혹은 누군가의 강아지에게 먹혀버렸다.[25]

나는 2월 초에 있었던 사우스차이나 농업대학의 기자회견에서 이 대학 총장이 과장되게 보도한 논문에 대해 이미 언급한 바 있다.

그렇다, 이 연구팀은 천산갑에서 사스와 유사한 코로나바이러스를 발견했지만, 아니요, SARS-CoV-2와 99퍼센트 유사하지는 않았다.

이 바이러스는 전체적으로 90퍼센트가 유사했고, RBD를 포함한 스파이크 유전자에서도 91퍼센트가 유사했다.

이와 같은 유사성은 흥미롭지만 결정적인 것은 아니었다. 선임 저자인 선 용이(Yongyi Shen)를 포함한 사우스차이나 농대 연구원들은 SARS-CoV-2가 그러한 천산갑 바이러스와 RaTG13 유사 바이러스 사이의 재조합에 의해 "발생했을 수도 있다"고 제시했다.

선의 그룹은 폐 조직에서 그들의 데이터를 끌어냈다. 그들은 4마리의 중국 천산갑(*Manis pentadactyla*, 심각한 멸종 위기 종이지만 여전히 광둥성 및 중국 남부의 다른 지역에 드물게 존재함)과 25마리의 말레이 천산갑에서 샘플을 선별했다. 여기에는 2019년 3월 광둥 세관국에서 압수한 동일한 동물과 2019년 8월에 적발된 다른 동물이 포함되었다. 선의 그룹은 현재 천 진핑 팀의 것과 동일한 코로나바이러스 RNA를 찾았지만, 2019년 3월 압수한 코로나바이러스 RNA만 발견했다. 연구원들은 야생동물 구조 센터에서 3월 천산갑이 "호흡 곤란, 수척함, 식욕 부진, 활동 불능, 울음 등을 포함한 호흡기 질환의 징후를 점점 보였다"고 언급한 매우 기술적인 보고서를 주목했다. 그중 14마리는 6주 안에 죽었다. 천산갑은 예민하고, 심지어 보호하에 살기도 어렵고, 국제적으로 밀매되는 가혹한 환경들로 인해 천산갑들은 특히 감염에 취약하게 되었을 것이다.

25　영어 문화권의 초등학교 학생들이 숙제를 미처 안 해왔을 때 통상적으로 변명하는 표현인 "My dog ate my homework"에서 따 온 것임.

그러나 무엇이 이 14마리의 천산갑들을 죽였는가? 센다이 바이러스인가, 아니면 코로나 바이러스인가, 아니면 인간의 건강에 대한 우려와 무관한 다른 원인들인가? 우리는 아마 결코 알 수 없을 것이다. 나중에 선과 그의 공동 저자들은 이 동물들이 "대부분 활동적이지 않고 흐느끼며, 구조 노력을 다했음에도 불구하고 결국 구금 상태에서 사망했다"고 덧붙이며, 논문의 방법론 대목에 깊게 파묻었다. 흐느낌은 호흡 곤란에 대한 비유로 받아들여질 수 있겠으나, 다시 말하지만, 때때로 흐느낌은 그저 흐느낌일 뿐이다.

원난성 쿤밍시에 있는 한 정부 연구소의 세 명의 연구원들도 광둥성에 있는 죽은 천산갑들의 폐 조직 샘플을 다시 조사하였다. 이 연구팀은 천 박사 팀이 발표한 것과 동일한 유전체 데이터를 재검토했다. 이 연구원들은 지난 1월 매트 윙이 주목한 바에 따르면, 천산갑 코로나바이러스의 RBD가 SARS-CoV-2의 RBD와 거의 일치한다고 했다. 이는 천산갑 바이러스가, SARS-CoV-2와 마찬가지로, 인간의 호흡기 세포에 달라붙을 수 있는 능력을 가졌을 수도 있다는 것을 시사한다. 연구원들은, 천산갑에서 팬데믹이 시작되었을 수도 있다는 것을 암시했지만 주장하지는 않았다. 하지만 퓨린 절단 부위와 일치하는 부위가 없었다.

이러한 부재에 대해, 쿤밍의 저자들은, 천산갑 바이러스와 SARS-CoV-2는, 공통 조상 바이러스의 후손일 수도 있으며, 일부 새들(도도, 뉴질랜드의 모아스, 키위, 펭귄, 타조류)이 비행 능력을 잃었듯이, 천산갑 계통은 진화 과정에서 절단 부위를 단순히 잃었을 수도 있다는 간단한 설명을 제시했다.

갑자기 천산갑 바이러스학에 작은 붐이 일었다. 광저우에 있는 천 진핑 그룹은 다시 논의에 뛰어들어, 그들 스스로 확보했던 샘플 — 2019년 3월에 확보된 천산갑의 폐 조직 — 에 대한 추가 분석을 제시했다. 첸과 동료들은 세 마리의 개체에서 추출한 RNA 조각들로 하나의 완전한 코로나바이러스 유전체 서열을 조립하는 데 성공했다.

그렇다, 그들은 보고했다. 그 바이러스는 인간의 SARS-CoV-2와 박쥐 바이러스인 RaTG13 모두와 놀랍도록 유사했다.

그렇다, 수용체 결합 영역도 SARS-CoV-2의 그것과 매우 근접하게 일치했다.

그렇지만 아니다, 라고 그들은 명시했다. 그들의 자료는 SARS-CoV-2가 천산갑에서 직접 유래했다는 가설을 뒷받침하지 않았다.

아마도 그 사연은 더 복잡했을 것이고, 천산갑을 포함한 박쥐와 다른 야생동물을 감염시키는 바이러스들 사이에서 하나 이상의 재조합 사건이 발생했을 것이다. 하지만 천의 연구팀에게는 두 가지가 분명해 보였다.

첫째, 박쥐, 야자수 사향고양이, 낙타, 천산갑, 그리고 아직 잘 모르지만 기타 등등 다양한 야생동물들 사이에 인간에게 위험할 수 있는 다양한 코로나바이러스가 돌아다니고 있다는 것. 둘째, 야생동물 보호뿐만 아니라 인간의 건강을 위해서는 포획되거나 양식된 야생동물들 사이에 바이러스의 종간전파 위험이 있는 파괴적인 접촉을 줄이는 것이 중요하다는 것. 남아시아에서 포획된 말레이 천산갑이 국경을 넘어 매매되어 중국 주요 도시의 한 구조센터에서 마지막 숨을 흐느끼게 되면, 뭔가가 잘못된 것이다, 그리고 이는 천산갑뿐만이 아니다.

31

그 모든 연구들은 비교적 좁은 토대 위에 균형을 잡고 서 있었다: 2019년 3월 24일에 밀수 도중 광둥 세관에 의해 압수되어 구조 센터로 전달된 천산갑의 샘플 말이다. 한편, 또 다른 연구는 증거의 기반을 광둥에서 베트남과 국경을 접하는 서쪽에 인접한 지방인 광시로 확장했고 더욱 흥미로운 것을 발견했다. 이 그룹에는 홍콩 대학교의 구안 이(Yi Guan)라는 높이 존중받고 두려움 없는 질병 추적자와 에디 홈즈를 포함하여 20명 이상의 다른 홍콩 및 본토 과학자들이 포함되었다.

홈즈는 "그래서 1월 30일에 무슨 일이 있었냐 하면요"라고 홈즈는 말했다. "토미 람(Tommy Lam)과 접촉을 했죠."

토미 찬-윅 람(Tommy Tsan-Yuk Lam)은 통계 유전학자이자 생물정보학자로 홍콩, 펜실베니아 주립대학교, 옥스포드에서 교육을 받았고, 현재는 HKU의 부교수이지만, 그는 아직도 L.A.에서 스케이트보드를 탈 정도로 거의 젊어 보인다. "토미는 저의 예전 박사 후 과정 연구원이었습니다"라고 홈즈는 말했다. 그는 이제 구안 이와 함께 일하고 있었다. 그는 홈즈에게 광둥성에서 압수된 천산갑과 관련된 호기심 많은 프로젝트에 대해 말했다.

"그 녀석들은 이러한 호흡기 질환을 앓고 있습니다. 뭔지 추측해 보세요. 그 녀석들은 이 코로나 바이러스에 걸린 것 같아요"라고 그는 홈즈에게 말했다고 한다. 홈즈는 내게 말했다. "그래서 저는 말했죠, 글쎄, 그거 범상치 않은데."

이는 매트 웡이 코비 브라이언트의 사망 소식에 오열하며 더 깊은 의미를 찾기 시작한 지 불과 하루 만이었다.

람과 구안은, 다른 팀들과 마찬가지로, 광동성 천산갑 동물들로부터 데이터를 수집했지만, 그들에게는 뭔가 더 많은 것이 있었다. 어찌어찌해서, 그들은 또 다른 밀거래 천산갑 동물 집단으로부터 샘플을 얻었는데, 이 집단은 약 2년 전에 광시 세관에 압수당했던 것이었다. 그들은 RNA를 추출해 내고 홈즈의 도움을 원했다.

"우리는 이 데이터들과 우리가 보는 것들, 그리고 그렇게 놀라운 것들을 분석하기 시작하는데요 —" 홈즈는 내가 자기 말을 놓치지 않고 잘 듣고 있는지 확인하기 위해 잠시 말을 멈췄다.

"두 지방에서 온 천산갑들 말입니다, 알겠죠?"

"네"라고 나는 대답했다.

"광시와 광동성입니다, 알겠죠? 둘 다 불법으로 밀수출된 말레이 천산갑이죠."

말레이산 천산갑 두 집단이다, 그리고, 맞다, "불법적으로 밀수된 것들"이 남아돌았다. 하지만 그는 빠르게 말하고 있었고, 이를 다시 언급하면서 다시금 감정이 고조되었다.

"그들은 중국에서 온 것이 아닙니다. 그곳에서 수입된 것이죠, 오케이? 그들 두 집단 다 호흡기 질환을 앓고 있습니다. 그리고 그 사실은 논문에 실려 있습니다."
그렇게 해서 네이처에 구안 이와 토미 람 그리고 홈즈와 동료들 이름으로 실린 논문 말이다. 그렇다, 오케이, 난 그 논문 안다. 이번 인터뷰를 하기 하루 전에 읽었던 것이다.

"저에게 매우 흥미로운 것은 둘 다 인간의 변종과 관련이 있지만 똑같지는 않은 코로나 바이러스를 가지고 있다는 것입니다. 오케이? 그게 바로 매우 인상적인 점입니다."

홍콩에 있는 구안의 팀은 광시 세관원들에 의한 밀수 방지 작업에서 압수된 18개의 천산갑으로부터 폐, 장, 혈액의 냉동 샘플들을 받았다. 그들은 6개의 샘플들에서 코로나바이러스 RNA를 찾았고, 그 조각들로부터 그들은 광시의 줄임말인 GX 계통이라고 부르는 6개의 유전체 서열을 조립했다. 그들은 또한 천의 그룹이 이용 가능하게 했던 광동 천산갑들로부터 원시 데이터를 가져왔고, 그 천산갑들로부터 채취한 다른 샘플들로부터도 새로운 서열 데이터를 추출했다. 그리고 그들만의 도구를 사용하여, 그 모든 것을 그들만의 정확성 기준에 맞게 완전한 유전체로 재가공했다.

이들은 이들을 GD 계통이라고 명명했다. 두 계통 모두 SARS-CoV-2와 매우 유사하지만 유전체의 같은 지점에서 같은 방식으로 유사하지는 않았다. 가장 주목할 만한 것은 광둥성 계통의 수용체 결합 영역이 SARS-CoV-2의 것과 매우 유사했다는 점이다.

홈즈는 "확률이 어떻게 될까요?"라고 물었다. 두 지방에서 불법으로 수입된 두 세트의 천산갑을 표본으로 추출했을 때, 두 세트 모두 우연히 인간에게 최근 감염된 바이러스와 독특한 방식으로 유사한 코로나 바이러스에 감염되어 있을 확률이 얼마나 될까요?

내가 맞춰보죠, 하며 나는 생각해 보았다: 그럴 확률은 낮은데.

홈즈는 "그게 참 제게는 이상합니다"라며 "제게는 놀라운 일이죠"라고 말했다.
내가 그의 논리를 따라잡기 위해 안간힘을 썼을 때, 그것은 또한 내가 보기에도 약간 불길해 보였다. 왜냐고?

그것은 우리가 상상했던 것보다 더 많은 천산갑 코로나바이러스가 존재하고, 다양하고 광범위하며, 적어도 그들 중 일부가 인간을 위협하고 있다는 것을 암시했기 때문이다; 아니면 그것은 저장소인 박쥐에서 중간 숙주인 천산갑 또는 아마도 박쥐와 천산갑 둘 다를 통해 끊임없이 확산되었음을 반영했기 때문이다.

홈즈는 "그런 가설들 중 그 어느 것 하나도 배제할 수 없습니다"라고 말했다.

그리고 두 계통의 증거를 RBD 증거와 함께 제시한다면, 이는 야생동물에 서식하는 코로나바이러스에 대한 우리의 지식이 "미미하다"는 것을 의미한다고 그는 덧붙였다.

RaTG13과 같은 가장 가까운 박쥐 바이러스와 SARS-CoV-2 유전체 사이에는 여전히 비교적 큰 진화적 격차가 존재한다.

"그 격차 안에 또 무엇이 있을까요? 전 모르겠습니다."

코로나바이러스가 잠복해 있다가 재조합되어 사람들에게 더 가까이 다가가고 있는 또 다른 야생동물은 무엇일까?

"너구리? 대나무 쥐? 대체 누가 알겠습니까? 그렇죠? 하지만 우리가 그곳에 갈 때까지." — 들판으로 가고, 동굴과 숲으로 가고, 야생동물이 합법적으로 식용으로 사육되는 농장으로 가고, 밀수품이 밀거래되는 저장고로 가고, 그러한 동물들이 판매되는 오픈마켓과 암시장으로 가고, "우리가 그곳에 가서 표본을 채취할 때까지, 우리는 결코 알 수 없을 것입니다. 그것이 바로 기원을 해결하는 데 가장 중요한 것입니다."

"알았어요." 내가 말했다. "그리고 천산갑이 그 기원에 대해 힌트를 주는군요."

토미 람은 네이처 지의 제1저자가 되었다. 그와 그의 동료들은 SARS-CoV-2와 매우 유사한 코로나바이러스의 여러 계통의 발견은 "천산갑이 신종 코로나바이러스의 출현에 가능한 숙주로 고려되어야 함을 시사한다"고 결론지었다. 그것이 바로 과학적으로 명심해야 할 핵심이었다. 이 논문의 핵심인 권장 조치는 이 동물들이 "동물원성 전염을 막기 위해 수산 시장에서 배제되어야 한다"는 것이었다.

돼지고기가 진열된 위에 숨쉬는 천산갑이 있어선 안 된다. 새우 진열대 위에서 천산갑이 울고 있으면 안 된다. 고기와 가금류, 어류와 야생동물로 가득 찬, 새장과 칼, 물보라와 역한 공기로 가득 찬, 떠들고 고함치고 기침하는 사람들로 가득 찬, 동물들로 가득 찬 수산시장에 오면, 당신은 예상했던 것보다 훨씬 많은 질병을 얻을 수 있는 것이다.

제4부

시장 역학

32

화난 수산물 도매시장은 우한시에서 제일가는 신선식품 매장은 **아니었다**. 하지만 2019년 12월 31일 우한시 위생건강위원회가 심각한 상태인 7명이 포함된 27명의 원인미상 폐렴 환자가 시장과 관련이 있다고 발표하면서 가장 악명이 높아졌다.

위 첫 문장에 쓴 과거형은 매우 적절한 표현인데(화난 ~은 **아니었다**), 그 이유는 그 장소가 더 이상은 예전처럼 존재하지 않기 때문이다.

최근 보고에 의하면, 그곳은 여전히 폐쇄된 채로 비어 있으며, 지상에 높은 파란색 울타리가 쳐 있고, 다시는 문을 열지 않을 수도 있다. 우한 중심부의 신중국로와 개발로 모퉁이에 있는 건물의 2층에는 보안요원들이 출입을 통제하는 안경점들이 있다. 닫힌 매점과 배수구가 있는 어둡고 좁은 골목, 소독약 냄새와 썩은 고기 냄새가 남아 있는 아래층은 일반인의 출입이 금지되어 있다. 가이드 투어가 가능하다 해도, 특권 계층에 속하는 방문객이어야만 가능할 것이다. 예를 들어 2021년 1월 31일 오후에 중국인 17명과 국제 과학자 17명으로 구성하여 WHO가 소집한 사스 기원 글로벌 연구(Global Study of the Origins of SARS-CoV-2) 회원들이 화난 시장을 시찰한 경우처럼 말이다.

그렇게 해서 마리온 쿠프만스(Marion Koopmans)가 시장을 살펴보게 된 것이다.

쿠프만스는 로테르담 에라스무스 메디컬 센터의 바이러스학과 학과장이자 인수공통전염병 바이러스 전문가이다. 그녀는 처음으로 낙타에서 메르스 바이러스를 추적했던 연구팀을 이끌었다. 세계보건기구와 중국의 SARS-CoV-2 기원에 대한 연구에서 그녀는 분자 역학에 관한 국제 팀의 하위 그룹 수장을 맡았다. 그녀는 힙하게 헝클어진 은회색의 머리를 한 강력하고 직설적인 사람이다. 그녀와 다른 팀원들은 시장에서 무엇을 볼 수 있고 무엇을 볼 수 없는지에 대한 브리핑을 미리 받았다 — 이 시장에서 한때 풍부하게 거래됐던 상품들은 물론이고, 이들을 사고팔았던 사람들도 만날 수 없었다. 그동안 중국 과학자들이 거래된 상품들과 출처를 파악하기 위해 수행한 작업에 대한 정보를 접할 수 없는 건 물론이고 말이다.

이 방문은, 시장이 문을 닫은 지 1년 이상 지난 후에 이루어졌다는 것을 기억하시라. 소독된 부패물의 이상한 특유의 냄새는 여전히 두드러졌고 여전히 강력했는데, 왜냐하면 폐쇄가 너무 갑작스럽고 단호하게 이루어져서 고기와 온전한 사체를 포함한 많은 제품들이 그대로 남겨졌기 때문이다. 도구와 기계들도 마찬가지였다. 그런 물건들은 주인이 회수할 수 없었다. 사람들로 붐비는 질퍽한 시장에 어느 날 갑자기 중성자 폭탄이 투여된 셈이었다: 생명체는 다 사라지고, 구조물은 온전한 상태였다. 여기서 중성자 폭탄이란 곧 바이러스였다.

쿠프만스는 "전체 시장에 대한 완전한 지도가 있었습니다"라고 내게 말했다.

브리핑에서 제공된 이 지도는 "증례들이 어디에 있었고, 모든 가게들은 무엇을 팔았는지"를 나타냈다. 그녀가 의미한 것은, 초기 폐렴 환자들은 대부분 판매업자나 공급업자였는데, 시장에서 일하거나 정기적으로 방문하는 사람들이었다는 것이었다, 시장을 찾은 손님들이 아니고.

지도는 그들이 어디에 서 있었는지, 어떤 살아있는 동물과 죽은 동물을 제공했는지를 보여주었다; 별도의 정보로는 그 동물들이 어디에서 유래했는지를 알려주었다.

바이러스를 옮겨왔을 위험이 있다고 생각되는 동물들에 초점이 맞춰졌는데: 대나무 쥐와 고슴도치 같이 농장에서 기르는 것들을 포함한 야생 동물과 (중국 팀이 가능성 있는 전염 경로로서 고려해야 한다고 주장했기 때문에 포함시킨) 냉동 물고기였다.

쿠프만스는 "공급망을 역추적하면 20개 지방에 도달할 수 있습니다"라고 말했다.

우한은 1,100만 명의 인구를 가진 도시로, 중국 중부에서 가장 큰 도시이며, 국제 여행과 무역의 중요한 연결고리이다.

그녀는 "시장에서 고기로 파는 야생 동물을 역추적하면 지방의 농업 시스템에 도달하게 되지요"라며 "박쥐 코로나바이러스가 있다는 걸 아는 곳 말이죠. 사스 유사 박쥐 코로나바이러스 말입니다"라고 말했다.

이것들은 추적해야 할 단서들이었다. 2021년 초의 이 연구 임무는 1단계로, 예비 작업으로서 다음과 같이 활발하게 첫 달을 보내는 것이었다 — 지형을 살피고, 이용 가능한 데이터에 대한 가설을 검증하며, 더 많은 데이터를 수집할 계획의 틀을 짜는 등 — 이는 WHO가 2단계 연구로 구상한 것에 대비한 것이었다. 중국 측이 2단계로 계속 나가는 걸 어떻게 볼 것인지는 다른 문제였다.

연구팀원들은 환자 증례를 추적하는 연구들도 보았다고 쿠프만스는 말했다. 그 추적 연구는 분자 수준 역학을 포함하고 있었다: 그것은 그녀의 소관이었다.

"이건 적어도 12월 초에 시작된 것은 분명합니다. 그리고 12월 중순경에는 정말 폭발적으로 증가했어요"라고 그녀가 내게 말했다. 초기 COVID-19에 대한 분자 역학 작업은 유전체 서열을 비교한 다음, 조상 바이러스와 계통의 나무를 만들고, 바이러스가 어디에 있는지, 언제, 어떻게 전염 사슬을 통해 이동했는지를 도표로 만드는 것을 수반했다. 바이러스 서열은 증례별로 수집된 인간 샘플과 2020년 1월 1일과 그 이후에 중국 질병통제예방센터가 수행한 환경 샘플에서 가져온 것이다. 쿠프만스와 그녀의 동료들은 25개의 완전한 바이러스 유전체와 표본 추출된 인간 바이러스 3개의 부분 서열을 살펴보았다. 모두 2019년 12월 하반기에 표본으로 추출된 사람들에게서 얻은 것이다. 12월 상반기 동안에는 아무것도 없었다. 그녀는 "그 기간 동안의 검체를 채취하여 시행한 검사는 없었습니다"라고 내게 말했다. 그래서 분자 역학은 시장 또는 그 주변에서 발병이 시작되었던 시점에 무슨 일이 일어났는지에 대해 알아낼 수 없었다. 또는 적어도 마리온 쿠프만스와 그녀의 그룹은 그들이 본 데이터만 고려해 보면 그에 대해 알 수 없었다.

33

 발병 초기 몇 주 동안, 그것이 팬데믹이 되면서 이야기는 계속해서 시장에 집중되었다.

국제적으로 발표된 최초의 중국 연구들 중 하나는 랜싯(*The Lancet*)에 실렸는데, 이것은 선전의 가족 집단 발병과 무증상 전파의 불길한 암시를 했던 K.Y. 위엔의 논문을 출판한 바로 그 영국 학술지이다. 12월에 발생한 증례들 다수가 치료를 받았던 우한 소재 진인탄 병원의 의료진들이 포함된 이 연구는, 2020년 1월 24일 위엔의 논문과 같은 날 온라인에 게재되었다. 제1저자는 병원의 부소장 황 차올린(Chaolin Huang)이었다. 분명히 랜싯의 편집자들은 중국으로부터 온 뉴스의 중요성을 이해하고 이러한 과학적 빛의 폭발을 환영했다.

우한과 베이징의 24명이 넘는 의사와 과학자들이 공동 저자로 참여한 황의 연구는 진인탄 병원에 입원한 첫 41명 환자들의 임상적 측면에 초점을 맞추었다.

그들의 나이는?

얼마나 많은 사람들이 다른 내과적 문제들 ― 이제 우리는 이걸 "동반질환"이라는 용어로 알고 있다 ― 예를 들어 당뇨병, 고혈압, 심장병과 같은 질환을 가지고 있었는가?

그들의 증상은 어땠나?

얼마나 많은 이가 열이 났고, 얼마나 많은 이가 기침을 했으며, 얼마나 많은 이가 호흡 곤란을 겪었는가?

검사실에서 한 혈액 소견들에선 어떤 게 나왔나?

흉부 단층 촬영에서는 어떤 소견이 드러났나?

한 가지 다른 매개변수가 주목할 만했다: 얼마나 많은 사람들이 화난 수산물 도매시장에 직접 노출되었는가?

그 질문에 대한 대략적인 답은 '대부분 노출되었음'이었다.

이 보고서는 "화난에 노출된 공통적인 이력"에 대해 언급했고, 그 문구에는 다

음과 같은 추론이 함축되어 있었다:

화난에 노출된 것은 그곳에서 파는 동물들에 대한 노출을 의미했음.

41명의 폐렴 환자를 포함한 이 환자들은 '신 중국 도로'와 '개발로'의 모퉁이에 있는 건물 주위를 어슬렁거리고 있었던 것이 아니었다. 그들 중 일부는 아마도 사향고양이, 너구리, 대나무 쥐, 말레이 고슴도치, 그리고 다른 동물들과 같이 야생에서 잡히거나 양식된 야생 동물들을 처리하고 청소하고 심지어 도살하고 있었다. 게다가, 동물을 다루지 않은 방문객들은 여전히 골목과 가게의 거친 공기를 그대로 들이마셨다. 황의 연구가 등장했을 때 그 추론은 국제 뉴스 보도를 이끌었다.

예를 들어, 저명한 영국 일간지 가디언은 즉시 "감염의 발원지로서 폐쇄된" 화난 시장에서의 사건들과 코로나바이러스 발생으로 촉발된 전 세계 야생동물 시장을 금지시키라는 격렬한 반응을 다룬 기사를 실었다. 그것은 정확하지만 오해를 유도할 소지가 있었다.

그렇다, 그 시장은 인간에게 새로운 바이러스의 발원지라서 폐쇄된 상태였다. 그러나 그곳이 정말 발원지였을까?

하루 뒤인 2020년 1월 25일, 발병에 대한 뉴스와 논평을 올리기 시작한 미국의 의사이자 전염병 전문가인 대니얼 R. 루시(Daniel R. Lucey)가 황의 연구에 관심을 가졌다.

루시는 문장들 사이사이에 숨은 것들과 세부 인쇄물 사이에 무언가가 있음을 알아챘다. 시장에 "노출되었다는 공통적인 이력"에 대해 그는 그러한 노출이 전반적으로 다 공유된 건 아니라는 명백한 사실을 깨달았다.

그렇다, 진인탄의 초기 환자 41명 중 27명이 시장과 관련이 있었지만 그렇지 않은 환자 14명은 어떤가?

황의 논문 3페이지에 있는 막대 그래프는 41명의 환자 모두에서 증상이 처음으로 나타난 날짜까지 기록되었음을 보여주었다. 루시가 그랬듯이, 우리도 잠시 자세히 살펴보면, 12월 10일 또는 그 이전에 증상이 나타났던 초기 4명의 환자 중 3명이 시장과 관련이 없다고 보고했음을 알 수 있다. 그리고 41명의 환자들 중 가장 초기 환자, 즉 12월 1일에 아팠던 신원 미상의 환자(이 그래프에 따르면)는 시장과 무관한 환자였다.

루시는 블로그에 글을 올렸다.

그는 이 글을 자신과의 자문자답으로 틀을 짜서, 대유행(아직 팬데믹은 아니었음)이 2019년 11월이나 그 이전, 그리고 화난 시장이 아닌 다른 어떤 곳에서 시작되었다는 소위 "증거 기반 가설"을 세웠다. 그의 글은 의사, 과학자, 공중 보건 전문가들로 구성된 대규모 학회인 미국 감염병 학회(Infectious Diseases Society of America, IDSA)가 유지 관리하는 "과학이 말한다(Science Speaks)"라는 제목의 포럼 페이지에 게재되었다. 이것은 루시가 올리는 새로운 바이러스에 대한 6번째 최신정보였다. 그 게시물은 12월 1일 황의 논문과 거기에 써 있는 12월 1일 환자에 대한 보고를 인용하면서 시작하고 있었다. 이는 새로운 정보라고 루시는 언급했다. 그러고 나서 그는 자신에게 묻고 다음과 같이 대답했다:

"41명의 환자 중 가장 이른 시기에 발병한 이 환자는 화난 수산물 시장에 노출된 적이 있는가?"

"아니요."

"그 환자의 가족 중에 발열이나 호흡기 증상이 나타난 사람이 있었나?"

"아니요."

"이 환자가 어떻게 감염되었는지에 대한 설명은 없었나?"

"없었다."

수사학적인 자가 질문이 계속되었다.

그 첫 번째 환자는 다른 40명의 환자들과 어떤 연관성이 있었나?

없었다.

그 다음 세 명은 언제 아팠나?

첫 환자 발병하고 9일이 지나서.

시장에 노출되지 않은 채 감염된 14명 모두에 대한 설명이 있었나?

그중 13명에 대한 설명은 없었다(나머지 한 여성은 시장에 노출된 남성의 아내였다).

이러한 감염은 사람 간 전염이나 동물에서 사람으로의 종간 전파가 **11월이나 그 이전에** 일어났음을 시사하나?

그렇다.

그 접촉들은 어디에서 일어났을까?

아마도 다른 시장, 식당, 야생동물 농장 또는 야생동물 거래 경로에서.

이 가설이 바이러스를 통제하거나 억제하기 위한 노력에 대해 좀 도움이 될까?

그렇다: 그러니까 시작점을 2019년 12월로 잡은 것은 너무 늦게 잘못 잡은 것임을 알려준다.

IDSA 웹사이트에 올라오는 루시의 정기적인 게시물은 그곳을 주로 열람하는 독자들에게만 제공되었지만, 그가 사이언스 지에서 알고 지내던 스태프 작가에게 이 게시물을 보낸 후에는 전 세계에 크게 반향을 일으켰다.

황의 논문이 등장한 날인 1월 24일은 금요일이었고, 주말은 바빴다.

루시는 워싱턴 D.C.에 있는 집에서 나에게 "매주 금요일 아침, 저는 랜싯을 제 폰으로 다운로드 받아요"라고 말했다.

랜싯은 금요일에 발행되는 주간 학술지로(사전에 몇몇 기사가 온라인에 미리 등장하기도 하지만), 읽을 것이 너무 많고, 루시는 자신의 주간 생활 리듬을 지킨다. 그 금요일 아침, 여느 때처럼 그는 의학 뉴스를 훑어보았다.

"저는 제목들만 봤는데, 그 논문이 딱 나왔어요."

황과 공동 저자들이 쓴 "2019 신종 코로나바이러스에 감염된 환자들의 임상적 특징…" 등등. 이는 우리가 아침 선잠을 깨기 위해 커피를 마시며 가볍게 볼 그런 류가 아니었다. 하지만 루시는 읽기 시작했다. 그는 막대 그래프를 들여다보았다. "그리고 모든 것이 바뀌었습니다."

루시는 자신의 질의응답 블로그를 작성하여 IDSA 웹사이트에 올렸고, 그 글은 토요일 아침에 올라왔다. 그는 사이언스의 직원 작가인 존 코헨에게 링크를 보냈다. 일요일 늦은 오후, 그러니까 코헨이 사는 샌디에고 시간으로 일요일 오후 1시가 되기 직전, 코헨은 그에게 전화를 걸었다. 코헨은 이미 황 박사 논문의 교신 저자인 베이징 수도 의과대학의 차오 빈(Bin Cao) 교수에게 게시물에 대한 루시의 논평을 이메일로 보냈다. 차오는 즉시 답장을 보내왔다: 그와 공동 저자들은 루시의 "그 비판에 감사한다"는 것이었다. 차오는 그 시장이 "바이러스의 유일한 발원지는 아니다"라고 썼다. 그는 "그러나 솔직히 말해서, 우리는 아직도 바이러스가 어디에서 왔는지 알지 못한다"고 덧붙였다

루시는 "잊히지 않을 일이었습니다"라고 나에게 말했다.

그는 숙제를 더 했다.

"저는 따분한 삶을 살고 있습니다"라고 농담 반 진담 반으로 말했다. 그는 펜실베니아 애비뉴 근처의 아파트에서 혼자 살고 있으며, 특히 2014년 에볼라 전염병에 대해 라이베리아로, 2013년 메르스 환자를 돕기 위해 카타르로, 그리고 2003년 사스 발병 당시 중국과 토론토에서 일부 임상 작업을 하는 등 멀리 떨어진 곳에서 위험한 질병이 발생했을 때, 충동적으로 의료 봉사를 하기 위해 그곳으로 떠난다.

그는 마조리 폴락 등과 같은 방식으로 중국 소셜 미디어에서 전 세계 인터넷으로 퍼진 우한의 첫 뉴스를 조기에, 같은 시간에, 그리고 같은 방식으로 발견했다. 그는 위챗에 오랜 친구들에게 경고를 올린 안과 의사 리원량에 대한 글을 읽었다.

"알다시피, 12월 30일 밤부터 제 머리에 쥐가 났습니다"라고 루시가 말했다.

이제 그는 더 깊이 파고들어, 발병 초기로 돌아가는 길을 상상하며, 부분들과 조각들을 밝혀 주는 웹을 뒤지고 있다.

"저는 신뢰할 수 있고 가능한 한 현장에 있는 사람들, 즉 직접 체험을 한 사람들에게서 정보를 얻으려는 접근 방식을 가지고 있습니다."

그는 홍콩에 있는 HKU의 미생물학자인 오랜 친구와 연락을 취했고, 중국어로 쓰여 있지만 구글 번역을 통해 읽을 수 있는 우한시 보건위원회의 웹사이트를 발견했다.

이 시장, 이 도시는 어디에 있고, 그곳에서 무슨 일이 일어나고 있는가?

루시는 알고 싶어 했다.

"우한은 고속 열차의 중심지인 것으로 드러났습니다. 그곳은 중국 어디에서나 통하는 고속 열차의 중심지입니다."라고 그가 나에게 말했다. "그래서 저는 큰 그림을 만들었습니다."

그는 문자 그대로 중국의 지도를 인쇄했고, 우한에서 전국으로 좍 퍼지는 고속 철도 경로를 빨간색 선들로 그었다. 그리고 집 근처에 있는 페덱스 매장에 가서 그것을 포스터로 만들었다. 그는 미국 국립과학원의 회의에서 중국에서의 발병과 이 고속 철도 경로의 발산이 무엇을 시사하는 징조인지에 대해 말할 때 그 포스터를 가지고 왔다.

그는 포스터를 들고 "이 빨간색 선들은 우한에서 중국의 모든 지역으로 나가는 기차들을 나타냅니다. 그러나 제 시각에서 보면, 그 빨간색 선들이 상징하는 것은 … 바이러스입니다"라고 말했다.

첫 41명의 환자들에 대해 논평한 그의 IDSA 게시물 거의 말미에, 루시는 2019년 11월이나 그 이전에 감염된 증거를 찾는 것에 대해 의문을 제기했다.

어떻게 이러한 조사를 할 수 있을 것이며, 왜 그렇게 해야 하는가?

보관된 검체, 인간이나 다른 동물로부터 채취하여 다른 이유로 보관한 혈액이나 조직 또는 심지어 면봉 샘플을 검사하는 것이 그 방법에 대한 답이었다. 검체가 적절하게 보관되어 있다면 바이러스의 절편이나 혈액 속의 항체는 여전히 검출될 수 있다. RNA는 DNA보다 더 취약하지만, RNA조차도 실온, 적절한 방부제에 보관되어 있고, 동결된다면 한 달까지 더 오래 지속될 수 있다.

왜 그러한 검사를 하는 것인가?

다른 곳에서 나온 바이러스 양성이라는 증거가 다른 발원지나 재발성 전염의 사슬을 차단하는 데 도움이 될 수 있기 때문이다.

루시는 또한 우리가 어디에서, 그리고 언제 최초로 인간의 감염이 발생했는지를 알아내기 전까지는 이 바이러스의 기원을 결코 알 수 없다고 말할 수도 있었지만, 그걸 암시하는 선에서 그쳤다.

바로 그 첫 번째 사례들의 발원지가 어디인지는 적어도 2년 동안은 불확실할 것이다.

심지어 우한에서의 첫 번째 확진 사례의 날짜와 신원조차 명확하게 확정하기 어려운 문제가 될 것이다.

이후의 조사들이 더 깊이 파고들고 그들의 결과가 발표됨에 따라, 황과 그의 공동 저자들이 막대 그래프에 기록한 12월 1일의 증례, 그리고 대니얼 루시가 관심을 가지고 있었던 것은 논의에서 사라졌다. 그 사례는 분명히 추가 정보를 기반으로 더 면밀히 조사되었고, 발병 날짜가 수정되었다. 2021년 1월 WHO 국제 팀이 중국 국제 팀과 협력하기 위해 우한에 도착했을 때, 조사관들은 첫 번째 COVID-19 확진 사례라고 알려진 41세 남성 회계사 천 씨를 만나 인터뷰했다. 천은 2019년 12월 8일에 아팠다고 그들은 들었다. 황 논문의 12월 1일의 한 증례(이후 재검사를 받았는데, 이는 오진으로 데이터 세트에서 제외된 증례였음)와 같이 천은 화난 시장과 관련이 없다고 보고했다. 그는 큰 슈퍼마켓에서 쇼핑을 했었다.

첫 번째 확진 사례를 둘러싼 이 불확실성은 앞으로 2년 동안 나무줄기에 난 뒤틀린 옹이처럼 점점 더 커지고 왜곡되어 자라날 것이다. 이 책이 막바지에 가까워질 무렵, 다른 이들의 관심이 다시 이 문제로 돌아올 때 나 역시 이 주제로 되돌아와 재조명할 것이다.

한편, 사람들은 죽어 나가기 시작했다. 최초로 기록된 사망자는 화난 시장의 단골 손님인 61세의 환자였다. 황 논문이 보고했듯이 1월 24일 "사망자 수가 빠르게 증가하고 있었다."

그 날 사망자 수는 24명에 달했다.

34

 만약 2019년 12월 1일 이전에, 그리고 화난 시장의 축축한 골목이 아닌 그 너머에 바이러스가 사람에게 돌고 있었다면, 과연 거기는 어디였을까?

논리적으로 추측하자면 더 큰 우한 또는 후베이성의 다른 곳, 또는 우한과 윈난 동굴 사이 어딘가에, 아마도 유사한 바이러스가 박쥐 안에 똬리를 틀고서 서식하고 사람들이 그 박쥐들과 위험을 무릅쓰고 상호작용하고 있었을 것이라는 것이다.

덜 논리적으로 추측하자면 북부 이탈리아였다.

몇몇 연구들이 바로 그 가능성을 시사했다.

2019년 늦가을, 밀라노 대학의 바이러스 질병 전문가인 엘리자베타 탄지(Elisabetta Tanzi)가 이끄는 과학자 팀은 홍역의 발병으로 보이는 상황을 조사했다. 그들은 39명의 의심 환자들에게서 나중에 음성 반응이 나옴을 보았다, 홍역에 대해서 말이다, 어쨌든.

각 환자들은 구강인두 면봉(목구멍 뒷벽에서 부드럽게 문질러 내는 것임. 콧구멍 속에 넣어서 방향을 위로 틀어 뇌를 홱 꼬집는 게 아니라)으로 표본을 채취했고, 면봉 검체를 보관했다. 몇 달이 지나고 팬데믹이 시작되었고, 과학자들은 그 홍역 면봉을 가지고 SARS-CoV-2를 다시 검사해야겠다고 생각했다.

그들은 양성으로 나온 검체를 하나 잡아냈는데, 이는 밀라노 근처에 사는 4세 소년에게서 채취한 것이었다. 그는 11월 21일에 기침을 하기 시작하여 점점 악화되었고, 일주일 후에 구토 및 호흡기 질환과 함께 응급실로 이송되었고, 홍역과 유사한 발진이 생겼다. 그러나 그것은 홍역이 아니었다. 탄지와 그녀의 동료들이 결국 보고한 바와 같이, 그의 면봉에 행한 PCR 검사에 따르면, SARS-CoV-2였다. 이탈리아에서 처음으로 정식 인정된 COVID-19 증례는 3개월 후에야 나왔었다.

이 연구는 회의적인 반응과 퇴짜(오염으로 인해 거짓 양성 반응을 일으킬 수 있으니까)를 겪었지만, 밀라노 그룹은 이후 로마 등의 연구원들과 협력하여 이를 더 밀어붙여서, 이탈리아에서 팬데믹이 본격화되기 전에 표본으로 추출한 11명의 이탈리아 환자에게서 코로나19에 대한 증거를 잡아내어 제시했다. 이들은 모두 홍역 의심 증례였으며, 그중 9명은 2019년에 표본으로 추출되었고, 그중 1명은 8개월 된 아기로 9월 12일에 수집된 소변 샘플에서 바이러스 RNA 양성 반응을 보였다. 보도에 따르면 다른 5명의 환자들은 소변에서 SARS-CoV-2 RNA 양성 반응을 보였고, 나머지는 호흡기 샘플에서 양성 반응을 보였다. 아기와 다른 누구도 최근 중국 여행을 다닌 적이 없다고 하였다.

다음엔 초기 SARS-CoV-2 감염에 대한 또 다른 곤혹스러운 일이 프랑스에서 나왔다.

이 나라의 첫 확진자 중에는 우한에서 온 31세의 중국인 남성이 있었는데, 이 남성은 1월 19일 파리에 도착하여 독감과 같은 병을 느끼기 시작했으며 5일 후 ― 그러니까 많은 일이 있었던 떠들썩한 날짜인 1월 24일에 코로나 양성 반응을 보였다. 출국하기 3일 전, 통풍 엄습으로 고통을 받았던 이 남성은 우한에 있는 병원을 방문했는데, 그곳이 그가 감염되었던 곳이었을 수도 있다. 파리 병원에서 그의 호흡기 증상은 악화되었고, 4일 후 그는 중환자실로 이송되었다. 그는 광범위한 항바이러스제인 렘데시비르를 맞고 나서 유지 치료를 받았고, 살아남았다. 그러나 여기서 그의 질환 경과의 궤적은 핵심이 아니다. 요점은, 나중에 나온 연구에 의하면, SARS-CoV-2가 그의 경우보다 훨씬 이전에 실제로 프랑스에 들어와 있었다는 것이다.

다른 파리 병원 연구진 일부를 포함한 프랑스 연구진은 2019년 12월 중환자실에서 치료를 받은 환자에게서 SARS-CoV-2 감염을 발견했다고 보고했다. 그들은 인플루엔자와 유사한 질병으로 입원한 환자로부터 채취한 샘플을 증상에 따라 후향적으로 선별하여 증례를 잡아 냈지만 인플루엔자 바이러스에 음성 반응을 보였다. 팬데믹이 진행되고 SARS-CoV-2의 사악한 불가사의함이 인식되기 시작하자, 이 연구자들은 다른 연구자들이 의심한 것처럼 원인을 알 수 없는 이 질환들은 코로나19로 설명될 수도 있다는 생각이 들었다. 그들은 다시 냉동된 샘플로 돌아가 14개를 선택하여 해동한 후 SARS-CoV-2 유전자를 대상으로 한 PCR 테스트를 실행했다.

그들은 1개의 양성 반응을 얻었다. 그 표본은 12월 27일 기침을 하고 열이 나며 프랑스에 오래 거주했던 알제리 출신 42세의 남자로부터 나왔다. 그는 이틀간의 치료 후에 연구원들이 나중에 SARS-CoV-2라고 판단한 것을 포함하는 냉동 표본을 남기고 치유된 상태로 다시 병원을 걸어 나갔다. 이 중환자실 입원 건은 마조리 폴락이 우한에서 이상한 폐렴에 대해 처음으로 경고를 받기 3일 전, 대니얼 루시의 머리에 쥐가 나기 3일 전이었던 것을 기억하라.

그리고 브라질이 등장했다.

플로리아노폴리스는 상파울루에서 남쪽으로 약 400마일 떨어진 산타 카타리나 주 해안을 따라 본토로부터 뻗은 곶(串)과 경치 좋은 아열대 섬에 걸쳐 있다. 그곳은 네이마르와 호날두와 같은 유명인들의 휴가지이며(그들이 누구인지 모른다면, 당신은 "축구"를 장축 타원체로 된 갑옷을 입고 하는 게임[26]이라고 생각하기 때문이다), 그들은 그곳에 별장을 가지고 있다고 한다. 플로리아노폴리스는 집값이 싼 것은 아니지만, "브라질에서 가장 살기 좋은 곳"이라고 불려 왔다. 부유하고 유명한 사람들을 위한 라이프 스타일을 제공하는 것 외에도, 그곳은 정보 기술 기업과 관광으로 번창하고 있다. 그리고 해변이 있다. 거리에는 위엄 있는 식민지 시대의 교회와 나이 든 무화과 나무들과 수제 레이스를 파는 여성들이 있고, 술집과 식당도 풍부하다. 오래된 공공 시장이 있다. 태양이 있다. 공항은 크지 않지만 상파울루, 리우, 그리고 부에노스 아이레스를 통해 세계와 잘 연결되어 있다. 사람들은 전 세계 어디에서나 그곳에 온다.

---

26 미식 축구를 말함이다.

한 연구팀이 2019년 10월부터 12월까지 보관된 플로리아노폴리스의 하수를 조사했는데, 거기서 SARS-CoV-2로 보이는 것을 발견했다.

하수를 보관해 놓고 있있다는 건 누가 알았을까?

폐수 미생물을 다루는 학자들이 알고 있었고, 그들은 그렇게 보관된 도시 하수의 샘플을 연구하여 장내 세균과 다른 미생물에 의한 지역 사회 패턴과 감염 경향을 구분한다. 도시 하수에 감염된 개인 하나하나에 대해서는 아무것도 말할 수 없지만, 감염성 병원체가 도시에 있는지 여부, 심지어 대략 어느 정도의 유병률이 있는지에 대해서도 알 수 있다.

브라질과 스페인의 미생물학자 그룹은 2019년 10월부터 6가지 날짜에 보관된 플로리아노폴리스 폐수 샘플에 그들의 방법을 적용했다. 이 하수는 중부 도시에서 5천 명의 주민에게 서비스를 제공하는 시스템에서 나왔다. 10월 30일은 음성이었고, 11월 6일은 음성이었다. 11월 27일은 양성이었다. 우한에서조차도 연구자들은 이 날짜보다 앞서서 인체 감염이 있었다는 증거를 찾지 못했다. 이것은 브라질에서 첫 번째로 인정된 사례가 있기 91일 전이었다.

그 연구는 동료 평가 학술지인 *Science of the Total Environment*에 실렸다. 그 논문은 하수 학자들에서만 국한된 것이 아닌 다른 분야 학자들에게도 놀라움을 자아냈다. 교신 저자는 북부 스페인에 있는 부르고스 대학의 미생물학자인 데이비드 로드리게스-라자로(David Rodríguez-Lázaro)였다.

"폐수에서 그런 결과를 얻었을 때 말이죠"라고 로드리게스-라자로가 내게 말했다. "맞아요, 매우 논란의 여지가 있었죠."

팬데믹 이전에 한 이 연구는 원래 식품 매개 병원체에 초점을 두고 시작된 것이었다. 로드리게스-라자로는 2019년 10월에 우연히 브라질에 와서 강연을 하고 협력 학자들과 회의를 했다. 그들은 주로 장 바이러스에 대한 폐수 테스트를 수행할 계획을 세웠고, 그는 스페인으로 돌아갔다. 그러고 나서 코로나19가 나타났다.

"우리는 그것도 검사해 보기로 결정했죠, 오케이, SARS-CoV-2의 존재를 확인해 보지 않을 이유가 있나요?"

11월 27일의 샘플에서, 매우 신뢰할 수 있는 방법론을 꼼꼼히 실행하여 이를 발견했지만, 그럼에도 불구하고 그들은 논문을 발표하는 데 어려움을 겪었다. 한 학술지 편집자는 자기는 관심이 있었지만 동료 심사를 기꺼이 수행할 다른 과학자를 찾을 수 없었기 때문에 이를 반려했다. 그는 14명에게 심사를 부탁했었다. 그렇게 주저하는 건 아마도 팬데믹이 발생하기 10개월 전인 2019년 3월 12일의 바르셀로나 폐수에서 SARS-CoV-2를 발견했다고 주장한 스페인 과학자들의 또 다른 놀라운 보고서 사례에서 비롯된 것으로 보인다.

그 주장은 프리프린트 단계를 벗어나지 못했다. 트위터는 이에 대한 비판으로 불이 붙었다, 트위터가 원래 그렇듯이 말이다. 이는 심지어 서로 경보를 주고 격려를 하는 과학자들 사이에서도 그랬다. 3월 12일 검체 결과에 대한 주장은 바르셀로나 그룹이 발행한 논문에서 사라졌지만, 11월 검체 결과에 대한 로드리게스-라자로 그룹의 주장에 대해서는 우물에 독을 푼 셈이었다(공교롭게도 폐수에 대해 언급하고 있었네). 그들은 학술지 두 군데에 투고를 했지만 두 번 다 거절당했다. 이는 더 많은 데이터를 원하거나 실험실 오염 때문에 그들의 결과가 거짓일 거라고 의심했던 동료 심사자들의 비판 때문이었다. 결국 그들은 논문을 발표했고, 데이비드 로드리게스-라자로는 폐수 데이터로 식품 매개 감염, 특히 과소평가된 박테리아의 항균제 내성 문제를 연구하는 "본래의 삶"으로 돌아갔다고 내게 말했다.

그는 내성균 문제에 대해 "그것은 우리를 천천히 죽일 것입니다"라며 "빠르지 않거든요, SARS-CoV-2 만큼은요"라고 말했다.

35

 이 모든 것은 당혹스러웠고, 그간 널리 받아들여지고 있던 두 가지 전제, 즉 바이러스가 화난 시장의 동물로부터 인간에게 전염되었다는 것

과, 이러한 확산이 빠르면 2019년 11월에 발생하여 41건의 증례가 발생했다는 것과 모순인 것처럼 보였다.

상황을 더욱 복잡하게 만든 것은, 보스턴에 있는 한 과학자 그룹이 팬데믹 이전부터 보관된 우한의 위성 이미지를 분석하여 병원의 혼잡한 주차장에서 추론한 바 2019년 8월부터 병원 입원이 크게 증가했다고 보고했다는 것이었다. 이 과학자들은 또한 중국 기술 회사 바이두를 통해 그 무렵 증상과 관련된 인터넷 검색을 분석한 결과, "기침"과 "설사"가 선호 검색어로 유행하고 있다는 것을 발견했다. 이들의 연구는 또 다른 프리프린트였고, 하버드 대학 웹사이트에 올랐지만 가정과 방법론에 대해 즉각적인 비난을 받았으며, 출판까지 진행하지는 못한 것으로 보인다.

교훈?

첫째, 컴퓨터를 소유하고 검색 엔진에 단어 몇 개를 입력할 수 있는 능력이 있다면, 여러분은 풍부한 변칙적인 정보, 풍부한 유혹적인 단서, SARS-CoV-2와 그 출처에 관한 놀라운 여러 가지 시나리오, 몇 가지 특이한 우연들, 그리고 수많은 유사과학적 헛소리들을 발견할 수 있다.

둘째, 이 새로운 바이러스에 대한 우리의 지식은 여전히 잠정적이며, 저속도 촬영 사진 속의 라플레시아(*Rafflesia*)꽃처럼 매일 펼쳐진다.[27] 그래서 우리가 듣고, 읽고, 누구를 믿고, 무엇을 안다고 생각하는지에 대한 비판적 사고의 기본 도구들, 예를 들어 냉정함, 원천에 대한 세세한 조사, 불확실성에 임하여 보이는 겸손함, 간결함 등을 적용하는 것이 중요하다.

내가 매우 신뢰하는 과학자들 중에는, 캐나다 태생으로 옥스퍼드에서 교육을 받은 아리조나 대학의 진화 바이러스학자인 마이클 워로비(Michael Worobey)가 있다.

---

[27] 세계에서 가장 큰 꽃으로, 한 번 피는 데에 한 달이나 걸린다. 그래서 저속으로 촬영해야 개화 과정을 제대로 담을 수 있다.

나는 HIV-1의 기원과 다양성, 두 종류의 HIV 중 가장 병독성이 강한 것, 그리고 에이즈를 주로 일으키는 종에 대한 그의 연구를 접한 이래로, 그의 연구를 약 십여 년간 추적해 왔다.

전염병의 시작을 장소와 시간의 관점으로 본 것은 워로비의 연구 주제였는데, 독일 태생의 베아트리스 한(Beatrice Hahn) 등의 연구와 짝을 이루어 진행한 것이었다. 이는 바이러스 유전체, 진화 속도, 서로 발산하는 정도, 가계도에 묘사된 그들의 관련성 패턴 등을 연구하는 것으로, 그것이 바로 분자 계통발생학이라고 알려진 학문이다.

이 가계도의 몸통은 유인원 면역결핍 바이러스(simian immunodeficiency viruses, SIVs)로 알려진 계통의 조상 바이러스를 나타낸다. SIVs는 다른 과학자들, 특히 로날드 데스로지어스(Ronald C. Desrosiers)와 하버드 의대 산하 뉴 잉글랜드 지역 영장류 연구 센터(the New England Regional Primate Research Center)의 동료들에 의해 에이즈 연구 초기에 발견되었다. 그러한 바이러스는 주로 수십 종의 여러 아프리카 영장류와 대부분의 원숭이들뿐만 아니라 침팬지에게도 감염된다. 이 나무의 한 가지가 침팬지 SIV, 즉 SIVcpz로 이어졌는데, 이는 "침팬지의 유인원 면역결핍 바이러스"를 의미하는 약자다. SIVcpz에서 HIV-1로의 변화는 바이러스가 침팬지에서 인간으로 (사냥이나 도살 과정에서, 아마도) 전달될 때 발생한 것으로, 작은 나뭇가지 하나가 새로 갈라진 작은 진화적 변화였을 뿐이다. 베아트리스 한의 교수팀은 그러한 갈라짐이 어디에서 발생했는지를 발견했다: 카메룬의 남동쪽 구석이나 그 부근에서였다. 워로비의 그룹은 그게 언제 일어났는지 밝혀 내었다: 1908년경이었는데, 오차까지 감안해서다. 2005년에서 2008년 사이에 발표된 이 예상치 못했던 발표 결과들은 이제 잘 정립되었다.

마이클 워로비는 엄격하고 똑똑하고 판단력이 좋다. 내가 몇 년 전 그를 처음 인터뷰했을 때 들었던 경험에 의하면, 조용히 거침없는 행동으로 옮기는 면도 있다. 젊은 과학자였을 때, 워로비는 영국의 위대한 생물학자 윌리엄 해밀턴

(William Hamilton)과 함께 콩고 민주공화국의 전쟁 지역으로 날아가 HIV-1의 기원을 밝힐 수 있는 현장 데이터를 수집했다. 해밀턴은 OPV (Oral Polio Vaccine; 경구 소아마비 백신)로 알려진 당시 매우 논란의 대상이었던 가설의 증거 혹은 가설이 틀렸다는 증거를 찾고 있었다. 그 가설이란 에이즈 팬데믹의 원인이 백신의 오염 때문이라고 비난하던 것이었다. 그런 증거를 찾기 위해, 그는 콩고 침팬지의 배설물에서 HIV-1의 직계 조상인 SIVcpz의 징후 여부를 찾아내고 싶어 했는데, 그걸 찾아낸다면 OPV 가설이 맞을 수 있기 때문이었다.

옥스퍼드 대학교의 명망 있는 교수였던 해밀턴의 박사과정 학생이었던 젊은 워로비는 OPV 가설에 관심이 덜했지만, OPV 가설을 뒷받침할 수 있는 데이터를 포함하여, HIV-1이 침팬지로부터 어디서, 언제, 그리고 어떻게 인간으로 옮겨졌는지를 밝히는 데 도움이 될 수 있는 새로운 데이터를 찾기를 열망했다. 그래서 2000년 초, 해밀턴과 워로비, 그리고 워로비의 친구 제프 조이는 제2차 콩고 전쟁 중 우간다와 르완다 군대 사이의 갈등으로 군인들뿐만 아니라 민간인들도 죽어 나갔던 콩고 강 북쪽 굴곡에 있는 도시 키산가니로 날아갔고, 그곳에서 이 세 명의 남자들은 잠깐 운전해서 침팬지 서식지로 가게 되었다. 전쟁으로 인해 예정된 항공편이 취소되었다. 워로비가 2011년 당시를 회상하며 나에게 말해준 바와 같이, 해밀턴과 워로비, 그리고 조이는 작은 비행기를 다이아몬드 거래상과 공유함으로써 우간다의 엔테베에서 돌아왔다.

OPV 가설은 몇몇 기자들에 의해 조사되고 홍보되었으며, 그중 하나가 해밀턴의 관심을 끌었다. 이는 필라델피아에서 일하는 폴란드 출신의 바이러스학자 힐러리 코프로스키가 개발하여 1950년대 후반 콩고 북동부 지역의 어린이를 포함한 수십만 명에게 그의 지시에 따라 투여되었던 CHAT으로 알려진 경구용 소아마비 백신에 HIV-1이 오염물질로 들어가서 인간에게 유입되었다는 것이었다. 이는 선동성의 비난이었는데, 사실에 입각한 핵심(코프로스키가 백신을 개발하여 아프리카에서 테스트했다는 것)을 중심으로, 다양한 정황 근거와 카더라 식의 서술에 더해서 부분적으로 엉터리인 세부 사항, 그리고 분자 데이터가 뒷받침되지 않은 주장들을 모아 놓은 것이었다.

이런 비난의 기반이 된 사실은 포름알데히드로 죽인 바이러스만 포함된 조나스 소크가 개발한 불활성화 소아마비 백신(IPV)과는 달리, 코프로스키의 백신은 약독화 바이러스로 이뤄진 생백신이라는 데 있었다. 약독화 바이러스란 바이러스를 실험실에서 인간이 아닌 동물의 세포에 반복적으로 계대 통과시켜 약독화되는 돌연변이를 유도한 것으로, 인간에게 무해하지만 인간의 면역 체계에는 여전히 경보를 준다.

생백신 방식은, 코프로스키나 앨버트 새빈이 개발한 것처럼, 경구 투여가 가능하다는 장점이 있었다. 혀 위에 안약처럼 한 방울 떨어뜨리거나, 혹은 백신을 흡수시킨 각설탕으로도 쉽게 줄 수 있었던 것이다.

이 방식은, 소크가 개발한 주사형 백신에 비해 훨씬 개선된 형태였으며, 당시 학교에서 주사(1950년대 후반)나 각설탕(1960년대 초반) 방식으로 백신을 맞기 위해 줄을 섰던 아이들 — 나 같은 아이들 — 이라면 누구나 그 차이를 실감할 수 있었을 것이다.

OPV 가설의 한 가지 가정은, 코프로스키가 소아마비 바이러스의 약화 과정을 수행하되, 통상적 절차인 원숭이 세포가 아니라, 침팬지 세포에서 했다는 것이었다.

또 다른 가정은, 이 세포들이 우연히 HIV-1의 원형인 SIVcpz에 오염되었다는 것이다.

만약 그 오염 정도가 상당수 맞는다면, 원형 바이러스는 40년 또는 50년 후에도 콩고 북동부의 침팬지들 사이에서 여전히 존재할 수도 있다. 그리고 만약 이 바이러스가 여전히 존재한다면, 침팬지의 배설물을 검사하여 이 바이러스를 검출할 수도 있을 것이다.

어쨌든, 그걸 해밀턴이 바랐던 것 같다. 키산가니에서, 그들은 현지 반군 지휘관, 킨샤사의 정권 교체를 원하던 르완다가 지원하는 군대의 지도자와 함께 투숙했다. 키산가니의 지휘관은 도시 대부분을 통제했다. 하지만 이 도시는 강을

끼고 있고, 바로 반대편 둑에는 적군이, 역시 킨샤사의 정권 교체를 원하는 우간다가 지원하는 군대가 있었다. 이 전쟁은 복잡하게 얽힌 전쟁이었다. "우리는 최대한 빨리 숲에 들어갔습니다"라고 워로비가 내게 말했다. 그들은 현지 가이드들을 고용했고, 침팬지 집단의 꺅꺅거리는 소리를 들을 수 있을 때까지 걸어가서 캠프를 차렸고, 가이드들은 "기본적으로 침팬지들의 아침 배설물과 아침 오줌을 모으기 위해" 매일 아침 일찍 침팬지들이 터 잡고 있는 곳으로 나갔다. 그러고 나서 워로비와 조이는 샘플들에 RNA를 안정화시키는 용액을 넣었다. 그들은 34개의 대변 샘플과 약간의 소변을 수집했다.

몇 달간의 분석 결과, 배설물 샘플들은 SIVcpz 음성이 나왔다. 소변 샘플들 중 두 개는 과거에 그러한 바이러스에 감염되었음을 시사하는 항체를 함유하고 있었지만, 그 후 워로비에 의한 단독 긴급 검사 결과, 그것이 HIV-1의 시조가 아니라는 것을 보여주었다. 침팬지들은 여전히, 적어도 부분적으로는 세네갈에서부터 탕가니카 호수의 동쪽 해안까지 서식지를 점유하고 있으며, 거의 아프리카의 한 면과 다른 면에 이르기까지 다양한 침팬지 아종들을 산출해 낸 지리적인 분리에 의해서도 서로 다른 종류의 바이러스를 산출해냈다. 코프로스키 백신을 사람들에게 접종한 콩고 동부 지역의 SIVcpz는 HIV-1의 조상이 된 SIVcpz가 아니었다. 하지만 그 해답은 윌리엄 해밀턴의 궁금함을 충족시키기에는 너무 늦게 나왔다. 그때쯤 그는 세상을 떠났기 때문이었다.

해밀턴은 워로비, 조이와 함께 숲에서 현장 일을 하는 동안 말라리아에 걸렸다. 그들이 유일하게 이용 가능한 비행기로 키산가니를 떠나 르완다의 수도 키갈리로 갈 때, 그는 매우 심하게 앓았다. 그들은 엔테베로 갔고, 그곳 의사가 가장 치명적인 종류인 열대 말라리아라는 것을 확인하고 그에게 약을 주었다. 그러고 나서 그들은 나이로비로 갔고, 마침내 런던의 히드로 공항으로 갔다. 히드로 공항에는 수화물 비상사태가 발생했는데, 이는 의료 비상사태에 엎친 데 덮친 격으로 작용했으며, 냉각기에 포장된 그들의 소중한 표본들이 수하물 찾는 데에 나타나질 않았다.

여전히 상태가 좋지 않던 해밀턴은 시내에 있는 여동생의 집으로 갔다. 수하물 처리소 직원은 워로비에게 냉각기의 위치를 알려주었는데, 실수로 나이로비에 짐을 내려 놓았으며, 추후 비행기로 도착할 것이라고 말했다. 다음날 아침, 워로비는 여동생에게 전화를 걸었다. 그녀는 그가 누구인지 몰랐기에 퉁명스럽게 반응했다. "누구세요? 왜 전화하시는 거죠?" 그는 해밀턴이 더 악화되어 출혈을 하여서 병원에 갔다는 것을 알게 되었다. "체내 혈액을 거의 다 잃었답니다"라고 워로비가 내게 말했다. 해밀턴이 복용하고 있던 대용량의 이부프로펜 또는 매우 운이 좋지 않은 것을 포함한 다른 요소들이 다 합세를 해서 그의 내장 점막을 싹 다 벗겨 낸 것이었다. 그 사실을 듣고 큰 충격을 받은 채로 워로비는 공항으로 갔다. 하지만 두 번째 비행기에 나타난 것은 잘못된 것이었다: 샌드위치가 들어 있는 다른 냉각기였다. 지치고 좌절한 워로비는 항공사와 감정이 격해졌다.

그는 "정말로 저는 울고 있었어요"라고 내게 말했다. "빌은, 그러니까, 죽어가고 있었습니다. 그는 죽어가는 것이 분명했고, 당시 괴로웠던 모든 상황들 중에서도 가장 감당하기 힘들었어요"라고 말했다. 일련의 수술과 두 번에 걸쳐 그의 몸 전체 혈액 용량에 해당하는 순차적인 수혈만으로는 해밀턴을 구하기에 충분하지 않았다. "제 기억에, 그가 죽는 데 7주가 걸렸던 것 같아요."

경구 소아마비 백신 가설이 윌리엄 해밀턴의 목숨을 앗아가는 대가를 치렀다는 것은 해밀턴의 입장에선 억울한 일일 것이다. 과학에 대한 그의 헌신, 경험적 데이터로 골치 아픈 가설을 해결하려는 그의 결심이 그의 목숨을 앗아간 이유였다. 일단 회수된 이 표본들은 결론을 내리지 못한 것으로 판명 났지만, 마이클 워로비와 베아트리스 한은 HIV 바이러스의 진화와 계통발생을 연구해 온 다른 과학자들과 함께, 지금 경구 소아마비 백신 가설을 강하게 반박하고 있다. 에이즈의 대유행은 오염된 백신에서 시작된 것이 아니다. 그것이 이 대유행과 무슨 관련이 있단 말이냐? 내 생각에 마이클 워로비에게 있어 일관된 핵심은, 도대체 어떻게, 그리고 어디에서 SARS-CoV-2가 기원했는지를 이해하기 위해 유전체 데이터와 분자 계통발생학의 가치에 더 엄격히 집중하는 것이다, 증거도 없이 말만 많이 하는 유형의 주장들보다 말이다.

36

코로나19는 대재앙이 전개되는 동안 대규모로 분자 계통발생학 연구가 활발하게 이루어진 사상 첫 번째 팬데믹이다. 이런 신기술을 전쟁터에 배치한 것은 제1차 불런 전투[28]에서 매튜 브래디가 전쟁 사진을 발명한 것만큼이나 획기적인 이벤트다.

2003년, 과학자들은 토론토 환자들 중 한 건의 증례로부터 사스 바이러스 유전체 염기서열을 분석했고, 또 다른 희생자 (영웅적인 의사인 카를로 어바니로, 집단 발병에 대응하던 중 방콕에서 사망했다)로부터 또 다른 염기서열을 얻었으며, 그 정도면 주목할 만했다: 염기 서열 두 가지 정도면 말이다. 그 당시 염기서열 기술은 너무 손이 많이 가고 실험 도구들은 너무 원초적이어서 염기서열 분석을 대규모로 하기엔 너무 시기상조였다.

질병 상황이 긴급하게 진행되는 와중에 자동화된 서열 분석 기계의 속도, 신뢰성 및 경제성이 지속적으로 개선되면서, 분자 계통 발생학은 크게 발전하였다. 서아프리카에서 2013~2016년 에볼라가 유행하는 동안 과학자들은 환자로부터 1,600개 이상의 바이러스 샘플을 서열 분석할 수 있게 되었으며, 이는 바이러스가 어떻게 퍼지는지 추적하는 데 큰 도움이 되었다. 그 후 5년 동안 서열 분석 능력은 몇 배나 증가했고, 이는 코로나 19를 이해하는 데 큰 역할을 했다. 2021년 4월까지 100만 개 이상의 SARS-CoV-2 염기서열이 GISAID — 인플루엔자 유전체 자료를 주도적으로 공유하기 위해 2008년에 설립된 — 에 기탁되었으며, 그 후 6개월 이내에 그 수는 360만 개 이상이 되었다. 2022년 초 기

---

28 미 남북전쟁 당시 최초의 주요 전투. 매튜 브래디는 전문 사진사로, 남북 전쟁 기록 사진으로 유명하다.

준, GISAID는 800만 개 이상의 SARS-CoV-2 염기서열을 보유 및 공유하고 있고, 지속적으로 추가되고 있으며, 염기서열 분석에서 서열 업로드까지 다른 과학자들이 이용하기까지의 소요 시간은 수개월이 아닌 수일 내이다. 이를 통해 과학자들은 주요 계통과 새로운 변이가 출현하면 이들을 확인하고, 어떤 변이가 공격적으로 확산되고 있는지 측정하며, 언제, 어디서, 어떻게 전파되는지를 밝히는 계통수를 그릴 수 있었다. 마이클 워로비는 당연히 이러한 데이터를 활용하여 SARS-CoV-2의 진화 역학을 추적하고 이해하는 작업에 참여했다.

워로비와 동료 연구진들은 유럽과 북미에서 SARS-CoV-2의 첫 번째 도착을 정확히 파악하고 가장 초기의 확산을 추적하고자 했다.

그들은 다른 연구들이 제안한 것과 답이 다를 수 있다고 의심했다. 그들은 우한에 있는 가족을 방문하고 미국 워싱턴주 스노호미시 카운티에 있는 집으로 돌아온 한 남성이 2020년 1월 19일에 미국의 첫 번째 확진 증례로서 진단되었다는 것을 알고 있었다. 그들은 몇몇 증거들이 스노호미시 남성을 아마도 미국의 '환자 제로'[29]로 가리키고 있고, 그가 2020년 1월 말과 2월 초에 비밀 전파 사슬에서 다른 사람들을 감염시켰을 수 있으며, 이 바이러스는 캘리포니아와 브리티시 콜롬비아, 코네티컷 등으로 퍼져 시애틀 지역을 북미 전염병의 진원지로 만들었다는 것을 알고 있었다. "워싱턴 사례 1"로서 WA1으로 명명된 스노호미시 남성의 바이러스 유전체 서열은 정밀 조사의 대상이 되었다.

그들은 또한 첫 번째 유럽 사례가 상하이에 사는 한 여성에게서 나타났다는 것을 알고 있었는데, 그 여성은 비즈니스를 위해 우한에 방문했을 때 그곳에서 부모님에 의해 감염된 후 뮌헨으로 날아가서 인근 마을과 연결되었고, 선루프 제조업체인 웨바스토라는 자동차 용품 회사에서 동료 직원 중 한 남성을 감염시켰다. 그 남성은 1월 27일 양성 반응을 보였는데, 그때쯤 유럽의 '환자 제로'라

---

29 최초의 환자.

고 불렸지만, 전파자가 될 만큼 충분히 오랫동안 유럽에서 돌아다녔던 그 여성은 다시 비행기를 타고 상하이로 향했고, 그곳에서 악화되어 병원에 입원했다. 이 독일 남성 역시 격리된 채로 병원에 입원하여 바이러스가 채취되고 염기서열이 분석되었다. "바바리아 환자 1"으로서 BavPat1이라고 명명된 염기서열은 거의 유명하다. 이는 팬데믹 초기에 유럽과 영국을 휩쓸고 B.1이라는 계통으로 알려진 기반 바이러스와 거의 3만 개의 염기서열 중 단 하나만 다르다. (그러나 B.1이라고 해서 그 B는 Bavaria를 나타내는 것이 아니다; 계통 식별과 명명에 대한 내용은 아래에서 더 다룰 것이다. 이는 악명 높은 변종들이 등장하면서 중요해진다.)

워로비의 연구팀도 1월 27일 독일의 증례가 3월에 발발한 이탈리아의 발병에 씨앗을 뿌렸다는 연구 결과를 알고 있었는데 이 연구에 의하면, 이 바이러스는 프랑스, 멕시코, 미국에까지 퍼져 장례식장 수용 능력이 부족하다는 이유로 사망자들을 더 차가운 트럭에 실었으며, 혹사에 시달리는 병원, 그리고 끔찍한 혼란이라는 첫 번째 파도를 일으켰다. 그 이전 연구로부터 웨바스토를 유럽과 미국의 전염병의 근원으로 다룬 광범위한 이야기가 자동차 업계 언론에까지 전해졌다. 선루프 제조업체인 웨바스토에게는 끔찍한 부담이어서, 이를 부인했다.

이러한 기본 지식을 알고 있었기 때문에, 워로비와 그의 협력자들은 미국과 다른 27개국에서 온 500개 이상의 유전체를 면밀히 조사하여 누구의 바이러스가 어디로 갔는지 알아냈다. 그들은 계통도 나무를 만들었다. 그들은 자신들이 가지고 있는 데이터를 바탕으로, 그들이 보았던 관련성 있는 계통도를 끌어내기 위해 전염이 어떻게 발생했을 수 있는지 컴퓨터 시뮬레이션을 수행했다. 그렇게 해서 추론을 이끌어냈다. 스노호미시 증례는 아마도 캘리포니아, 코네티컷 및 다른 지역에서의 발병을 촉발하지는 않았을 것이다. 워싱턴에서 신속하고 단호한 봉쇄 조치를 취한 덕분에 오히려, 이후 전염이 일어나지 않은 막다른 골목에 멈췄을 것이다. 그리고 바바리아 증례는 아마도 이탈리아나 다른 지역에서의 발병을 촉발하지는 않았을 것이다. 그 결과 약 15건 정도의 추가 증례들로만 이어졌고, 그 후 확산은 억제되었다. 워로비와 그의 동료들은 WA1 바이러스와 BavPat1 바이러스를 모두 성공적으로 파악했다. 그러고 나서 그들은 결론을 내렸다.

워싱턴주의 WA1 사례에 대한 공중보건적 대응과 독일의 조기 발병에 대한 특히 인상적인 대응은 지역 코로나19 발생을 몇 주 지연시켰고, 미국과 유럽 도시는 물론 다른 나라 도시들도 마침내 바이러스가 도착했을 때를 대비할 수 있는 중요한 시간을 벌었다.

몇 주는 대응 시간에 있어서 작은 차이로 보일 수 있지만, 그렇지 않았다.

"유행병 상황에서는 환자를 조기에 발견하는 것의 가치는 아무리 강조해도 지나치지 않습니다."

그리고 단순히 시간을 버는 것만이 중요한 것이 아니라, 그 시간을 어떻게 활용하느냐가 똑같이 중요하다는 사실을 그들은 잘 알고 있었다.

37

산호세와 실리콘밸리를 아우르는 캘리포니아 북부 산타클라라 카운티는 미국에서 가장 먼저 타격을 받은 지역 중 하나였다. 새러 코우디(Sara Cody)는 그것이 다가오고 있음을 알 수 있었다. 스탠포드와 예일대 의대에서 학위를 받은 의사이자 전염병학자이며 CDC에서 발병 조사를 한 경험이 있는 코우디는 산타클라라 카운티의 보건 책임자와 공중보건국장을 역임했다.

"우리 카운티에 사는 사람들 중 40%는 미국 밖에서 태어났어요"라고 그녀는 내게 말했다.

샌프란시스코 만 남쪽 끝에 있는 그런 곳에서 공중보건을 실천하는 것은 항상 국제 규모로 하는 과제처럼 느껴졌다. "개인적인 그리고 직업적인 이유로 여행 오는 일이 매우 매우 매우 많기에, 감염 질환이 시작되면 여기서 가장 먼저 겪게 되는 게 아닐까 하고 저는 생각해요."

그녀로 하여금 신종 바이러스에 대해 관심을 갖도록 한 사람은 보건 정책과 전염병 모델링을 연구하는 스탠포드 교수이자 뉴스 중독자인 그녀의 남편이었다. "이봐, 우한에서 나온 이 보도들을 봤어?"

그녀는 그 증례가 스노호미시에 나타난 후 점점 더 걱정스러운 마음으로 전화를 걸었고, 이를 집중하며 지켜보기 시작했다. 마틴 루터 킹 주니어 휴일의 긴 주말 동안, 코우디는 워싱턴 주 보건부 장관과의 전화 통화를 포함하여 전화 회의에 많은 시간을 보냈다.

"저는 보건 당국이 단 한 건의 증례에 대응하기 위해 수백 명의 인력을 동원했다는 사실에 대해 정말 놀랐던 기억이 납니다. 수백 명 말입니다!"

그녀는 지역 의료계로부터 문의를 받기 시작했다. 그래서 그녀의 부서는 응급 상황에 대처하기 위한 표준화된 시스템인 사고 지휘 기구(Incident Command Structure)로 옮겼다. 카운티의 공중 보건 검사실은 준비가 되어 있었고 착수하길 기다리고 있었다. 하지만 그 당시 몇 주 동안 월드 큐리어 택배를 통해 검체를 포장하고 추적 번호를 부여한 다음 애틀랜타의 CDC로 샘플을 보내 거기서 테스트하도록 한 뒤, "당신의 환자가 신종 코로나바이러스에 감염되었는지 확인하기 위해" 며칠을 기다려야 하는 "믿을 수 없을 정도로 고통스럽고 말도 안 되는 과정"을 겪었다. 그동안, 그녀는 다음 사항을 결정할 필요가 있었다: 아무 증거도 없이 그 환자를 격리시킬 것인가, 아니면 계속해서 지역 사회에서 타인과 접촉하도록 놔 둬서 바이러스가 퍼지는 걸 야기할 것인가?

코우디는 CDC가 검사 키트를 그녀의 팀에게 보내줘서 직접 검사를 할 수 있으면 이 문제가 해소될 것이라고 생각했다. 그리고 나서 2월 초에 CDC 검사 키트가 도착했지만 그 검사 키트는 제대로 작동하지 못했다. 젊은 해군 참전용사인 검사실 부연구소장 브랜든 보닌(Brandon Bonin)은 법의학적 DNA 방법을 교육받았고, 새로운 소장을 고용할 수 있을 때까지 검사실을 담당했던 사람으로, 그로서는 불만스럽게도 검사 프로토콜에 적응하느라 밤을 새웠다. 그는 계속해서 말도 안 되는 결과를 얻었는데, 바로 바이러스가 없는 대조군 물 샘플에서 양성 반응을 얻은 것이었다.

"문제는 이 검출법이 신뢰할 수 없다는 것이었죠"라고 보닌은 내게 말했다.

이 검출법은 바이러스의 특정 부분을 탐지하기 위한 맞춤형 분자 탐침(이 경우 캡시드 단백질의 세 영역을 대상으로 하는 세 개의 탐침)을 포함하고 있는 액체였다. 그 영역 중 하나에 대해서는 탐침이 작동하지 않았기에, 따라서 이 검출법은 일관성이 없었고 전혀 예측할 수 없었다. 이는 한 번의 검사 시도에서 맹물에 대해 양성 결과를 보여주었지만 그 다음 번에 보닌이 시도했을 때는 음성이었다.

"양성 결과는 도처에서 나왔어요."

그는 코우디에게 알렸고, 그들은 다른 연구소들도 같은 문제를 겪고 있다는 것을 알게 되었다. 국가적으로 절실한 때에 — 그러니까 워로비와 그의 동료들이 나중에 논문을 쓰게 된 중요한 그 몇 주 동안 — CDC는 그들에게 허섭한 키트를 보냈던 것이다.

하루하루가 슬금슬금 지나갔고, 그동안 코우디와 그녀의 팀은 산타클라라 카운티에서 발생한 SARS-CoV-2 감염에 대해 여전히 파악을 못하고 있었다. 비록 미국 전역의 학술 연구소들이 독자적으로 검사를 개발했지만, 그들에겐 제대로 작동하는 CDC 검사 키트가 없었고, 미국 식품의약국은 그 검사들의 사용을 승인해 주려 하지 않았다.

"우리는 완전히 시간을 허비했습니다"라고 코우디가 내게 말했다. "우리는 그저 시야가 안 보이는 상태로, 한 주, 한 주, 그리고 또 한 주 맹목 비행[30]을 하고 있을 뿐이었습니다."

나는 "검사를 할 수 없었기 때문이군요"라고 말했다.

"우리는 검사를 할 수 없었어요! 보지 못하면, 찾지 못하죠."

---

30 악천후로 전방 시야가 확보 안 된 채로 계기판에만 의존해서 하는 비행.

답답함을 발산하며, 그녀는 그 어록을 반복했다: "*보지 못하면, 못 찾아요.*"

게다가, CDC는 지역 보건 부서가 검사를 할 수 있을 때, 여행 이력이 있는 사람, 심각한 증상이 있는 사람, 또는 확진자에 노출된 것으로 알려진 사람들에게만 초점을 맞추어야 한다고 계속 조언했다. 이것은 바이러스에 대한 중요한 질문들에 대한 답을 찾지 못하게 했다.

감염 사이의 잠복기와 증상이 나타나는 시기는 며칠이었는가?

인구 중 몇 퍼센트가 무증상으로 감염되었는가?

일정 기간 내에 몇 퍼센트가 감염되었는가?

이것들은 감염병 역학의 기본 매개 변수들이지만, 그런 데이터는 수집되지 않았다.

코우디는 "그것은 끔찍했어요"라며 "저는 단지 2월이 으스스했던 것을 기억합니다. 알다시피, 이 모든 나쁜 일들이 일어나고 있어도, 그것의 정체를 볼 방법이 없었어요. 그게 뭔지 알 수 없는 거죠"라고 말했다.

마침내 2월 말, 그들은 CDC로부터 연락을 받았는데, CDC는 환자의 샘플에서 치명적인 바이러스를 검사하는 세밀한 과정에 대한 최신 조언을 제공했다. 코우디가 기억하기에는 다음과 같았다.

"있잖아요, 당신이 가지고 있는 두 개의 탐침으로 실행해 봐요. 세 번째 탐침은 건너뛰고. 두 개면 충분해요."

당시 CDC의 지도력을 감안해 보면, 정부가 하는 일로서는 그만하면 나쁘지 않았다고 본다.

그로부터 2주 후, 산타클라라 카운티는 코로나19로 인한 첫 사망자를 기록했다.

"저는 그때가 3월 9일이라고 기억해요"라고 코우디가 말했다. "그날은 제가 처음으로 천 명 이상의 모임을 금지하는 보건관리자 명령을 내린 날과 같은 날이었어요."

그녀는 카운티 검사실의 2번 지휘관인 그레타 한센과 주말 저녁을 함께 보내면서 남편들 그리고 개들과 저녁식사와 마가리타 칵테일을 나눴던 월요일을 기억했다(물론 개들에게는 마가리타를 주지 않았다). 그 당시 그녀는 그 보건관리자 명령을 내려야 할지, 그리고 어떻게 내려야 할지에 대해 의논하고 있었다. 한센은 그러자고 하면서 그녀가 이 명령을 내리는 것을 도왔다.

이 명령은 특히 카운티의 프로 하키 프랜차이즈인 산호세 샤크스의 홈 경기에 영향을 미칠 것이기 때문에 논란이 많았다. 그러나 3일 후 내셔널 하키 리그가 모든 팀의 시즌을 중단시켰기에, 샤크 탱크 구장의 경기 관람은 중단되었다. 3월 13일, 코우디는 더 엄격한 명령을 내렸다: 100명 이상의 사람들이 모이는 것을 금지하는 것이었다. 그 후 48시간 동안 그녀의 카운티에서는 증례 수가 거의 두 배로 늘어났다. 3월 16일, 코우디는 그런 권한을 가지고 행사하는 것이 "매우 부담스럽다고" 느끼면서, 6개의 베이 에리어 카운티로 하여금 주민들에게 각자의 집에 계시라고 명령했다.

샌타클래라 카운티의 한 사망자는 57세의 감사관인 패트리샤 도우드였는데, 그녀는 2월 6일 산호세 주방에서 사망했고, 아침 식사하는 긴 식탁에서 쓰러진 채로 그녀의 딸에 의해 발견되었다. 도우드는 독감과 같은 증상을 겪고 있었다. 현지 검사 수행 역량이 부족했고 검사받을 수 있는 사람이 누구인지에 대한 권고문이 없었기 때문에, 그녀의 감염은 그 당시에는 코로나19와 관련이 없어 보였다. 그녀의 사인은 아마도 심장마비로 인한 것으로 오진되었고, 몇 달 후 조직 샘플이 SARS-CoV-2에 양성 반응을 보였을 때에야 비로소 사인이 확실해졌다. 패트리샤 도우드는 아마도 코로나19로 사망한 첫 번째 미국인이었을 것이다. 새러 코우디와 다섯 명의 다른 카운티 보건 감찰관들이 가정으로 대피하라는 명령을 내렸던 3월 16일까지, 미국인 사망자는 96명이었다.

38

 다른 관계자들은 다른 수치를 주시하고 있었다.
2020년 2월 24일 다우존스 산업평균지수는 1,032포인트 하락했다. 워

싱턴 D.C.에서 일부 대통령 보좌진은 이에 대해 피터 나바로를 비난하였다. 그는 매우 호전적인 경제학자로, 도널드 트럼프의 명령에 따라 만들어진 백악관 국가무역 이사회에서 이사장을 맡고 있었다. 결국 나바로와 한 명의 직원으로 구성된 그 "이사회"는 다른 이사회에 흡수되었지만, 나바로는 "대통령 보좌관"이라는 직함을 유지했는데, 이것은 벨트웨이[31]에서 명함을 교환하는 사람들에게 큰일이다. 나바로는 "중국에 의한 죽음"과 "다가오는 중국 전쟁"과 같은 열렬한 반중국 책을 출판함으로써 두각을 나타내며 트럼프의 주목을 받게 되었고, 미국은 다른 건 제쳐 두고라도 중국과의 경제 전쟁에 대비해야 한다고 주장하였는데, 아마도 누군가가 트럼프에게 이 책들을 읽거나 트럼프를 위한 요약본을 주었을 것이다. 트럼프는 나바로의 견해와 스타일을 참 좋아해서, (두 명의 워싱턴 포스트 기자인 야스민 아부탈렙과 데미안 팔레타가 그들의 책 "악몽 시나리오"에서 나온 바와 같이) 나바로에게 트럼프 행정부의 다른 누구들보다도 훨씬 더 느슨한 대포[32]가 되도록 재량권을 주었다. 아부탈렙과 팔레타에 따르면, 트럼프는 그의 주변에 거칠고 노골적인 조언자들이 있는 것을 좋아했고, 서로를 때리는 등 약간 "미친 짓"을 했다고 한다. 하지만 그달 말, 나바로는 코로나바이러스를 과소평가하는 트럼프의 견해 — 코로나는 별 문제가 아니며, 봄이 되면 알아서 물러날 것이고, 완전히 사라질 것이라는 것 — 에 불편한 존재가 되었다. 2월 23일, 트럼프가 인도에서 열릴 대규모 집회에 참석하기 위해 빠르게 인도로 떠날 준비를 하고 있을 때, 나바로는 폭스 뉴스의 프로그램인 *Sunday Morning Futures*에 출연했다.

코로나바이러스의 경제적 영향에 대한 질문을 받은 나바로는 진행자 마리아 바

---

31 원래는 1964년부터 워싱턴 D.C.를 중심으로 메릴랜드와 버지니아 지역들을 빙 둘러싸고 있는 순환고속도로인 495번 주간 고속도로를 말한다. 그러나 실제로는 연방정부 내부자들을 비유하는 용어로 사용된다. 다시 말해, 미국 연방 정부의 관리, 계약자와 로비스트, 그리고 이를 취재하는 언론 관계자들에게 중요한 문제들을 특징짓는 데 주로 사용된다.

32 Loose cannon: 공인으로서, 돌출 행동을 하는 사람. 즉 규제를 풀어서, 하고 싶은 말을 마음껏 하도록 자유를 줬다는 뜻.

티로모에게 "이 위기 동안 백악관에서 할 저의 일은 우리가 코로나를 치료하는 데 필요한 공급망을 검토하는 것입니다"라고 말했다. 그는 안면 마스크, 렘데시비르, 이런 것들에 대한 미국의 제조 역량이 너무 많은 부분에서 "뒤떨어져" 있다고 말했다. 바티로모는 그 부족함이 수입에 어떤 영향을 미칠 수 있는지에 대해 이야기하기를 원했지만 — 그녀의 의도는 아마도 임금이 아니라 기업 수입을 의미했을 것이지만 — 그는 공급해야 할 PPE(개인 보호 장구) 수입 제한 주제로 돌아가 "이런 위기에서는 우리는 동맹국이 없습니다"라고 말했다. 중국은 그들의 "대변인" 즉 에디오피아 사무총장을 통해 WHO를 통제한다는 불만을 포함하여 중국을 몇 차례 더 비난한 후, 미국이 코로나바이러스에 문제를 겪고 있는 이유가 이거라고 설명하고, "이번 사태는, 다시 강조하지만, **위기**입니다"라고 말하며 마무리했다.

아부탈렙과 팔레타에 따르면, 백악관의 일부 보좌관들은 혼비백산하였다고 한다: 나바로가 폭스 방송에서 코로나바이러스 상황을 10분 동안 세 번이나 "위기"라 했다고?

다음 날, 트럼프와 그의 수행원들이 아흐메다바드에 있는 동안 주식 시장은 급락했고, 다우지수는 천 포인트 이상 하락한 27,961로 마감했다. 행사 후 저녁 식사 동안, 트럼프의 보좌관들 중 일부는 그들의 폰에서 금융 뉴스를 보았다. 아부탈렙과 팔레타는 "그들은 트럼프가 그 사실을 알게 되면 난리를 칠 것이라는 것을 알았다"고 보도하면서, 이 보좌관들의 실명을 말하진 않았다.

그때가 2월 24일 월요일이었다. 긴장한 시장 관측통들에게는 상황이 더욱 나빠졌다. 화요일, CDC의 낸시 메소니에(Nancy Messonnier)라는 고위 관리가 기자들과 온라인 브리핑을 가졌다. 메소니에는 CDC의 국립 면역 및 호흡기 질환 센터장이었다. 그녀는 다른 브리핑들도 했지만, 이번에는 그녀의 어조가 까칠하고 무뚝뚝했다.

"전 세계 신종 코로나바이러스 상황이 빠르게 진화하고 확대되고 있는데"라고 그녀는 브리핑을 시작했다. 이탈리아와 이란과 같은 몇몇 국가에서는 지역사회

전파, 즉 유입 증례뿐만 아니라 자체에서 생긴 지역 전파 사슬이 있었지만, 미국에서는 아직 없었다. (CDC의 검사 실패를 고려할 때, 그것은 의심스러운 주장이었다; 새러 코우디와 같은 공중 보건 공무원들은 정확하고 빠른 검사의 부족으로 인해 여전히 상황을 깜깜이로 운영하고 있었고, 미국에 지역사회 전파가 있는지 아닌지 아무도 알지 못했기 때문이다.) 그러나 지역사회 전파는 아마 올 것이라고 메소니에는 인정했다. 그녀는 "문제는 '만약'이 아니라 '언제'이며, 이 나라에서 얼마나 많은 사람들이 중증 질환을 앓게 될 것인가에 있습니다"라고 말했다. 신종 바이러스에 대한 백신은 없었다. 그것을 치료하기 위해 승인된 그 어떤 의약품도 없었다.

비약물적 개입(nonpharmaceutical interventions, NPI)이 가장 중요한 수단이 될 것입니다. (비약물적 개입, 즉 NPI는 휴교, 자택 대피령, 일반적인 사회적 거리 두기, 마스크 착용 등 질병의 확산을 늦추기 위한 행동 변화를 일컫는 멋진 용어이다.) 그렇습니다, 휴교는 필요할 수도 있습니다. 집단 모임이 취소될 수도 있습니다. 사람들은 직장을 잃고 소득을 잃을 수도 있습니다. "이 모든 상황이 압도적으로 보일 수도 있고 일상 생활에 지장을 줄 수도 있다는 것을 저는 잘 알고 있습니다." 메소니에는 말했다. 자녀의 학교에 전화해서 어떻게 할 건지 물어보세요. 제가 오늘 아침에 제 자녀에게 했던 것처럼 자녀와 이야기하세요. (거의 쿠바 미사일 위기에 대한 브리핑처럼 들리기 시작했다.) 코로나19가 다가오고 있습니다. "사람들은 이 상황에 대해 걱정하고 있습니다. 저도 말하자면 그렇습니다. 저는 이 상황에 대해 걱정하고 있습니다. CDC는 이 상황에 대해 우려하고 있습니다." 지금이 모든 사람이 준비할 시간입니다. "저도 불확실성의 중요성을 인정하고 싶습니다"라고 그녀는 결론적으로 말했다. "신종 바이러스가 발생하는 동안에는 많은 불확실성이 있습니다."

투자자들은 불확실성을 좋아하지 않는다.

정치인들은 불확실성을 좋아하지 않는다.

도박꾼들조차 불확실성을 좋아하지 않는다. 포커는 계산과 허세를 바탕으로 한 것으로, 불확실성에 대비한다.

불확실성을 인정한 것이 낸시 메소니에가 그날 한 말 중 가장 진실하고 용감하며 가장 솔직한 말이었을 것인데, RNA 바이러스의 분자 진화는 룰렛 바퀴보다 더 많은 불확실성을 구현하지만, 그녀의 불확실성 발언은 안심시키기 위해 계산된 것이 아니었다.

이에 대해 언론은 반응했다. 투자자들도 반응했다. 백악관 보좌관들도 반응했고, 심지어 에어포스 원에 타고 있던 몇 명의 정신없는 인간들도 다른 사람들이 자는 동안 뉴스를 봤다.

그날 다우존스 산업평균지수는 879포인트를 또 잃었다. 아부탈렙과 팔레타는 마이크 펜스 부통령의 국토안보 및 코로나바이러스 자문역을 맡았던 올리비아 트로이가 다음과 같이 핵심을 찌르는 논평을 했다고 보도했다:

"사람들은 텔레비전을 켜 놓고 있고, 주식시장이 폭락하고 있는 상황에 많은 의견들을 표명하고 있습니다."

잠에서 깨어 메소니에의 발언에 화가 난 도널드 트럼프는 비행기가 착륙하기도 전에 자신의 불행한 보건복지부 장관인 알렉스 아자르(Alex Azar)에게 전화를 걸어 으르렁대기 시작했다.

그러는 와중에도 사람들이 죽어 나가고 있었다. 2월 25일까지 산타클라라 카운티에서 두 명의 사망자가 발생했는데, 이 중 패트리샤 도우드와 다른 한 명은 몇 달이 지나서야 코로나19로 인정되었다. 이탈리아에서는 그날까지 코로나19 확진자 323명 중 11명이 사망한 것으로 확인되었다. 중국의 확진자 수는 처음에 폭발적으로 증가하여 2월 25일까지 78,000명 이상이 되었고, 2,715명이 사망했다. 곧 이어 가혹한 버전의 비약물적 개입을 실시한 덕분에 중국은 곡선을 개마고원처럼 평평하게 만든다. 미국의 질병 곡선은 그다음 달부터 다음 해까지 그랜드 테톤스[33] 모양 비슷하게 간다.

왜 이 모양이었을까?

"강한 개인주의"라는 국가적 기풍, 즉 진정한 개인주의가 아니라 공동체의 복지를 해치면서까지 체계적인 자기 이익만을 추구하는 태도가 아마도 큰 이유였을 것이다. 카우보이들은, '론 레인저'[34]를 제외하고는 마스크를 쓰지 않는다.

리더십, 또는 더 정확히 말하면 허울만 "리더십"이라는 이름을 가진 무언가가 또 다른 요인이었다. 팬데믹 초기의 중요한 몇 달 동안, 그리고 그 이후에도 도널드 트럼프의 주된 관심사는 11월에 자신이 재선되는 것이었으며, 이는 부분적으로는 강력한 경제와 상승하는 주식시장의 성과에 달려있는 것이었다. 하지만 SARS-CoV-2는, 그 어떤 의도도, 그 어떤 악의도 없고, 다윈의 명령 외에는 아무것도 따르지 않는 바이러스이기 때문에, 주가지수나 선거 따위는 개의치 않았다.

이 바이러스는 역사를 다른 방향으로 바꾸고 있었다.

39

 난 하마터면 *SARS-CoV-2* 는 시장을 신경 쓰지 않는다고 쓸 뻔했다. 그래도 그게 옳을 거다.

왜냐하면 바이러스는 가장 의인화된 의미를 제외하고는 다윈의 법칙을 준수하면서 그 어떤 것도 "신경 쓰지" 않기 때문이다.

하지만 시장은 이 바이러스가 어떻게 인간에게 침투했는지에 대한 의문에 있어 여전히 중요하다. 이 전염병과 관련하여 마리온 쿠프만스와 마이클 워로비가

---

33 미 록키 산맥의 일부로, 와이오밍주 서북부와 아이다호주 동남부에 걸친 산맥. 한마디로, 고공행진을 계속했다는 뜻.

34 미 서부극의 주인공으로, 마스크를 쓰고 있다. 단, 코와 입이 아니라 쾌걸 조로처럼 두 눈가에.

하는 과학인 분자 역학으로 밝혀진 가장 독특한 사실 중에는 SARS-CoV-2가 2019년 12월에 두 개의 다른 계통으로 나타났다는 것이 있는데, 이는 두 개의 다른 출처에서 기원한 것으로 보인다는 의미이다.

이 사실에 대해 가장 조기에 주목한 논문은 안이하게 간과되고 말았는데, 그 이유는 학술지 논문 제목이 건조하고 이해하기 어려워 보이는 제목을 달고 있었기 때문이었다, 이렇게: "유전체 역학을 위한 SARS-CoV-2 계통에 대한 동적 명명법 제안."

나는 그것을 보고 이렇게 생각했다. *바이러스 명명법이라… 오케이, 하지만 별로인데.*

다시 보니, 나는 제1저자가 앤드류 램보우라는 걸 발견했는데, 저자들 명단엔 에디 홈즈도 있었다. 그래서 나는 그 논문을 읽었고, 뭔가 흥미로운 것을 발견했다. 사람들이 혼란스러워하고, 다급하게 궁금해하고, 고민하는 데이터의 급속하게 확장되는 명명법을 명확하게 제시하기 위한 노력 중에, 램보우와 홈즈 그리고 그들의 공동 저자는 SARS-CoV-2의 두 가지 기본 계통을 설명하고, 단순히 A와 B라는 이름을 붙였다. 2019년 12월 26일 우한 환자에서 수집한 샘플에서 볼 수 있는 계통 B는 화난 시장과 관련이 있었다. 그 환자는 시장에 온 고객이었다. 12월 30일에 샘플링된 환자에서 볼 수 있는 계통 A는 다른 곳에서 온 것처럼 보였다. 이는 대니얼 루시가 알아차린 것과 일치한다: 처음 확인된 41명의 환자 중 14명은 화난 시장과 어떤 관련성도 알려져 있지 않았다. A 계통을 가진 12월 30일 환자는 화난을 방문하지 않고 다른 시장을 방문했다.

어느 시장?

기록에는 나와 있지 않다.

그 당시 우한에는 도시의 가장 큰 바이샤저우를 포함하여 세 개의 다른 시장에 야생 동물을 음식이나 애완 동물로 판매하는 가게들이 있었다. 네 개의 시장, 그러니까 바이샤저우와 화난, 그리고 다른 두 개의 시장에는 야생 동물을 산 채로 판매하는 17개의 가게가 있었다. 최근 몇 년 동안 이 가게들은 아무르 고슴도치와 중국 대나무 쥐부터 외눈 안경무늬 코브라에 이르기까지 38종의 육상 포유류, 조류 및 파충류에 속하는 총 47,000마리 이상의 야생 동물을 판매했다.

이 수치는 난충에 있는 중국 서사범대학의 야생동물 거래 전문가이자 전에 윈난성의 산림보호청에 고용되어 일했던 저우 자오민(Zhaomin Zhou)이 주도한 연구에서 나온 것이다.

저우는 자신이 "기술자"라고 겸손하게 말했지만, 그는 "동물 및 종/또는 그로부터 유래된 것을 식별"하는 임무를 하는 박사 학위를 가진 기술자였다. 그의 공동 저자로는 옥스포드 대학의 여러 동료들과 우한에 있는 의과 대학의 부교수인 샤오샤오(Xiao Xiao)가 있었다. 2017년 5월부터 2019년 11월 사이에 4개의 수산 시장에 대한 신중한 조사를 수행한 사람은 샤오였다. 샤오는 자신을 "법 집행과 관련이 없는 객관적인 관찰자"라 표현했으며, 이는 시장 상인들이 자유롭게 말하도록 설득하기에 충분했다. 이 프로젝트의 원래 의도는 다른 종류의 바이러스에 의해 유발되는 진드기 매개 질병의 출처를 확인하는 것으로 코로나바이러스와 관련이 없었지만, 결과가 발표될 때쯤에는 SARS-CoV-2와의 관련성이 매우 분명해졌다.

저우 자오민과 옥스포드의 공동 연구자들은 이전에 천산갑 거래에 대해 연구한 적이 있다. 새로운 연구에서, 그들은 천산갑도 박쥐도 17개의 시장 가게에서 팔리지 않았지만, 야자 사향고양이들, 너구리들은 물론 다른 동물들(미국 밍크, 시베리아 족제비, 아시아 오소리)도 코로나바이러스를 옮길 수 있는 능력이 꽤 있다고 언급했다. 모피 거래를 위해 너구리를 기르는 것은 중국에서 합법적이지만, 모피 가격이 하락함에 따라, 그러한 동물들은 종종 시장에서 산 채로 식용으로 팔린다. 너구리와 아시아 오소리는 파운드당 약 8달러로, 보통 돼지고기 가격의 약 3배에 달했다. 고슴도치는 가격이 저렴했다. 합법적이든 불법적이든 몇몇 동물들은 농장에서 나왔지만, 샤오는 그들 중 많은 동물들이 총상과 덫으로 상처를 입은 것을 보았는데, 이는 야생에서 불법적으로 포획되었음을 나타낸다. 이 제품들은 고급 식품들로, "선진국 일부 지역에서 야생 동물을 먹는다는 일종의 고급 취향"을 반영한 것이지, 끼니를 유지하기 위한 야생고기가 아니었다. 하지만 고객들은 부유한 가정에만 국한되지 않고 다양했다. 저우 연구팀은 이전 조사에서, "'명품'으로서 야생 동물 제품을 구입하거나 소유하려는 상당한 욕구는, 비록 이것이 법을 위반하는 것임에도 불구하고, 여전히 사회 계층, 연령대, 교육 수준 및 시골과 도시 주민을 초월하여 존재한다"는 것을 본 적이 있다. 단속도 느슨해서, 이런 거래를 가능하게 할 뿐만 아니라 쉽게 만들었다.

또 다른 요인으로 야생동물 고기에 대한 수요 증가로 인해 중국에서 종간전파의 위험이 악화되었을 수 있다: 그러니까 돼지고기 부족 현상 말이다.

중국은 세계 최대 돼지고기 소비국이며, 또한 세계 공급량의 약 50%를 생산한다. 2018년에 중국의 돼지고기 평균 소비는 1인당 75파운드였다. 그러나 그해 늦여름에 아프리카 돼지열병이 중국으로 유입되었고, 결국 1억 5천만 마리 이상의 돼지에게 영향을 미쳤다. 이 질병은 사하라 사막 이남의 아프리카에 터를 잡은 DNA 바이러스인 아프리카 돼지열병 바이러스(African swine fever virus, ASFV)에 의해 발생하는데, 아프리카 돼지열병의 저장 숙주는 야생 멧돼지와 흑멧돼지이며 진드기가 한 동물에서 다른 동물로 바이러스를 매개한다.

유럽 식민지 개척자들이 도래하면서 가축 돼지를 아프리카로 가져오자, ASFV는 그 돼지들도 감염시켰다. 20세기에 그 바이러스는 유럽으로 건너갔다가 근절되었고, 아마도 사냥꾼들의 즐거움을 위해 동유럽에서 벨기에 남부로 수입된 야생 멧돼지를 통해 금세기에 돌아왔다. 중국내 돼지들에게 그 바이러스는 매우 강한 독성을 보이며, 2018년 8월까지 중국에 도달한 그 변종은 거의 100% 치명적이었다.

중국은 평소 전 세계 돼지들의 대부분을 생산하기 때문에, 서구의 상품 분석가들은 그들의 고객들에게 ASFV의 영향으로 8개월 안에 "모든 단백질 시장에서 가격이 전반적으로 상승할 것"이라고 활기차게 말했다. 네덜란드의 거대 금융 서비스 회사인 라보뱅크가 운영하는 라보리서치라는 웹사이트는 중국의 돼지 손실을 25%에서 35%로 예측했고, 동남아시아의 돼지 부족 사태와 함께 중국의 돼지들과 양돈 농부들에게 이러한 장애물이 "동물 단백질 수출업자들에게 도전과 기회를 만들 것"이라고 언급했다. 또한 대나무 쥐와 돼지고기를 중국의 한 지방에서 다른 지방으로 중개하는 사람들에게 기회를 만들었을 수도 있지만, 그것은 라보뱅크의 레이더 화면에서 벗어났다. SARS-CoV-2가 우한에서 모습을 드러내기 한 달 전인 2019년 11월 초까지, 전국의 돼지고기 가격은 148% 상승했다. 그러나, 지방마다 그리고 지역마다 가격은 달랐지만, 일부 지방에서는 다른 지방에서 지불되는 것의 두 배였다. 후베이성은 돼지고기 가격이 급등한 지역 중 하나였다. 그렇다면 후베이성 사람들은 돼지고기를 적게 먹고, 대나무 쥐와 호저 고기, 사슴 고기 그리고 족제비와 다람쥐 고기를 더 많이 먹도록 내몰렸을까?

아마도 그럴 것이다.

다시 중국과 영국 연구원들로 구성된 혼합 연구팀인 한 연구의 저자들은 2019년 12월 직전 돼지고기 시장의 극심한 변동이 "심각한 사스 관련 코로나바이러스를 포함한 인수공통전염병성 병원체가 야생 동물에서 인간으로, 야생 동물에서 가축으로, 지역 동물이 아닌 동물로 전염되는 것을 증가시켰을 수 있다"고 주장했다. 사실 그럴 수도 있다. 하지만 내가 그것을 읽을 당시 그 논문은 아직 동료 평가를 받지 않은 프리프린트였고, 그 문헌과 내가 발견한 다른 어떤 문헌도 팬데믹 직전 후베이성의 야생 동물 고기 소비 증가에 대한 데이터, 실제 수치를 포함하고 있지 않다.

이건 그럴듯하고 극적인 내용인데, 그 도발적인 프리프린트는 "어떻게 한 팬데믹이 또 다른 팬데믹으로 이어졌는가"라는 제목을 달고 있다: 돼지의 아프리카돼지열병 팬데믹이 사람의 코로나바이러스 팬데믹을 유발한다는 것.

인과관계는 가설적이다. 경험적인 뒷받침이 없는 한 말이다.

그냥 주절대는 이야기일 뿐.

다시 말하지만, 이 바이러스와 그 기원에 대한 억측 가설은 단지 근거 없이 지껄이는 이야기일 뿐, 유력한 가설은 아니다.

40

 하지만 분자 역학은 데이터가 풍부한 환경에서 작동하는 것이며, 그런 조건이 아니라면 아예 작동하지 않는다.

분자 역학은 유전체와 유전체 절편을 비교해 결론을 도출한다.

앞서 언급했듯이 SARS-CoV-2의 완전한 유전체 길이는 거의 3만 염기에 달한다. 만약 당신이 583가지의 표본 사례에서 얻은 583개의 바이러스 유전체를 면밀히 조사한다면, 당신은 1,700만 포인트의 데이터를 살펴 보게 될 것이다. 그러면 컴퓨터가 필요하게 된다. 또한, 시력도 좋아야 한다.

그게 바로 마이클 워로비가 4명의 동료들과 함께 후베이성에서 최초의 SARS-CoV-2 감염이 화난 시장에서 발견되기 전까지 그 시기를 추정하기 위해 수행했던 연구다.

이 연구에 참여한 워로비의 공동 연구자로는 15년 전 애리조나에서 박사과정을 밟았던 조엘 워하임(Joel Wertheim)과 현재 UC 샌디에고에서 박사과정을 밟고 있는 조나단 페카르(Jonathan Pekar)가 있는데, 그들은 멘토와 멘티의 관계로, 이로 인해 워로비는 사실은 젊음에도 불구하고 좀 늙어 보였다. 그들은 후베이성에서 온 583개의 유전체뿐만 아니라 보유하고 있던 개념적 도구와 추론들을 필요에 따라 적절히 꺼내서 사용했으며, 검체는 모두 2019년 12월부터 2020년 4월 사이에 채취된 것이었고, 데이터베이스 GISAID에서 얻을 수 있는 모든 것을 사용했다. 그들은 이러한 유전체를 서로 비교하고, 어떻게 유전체가 가계도에서 가지를 쳐 나가도록 배열될 수 있는지에 대한 컴퓨터 시뮬레이션을 수행했다.

시뮬레이션은 예를 들어 돌연변이 비율과 일부 돌연변이가 원래의 형태로 되돌아갔을 수 있는지에 대한 특정 가정을 구현했기 때문에 다양했으며, 이는 종종 발생하는 일이었다. 거기엔 몇 가지 고유한 불확실성, 순수한 가능성의 어떤 측면들이 있었는데, 과학자들은 무엇이 가장 가능성이 높은지에 대해 익히기를 바랐다.

그들은 다수의 가계도를 그렸다.

각각의 시뮬레이션을 통해, 그들은 583개의 모든 유전체를 담고 있는 큰 가지가 처음에 몸통에서 갈라지는 지점을 추론할 수 있었다.

이러한 종류의 분석에서 첫 번째 분기점이 중요한데, 그것은 채취된 모든 바이러스 균주 중 가장 최근의 공통 조상(most recent common ancestor, MRCA)을 나타낸다.

시간적으로 어디에 있었는가?

2019년 12월 말 이전의 어느 곳에서든, 그 지점은 SARS-CoV-2가 인간 집단 내에서 얼마나 오랫동안 순환되어 왔는지를 나타낸다.

하지만 첫 번째 분기점을 잡아내는 게 이 연구의 궁극적인 목적은 아니었다, 왜냐하면 이 분기점은 아마도 인간에게 SARS-CoV-2가 존재했던 가장 초기의 것, 즉 "1차" 사례를 대변하는 게 아니었기 때문이다. 질병 발생에 대한 계통발생학적 연구에서, 1차 사례는 줄기의 기저부, 즉 가지가 갈라져 나무의 왕관을 형성하는 지점인 MRCA와 융합되지 않는 것이다. 이 연구에 의해 MRCA의 위치가 추론되는 동안, 1차 사례의 세부 사항은 알려지지 않았다. 하지만 이러한 것들은 실제로는 융합되는 것이다. 이 분야의 동료 학자들조차도 1차 사례와 MRCA의 구분을 모호하게 만드는 경향이 있다.

"이것은 계속해서 잊혀지는 것들 중 하나입니다. 그리고 때로는 크게 중요하지 않고, 어떨 때는 크게 중요하기도 합니다."

가계도 밑동과 첫 번째 주요 분기점 ─ 1차 사례와 MRCA 사이 ─ 에는 충분한 햇볕을 받지 못하고 번성하지 못해 시들어 죽은 작은 다른 가지들이 있었을 수 있다. 이러한 짧은 신종 바이러스 계통들은 소수의 사람들 사이에서 전염되었다가 멸종되었을 것이다. 결코 채취된 적이 없는 이러한 멸종된 계통들은 추론만 할 수 있을 뿐이었다.

그러나 워로비와 그의 동료들은 이러한 확률 연습의 일환으로 이를 추론했으며, 이는 "SARS-CoV-2가 2019년 11월과 빠르면 10월에 후베이성에서 낮은 수준으로 유통되었을 가능성이 매우 높지만 그보다 이른 것은 아니었다"라는 결론을 도출했다.

"이른 것은 아니었다"가 의미하는 것: 이는 SARS-CoV-2가 빠르면 2019년 3월 바르셀로나의 폐수 샘플이나 9월 밀라노의 한 아기의 소변에 존재했을 수 있다는 의견과 대치된다. 그들은 그걸 알고 있었으며, 그 보고들은 "타당한 것 같지 않다"고 논평했다

그러나 그들이 시뮬레이션에서 본 바이러스 계통 중 높은 멸종률을 보면 "SARS-CoV-2와 유사한 바이러스의 종간전파는 빈번할 수 있다, 팬데믹이 드물게 일어난다고 하더라도"라는 것을 암시했다. 동일한 패턴의 바이러스가 여러 번 유입되고, 여러 개의 짧은 전파 사슬이 바이러스가 한 장소에 고정되기 전에 사라졌으며, 2020년 2월 캘리포니아 산타 클라라 카운티와 같은 다른 지역에서도 발생하여 패트리샤 도우드가 사망할 수 있었다. 차이점은 후베이성으로의 유입이 먼저였다는 것이다.

이렇게 멸종된 계통은 팬데믹 이전 초기에 바이러스가 상대적으로 드물었음을 시사한다. 감염의 불씨는 거의 꺼지지 않았다. 독감이나 일반 폐렴과 유사한 질병은 독감이나 일반 폐렴으로 추정되었다. 전염의 연쇄사슬은 막다른 골목에 이르렀다. 다른 사슬들이 이어져 바이러스가 진화하고 적응할 수 있는 기회를 얻었을 수도 있지만(A 계통과 B 계통을 제외하고), 그게 살아남아 증식했다는 설득력 있는 증거는 없다.

"인간의 적응 측면에서 어떤 일이 일어났는지 모릅니다"라고 워로비는 내게 말했다.

몇 가지 주요 돌연변이가 바이러스를 더 전염성 있게 만들었을 수도 있다. 그래도 운이 좀 필요했다. 그와 그의 공동 저자들이 말했듯이, 종간전파는 잦지만, 팬데믹까지 가는 일은 드물다. 새로운 종류의 숙주에 있는 대부분의 바이러스 계통은 아마도 멸종할 것이다. 그러나 이 가계도 나무는 키가 조금 더 커지고, 줄기는 조금 더 튼튼해졌으며, 그 다음 분자 계통발생학자들이 MRCA라고 부

르는 임계점에 도달했고, 가지에서 또 다른 가지들이 갈라져 나왔고, 그 가지들로부터 더 많은 가지들이 갈라지면서 커다란 왕관이 되었다.

우리는 모른다, 그가 말했듯이.

하지만 어쩌면 그런 일이 이렇게 일어났을 수도 있고, 그 초기 가지들 중 하나가 화난 수산물 도매시장으로 이어졌을 수도 있다.

제5부
변수와 상수들

41

 "바이러스는 으레 돌연변이를 일으키기 마련인가요?" 사람들이 물었다. "네, 물론 바이러스는 으레 돌연변이를 일으키기 마련이지요"라고 과학자들은 대답했다.

바이러스는 항상 간헐적으로 돌연변이를 일으킨다.

중요한 건 얼마나 자주 돌연변이를 일으키는지, 얼마나 많은 양의 돌연변이를 일으키는지, 어떻게 그 돌연변이들이 자연 선택을 받아 적응을 할 수 있는지에 있다.

돌연변이란 유전체에서 점진적으로 변화하는 것으로, 즉 여기서 한 글자, 저기서 한 글자씩, 그리고 일반적으로 무작위적인 것이다.

돌연변이에 대해서만 신경 쓰지 마라. 돌연변이에 얹어서 다윈의 원리에 대해서도 주목하라.

이 바이러스가 어떻게 진화하고 적응할지에 대해서도 신경 써라.

만약 그것이 인간 집단에 훨씬 더 잘 적응하는 것을 막고 싶다면 더 퍼져 나가지 못하게 빨리 막고, 발병을 조기에 통제하고, 그 상황을 심각하게 받아들이고, 환자 수를 낮게 유지하고, 백신이 마련될 때까지 강력한 비약물적 개입을 적용하고, 그러고 나서 백신을 맞음으로써 바이러스가 돌연변이를 할 기회들을 원천 봉쇄하라.

하지만 우리는 그렇게 하지 않았다.

42

 얼마나 자주 돌연변이를 일으킬까?

그 질문은 일반적으로 코로나 바이러스의 본질에 관한 것이었다.

정확한 답은 복잡한 내용이지만 간단히 답하자면 다음과 같다: 애매모호하게

위험할 정도로 자주.[35]

어떤 변이가 중요하며, 진화가 그 돌연변이들을 가지고 어떻게 적응을 하게 될까?

그에 대한 답은 바이러스 스스로 찾아낼 상황에 따라 달라질 것이다.

진화는 완벽이라는 플라톤적인 이상을 향해 생명체를 이동시키지 않는다. 그것은 특정한 시기에 특정한 환경 내에서만 성공을 향해 그들을 이동시킨다.

팬데믹 시작 첫 9개월 동안, SARS-CoV-2는 천천히 변이하고 거의 진화하지 않거나 전혀 진화하지 않는 것처럼 보였다. 일부 과학자들은 염기서열이 분석된 많은 표본들 중 "현저하게 낮은" 유전적 다양성에 주목했다. 메릴랜드주 실버 스프링의 월터 리드 육군 연구소에 근거를 둔 한 연구팀은 84개국의 감염된 사람들로부터 얻은 27,977개의 유전체 염기서열을 조사한 결과, 새로운 것에 대한 자연 선택의 증거가 거의 없다는 것을 발견했다. 그들은 이 바이러스가 "진화하는 속도보다 더 빠르게 전염이 이뤄지고 있다"고 썼는데, 이는 식별 가능한 돌연변이 비율이 환자 한 명당 뉴클레오티드 변이가 하나도 안 됨을 의미했다. 바이러스는 많은 환자들의 경우 3만 글자의 유전체에서 단 한 번의 복제 실수도 없이 사람에서 사람으로 전달되었다.

이는 특히 RNA 바이러스 치고는 유별난 꾸준함이다.

그 바이러스가 감염된 인체 내에서 전혀 변이 되지 않았을 수도 있다는 것을 의미하는 것이 아니다. 만약 변이가 있었다 해도, 변이 바이러스들은 그들 자신을 복제하고 전염시키는 데 변이가 없는 바이러스와의 경쟁에서 성공하지 못한 것을 의미했다.

진화 생물학자들은 그것을 정화 선택(purifying selection)이라고 부른다.

가진 것을 정화하라. 만약 고장 나지 않았으면 고치지 말라.

35　위험성이 쉽게 파악되거나 눈에 띄지 않지만, 여전히 매우 위험하다, 즉 위험이 명확하게 드러나지 않아서 다루기 어렵고, 예측하기 힘들다는 의미.

아마도 이 바이러스는 이미 인간들 사이에서 성공적으로 잘 나가고 있었기 때문에 진화할 필요가 없었을지도 모른다.

하지만 사실 코로나바이러스들에서 꾸준함은 그렇게 이상한 것은 아니었다. 에디 홈즈와 도널드 버크 등이 경고한 바와 같이 RNA 바이러스는 매우 가변적이고 따라서 적응력이 높지만, 코로나바이러스는 그러한 대부분의 RNA 바이러스와는 차이가 있다. 코로나바이러스는 RNA 바이러스 범주의 한끝에 위치해 있다. 그들의 유전체는 유난히 길고 돌연변이율도 매우 낮아서 다른 RNA 바이러스의 10분의 1도 되지 않는다. 이 두 가지 비전형적인 특징이 나타나는 이유는 nsp14 ("nifty special protein, 즉 멋진 특별 단백질 14"의 약자로 풀이될 수도 있지만 실제로는 그렇지 않아요[36])라는 특별한 단백질의 매개 때문이다.

이 단백질은 교정 기능을 수행하여 유전체를 한 땀 한 땀 스스로 복제하는 동안 유전체를 따라 추적하면서 대부분의 실수를 수정하여 새로운 비리온에 들어가기 전에 조정을 끝낸다. 유전체가 너무 긴 상황에서 이러한 기전이 없다면 코로나바이러스는 너무 많은 오류를 누적시켜 누군가 볼트를 조이지 않은 모델 A 포드처럼 산산조각이 날 것이다. 그 결과를 "오류 재난(error catastrophe)"이라고 한다. 진화는 nsp14를 공급하여 코로나바이러스가 볼트를 조여 오류 재난을 피할 수 있도록 했다.

어떤 면에서 긴 유전체는 여전히 막대한 장점이었고, nsp14의 교정 기능은 그것을 가능하게 했다.

그러니까 팬데믹 시작점 선언이 원래보다 지연되었다는 것은 다시 말해 상대적인 정체였는데, 이 기간 동안 SARS-CoV-2에서 주목할 만한 또는 우려할 만한 돌연변이가 인식되지 않은 것이다.

첫 번째 돌연변이가 나타나자, 이에 대한 관심이 집중되었다.

---

36 사실은 비 구조적 단백질이라는 뜻인 non-structural protein의 약자다.

그것은 3만 개의 뉴클레오티드 중 하나의 차이였고, 이는 하나의 단백질에 있는 아미노산 하나를 바뀌게 하였다. 그 변이는 D614G로 명명되었다. 즉 아미노산 614번 아스파르트산(D)이 글리신(G)으로 대체된 것이다. 614번에서 D가 G로, 따라서 D614G로 표기된다.

문제의 단백질은 스파이크였다. 일부 과학자들은 이 한 개의 아미노산 변화가 코로나19 환자들이 왜 후각을 잃는지 설명한다고 시사했다.

더 중요한 것은, 이것이 바이러스를 더 전염성 있게 만든 것 같다는 것이다.

D614G 돌연변이는 아주 초기에 중국에서 처음 관찰되었고, 2020년 1월 말까지 유럽으로 퍼져 나갔으며, 그 후 독일, 이탈리아에서 발견되었다. 그 확산은 2월과 3월 동안 유럽과 북미, 호주, 그리고 다시 아시아로 계속되었다. 그 경로를 추적하여, D614G의 기능적인 영향을 측정하기 위한 실험실 실험을 수행하고 빠르게 임하면서, 미국과 영국의 과학자 팀은 4월 30일 자로 프리프린트를 게시했다. 그 논문의 주요 필자는 로스앨러모스 국립 연구소의 베테랑 전산 생물학자인 베티 코버(Bette Korber)였다. 코버는 에이즈에 대한 분자 역학 초기에 하버드에서 맥스 에섹스(Max Essex)와 함께 작업했다. 그래서 이번이 그녀가 맡는 두 번째 팬데믹이었다. SARS-CoV-2가 2020년 3월에 전 세계에 퍼지면서, 그녀는 바이러스가 발생하면 그것들을 추적하는 데 관심을 갖게 되었다.

"저는 지역사회에서 일어나는 변화들을 들여다보고 싶었어요"라고 코버가 내게 말했다.

그것은 고전적인 진화론적 관점, 즉 더 정확히 말하면 신고전학파의 관점이었다. 이 학파는 다윈 이론을 수학화한 사람인 20세기 초 생물학자 R. A. 피셔(R. A. Fisher)에게 빚을 지고 있다. 피셔는 진화를 한 개체군 내 대립유전자(alleles; 동일한 유전자의 다른 형태)의 빈도가 변화해 가는 과정이라고 정의했다.

"진화에 대해 생각해 본 적이 있는 모든 사람들이 나방에 대한 이야기를 알고 있죠? 나무에 있는 나방이 변한 이야기요"라고 코버가 말했다.

유명한 이야기, 맞다, 그녀는 산업화된 영국의 나무줄기가 그을음으로 어두워지면서 밝은 날개를 가진 나방(*Biston betularia*)이 대체된 현상을 말하는 것이었다. 어두운 날개로의 돌연변이는 포식자인 새의 눈을 피할 수 있게 해서, 그 돌연변이들 대부분이 자손을 남겼다. 나방 개체군에서 대립유전자 빈도의 변화, 즉 어두운 날개를 가진 대립유전자가 밝은 날개를 가진 원래의 대립유전자보다 더 풍부하게 되면서 진화가 이루어졌다.

이것은 마이클 워로비 등이 하는 분자 계통 유전자학과는 달랐다.

이 단계에서 코버는 계통수(phylogenetic tree) 중심의 접근 방식에 신중한 태도를 보였다.

그 이유는 초기 몇 달 동안 바이러스 유전체 간에 거의 변이가 없었기 때문이었다: 그래서 그녀는 계통수를 신뢰하지 않았다.

게다가 재조합이라는 요소 — 즉, 한 바이러스의 유전체 일부가 다른 바이러스 유전체로 통째로 옮겨지는 현상 — 는, 한 계통수의 가지를 다른 계통수로 이식하는 것과 같아서, 전체 분석을 더 복잡하게 만들 수 있었다.

대신, 그녀가 말했듯이, 그녀는 지역사회 내에서 유전자 빈도의 변화 양상을 주목하고자 했다.

즉, 돌연변이가 어디에서 유래했는지를 추적하기보다는 그 돌연변이들이 특정 집단에 얼마나 축적되어 있는지를 측정하려고 한 것이다.

개별 돌연변이는 종종 유전체 전반에 걸쳐 나타나는 다른 돌연변이들과 함께 나타나며, 이러한 연관된 돌연변이들의 집합이 하나의 '변종(variant)'으로 분류된다.

그리고 이러한 변종이 새로운 지역사회에 유입될 때마다 기존의 바이러스나 이전 변종을 점차 대체하는 현상이 반복된다면, 그 변이는 진화적 이점을 가지고 있다고 추론할 수 있다.

결국, 백신과 치료제는 이러한 점을 고려해 효과적으로 대응할 수 있어야 한다. 코버와 그녀의 동료들은 이 접근법을 SARS-CoV-2에 적용하기 위한 컴퓨터 도구를 개발했다. 새로운 변종을 특징짓는 돌연변이를 확인한 다음, GISAID에서 이용 가능한 풍부한 유전체 데이터를 사용하여 코로나19로 고통받는 다양한 인간 사회에서 그 빈도(인구 내에서의 유병률)가 어떻게 변할 수 있는지 측정한다.

그들은 D614G를 찾아냈다.

하지만 다른 과학자들은 처음에 이 돌연변이를 중요하게 여기지 않았다.

그 이유는, 이 변이가 스파이크 단백질의 수용체 결합 부위(RBD)에 위치하지 않았고, 또한 항체가 인식하는 주요 표적 부위에도 해당하지 않았기 때문이었다.

따라서 이 변화가 바이러스에 대한 면역 반응에 영향을 미치지는 않을 것이라고 판단되었다.

아마도 이 돌연변이는 바이러스에 진화적 이점을 제공하지도, 비용을 유발하지도 않는 '중립적 돌연변이'일 것으로 여겨졌다.

그렇다면 이는 드물게 일어나는 현상이 아니라, 일부 유전체에서 무작위로 발생할 수 있는 낮은 빈도의 이상 현상일 수 있다는 뜻이다.

"하지만 우리가 도구를 사용할 수 있게 되자마자 일어나고 있었던 일과, 그리고 제가 볼 수 있었던 것은"이라고 코버가 나에게 말했다. D614G를 검사한 모든 인구 집단의 모든 유전체 세트에서, "지역 사회, 주, 국가, 대륙에 상관없이, 그것은 조상 바이러스에 비해 빠르게 증가하고 있었다는 것이었습니다."

그녀와 그녀의 동료들은 2020년 3월 1일 이전에 채취된 바이러스의 997개 유전체 염기서열을 조사했다. 그들은 D614G를 딱 10%에서 발견했다. 그들은 3월의 14,951개 염기서열을 조사했고, 그중 67%에서 돌연변이를 발견했다.

그들은 "우리의 데이터는 1개월 동안 D614G 스파이크 돌연변이를 가진 변종이 세계적으로 지배적인 SARS-CoV-2가 되었다는 것을 보여준다"고 발표했다.

그들은 4월 1일부터 5월 18일까지 수집된 또 다른 12,194개 염기서열을 조사했고, D614G 유병률이 78%로 더 증가했음을 확인했다. 실험실 연구에서, 그들은 스파이크에 G614를 가진 바이러스와 처음 바이러스가 등장했을 때의 스파이크인 D614를 가진 바이러스를 비교해 테스트했고, 돌연변이 버전이 배양된 세포를 감염시키는 데 훨씬 더 뛰어나다는 것을 발견했다. 그리고 거의 1,000건의 코로나19 증례에 대해 영국의 한 병원에서 수집된 임상 데이터에서, 그들은 돌연변이 바이러스가 그 돌연변이가 없는 바이러스보다 환자에게서 더 풍부하게 성장했다는 증거를 보았다.

이것은 우려스러웠지만, 한 가지 위안은 연구원들이 D614G 돌연변이와 질병의 심각성 사이에 어떠한 연관성도 발견하지 못했다는 것이다. 그러나 돌연변이 바이러스가 훨씬 더 전염성이 뛰어나서 더 많은 증례가 발생했고, 평소와 같은 비율로 나쁜 임상경과를 초래했기 때문에, 그것은 여전히 세계 보건에 잠재적으로 커다란 새 문제였다.

그리고 더 큰 문제가 오게 된다.

코버 연구팀은 논문 말미에 "그림 7"을 포함시켰는데, 이 그림은 세계 각지에서 발견된 스파이크 단백질 내에서 6가지 돌연변이를 보여 주었다. 저자들은 이러한 돌연변이들은 주목해야 할 일이며, 당연히 나타날 수밖에 없는 다른 돌연변이들도 마찬가지라고 경고했다. 새로운 돌연변이를 지닌 변종은 백신의 효능, 백신의 출하 시기, 그리고 돌연변이를 하지 않은 바이러스에 기반한 항체 치료에 중대한 난제가 될 수 있었다.

그들은 "이를 위해 우리는 SARS-CoV-2 염기서열의 잠재적인 흥미로운 돌연변이를 탐색할 수 있는 데이터 분석 파이프라인을 구축했다"고 썼다.

데이터 파이프라인은 — 매트 웡이 하나 만들었고, 코버 그룹도 만들었으니, 앞으로 우리가 더 자세히 듣게 될 — 일련의 컴퓨팅 요소 또는 단계로서, 각 단계는 다음 단계로 입력함에 따라 진행되는 출력을 산출한다. 자동차 공장의 조립라인은 물리적인 투입물이 포함된 기계적 단계의 파이프라인이다. 파이프라인의 마지막에, 급속히, 여러분은 새로운 쉐보레 혹은 개념적인 결과를 얻게 된다. 투입물이 이런 저런 돌연변이가 있는 SARS-CoV-2 유전체 염기서열이고, 이런 저런 속도로 확산된다면, 우리나라나 저쪽에 있는 이 파이프라인의 출력물은 백신과 치료 설계자들에게 가치가 있을 수 있다. 코버의 팀은 약어인

D614G을 사용하여, "G614 변종이 세계적으로 지배적 형태가 되기까지 걸린 속도는 지속적인 경계가 필요하다는 것을 시사한다"고 하였다.

우리가 대화할 때, 코버는 내게 D614G 변종이 관심을 끌 만한 7개의 변종 중 하나로 나타나는 그 도표에 주목하라고 말했다. 그녀가 말하길, 중요한 것은 단지 D614G뿐만 아니라 더 큰 문제라고 했다.

"저는 이 논문이 변이 자체만큼이나 이런 접근 방식의 유용성을 입증하는 논문이라고 생각했습니다. 그런데 심사자는 변이 추적에 대해 언급한 마지막 도표를 빼라고 정중히 요구했죠."

"으흠" 하고 나는 기민하게 반응했다.

"하지만 편집자가 그 도표를 그대로 두도록 해줬어요."

그 논문은 저명한 학술지인 *Cell*에 게재될 예정이었다. 동료 심사는 집중적이고 엄격했을 것이다. "그들은 '이건 주의를 산만하게 한다. 이 논문에 이렇게 집중하지 못하게 할 요소는 필요하지 않다'라고 말했어요."

심사자 혹은 심사자들은 다른 변이들이 속출할 것을 전망하는 7번 도표를 없애고 싶어 했다. 그러나 그녀는 그것을 지키기 위해 싸웠고, 결국 성공했다.

"저는 '아니요, 이건 정말 핵심입니다. 이건 다가오고 있어요! 우리는 대비해야 합니다!'라고 말했죠."

43

코버가 잘 이해하고 있듯이, 바이러스는 다가오고 있었고, 그 바이러스는 돌연변이를 안 하는 존재는 아니었다. 모든 바이러스, 특히 RNA 바이러스는 비록 교정 작업을 하는 특수 단백질을 가지고 있더라도 꾸준히 보여주는 특징은 변이를 한다는 것이다. D614G 돌연변이를 만들어낸 한 글자의 오차와 같은 작은 변화가 때로는 상당한 영향을 미칠 수 있다.

그리고 작은 변화들이 유전체 내에 드문드문 흩뿌려지면서 축적되어, 각각이 약간의 진화적 이점을 더할 수도 있고, 아니면 단순히 중립적이지만 운이 좋아 다른 이점을 제공하는 돌연변이들과 함께 '무임승차'하는 경우가 있을 수도 있다.

어디로 이동하는가?

유전체 복제를 통해 미래를 향한다.

그러한 돌연변이들이 드문드문 자리를 잡고, 그것들이 많은 바이러스 검체들에서 볼 수 있는 하나의 묶음으로 퍼질 때, 우리는 그것을 변종이라고 부른다. 요즘에는 이건 일상적 용어이다. 숨가쁜 언론 보도들은 각각의 새로운 변종들이 무섭게 들리게 만든다.

사람들은 냉소적으로 변한다: *최신판 무서운 변종은 뭔데?*

만일 그 변종이 예외적으로 성공적이고, 특히 세포들에 잘 결합하고, 빠르고 광범위하게 퍼지면, WHO는 그 변종을 '우려되는 변종'(a variant of concern, VOC)이라고 지칭한다.

계통이란 또 다른 얘기다: 바이러스 계통수에 있는 가지, 짧거나 길거나, 성공적이거나, 덜 성공적으로 뻗어간 가지를 말한다. 성공적인 계통은, 그것이 새로운 변이를 나타내든 그렇지 않든, 이동할 수 있다. 비행기를 탈 수도 있다. 여기서 분자 계통학이 지리와 만난다.

앤드루 램보우와 그의 동료들이 A와 B라고 동정한 SARS-CoV-2의 두 주요 계통 중 B 계통은 이탈리아에 처음 도착해 번성한 것이다.

초기 보고서에 따르면 독일에서 바바리아(바이에른)의 자동차 공급 업체에서 가져온 것으로 추정되지만, 앞서 언급했듯이 워로비와 그의 동료들은 우한에서 직접 가져온 것이라는 상반된 증거를 발견했다. 2020년 1월 31일 로마에서 중국인 관광객 2명이 양성 반응을 보였다. 일주일 후, 이탈리아 국적자를 송환하는 특별 항공편으로 우한에서 막 돌아온 이탈리아 남성이 확진자로 입원했다.

그 후 2주간의 폭풍 전야의 정적 동안 의사들은(WHO의 조언에 따른 이탈리아 프로토콜에 따라) 중국 여행과 관련이 없는 환자들에게는 코로나19 검사를 하지 말라는 지시를 받았다. 밀라노 남동쪽 코도뇨라는 마을의 한 의사는 환자가 심각한 폐렴을 앓고 있었는데, 이 38세 남성은 정상적인 치료에 반응이 없어서, 그 조언을 무시하고 검사를 받기로 결정했다. 이 남성은 양성 반응을 보여, 이탈리아에서 처음으로 지역에서 획득한 SARS-CoV-2 확진자가 되었다. 그는 아다 강에서 멀지 않은 곳에 중세 성이 있는 작은 마을인 카스티글리오네 다다에서 코도뇨 병원으로 왔다. 그리고 그 남성이 어떻게 그곳에서 감염되었는지에 대해서는 수수께끼였다.

다음 날인 2월 21일, 보건 당국은 밀라노를 포함한 호황을 누리고 있는 북부 지역인 롬바르디아, 코도뇨와 카스티글리오네다를 비롯한 11개 주에서 16명의 집단 증례가 생겼음을 공표했다. 16명의 환자들 중 최근에 중국에서 돌아온 사람은 없었지만, 그들 중 한 명은 중국에서 돌아온 친구를 만났다. 게다가 이틀이 더 지나 이탈리아 재난 구호 기관에서 불안감 속에 장관 회의가 열렸고, 그 후 주세페 콘테 총리 정부는 총 인구 5만 명의 로디 지방의 일부 지역을 봉쇄하고 이 지역을 "레드 존"으로 선언했다. 학교와 필수품 파는 곳이 아닌 상점은 문을 닫아야 했다. 콘테 총리는 국경을 봉쇄하기 위해 군대를 보냈다.

그 당시에 이 조치는 지나친 조치로 보였다 — 당시 이탈리아는 파두아에 살던 78세 남성이라는 첫 번째 사망자가 막 나왔을 뿐이었다 — 그러나 사실은 너무 보잘것없고 너무 늦은 조치였다.

그때부터 북부 이탈리아는 확진자의 폭발적인 증가와 끔찍한 인명 피해를 겪었다. 콘테 총리는 2주 후 롬바르디아주와 나머지 북부 지역을 격리하라고 명령했다. 하루 뒤 그는 이 조치를 이탈리아 전역으로 확대해 6천만 명을 봉쇄했다. 기업들은 문을 닫았다. 식당과 술집도 문을 닫았다. 이탈리아인들은 집 안에 웅크리고 있었다. 3월 13일까지 롬바르디아주에서만 15,113명의 확진자와 1,016명의 사망자가 발생했다.

일주일 후 이 파동이 최고조에 달했을 때, 전국은 하루에 6천 명의 신규 확진자가 나오고 있었다.

마리노 가토(Marino Gatto)는 "이는 3월 말에만 약 4만 명이 입원한 것"이라고 내게 말했다. 가토는 밀라노 폴리테크닉 대학의 생태학 명예교수로 공학 및 수학 모델링을 교육받았고 그의 경력 대부분을 질병 생태학 전문가로 근무하고 있다.

그는 "병원들은 환자들로 넘쳤지만, 많은 수의 환자들은 병원에서 죽은 게 아님이 확실합니다"라고 말했다. "대다수는 아마 집에서 죽었을 겁니다. 그들은 입원조차 할 수 없었죠."

검사량은 불충분했으며, 검사를 위한 면봉이 부족했고, 검사를 받고 양성으로 판명된 사람들 중 사망률은 독일이나 한국의 약 8배에 달하는 대재앙이었다.

폐를 특히 취약하게 만들 호흡기 스트레스를 유발하는 북부의 산업 대기 오염 때문이었을까?

담배 때문이었을까?

취약한 할머니 할아버지들이 무증상이지만 전염성이 있는 젊은이들에게 밀접하게 노출되는 다세대 가정 때문이었을까?

이탈리아 사람들이 다른 국적자들보다 더 자주 서로를 껴안기 때문이었을까?

변수는 많았고 고통은 곤혹스러웠다.

대체 왜냐고, 사람들은 이 은혜로운 나라가 그렇게 비참하게 고통받고 있는지 의아해했다. 누군가는 교황에게 물었다: *성하, 하느님은 이제 이탈리아를 싫어하시나이까? 우리가 바친 그 아름답고 경건한 성화들에 대한 보답으로 주신 게 이것이나이까?*

2020년 6월 3일, 정점이 지나고 정부가 마지막 규제를 해제했을 때, 33,694명의 이탈리아인들이 사망했다.

북부는 첫 번째로, 그리고 최악의 고통을 겪었다.

가토는 "왜냐고요? 매우 간단합니다"라고 말했다. "산업화 때문입니다."

그 산업들은 대기 오염을 의미하기도 했지만, 해외 출장을 의미하기도 했다. "독일, 프랑스, 중국 등 외부와 많은 관련이 있는 많은 회사들."

롬바르디아는 불운과 운명적인 관련성으로 인해 밀라노 근처의 세 개의 국제

공항 중 하나를 통해 일찍 바이러스를 퍼뜨렸고, 코도뇨에서 첫 증례가 발견된 때보다 그 이전 몇 주 동안 바이러스는 조용히 퍼져 나갔다.

롬바르디아 지방들 중에 가장 큰 타격을 입은 곳은 밀라노 북동쪽에 위치한 베르가모였다. 거기엔 공장, 광물 가공, 오리오 알 세리오 공항, 그리고 베르가모 알프스 기슭에 위치해 관광객들에게 매력적인 오래된 성벽 도시와 식당, 박물관, 예술 장소가 풍부한 현대 상업 중심지를 포함한 활기찬 지방 수도 베르가모 시가 있다.

2월 25일 당시, 이 지방은 18건의 사례를 보고했는데, 이는 로디 지방의 125건보다 훨씬 적은 것이지만, 그 이전 주에 베르가모 전역에 바이러스가 전염되는 것에 불을 붙인 사건이 발생했다.

그 도시의 프로 축구팀인 아탈란타는 챔피언스 리그 플레이오프에 진출할 자격을 얻었고, 2월 19일 스페인 팀인 발렌시아를 상대로 구단 역사상 가장 큰 경기를 했다. 그러한 주요 경기들을 위한 베르가모의 "홈" 경기장은 밀라노의 그랜드 아레나였다. 그래서 2월 19일, 4만 명의 충성스러운 아탈란타 팬들이 축하하며 포옹과 키스를 하고, 그리고 비명소리 속에 밀라노로 버스, 기차, 그리고 차로 여행을 했고, 아탈란타는 4-1로 이겼다. 티켓을 구하지 못한 많은 다른 사람들은 경기 시청 파티를 위해 집과 술집에 모였다.

"불행하게도, 우리는 알 수 없었습니다"라고 베르가모 시장이 말했다. "아무도 바이러스가 이미 여기에 자리 잡고 있다는 것을 몰랐어요."

경기 직후, 코로나19 발병 건이 급격 상승하기 시작했다. 3월 25일까지, 그 주는 7,000명의 확진자와 1,000명의 사망자를 기록했다. 베르가모시의 묘지는 매장 분량을 따라갈 수 없어서, 군용 트럭들이 화장을 위해 시신을 다른 곳으로 데려갔다. 주요 베르가모 병원도 환자 발생 건수를 따라가지 못했고, 무역 박람회 센터에 빠르게 설립된 응급 현장 병원은 정원에서 142개의 병상을 추가했지만, 여전히 부족했다. 베르가모 환자들은 밀라노로 이송되었고, 밀라노 대학교 루이지 사코에 있는 교육 병원을 꽉 채웠다.

가브리엘레 파가니(Gabriele Pagani)라는 젊은 의사는 사코에서 감염 관련 레지던트 일을 하며 일했다.

그는 내게 "우리는 외부에서 전원 온 모든 환자들로 치이고 있었습니다"라며 "우리는 모든 외래 환자 진료소를 닫아야 했습니다"라고 말했다.

그들은 또한 수술 작업을 중단했다.

밀라노 자체도 아직 큰 타격을 입지 않았지만 곧 그렇게 될 것이었고, 그 사이 사코 병원은 베르가모와 다른 핫 스팟 몇 군데로부터 환자들을 흡수했다. 병원 내에서는 스태프들이 부서를 이동하여 긴급 상황을 충족시키기 위해 재배치되었다.

파가니는 중증 코로나19가 아닌 노인 환자와 격리 환자들, 행정관리 업무 등을 다루는 저강도 병동으로 보내졌다.

그는 "우리는 그것을 뷰티 팜(Beauty Farm)이라고 불렀습니다"라며 "회복되어 병원에서 퇴원하는 사람들을 실제로 보기 때문에 정신 건강에 좋았지요"라고 말했다.

반면에, 그것은 극단적인 상황에 처한 환자들을 구하려는 실제 싸움과는 동떨어진 것으로 느껴졌다.

파가니는 나에게 "저는 남는 시간을 연구를 위해 사용했습니다"라고 말했다.

그는 이탈리아에서 수년간 뎅기열에 대한 연구를 수집하는 마지막 단계에 있었다. 그러한 평온함은 그가 생물의학 및 임상과학부의 수장인 마시모 갈리(Massimo Galli)를 만나면서 갑자기 바뀌었다. 파가니는 갈리 교수를 알고 있었고, 학부생 때부터 그의 멘토링을 받았으며, 그 기간 동안 사코에서 임상 진료에 임하고 있었다. 이제 바빠진 그 교수는 방으로 들어와 파가니를 보고 "자네에게 큰 기회를 주지. 따라오게나"라고 말했다.

파가니는 어두운 금발의 포니테일과 지저분한 밥 딜런 수염을 가진 생기발랄한 30대 남성이다. 그는 레지던트 기간 동안 잠깐 짬을 내어 해외로 나가 마다가스카르에서 감염병학과 공중 보건학을 할 계획이었다. 그러나 선페스트의 반복적인 발생을 포함하여 이미 충분한 자체 질병 문제가 있는 상황에서 마다가스카르는 이탈리아보다 앞서서 코로나19 봉쇄령에 들어갔기에, 그 섬으로 가는 모든 항공편이 취소되었다. 갈리 교수는 이 사실을 알고, 파가니에게 그 대신 훨씬 더 가까운 긴급 상황의 장소에 보내기로 했다. 그곳은 밀라노 남동쪽에 있는 작은 성곽 도시 카스티글리오네 다다였으며, 이탈리아에서 처음으로 코로나 확진 증례가 나온 곳이었다.

인구가 5천 명도 안되고 병원이 없는 그 마을은 봉쇄된 상태에서 레드존 내에 갇혀 외로이 극심한 고통을 겪고 있었다. 첫 증례 이후 수십 건의 증례를 겪었고, 3월 말까지 전체 인구의 약 1%가 코로나19로 사망한다. 갈리는 파가니를 그곳에 파견하여 혈액 검사를 통한 역학 연구를 하였다. 요점은 얼마나 많은 사람들이 감염되었는지, 청장년층이든, 흡연자든 비흡연자든, 병원에 입원했든 아니든, 그리고 대부분의 사람들이 경미하거나 무증상 감염을 이미 경험하고 회복되었기 때문에 마을의 상황이 이보다 더 이상 나빠질 수 없는 시점에 가까워지고 있는지 알아보는 것이었다. 훨씬 더 나아질지도 몰랐다. 마을은 "집단 면역"이라는 잘못된 이름으로 알려진 신비한 상태를 달성할지도 몰랐다.

갈리는 카스티글리오네 다다 시장에게 연락하여 승인과 협조를 구했다. 그러자 파가니는 수많은 다른 문제들을 신경 쓰고 있던 갈리가 자신에게 맡긴 이 야심 찬 연구를 조직하는 일에 자신이 책임을 지게 되었음을 알게 되었다.

파가니는 나에게 "저는 그런 일을 한 적이 없었어요"라고 말했다.

어려운 일이었고, 적절한 공급품을 얻을 수 없었기 때문에 더욱 더 어려운 일이었던 그는 충분한 PPE를 얻을 수 없었고, 보조금과 기부금으로 돈을 모아야 했다. 하지만 그는 좋은 파트너들과 조언자들로 팀을 구성했고, 그들은 해냈다. 그들은 자발적으로 참여한 4천 명 이상의 마을 주민들로부터 손가락을 찔러 얻은 혈액과 면봉 샘플을 채취했고, 이렇게 놀라운 협조 속에서 이뤄진 검사 결과, 22%가 SARS-CoV-2에 대한 항체를 가지고 있다는 것을 발견했다.

그 결과에서 놀라운 점, 동시에 걱정스러운 점은 그 수치가 너무 낮다는 것이었다.

파가니와 그의 협력자들이 발간한 보고서에서 "이탈리아에서 가장 심각한 영향을 받은 지역 중 하나에서 기록된 것을 고려하면, 이것은 예상보다 낮은 항체 유병률이다"라고 언급했다. 이는 불길했다. "인구의 대부분이 감염에 취약한 상태로 남아 있다"는 것을 암시하기 때문이었다.

사망자 수는 이 수치들 중 또 다른 골치 아픈 부분이었다. 2020년 첫 3개월 동안 최소 47명의 마을 주민이 코로나19로 사망했다. 감염률이 놀라울 정도로 낮다면, 이는 카스티글리오네 다다의 사망률이 약 5% 정도로 높다는 것을 의미한다. 파가니는 "거기는 노인들이 많습니다"라고 말했다.

파가니 역시 감염되기 쉬웠지만, 젊고 운이 좋았다. 그는 본 연구를 시작하기 전에 코로나19에 감염되었었다. 그의 증상은 심각하지 않았는데, 단지 통증, 피곤함, 엉덩이의 심한 통증에다 잠을 잘 못 잤으며, 불안한 하룻밤을 보낸 다음 날 아침에 커피 캔을 땄을 때 냄새를 맡을 수 없었다. 그렇게 되니 그는 감을 잡을 수 있었다: 이것은 감기나 독감이 아니었다. 그는 여자친구와 그의 부모님을 피해서 며칠 동안 격리되었지만, 그의 고양이를 감염시켰다.

그 고양이는 지카라는 이름의 짧은 머리를 한 4살짜리 암컷이었다.

"바이러스 이름 같네요." "그거 맞아요." 하고 그는 확인해 주었다.

그 고양이는 재채기를 하기 시작했다. 다른 병의 징후는 없었고, 식욕도 없었다. 파가니가 병원에서 그걸 언급했을 때, 친절한 바이러스학자가 지카에게서 바이러스를 분리하고 유전체 염기서열을 따겠다고 제안했다. "의사들은 괴짜이고 괴짜는 고양이를 사랑하죠"라고 그는 나에게 설명했다. (아마도, 괴짜 감염병 의사만이 그의 고양이를 지카라고 이름 지을 것이다.) 파가니는 면봉으로 그 고양이의 검체를 채취했다. 그는 바이러스 분리를 위해 자기에게서 채취한 면봉 샘플도 주었고, 그렇게 해서 그의 바이러스도 염기서열이 매겨졌다. 두 유전체는 99.9% 동일했기 때문에 지카는 확실하게 그에게서 전염된 게 맞았다. 두 유전체는 모두 B 계통에 속했다.

한편, 파가니와 지카는 회복되었지만, 이탈리아와 전 세계 사람들은 죽어가고 있었다. 6월 7일, 카스티글리오네 다다에서 파가니의 현장 조사가 끝났을 때, 전국적인 환자 수는 235,035명이었다. 거의 34,000명의 이탈리아인들이 사망했다. 전 세계 사망자 수는 423,442명이었다. 그리고 그 모든 것은 단지 첫 번째 파도일 뿐이었고, 앞으로 더 나쁜 것이 또 오게 된다.

44

계통 B는 많은 곁가지를 가진 가지였다. 첫 번째이자 가장 중요한 곁가지들 중 하나는 B.1이었고, 발병 초기에 롬바르디아에서 발견되었으며, 아마도 그곳에서 유래되었을 것이다. 그것은 두 가지 돌연변이로 조상 계통 B와 달랐는데, 그중 하나는 여러분도 들어본 것, 즉 D614G였다.

3월 초까지, B.1은 중유럽, 네덜란드, 영국, 미국에서 사람들을 감염시켰다. 한 가지 주목할 만한 예를 들면, 그것은 뉴욕시로 가서, 뉴욕시 의료 시스템의 끔찍한 과부하로 진행되어 우리 모두가 본 섬뜩하고 슬픈 언론 보도를 이끌어 냈다. 그 위기는 4월 초에 절정에 이르러, 5월 10일까지 뉴욕주는 33만 건 이상의 확진자를 냈고, 대부분이 뉴욕시 환자로 전 세계의 8%를 차지했다.

B.1 계통은 자체의 분지를 하나 생성했는데, 곧 B.1.1 계통으로 명명되었다.

이 분지 계통은 덴마크, 독일, 영국, 미국, 그리고 롬바르디아 지역에서 거의 동시에 나타났는데, 이러한 동시성은 유전체 서열 분석의 상대적 부족을 반영하는 것으로, B.1.1이 정확히 어디에서 시작되었는지를 규명하기 어렵게 만들었다.[37]

이론의 여지는 있지만, 그것은 중요하지 않다. 중요한 것은 이 계통에서 적어도 7개의 다른 분지가 생겼다는 것인데, 그중 가장 눈에 띄는 것은 B.1.1.7이었다.

---

[37] 동시에 발견된 것은 사실 바이러스가 여러 지역에서 동시에 발생했기 때문이 아니라, 실제로는 각국이 충분한 염기서열 분석을 하지 못해 각각 늦게 발견했기 때문에 동시 발생한 것 같은 착시 현상이었다는 뜻.

이런 표기들이 숫자 놀음처럼 보일 수 있다는 건 알지만, 그것들은 증례 수가 증가하고 돌연변이가 유전체에 변화를 더함에 따라 이 바이러스가 많은 진화적 선택지를 포착하며 다양한 방면으로 진화를 할 기회를 잡았다는 사실을 반영한다. 우리는 곧 이 글자와 숫자들이 뒤섞인 혼란스러운 표기법을 넘어서, 더 간편한 이름으로 넘어가게 된다. 예를 들어, B.1.1.7은 '영국 변종'이 되었다.

나중에는, 더 많은 데이터를 사용할 수 있게 되었고, 더 많은 변종이 등장했으며, 대중이 이걸 두고 얘기하기 더 편하게 하기 위해 훨씬 더 간단한 이름인 알파 변종이 되었다.

알파, 베타, 감마, 델타: 제2단계에 나타난 묵시록의 네 기수[38].

그 단계는 2020년 가을에 시작되었고, 이 바이러스는 여전히 D614G 변이를 둘러싸고 남아 있는 모든 불확실성을 제거했다. B.1.1.7 변이에 대한 최초의 증거는 그레이터 런던과 국경을 맞대고 있는 잉글랜드 남동부의 켄트 주에서 나왔다. 2020년 9월 20일, 그 변이는 그곳에서 수집된 두 개의 환자 검체에서 나왔다. 하지만 그 중요성은 나중에야 인지되었는데, 이는 거의 우연에 가까운 두 가지 데이터의 융합 덕분이었다.

하나는 갑작스럽고 공격적인 코로나19 확산을 기록한 역학 데이터였고, 다른 하나는 그 확산 중인 바이러스가 상당히 크고 의아한 새로운 돌연변이 집합을 포함하고 있음을 밝혀낸 유전체 데이터였다. 에든버러 대학의 앤드류 램보우는 좀 더 일반적인 것을 찾던 중 유전체에서 이 클러스터를 발견했다. 베티 코버 팀이 주목했던 D614G를 포함한 스파이크 단백질의 돌연변이와 남아프리카에서 진행되고 있던 또 다른 의심스러운 변이였다.

"우린 이들을 주시하고 있었습니다"라고 램보우는 말했다.

당시 영국은 정부와 민간이 2천만 파운드를 지원하는 COG-UK로 알려진 컨소

38　성경에 등장하는, 재앙을 불러일으키며 세계를 멸망시킬 역병, 전쟁, 기근, 죽음을 각자 맡은 4인의 기수.

시엄을 선견지명 있게 설립한 덕분에 다른 어떤 나라보다 많은 SARS-CoV-2 유전체 염기서열을 분석하고 있었다. COG는 COVID-19 Genomics의 약자이다. 이 컨소시엄에는 12개 이상의 대학과 4개의 정부 기관, 그리고 웰컴 트러스트의 자금 지원을 받는 연구소인 웰컴 생어 (유전체 염기서열 분석의 아버지인 프레드 생어의 이름을 딴) 연구소가 포함되었다. COG-UK는 전국에 흩어져 있는 16개 염기서열 분석 허브를 포함하며, 이는 전 세계 국가 중 가장 크고 유용한 유전체 추적 기관이다. 전무이사는 특별한 조직 구성 능력을 가진 샤론 피콕 (Sharon Peacock)으로 캠브리지 대학의 미생물학 교수이다. 이러한 노력은 2020년 3월 피콕이 동료들에게 보내는 비밀 이메일을 통해 시작되었다.

피콕은 "어떤 내용인지는 말하지 않았어요"라고 말했다. "저는 단지 이렇게 말했죠. '전화 주실 수 있나요?' 그래서 5명과 통화를 했는데, 전 '이봐요, 국가조직으로 염기서열 분석 조직을 갖추는 것에 대해 어떻게 생각하나요?'라고 물었습니다."

그녀의 아이디어는 정부의 수석 과학 고문인 패트릭 밸런스 경의 생각과 일치했고, 그들은 하루 동안의 잠재적 파트너 회의를 마련하여 그 틀과 자금 조달 제안에 대한 합의를 도출했다. 대부분 정부의 COVID-19 대응 기금과 웰컴 생어 연구소로부터 즉시 자금이 투입되었고, 4월 1일부터 움직이기 시작했는데, 이는 집단적으로 동원되고 가속을 했던 인상적 업적이었다.

이와 같은 일은, 오, 이를테면, 미국에서는 결코 일어나지 않았다.

"우리에게 그리고 다른 사람들에게 의심을 표명한 사람들이 있었다"라고 피콕은 COG-UK 컨소시엄 웹사이트로 올린 짧은 역사적 에세이에서 이렇게 썼다. 이들은 "우리가 시간 낭비를 하고 있다고 느낀 사람들이었다. 코로나바이러스는 인플루엔자나 HIV와 같은 다른 바이러스들처럼 자주 돌연변이를 일으키지 않는다고 생각했다.[39]"

피콕의 자체 연구는 주로 박테리아에 관한 것이었지만, 그녀는 바이러스를 이해했고, 계획을 세우는 것을 이해했다. "왜 굳이 사서 걱정할 필요가 있을까?"라는 태도가 의심하는 사람들의 입장이었다고 그녀는 썼다.

이에 대해 그녀는 이렇게 답했다.

"우리는 최악의 상황이 벌어질 때까지 기다렸다가 전혀 준비되지 않은 상태임을 깨닫는 것이야말로 우리가 총체적으로 원하지 않는 상황이라고 생각했다."

첫 1년이 지나고 보니, 영국은 전 세계의 40% 이상인 259,502개의 SARS-CoV-2 염기서열을 보유하고 있고, B.1.1.7의 증가와 같은 중요한 변화와 추세를 감지할 수 있는 상당한 능력을 어느새 가지고 있었다.

샤론 피콕은 강한 의지와 헝그리 정신을 가진 사람이고, 항상 그래 왔다.

"저는 노동자 계층의 가정에서 자랐고, 우리 가족들 중 그 누구도 대학에 가본 적이 없어요"라고 그녀가 말했다.

11살 때, 그녀는 중고등학교 졸업과 어쩌면 대학 입학까지도 자격을 얻을 수도 있었던 중요한 시험에 떨어졌지만, 대신 국내 기술 훈련(요리와 바느질, 기초 산술) 쪽으로 방향을 틀었다. 그래서 16살에 학교를 그만두고 집 근처에 있는 잡화점에 일을 하러 갔다. 그녀는 그 가게에서 일하는 것을 좋아했지만, 어느 날 다른 기회를 발견했고, 치과 간호사로서 훈련을 받았다. 이후 의료 간호사로서 더 많은 수련을 하게 되었다.

그녀가 새로운 생각을 하게 된 것은 병원 환경에서 수련을 받는 동안이었다: "저는 이 일을 정말 좋아했지만, 이젠 의사가 되고 싶어졌죠."

그녀는 과학 분야에서 거의 학문적인 자격이 없었지만, 그것은 보완이 가능했

---

39 사실 틀린 생각은 아니다. 인플루엔자 바이러스는 유전체가 조각조각 절편화되어 있어서 카드 패 섞듯이 온갖 조합의 변이 가짓수가 무궁무진한 반면 (그래서 매년 다른 성분의 인플루엔자 백신을 맞아야 한다), 코로나바이러스는 단 하나의 절편도 없이 처음부터 끝까지 하나로 죽 이어져 있는 유전체다. 말하자면 카드가 딱 한 장뿐인 셈이다. 따라서 인플루엔자에 비해 돌연변이를 일으킬 빈도가 훨씬 적다.

다. 그녀는 수학, 물리학, 생물학, 그리고 화학을 공부하기 위해 파트타임으로 대학을 다녔다. 그녀는 의과 대학에 들어가려고 했으나 퇴짜를 맞았다. 나이 제한에 걸리는 여성에 대한 불신 때문으로, 이건 분명히 오늘날의 시각에서 보면 다소 수긍할 수 없는 기준이었다.

"그래서 저는 어느 날 용감하게 대학에 전화를 걸어, '당신은 저를 두 번 거절했지만, 정말로 저는 당신이 저의 합격을 고려해 주시길 바랍니다'라고 말해야 했습니다."

그녀는 인터뷰를 할 기회를 얻었다. 그녀는 결국 사우스햄튼 대학에서 한 자리를 얻어, 거기서 의사로 수련을 받았다.

그녀는 왕립 의학원의 회원이 되었고, 그 후 미생물학과 감염병을 전공했다.

"저는 의료계에 좀 늦게 들어왔고, 아시다시피, 과학에 좀 늦게 입문했어요."

그녀는 웰컴 트러스트의 펠로우십과 함께 옥스포드에서 미생물학 박사 학위를 받았고, 그 후 방콕에 있는 마히돌-옥스퍼드 열대 의학 연구소에서 7년 동안 태국에서 박테리아 질병 프로그램을 운영했다. 그녀는 영국으로 돌아와 교수가 되었고, 결국 캠브리지 대학에서 내성 감염에 대한 웰컴 프로그램의 자문인으로 일했다.

그래서 웰컴 트러스트는 이 초기 팬데믹의 경천동지 속에서 샤론 피콕이 염기서열 분석 컨소시엄에 대한 제안을 하며 왔을 무렵, 그녀를 잘 알고 있었다 ― 그녀의 헝그리 정신과 강인한 의지를.

영국 정부도 그녀를 알고 있었다.

아무렴요, 피콕 박사님, 여기 2천만 파운드가 있습니다.

2020년 가을 현재 COG-UK는 일단 수만 개의 염기서열을 확보했으며, 더 많은 염기서열이 빠르게 만들어지고 있다. 이 나라는 코로나19 확진자가 너무 많았음에도, 확진자 숫자당 염기서열 확정 비는 매우 높다.

똑똑한 젊은 박사과정 학생들과 뛰어난 생물정보학 기술을 가진 박사과정 학생들로 구성된 램보우의 연구소 그룹이 전국과 전 세계의 유전체를 정밀하게 조사할 수 있었던 것은 GISAID와 같은 국제적인 데이터베이스로부터 얻을 수 있는 서열과 데이터들이었다. 램보우는 D614G와 또한 의심스러운 남아프리카공화국의 돌연변이를 찾아 N501Y로 명명했고, 웨일즈의 일부 유전체 중에서도 N501Y를 발견했다.

흠, 흥미로운데?

하지만 이 유전체들에는 다른 우려되는 변이는 없었다.

그의 젊은 동료들은 그 돌연변이에 비공식적인 실험실 문화가 반영된 별명을 붙여줬다.

D614G는 "Doug"로 알려져 있었다. 만약 유전체에 그 변이가 없고 원래 형태를 유지한다면, 그 이름은 "Doug-less (Doug가 없네)"라는 의미로 "Douglas"라고 불렸다. N501Y는 "Nelly"가 되었다.

램보우는 더 멀리 나아가 잉글랜드 남동부의 유전체 군집에서 넬리를 발견했는데, 그 유전체에는 넬리만 있는 게 아니었다. 넬리는 유전체마다 여러 다른 변화들과 함께 발견되었으며, 그 수는 비정상적으로 많았고, 20개가 넘는 돌연변이와 결손(缺損)이 포함되어 있었으며, 그중 17개는 중요한 것이었다.

그는 나에게 "그것은 매우 특별했습니다"라고 말했다. "저는 그 같은 걸 본 적이 없어요."

결국 그 변이의 난리 법석 무리들은 그들만의 집합적인 별명인 "코끼리"가 되었다. 게다가, 넬리를 포함한 그러한 돌연변이들 중 몇몇은 바이러스의 스파이크 단백질에 놓여 있어서, 아마도 세포를 공격하는 능력에 영향을 미쳤다. 그는 바이러스가 만성 감염의 경우 가끔 한 사람에게 남아 계속 돌연변이를 일으키는 경우를 제외하고는 이와 비슷한 것을 본 적이 없다고 스스로의 의견을 수정했다.

그가 난리법석 변이 무리들을 되새기는 동안 그에게 일어난 그 생각은 다른 사람들에게도 이어진다.

그의 박사과정 학생들 중 한 명인 옥스퍼드 생물학과 졸업생인 베리티 힐은 나중에 램보우의 생각이 어떻게 발전했는지를 나에게 상기시켰다.

"앤드류는 '우리는 넬리라는 이름의 코끼리 한 마리가 아니라 이 코끼리 무리 전체를 봐야 할지도 모른다'고 말하고 있습니다."

12월이 되기 약 일주일 전, 램보우는 정부 기관인 영국 공중보건국(Public Health England, PHE) 과학자들과의 정기적인 컨퍼런스에 참석했는데, 회의 주제는 켄트와 런던 동부에 있는 특이하고 빠르게 증가하는 코로나19 확진자 집단으로 바뀌었다. 역학자들은 그들의 데이터에서 그것을 보았다. 이것은 12월 초였고, 영국이 11월의 대부분 동안 봉쇄되어 있었다는 것을 고려할 때, 그렇게 공격적으로 진전하는 현상은 이상해 보였다. 그러나, 변이에 대한 램보우의 유전체 데이터와 합쳐지면, 그것은 이상한 것 이상이었다; 그것은 불길했다. 역학과 유전체학을 통해 이 우려는 부처 차원으로 제기됐다. 내각은 긴급 회의를 개최했다. 2020년 12월 19일 보리스 존슨 총리는 런던과 잉글랜드 남동부 대부분 지역에 대한 또 다른 봉쇄령을 발표했다. 그는 과학자들의 예비 데이터를 기반으로 새로운 변종이 이전 바이러스보다 전염성이 70% 더 높을 수 있다고 경고했다. 한 가정 이상 모이는 크리스마스 모임은 취소되었다. 그 시점에 베리티 힐은 에든버러를 떠났고 — 운 좋게도 국경 폐쇄 발표 직전이었다 — 런던 북쪽의 아이즈버리 부모님 집으로 돌아갔다.

그녀는 "일요일 아침에 일어나 제 동료 중 한 명이 보낸 메시지 두 개를 받았습니다"라며 "그의 메시지는 대략 이랬어요. '이것이 전국으로 퍼지는 것을 추적하기 위한 지도를 여럿 만들 수 있겠느냐'는 것이었죠."

45

2020년 1월을 돌이켜보면, 바이러스가 영국에 처음 도달했을 때, 베리티 힐은 자신이 과학적으로 관여하게 될 것이라고는 예상하지 못했다. 그녀는 박사 학위 과정 중으로, 2013~2016년 서아프리카 에볼라 발병의 유전체학에 초점을 맞추고 있었고, 특히 시에라리온에 관심을 기울였다. 그녀는 스카이그리드라고 알려진 종류의 컴퓨터 모델을 만들었는데, 이는 바이러스의 인구 역학을 추적하는 데 유용하지만 나와 아마도 독자분 또한 이해하기에는 너무 난해했다. 그녀는 중국의 비전형적 폐렴 사례에 대해 거의 듣지 못했고, 1월 말 하루 전까지 적당히 아는 정도였는데, 그때 그녀의 상사인 램보우가 어느 날 아침, 1면에 대담한 제목이 — 살인 뱀 독감 검사에서 다섯 명 검출 — 실린 타블로이드판 신문인 스코티시 선을 들고 연구실에 와서, 동료 학생들 중 한 명의 컴퓨터 화면에 테이프로 붙였다. "살인 뱀 독감"은 그 신문이 코로나19를 칭한 것으로, 중국의 한 팀이 방금 발표한 그 학술지 논문에 근거하여, 뱀을 신종 바이러스의 가능한 중간 숙주로 선전하고 있었다. 1월 24일자 더 선의 최신판은 "뱀 독감" 바이러스가 스코틀랜드에 들어왔으며 정부가 그것의 확산을 "밀접하게 감시하는 중"이라고 요란하게 나팔을 불고 있었다.

원인이 뱀이라는 의견은 오래 가지 못했지만, 바이러스는 스코틀랜드와 영국 전역의 어디에서나 활개를 쳤다. 3월 23일까지 영국은 6,020건의 사례가 발생했고, 보리스 존슨 총리는 마지못해 봉쇄를 명령하면서 영국인들에게 "집에 머무르라"고 말했다.

램보우 연구소는 원격 근무로 전환하여 SARS-CoV-2에 집중했다.

베리티 힐은 램보우에게 새로운 바이러스의 스카이그리드 모델을 구축하겠다고 제안했다. 그것은 그녀가 잘하는 분야였고, 그녀는 도움이 되고 싶었다.

"왜냐하면 저는, 솔직히 말해 참여하게 되어 꽤 신났거든요"라고 그녀는 말했다. "이것이 제가 박사 학위를 받는 동안 어느 시점엔가는 일어날 일이라고 상상했던 것입니다."

하지만 스카이그리드 대신 그녀는 연구소의 동료 대학원생인 아인 오툴(Áine O'Tool)과 함께 CIVET라고 불리는 새로운 종류의 유전체 파이프라인을 만드는 것을 도왔는데, 이는 병원에 있는 의사나 대학의 과학자들이 주어진 유전체 서열을 관련된 계통수 안에 배치할 수 있는 단순화된 도구였다. CIVET는 클러스터 조사 및 바이러스 역학 도구(cluster investigation and virus epidemiology tool)의 약자인데, 이는 은근히 원래 사스 바이러스의 중간 숙주를 떠올리게 한다.[40]

박사과정에서 힐보다 1년 앞서 학위논문 작성을 시작하려 하고 있었던 오툴은 이미 그런 일들에 대한 경험이 있었다. 그녀는 램보우의 요청에 따라, SARS-CoV-2 파이프라인을 만든 후, 'PANGOLIN(천산갑)'이라는 이름을 붙였다. 그 국가 컨소시엄인 'COG-UK' 덕분에 유전체들이 쏟아져 들어오기 시작했기에, 어떤 자동화된 프로세스로 그 유전체들을 가계도에 저장할 수 없다면, 그 데이터들은 뒤죽박죽이 될 것이었다.

오툴이 회상한 바에 의하면 램보우는 무심코, "이런 것들을 할당 정리할 수 있는 어떤 도구가 있다면 정말 좋을 것입니다"라고 말했다고 한다. 오툴은 파이프라인을 작성해 오고 있었지만, 이런 식으로 작성한 적은 없었다. 그녀는 어떻게 해야 할지 지침을 얻기 위해 구글 검색을 했고, 영감을 얻기 위해 이것저것 다 해 봤고, 어느 날 밤엔 꼬박 샜었으며, "다음 날 아침에 일어나 보니 PANGOLIN이 있었습니다"라고 더블린에 있는 부모님 집 꼭대기에 있는 다락방에서 인터뷰를 하며 그녀가 말했다. 그녀는 코걸이를 하고 사라사 옷을 입고 있었다.

"왜 그걸 PANGOLIN이라고 불렀죠?" 내가 물었다.

경의를 표하는 의미였어요. 온화하고 모든 생물들에게 수모를 당하는 그런 생명체 말입니다 — 네, 제가 그랬어요.

하지만 나는 그녀가 만든 PANGOLIN이 무엇의 약자로서 만들었는지 궁금했다. 그녀는 "전 세계 발병 계통의 계통발생학적 할당(Phylogenetic Assignment of Named Global Outbreak Lineages)"이라고 말했다.

"우와."

PANGOLIN은 SARS-CoV-2 유전체를 주 계통에 배치하고 큰 가계도에서의

---

40 사스 중간 숙주인 사향고양이(civet)를 슬쩍 떠올리게 한다는 의미.

SARS-CoV-2 유전체의 위치를 보여주는 결정적인 도구 중 하나가 되었다. 그것이 해낸 일은, 그러니까 CIVET가 하지 못했던 일은 이 서비스를 전 세계의 연구자들과 공중 보건 사람들이 쉽게 이용할 수 있도록 했다는 것이었다. 이 소프트웨어는 컴퓨터에서 다운로드하여 실행해서 데이터를 다루거나, 아니면 직접 웹에 접속해서 쓸 수 있는 소프트웨어였다.

오툴은 "이제 저는 케펜체와 일하고 있어요. 그는 보츠와나에 있지요"라고 말했다.

케펜체는 보츠와나 대학의 동료 박사 후보자인 케펜체 아놀드 투메디(Kefen-tse Arnold Tumedi)이다.

"그들은 염기서열 분석을 하고 있는데, 10개의 샘플을 보유하고 있습니다"라고 그녀는 말했다. "그들은 자신들의 데이터를 어디에도 올리지 않았지만, 자신들의 데이터가 어떤지 확인하고 싶어 합니다."

그 10개의 샘플은 SARS-CoV-2 진화의 범위 안에서도 어디에 들어맞을까?

"그들은 PANGOLIN을 통해 분석할 수 있습니다. 파일을 드래그 앤 드롭 하면 보고서가 생성되고, 어떤 계통에 — 그러니까 각 샘플이 어떤 계통에 속하는지 알려줄 것입니다."

천산갑은 야생에서 멸종위기에 처할지도 모르지만, 오툴의 PANGOLIN은 번창했다. 사실, 그녀는 자랑스럽게도 그것이 중요한 이정표를 넘었다고 말했다: 우리가 이야기를 나누고 있을 무렵에, 그 웹 버전은 공유된 돌연변이에 의한 관련성 위치(position of relatedness)[41]에 50만 개 이상의 서열을 할당했다. 사람들은 자신들의 지역사회에 어떤 계통이 존재하는지, 어떤 계통이 지리적으로 퍼져 나가고 있는지 또는 유병률이 증가하고 있는지 볼 수 있었다.

---

41 유전자 서열 분석에서 유전자 서열 간의 유사성 또는 관련성을 나타내는 위치를 의미. 이는 두 개 이상의 유전자 서열이 얼마나 유사한지를 비교하는 과정에서 중요한 역할을 한다. 예를 들어, 특정 위치에서 두 서열이 동일한 염기 서열을 가지고 있다면, 그 위치는 높은 관련성을 가진다고 할 수 있다. 이러한 관련성 위치를 분석함으로써 유전자 간의 진화적 관계나 기능적 유사성을 이해하는 데 도움이 된다.

"모든 사람들이 그들의 염기서열에 PANGOLIN을 실행했지요"라고 그녀는 말했다. "믿어지지 않는 일입니다."

SARS-CoV-2 변종의 시대가 열리고 있었고, 베리티 힐 그리고 그들의 램보우 연구소 동료들과 함께, 아인 오툴은 변종의 첫 징후를 잘 포착할 수 있는 위치에 있었고 준비를 잘 갖추고 있었다. 그녀와 힐은 둘 다 COG-UK의 직원으로서 SARS-CoV-2를 연구하기 위해 6개월 동안 박사과정을 유예했다. 그 유전체들은 축적되었고, 계통으로 분류되었다. 그리고 12월이 왔고, 램보우는 켄트에서 "코끼리"들이 런던을 향해 진격하는 것을 발견했다.

2020년 12월 18일 오후, 램보우는 일단의 공동 저자들과 함께 Virological에 논문을 올렸는데, "새로 대두되는 SARS-CoV-2 계통"에 대한 주의를 환기시켰다. 이는 켄트의 녹색 시골 마을에서 대도시 북서쪽으로 진출하면서 "지난 4주 동안 빠르게 성장"하고 있는 것이었다. 지금까지 그것은 스코틀랜드, 웨일즈 및 기타 4개국에서도 나타났다.

이 논문은 단지 하나의 주목할 만한 돌연변이의 문제가 아니라 더 많은 것의 문제라고 말했다: 14개의 아미노산이 바뀌었고, 3개의 결손이 있었는데, 이는 팬데믹 기간 동안 볼 수 있는 유전체들 사이의 "전례 없는" 변화들이 연속된 것이었다. 그러한 변화들 중 8개가 스파이크 단백질에서 발생했다. 그중 하나가 넬리였다. 램보우와 그의 공동 저자들은 수개월 전에 제안된 PANGOLIN 명명법 체계에 따라 그 계통을 B.1.1.7로 명명했다.

어떻게 그리고 어디에서 발생했을까?

바이러스에 장기간 감염되는 면역력이 약한 환자(예를 들어, 항암화학요법을 받는 암 환자)에게서는, 이 정도까지는 아니지만 짧은 시간 동안 여러 돌연변이가 축적된다. 약화된 면역체계에 의해 약하게 공격을 받는 한 사람의 몸에 오래 머물수록, 단일 바이러스가 돌연변이를 축적하고 이걸 모두 보유한 상태에서 다음 사람으로 점프할 가능성이 높아진다. 램보우의 연구팀은 이러한 이벤트는 비교적 드물지만, 건수가 매우 많아지면서 발생할 가능성이 있다고 가정했고,

이로 인해 B.1.1.7이 발생했다고 추정했다. 그들은 새로운 바이러스가 긴급한 실험실 연구와 "전 세계적인 유전자 감시 강화"를 요구한다고 말했다. 다음 날, 보리스 존슨은 런던과 남동부 지역을 다시 봉쇄했다.

데이터에 대한 추가 분석과 에든버러와 잉글랜드 간의 추가 협의는 곧 보고서 출판으로 이어졌다. 이 보고서는 존슨 총리가 이미 말한 내용을 문서화했다: B.1.1.7 변이가 이전 바이러스보다 전염성이 더 강해 보이며, 70%가 아닌 75%까지 더 전염성이 강할 수 있다는 것이었다. 이는 10월 동안 빠르게 존재를 확장했으며, 11월의 부분적인 봉쇄 기간 동안에도 계속 점령지를 넓혀 갔다. 이는 불안한 결론을 시사했다. B.1.1.7 변이는 사람들 사이에서 전파되는 능력이 더 뛰어날 뿐만 아니라, 사람들이 사회적 거리 두기를 하고 마스크를 착용하는 동안에도 더 잘 전파될 수 있었다는 것. SARS-CoV-2는 우리를 파악하고 있었다고 말할 수 있을 정도였다, 우리가 SARS-CoV-2에 대해 파악하고 있었을 때조차도.

46

 사람들에게 더 나쁜 소식이자, 바이러스에게 더 좋은 소식이 12월 말 이전에 도착했다.

마치 SARS-CoV-2가 인간 병원체로서 성공적인 첫해를 절정으로 끌어올리는 것처럼.

남아프리카 공화국의 과학자들은 또 다른 고성능의 다중 돌연변이 변종을 발견했다고 발표했다.

이 변종은 스파이크 단백질에만 9개의 돌연변이를 가지고 있었는데, 이는 Doug (D614G), Nelly (N501Y), 그리고 E484K가 있었고, 이 다른 변이는 램보우 연구소 식의 별명으로 "Eek"가 되었다. 때때로 "Eek(어이쿠)!"라고 불리기도 한다. Eek와 Nelly, Doug와 다른 변이들이 있는 이 변종은 B.1 계통에도 속했고, PANGOLIN 시스템을 통해 네 자리 변종 코드(B.1.351)를 얻었다.

그러나 여러분은 그 이름을 잊어버려도 되며, 우리는 이제 WHO가 제안한 단순화되고 대중적인 이름으로 바꿔 부를 것이다: '베타'라고.

다중 돌연변이를 포함하고 있는 알파 변종은 영국에서 처음 발견되었고, 이후 다른 형태의 돌연변이를 가지고 있는 베타는 남아프리카 공화국에서 발견되었다.

베타 변이 바이러스는 케이프타운 동쪽 약 500마일 해안에 있는 백만 명 인구의 지방 자치 단체인 넬슨 만델라 베이라고 불리는 지역에서 처음 발견되었다.

콰줄루-나탈 대학의 툴리오 드 올리베이라(Tulio de Oliveira)라는 브라질인이 이끄는 남아프리카 공화국 연구팀은 2020년 10월 15일 자 샘플에서 D614G를 운반하는 또 다른 계통을 발견했으며, 그 외에 5개의 스파이크 돌연변이를 의심하게 되었다. 여기에는 N501Y(우리에게 이젠 친숙한 넬리), E484K(이크), 그리고 스파이크 단백질의 다른 중요한 돌연변이 3개가 포함되었다. 이 새로운 변종은 케이프타운 쪽으로 빠르게 퍼졌고, 몇 주 안에 남아프리카 공화국 최남단의 두 지방, 이스턴케이프 및 웨스턴케이프에 걸쳐 SARS-CoV-2의 주요 계통이었다. 11월 말까지, 스파이크에 3개의 돌연변이를 더 추가했는데, 그중 하나는 K417N("Karen"으로 명명)이었다. K417N은 바이러스가 면역 체계를 회피할 수 있도록 도울 수 있는 위치에 있는 것으로 보였다.

이는 베타 변종 바이러스가 원래 바이러스에 첫 감염된 후에도 또는 백신 접종 후에도 사람들을 재감염 시킬 수 있음을 시사했다. 남아프리카 공화국은 이미 698,000명의 환자가 발생했고, 거의 199,000명이 사망했다.

"우리는 그걸 제대로 겪었어요"라고 페니 무어(Penny Moore)는 말했다.

그녀는 요하네스버그에 있는 위트워터스란트 대학교의 연구 교수이자 바이러스-숙주 역학 전문가다.

"우리는 매우 소모적인, 정말 진 빠지는 봉쇄를 겪었고, 그 후에야 밖으로 빠져나왔습니다."

사람들은 안도를 하고 있었으나 "환자 수치가 다시 오르기 시작할 때까지"였다.

무어와 다른 사람들은 베타와 같은 새로운 변종이 면역 저하자들로부터 나타날 수 있다는 것을 매우 잘 알고 있었다. 이는 램보우 팀이 알파에 대해 제안한 것과 일맥상통하는 것이었다.

그녀는 "우리는 특히 남아프리카 공화국의 엄청난 HIV 확산 때문에 그것에 대해 매우 걱정하고 있었습니다"라고 말했다.

이 나라는 6천만 명의 인구 가운데 HIV와 함께 살고 있는 750만 명 이상의 시민을 포함하고 있다. 코로나19 환자들을 심각한 질병이나 사망에 잠재적으로 더 취약하게 만드는 근본적인 요인이 있다면, 그것은 에이즈일 것이다. 게다가, 면역력이 손상된 사람들이 많을수록, 바이러스가 여러 개의 돌연변이를 일으킬 수 있을 만큼 충분히 오래 머물 수 있는 숙주가 더 많아진다. 방금 언급한 이 말이 코로나19 피해자를 탓할 근거가 아니라는 것을 인식하는 것은 매우, 매우 중요하다; 이는 모든 사람, 특히 에이즈 환자에게 추가적인 위험을 초래할 수 있는 진화적 상황에 대한 설명이며, 그들을 고려할 때 주의 깊게 검토할 가치가 있다.

알파처럼 베타 변종은 국경을 넘어 빠르게 퍼져 나갔다. 팬데믹이 시작된 지 2년째 접어든 지 불과 1주일 만인 2021년 1월 7일까지, 45개국의 코로나19 환자에게서 알파가 검출됐고, 13개국이 베타를 검출했다. 그 국가들 중 일부는 알파가 존재했을 뿐만 아니라, 영국 전역에서 그랬던 것처럼, 유병률이 증가하고 있다고 보고했다. 그러나 두 변종 모두의 국제적인 발전 속도를 알 수 없었고, 이용 가능한 염기서열에서 분석된 유전체에서 추론하는 것을 제외하고는 런던이나 남아프리카 공항을 통해 확산되는 것을 추적할 수 없었다. COG-UK 기업과 같은 것을 보유한 국가는 거의 없었지만, 이 시점까지 덴마크, 아이슬란드, 네덜란드, 호주는 코로나19 증례에서 빠르고 일상적인 유전체 염기서열 분석을 하고 있었고, 남아프리카와 보츠와나도 염기서열 분석을 시작했다.

이러한 데이터가 더 많이 필요했지만, 이는 귀중하고 중요한 시작이었다 — 분자 역학이 전 세계적 규모로 빠른 속도 속에 진행된 것이었다. 변종 추적은 시드니의 에디 홈즈, 로테르담의 마리온 쿠프만스, 옥스퍼드의 올리버 파이부스(Oliver Pybus), 더반의 툴리오 드 올리베이라를 포함한 전 세계의 많은 공동 저자들이 서명한 Virological의 또 다른 게시물에 기술되었다. 두 명의 주요 저자는 아인 오툴과 베리티 힐이었다.

미국에서는 가용 가능한 자원과 전문 지식이 있음에도 불구하고 SARS-CoV-2 샘플의 염기서열 분석이 개탄스러울 정도로 형편없었다.

크리스천 앤더슨은 네이처 지의 선임 기자인 에이미 맥스먼(Amy Maxmen)에게 "우리는 모든 검체에 SARS-CoV-2의 염기서열 분석을 다 할 수 있을 만큼 충분한 염기서열 분석기를 가지고 있습니다. 각각 100 번도 더 할 수 있을 정도로요"라고 말했다.

당시 맥스먼에 따르면, 미국은 염기서열 분석을 수행한 국가들 중 적어도 30개국보다 뒤졌다고 한다. 대학과 기업 실험실을 정부의 노력과 연결하는 SPHERES[42](무엇의 약자인지는 신경 쓰지 마세요)라고 불리는 COG-UK 컨소시엄의 미국 버전이 있었는데, 처음에는 자금을 조달할 수 있는 능력이 부족했다. 나중 가서는 강력하게 지원을 받았지만. 염기서열 분석에 의한 감염 감시 능력이 꽤 좋았던 샌디에이고에서는 앤더슨이 주도한 초기 추진 덕분에 그와 동료들은 알파 유전체에서 더 간단하고 저렴한 PCR 검사로 감지할 수 있는 대리 신호를 찾음으로써 그 적용 범위를 보완했다. 이로써 그들은 프리프린트에서 설명한 바와 같이 미국의 알파 변종에 대한 정보를 추론할 수 있었다: 변종은 2020년 11월 말경에 미국에 상륙했고, 2021년 1월에는 30개 주로 확산되었다. 이전의 바이러스보다 전염성이 적어도 35% 더 높았고, 전체 SARS-CoV-2 인구에서의 상대적 빈도는 매주 두 배로 증가했다. 앤더슨과 그의 공동

42　Sequencing for Public Health Emergency Response, Epidemiology and Surveillance의 약자다.

저자들은 "긴급한 경감 노력(mitigation efforts)[43]이 즉시 시행되**지 않는 한**, 아마도 곧 많은 주에서 주요 변종이 더 휩쓸게 될 것"이라고 경고했다.

"**~지 않는 한**"이라는 전제로 그들이 암시한 것이 하나 더 있었다: 미국과 전 세계에서 알파 바이러스는 도저히 이길 수 없는 막강한 바이러스가 될 수도 있다는 것, 더 나쁜 또 다른 변종이 나타나"**지 않는 한**".

47

역시 위협적인 세 번째 변종이 영국의 알파, 남아프리카의 베타와 거의 같은 시기에 브라질에서 발생했다.

그렇게 시기가 일치하는 건 우연 그 이상일 수도 있다. 이것은 SARS-CoV-2가 짧은 시간 안에(2020년 11월 초까지 전 세계적으로 4,700만 건의 사례가 발생) 기념비적으로 엄청나게 증가하여 새로운 진화적 도약을 일으킬 만큼 충분한 분량의 돌연변이와 유전적 변이를 축적했을 가능성이 있음을 시사할 수도 있다. 이 바이러스는 마치 갇힌 물이 아래로 흐를 수 있는 모든 경로를 찾는 것처럼 성공적 번창으로 가는 경로를 찾고 있었다. 이 세 번째 변종은, 12월 동안 아마존 중부의 도시 마나우스에서 첫 선을 보였다. 마나우스에는 정밀 조사를 할 수 있는 유전체가 많지 않았지만, 갑자기 그중 52%가 주목할 만한 돌연변이 그룹을 지니고 있었다. 이 도시의 증례 수는 급격히 증가했고, 입원 건수도 마찬가지였다.

그 돌연변이들 중 일부는 다른 변종들과 유사했지만, 그것들은 독립적으로 발생한 것 같았다. 넬리가 거기 있었다. 어이쿠가 거기 있었다. 카렌과 매우 비슷한 것도 있었다(물론 Doug도 거기 있었다). 새로운 변종은 모두 17개의 중요한 변

---

43 개인 위생 행동(예: 손 씻기, 기침 및 재채기를 할 때는 입과 코를 가리기), 마스크 착용, 사회적 상호작용 제한 (예: 물리적 거리 두기, 집에서 머무르기, 격리 내지 자발적 자가 격리) 등을 통틀어 말하는 조치.

이와 3개의 결손을 가지고 있었고, 그 변이 중 3개는 수용체 결합 영역 RBD에 있었는데, 이는 세포에 달라붙는 스파이크의 가장 중요한 부분이었다. 이 변종을 발견한 과학자들은 그것을 P.1(왜 이런 이름인지 제게 묻지 마세요)이라고 이름 붙였다. 우리가 쓰는 용어로 하자면, 그것은 이제 감마(Gamma)다.

마나우스는 바쁘게 돌아가는 도시로, 리우 니그로와 아마존 강 본류의 합류점에 위치해 있고, 비행기나 배로, 혹은 베네수엘라로부터 남쪽으로 이어지는 단 하나의 도로로 쉽게 갈 수 있다. 식민지 시대에, 마나우스는 고무 생산을 위한 훌륭한 보고였으며, 따라서 거대한 황야의 강을 따라 엄청난 부를 얻었다(그리고 가난도). 이것은 "열대 지방의 파리"라 불렸다. 부유한 사람들은 오페라 하우스에 돈을 지불했고, 가난한 사람들은 성당에 돈을 냈다. 이것은 포르투갈 식민지 개척자들에 의해 지어진 17세기 요새가 있던 자리에 있었고, 임금 노동을 원하거나 물품을 제조하는 토착민들, 신자들을 원하는 선교사들, 그리고 클라우스 킨스키가 영화 피츠카랄도[44]에서 연기한 것처럼 광기에 사로잡힌 용병들을 유혹하는 지역 중심지로 성장했다. 그러나 20세기 중반에 개발에 박차를 가하는 것을 돕기 위해 그곳은 자유무역지대로 선언되었고, 대형 항구, 금융 지구, 고층 호텔과 아파트, 거대한 축구 경기장, 리우 니그로의 검은 물이 핥고 지나가는 멋진 해변, 아마존 필하모닉, 그리고 200만 명의 거주자들을 가진 현대 도시가 되었다. 슬프게도, 그 거주자들은 코로나19의 첫 번째 물결에 정신없이 얻어 맞고 있었다, 브라질 변종이 등장하기도 전에 말이다.

이 바이러스는 이탈리아에서 브라질에 처음 도달한 것으로 보인다. 이탈리아 자체의 초기 발병이 롬바르디아에서 시작된 바로 그 시점인 2020년 2월 상파

---

44 1982년에 나온 영화로, 아마존 밀림 한 가운데에 거대한 오페라 하우스를 짓겠다는 광기에 사로잡힌 아일랜드 사업가 피츠카랄도의 이야기다. 문제는 그걸 달성하기 위해 거대한 증기선을 산 정상까지 올려놓는 미친 짓을 한다는 사실이다. 저자는 클라우스 킨스키가 만든 걸로 오해하기 쉽게 썼지만, 사실 그는 주연 배우로 연기했을 뿐이고, 이 작품은 베르너 헤어조크 감독이 광기를 발휘한 것이었다. 이 작품은 역대급 걸작으로 칭송받고 있다.

울루에 도착한 4명의 여행객을 통해서. 그곳에서 빠르게 북상하면서 지리멸렬한 공중 보건 대처를 맞이한다.

이는 다음과 같은 상황들 때문에 더 악화되었다: 일부 주(예를 들어 주지사 탄핵에 직면한 리우데자네이루)의 정치적 혼란, 다른 주(아마조나스; 거대한 규모의 주인데 반해 중환자실 병상이 거의 없으며 그나마 모든 중환자실 병상은 마나우스에 집중되어 있는 곳)의 심각한 자원 부족, 첫 번째 사례가 보고되기 전 바이러스의 장기적인 순환, 사회경제적 불평등, 그리고 비약물적 개입(마스크, 사회적 거리 두기)을 거부하고 하이드록시클로로퀸을 치료제로 홍보했으며, 4월에 보건부 장관을 해고하고, 5월에 또 다른 보건부 장관을 잘랐으며, 이후 의학적 자격이 없는 육군 장군을 보건부 장관으로 임명하였다.

브라질의 총 확진자 수가 73,000명을 넘고 사망자 수가 5,000명을 넘었던 4월 28일, 보우소나루는 바리케이드에서 한 무리의 기자들과 마주했고, 누군가가 그 숫자들을 언급했다.

"그래서요?"라고 그는 어깨를 으쓱하며 말했다. "미안해요. 제가 어떻게 하기를 바라나요?"

브라질 국민들은 대통령의 실정에 너무나 크게 데어서, 차라리 트럼프를 대통령으로 두는 게 더 나아 보였다.

대통령의 무관심에도 불구하고 브라질의 가장 큰 두 도시인 상파울루와 리우데자네이루의 지도자들은 3월에 부분적인 봉쇄 조치를 명령했다. 학교와 대학은 문을 닫았다. 극장은 문을 닫았다. 술집, 식당, 쇼핑센터, 해변이 문을 닫았다. 대중 교통은 제한적이었다. 이 모든 것이 효과는 있었으며, 부작용으로 두 도시에서 대기 오염이 감소하는 데 도움이 되었다. 그러나 5월 24일 브라질이 미국 다음으로 세계에서 두 번째로 코로나19 감염이 많은 국가가 되는 것을 막기에는 충분하지 않았다. 브라질의 이 첫 번째 물결은 7월 29일에 최고조에 달했으며, 그날 71,000건 이상의 새로운 증례가 보고되었다.

물과 아마존 숲으로 둘러싸인 고립된 도시인 마나우스는 예상대로 이례적이었다. 이 바이러스는 2020년 3월에 그곳에 도달하여 "폭발적인 유행"을 일으켰고, 5월에 정점을 찍었으며, 이는 코로나 확진 진단보다 코로나 의심 사망자가 더 많아 심각하게 과소 집계되고 있음을 나타냈다. 따라서 공중 보건 연구자들은 '초과 사망률'이라는 간접적인 척도로 이를 평가했다. 이는 설명되거나 설명되지 않은 사망자 수가 평균 사망자 수를 어느 만큼 초과한 것을 의미하며, 그 차이는 바이러스에 기인한 것이다. 초과 사망률은 거의 5배가 늘었고, 대부분 60세 이상의 사람들에게서 발생했다. 많은 사람들이 집이나 공공도로에서 사망했다. 집과 길바닥에서의 사망은 무언가 다른 것을 반영한다: 코로나19는 부유한 사람들보다 가난한 사람들에게 더 큰 타격을 주고 있었고, 브라질이 보편적인 무료 치료를 제공하기 위한 공공 자금 지원 의료 시스템인 시스테마 우니코 데 소데(Sistema Unico de Saude)를 가지고 있음에도 불구하고 정부의 노력은 그 격차를 상쇄하지 못했다. 마나우스는 인구 9,000명당 1개의 중환자실 병상을 가지고 있었다. 이게 무슨 보편적 의료인가.

바이러스는 도시를 휩쓸고 지나갔다. 만약 여러분이 아마조나스 주의 다른 곳이나, 어떤 지류의 상류에 있는 작은 정착지, 또는 심지어 마나코레와 같은 먼 마을에 산다면, 아마 바이러스를 피할 수 있었을 것이다.

하지만 마나우스에서는 아닐 것이다.

10월까지, 항체가 존재하는지를 혈액 샘플로 조사한 결과에 따르면, SARS-CoV-2는 마나우스 인구의 76퍼센트를 감염시켰다. 역학의 언어로 달리 표현하자면, "공격받은 비율(attack rate)"이 76퍼센트였다는 것이다.

추정치에는 오차의 여지가 있었지만, 기본 메시지를 뒤집으려면 많은 오차가 필요할 것이다: 바이러스는 그곳 전역에 퍼져 있었다(상파울루에서는 비슷한 시기에 공격받은 비율 추정치가 29퍼센트였다). 그리고 이것은 (초반에 언급했던 것 잊지 않았겠죠?) 어떤 공격적인 새로운 변종이 나타나기 전의 일이었다.

그 후 감소 추세가 나타났고, 몇 달간의 휴식기가 있었다. 그러나 11월 초에 브라질 전역에서 두 번째 물결이 시작되었다. 그 시기에 리우데자네이루의 저명한 과학자이자 의사인 카를로스 모렐(Carlos Morel) 자신이 코로나19를 앓았다. 모렐은 WHO 집행이사회와 빈곤 질병 연구 프로그램 이사를 역임한 감염병 및 글로벌 대응 분야의 고위 인사이며, 국내에서는 보건부 장관의 내각 구성원이자 브라질의 공중 보건 연구 개발 선도 기관인 오스왈도 크루즈 재단의 회장을 역임했다. 그는 특히 결핵, 샤가스 병, 사상충증과 같은 방치된 질병과 그로 인해 가장 큰 고통을 받는 방치된 사람들에 업무의 초점을 맞추고 있었다. 그는 또한 인간에게 위험할 수 있는 것을 감시하기 위한 단계로 동물 바이러스의 글로벌 지도를 구축하는 노력에 적극적이었다.

모렐은 과학자로서뿐만 아니라 시민으로서 코로나19를 심각하게 받아들였고, 브라질의 첫 번째 유행이 일어난 수개월 동안 리우에 있는 자신의 집에서 아내 및 어린 아들과 함께 조심스럽게 격리하며 보냈다. 그는 유전체 바이러스 감시의 중요성에 대한 논문과 기분 나쁜 신종 바이러스를 연구하는 생물안전 실험실을 포함하여 작업을 계속했다.

그러고 나서 2020년 11월에 그는 운이 나빴다. 그의 아내는 병원에 갔고, 아들은 비즈니스 미팅에 갔으며, 둘 다 코로나에 걸렸다. 아들은 가벼운 증상이 있었는데 곧 사라졌고, 모렐의 아내는 일주일 동안 열과 후각 상실을 포함한 다른 증상들을 겪었지만 회복되었다. 또 다른 일주일 후에 모렐 자신이 앓기 시작했다. 그는 집 안의 다른 곳으로 거처를 옮겼지만, 너무 늦었다. 그의 호흡은 힘들어졌고, 위화감이 들었으며, 숨을 쉬는 걸 의식적으로 해야 할 정도였다. 그러고 나서 열이 났다.

"저는 점점 더 심해지고 있었어요"라고 모렐이 나에게 말했다.

11월 25일, 그는 그의 가족에게 말했다. "애들아, 나 이거 심각할 수도 있는 것 같은데. 나 병원에 가야 하겠어."

병원에서 그의 호흡 능력은 좋지 않았다. 엑스레이는 그의 폐활량이 거의 절반이 손상되었음을 보여주었고, 의사들은 엑스레이 필름을 보면서 "쯧, 쯧, 쯧"이라고 탄식했다. 그는 코로나19 전용 중환자실 병동으로 옮겨졌다. 그가 더 악화되었을 때, 마스크를 사용하지만 기관지 삽관 튜브를 목구멍에 넣지는 않으며 전신 마취도 하지 않는 호흡 기계를 그에게 적용하였다. 소위 "비침습적인 호흡"이라는 용어의 조치였다. 이는 기관지 삽관보다 덜 급진적인 단계였다. 그는 깨어 있었고, 필요에 따라 산소를 공급받도록 리드미컬한 호흡으로 인공호흡기의 기계 지능과 상호작용할 수 있었다. 그는 얼굴에 이 장치를 달고 거의 2주를 보냈다.

"저는 악몽을 꾸었고, 지옥에 있었습니다"라고 모렐은 나에게 말했다. "마치 지옥의 문들이 울리는 것을 들을 것 같았죠, 그럼요."

주말이 올 때마다 특히 고비일 수 있었다. 왜냐하면 지원 팀이 교대 되었고, 그렇게 해서 바뀐 그 팀은 종종 바빠서 최대 8시간 동안 그를 방치하는 일이 있었기 때문이었다. 그는 그런 상황을 견디기로 결심했다. 그는 의사였고, 동료들로부터 "기관지 삽관을 하면" 생존 못할 수도 있다는 경고를 받았었다.

"폐소공포증이 있는 사람들은 이 기계와 마스크를 견딜 수 없습니다"라고 모렐은 말했다. 그는 마스크를 버티지 못해서 그것을 벗은 또 다른 의사, 국립 의학 아카데미의 회장이 기관지 삽관을 해야 한다는 것을 알았다.

"그리고 그는 죽었죠."

그들은 모렐의 동맥 중 하나에 플라스틱 튜브인 캐뉼라를 넣어 약을 쉽게 넣고 혈액 샘플을 채취했다. 물론 그들은 그의 방광에 카테터를 삽입했다. 그의 주치의는 중환자실을 정기적으로 방문하여 최신 엑스레이를 보았다.

"이 당시, 제 주치의는 제 아내에게 제가 얼마나 나쁜 상태인지 말할 용기가 없었습니다."

어느 순간, 주치의는 "우리는 매우, 매우 높은 용량의 코르티코스테로이드를 줘야 합니다. 그렇지 않으면, 이 환자는 목숨을 잃을 것입니다"라고 조언했다.

모렐은 가끔 가능한 몸 상태가 되면 가족과 휴대전화로 통화하고 바이러스 감시 논문의 공동 저자와 상의하면서 죽음의 공포를 잠시 잊고, 기운을 되찾았다. 그는 살아남았지만, 까딱하면 정말 죽을 뻔했다. 그는 호전되었고; 집으로 복귀

했다. 몇 달 후, 그가 정기 외래 진료에 아내와 동행했을 때, 그 대기실에서 병원에서 자길 봐 준 의사들 중 한 명을 만났다.

"오, 오셨군요!"라고 이 의사는 말했습니다. "돌아온 것을 환영합니다, 죽음에서 돌아온 사람!"

모렐은 자신이 칠순이라고 내게 말하였다.

내가 그에게 물었다. 마나우스에서 일흔일곱 살의 농부나 어부였다면, 어떻게 되었을까요?

"그랬다면 전 이 세상 사람이 아닐 것 같군요."

마나우스의 두 번째 유행은 전국적으로 유행이 시작된 것보다 조금 늦게 왔고, 이전의 강도와 새로운 변이로 인해 더 복잡해졌다. 2020년 4월에 정점을 찍은 후, 거의 연말까지 입원 건수와 사망자 수는 낮은 수준을 유지했다.

이것은 집단 면역이 반영된 것일까?

그 매력적인 개념 — 어느 한 장소에 있는 인간 '집단'을 위한 신비로운 '면역' — 을 받아들인 사람들에게 76%의 공격률은 집단 면역을 제공하기에 충분해 보였다.

사실, 일부 과학자들은 SARS-CoV-2에 대한 집단 면역의 한계치를 약 67%로 추정했다. 공중보건학 석사 학위가 없는 당신과 나조차도 76이 67보다 크다는 것을 알 수 있다. 하지만 67%라는 가정은 수많은 조건부 전제들에 근거한 것이었고, 그 조건들은 얼마든지 변할 수 있었으며, 그 개념 자체도 실체가 흐릿했다. 그래서 '집단면역'이라는 말을 일종의 보장처럼 받아들인 사람들에게는 현실을 겪게 되면 실망이 기다리고 있을 수밖에 없었다. 만약 임곗값이 67%였다면 마나우스는 보호받았어야 했다.

하지만 그렇지 못했다.

코로나19 입원은 2020년 12월 말에 급격히 증가했고, 사망은 2021년 1월 초에 급격히 증가했다.

이 새로운 급증을 설명하는 데에는 몇 가지 이유가 있을 수 있다.

어쩌면 첫 번째 물결 동안의 공격률은 76%가 아니라 실제로는 훨씬 낮아서, 이 수치는 과대평가된 것이었을 수도 있다.

아니면 항체 수준이 감소함에 따라 회복된 환자의 개별 면역, 즉 항체가 제공하는 보호 기능이 몇 달 동안 약화되었을 수도 있다.

아니면 첫 번째 물결의 항체가 새로운 변종인 감마에 대해 효과적이지 않았을 수도 있다.

아니면 감마 변종이 훨씬 더 전염성이 강해서 마나우스 주민들 중 24%에 불과한, 이전에 감염되지 않은 사람들 사이에서 급속히 퍼질 수 있었을지도 모른다. 즉, 집단 면역이 성립될 임계치가 생각보다 더 높은 기준일 수도 있었다.

또 다른 가능성, 가장 기분 나쁜 또 다른 가능성은 이 네 가지 요인이 모두 관련되어 있다는 것이다.

감마는 실제로 휩쓸고 다녔다.

한 연구에 따르면 이전 계통보다 전염성이 약 두 배 높았다. 그리고 항체의 보호 기능을 피할 수 있다는 징후를 보였다. 게다가 그것은 감염시킨 사람들을 죽일 가능성이 훨씬 더 높아 보였다. 이러한 추론은 2021년 초반 마나우스에서 나왔는데, 그 도시의 의료 시스템은 다시 한계에 부딪혔다. 그러고 나서 감마 변종은 미묘한 바이러스가 하는 그런 짓을 했다.

비행기를 탔다.

2021년 1월 2일이 되자 그것은 일본에 도착해 있었다.

48

그러나 상황이 전개되면서 감마 변종은 일본은 물론이고, 새로운 형태의 바이러스가 퍼진 다른 많은 지역에서 가장 큰 걱정거리가 되지는 않았다.

감마의 확산은 인도에서 일어나고 있던 어떤 것, 즉 이전보다 더 위협적인 또 다른 변종이 등장하며 선점해서 설 자리를 곧 잃게 된다 — 알파와 베타 바이러스 전파의 전례에서도 그러했듯이.

이것은 2020년 10월에 처음으로 검체물들에 합류했다. 이 검체들은 마하라슈트라의 환자들로부터 얻었는데, 그곳은 인도 서부와 중부에 있고 수도는 뭄바이인 큰 주(州)다. 마하라슈트라의 또 다른 대도시 중 하나는 국립 바이러스 연구소(the National Institute of Virology, NIV)가 있는 푸네이다. 그때 인도는 COG-UK에 대응하는 INSACOG (Indian SARS-CoV-2 Genomics Consortium)라는 자체 염기서열 분석 컨소시엄을 설립했으며, 그 파트너 연구소 중 하나가 푸네의 NIV 내로 연결되어 있었다. 그곳 과학자들이 마하라슈트라에서 코로나19 환자 수가 갑자기 "쏟아지는" 것을 알아 차리자, 그들은 특별히 주의를 기울여 유전체 염기서열 분석을 시작했다. 그들은 약 600명의 환자로부터 바이러스 유전체를 선별한 결과, 알파와 거의 40여 개의 다른 계통들을 포함한 여러 계통들이 뒤섞여 있는 것을 발견했다. 그러나 모든 사람들에게 새로운 계통인 한 계통이 두드러졌다. 그것은 전체 그룹의 거의 절반을 차지했다. 연구자들은 아인 오툴의 PANGOLIN을 통해 해당 유전체 분석을 실행했으며, 그 유전체를 SARS-CoV-2 생명의 나무에 올려놓고 B.1.617이라는 라벨을 부여했다. 주목할 만한 것은 마하라슈트라의 코로나19 증례들 중에서 지배종이 된 것 외에도, 스파이크 유전자에 여러 개의 돌연변이가 존재한다는 것이었는데, 그중 세 개는 의심을 불러일으켰다. 그중 하나는 Eek와 유사했다. 또 다른 하나는 퓨린 절단 부위에 놓여 있었다. 세 번째는 수용체 결합 영역에 대한 새로운 변종으로 L452R라 했으며, "Lazer"라는 별명을 얻었다.

그 돌연변이 레이저는 어디서나 출현한 것이었으며, 인도에 나타나기 이전에 출현했었다 — 로스엔젤레스에서 말이다. 그것은 2020년 말 캘리포니아 남부 전역을 급격히 휩쓴 것이 분명하며, 샌디에이고 동물원의 고릴라들을 감염시킨 바이러스들 중 일부였다. 그 고릴라(아래에서 더 자세히 다루겠지만)는 살아남았다.

새로운 인도 변이에서 이 세 가지 돌연변이의 재발은 캘리포니아에서 마하라슈트라로의 전파가 아닌 수렴 진화(convergent evolution)[45]를 시사했다. 즉, 유사한 변화가 독립적으로 발생하고, 이 바이러스와 저 바이러스에서 적응 가치(adaptive value)[46] 때문에 지속되었다.

우리에게 익숙한 Doug (D614G)도 존재했지만, 그것은 국제 전파의 사슬을 통해 더 일찍 도착했을 수도 있다.

그래서 푸네 과학자들이 경고하길, 이 네 가지 돌연변이가 결합되면 이 변종은 인간의 기도 세포에 더 잘 달라붙고, 일단 한 번 잡으면 더 잘 침투해 들어갈 수 있으며, 이미 감염되었거나 예방 접종을 받은 사람의 항체를 더 잘 피할 수 있을 것이라고 했다.

2월 중순까지, 이 새로운 변종은 마하라슈트라주에서 발생한 코로나19 사례의 60%를 차지했다. 그것은 그저 평범한 시작이었다. 뭄바이는 세계와 잘 연결되어 있으며, 월말 전에는 B.1.617이 영국, 미국, 싱가포르에 들어와 있었다. 3월에는 핀란드, 4월에는 피지에 도달했다. 그동안, 그것은 변이와 다양화를 계속하며 새로운 가지를 싹틔웠다. 캐나다의 첫 번째 증례는 4월 21일에 확인되었는데, 퀘벡에서 한 건, 브리티시 콜롬비아에서 39건이 더 확인되어 이는 두 방향에서 왔음을 시사하였다.

같은 날인 4월 21일, 아인 오툴은 새로운 경고 게시물을 하나 올렸는데, 최근 PANGOLIN을 돌려보니 새 변종들 중에서 600가지 이상 종류의 유전체들이 넘쳐났기 때문에 라벨링을 확장해야 했고, 단순히 1, 2, 3번으로 번호를 매겨서 세 개의 하위 계통을 만들었다는 것이다. 하위 계통인 B.1.617.2는 샘플링된 유전체 중 약 90개를 차지했다.

---

45 원래는 전혀 다른 종인데, 각자 유사한 환경에 처하면 이에 적응하기 위해 진화하다 보니 결과적으로 외형이나 생활사 등이 마치 같은 종인 양 비슷하게 되어버리는 진화.

46 생물이 환경에 얼마나 잘 적응하고 생존하며 번식할 수 있는지를 나타내는 개념. 즉, 어떤 특성이 생물에게 유리하게 작용하여 더 많은 자손을 남길 수 있게 한다면, 그 특성은 높은 적응 가치를 가진다고 할 수 있다. 예를 들어, 사막에 사는 동물이 물을 적게 마셔도 생존할 수 있는 능력을 가지고 있다면, 그 능력은 높은 적응 가치를 가지게 된다. 이러한 특성은 세대를 거쳐 자연 선택에 의해 더 많이 퍼지게 된다.

그러나 그것은 빠르게 그 점유할 몫을 증가시키고 있었다. 두 달 만에 그것은 알파와 B.1.617의 다른 두 가지 버전을 능가하면서 영국에서 지배적인 변종이 되었다. WHO와 영국의 보건국은 그것을 그들의 경보 목록에 "관심 변종"(VOI)에서 "우려 변종"(VOC)으로 재분류했다.

그러고 나서 5월 31일, WHO는 새롭게 간소화된 명명 체계를 발표했는데, SARS-CoV-2 악당 명단의 주요 구성원들은 더 명확하고 편리하게 알아보도록 그리스 문자로 라벨링될 것이라 했다. 그때가 바로 B.1.617.2가 델타(Delta)로 알려지게 된 때였다.

델타가 이 국가에서 저 국가로 우세종이 되어가자, 2021년 여름을 거치면서 과학자들은 델타에 대해 더 많은 것을 알게 되었다. 케임브리지에 본거지를 둔 팀은 델리에서 백신을 접종한 의료 종사자들 사이에서 돌파 감염 증례(백신 접종에도 불구하고 감염)가 발생했다고 인도 및 다른 지역의 파트너들과 함께 보고했다. 염기서열 분석 결과 그들 중 대부분이 델타에 감염되었음을 보여주었다. 시애틀의 한 연구팀은 로스앤젤레스에서의 급증과 샌디에이고의 고릴라에서 나타난 후 마하라슈트라에서 다시 나타난 단일 돌연변이 레이저를 특별히 주목했다. 이는 수용체 결합 영역의 매우 중요한 부분 내 위치 때문에 특별히 주목받고 있었다. 그들은 그것을 여러 나라와 대륙에 걸쳐 독립적으로 획득된 것으로 보이는 12개 이상의 독특한 계통에서 발견했다. 그리고 날이 갈수록 더 널리 퍼지고 있었다.

그것은 "2020년 가을에 광범위하게 도입된 역학적 억제 조치" 또는 "원래의 바이러스 변이에 대한 면역력을 가진 인구의 증가 비율"에 대해 바이러스가 잘 진화해서 적응했음을 반영할 수 있다고 그들은 기술했다.

더 쉽게 말하자면: 레이저는 여러 변종에 의해 시도되었지만 델타에 의해 완성된 멋진 트릭일 수 있으며, 이는 바이러스가 우리의 면역 체계뿐만 아니라 봉쇄 조치도 우회할 수 있게 됐다는 말이다.

중국이 초기 정점을 지나고 엄격하고 효율적인 조치로 확진자 수를 거의 0으로 억제한 지 15개월이 넘은 후, 델타 변이가 결국 중국을 강타했다는 걸 보면 모든 건 되돌아오기 마련이며 불가피한 일처럼 보인다.

2021년 5월 20일, 75세의 한 여성이 목이 아프고 미열이 있는 상태로 광저우의 한 병원에 입원했다. 그녀는 이틀 동안 몸이 약간 좋지 않음을 느끼고 있었다. 다음날 아침 일찍, 그녀는 목구멍 면봉 검사로 SARS-CoV-2 양성을 확인했다. 그녀의 바이러스 염기서열을 밝히는 데는 시간이 약간 더 걸렸고, 그 사이에 그녀의 남편, 식당에서 그녀에게 서빙했던 점원, 그 식당의 또 다른 손님, 그리고 그 손님의 손자 등 4명의 접촉자도 양성 반응을 보였다. 그들은 모두 델타에 걸려 있었다.

중국 CDC는 이 여성이 어떻게 감염됐는지는 밝히지 않고 있다, 원래 그 정도는 제공하던 기관임에도.

접촉자 4명은 즉시 구급차로 이송되어 격리 병원에서 격리 및 치료를 받았다. 너무 늦었다.

더 많은 증례가 나타났고, 이는 첫 환자에서 시작하여 총 다섯 단계까지 전파되었음을 반영하고 있었다. 그 후 한 달 이내에 광저우와 다른 3개 광둥성에서 첫 번째 여성을 제외하고 총 167건의 증례가 발견되었다. 이들 모두는 델타를 지니고 있었으며, 이들의 바이러스 유전체는 75세의 그 여성까지 거슬러 올라가는 깔끔한 연관성의 나무를 형성하고 있었다. 그리고 그게 전부였다(잠시 동안은). 광저우의 발병은 일단 종결되었다(델타가 다른 주에서 다시 나타날 것이기는 했지만).

광저우의 과학자 팀은 임상 및 유전체 데이터를 기반으로 이 168건의 사례를 연구하고 몇 가지를 발견했다.

델타 변이는 원래 바이러스보다 더 빠르게 감염자에게 영향을 미치는 것으로 보였다.

노출 후 양성 판정을 받기까지 평균 6일이 걸리던 원래 바이러스와 달리, 델타 변종은 평균 4일 만에 양성 판정을 받았다. 게다가 델타는 이전의 변종들에 비해 1,000배가 넘는 "바이러스 부하"를 발생시키면서, 보다 신속하고 풍부하게 복제를 했다.

세상에나, 꽤 많은 양이지만, 보다 정확하게 그들이 말한 것은 "1,260배 더 많이"였다는 것이다.

오, 그리고 이러한 높은 바이러스 부하는 양성 판정을 받을 시점에 쌓이기 시작하여, 델타 변종의 경우 초기 및 무증상 전파 가능성이 증가함을 시사했다.

델타는 이동 중이었다.

6월에는 남아프리카에서 급증한다. 7월에는 튀르키예에서 급증한다. 8월에는 남미와 일본에서 급증한다. 9월에는 알래스카에서 급증하고, 9월에는 광둥성에서 해안을 따라 중국 푸젠성에서 소규모 발병으로 다시 나타난다. 10월에는 내가 살고 있는 몬태나에서 급증한다.

관광객들은 노동절이 끝나면 집으로 돌아가게 되고, 감사하게도 눈이 내리기 시작하며, 델타는 남아서 병원을 가득 채우게 된다.

그리고 델타 다음에는 다른 것이 올 것이라는 것을 알았다.

그리스 문자는 24자로, 당시 WHO의 변종 목록에는 mu까지만 있었다. 내가 언급했듯이 바이러스는 항상 계속해서 변이할 것이고, 사람을 더 많이 감염시키면 감염될수록 변종을 더 많이 만들어 낼 것이다.

돌연변이가 많을수록 다윈식의 성공 가능성도 높아진다. 자연 선택이 거기에 작용하여 낭비를 없애고, 무능함을 없애며, 미켈란젤로의 손에 있는 카라라 대리석 블록처럼 변이를 조각하여 아름다운 형태를 찾아내고, 가장 적합한 것을 보존할 것이다. 진화는 일어나게 마련인 법이다. 그것은 변수가 아니라 상수다.

제6부

네 가지 마법

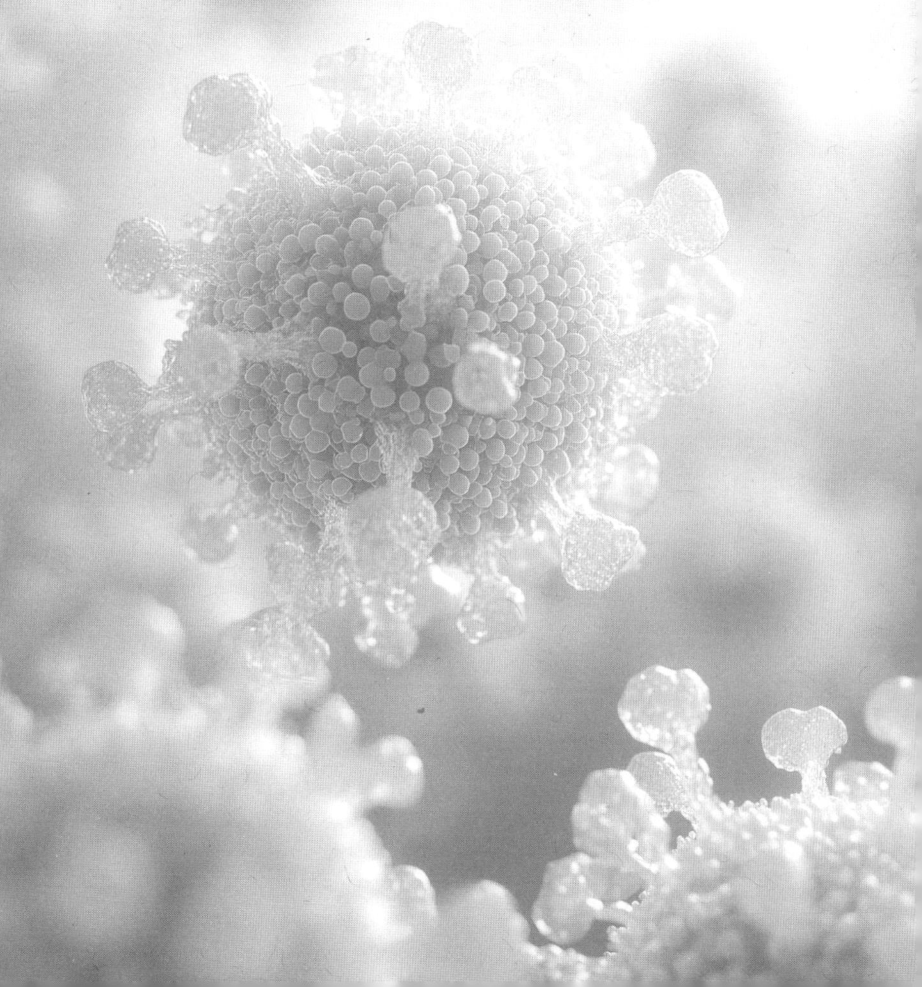

49

첫 번째 마법: 사라지기를 기원한다.

2020년 2월 27일, 도널드 트럼프는 흑인 역사의 달(Black History Month) 말일을 기념하여 백악관에서 일부 흑인 지도자들과 함께 "원탁회의"를 주최했다. 그들은 국무회의실에서 만났다. C-SPAN (Cable-Satellite Public Affairs Network)이 와 있었다. 방문객들은 테이블 주위에 일렬로 앉아 자신을 소개하고 감사의 말을 하였다. 그러고 나서 트럼프는 30분 동안 연설했다. 많은 자축을 포함한 약간의 횡설수설 발언 후에, 그는 코로나바이러스라는 주제로 넘어갔다.

그는 "우리는 믿을 수 없는 일을 해냈습니다. 우리는 계속할 것입니다"라며 "언젠가 그것은 ― 마치 기적과 같이 ― 사라질 것입니다"라고 말했다.

그런 일은 일어나지 않았다.

50

두 번째 마법: 집단 면역(herd immunity).

집단 면역이라는 개념은 가장 불확실한 형태로서, 19세기 말과 20세기 초의 수의학까지 거슬러 올라가 보면, 실제 가축 떼(herd)를 다루던 농부들과 그들의 수의사들 사이에서 유래되었다.

미국 최초의 수의학자로 확인된 미국 동물산업국장 대니얼 엘머 새먼(Daniel Elmer Salmon)은 가축, 특히 돼지를 돌보고 먹이는 것에 관한 1894년 보고서에서 이 문구를 사용했다. 지혜롭게 기르고, 다양한 사료를 먹이며, 돼지 우리를 깨끗하게 유지하면 여러분의 돼지는 질병에 대한 "저항력"을 얻게 될 것이다.

그는 이론이 필요하지 않았다; 경험이 그것을 증명했다.

그는 "이 사실들은 개인 면역 이외의 것을 보여준다"고 썼다. "그 돼지들은 집단 면역을 얻는다는 가능성을 보여준다.”

그는 그 설명할 수 없는 “저항력”에 대해 설명하지도 않았고, 신비한 실체인 집단 면역을 정의하지도 않았다.

그것이 무엇이든 간에 돼지에게만 국한된 것도 아니었고, 해결해야 할 문제도 아니었다.

소에서 소로 전염되는 박테리아에 의해 발생하는 ‘유산 병’이라는 소 질병이 있었는데, 현재는 브루셀라증으로 알려져 있다. 이 질병은 송아지의 자연 유산을 유발하여 생산자의 수익에 심각한 타격을 입혔다. 일부 소유주들은 낙태한 소를 대체할 새로운 암소를 들여오는 것이 해결책이라고 생각했지만, 1917년 미국 농무부의 두 전문가인 아돌프 아이크혼과 조지 M. 포터가 *Farmers' Bulletin*에 쓴 기사에서 이것이 어떻게 잘못된 생각인지를 설명했다.

감염된 소는 그대로 놔두고, 살아남은 송아지를 키우며, 새로운 소를 들여오지 말고, 견디어 내라는 것이었다.

아이크혼과 포터는 이 방법이 모니터링한 소 무리에서 효과가 있었으며, 9년 동안 유산이 거의 제로에 가까울 정도로 감소했다고 보고했다.

“따라서 유산한 소를 키우고 송아지를 키운 결과 집단 면역이 생긴 것으로 보인다.”

유산 병으로 인해 연간 2천만 달러에 달하는 손실이 발생하고 있었기 때문에 이는 시급하고 실용적인 조언이었다.

여전히 모호한 집단 면역 개념은 1920년대에 인간을 대상으로 한 의학과 역학에 끼어들었다.

그것은 느슨하게 수학화되었고, 쥐를 희생시켜 약간의 실험실 테스트를 거쳤으며, 백신 과학이 발전함에 따라 다양한 의미와 뉘앙스를 갖게 되었고, 1980년에 인증된 천연두 근절에 중요한 역할을 했다.

여러 가지 이유로, 그것은 소아마비나 홍역의 근절에는 효과가 쩍 없었고, 다양성과 가변성을 지닌 인플루엔자 바이러스에 대해서는 야생 수생 조류에서 새로운 바이러스 종들이 종간전파를 하며 끊임없이 공격을 재개했기 때문에 쓸모가 없었다.

하지만 그것은 팬데믹 초기 몇 달 동안 코로나19에 대한 전 세계적 담론에 어색하게 끼어들었다. 가장 중요한 것은 2020년 3월 13일 아침, 보리스 존슨 총리 정부의 수석 과학 고문인 패트릭 밸런스 경이 BBC 라디오 인터뷰에서 그것을 언급했을 때였다.

발란스는 "우리의 목표는 환자 발생 수의 최고 정점을 낮추는 것이지 완전히 억제하는 것이 아닙니다"라고 말하며, "가장 취약한 집단을 보호하면서 어느 정도 집단 면역을 구축하는 것"이라고 덧붙였다.

발란스는 총리가 하루 전에 한 말 때문에 그날 아침 그 자리에 있었다. 다우닝가에서 열린 기자 회견에서 존슨은 코로나19가 이제 팬데믹이라는 것을 인정했고, 이를 다루기 위한 "명확한 계획"이라고 부르는 것을 발표했다.

이 계획의 목표는 "질병의 정점을 더 긴 기간 커브로 연장하여 낮춰지게 함"으로써 국민들과 기관이 더 잘 대처할 수 있도록 하는 것이었다.

어떤 수단으로?

수단은 조언이었다 — 강압적 명령이 아니라.

유럽 대륙에서 일어나고 있는 일과는 현저히 대조적이었다.

이탈리아 총리는 방금 전국 봉쇄령을 내렸고, 프랑스 대통령은 학교와 대학을 폐쇄하라고 명령했다.

존슨은 진지하게 제안했다. 기침을 하거나 열이 있으면 집에 있어야 합니다. 70세가 넘었다면 크루즈 휴가를 피해야 합니다. 학생이라면 해외 학교 견학 여행을 거부하고, 그냥 본인이 다니는 학교에 계속 다니세요. 그리고 누구든 손을 씻으세요.

그게 전부였다.

다음 날 아침, 패트릭 밸런스는 다음과 같은 질문들에 대해 대답을 해야 하는 임무에 놓였다: *"명확한 계획"이란 게 도대체 왜 그렇게 소극적으로 보일까요?*

요점이 무엇인가요?

문제의 소지가 있는 그의 대답: 집단 면역.

분명히 그는 그 발언을 하자마자 후회하지 않았다, 그다지 말이다, 왜냐하면 같은 날 아침 스카이 뉴스 텔레비전에서 다시 그 문구를 언급했기 때문이었다.

발란스는 바이러스에 대해 "우리는 완전히 없애는 것이 아니라 억제하고 싶습니다. 어차피 말살할 수는 없는 겁니다"라고 말했다.

목표는, 다시 강조하지만, 감염 발생 수의 최고 정점을 낮추고, 곡선을 평평하게 해서[47] 바이러스 질환의 충격을 긴 시간에 걸쳐 질질 늘여 저강도로 만드는 것이었다.

"또한 우리들 중 가벼운 병에 걸릴 충분히 많은 사람들이 이에 면역이 되도록 하는 것입니다. 모든 사람을 보호할 수 있는 일종의 전체 인구 대응을 돕기 위해서입니다."

이제 스카이 뉴스 진행자는 정중하게 그를 자극하며 빠진 문구를 추가했다. 진행자는 "바로 그 집단 면역"이라고 말했다. "영국에서 집단 면역을 구축하는 측면에서, 몇 퍼센트의 사람들이 바이러스에 감염되어야 합니까?"

"아마도 약 60퍼센트일 겁니다"라고 발란스가 말했다.

"60퍼센트요?"

"60퍼센트는 집단 면역을 얻는 데 필요한 수치입니다."

시청자들은 진행자가 머릿속으로 약간의 수학을 하는 것을 지켜보았다. 전국 인구의 60%인 6,700만 명에 사망률, 말하자면 0.5%에서 1%를 곱하고 있었다.

"이 나라에서 죽는 사람이 정말 많네요"라고 진행자는 말했다.

"이건 원래가 끔찍한 질병이지요"라고 발란스가 동의했다.

---

47 Flattening the curve라는 개념이다. 환자 발생 건수를 세로축으로, 시간을 가로축으로 하는 그래프로 볼 때, 신환이 발생하는 속도를 최소화시키면 그만큼 의료기관마다 대처할 시간을 번다는 개념이다. 똑같이 100명의 환자가 발생해도, 하루에 다 발생하는 것보다 이를테면 열흘에 걸쳐 하루 10명씩 발생하는 게 대처하기에 훨씬 나은 이치다.

51

패트릭 밸런스는 그 마법의 수치인 60%에 어떻게 도달했을까?

집단 면역의 수학화된 개념은 1927년 커맥과 맥켄드릭이라는 두 과학자로부터 시작되었다.

윌리엄 오길비 커맥은 스코틀랜드의 통계학자이자 화학자로, 부식성 알칼리 실험 사고로 실명한 후 실험실 화학과 달리 머리를 굴리면서 할 수 있는 수학에 더욱 전념했다. 앤더슨 G. 맥켄드릭은 영국 제국 정부 하의 인도 의료 서비스에서 일한 의사로, 열대 감염병에 대해 몇 가지 지식을 갖고 있었다.

그들은 에든버러에서 함께 '전염병의 수학적 이론에 대한 기여'라는 제목의 논문을 작성했다. 그들의 미적분학 구름에서 전염병의 역학을 설명하는 단순화된 도식이 나왔다.

이것은 SIR 모델이라고 불렸다.

새로운 전염병이 인구에 전파되고 인구를 통과할 때, 살아있는 각 개인은 다음 세 가지 범주 중 하나에 속한다: 감수성(S; susceptible)군, 감염(I; infected)군, 회복(R; recovered)군.

감수성 있는 사람은 감염되고, 감염자는 회복되거나 사망한다(감염자가 사망하면 이 계산에서 사라진다). 각 범주의 숫자는 시간이 지날 때마다 바뀌고, 따라서 전체 시스템의 흐름도 바뀐다. 이것이 기본적인 개념적 도구다.

커맥과 맥켄드릭이 SIR 모델(감수성S → 감염I → 회복R)을 제안했을 때 이는 매우 유용했으며 오늘날에도 여전히 유용하다.

여기에 두 사람은 전염 유행이 어떻게 종결되는지에 대한 가치 있는 통찰을 하나 더 추가했다. 감염의 연쇄 발생은 꼭 감염자 범주가 0이 될 때까지 진행되는 것은 아니다. 더 일찍 끝날 수도 있다. ― 감염자가 인구 전체에 여전히 드문드문 흩어져 있지만 바이러스나 다른 병원체가 더 이상 먹잇감들을 찾을 수 없는 시점에 말이다.

이걸 다른 식으로 말해 보자.

커맥과 맥켄드릭은 산불이 모든 나무를 재로 태우지 않고 끝날 수도 있다고 상기시켰다. 불꽃이 닿지 않는 가연성 나무와 덤불이 남아 있을 수 있다. 타지 않은 나무들은 운이 좋았을지도 모른다. 작은 푸른 초원 한가운데 마지막 불씨와 반대 방향으로 바람이 불어오는 쪽에 서 있었을 수도 있다.

30년 후, 열대병에 대한 경험이 있는 또 다른 영국 수학자 조지 맥도날드는 오늘날에도 역학 모델링에 필수적인 요소를 하나 기여하였다:

기초 감염 재생산 지수(basic reproduction rate)의 개념이었다.

그것은 첫 증례가 직접적으로, 이전엔 병에 걸려보지 않은 인구에 전염시켜서 발생하는 증례들의 숫자다.

감염된 사람 하나는 평균적으로 몇 명을 감염시킬까?

맥도날드 이후 다른 모델링 학자들은 이를 R_0 (R-naught로 발음)라 명명했는데, 지금은 지수(rate)가 아닌 기초 감염 재생산 수(number)로 알려져 있다.

그것은 감염에 취약한 이들로 된 새 집단 속에서 어느 병원체가 얼마나 전염성이 있는지를 측정하는 것이다. 첫 번째 감염 증례가 세 명을 더 전염시키고, 그 세 명 각각이 세 명을 더 전염시키고 하는 식으로 계속되면, 그 병원체에 대한 R_0는 3이 된다.

숫자는 병원체마다 크게 다르다.

홍역과 같이 공기 매개로 전파되는 바이러스는 R_0가 높은 경향이 있다. 반면에 광견병에 걸린 동물이 사람을 물 때 타액을 통해 전파되는 인간의 광견병 바이러스는 R_0가 매우 낮다. 왜냐하면 광견병에 걸려 죽어가는 불행한 사람이 다른 사람을 물어 전염시키는 경우는 드물기 때문이다.

조지 맥도날드는 모기가 물어서 숙주에서 숙주로 전파되는 원생동물로 발생하는 매우 복잡한 질병인 말라리아를 연구했다. 그 미생물의 R_0는 모기의 밀도, 수명, 각 모기가 물 수 있는 횟수, 감염된 인간을 다른 모기가 물었을 때 감염성이 부여되는 걸 유지하는 기간 등 여러 요인에 따라 달라진다. 맥도날드는 재생산 수가 1.0에서 시작해 어디까지 올라갈지 알 수 없을 정도로 다양할 수 있다고 언급했다.

만약 오래 살고 왕성한 식욕을 가진 모기가 장기간 활동하는 환경에서, 감염된 사람들을 물었다면, 그 수는 735가 될 것이다.

이러니 맥도날드와 그의 공중 보건 동료들이 말라리아를 근절하지 못한 것도 당연하다.

70년이 지난 지금도 이 질병은 매년 거의 50만 명의 어린이들을 죽이고 있다.

호흡기 바이러스는 더 단순하지만, 그렇다고 해서 간단하다는 것은 아니다.

바이러스나 숙주 인구의 상황이 변함에 따라 재생산 수는 시간이 지남에 따라 변할 수 있다.

바이러스의 돌연변이가 전파를 강화한다?

R 값이 올라간다.

정부가 사회적 거리두기를 권장하고 사람들이 이를 준수한다?

전파가 저지받고, 방해되며, 감소하여 R 값이 내려간다.

이러한 가변성은 집단 면역이 무엇인지, 그리고 무엇이 집단 면역이 아닌지, 어떤 경우에, 그리고 언제 도달하는지를 이해하는 데 중요하다.

이게 바로 내가 이 수학적 세부 사항들로 독자분을 괴롭히는 이유다.

수학은 건조해 보이지만 실제로는 그 반대다. R_0라는 숫자는 집단 면역이 효과를 발휘하는 예상 임곗값을 결정하는 데 큰 역할을 한다.

그 임곗값은 백분율 수준이다 — 이만큼 인구의 상당 부분이 감염 취약군에서 감염군으로 전환되었다는 의미다.

그리고 임곗값은 무엇을 표시할까?

R이 1.0으로 떨어지는 지점을 표시한다.

감염 취약자가 줄어들어 바이러스가 먹잇감을 찾기 어려워지면 전염이 느려진다. 감염 사슬은 막다른 길에 다다른다. R은 계속 떨어진다. 그때부터 재생산 수가 1.0 미만으로 유지되면 대유행은 가라앉는다.

모든 조건이 동일하다면, 그것은 허용 가능한 낮은 수준의 풍토병으로 감소하거나, 최상의 경우에는 바이러스가 새로운 감염 후보자를 찾지 못해 그 인구에서 완전히 사라질 것이다. 이것이 천연두 근절을 이루어 낸 방식이다. 마지막 몇몇 인간 사례에서 마지막으로 활동하던 천연두 바이러스는 항바이러스 약물에 의해 죽은 게 아니었다. 그들은 고립과 외로움으로 인해 후손을 남기지 못하고 죽었다.

모든 경우가 동일한 성과를 얻는 건 아니다, 물론 말이다.

천연두는 특별한 사례다.

감염자마다 눈에 띄는 증상을 보였기 때문에, 보건 종사자들이 주변 사람들에게 백신을 접종하는 동안 증례를 식별하고 격리할 수 있었고, 격리를 통해 바이러스 확산을 막았다. 그리고 인간 외에는 다른 동물들에게는 감염되지 않았기 때문에 비인간 동물 숙주에서 다시 출현할 수 없었다.

소아마비 근절은 더 어려웠다.

그 바이러스도 인간 이외의 다른 동물 숙주를 가지지 않지만, 많은 소아마비 감염이 무증상이어서 식별하고 격리하기가 더 어렵다.

SARS-CoV-2의 근절은 거의 불가능할 것이다.

다시 말하지만 다른 무엇보다도 무증상 보균자로부터 전파되기 때문이다.

SARS-CoV-2에 대한 전 세계적인 집단 면역도 최선을 다 해 봐야 어렵고, 잠정적이며, 어쩌다 되었다 말았다 할 것이다. 집단 면역이란 도시, 국가 또는 섬과 같은 곳에 국한된 국지적 현상으로, 마치 온도 조절기에 반응하여 켜졌다 꺼졌다 하는 난방기 같다.

R 값이 1.0을 초과하는 한 질병 발생은 인구 전체에 걸쳐 확산될 것이다.

R 값이 1.0 이하로 떨어지면 집단 발병은 점차 줄어들고 결국 끝나거나(천연두처럼) 풍토병이 되어(홍역처럼) 제한된 지역이나 인구 내에서 산발적으로 순환하게 될 것이다.

집단 면역을 계산하는 데 사용되는 공식은 매우 간단하다.

너무 간단해서 나도 이해할 수 있고 독자분도 이해할 수 있다: 임곗값=1-1/R_0. 공식을 적는다. 속으로 *계산하느라* 눈알이 뒤로 돌아간다.

하지만 잠깐만요, 이게 얼마나 쉬운지 보시라.

재생산 수가 3이라면, 즉 각 1차 감염자가 3명의 2차 감염자를 감염시키는 것을 의미한다. 초등학교 수준의 분수만 알면 계산할 수 있다: 1에서 1/3을 빼면 얼마가 되나? 2/3다, 맞죠? 따라서, 이 경우 집단 면역의 임곗값은 2/3, 즉 인구의 67%다.

바로 이것이 2020년 3월 13일, 매우 불편한 아침에 패트릭 밸런스가 한 발언의 배경에 있었던 것이다.

그가 '약 60퍼센트'의 영국 인구가 감염되면 집단 면역이 형성될 것이라고 말했을 때, 그는 바이러스의 재생산 수를 '약' 2.5로 가정하고 있었다. 이는 역산을 해서 확인할 수 있다. 방금 내가 휴대전화로 계산한 것처럼, 독자분도 할 수 있다.

$$집단\ 면역\ 임계점 = 1-1/R_0$$
$$즉,\ 1\ 빼기\ 2.5분의\ 1.$$
$$오케이,\ 그러니까1\ 나누기\ 2.5 = 0.4$$
$$그리고\ 1\ 빼기\ 0.4 = 0.6$$
$$그러므로$$
$$집단면역\ 임계점은,\ R_0\ 가\ 2.5\ 라면,$$
$$60\ 퍼센트가\ 된다.$$

현실은 그렇게 정확하지 않다.

이 간단하고 쉬운 계산에는 특정한 전제들이 포함되어 있으며, 이러한 전제들은 실제 바이러스, 사람 또는 상황에 완전히 부합하지 않는다.

전제 하나는, 개인이 회복되면 재감염에 대해 완전하고 영구적인 보호(바이러스를 차단할 수 있는 항체와 이를 파괴하는 데 도움을 주는 T세포와 같은)를 갖게 된다는 것이다.

또 다른 전제 하나는 바이러스가 이러한 보호를 회피하도록 진화하지 않는다는 것.

이 두 가지 전제를 SARS-CoV-2에 적용하면, 이는 확정된 지식이 아닌 낙관일 뿐임을 대변한다.

세 번째 전제는 문제의 인구 구성원 전체가 동질적으로 섞이고 무작위로 상호작용한다는 것이다. 이는 감염자의 수가 감소함에 따라 지속적인 전염 사슬이 제대로 작동하지 못할 가능성을 최대화한다. 감염자가 이질적으로 분포한다면 ― 예를 들어 이웃 간의 상호작용이 많고 외부인과의 상호작용이 적으며, 아마도 백신 접종에 대한 문화적 제약이 있는 민족적 지역과 같이 배타적으로 모여 있다면, 그곳은 그곳 밖의 나머지 인구처럼 집단 면역을 누리지 못할 것이다.

네 번째 전제: 인구에 새로운 유입이 없고, 감수성이 있는 사람이 추가되지 않는다.

(생태학자들은 이를 '이민자가 없다'고 표현할 수 있겠지만, 오늘날처럼 추악한 정치적 분위기에서는 외국인 혐오의 메아리로 오해될 소지가 있다.)

이 중요한 통찰은, 앞서 언급했듯이, 수의학 고문 아이크혼(Eichhorn)과 포터(Porter)가 1917년 브루셀라증에 대한 보고서에서 기술한 소 무리의 사례에서 비롯되었다.

그들은 다음과 같이 썼다.

"소 무리에 구입을 통한 개체 보충이 이루어졌던 해에는 유산이 빈번하게 발생했으나, 그 관행은 중단되었다."

여기서 '그 관행'은, 죽거나 유실된 암소를 보충하기 위해 외부에서 새로운 암소를 들여오는 것을 의미한다.

대신, 그들은 무리 내에서 태어난 암소 송아지를 새로운 번식 암소로 길렀고, 그 송아지들은 박테리아가 계속 존재하는 환경에서도 유산 없이 살아남았다.

아이크혼과 포터는 그 사실을 명시적으로 언급하진 않았지만, 이러한 '성공적인 암소'들은 브루셀라균에 대한 일정 수준의 자연 저항력을 지니고 있었고, 그 특성을 자손에게 유전했을 가능성이 있다.

그것은 효과가 있었다: 개별 면역과 감소하는 R_0의 집합체로서 집단 면역이 형성되었고, 유산이 감소했다.

'따라서 가축 주인이 자신의 송아지를 키워서 새로운 감염의 유입을 피하는 것이 가장 안전해 보인다.'

이를 폐쇄된 집단이라고 부를 수 있다.

인간에서의 전염병으로 적용해 보자.

여행자가 계속 도착하고 그들 중 일부가 감수성이 있다면, 이는 SIR 모델의 깔끔한 수학을 약화시키고 감염 사슬의 가능성을 새롭게 하여 재생산 수를 다시 높이고, 따라서 집단 면역 임곗값을 높인다. 그리고 여행자는 항상 있을 것이다. 지구 전체 인구 집단이라면 몰라도, 어느 지역의 인구 집단이란 절대 폐쇄되지 않고 교류가 있게 마련이다.

이 두 가지 요인, 즉 동질적 상호작용 대 이질적 상호작용, 폐쇄된 인구 대 개방된 인구의 의미는 로드 아일랜드에서의 홍역 역사에 잘 나타나 있다.

52

홍역 바이러스는 원래 인수공통감염병으로, 소에서 발생하는 우역(牛疫; rinderpest)이라는 질병을 일으키는 바이러스에서 분화되었다.

우리가 소를 가축화한 대가 중 하나는 홍역이 소에서 인간에게 전파되어 약 2천 년 동안 우리와 함께 해왔다는 것이다. 우역은 이제 근절되었지만, 인간의 홍역 바이러스는 그렇지 않다. 그 이유는 우리가 소의 행동을 통제하고 관리하는 것이 우리 자신의 행동을 통제하는 것보다 더 쉬웠기 때문이라고 나는 생각한다.

홍역은 여전히 심각한 질병이다. 홍역 백신이 매우 효과가 좋음에도 불구하고, 홍역은 이를 접종 받지 않은 어린이를 죽일 능력이 충분하다. 우리는 대부분의 사람들이 어린 시절에 예방접종을 받았고 발병이 드물기 때문에, 적어도 고소득 국가에서는 이 바이러스(또 다른 단일 가닥 RNA 바이러스)를 잊어버리는 경향이 있다.

하지만 모든 곳이 그렇지는 않다.

홍역 백신 접종률이 낮은 콩고 민주 공화국에서는 2019년에 약 31만 건의 홍역 증례가 발생했으며, 사망자 6천 명은 주로 어린 아이들이었다. 1963년부터 허가된 백신이 있었음을 고려하면 이는 비극적이다.

미국에서는 백신이 사용 가능해진 직후에 시작된 학교 어린이들의 대규모 예방접종으로 어린이 홍역 문제를 거의 해결했다. 로드아일랜드 주에서는 1966년 1월 23일에 '홍역 종식 일요일'로 광고된 주 전역의 행사로 그 프로그램이 시작되었다.

심한 눈보라에도 불구하고, 그날 31,000명 이상의 어린이가 예방접종을 받았다. 일주일 후, '안 맞은 나머지-마무리' 클리닉에서 몇 천 명의 어린이가 추가로 예방접종을 받았다. 홍역은 거의 사라졌다. 프로그램 이전인 1965년에는 그 해에 거의 4,000건의 증례가 있었다. 1966년에는 증례가 100건 미만으로 줄었다. 그러나 로드아일랜드의 인구는 동질적이지도 폐쇄적이지도 않았다.

프로비던스 시내의 폭스 포인트 지역에는 포르투갈계 주민들이 많이 거주하고 있었다. 그곳 주민의 약 60%는 포르투갈 영토에서 온 이민자이거나 포르투갈 혈통의 후손이었다. 폭스 포인트는 프로비던스 강과 시콩크 강이 합류하는 지점에 위치해 있어 지리적으로 다소 고립되어 있으며, 문화와 언어의 차이도 그 고립을 더했다. 주민들은 단일 교회 중심으로 사회 활동을 했다.

많은 가족들이 '홍역 종식 일요일' 이후에 최근에 이민을 와서 아이들에게 예방접종을 시킬 기회를 놓쳤다. 그들의 예방접종에 대한 태도는 주저함, 회의감 또는 불신으로 기울었을 수 있다. 1968년 9월 15일, 포르투갈을 방문하고 가족과 함께 이 지역 사회에 돌아온 세 살짜리 소년이 있었다. 그는 홍역에 걸려 있었다. 2주 후, 그 소년의 자매가 홍역에 걸렸다. 자매가 다니는 학교의 학생들과 동네의 미취학 아동들 사이에서도 곧 다른 증례가 나타났다. 시콩크 강 건너편에 있는 또 다른 동네 동부 프로비던스는 다리로 폭스 포인트와 밀접하게 연결되어 있었다. 또한 포르투갈 계 사람들이 살고 있었고, 동부 프로비던스의 일부 아이들은 폭스 포인트의 아이들과 교류했다. 동부 프로비던스는 또 다른 발병 중심지가 되었다. 연말까지 프로비던스에는 어린이들 사이에서 홍역 증례가 91건 발생했는데, 그중 3명만이 포르투갈계가 아닌 아이였다. 홍역에 걸린 어린이들 중 아무도 백신을 맞지 않았는데, 다행히도 아무도 죽지 않았다.

로드아일랜드는 대체로 집단 면역을 달성했을지 몰라도, 폭스 포인트와 이스트 프로비던스는 그렇지 못했다.

1969년 이후로 많은 것이 바뀌었고, SARS-CoV-2는 홍역 바이러스가 아니다 (홍역 바이러스는 매우 전염성이 강하며, R_0은 12~18로 추정됨).

하지만 이 개념의 한계는 여전히 남아 있다.

사람들은 모인다. 사람들은 이동을 한다. 인구는 매우 천방지축으로 움직이는 무리이다 ― 헛간 안에 있는 젖소 100마리나, 몬태나 북부의 고원에 고립되어 방목된 헤리퍼드 소 1,000마리와는 다르다.

잠시 낙관주의자가 되어 보자.

모든 가정을 받아들이고, 설사 일시적이더라도 한 나라나 다른 나라에서 코로나19에 대한 집단 면역이 달성 가능하다고 가정해 보자.

그것은 어떻게 보일까?

우리가 그 마법의 한계에 도달하면 무슨 일이 일어날까?

다시 커맥과 맥켄드릭의 SIR 모델로 돌아간다.

100명의 인구가 있다고 상상해 보라.

그중 아무도 SARS-CoV-2에 노출된 적이 없다고 하자.

감염 취약자(S)가 100명이 있다.

바이러스가 도착하고, 사람들이 감염되고, 다른 사람들에게 전파한다. 60명(I)이 감염될 때까지. 그중 두 명이 죽으면 그 두 명은 회복자(R) 범주에 속하지 않게 된다(작은 참고 사항: 회복자 범주 기호 R은 재생산 수인 R과 혼동해서는 안 된다. 둘 다 같은 R이라 혼란스럽지만, 내 잘못은 아니다). 재생산 수 R은 이제 1.0 아래로 떨어졌지만 0은 아니므로 불운한 사람들이 계속 감염된다. 하지만 발병은 감소하고 있다. 남아 있는 감염 취약자들 중 감염자가 나올 가능성은 낮아진다.

따라서 패트릭 밸런스와 다른 사람들의 논리에 따르면, 여러분의 무리는 "집단 면역"에 도달했다. 그 문구가 무엇을 의미하건 말이다.

무슨 뜻일까? 그들은 무엇을 얻는 건가?

그들이 얻는 것은 나머지 감염 취약자들을 위한 마법 같은 면역이 아니다. 그들이 얻는 것은 바이러스에 노출될 가능성이 줄어든다는 것이다. 왜냐하면 다른 많은 사람들이 감염되어 회복되었거나, 다른 많은 사람들이 백신을 맞았거나, 두 가지가 합쳐졌기 때문이다. 그들이 얻는 것은 기껏해야 인구의 나머지 감염 취약자들 사이에서 감염률이 천천히 감소하는 것이다.

그러나 그 감염 취약자들 중 누구라도 여전히 감염되면 죽을 가능성이 있다. 집단 면역은 천둥을 동반한 폭풍 속에 골프장을 돌아다닐 때 벼락에 맞을 가능성에 대한 "면역"과 같다: 아마도 내가 아니라 다른 사람이나 나무에 맞을 거야.

53

세 번째 마법: 약물 요법.

하이드록시클로로퀸(hydroxychloroquine)은 오래전부터 사용되어 오던 약이었지만, 폭스 뉴스 진행자 로라 잉그럼이 오라클의 공동 창립자인 래리 엘리슨과 아마도 기업가이자 우주인인 일론 머스크의 도움을 받아 도널드 트럼프의 뇌에 귀뚜라미[48]처럼 그 단어를 심은 후인 2020년 3월 말에 헤드라인을 장식했다.

트럼프는 독자분도 잘 아시겠지만, 과학에 정통한 사람이 아니다.

그는 그로부터 몇 달 후 "집단 심리(herd mentality)"라는 용어를 써가며 논의를 했는데, 그 당시 좀 헷갈리는 상태였던 것 같다. 아마 원래는 "집단 면역(herd immunity)"라고 말하려 했던 것 같다(정말 그랬던 건지는 확신이 안 서지만). 하지만 하이드록시클로로퀸은 단지 약물, 정제, 먹는 것일 뿐이므로 더 간단한 문제다.

하이드록시클로로퀸은 클로로퀸(chloroquine)에서 나온 것이며, 둘 모두 말라리아의 예방 및 치료에 일상적으로 처방되어 왔다. 때때로 류마티스 관절염과 루푸스에도 사용되었다. 클로로퀸은 독성이 있을 수 있다. 과다 복용은 심각한 반응, 심지어 사망을 초래할 수 있으며, 원 구조에 수산화기(hydroxy)를 살짝 추가하면 이 문제를 완화하는 것으로 보인다.[49] 말라리아에 대한 사용은 페루 원주민이 전통적으로 발열 치료제로 사용했던 신코나 나무 껍질의 활성 성분인 천연 키니네(quinine)로 거슬러 올라간다. 17세기에 나무껍질이나 가루 형태로 유럽으로 들어왔고, 그곳에서는 키나(quina)로 알려졌으며 동일한 용도로 사용되었다. 인공 합성 버전은 1934년 독일의 바이엘 연구소의 화학자들에 의해 만들어졌고 롬멜의 군대와 함께 북아프리카에 배치되었다. 전쟁 후 제조된 클로로퀸은 말라리아에 대한 표준 예방책이 되었다.

그 약들은 약 50년간 애용되었다. 나는 1980년대에 말라리아 지역을 여행할 때마다 예방책으로 복용했다. 모기가 끊임없이 괴롭혔지만 그럼에도 그 특정 질병에 걸린 적이 없어서 아마도 효과가 있었던 것 같다. 하지만 너무 여러 달 연속으로 복용하지 마시라. 그러면 간이 망가질 수 있다고 들었다.

---

48 머리 속에 들어간 귀뚜라미는 계속 울어댈 것이기에 계속 강박적으로 생각나게 한다는 비유.

49 그래서 hydroxy-chloroquine이다.

과학자들이 알아낸 바에 따르면, 말라리아 기생충은 헤모글로빈을 먹어 치우고 숙주의 적혈구 내에서 증식하고 있어서, 이 약이 작동하면 침입자 자신이 헤모글로빈을 먹는 과정에서 생긴 폐기물이 제대로 대사가 안되기에, 그 폐기물에 중독되어 죽게 된다.[50]

하지만 증식률이 높고 적당한 빈도로 돌연변이도 하는 이 기생충은 클로로퀸에 대한 내성을 진화시켰다. 열대 지방의 특정 지역은 클로로퀸 내성 말라리아의 위험 지역이 되었고, 그곳에 갔다면 다른 약을 복용하라는 조언을 받게 된다. 그러한 조제품 중 일부는 클로로퀸보다 더 끔찍했지만 두통, 메스꺼움, 구토, 두드러기, 불안, 소름 돋는 악몽(예를 들어 벽 안에 거대한 뱀이 있는 악몽은 나에게도 끔찍했다. 나는 뱀을 좋아하는데도 말이다)과 같은 부작용은 말라리아 앓는 것보다야 나았다. 적어도 더 나은 것이 나올 때까지는 말이다.

클로로퀸이 바이러스 감염에 효과적일 수 있다는 개념은 2020년에 이미 새삼스러운 것이 아니었다.

이 약물이 항말라리아 치료제로서 최우선 순위가 되지 않게 된 2003년 SARS-CoV를 포함한 바이러스에 대한 잠재적인 무기로 주목을 받았다.[51] 이탈리아와 벨기에에 있는 연구자 그룹은 발표된 연구를 메타 검토한 결과 코로나바이러스와 HIV를 포함한 여러 종류의 바이러스의 세포 진입과 복제를 억제할 수 있다고 주장했다.

2005년 CDC가 잘나가던 시절 특수 병원체 분과에서 가장 존경받는 바이러스학자 3명(Pierre Rollin, Thomas Ksiazek, Stuart Nichol)을 포함한 또 다른 팀은 배양된 세포에서 이 약이 SARS-CoV의 복제를 방해하고 세포 간 감염을 줄인다는 것을 확인했다. 그들은 그러한 작용이 "가능한 예방 및 치료적 사용을

---

50 헤모글로빈을 먹게 되면 그 구성 성분인 heme이 폐기물로 산출되고, 철 성분이 라디칼이 되어 역시 독으로 작용한다. 그래서 말라리아 원충은 이 폐기물들을 hemozoin이라는 물질로 만들어서 해독을 한다. 바로 이 과정을 방해해서, 자기가 만든 독에 자기가 당하게 하는 것이다.

51 Artemisin이 1순위가 되면서 클로로퀸 계열 약제들은 2순위로 밀려났다.

시사한다"고 썼다.

2년 후, 프랑스 과학자 3인방은 수십 개의 실험실 연구를 검토한 결과, 클로로퀸과 하이드록시클로로퀸이 수많은 종류의 박테리아, 진균 및 바이러스 감염을 치료하는 데 유용할 수 있다고 제안했다. 이 리스트에선 특히 *Coxiella burnetii*라고, Q열이라는 질병을 일으키는 강력한 세포 내 박테리아, 그리고 바이러스 중 SARS-CoV를 포함한다. Q열 환자에 대한 몇 가지 임상적 치료 시도를 제외하면, 이러한 연구는 거의 모두 시험관 내 연구, 즉 "시험관 속"에서 약물 대 바이러스 대 페트리 접시에서 배양된 세포에 대한 연구였다. 그래도 그들은 코로나바이러스에 대한 클로로퀸의 아이디어가 미친 짓이 아니라는 것을 보여주었다. 단지 인간을 대상으로 한 체계적인 임상 시험에서 검증되지 않았을 뿐이었다.

트럼프는 영감을 받은 후 2020년 3월에 하이드록시클로로퀸을 COVID-19 치료제로 언급하고 트윗하기 시작했다. 처음에는 신중하게 접근했다. 2020년 3월 19일 기자회견에서 그는 하이드록시클로로퀸과 클로로퀸을 언급하며, 이들이 정부 승인 말라리아 치료제임을 확실히 하고, 팬데믹에도 도움이 될 수 있기를 바란다고 덧붙였다.

"만약 효과가 있다면, 환자 숫자가 매우 빠르게 줄어들 것입니다. 그래서 어떻게 될지 지켜보겠습니다"라고 트럼프는 말했다. "하지만 실제로 효과가 있을 가능성이 있습니다" — 클로로퀸이건 하이드록시클로로퀸이건 — "효과가 있을 겁니다."

그날 토니 파우치는 트럼프, 펜스 부통령, 데보라 벅스(트럼프의 코로나바이러스 대응 코디네이터) 등과 함께 연단에 오르지 않았다. 하지만 다음 날, 그는 하이드록시클로로퀸을 코로나에 사용하는 것을 뒷받침하는 증거가 있느냐는 질문을 받았다.

파우치는 "대답은 '아니요'입니다"라고 말했다.

그 무렵, 주로 중국의 과학자들이 수행한 여러 소규모 연구가 발표되었다.

한 그룹은 클로로퀸이 실험실에서 배양한 세포로 — 원숭이 신장에서 유래한 세포 계통 — SARS-CoV-2가 유입되는 것을 방해한다는 것을 발견했다.

또 다른 그룹은 중국 병원 10곳에서 실시한 임상 시험에서 긍정적인 효과가 나타났지만 해당 논문에서는 데이터를 제공하지 않았다고 보고했다.

프랑스 팀은 26명의 환자에게 하이드록시클로로퀸을 테스트한 후 다양한 이유(메스꺼움 및 사망 포함)로 그중 6명을 연구에서 제외했고 나머지 20명 중 14명의 바이러스 부하가 감소한 것을 확인했다.

파우치는 이런 보고들에 감명받지 못한 게 분명했다.

트럼프의 경제 고문인 피터 나바로가 이 연구들에 흥분하여 하이드록시클로로퀸을 극찬한 백악관 코로나바이러스 태스크포스 회의에서 파우치는 이 증거를 "어쩌다 몇 번 들어맞은 것"이라고 하였다.

프랑스 논문의 대표 저자는 저명하고 논란의 여지가 있는 미생물학자이자, 오만한 반대자 디디에 라울(Didier Raoult)이었다.

라울의 더 확실한 업적 중 하나는 아메바 안에 숨어 있는 최초의 거대 바이러스인 미미바이러스를 발견한 그룹의 장 미셸 클라베리와 함께 리더십을 공유한 것이었다.

라울은 마르세유에서 규모가 크고 자금이 충분한 연구 기관을 운영하고 있으며, 일반적으로 1년 동안 100편 이상의 과학 논문에 공동 저자로 이름을 올렸다. 그는 여러 가지 면에서 거친 리더이자 논쟁적인 과학자이며, 찌푸린 무서운 얼굴과 노년의 드루이드[52] 같은 길고 가는 어깨 길이의 머리를 가지고 있다.

그는 오랫동안 하이드록시클로로퀸의 장점을 홍보해 왔다. 그는 2007년 Q열 논문의 세 명의 저자 중 한 명이었고, 이 약물의 항바이러스 잠재력에 대한 내용은 덤이었다. 이제 팬데믹 초기 몇 달 동안 라울은 스콧 사야르가 뉴욕 타임스 매거진에 기고한 과학자 프로필에 설명된 대로 하이드록시클로로퀸에 올인

---

52 영국 켈트 신앙에서 나오는 사제. 대표적인 인물이 아서왕의 멘토였던 멀린이다.

했다. 다른 과학자들이 이 약에 회의적일 수 있다는 사실은 라울에게 단지 자극일 뿐이었다.

"나는 평생을 '반대'하는 데 보냈어요"라고 그는 사야르에게 말했다.

그는 갈등이란 걸 짜릿한 걸로 여겼다. 그는 자신의 과장된 주장에 매우 확신을 가졌으며, 찰스 다윈을 포함한 과거와 현재의 다른 과학자들이 편협한 사고, 어리석음, 그리고 오만함에 빠져 있다고 확신했다. 라울은 다윈의 진화론이 암시하는 생명의 나무가 '완전히 잘못되었다'고 사야르에게 말하며, 다윈 자신이 '헛소리만 썼다'고 비웃었다. 그는 "코로나바이러스: 게임 오버!"라는 제목의 유튜브 영상을 게시하고, 코로나19가 "아마도 모든 호흡기 감염 중에서 가장 치료하기 쉬운 것"이라고 선언했다.

하이드록시클로로퀸은 워낙 좋은 약이라 약국에선 금방 동이 날 거라고 그는 경고하였는데 — 적어도 그 자기 실현적 예언[53]의 두 번째 부분은 맞아 떨어지긴 했다.

백악관으로 돌아온 도널드 트럼프는 디디에 라울을 지지하는 얘기들을 경청했다. 트럼프는 하이드록시클로로퀸에 대해 들은 내용을 점점 더 좋아했다 — "저는 열렬한 팬입니다." 그리고 보건복지부 장관인 순종적인 알렉스 아자르와 말을 좀 잘 안 듣는 식품의약국 국장 스티븐 한에게 하이드록시클로로퀸의 코로나19 사용을 승인하도록 압력을 가하기 시작했다. 식품 의약품 안전청(FDA) 내부에서 약간의 저항이 있었음에도 불구하고, 3월 28일 해당 기관은 비상 사용 허가를 내렸고, 의사가 처방할 수 있고, 의료 서비스 제공자는 코로나19에 대한 약물을 투여할 수 있게 되었다. 임상 시험이 시작되었고 결과가 나오기 시작했다. 그 결과는 디디에 라울의 강경한 열정을 뒷받침하지 못했다.

6월 15일, FDA는 긴급 사용 승인을 철회하며, 새로운 과학적 데이터를 바탕으

---

53 영향을 미칠 수 있는 권위를 가진 특정인의 전망 의견에 대중 심리가 반응하는 바람에, 잘못된 의견임에도 불구하고 그것이 현실화되어 정말로 발생한 것과 같은 효과를 말함.

로 클로로퀸과 하이드록시클로로퀸이 코로나19 치료에 효과적일 가능성이 낮다고 선언했다. 심각한 심장 문제[54]와 기타 잠재적 부작용을 고려할 때, 해당 약물의 이점(있다면)이 더 이상 위험을 상회하지 않는다고 기관의 보도 자료에서 밝혔다.

한편, 사람들은 죽어가고 있었다.

2020년 6월 15일 기준으로 프랑스의 코로나 사망자 수는 29,411명이었다. 미국에서는 뉴욕과 다른 지역에서의 암울한 4월 급증 이후 120,780명이었다. 하이드록시클로로퀸이 답이 아니라면, 무엇이 답이었을까?

렘데시비르(remdesivir)는 매우 다른 배경 스토리를 가진 항바이러스제다.

미국 정부의 자금 지원을 받아 2009년에 시작된 노력을 통해 길리어드 사이언스라는 회사에서 만들어졌으며, 치료 대상은 C형 간염 바이러스와 호흡기 세포융합 바이러스(RSV)에 초점을 맞췄다. C형 간염에 대해서는 미미한 효과를 보였고, 일부는 RSV에 효과가 있었지만 기대치를 높일 만큼 충분하지 않아 보류되었다. 그 시점에서는 GS-5734라는 라벨로 알려진 후보 약물로 간주되었다. GS는 아마도 길리어드 사이언스를 의미했을 것이다. 몇 년 후, 신종 바이러스에 대한 우려가 커지면서 길리어드는 CDC와 미국 육군 감염 의학 연구소(U.S. Army Medical Research Institute of Infectious Diseases, USAMRIID; 돈 버크가 군 경력을 시작한 곳으로, 강력한 바이러스 연구로 유명한 연구소)와 협력하여 약 1,000개의 후보 화합물을 선별하고 SARS-CoV, MERS-CoV, 에볼라, 지카와 같은 무서운 신종 바이러스에 효과가 있을지 알아보는 노력을 시작했다. 이 작업은 세포 배양을 통해 이루어졌다. GS-5734는 특히 에볼라에 대해 유망한 결과를 보여주었기 때문에, 붉은 털 원숭이에게 에볼라 감염에 대해 테스트되었다. 약물은 정맥으로 직접 투여되었고, 저용량에서는 어느 정도 도

---

54 사실 클로로퀸에서 파생한 약이 하나 더 있다. 퀴니딘(quinidine)인데, 부정맥 치료에 쓰인다. 그러니 심장에 위험도가 있는 게 당연하다.

움이 되었다. 고용량에서는 모든 실험 동물이 생존했다(적어도 일부가 쇠약해져 안락사 될 때까지는). 그래서 2013~2016년 서아프리카 에볼라 유행의 말기에 '동정적 사용(compassionate use)[55]' 규정에 따라 사람들에게 렘데시비르가 사용되었다. 이 약물은 39세 여성과 신생아의 생명을 구한 것으로 보였다. 그러나 사용이 600건 이상의 사례로 확대되었을 때, 결과는 좋지 않았다: 치료받은 환자의 53%가 여전히 사망했다.

그러나 2017년 연구에서 렘데시비르는 인간 세포 배양에서 광범위한 코로나바이러스에 대해 효과적인 것으로 나타났다. 이 연구는 노스캐롤라이나 대학교에서 수행되었으며, 연구자들은 SARS와 MERS가 코로나바이러스 이야기의 끝이 아닐 것이라는 점을 잘 알고 있었다. 그들은 약물 테스트가 "팬데믹 잠재력을 가진 순환하는 인수공통 감염 바이러스"에도 관련이 있을 수 있다고 언급했다. 그러다가 신종 코로나바이러스가 등장했다.

2020년 1월, 길리어드는 이 새로운 위협에 대한 실험실 테스트를 위해 중국 CDC에 렘데시비르를 제공했다. 이 테스트는 우한 바이러스학 연구소의 과학자들이 베이징에 있는 두 파트너와 함께 수행했다.

우한 협력자 중 한 명은 쉬 정리였다.

이 그룹은 실험실 세포 배양에서 렘데시비르가 SARS-CoV-2에 대해 "매우 효과적"이라는 것을 발견했다. 그리고 그들은 같은 실험 세트에서 클로로퀸을 테스트했고, 그것도 매우 효과적이라는 것을 발견했다.

과학은 이렇게 진행되는 것이다.

제한적이고 잠정적인 결과에서 더 많은 실험으로, 더 많은 관찰로, 덜 잠정적인 추론으로 나아간다. 인체에서 SARS-CoV-2에 대한 렘데시비르의 작용과 클로로퀸의 작용은 독립적으로 다루어져야 할 두 가지 미지의 요소였다.

---

55 환자가 기존의 치료법으로 치료가 불가능한 경우, 아직 임상시험 단계에 있거나 승인되지 않은 약물을 사용할 수 있도록 허용하는 것.

첫 번째 주요 임상 시험은 2020년 2월과 3월에 우한의 10개 병원에서 무작위로 환자를 배정하여 렘데시비르 또는 위약을 투여하는 방식으로 진행되었다.

이 약물은 158명의 환자에게 투여되었고, 그 결과는 실망스러웠다. 연구자들은 렘데시비르가 증상, 회복된 환자의 회복 시간 또는 사망률을 위약을 투여 받은 환자의 결과보다 더 높게 "유의하게 개선하지 못했다"는 결론을 내렸다.

그리고 이 잘 조직된 시험은 예정됐던 환자 등록 수에 도달하기도 전에 일찍 종료되었는데, 우리를 비롯한 전 세계 사람들에게는 부러울 만하고 이상하게 보일 수 있는 이유 때문이었다.

우한에서 코로나 환자가 사라졌던 것이다.

그 도시의 엄격한 봉쇄, 검사, 추적 및 격리, 모든 비약물적 개입으로 인해 약물적 개입이 불필요해졌다.

우한 렘데시비르 연구가 발표된 날인 2020년 4월 29일, 중국 전역에서 총 4건의 신규 확진자만 발생했고 사망자는 없었다.

이버멕틴(ivermectin)은 다른 난제를 제시한다.

이 약물은 저렴하고 쉽게 구할 수 있기 때문에 절박하거나 두려운 사람들에게 매력적이다. 그러나 그 효과에 대한 증거는 엇갈린다. SARS-CoV-2에 대해 높은 가치를 지니고 사망률을 줄인다는 연구도 있고, 유의한 가치가 없다는 연구도 있으며, 양쪽 주장을 다 다루는 종설 기사도 있다. 한편으로는 여러 연구의 종합적인 관점이 이버멕틴의 코로나19에 대한 유용성을 강력히 지지한다고 주장하고, 다른 한편에서는 많은 친 이버멕틴 연구가 결함이 있고 조작되었다고 주장한다. (긍정적인 종설에서 가장 긍정적인 연구 중 하나는 프리프린트로 게시되었고 긍정적인 평균에 크게 기여했지만, 그 정당성과 진실성에 대한 비판을 받은 후 철회되었다.)

이버멕틴 오용에 대한 일화를 소개한 보고서는 언제라도 읽을 수 있다.

예를 들어 CDC에서 나온 게 하나 있다: 어떤 성인이 코로나19 감염을 예방하기 위해 가축용 이버멕틴 주사제를 마셨다. 이 환자는 혼돈, 졸음, 시각적 환각,

빈호흡, 떨림 증상으로 병원에 입원했다. 환자는 9일간 입원 후 회복되었다.

빈호흡은 빠르고 얕은 호흡을 말한다. 혼돈은 우리가 코로나19에 걸리면 앓는 기간 동안 누구나 겪을 수 있는 증상이지만, 이버멕틴은 이를 악화시킬 수 있다. 그리고 이버멕틴은 지역 애완동물 가게나 사료 가게 또는 아마존에서 몇 번의 클릭으로 구입할 수 있다. 삼켜 먹는 알약, 씹어 먹는 정제, 바르는 액체 또는 사과맛의 치약 같은 반죽 형태로 제공되며, 모두 개, 말, 소, 염소의 구충을 위해 의도된 것이다. 이는 이버멕틴이 수의사와 가축 생산자들 사이에서 이, 진드기, 기생충에 대한 치료용으로 신뢰받는 중요한 수단이기 때문이다. 하지만 장도리는 목수들에게야 신뢰받는 중요한 도구이지만, 치과에서 사용하는 것은 권장되지 않는다.

이버멕틴은 1975년에 두 명의 생물학자에 의해 발견되었으며[56], 그들은 결국 이 업적으로 노벨상을 수상했다. WHO는 이버멕틴을 필수 의약품 목록에 포함시켰다. 사람들도 이와 진드기에 시달리며, 세계의 일부 지역에서는 기생충이 심각하고 광범위한 질병을 일으킨다.

사상충증(ochocerciasis)은 일명 강 실명증(river blindness)으로도 불리며, 흑파리에 물려 퍼지는 일종의 기생충인데, 주로 사하라 이남 아프리카에서 약 1,500만 명의 환자가 있고, 거의 백만 명에게 어느 정도 시력 장애를 앓게 한다. 림프계 필라리아증은 일반적으로 사상충군의 기생충으로 인해 림프계를 막아 사람의 다리를 부을 수 있게 하기 때문에 코끼리증이라고 불리며 모기가 전파한다. 2018년 현재 5,100만 명 이상이 감염되었다.

이버멕틴은 노벨상을 받을 자격이 있는 축복이다.

다시 말하지만, 나는 콩고 공화국과 가봉의 늪과 숲을 걸을 때 흑파리에게 계속

---

56 키타사토 대학의 오무라 사토시와 제약회사 Merck의 윌리엄 캠벌.

물렸고 강 실명을 피하기를 바라면서 소량으로 직접 복용했다. 그 트레킹에 참여한 우리 모두는, 우리의 용감한 탐험대장인 생태학자 마이크 페이가 가져온 안약 통에 담은 것을 받아서 복용했다. 그는 콩고에서 오랜 경험을 가진 사람으로, 보통 미국의 사료 가게나 브라자빌이나 리브르빌의 거리 모퉁이에 있는 소년에게서 이버멕틴을 구입했다. 콩고 숲보다 벌레들 종류가 덜 다양하지만, 개를 위협하는 심장사상충, 소의 수십억 달러의 가치를 앗아가는 위사상충, 사람의 몸에서 1피트 이상 자랄 수 있는 회충이 있는 미국에서도 이버멕틴은 시장이 있다. FDA는 이러한 무척추동물 기생충에 대해 사람이 치료제로 쓰는 걸 승인했다.

그러나 코로나19에 대한 사용은 다른 문제로, WHO, CDC, 그리고 FDA는 권장하지 않는다. Cochrane Library라는 의학 과학을 검토하는 온라인 서비스에서 다수의 연구를 면밀히 조사한 한 저자 그룹은 '신뢰할 수 있는 증거는 잘 설계된 임상 시험을 제외하고는 코로나19의 치료나 예방을 위해 이버멕틴을 사용하는 것을 지지하지 않는다'고 판정했다.

옥스퍼드 대학교의 연구자들은 2021년 6월에 세계 최대 규모가 될 것으로 예상되는 대규모 임상 시험을 시작했지만, 시간이 걸릴 것이다.

현재로서는 이버멕틴에 대한 우려는 인간에 의해 널리 사용된 후 안전한지 여부가 아니라, SARS-CoV-2에 대해 효과가 있는지 여부다.

머크(Merck)와 이 프로젝트의 파트너인 플로리다에 있는 소규모 회사인 Ridgeback Biotherapeutics의 새로운 제품인 molnupiravir(몰누피라비르; 라게브리오)는 상황이 다르다. 몰누피라비르는 NHC라는 약자로 알려진 활성 약물의 전구약물(prodrug) 형태로 경구 투여의 장점이 있다. NHC는 오랜 역사를 가진 까다로운 화합물이다(전구약물이란 경구로 복용할 수 있는 화합물이며, 체내에서 대사되어 활성 약물이 된다). 몰누피라비르는 렘데시비르와 같은 정맥 주사가 아닌 하이드록시클로로퀸 및 이버멕틴과 같은 알약 형태로 제공된다. 2021년 10월에 발행된 Merck 보도 자료에 따르면 임상 시험의 중간 분석에서 몰누피라비르는 경증 또는 중등도 코로나19가 있는 성인의 입원 또는 사망 위험을 약 절반으로 줄이는 극적인 결과를 보였다(하지만 실험이 완료될 무렵에는 총 위험 감소가 더 낮은 수준으로 떨어졌다). 이 약은 SARS-CoV-2에서 돌연변이를 일으켜 바이러스가 기능 장애를 일으키는 지점까지 작용한다. 이 약물로 인해 RNA가 정확하게 복제되지 않아 바이러스는 이전에 언급한 3만 개의 뉴클레오티드로 구성된 긴 유전체에서 실수의 상한치에 도달한다: 즉, 오류 재앙을 맞는다.

몰누피라비르는 또한 까다로운 역사를 가지고 있으며, 그 역사의 일부를 보면 바이러스뿐만 아니라 포유류에서도 돌연변이를 일으킬 수 있다는 증거를 보인다. 노스캐롤라이나 대학교의 생화학자이자 진화 바이러스학자인 로널드 스완스트롬(Ronald Swanstrom)은 그러한 경고 연구를 수행한 팀을 이끌었다. 스완스트롬은 수십 년 동안 인간 숙주 내에서 바이러스, 특히 HIV-1의 진화에 대해 연구해 왔다. 그는 바이러스의 약물 발견과 약물 내성에 대한 많은 논문을 공동 집필했다. 그리고 그는 몰누피라비르의 장점과 가능한 위험을 보았다. 2020년 초, 그는 이 약물이 SARS-CoV, MERS-CoV, 그리고 당시 모든 사람의 관심을 끌었던 새로운 바이러스의 세 가지 코로나바이러스에 대해 효과가 좋았다고 보고한 연구자 그룹에 속해 있었다.

이는 매우 좋은 소식이었다. 당시에는 코로나바이러스를 치료하는 데 승인된 약물이 없었고, 몰누피라비르는 경구로 복용할 수 있어 사람들이 코로나19 사례를 입원하기 전 초기 단계에서 통제할 수 있는 잠재력이 크게 높아졌기 때문이다. 1년 후, 스완스트롬은 몰누피라비르의 단점을 조명하는 연구를 진행했다. 즉, 포유류 세포(실험실에서 배양한 햄스터 세포, 그리고 아마도 임산부의 태아 세포나 남성의 정자를 생성하는 줄기 세포)의 DNA를 변경할 수 있는 잠재력 말이다. 스완스트롬과 공동 저자는 이 약물이 "거의 같은 종류의 다른 약물보다 훨씬 강력한 항바이러스 활성"을 가지고 있지만 "숙주에게 돌연변이를 유발하기도 한다"고 기술했다. 그들은 이러한 돌연변이가 선천적 결함이나 암을 유발할 수 있다고 덧붙였다.

로널드 스완스트롬은 이 약을 인간에게 사용하는 것에 대해 단호하게 반대하지는 않는다. 다만 우려하고 조심하는 쪽으로 기울어 있을 뿐이다. 전반적으로 볼 때, 노령자에게는 가치가 있을 수 있지만 젊은 남녀에게는 권장되지 않는다. 스완스트롬은 이메일로 "저라면 아마 몰누피라비르를 복용할 것입니다(저는 나이가 위험 요인입니다)"라고 말했다. "하지만 복용하게 되면 암 위험을 찾기 위해 추적 조사하는 코호트에 참여하고 싶어요." 그는 큰 문제는 위험 수준이 알려지지 않았다는 것이라고 덧붙였다. 중요하지 않을 수도 있고, 중요할 수도 있다. "우리가 얻은 결과는 놀랍지 않았습니다"라고 그는 덧붙였다.

이는 동물 세포의 대사 경로와 이 약물의 작용 방식에 대해 오랫동안 알려진 것을 확인한 것이다. 몰누피라비르는 뉴클레오사이드 유사체로 알려진 분자 그룹에 속하며, 이는 RNA와 DNA 유전체를 구성하는 뉴클레오타이드와 유사하기에 유전체 복제 과정을 방해할 수 있다. 이 약물은 2000년대 초 애틀랜타의 에모리 대학교에서 처음 합성되었으며, 연구자들은 이 약물이 말과 때때로 사람을 죽이는 베네수엘라 말 뇌염을 일으키는 바이러스에 효과적일 수 있기를 바랐다. 그 다음에는 인플루엔자 균주에 대해 테스트를 했는데, 그 바이러스도 억제했다. 그래서 "광범위한" 항바이러스 약물로 간주되어, 새로운 바이러스와의 싸움에서 무기로서 유망함을 보였다. 그것은 RNA 뉴클레오티드 염기인 시토신(C)과 우라실(U)을 모방하는 기능으로 유전체 분자에 삽입되고, 시토신과 우라실 각각의 정상적인 짝짓기가 이뤄지는 것이 아니기 때문에 돌연변이를 생성한다. 즉 U 자리를 C가 대신 차지할 수 있으며, 이를 반복한다.[57] 이러한 대규모 돌연변이(wholesale mutations)는 바이러스 가닥 생성이 기능하지 않는 지점

---

57 잘 아는 사실이지만, 아데닌(A)은 오로지 우라실(U)하고만 짝을 이뤄야 하는데, 몰누피라비르는 A과 C의 짝짓기라는 불륜을 조장하며, 이 오류는 자체 교정되지 않아 계속 일어나게 된다. 그래서 원래 내정되었던 것이 아닌 엉뚱한 서열이 만들어진다. 이게 바로 오류 재앙이다.

까지 진행된다. 다시 말해, 오류 재앙이다. 이렇게 약물이 간섭하면 바이러스 개체군이 붕괴된다. 그것은 숙주에게는 경사스러운 결과가 된다. 다만 스완스트롬과 그의 동료들의 연구에서 보이듯이 이 교활한 분자는 숙주 세포에서도 DNA의 구성 요소를 가장하여 그 세포가 번식하고 돌연변이를 일으킬 가능성이 상당히 있다. 우리 몸의 많은 세포는 그리 자주 번식하지 않지만 태아 세포는 활발히 번식하며, 정자를 생성하는 줄기 세포도 마찬가지다.

"생화학적 경로로 따져보고 우리의 데이터를 보면 이것이 돌연변이 유발 물질이라고 말해 주고 있습니다"라고 스완스트롬은 나에게 말했다. "이 가능성이 더 공개적인 논의가 되지 않는 것에 실망했습니다. 이 약에 대해 이야기하는 것이 약물에 오점을 남길 거라는 우려들을 하고 있는 것 같아요."

목숨뿐 아니라 큰 자본의 성패가 달려 있으니까.

팬데믹이 확산되고 코로나바이러스를 멈추는 약물에 대한 필요성이 절실해지자, 에모리는 Ridgeback Biotherapeutics에 몰누피라비르 생산 라이센스를 허가했다. Ridgeback은 추가 개발을 위해 정부 지원을 요청했고, 이는 도널드 트럼프의 통제하에 있는 동안 미국 보건복지부 내에서 갈등을 일으켰다. 그 부서에는 BARDA (Biomedical Advanced Research and Development Authority)라는 기관이 자리 잡고 있는데, 2006년에 생물테러 행위나 팬데믹 질병으로 인한 공중 보건 위협에 대항하는 무기를 개발하고 조달하는 사명으로 설립되었다. BARDA의 역할 중 하나는 약물과 백신을 시장에 출시하는 데 도움이 되는 보조금을 제공하는 것이다. 에모리 대학교는 이미 약물을 테스트하기 위한 연방 자금을 받았고, 2020년 봄에 Ridgeback의 창립자이자 전직 투자 관리자 두 명이 BARDA를 통해 더 많은 자금을 요청했다.

BARDA의 국장은 릭 브라이트라는 과학자였으며, 그는 면역학자이자 바이러스학자로서 CDC, 민간 부문, 그리고 2010년부터 BARDA에서 일했다. 팬데믹이 시작되면서 브라이트는 클로로퀸과 하이드록시클로로퀸의 광범위한 사용에 반대하고, 정치적 압력이 이러한 약물에 대한 과학적 우려를 무시하고 있다고 느끼면서 보건복지부의 상사와 충돌하게 되었다.

그러던 중에, Ridgeback 사람들이 나타나 이 다른 매력적인 약물인 몰누피라비르를 위해 선불로 현금을 요구했고, 브라이트의 개인적인 인맥을 사용하여 그의 머리 위와 주변을 맴돌며 기관으로부터 원하는 것을 얻으려 하였다. 2020년 4월 20일, 브라이트는 BARDA 이사직에서 해임되었다. 5월 5일, 그는 미국 특별 검사실에 57페이지 분량의 고발자 불만을 제기했다. 1년 이상이 지난 후, 브라이트는 보건복지부에 대한 고용 청구를 해결했으며, 자세한 내용은 공개되지 않았고, 그때쯤 그는 록펠러 재단의 수석 팬데믹 대응 기획자로 고용되었다.

그러나 몰누피라비르의 위험/이익 균형의 모호성은 해결되지 않았다. 2021년 10월, 머크는 임상 시험의 중간 분석을 발표하면서 "몰누피라비르는 입원 또는 사망 위험을 약 50% 줄였다"라고 보고했다. 하지만 *The New England Journal of Medicine*에 최종 분석 결과를 제시하는 연구가 등장했을 때, 앞서 언급했듯이 참여자 전체의 효능 마진이 30%로 줄어들었다고 보고되었다.

그 즈음에 화이자도 코로나19에 대한 경구 치료제로 FDA 승인을 받았다(긴급 사용 승인; emergency use authorization, EUA 형태로).

이 약물은 팍스로비드(Paxlovid)라는 브랜드명으로 출시되었으며, 실제로 두 가지 약물의 조합이다(둘 다 발음하기 어려운 이름[58]이므로 진짜 이름이 무엇인지 굳이 신경 쓸 필요는 없다). 이 조합은 매우 효과적인 것으로 보이지만, 두 구성 약물 각각에는 단점이 있다: 하나는 제조의 어려움, 다른 하나는 약물 상호작용의 복잡성이다. 팍스로비드는 중요한 잠재력을 가지고 있지만, 전 세계적인 팬데믹에 대한 만병통치약, 즉 저렴하고, 경구로 복용 가능하며, 독성이 없고, 검사 후 치료할 수 있는 약물은 아닐 수 있다고 론 스완스트롬은 말했다.

몰누피라비르와 돌연변이 유발 위험에 관해서는 맥락과 상식을 위해 기억하는

---

58 니르마트렐비르/리토나비르(nirmatrelvir/ritonavir)다.

것이 중요하다. 일부 항암 화학요법도 돌연변이 유발 물질이다. 그중 일부는 뉴클레오사이드 유사체를 포함하여 건강한 세포의 DNA를 변경할 가능성을 가져온다. 이는 일종의 거래, 어느 정도의 손해 대가는 감수하고 임하는 거래(tradeoff)다.

만약 내가 지금 암과 싸우고 있다면, 이미 내 안에서 자라고 있는 종양을 줄이거나 제거하기 위해 장차 새로운 돌연변이에 의해 또 다른 종양이 발생할 수 있는 가능성을 감수하며 그런 약물로 치료받는 것에 동의할 것이다. 그리고 난 70대이기 때문에(로널드 스완스트롬처럼) 선천성 결함이 문제가 되지 않으므로, 코로나19와 싸우고 있다면 몰누피라비르 치료 과정에 감사할 수 있다. 마치 콩고 늪지대에서 이버멕틴을 한 모금 마신 것처럼 말이다. 이는 마법 같은 생각이 아니다. 이는 주판알 튕기며 다 계산하고 따져본 위험도이다.

54

네 번째 마법이자, 진정 가장 놀라운 것: 백신.

2019년 12월 말과 2020년 1월 초, 이미 언급했듯이 토니 파우치는 우한에서 쏟아지는 뉴스를 주의 깊게 추적했다. 그는 거의 40년 동안 운영해 온 거대한 연구소(NIAID)의 일부인 백신 연구 센터의 리더십 팀과 협의했다. 그 팀에는 VRC (Vaccine Research Center; 백신 연구 센터) 소장인 존 매스콜라(John Mascola)와 센터의 부소장 겸 그 산하의 바이러스 병원성 연구 실험실 실장인 바니 그레이엄(Barney Graham)이 있었다.

이 알 수 없는 폐렴 발병의 원인 병원체는 무엇이었을까?

다양한 흥미로운 이유와 그렇지 않은 이유로 인해 전 세계적으로 하기도와 폐 감염의 설명되지 않은 사례가 계속해서 발생한다. 그러나 이것은 패턴이었고, 패턴은 감염병 과학자들을 경계하게 만든다. 원인이 바이러스라면, 그 가능성이 높아 보였는데, 어떤 종류일까? 만약 오래된 바이러스라면, 그것의 정체를 식별할 수 있고 보고서에 나타날 것이다.

만약 새로운 바이러스라면, 어떤 종류일까?

예리하고 경험이 많은 그들의 코에 코로나바이러스 같다는 "냄새가 났다."

호흡기 바이러스이며 전염성이 높고 위험하거든.

중국에서 나온 몇몇 루머는 그것이 SARS-CoV 또는 SARS 유사 바이러스일 수 있다고 제안했다. 그러나 루머와 냄새로 백신을 만들 수는 없는 법이다.

그레이엄은 새로운 종류의 백신 접근 방식[59]을 활성화할 수 있도록 당장이라도 유전자 염기서열을 보고 싶어 했다. 이 접근 방식은 어쨌든 외부 세계에게는 새로운 것이지만 수년간의 연구로 단련된 그와 다른 사람들에게는 친숙한 것이었다. 그레이엄은 준비가 되어 있었다.

파우치는 "그는 MERS-CoV와 니파 바이러스에 대한 메신저 RNA (mRNA) 유형 백신을 연구하고 있었기 때문이죠"라고 말했다. 원리는 MERS-CoV와 같은 코로나바이러스에서 니파와 같은 파라믹소바이러스로, 그리고 다른 코로나바이러스로 이전할 수 있다는 것이었다. 그레이엄에게 필요한 것은 우선 특정 대상, 즉 유전체의 중요한 부분이었다. 파우치는 "그는 mRNA 기술에 매우 깊이 관여했습니다"라고 말했다. "적응시키기 쉽기 때문입니다. 그리고 제가 기억하기로, 우리는 전화 통화를 하고 있었는데, 그는 '서열을 얻어서 정말 진행해 보겠습니다'라고 말했습니다."

그 시점에 중국 내 실험 연구실들 사이에서 전체 또는 일부 유전체 서열이 비공식적으로 공유되고 있었다면 — 그리고 실제로 그랬던 것으로 보이지만 — 파우치는 그것들을 접하지 못했던 것이다. 그리고, 1월 10일에서 11일 새벽, 에든버러 시간으로, 에디 홈즈가 호주에서 서열을 게시했다.

백신 연구 센터는 베데스다에 있으며, 에든버러보다 동부 표준시 기준으로 5시

---

59 나중에 나오겠지만 mRNA 백신 기술을 말한다.

간 늦다. 바니 그레이엄은 그날 밤 8시 30분이나 9시에 처음으로 서열을 본 걸 기억하고 있다. 금요일이었다. VRC는 이미 매사추세츠주 케임브리지에 있는 신생 바이오테크 회사인 모더나(Moderna Therapeutics)와 협력 관계를 맺고 있었으며, 몇 년 전에 VRC에서 개발한 백신을 제조하기 위해 서명했다. 그 협력에는 그레이엄의 지도하에 진행된 니파 백신 프로젝트가 포함되어 있었다. 그래서 그레이엄은 모더나의 CEO이자 공동 소유주였던 활달한 프랑스인 스테판 방셀(Stéphane Bancel)과 연락을 주고받았다. 그들은 이전 프로젝트에서 협력했었고, 또 다른 프로젝트도 진행 중이었으며, 이제 그들은 그 노력을 새로운 바이러스로 옮기기로 동의했다.

그레이엄의 기억에 따르면 방셀은 "서열을 보내주시면 바로 제조를 시작할 것입니다"라고 말했다. 서열을 받고 4일 후, 정말로 그렇게 했다.

그로부터 9주도 채 지나지 않은 3월 16일 Moderna-VRC 백신의 첫 번째 임상시험에서 첫 번째 이벤트가 일어났다. 인간의 팔에 백신 주사를 놓은 것이다.

"사람들은 '와, 얼마나 빨리 해냈는지 놀랍네요'라고 말합니다"라고 파우치가 말했다. "정말, 정말, 정말 빨랐습니다. 하지만 이는 이렇게 되기까지 그 전부터 진행되었던 많은 작업들이 반영된 것입니다."

55

SARS-CoV-2에 대한 백신 개발의 대하소설 같은 이야기는 여러 해에 걸쳐 천천히 전개되다가 놀라운 속도로 급진전되어 절정에 이른 하나의 이야기, 하나의 시작, 하나의 결말, 그리고 몇몇 인물들로 이루어진 이야기가 아니다.

그것은 마하바라타와 같다: 수천 개의 이야기들로 엮인 서사시이다.

그 이야기들 중 일부는 헝가리와 독일, 펜실베이니아 대학교에서 나와 화이자 백신으로 이어진다. 일부 이야기는 네덜란드의 얀센 백신과 보스턴의 베스 이스라엘 디코네스 메디컬 센터, 그리고 워싱턴 D.C.의 생물의학 개발 기관인 BARDA — 릭 브라이트가 잘렸던 — 에서 나와 얀센 코로나19 백신, 즉 존슨앤존슨 백신으로 이어진다. 일부는 칠레, 인도네시아, 필리핀, 모로코, 바레인, 파키스탄 등을 거쳐 중국에서 CoronaVac과 Sinopharm BIBP 두 가지 백신으로 나온다. 어떤 이야기는 옥스퍼드(새러 길버트의 연구실과 여러 동료의 연구 및 개발)에서 푸네(일부 제조)에 있는 인도 혈청 연구소(Serum Institute of India)와 다른 곳으로 얽혀 옥스퍼드-아스트라제네카 백신을 만들어냈고, 이는 아마도 세계에서 가장 널리 사용되고 생명을 구하는 백신이 되었다. 아부다비와 이탈리아를 거쳐 러시아에서 나온 다른 이야기는 스푸트니크 V로 이어진다. 그리고 30년 전 바니 그레이엄의 연구실에서 시작된 모더나 백신의 이야기가 있다.

바니 스콧 그레이엄은 캔자스주 파올라 근처에서 소, 돼지, 단거리 경주마를 돌보는 농장 소년으로 자랐고, 그의 아버지는 가축을 돌보지 않을 때는 치과 의사 일을 했으며, 바니는 곧 파올라 고등학교의 졸업생 대표가 될 만큼 키가 크고 똑똑한 청년이 되었고 휴스턴에 있는 라이스 대학에 진학했다. 대학을 졸업하고 캔자스로 돌아와 의대를 졸업한 그는 30대 초반에 테네시주 내슈빌에 있는 병원에서 내과 수석 레지던트가 되었다. 그런 수련 과정을 거쳐도 아픈 사람을 건강하게 회복시키고 다른 사람이 아프지 않도록 하려는 그레이엄의 야망을 충족시키지 못했기 때문에 그는 미생물학과 면역학 박사 학위를 취득하고 의학 교수가 되었다. 그는 또한 1980년대 중반부터 HIV에 대한 백신 접종 노력과 더 흔하고 덜 악명 높지만 여전히 심각한 병원체인 호흡기 세포융합 바이러스(RSV)에 초점을 맞춘 연구를 수행했다. 이 바이러스는 어린이와 노인에게 심각한 영향을 미칠 수 있다. RSV는 돌아다니며 3살까지의 거의 모든 어린이를 감염시키고 절대 다수에게는 감기와 비슷한 증상만 주지만, 많은 사람에게는 심각한 호흡기 질환을 일으켜 매년 약 300만 건의 입원을 유발한다. 그레이엄은 1986년에 RSV에 대한 연구를 시작했고, 이에 대한 백신이 없었기 때문에 계속 연구했다.

그는 2000년에 내슈빌을 떠나 새로 설립된 백신 연구 센터(VRC)에 합류했다. 이 센터는 NIAID 내에 있으며, NIAID는 베데스다에 있는 거대한 국립 보건원(NIH) 단지의 일부다. 그는 센터의 창립 연구원 중 한 명이었다. 그레이엄은 VRC 창립 이야기를 기억하고 있다. 이 이야기는 그에게, 그리고 여러 해 동안 많은 사람들에게 토니 파우치가 들려준 것이다. 빌 클린턴은 대통령 임기의 중반쯤에 에이즈 정복의 필요성에 매우 관심을 가졌다. 클린턴은 파우치를 소환하여 브리핑을 받았다.

"그는 백악관, 즉 오벌 오피스에서 이젤에 포스터 보드를 하나 놓고 있었습니다"라고 그레이엄은 파우치가 발표하던 걸 회상했다. "앨 고어와 빌 클린턴은 몰입하여 앉아 있었고, 해럴드 바머스(Harold Varmus)는 뒤쪽에 앉아 있었습니다."

바머스는 노벨상을 수상한 저명한 암 생물학자로, 당시 NIH의 소장이었으며, 따라서 파우치의 상사였다. 파우치는 이젤 디스플레이를 사용하여 클린턴에게 HIV가 백혈구를 감염시키는 복잡성에 대해 설명하고 있었다. 클린턴은 칭찬받아 마땅할 만큼 주의 깊게 경청했다. 그런 다음, 파우치가 그레이엄과 다른 사람들에게 전한 바에 따르면, 그리고 그레이엄이 나에게 전한 바에 따르면, 파우치를 오벌 오피스(미 대통령 집무실) 밖으로 안내하며, 클린턴은 "이 문제를 한 번에 완전히 해결하려면 무엇이 필요합니까?"라고 물었다고 한다.

"우리는 다양한 학문 분야의 사람들을 모을 수 있는 센터가 정말 필요합니다"라고 파우치 박사는 말했다. "그리고 HIV 백신 개발에 집중해야 합니다." 클린턴 대통령은 비서실장인 리언 파네타를 돌아보며 "리언, 이 일을 처리해"라고 말했다. 또는 그와 비슷한 말로 "이 일을 성사시켜"라고 한 것 같다.

VRC는 1997년에 행정 명령으로 설립되었고 몇 년 후 연구소를 열었으며, HIV 외의 병원체들을 대상으로 해서도 백신 연구 범위를 확장했다.

그레이엄은 VRC에서 다른 책임을 맡으면서도 백신이 절실히 필요한 RSV에 대한 연구를 계속했다. RSV는 대중에게 인지도가 낮았지만 5세 미만 어린이의 입원 원인 중 가장 많았고, 일반적으로 전 세계에서 1년에 6만 명 이상, 최대 20만 명이 사망했으며, 이 중 99%가 개발도상국에서 발생했다. 불우한 환경에 있는 가난한 아이들에게는 잔혹한 위협이었다. 하지만 이 바이러스는 백신을 만드는 데 몇 가지 특별한 과제를 안겨주었다: 어린이들을 공격했고, 면역 회피에 대한 몇 가지 요령을 가지고 있었으며, 첫 번째 감염에서 회복된 후에도 어린이 또는 성인을 재감염시킬 수 있었다. 그리고 1960년대로 거슬러 올라가는 임상 시험 중에 RSV 백신 개발 시도가 실패한 불행한 역사가 있었는데, 시험 백신이 상황을 악화시켜 바이러스가 감염되었을 때 염증 위기를 유발했다. 이런 어두운 사건의 정중한 이름은 "백신이 조장한 질병"이었다. RSV 시험 실패는 그레이엄이 파올라에서 청소년 시절을 보내고 있을 때 발생했지만, 일설에 의하면 그 사건은 그를 "매혹시켰다"고 한다. 백신을 연구하는 사람이라면 RSV에 대해 신중하게 접근해야 하는데, 그레이엄은 그렇게 했다.

그의 신중한 발걸음은 다른 사람들이 그랬듯이 그를 살아있는 약독화 바이러스나 불활성화 된(화학적으로 죽인) 바이러스, 또는 바이러스 단백질의 일부 대신 mRNA를 사용하여 인간 면역 체계를 동원한다는 아이디어로 이끌었다.

면역 반응을 유발하고 항체와 면역 세포가 표적으로 삼는 요소를 항원이라고 한다. mRNA를 사용한다는 독창적인 개념은 항원이 환자 자신의 신체 내부에서 유전적 지시 세트를 통해 대량으로 생성된다는 것이다. 그 아이디어는 수십년 전 여러 출처로 거슬러 올라가는데, 그중 가장 이른 출처 중 하나는 위스콘신 의과대학 및 공중보건대학의 존 A. 월프(Jon A. Wolff)였으며, 그는 1990년에 이에 대해 발표했다.

커털린 커리코(Katalin Karikó)는 동료의 도움을 받아 독립적으로 그 아이디어를 생각해 냈다. 헝가리에서 자랐고 세게드 대학교에서 박사 학위를 받은 커리코는 연구에 들어가 템플 대학교에서 박사 후 연구원으로 지내다 필라델피아로 이사한 후 펜실베이니아 대학교에서 연구 교수로 재직하면서 연구비를 끊임없이 모았지만 큰 성과는 없었다. 그녀는 단백질 결핍과 관련된 다양한 질병과 싸우기 위해 합성 mRNA를 사용하는 등 자신과 다른 사람들에게는 유망해 보이는 분야에 깊이 헌신하고 있었다. 존 월프가 인식했지만 해결하지 못한 그 접근 방식의 문제 중 하나는 도입된 mRNA가 신체에서 빠르게 분해되어 면역 반응을 생성하는 데 효과적이지 않다는 것이다. 1997년 커리코는 펜실베이니아 대학교의 새로운 동료인 드류 와이스먼(Drew Weissman)이라는 면역학자를 만났다. 그는 NIH에서 펠로우십을 마치고 얼마 전 도착하여 백신 연구를 위해 연구실을 세우고 있었다. 커리코와 와이스먼은 성격이 극명하게 달랐다. 그녀는 키가 크고 금발에 외향적이며 강력한 성격을 가졌고, 와이스먼은 대머리에 과묵했다. 그러나 그들은 mRNA 백신을 만들기 위한 목표를 가지고 과학적 파트너로서 잘 어울렸고, 맞춤형 mRNA를 인체의 면역 방어를 정면 돌파하거나 또는 우회함으로써 본격 작동을 할 때까지 부서지지 않도록 보호하는 문제를 해결했다. 결국, 그들의 아이디어는 주로 암 면역 치료에 중점을 둔 독일 기반의 바이오테크 회사인 바이오엔테크(BioNTech)에 받아들여졌다. 이 회사는 의사-과학자 부부 팀에 의해 설립되었다. 2013년에 커틸린 커리코는 바이오엔테크의 수석 부사장이 되었고, 드류 와이스먼은 펜실베이니아 대학교에 남았다. 이 모든 일은 코로나바이러스에 특별한 관심이 없었던 팬데믹 이전의 시절에 일어난 일이었다.

그러다가 신종 바이러스가 등장했고, 전 세계가 뒤집어졌으며, 바이오엔테크는 2020년 1월에 코로나19 백신 개발을 즉시 시작했다. 3개월 만에 이 회사는 수억 달러의 개발 및 제조 지원을 위해 중국에 본사를 둔 Fosun Pharma와 뉴욕에 본사를 둔 화이자와 파트너십 계약을 체결했다. 만약 당신이 본 필자처럼 화이자 백신을 맞았다면, 많은 사람에게 감사드려야 하겠지만, 아마도 그중에서도 한때 사람들이 괴짜로 여겼던 외롭고 끈기 있게 목소리를 내던 커틸린 커리코가 감사 목록의 맨 위를 차지하고 있을 것이다.

56

모더나 백신은 mRNA 전략을 사용한다는 점에서 매우 유사하지만, 야심 찬 기업가와 비전을 가진 과학자들이 등장하는 매우 다른 탄생 이야기를 가지고 있다.

이 이야기는 코로나바이러스 연구와 일찍 합쳐지며, mRNA 엔지니어링뿐만 아니라 분자 생물학, 생화학, 생물물리학이 결합되어 큰 분자(특히 단백질), 3차원 모양, 그리고 그 모양이 기능에 미치는 영향을 규명하는 구조 생물학이라는 분야도 포함한다. 모더나의 역사는 우리를 바니 그레이엄과 그의 오랜 관심사인 RSV와 고통받는 모든 어린이의 이야기로 되돌아간다. 2009년경에 제이슨 맥클레란(Jason McLellan)이라는 젊은 박사 후 연구원이 그의 밑으로 들어왔다. 과학에서는 순전히 우연이 촉매 역할을 하는 경우가 많고, 이 경우 우연은 백신 연구 센터의 붐비는 연구실 작업 공간이었다.

"제이슨은 피터 큉 연구실의 박사 후 연구원이었어요"라고 그레이엄이 말했다. 큉은 VRC의 구조 생물학자로, HIV 백신의 난제를 연구하고 있었다. "그리고 그들은 4층의 공간이 부족했어요. 그래서 그는 ― 맥클레란이 그랬듯이 ― "2층으로 내려와서 HIV가 아닌, 그렇게 경쟁이 붙지 않은 것을 연구하고 싶어 했어요."

그레이엄은 제안을 했다. RSV의 단백질 구조. 바이러스 표면에는 코로나바이러스의 스파이크 단백질 일부와 거의 같은, 특별히 흥미로운 것이 하나 있었는데, 공격을 받는 세포의 막과 융합해서 바이러스 유전체가 침투할 수 있도록 하는 역할을 한다는 것이다. 이 RSV 융합 단백질에 대해서는 세포막과 융합하기 전과 융합한 후의 두 가지 형태를 취할 수 있다는 것 외에는 거의 알려진 바가 없었다.

그 중요한 융합과 관련해서, 이는 "이전(the Before form)"과 "이후(the After form)" 형태로 생각할 수 있다.

그레이엄과 다른 사람들은 RSV에 대한 연구를 통해 가장 관련성 있는 항원, 즉 보호 항체를 유발하는 요소가 "이전" 형태라고 추정했다. 따라서 효과적인 백신은 "이전" 단백질을 모방하는 무언가를 제공해야 한다. mRNA 백신용 항원의 경우, "이전" 형태의 mRNA 지시에 따라 사람의 신체에서 생성되어 자유로이 부유하는 단백질인 작은 분자를 의미한다. 이 항원은 실제 바이러스의 일부를 모방한 모양이기에, 항체 생성을 촉발하고, 이렇게 만들어진 항체는 실제로 바이러스가 도착하면 그 바이러스를 공격한다.

항원이 '이후' 형태를 취하면 아무 소용이 없다.

왜냐하면 그런 형태는 바이러스가 세포 속으로 들어가면서 세포막과 융합한 이후에만 존재하기 때문이다 — 너무 늦어요.

"그래서 우리는 F 단백질의 구조를 파헤치기 시작했습니다"라고 그레이엄은 융합 단백질의 대체 형태를 언급하며 말했다.

쉬운 일은 아니었다. 그 작업들이란 단백질의 결정을 키우고, 단백질 모양을 보여주기 위해 X선으로 그 결정을 때리거나, 아니면 전자 현미경으로 보는 것이었다. 하지만 이 모든 것은 제이슨 맥클레란의 영역 내에 있었다.

그레이엄은 "마침내 2012년과 2013년에 우리는 올바른 구조를 포착했습니다"라고 말했다. 그들은 단백질의 "이전" 형태를 보았다.

하지만 그 단백질의 "이전" 형태는 불안정하기 때문에, "이후" 형태로 바뀌기 쉽다. 쥐덫이 닫히는 것처럼. 닫힌 쥐덫은 쥐를 잡지 못한다.

"이후" 형태의 융합 단백질은 세포막과 융합을 시작하지 않으며 백신에서 원하는 항체에 대한 좋은 표적이 되지도 않는다.

백신으로 생긴 항체는 예방적이어야 한다. "이전" 형태를 표적으로 삼아 세포와 융합하는 것을 막아야 한다.

이 모든 것이 코로나19가 나타나기 수년 전에, 어린이를 죽이는 바이러스인 RSV에 대한 백신을 설계하려는 노력에 있어서 난제였다는 것을 기억하라. RSV는 위험한 바이러스였고 심각한 문제였지만 SARS-CoV-2에 대한 총연습

리허설이기도 했다.

2013년 한 해 동안, 맥클레란과 그레이엄, 그리고 몇몇 동료들은 4층에 있는 피터 큉과 그의 연구실 사람들, 그리고 미국, 네덜란드, 중국의 다른 사람들의 도움을 받아, RSV 단백질의 "이전" 형태에 쐐기를 넣어 다른 형태로 변하지 않도록 하는 방법을 찾아냈다.

"우리는 돌연변이를 안정화시켜서 고정시키는 법을 찾아낼 수 있었습니다"라고 그레이엄은 그의 집 사무실 안에서 자기 서가를 배경으로 앉아 줌(Zoom)으로 대화를 하며 내게 말했다.

그는 옆으로 손을 뻗어 다채로운 플라스틱 모델 두 개를 집어 들었다. "이 형태로 유지하기 위해서요" — 그는 왼손으로 모델 하나를 들어 올렸다. 그것은 뚱뚱한 크리스마스 트리 모양으로, 윗부분 가지는 주황색과 빨간색, 아래쪽에는 라벤더, 초록색, 노란색, 파란색의 패치가 있는 복잡하고 불안정한 단백질 구성을 나타내고 있었다 — "이 형태 대신에"라고 그레이엄이 말하며 다른 모델을 들어 올렸다.

오른손에 있는 모델은 샴페인 잔처럼 더 길고 좁고 평평한 꼭대기를 가지고 있었다. 라벤더, 녹색, 노란색, 파란색; 주황색과 빨간색은 보이지 않았다. "왜냐하면 이 단백질이" — 왼손 — "이 단백질로 변하거든요" — 오른손 — "자발적으로." 나는 매료되었다.

"이것은 융합 전, 이것은 융합 후" 나는 그의 왼쪽을 가리키고 이후 오른쪽을 가리키며 "이전"과 "이후"를 그렇게 구분하였다.

난 정말 느리게 익힌다.

"이것이 융합 전, 이것은 융합 후" 그가 확인해 주었다.

그는 맨 위에 있는 모든 빨간색과 주황색 물질은 항체가 달라붙어야 하는 곳이라고 덧붙였다. 그러면 바이러스가 멈출 것이다. 하지만 그 물질은 모두 단백질의 "이후" 형태에 가려져 있었다. 그리고 "이후"는 모든 사람이 백신 개발에 사용해 온 것이다.

"그러니 매번 실패했죠."

그 백신 후보는 실패작이었다.

그레이엄은 제이슨 맥클레란이 그의 연구실로 들어왔을 때 수년 동안 RSV에 대해 연구하고 있었다. 하지만 그와 맥클레란, 그리고 그들 팀이 융합 단백질의 "이전" 형태를 안정화하는 데 성공하자, "그것은 모든 것을 바꿔놓았습니다"라고 그는 말했다.

"그것은 2013년 말에 출판되었습니다." 그레이엄은 "제이슨이 다트머스에서 첫 교수직을 맡을 때였습니다"라고 덧붙였다.

맥클레란은 시어도어 가이젤(Theodor Geisel), 일명 닥터 수스(Dr. Seuss)[60]의 이름을 딴 가이젤 의과대학(Geisel School of Medicine)에서 생화학 조교수가 되었다. 맥클레란은 2013년 여름에 뉴햄프셔로 이사했고 "RSV에 대한 연구를 할 계획이었습니다"라고 내게 말했다.

새로운 도시(하노버)에 정착하고, 자신의 연구실을 설립하고, 자신을 주 저자로 사이언스에 논문 두 편을 발표하는 등 그로서는 바쁜 시기였다. 그중 두 번째 논문은 그 학술지에서 올해의 10대 혁신으로 인정받았다. 바니 그레이엄과 피터 큉이 공동 저자 목록의 맨 마지막에 교신 저자 역할을 맡은 그 논문은 맥클레란과 그의 동료들이 RSV의 F 단백질의 안정화된 버전을 어떻게 만들어냈는지 설명했다. 이 단백질은 융합 전 형태로 생쥐와 원숭이에서 테스트했을 때 바이러스에 대한 백신에서 잘 작동했다.

비록 '학문의 돌파구 마련(Breakthroughs)' 상을 받았지만, 맥클레란은 독립적인 젊은 과학자로서 박사 후 연구원의 급여를 지급하고, 대학원생을 지원하며, 실험실을 운영하기 위한 보조금을 받기 위해 고군분투했다. NIH는 그의 RSV 연구를 계속하기 위한 세 가지 제안을 거절했다. 낙담한 상태에서 맥클레란은

---

60 미국의 동화 작가. 영화로도 나온 '그린치'의 원작자. 다트머스 대학 출신이다. 2012년 다트머스 의학전문대학원이 가이젤 의대로 명칭을 바꾼 근거이기도 하다.

전화로 그의 멘토와 대화를 나누었다.

그레이엄은 전술적 우회를 제안했다.

RSV 대신 코로나바이러스에 대한 그의 구조적 접근 방식을 사용해 보는 건 어떨까?

최근 아라비아 반도에 흉악한 새로운 바이러스가 나타났더군. 메르스 바이러스. 치명률이 높고 확산 가능성이 아직 알려지지 않았기 때문에 이 바이러스는 NIH 보조금 심사자에게 더 시급하고 유망해 보일 수 있어요.

그 조언에 따라 맥클레란은 코로나바이러스의 스파이크 단백질에 구조 기반 접근 방식을 적용하기 위한 자금을 지원받았다. MERS-CoV부터 시작하여 백신에 사용할 수 있는 안정화된 스파이크 모형을 만들고자 했다.

"하지만 그 단백질은 다루기 어려웠어요"라고 맥클레란이 말했다. "그냥 제대로 된 단백질이 아니었어요."

매우 불안정했다.

X선 결정학(X-ray crystallography)으로 해 보아도 잘 나오지 않았다.

"힘들었어요."

그와 동료 그룹은 그 문제로 어려움을 겪었고 결국 해결했는데, 부분적으로는 멋진 신기술(저온 전자 현미경, 또는 cryo-EM)을 사용하고, 부분적으로는 비교적 덜 어려운 코로나바이러스(2004년 홍콩 대학의 연구자들이 발견한 감기에 걸리는 코로나바이러스인 HKU1)에 쓰인 방법을 다듬어서 해결했다. 새로운 현미경에 대한 전문 지식을 얻기 위해 맥클레란은 라호야의 스크립스 연구소의 cryo-EM 전문가인 앤드류 워드(Andrew Ward)에게 의뢰했다.

맥클레란은 이메일을 주고받으며 워드와 알고 지냈고, 그가 훌륭한 cryo-EM 작업을 했다는 것을 알고 있었다. 그는 워드에게 HKU1의 스파이크 단백 연구에 도움을 줄 수 있는지 물었다. 치아를 드러내고 웃으며 쾌활한 태도를 보이는 젊은 정교수인 워드는 "그래요, 해봅시다"라고 말했다. 그들은 구조를 풀고, 컨퍼런스에서 맥주를 마시고, 연구를 발표하곤 했다. 적절한 동료와 함께하는 과학은 재미있는 법이다.

"그래서 저희 연구실, 앤드류 연구실, 바니 연구실 셋이 함께 일하기 시작했어요"라고 맥클레란이 나에게 말했다.

그들은 HKU1 스파이크의 구조를 밝혀내는 데 성공했고, 결국 MERS-CoV에서도 같은 성과를 거두었다. 동료들이 HKU1에 관한 논문을 작성하고 있는 동안, 맥클레란과 그의 연구실은 이미 유사한 변형 설계를 바삐 진행 중이었다. 즉 이는 생명공학적으로 조작한 돌연변이들로, MERS-CoV 스파이크 단백질을 '이전' 형태로 고정시키는 것이었다.

그런데 다시 상기하자면, 왜 스파이크를 '이전' 형태로 고정하려고 했을까요? 그래 맞아요, 그게 바로 백신에서 항원으로 써야 하는 형태이기 때문입니다! 그 형태는 다른 모든 형태보다 바이러스를 멈추기 위한 항체를 유발할 겁니다. 그들은 MERS-CoV 스파이크를 안정화하기 위해 작은 분자적 몽키 렌치를 넣어서 만들었어요. 그들은 그 자식을 묶었다구요: "이전" 형태로 고정시켜 "이후" 형태로 둔갑할 수 없게.

맥클레란과 워드와 그들의 그룹은 메르스 발병 사이에 바이러스가 다시 낙타 속으로 사라진 것처럼 보였던 시기에 좋은 학술지에 메르스 결과를 발표했다.

이 논문의 첫 번째 저자는 제스퍼 팔레슨(Jesper Pallesen), 왕 난솽(Nianshuang Wang), 카즈메키아 고벳(Kizzmekia Corbett)이라는 세 명의 젊은 동료였다. 그들은 논문의 마지막 부분에서 여기에 설명된 방법이 메르스에 유용할 수 있으며 (중략) 모호한 추가 약속처럼 보이는 것을 덧붙여 "광범위하게 효과적인 코로나바이러스 백신 개발에 중요한 단계를 제공한다"라고 언급했다. 언젠가 그게 유용하게 될지 누가 알았겠는가? 그때는 2017년이었거든.

57

40년의 경험과 숙적 바이러스를 처벌하고 새로운 바이러스를 위협하는 데 맞서 오랜 노력을 기울인 바니 그레이엄은 지난 몇 년의 팬데믹 이전 동안에 새로운 백신을 만드는 것만이 아니라 빠르게 새로운 백신을 만드는 것이 중요하다는 또 다른 핵심적인 통찰에 따라 행동했다. 신속한 백신 연구와 생산은 단백질 구조를 해결하고, 올바른 항원을 설계하며, 이를 합성 mRNA에 코딩하고, 그 mRNA를 작은 지질 방울에 싸서 몸의 효소가 분해하기 전에 세포에 침투할 수 있도록 하는 것만을 의미하지 않는다. 이러한 모든 작업을 빠르게 수행하고, 백신을 실험 동물에게 투여하여 효능을 빠르게 테스트하며, 인간 임상 시험을 통해 안전성과 효능을 빠르게 검증하고, 백신을 수백만 회분으로 빠르게 제조하는 것을 포함한다. 심지어 이러한 작업 중 일부를 동시에 진행해야 하므로 타임라인은 더욱 단축된다.

그래서 그레이엄은 2017년에 그 작은 바이오테크 회사인 모더나와 파트너십을 맺었다.

모더나는 설립된 지 불과 7년밖에 되지 않았고, 자본이 부족했으며, 투자자나 과학자들에게 널리 알려지지 않았고, 아직 어떤 제품도 시장에 내놓지 못했다. 그레이엄은 이 회사에 니파 바이러스를 타깃으로 한 신속한 설계부터 제조까지의 백신 프로젝트에 관해 협력을 요청했다. 모더나는 성과가 부족함에도 불구하고 파트너로서 좋은 선택처럼 보였다. 그레이엄이 흥미를 느꼈던 것과 같은 아이디어, 즉 항원을 만드는 mRNA 지침의 형태로 백신을 제공하는 데 전념했기 때문이다. 모더나(Moderna)라는 이름 자체는 "변형된(modified)"과 "RNA"의 합성어였으며, "현대적인(modern)"이라는 단어가 들어 있다는 점이 매력적으로 다가왔다. CEO인 스테판 방셀(Stéphane Bancel)은 통찰력 있는 기업가였지만 과학자는 아니었다. 그는 2011년에 자금조달 능력으로 채용되었다.

그레이엄의 연구실은 니파 항원을 설계했다. 모더나는 이를 mRNA 백신 프로토타입으로 전환했다. 모더나는 또한 그레이엄의 연구실이 설계한 안정화된 스파이크 단백질을 기반으로 메르스에 대한 mRNA 후보 백신을 생산했다. 이는 그레이엄이 NIAID 내에서 주도해 온 야심찬 대규모 계획의 일부로, 인간을 감염시키는 것으로 알려진 바이러스를 포함하는 26개 바이러스 계열의 각 바이러스에 대한 백신 설계 개념을 개발하는 것이었다.

이 백신 개념은 해당 계열의 다른 구성 바이러스들에게 보편적으로 적용될 수 있다. 2019년 말까지 니파 백신은 임상 시험을 위한 준비가 되었고, 이는 안전성을 평가하기 위한 첫 단계였다. 그런 다음 중국에서 신종 바이러스가 출현했다. 1월 6일 또는 7일 무렵, 그레이엄은 이것이 SARS-CoV와 유사한 코로나바이러스라는 "배경 스토리 소문"을 들었다. 얼마나 비슷할까? 정확히 동일하지는 않지만 우려스러울 정도로 비슷했다. 그레이엄과 방셀은 이메일을 주고받으며 즉시 이 바이러스에 대한 신속한 백신 프로젝트를 재지정하기로 합의했다.

그레이엄은 "그는 '서열을 보내면 바로 제조를 시작할 겁니다'라고 했어요"라고 말했다.

파우치가 기억하기에, 그레이엄이 토니 파우치에게 "그냥 서열만 가져와요. 다 준비됐거든요"라고 말한 이유가 바로 이것이다.

당시 제이슨 맥클레란은 텍사스 대학교 오스틴 캠퍼스에서 부교수로 재직 중이었고, 연구실은 더 크고 장비도 더 좋으며, cryo-EM 역량도 갖추고 있었다.

2020년 1월 6일, 그는 아내와 두 아이와 함께 유타 주 파크 시티에서 휴가를 보내며 새로운 스노보드 부츠를 발에 맞게 열 성형하고 있었는데, 휴대전화가 울렸다. 맥클레란은 그레이엄이라는 것을 알고 멘토가 휴가 안부를 전하려고 전화를 건 줄 알았다. 하지만 아니었다. 그레이엄은 "집단으로 폐렴을 일으키는 이 바이러스는 코로나바이러스인 듯해"라고 말했다. "SARS 코로나바이러스와 비슷해." 그레이엄은 새로운 바이러스를 연구하고, 스파이크 구조를 확인하고, "이전" 형태로 안정화시키고, "만약 중국에서 확산될 경우를 대비해" 백신을 재빨리 개발하기 위해 팀을 구성하고 있었다.

자네도 참여하겠나? 그는 물었다.

"물론이죠." 맥클레란이 말했다.

그는 연구실의 대학원생이자 사내 cryo-EM 담당자인 대니얼 랩(Daniel Wrapp)에게 메시지를 보내서 준비하라고 일렀다.

"그냥 서열이 공개될 때까지 기다려야 해요."

그는 또한 불안정한 "이전" 스파이크를 안정된 스파이크로 바꿀 수 있는 새로운 유전체의 수정을 설계하는 역할을 왕 냥솽에게 맡겼다.

맥클레란은 그의 세상(그리고 우리의 세상)이 바뀌기 전에 며칠 더 스노우 보딩을 즐겼다. 그 서열은 장 용전과 에디 홈즈가 Virological에 게시한 서열로, 금요일 밤에 공개되었다(그레이엄과 맥클레란은 조지 가오와 그의 동료들이 하루 전에 GISAID에 제출한 서열은 알지 못했다). 그레이엄은 집무실에 있었다.

그는 "우리는 일들을 정돈하고 그것에 대해 이야기하기 시작했습니다"라고 말했다. "그리고 토요일 아침에 몇 가지 선택을 했습니다."

그들이 서열의 스파이크 영역을 실제 단백질로 변환하고 백신을 개발하기 위한 옵션을 고려하면서 더 많은 선택이 나왔다.

왕은 토요일 아침 맥클레란의 연구실에서 바삐 지냈고 주말 내내 일하면서, 메르스 바이러스의 스파이크를 고정시켰던 것처럼 코로나19 바이러스의 스파이크를 묶을 수 있는 가능한 유전체 변화를 생성했다. 연구실은 거의 비어 있었고, 고립된 환경 덕분에 왕은 집중할 수 있었으며, 전자레인지에서 삶은 인스턴트 라면으로 배를 채웠다. 월요일에 그는 일련의 서열을 회사에 보내서 물리적 DNA 분자로 변환시켰다. DNA를 받은 왕은 대니얼 랩과 협력하여 배양된 세포를 통해 유전자를 발현시키고 변형된 스파이크 단백질의 다양한 버전을 수확했다.

맥클레란은 "그들은 약 10개의 시리즈를 설계했습니다"라고 말했다.

그레이엄의 연구실에서는 동시에 키즈메키아 코벳과 다른 사람들이 병행 작업을 수행하여 장과 홈즈가 방금 공개한 유전체에 코딩된 새로운 코로나바이러스의 스파이크가 백신의 항원 역할을 하기 위해 "이전" 형태로 안정화될 수 있는 방법에 대한 유사한 옵션을 개발했다. 이러한 옵션의 대부분은 HKU1과 MERS-CoV에서 사용했던 것과 동일한 분자 몽키 렌치를 포함했다. 1월 23일, 왕은 자신이 얻어낸 것을 코벳에게 보냈다.

시간은 촉박했고, 바니 그레이엄은 현명한 선임으로서 수백만 달러에 이르는 막대한 공공 및 민간 자금과 수많은 생명을 걸고 승부수를 던져야 하는 것이었다. 그는 어떤 선택이 가장 가능성이 높은지를 판단해야 했다.

선택했다.

하지만 으스대는 사람이 아닌 그레이엄은 어깨를 으쓱하며 모더나의 CEO인 스테판 방셀에게 공을 돌린다.

"그는 우리의 판단을 믿었고, 저를 믿었습니다. 우리는 함께 이 일을 했습니다"라고 그레이엄이 나에게 말했다. "그는 우리가 보낸 서열에 대해 추가 실험 없이 제조하는 위험을 감수했습니다."

한 시간 후, 대화가 끝나갈 무렵, 나는 그레이엄에게 파우치와 더불어 내가 인터뷰했던 다른 많은 과학자들에게 물었던 것과 같은 질문을 했다: 2020년에 내린 가장 중요한 결단은 무엇이었습니까?

그레이엄은 "아마도 모더나에 어떤 서열을 보낼지 최종 선택한 것일 겁니다."라고 말했다.

그가 잘못 선택했다면 6~8주가 걸렸을 것이라고 했다.

모더나는 소규모 회사였고, 화이자와 같은 거대 기업과의 경쟁에서 손실된 시간과 비용을 감당할 수 없었을 것이다. 그리고 다른 백신 노력이 성공하지 못했다면 손실된 6~8주는 그 기간 동안 더 완화되지 않은 팬데믹으로 이어졌을 것이다.

어떻게 올바른 서열을 선택했나요? 그레이엄에게 물었다.

"그것은 지난 7, 8, 9년 동안 이 융합 단백질을 다루면서 제가 한 작업에 근거한 것입니다"라고 그는 말했다. 그 융합 단백질이 어떻게 움직일지 상상하려고 했다고 했다. 꼭대기가 움직일 수도 있으므로 합성 버전이 너무 딱딱하지 않기를 바랐지요. 그것은 좋은 항원으로 남아 있어야 합니다. 그것은 면역 체계에 융합 전 형태로 실제 바이러스의 실제 스파이크를 충족하는 방법을 지시해야 합니다. "아시다시피, 아마도 그러한 결정이 차이를 만들었을 수도 있고 그렇지 않았을 수도 있습니다. 하지만 제가 가장 땀을 흘린 것은 서열의 최종 선택이었습니다." 나는 여기서 질문 하나를 하면서 잠깐 말을 끊으려 했지만 그는 "왜냐하면 그 최종 선택은 제가 책임지고 하는 선택이었거든요"라고 덧붙였다.

효과가 있었다.

2020년 11월 30일, 모더나는 3만 명의 참가자를 대상으로 한 대규모 임상 시험 결과를 발표했다. 이에 따르면, 이 백신은 감염에 대해 94.1%의 효능을 보였는데, 이는 새로운 백신 치고는 놀라울 정도로 좋은 결과였다. 중증 질환에 대해서는 100%의 효능을 보였다.

그러는 동안 사람들은 죽어가고 있었다. 모더나가 1상 시험을 시작한 2020년 3월 16일, 미국에서는 "겨우" 22명의 코로나19 사망자가 기록되었지만, 한 달 만에 일일 사망자 수가 백 배로 증가했다. 모더나의 백신이 미국 FDA로부터 긴급 사용 승인을 받은 12월 18일, 3,171명의 미국인이 코로나19로 사망했고, 전 세계적으로 1만 명이 사망했다. 하지만 백신은 이제 그것을 받아들이는 사람들과 그것을 접종 받을 수 있는 사람들을 위해 도착하고 있었다.

58

 슬프게도, 백신을 맞는 것은 대부분의 국가 대부분의 사람들에게는 어렵거나 불가능했다.

WHO 사무총장인 테드로스 아드하놈 게브레예수스(Tedros Adhanom Ghebreyesus)는 "백신 불평등은 이 팬데믹을 종식시키고 코로나19에서 회복하는 데 있어 세계에서 가장 큰 장애물"이라고 말했다. 그가 "회복"이라고 말한 건 의학적 회복 이상을 의미했다. "경제적으로, 역학적으로, 도덕적으로 모든 국가가

최신 데이터를 사용하여 생명을 구하는 백신을 모든 사람에게 제공하는 것이 최선의 이익입니다."

테드로스의 성명에는 두 가지 큰 철학이 내포되어 있었다.

이 위기 동안 부유한 국가가 어려움에 처한 국가에 등을 돌리는 것은 용서할 수 없는 일이다. 그리고 현명하지 못한 일이다. 바이러스는 항상 더 강해져서 돌아올 것이기 때문이다. 인간 집단을 제외하고는 지속적인 집단 면역이란 없다.

2021년 6월 20일 현재, 팬데믹의 백신 접종 단계에 들어간 지 6개월이 지났는데도 저소득 국가는 국민의 1%도 백신을 접종 받지 못했다. 이 그룹에는 예멘, 마다가스카르, 시에라리온에서 모잠비크까지 사하라 이남 아프리카의 많은 국가가 포함되었다. 반면에 고소득 국가에서는 인구의 43%가 최소한 한 번의 백신 접종을 받았다. 대륙 별로 보면 아프리카인의 2.4%만이 백신을 접종한 반면, 북미인의 약 41%와 유럽인의 38%가 백신을 접종했다. 이러한 불균형은 예측할 수 있었고 비참했으며 그 추세는 계속되었다. 5개월 후인 2021년 말에 전 세계 인구의 50%가 최소한 한 번의 백신을 접종했지만 저소득 국가의 사람들은 4.1%에 불과했고 아프가니스탄에서는 8.5%에 불과했다. 말리, 차드, 콩고민주공화국과 같은 아프리카 국가에서는 백신 접종률이 훨씬 낮았다(약 1% 미만). (하지만 그 상황은 그 국가들이 지금까지 코로나 확진자와 사망자 수가 놀라울 정도로 낮았다는 사실로 인해 복잡해졌다. 그 이유는 아무도 완전히 이해하지 못했다.) 세계에서 가장 가난한 30개국에서 인구의 2%만이 완전히 백신을 접종했다.

뛰어나고 헌신적인 (그리고 모두가 아닌 일부는 지금 매우 부유한) 과학자와 과학 관리자들이 매우 빠르게 전달한 mRNA 백신은 경이롭다. 하지만 이러한 백신은 덥고, 자원이 부족한 나라에서는 잘 운반되지 못한다. 부르키나파소나 차드의 외딴 병원에서는 흔히 볼 수 없는 냉장 또는 심지어 냉동 보관이 필요하기 때문이다. 또한 일부 국가에 도착할 때까지 비용이 비교적 비싸게 든다. 화이자, 바이오엔텍, 모더나는 결국 영리 기업이다. 지적 재산권 대 공중 보건, 공동선

대 제약 산업과 함께 하는 벤처 자본가의 기대라는 난제는 내가 여기서 고개만 끄덕일 뿐인 괴물이다.

이 거대한 딜레마에 대처하기 위해 많은 노력이 있었고, 조직과 프로그램이 만들어졌다. 앞서 언급한 CEPI (Coalition for Epidemic Preparedness Innovations)는 2017년에 설립된 기부 단체로, 빌 & 멜린다 게이츠 재단, 웰컴 트러스트, 노르웨이, 독일, 인도 및 기타 출처에서 막대한 초기 기부금을 받아 신흥 및 방치된 바이러스성 질병을 목표로 하는 선견지명이 있는 백신 연구를 지원한다.

2000년에 설립되어 현재 공식적으로 Gavi(백신 연합)로 알려진 GAVI (the Global Alliance for Vaccines and Immunization; 백신 및 면역을 위한 글로벌 연합)는 황열병 및 소아마비와 같은 살인적인 오래된 질병부터 에볼라와 같은 살인적인 새로운 질병에 이르기까지 모든 종류의 전염병에 대해 저소득 국가의 면역을 증가시키기 위한 국제적인 공공-민간 파트너십이다. COVAX (the COVID-19 Vaccine Global Access)는 좀 더 최근에 시작된 집중적인 프로젝트다. CEPI, GAVI, 세계보건기구가 주도하는 글로벌 이니셔티브로, 코로나19 백신을 저소득 및 중소득 국가에게 고소득 국가와 비슷한 규모로 제공하는 것이다. 자비로운 임무가 아니라 모든 사람의 이익을 위한 글로벌 보건 기업이다.

어쨌든 좋은 의도였다.

이 세 기관 모두 이번 팬데믹 동안 은유적으로나 문자 그대로 전달에 실패했다는 이유로 비판을 받았다. 존중받는 보건 뉴스 웹사이트 STAT에 따르면, 유엔 주재 우루과이 대사는 자국이 COVAX에서 백신을 구매했지만 기대했던 대로 받지 못했으며, 기관의 관리들에게 연락이 되지 않거나 대응하지 않는다고 불평했다.

리비아의 유엔 대사도 비슷한 좌절감을 표했다. STAT에 따르면 두 나라 모두 "COVAX 구매를 기다리는 것을 포기하고 제약 회사와 직접 거래를 하는 바람에 사실상 두 배를 지불했다." 소말리아는 COVAX로부터 백신을 받았지만 주사에 필요한 주사기는 받지 못했다. 파키스탄은 COVAX에서 우회하여 제조업체와 직접 거래하려고 했지만, 대량 주문을 한 부유한 국가들이 줄을 서서 어려움을 겪었다.

COVAX의 공급 문제는 주요 공급업체 중 하나이자 매일 수백만 회분의 옥스포드-아스트라제네카 백신을 생산하는 민간 기업인 인도 혈청 연구소에서 공급이 갑자기 제한되면서 일부 발생했다. 2021년 4월 인도에서 팬데믹이 급증했을 때, 이러한 백신은 국내에서 사용하기에 귀해졌고 수출은 거의 완전히 중단되었다(하지만 아스트라제네카는 수출 금지 기간 동안에도 COVAX에 직접 백신을 공급했다). 다른 공급업체는 COVAX에 더 높은 가격을 청구했다. COVAX는 부유한 국가들이 구매하거나 생산한 약 10억 회분을 기부하겠다는 약속이 이행되지 않으면서 압박을 받았다. 이 10억 회분은 자국 국민에게 필요하지 않거나 수용되지 않을 수도 있었다. STAT에 따르면 2021년 9월 24일 현재 이러한 10억 회분의 18%만 도착했다.

그동안에 미국에서 특권을 누리는 사람들(저와 같은)은 모더나 혹은 화이자 백신을 두 번 접종한 후 추가 접종을 위해 줄을 서 있었다. 이는 테드로스를 짜증나게 만들었다.

그는 제네바에서 열린 기자 회견에서 "깜짝 놀랐습니다"라고 말했다. "백신의 세계적 공급을 통제하는 기업과 국가가 세계의 가난한 사람들이 남은 백신으로 만족해야 한다고 생각할 때 저는 침묵을 지키지 않을 것입니다."

상황은 혼란스럽고, 왜곡되어 있었고, 테드로스, Oxfam(옥스팜)[61], Médecins sans Frontières(국경 없는 의사회)와 같은 지원 기관, 그리고 STAT에 있는 기자들과 같은 열정적인 기자들의 비판에 귀를 기울이는 것만으로는 쉽게 바로잡

---

61 Oxford Committee for Famine Relief: 1942년 영국 옥스퍼드 학술위원회에서 시작된 세계 최대 국제구호개발기구.

을 수 없었다. GAVI의 CEO인 세스 버클리(Seth Berkley), CEPI의 CEO인 리처드 해칫(Richard Hatchett) 등 COVAX를 이끄는 개인과 테드로스 자신은 바이러스라는 난제에 대처하는 똑똑하며 선의를 가진 사람들이다. 이 난제에 대해서는 전 세계 어느 곳에서도 기관, 구조, 체계 또는 감성도 준비되지 않은 상태였다.

우리는 많은 백신을 보유하고 있지만 충분하지 않으며, 우리가 보유한 백신 중 가장 필요한 곳에 사용할 수 있는 백신도 충분하지 않다. 100개가 넘는 다양한 후보 백신이 임상 시험에 들어갔고, 수십 개가 더 개발 중이며, 바이러스 벡터 백신, 단백질 서브유닛 백신, 불활성화 바이러스 백신, 약독화 바이러스 백신 등 다양한 접근 방식을 구현하고 있다. 아마다바드에 있는 Zydus Cadila의 Zy-CoV-D, 대만의 Medigen, 카자흐스탄의 한 연구소의 QazCovid-in, 쿠바의 Soberana 2, 중국의 Zifivax, 하이데라바드의 Bharat Biotech의 Covaxin, 이란과 호주의 회사 간 합작 투자로 SpikoGen이라고도 알려진 COVAX-19가 있다. Sputnik V에 대해 확신이 서지 않는다면 Sputnik Light를 시도해 볼 수 있다. 두 번이 아닌 한 번만 복용해서 부담이 덜하다. 가격도 다양하고, 공공-민간 자금 지원의 정도도 다양하고, 효능도 다양하고, 나라마다 백신 내성 수준도 다양하다.

투여법 체계도 다양하다. 1회 접종, 2회 접종, 피부에 붙이는 패치, 비강용 흡입기 등등. 일부 공중 보건 전문가와 바이러스학자들은 많은 백신의 냉장 보관 요건(장기간 보관을 위한 냉동고 온도, 최소한 단기 보관을 위한 냉장)이 전 세계 또는 적어도 대부분의 사람들에게 백신을 접종하는 데 심각한 제약이 된다고 강조한다.

일라리아 카푸아(Ilaria Capua)는 플로리다 대학교 교수이자 수십 년 동안 인수공통감염병에 대한 경험을 가진 수의사이며, 조류 독감 전문가이자 전직 이탈리아 의회 의원이다. 카푸아는 "우리가 해결해야 할 것은 높은 온도에서도 안정적인 내열성 백신입니다"라고 말했다. 즉, 냉장 또는 냉동 보관이 필요하지 않은 백신을 말한다.

주삿바늘 또한 문제이다. 신뢰할 수 있는 내열성 백신을 팔에 붙이는 접착 패치나 혀 밑에 녹는 알약으로 투여할 수 있다면 "이런 상황에서 벗어날 수 있고 필요한 모든 사람에게 다가갈 수 있을 것입니다."

피터 호테즈(Peter Hotez)는 베일러 의대의 교수이자 소아과 의사, 분자 바이러스학자, 백신 개발의 리더이며 Forgotten People, Forgotten Diseases를 포함한 여러 권의 책을 쓴 저자다. 호테즈는 모든 종류의 뉴스 매체에 끊임없이 출연하고, 복잡한 문제를 인내심 있게 설명하며 정치화된 모호함에 저항하는 태도로 미국인들 사이에서 널리 알려지고 신뢰받고 있다. 그는 나비넥타이와 눈을 찌푸리지 않는 테디 루즈벨트 대통령을 연상시키는 우람한 직설적 태도와 안경으로 쉽게 알아볼 수 있다. 호테즈는 "다국적 제약 회사에만 의존하는 것은 충분하지 않습니다"라고 말했다. "우리는 백신과 단일클론 항체, 치료제를 지역적으로 생산할 수 있는 토착 역량을 구축해야 합니다. 현재 아프리카 대륙에서는 백신이 생산되지 않습니다." 라틴 아메리카에서 거의 생산되지 않으며 중동에서도 거의 생산되지 않는다고 덧붙였다. "그건 고쳐져야 합니다"라고 그는 말했다. 그리고 "부담스러운 냉동고 요구 사항" 문제도 고쳐야 한다고 그는 덧붙였다. 네, 내열성 경구 백신, 비강 스프레이, 피부 패치가 필요해요. "가능하다고 생각합니다"라고 그는 덧붙였다. 필요한 건 시간과 추가 비용이지요.

대화를 나눈 지 몇 달 후, 그의 연구는 그 낙관론을 입증해 주었다. 텍사스 어린이 병원 백신 개발 센터의 호테즈와 그의 동료들은 mRNA 백신보다 덜 유명하고, 다른 분자적 방법을 사용하며, 저소득 국가에서 대량 생산하고 사용하기에 더 적합한 백신을 개발하기 위해 노력해 왔으며, 이 백신은 이미 인도에서 비상 사용 허가를 받았고 곧 다른 곳에서도 판매될 수 있을 것이다.

약 한 병은 어디든 갈 수 있다. 니제르나 아프가니스탄이나 콜롬비아에서 의사 보조원이라면 오토바이 뒷부분에 약 한 상자를 실어서 두 번째 물결이 막 시작된 외딴 마을로 가져갈 수 있다. 이런 것들을 개발하고 생산하는 데 비용을 지불할 수 없고 정부도 비용을 지불할 수 없는 사람들에게 약을 제공할 수 있다. 주삿바늘을 신뢰하지 않거나, 일반적으로 외부인의 현대 의학을 신뢰하지 않는 사람들, 아마도 인종차별적이고 제국주의적인 의료 "치료"와 실험의 유산 때문일 수 있으며, 자신의 전통, 관행 및 치료법을 더 신뢰하지만 이제는 비전통적인 위험에 직면해 있는 그런 사람들. 운이 좋으면 당신은 새로운 예방책으로 이런 사람들을 새로운 바이러스로부터 스스로를 보호할 수 있는 가능성에 초대할 수 있다.

마법이 아니다.

그것은 단지 과학, 제조 및 인류애일 뿐이다.

제7부

뭄바이의 표범들

59

 신종 바이러스가 갑자기 나타나 인간에게 감염되면, 항상 나오는 첫 번째 질문은 다음과 같다.

어디에서 나타났을까?

바이러스를 포함한 모든 생물학적 존재는 어딘가에서 기원한다.

생소하고 위험한 바이러스의 기원을 규명하는 일은 여러 가지 이유로 시급한 과제가 된다.

그 이유는 단순히 다음에 닥칠 위험에 놀라지 않기 위해서만이 아니라, 해당 바이러스의 생물학적 특성과 진화적 기원을 이해함으로써, 치료제와 백신 개발에 필요한 핵심 정보를 확보하기 위함이기도 하다.

그러나 현실적으로, 바이러스의 기원을 추적하는 일은 쉽지 않다.

많은 시간과 노력이 들고, 확실한 결론에 이르지 못하는 경우도 많다.

감염병 과학자들은 잘 알고 있다.

어떤 바이러스가 '인간에게 새로 선보였다'고 해서 그것이 정말로 세상에 새롭게 등장했다는 뜻은 아니며, '과학에 의해 새로이 밝혀졌다'고 해서 반드시 인간 사회에 '새롭게 나타난' 것이라 단정할 수는 없다는 (실제로는 이미 인간 사회에서 퍼져 있었을 수도 있다는) 사실을.

에볼라 바이러스는 1976년 북부 자이르(오늘날의 콩고 민주 공화국이 그 당시에 불렸던 국가 이름)에 있는 외딴 선교 병원을 중심으로 해서 극적으로 발생한 발병으로 처음 유명해졌다. 밀접한 관련이 있는 바이러스(수단 바이러스)로 인한 유사한 발병은 순전히 우연히도 수단 남부(현재는 남수단)의 면화 공장에서 거의 같은 시기에 시작되었다. 이 에볼라 바이러스 중 하나 또는 둘 다 외부의 주목을 받기 전까지 수 세기 동안 간헐적으로 중앙 아프리카 마을 사람들 사이에서 작고 신비로운 끔찍한 질병과 사망을 일으켰을 수 있다.

과학자들은 "새로이 대두되는(emerging)" 및 "재출현(re-emerging)" 바이러스에 대해 이야기한다. 심지어 전적으로 이 분야만 전문적으로 다루는 미국 CDC 발행 *Emerging Infectious Diseases*라는 학술지도 있다. 그들은 한 종류의 숙주에 새로 유입된 바이러스는 반드시 다른 종류의 숙주에서 유래해야 한다는 것을 알고 있기 때문이다.

신종 인간 바이러스는 일반적으로 야생 동물, 더 구체적으로는 포유류와 조류에서 유래하며, 때로는 가축을 통해 유래한다. 예외가 있을 수 있는데, 실험실에서 조립한 바이러스가 그것이다. 이는 야생 바이러스의 일부분에서 전부 또는 부분적으로 만들어진 것이다(나중에 이 주제에 대해 논의하겠다). 이론적으로는 파충류, 양서류 또는 식물에서 새로운 바이러스가 인간에게 유입될 수도 있지만, 그런 경우는 거의 없거나 전혀 없다.

서나일열(West Nile)과 동부 말뇌염(eastern equine encephalitis) 바이러스와 같은 일부 인간 감염 바이러스는 사육된 뱀과 악어에서 발견되었지만, 그러한 경우 파충류는 이미 인간에게서 전염된 것이었다.

모기, 진드기 및 기타 일부 절지동물은 황열병 바이러스, 아프리카돼지열병 바이러스, 뎅기열 바이러스 및 지카 바이러스와 같은 병원체를 인간에게 전달하지만, 이러한 곤충과 거미류는 바이러스를 수동적으로 유출하는 것이 아니라 인간 숙주를 찾는다는 점에서 매개체이지 보균 숙주가 아니다.

이 분야의 전문가들이 가정하듯이, 충격적인 신종 인간 바이러스가 인간이 아닌 동물 — 즉 시간이 지나면서 눈에 띄지 않게 머물렀던 — 저장 숙주에서 유래했을 가능성이 가장 높다고 가정한다면, 그 숙주를 확인하는 것이 우선 과제다. 이는 빠르게 달성될 수도 있다. 아니면 수십 년 동안 수수께끼가 풀리지 않을 수도 있다.

마추포(Machupo) 바이러스는 1963년 볼리비아 북부의 작은 마을인 산 호아킨에서 볼리비아 출혈열(Bolivian hemorrhagic fever, BHF)이라고 불리는 질병을 앓다가 사망한 2살 소년의 비장에서 처음 분리되었다.

산 호아킨은 브라질 국경 근처의 베니 주에 속하며, 목소스 평원의 초원이 아마존 열대 우림의 서쪽 끝으로 이어지는 지역이다. 이 질병은 1959년에 처음 발견되었으며, 산 호아킨에서 12마일 떨어진 자급자족 농장에서 작물을 재배하던 한 남자를 앓게 했다. 그의 이름은 아우구스토 아바로마였다. 열이 나고 구토를 했으며, 입안과 겨드랑이에 붉은 반점이 나타났고, 코피가 났으며, 아내가 물을 줬지만 간신히 삼킬 수 있었던 등 고생을 했지만, 일주일 후 열이 내리고 아바로마는 살아남았다. 그 외 증례는 간헐적으로 발생했는데, 대부분은 농촌 지역의 다른 남성들이 관련되어 있었고, 1963~1964년에 산 호아킨 마을을 중심으로 발병하여, 최종적으로 637건의 증례와 113건의 사망자가 발생하고 나서야 원인을 알 수 있었다.

이 집단 발병은 파나마에 있는 미 국립보건원(NIH) 소속인 미 중부 아메리카 연구부(the Middle America Research Unit, MARU)의 과학자들의 관심을 끌었고, 그들은 산 호아킨에 대응팀을 파견했다. 팀 리더는 칼 M. 존슨(Karl M. Johnson)이라는 젊은 의사이자 바이러스 학자였는데, 그는 새로운 바이러스성 질병 분야에서 전설적인 인물이자 두려움 없는 선구자가 된다. 샌 호아킨의 볼리비아 출혈열은 셜록 홈즈가 첫 사건을 해결하면서 명탐정의 길을 시작했던 것과 같았다.

존슨은 원인 병원체를 찾고 그 생태에 대해 조금 알아보는 데 집중하여 이 질병이 언제 어디에서 어떻게, 왜 발생했는지 파악했다. 그는 결국 파악에 성공하긴 했는데, 다만 자신이 직접 BHF에 감염되어 파나마로 이송되고 거의 죽을 뻔 해서야 이를 달성할 수 있었다. 회복되어 임무에 복귀한 그는 인간 비장에서 새로운 바이러스를 배양한 팀을 이끌었다. (이 모든 내용과 그 외 많은 내용은 존슨과 그의 아내 메를이 쓴 책의 미공개 원고에 나와 있다. 나는 그 원고를 읽을 수 있는 특권을 얻었다.) 그들은 그 바이러스를 산 호아킨에서 멀지 않은 강 이름을 따서 마추포라고 명명했다. 1964년 존슨과 그의 동료들은 바이러스의 동물 숙주를 확인했다: 숲과 사바나의 중간 단계 서식지를 선호하는 큰 베스퍼 쥐(*Calomys callosus*)로 알려진 설치류였다.

바이러스는 생쥐의 혈액, 타액, 소변에 축적된다. 생쥐는 인간 거주지 근처와 숲-초원의 가장자리에서 지내는데, 이 지역의 곡물 농사 증가와, 아마도 산 호아킨의 집 고양이 개체 수 감소를 포함한 여러 요인이 합쳐져 마을에 생쥐가 폭발적으로 증가했고, 매일 먼지와 함께 쓸려가는 생쥐 소변이 증가했기에, BHF가 집단 발생했던 것이다.

이렇게 저장 숙주의 미스터리를 해결함으로써 이 발병에 대한 대처법이 가능해졌다. 존슨의 팀은 산 호아킨에서 설치류 포획 캠페인을 조직하여 2주 만에 3,000마리의 큰 생쥐들을 제거했고, 고양이 수입을 장려했다. BHF는 완전히 멸절 되지 않았지만, 저장 숙주에서 어떤 식의 생활사로 돌아가는지 알려지자 통제가 가능해졌다.

그들의 영웅적 노고와 존슨의 생명을 위협했던 질병, 그리고 그들의 혁신적인 방법(존슨은 현장에서 바이러스 분리 작업을 안전하게 수행하기 위한 최초의 휴대용 글러브 박스를 고안했다)에도 불구하고, MARU 팀은 한 가지 엉뚱한 면에서 운이 좋았고, 그 운이 없었다면 그들은 저장고의 미스터리를 풀지 못했을지도 모른다.

그러니까 산 호아킨의 큰 베스퍼 쥐는 마추포 바이러스를 많이 가지고 있었다는 것. 쥐 개체군의 유병률이 높았다. 팀은 분리 작업을 위해 17마리의 마우스를 살아있는 채로 포획했고, 그중 14마리에서 바이러스를 키웠다. 이후의 연구에서 야생에서 잡은 베스퍼 쥐의 감염률은 11%에서 최대 80%까지 다양했다. 다른 일부 바이러스도 그렇지만, 어떤 바이러스가 저장 숙주 중에서 소수(그러니까 겨우 2~3% 정도)만 감염시키는 경우엔 찾아내기가 더 어려운 법이다.

마르부르크 바이러스의 사례를 해결하는 데는 훨씬 더 오랜 시간이 걸렸다.

이 바이러스는 1967년 8월에 처음 알려졌는데, 당시 독일 마르부르크와 프랑크푸르트, 유고슬라비아(현재 세르비아) 베오그라드의 실험실 작업자들이 우간다에서 의학 연구에 사용하기 위해 살아 있는 아프리카 원숭이를 인도받았다. 거의 동시에, 그 세 곳에서 두렵고 신원을 알 수 없는 출혈열이 유행하기 시작했다.

마르부르크에서는 23명이 병에 걸렸는데, 대부분은 원숭이 조직을 다루는 제약 공장 근로자들이었고, 그중 5명이 사망했다. 프랑크푸르트에서는 6건의 증례와 2건의 사망이 나왔다. 베오그라드에서는 백신 연구소의 수의사가 감염되었고, 그의 병을 돌보는 동안 그의 아내도 감염되었다. 두 사람 모두 살아남았다.

모든 원숭이는 우간다의 같은 수출업체에서 왔으며, 그곳에서 빅토리아 호수의 섬에 갇혀 있었다. 마르부르크의 여러 환자와 프랑크푸르트의 여러 환자의 혈액과 조직에서 새로운 바이러스가 분리되었다. 대부분의 증례가 발생한 도시인 마르부르크는 바이러스 이름에 마르부르크라는 이름을 붙이는 "영광"을 누렸다.

이러한 집단 발병은 1967년 가을 몇 달 동안 지속되었다.

바이러스의 저장 숙주를 식별하는 데는 훨씬 더 오랜 시간이 걸렸다.

아프리카 원숭이는 저장 숙주가 아니었고, 단지 중간 매개체였다.

40년이 지났다.

그 사이에 1975년 당시 로디지아(현재의 짐바브웨)에서 마르부르크 바이러스 질환이 세 건 발생했다. 히치하이킹 휴가를 가던 호주 학생이 병에 걸렸고, 그 히치하이커의 여자친구와 병원 간호사도 병에 걸렸다. 청년만 사망했다. 1980년 케냐에서 한 건의 증례가 있었는데, 아마도 박쥐가 서식하는 엘곤 산의 특정 동굴을 방문한 것과 관련이 있었을 것이다; 그 다음 소련에서 두 건의 사례가 있었는데, 실험실에서 발생한 사고(그중 한 명은 바늘에 찔려서)로 인한 것이었다. 그리고 콩고 민주 공화국(DRC)과 앙골라에서 각각 100명 이상의 사망자를 낸 대규모 발병이 있었다. 바이러스의 저장 숙주는 알려지지 않았지만 박쥐가 용의자 중 하나였다.

동굴과 광산도 의심스러웠는데, 마르부르크 감염이 발생한 걸로 의심받은 곳이나 그 주변 지역이었기 때문이었다. 예를 들어, 콩고 민주 공화국에서는 1998년과 2000년 사이에 최소 154건의 마르부르크 증례가 발생했으며, 사망률은 80%가 넘었다. 이는 DRC 북동부 구석에 있는 여러 금광 근처의 한 마을인 두르바라는 곳에 집중되었다. 대부분의 증례는 젊은 남성 광부들과 그 가족에게서 발생했다. 풍부한 현장 경험으로 단련된 남아프리카 공화국 바이러스학자 로버트 스와네풀(Robert Swanepoel)이 이끄는 과학자 팀은 1999년에 발병이 계속되고 있는 동안 두 차례 두르바에 가서 바이러스의 저장 숙주를 찾기 위해 지역 동물군에 대한 광범위한 조사를 실시했다. 그들은 박쥐 8종, 설치류 7종, 땃쥐 3종, 게 4종, 개구리 1종, 그리고 바퀴벌레, 귀뚜라미, 거미, 말벌, 박쥐 파리(박쥐에 기생하는 날개 없는 작은 곤충), 진드기 등 절지동물 수천 종을 표본으로 채취했다. 그들은 PCR 방법을 사용하여 일부 박쥐에서 마르부르크 바이러스 조각을 발견했다. 그들은 일부 박쥐에서는 마르부르크에 대한 항체를 발견했다. 그러나 이러한 양성 반응은 동물이 바이러스에 노출되었다는 것을 나타낼 뿐, 만성적으로 바이러스를 보유하고 장기간의 배양기 역할을 했다는 것을 나타내는 것은 아니었다. 스와네풀의 팀은 설치류, 거미 또는 바퀴벌레에서 마르부르크에 대한 증거를 전혀 찾지 못했다. 게는 깨끗했다. 개구리는 사후에 무죄 판결을 받았다. 그리고 박쥐를 비롯한 다른 어떤 동물의 샘플도 실험실에서 배양할 수 있는 기능적 바이러스를 생성하지 못했다. 저장 숙주를 식별하는 절대적 기준은 바로 이것이다: 살아있는 바이러스를 분리하는 것. 마르부르크 바이러스의 저장 숙주가 무엇인지는 미해결된 상태로 남았다.

하지만 스와네풀 팀의 노력은 중요한 단서를 제공했다. 항체와 PCR을 통한 바이러스 조각에 대한 양성 결과의 대부분은 두 종류의 박쥐에서 채취한 샘플에서 나왔다: 작은 식충동물인 말빨 좋은[62] 편자박쥐(*Rhinolophus eloquens*)와 다람쥐 같은 얼굴과 넓은 범위로 과일을 사냥하기에 적합한 튼튼한 날개를 가진 덩치가 큰 동물인 이집트 과일 박쥐(*Rousettus aegyptiacus*)다.

그리고 또 다른 단서가 하나 있었다: 감염된 광부의 90% 이상이 지하 작업장인 고롬브와 광산에서 일했다는 것.

62　정말 말솜씨가 좋은 게 아니라 이 박쥐의 학명이 *eloquens*라 달변 (eloquent)이라는 단어로 저자가 말장난한 것이다.

두르바에는 노천 광산이 있었지만 그곳에서 일하는 사람들은 마르부르크 바이러스에 감염되는 경우가 드물었다.

그리고 2007년에 두르바에서 남쪽으로 약 250마일 떨어진 우간다 남서부로 박쥐가 날아가면서, 그곳의 키타카라는 광산과 관련된 또 다른 군집에 대한 보고가 나왔다. 키타카 광산의 한 가지 특징은 거대한 이집트 과일 박쥐 군집의 보금자리 역할을 했다는 것이다.

애틀랜타의 CDC에서 특수 병원체 분과에 속한 과학자들은 이 일련의 사건과 단서에 큰 관심을 가지고 있었다.

그 중 한 명은 조나단 타우너(Jonathan Towner)로, 그는 마른 체형에 검은 머리의 분자 바이러스 학자였다. 그는 자기 소속 팀원들과 마찬가지로, 바이러스 연구라는 육체적으로 힘든 생태 연구 분야에 대해 강한 인내심을 가지고 있었다. 타우너와 소수의 CDC 동료들은 키타카의 소식을 마르부르크 바이러스 저장소에 대한 수색을 더욱 진전시킬 수 있는 엄중한 기회로 받아들였다. 그들은 우간다로 날아가 요하네스버그(로버트 스와네풀 포함)와 다른 곳의 동료들과 합류하여 함정, 그물, PPE, 수집용 바이알 및 기타 재료를 가지고 키타카 광산으로 내려갔다: 이집트 과일 박쥐가 범인일 수 있다는 것에 초점을 맞춘 가설을 조사하기 위해.

"점점 더 많은 역학적 자료를 보면 그 출처는 동굴과 같은 환경임을 가리키고 있습니다."

12년 전에 타우너가 나에게 한 말이다.

"동굴과 같은 환경을 조사해 보면 말이죠, 아시다시피 정글에 사는 종의 99%는 동굴에 가지 않습니다."

따라서 가능한 숙주 목록을 좁힐 수 있다.

"동굴에는 무엇이 살고 있을까요?"

박쥐가 살고, 일부 설치류가 살고, 귀뚜라미와 거미가 산다.

여기서 다시, 스와네풀은 귀뚜라미와 거미 정도나 만나는 행운은 없었다. 알고 보니 숲 코브라(길이가 10피트까지 자랄 수 있음)와 거대한 아프리카 바위 비단뱀(코브라보다 더 튼튼하고 길이가 19피트까지 자랄 수 있음)도 동굴에 산다는 것이 밝혀졌다.

적어도 우간다 남부에서는 뱀들에게 맛있는 박쥐가 풍부하게 공급되기 때문인 것으로 보이지만, 타우너와 그의 동료들은 우간다에 도착하기 전까지는 그 사실을 알지 못했다.

타우너와 그의 동료 중 한 명인 CDC의 포유류 생태학자이자 박쥐를 전문으로 하는 브라이언 아만(Brian Amman)이 나에게 설명해 준 키타카에서의 수집 활동은 놀라울 정도로 지옥 같았다. 그들은 타이벡 작업복, 호흡기 헬멧, 고글, 부츠, 장갑을 착용했다. 광산 터널은 덥고 습했으며, 고글은 안개가 끼었고, 정체된 물은 어두워서 얼마나 깊은지 볼 수 없었고, 천장은 낮았고, 이 방에서 저 방으로 넘어가는 사이에 점점 좁아지면서 끼이게 되는 지점은 특히 덩치 큰 남자인 브라이언 아만에게는 고역이었다.

넘쳐나는 진드기 떼가 박쥐 둥지 근처의 작은 틈새에 모여서 피를 먹기 위해 불행한 박새류(chiropteran; 박쥐)에 올라탈 기회를 기다렸다. 인간의 피도 진드기를 만족시킬 수 있으므로 몸 균형을 잃는 순간에 그 틈새 중 하나에 손을 집어넣고 싶지 않았다.

두르바에서 온 스와네풀의 보고서에는 진드기가 언급되지 않았었다.

진드기가 마르부르크를 운반하고 있었을까?

아만은 이 모험에서 겪은 몇 가지 멋진 일화를 나에게 설명했는데, 예를 들어, 어느 방 — 틈새를 통과하여 어느 막힌 방으로 들어 갔더니 수백 마리의 죽은 박쥐를 발견했다는 것이다. 아마도 이 동물들은 지역 노동자들이 불과 연기를 이용해 이 광산에서 박쥐를 없애려고 시도해서 그 후에 질식사했을 것이다. 박쥐가 죽은 원인이 마르부르크 감염이었다면, 그것은 그들이 숙주가 될 수 없다는 것을 의미했는데, 이는 주요 가설과는 상반된다. 하지만 그래도 낙엽송 잎과 독을 먹은 쥐의 퇴비처럼 사체 더미에는 여전히 바이러스로 우글거렸을 것이다.

"정말 불안했어요."

아만은 내가 CDC의 깨끗하고 편안한 방에서 그와 함께 앉아 있는 동안 이를 회상했다. 전에 그에 대해 언급한 적이 있지만, 그의 무표정한 침착함은 잊을 수 없다.

"아마 난 다시는 이런 일 안 할 거예요."

2008년 팀이 키타카에 와서 한 작업 두 번이면 충분했다. 그들은 모두 1,000마리 이상의 박쥐를 잡았고, 그중 611마리를 죽이고 조직 샘플을 채취했으며, 611마리 중 32마리에서 마르부르크 바이러스 조각을 발견했다. 나머지 박쥐는 면봉으로 닦고 태그를 달았다. 태그를 다는 것은 키타카의 박쥐 총수를 추정할 수 있는 표시 및 재포획 연구를 위해 수행되었다.

그들은 10만 마리 이상이 있었을 것으로 추정했다. 그들은 수집한 박쥐의 5%에서 마르부르크 바이러스 RNA 조각을 발견했다. 이는 나중에 결론 지었듯이 광산에 마르부르크에 감염된 박쥐가 5,000마리 이상 있다는 것을 의미하였다. 2차 현장 답사 1년 후, 이 팀은 숲 코브라와 같은 세부 사항들을 포함하여, 결정적인 헤드라인 결과를 담은 논문을 발표했다.

그들은 박쥐 5마리에서 살아 있는 마르부르크 바이러스를 분리해 냈다.

즉, 마르부르크 바이러스의 저장 숙주 — 혹은 유력한 후보 — 가 처음으로 확인된 것이다.

타우너, 아만, 스와네풀 그리고 그들의 동료들 덕분에, 키타카와 두르바에서 발생한 유행, 엘곤산 동굴과 연관된 과거의 사례들, 나아가 1967년 유럽으로 운송된 아프리카산 원숭이들에서 발견된 바이러스 역시 모두 결국 '이집트 과일 박쥐'에서 유래했을 가능성이 높다고 말할 수 있게 되었다.

그 발견에는⋯ 불과 41년, 겨우 그 정도밖에 걸리지 않았다(참 빨리도 밝혔다, 그렇지?).

60

2020년 2월 6일, WHO가 확산 중인 코로나바이러스를 국제적 우려를 불러일으키는 공중보건 비상사태(a Public Health Emergency of International Concern, PHEIC; 팬데믹이라고 부르기에는 조심스러운 단계)로 선언한 지 불과 일주일 후, 검사로 확진 된 새로운 감염 증례들이 중국에서 31,161건 발생하고 미국에서 첫 번째(그때까지 알려지지 않은) 코로나 사망자가 발생한 날, 우한의 두 연구원이 소셜 네트워킹 사이트에 "2019-nCov 코로나바이러스의 가능한 기원"이라는 제목의 프리프린트를 게시했다.

그들은 SARS-CoV-2라는 이름을 얻기 전의 임시 이름으로 그 바이러스를 호칭했다.

첫 번째 저자는 하버드 의대에서 박사 후 과정을 마친 후 화중과학기술대학교에서 자신의 연구 그룹을 설립한 젊은 과학자 샤오 보타오(Botao Xiao)였다. 두 번째 저자는 톈유 병원에 근무하는 그의 아내 샤오 레이(Lei Xiao)였다.

그 글은 한 페이지도 채 되지 않았고, 독창적인 연구를 보고한다고 주장하지 않았다. 그것은 에세이 또는 논평이었고, 일반적으로 다른 사람의 데이터를 숙고하는 것을 포함하는 투고 규정을 잘 지킨 과학적 출판물의 형태였다. 그것은 쉬 정리의 그룹이 새로운 바이러스가 박쥐에서 "아마도" 유래했다고 보고한 논문과 우한의 최초 41건의 대부분을 화난 수산물 도매시장과 연결한 논문을 포함하여 여러 다른 논문을 인용했다.

샤오 부부는 그러한 연관성 추론에 이의를 제기했다.

그들은 "박쥐가 시장으로 날아갈 확률은 매우 낮았다"라고 썼다.

"다른 가능한 경로가 있었을까?"

그렇다, 그래서 그들은 이렇게 주장했다.

실험실이 있는 우한 질병 통제 예방 센터의 신축 부지는 시장에서 불과 280미터 떨어져 있었다. 12킬로미터 떨어진 곳(그들의 측정에 따르면, 하지만 Google 지도에서는 15킬로미터라고 나와 있음)에는 우한 바이러스학 연구소 산하의 또 다른 실험실이 있었다. 두 곳 모두 박쥐 코로나바이러스에 대한 연구가 수행된 실험실이 있었다.

"요약하자면" 샤오 부부는 이렇게 썼다.

"누군가가 2019-nCoV 코로나바이러스의 진화에 말려들었다. 자연 재조합과 중간 숙주의 기원 외에도, 이 치명적인 코로나바이러스는 아마도 우한의 한 실험실에서 유래했을 것이다."

이 두 문장 중 첫 번째 문장은 불길해 보였다.

두 번째 문장은 문법적으로 일관성이 없었다.

"자연 재조합과 중간 숙주의 기원 외에도~"라는 표현으로 그들이 무엇을 의도했는지 알기 어려웠지만, 마지막 구절은 대담하고 명확했다.

그 열 단어(the killer coronavirus probably originated from a laboratory in Wuhan)는 실험실 유출 가설의 기폭제가 된 성냥이었다.

샤오 부부의 프리프린트는 또 다른 중요한 요점이 있다: 그 글은 3주 후에 웹사이트에서 철회되었고, 결코 게시되지 않았다는 것.

샤오 보타오는 월스트리트 저널에 보낸 이메일에서 이 철회에 대해 다음과 같이 설명했다.

"우리가 올린 글에 쓴, 가능한 출처에 대한 추측은 정식 발행된 논문과 미디어에 근거한 것이었고, 직접적인 증거로 뒷받침된 건 아니었습니다."

이 진술은 어느 정도까지는 분명히 사실이다.

그러나 샤오 보타오는 자신이 나서서 철회를 서둘렀을까, 아니면 강요받았을까?

그는 그 선동적 비난의 불확실성에 당황했을까, 아니면 그와 그의 아내가 그들의 고용 기관이나 더 높은 중국 당국의 압력을 받았을까?(아니면 당혹과 압력 둘 다였을까?)

이 불투명한 사건을 해석하는 방식은 아마도 바이러스의 기원에 대해 독자분이 이미 가지고 있는 성향에 따라 다를 것이다. 하지만 어쩌면 당신의 선입견은 변할지도 모른다. 샤오 부부 에피소드는 SARS-CoV-2에 대한 태도를 검증해 보는 또 다른 작은 로르샤흐 테스트다. 어떤 사람들은 이 잉크 얼룩을 보고 박쥐를 볼 것이다. 다른 사람들은 그것을 보고 실험실을 볼 것이다.

61

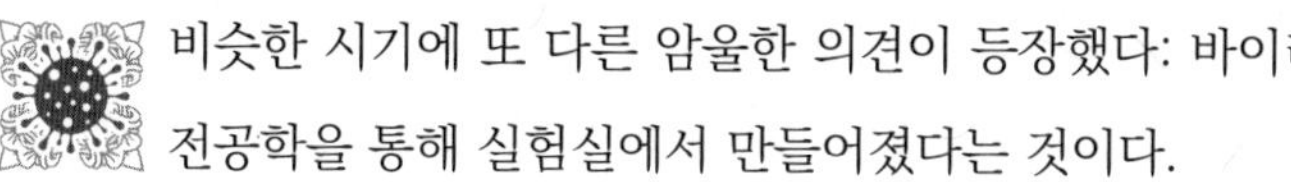 비슷한 시기에 또 다른 암울한 의견이 등장했다: 바이러스가 모종의 유전공학을 통해 실험실에서 만들어졌다는 것이다.

이 주제에 대한 최초의 진술 중 하나는 내가 이미 언급한 프리프린트로, 2020년 1월 31일에 게시되었다. 뉴델리의 연구원인 9명의 저자들은 SARS-CoV-2의 스파이크 단백질의 매우 짧은 구간 4개를 발견했고, 이 4개 구간이 팬데믹 AIDS 바이러스인 HIV-1의 스파이크 단백질에 준하는 단백질의 구간 4개와 "기묘하게 유사"하다고 주장했다.

그들은 이 유사성이 "자연적으로 우연일 가능성은 낮다"고 했다.

이는 두 바이러스에서 발견되는 두 단백질 사이의 "놀라운" 연관성을 나타내며, 두 바이러스는 서로 다른 두 바이러스 왕국에 속한다. 이 극적인 논문의 수석 저자는 뉴델리에 있는 인도 공과대학의 교수이자 단백질 전문가인 비슈와짓 쿤두(Bishwajit Kundu)였다.

쿤두와 그의 공저자들은 이 네 개의 구간을 SARS-CoV-2 스파이크의 "삽입"이라고 불렀고(어떤 부분에 삽입되었는지는 구체적으로 밝히지 않았지만), "삽입"이 수용체 결합 영역, 스파이크 단백질의 붙잡는 자리에 있기 때문에 바이러스가 세포에 달라붙는 능력을 높였을 것이라고 추측했다. 저자들은 이 "기묘한" 그리고 아마도 HIV-1과의 유리한 유사성이 SARS-CoV-2의 "정석에서 벗어난 진화"를 시사하며, "추가 조사가 필요하다"고 썼다.

직접 언급되지 않은 숨은 의미는 누군가가 SARS-CoV-2 유전체를 설계하거나 향상시키는 데 HIV-1 유전체의 일부를 사용했다는 것이었다.

이 논문은 빠르게 부정적인 반응을 불러일으켰다.

다른 과학자들은 적어도 두 가지 큰 문제를 지적했다.

첫 번째는 이 논문에서 이러한 소위 삽입이 "다른 코로나바이러스에는 존재하지 않는다"고 주장한 것이다.

그것은 완전히 틀렸다.

두 번째 문제는 SARS-CoV-2와 HIV-1 사이의 짧은 섹션의 일치를 "기묘하다"고 부르는 것이었다.

사실, 그것은 전혀 주목할 만한 것이 아니었다.

네 개의 구간은 한 지점에서 6개의 아미노산, 다른 지점에서 6개의 아미노산, 그리고 두 지점에서 각각 약간 더 많은 아미노산(8개의 아미노산, 12개의 아미노산)으로 구성되었다. SARS-CoV-2는 유전체에 의해 코드화된 약 10,000개의 아미노산으로 구성된다. 살아있는 생물(그리고 "살아있는"이라고 부르고 싶지 않다면 바이러스도 마찬가지)의 아미노산 알파벳은 모든 단백질을 지정하기 위해 반복되고 다양하게 배열된 20개의 문자만 포함한다. 그 길이의 한 유전체에서 6개의 정렬된 문자를 찾고 다른 유전체에서 같은 6개를 찾는 것은 우연히 성공할 확률 면에서 유리하다. 그러므로 두 개의 유전체에서 그 길이의 구간을 네 개 찾는 것은 "기묘하다"고 할 수 없다. 그런 주장은 진부한 것이다.

T. S. 엘리엇의 시 『황무지』와 로버트 서비스의 시 『샘 맥기의 화장』을 방금 내가 한 것처럼 스캔하면, 두 개의 시 모두에서 6, 7, 9글자의 특정 단어가 포함되어 있는 것을 발견할 수 있지만, 그 어느 시든 코로나바이러스 유전체만큼 길지는 않다. (하지만 아쉽게도 엘리엇에서 "라베르지 호수"는 찾을 수 없다.[63])

이런 결과가 나온다고 해서 T. S. 엘리엇이 로버트 서비스의 영향을 크게 받았다는 것을 증명하는 것은 아니다. 마찬가지로, 대규모 유전체 데이터베이스에

---

63 『샘 맥기의 화장』에 나오는 대목 "마침내 난 라베르지 호숫가에 도달했고, 거기 버려진 배가 있었네"를 말함이다. 당연히 엘리엇의 『황무지』에 나올 리가 없다.

서 SARS-CoV-2 스파이크의 4개 "삽입"과 일치하는 항목을 검색하면 포유류, 곤충, 박테리아 및 인플루엔자와 거대 바이러스를 포함한 다양한 다른 바이러스의 유전체에서 동일한 문자 조합을 찾을 수 있다. 또한 쿤두의 그룹이 쓴 것과 달리 박쥐에서 알려진 다른 3가지 코로나바이러스의 유전체에서도 찾을 수 있다.

이러한 비판을 수용한 쿤두의 그룹은 즉시 그 프리프린트를 내렸다.

게재된 지 이틀 후에도 온라인에서 여전히 찾을 수 있었지만 WITHDRAWN(철회)이라고 표시되어 있다. 이 논문의 첫 번째 저자인 프라샨트 프라드한(Prashant Pradhan)은 "음모론에 동조하려는 의도가 아니었고 여기에서는 그러한 주장을 하지 않았습니다"라는 메모를 추가했다.

나중에 인도 신문인 *The Sunday Guardian*에 보도된 바에 따르면, 이 팀은 이후 6개월 동안 7개 저널에 수정된 버전을 제공했지만 모두 거부당했다.

논문의 선임 저자인 비슈와짓 쿤두는 프라샨트 프라드한보다는 덜 낙담했다. 1년 이상 후에 *The Sunday Guardian*에서 연락을 받은 쿤두는 "우리는 여전히 우리가 발표한 내용을 고수하고 있습니다"라고 말했다. 그에게 4개의 "삽입"은 여전히 "비정상적"으로 보였지만, 그는 분명히 그 이유를 말하지 않았다. "우리는 그것이 실험실에서 만든 바이러스라고 믿습니다."

프리프린트가 올라온 그 짧은 기간 동안, 수많은 과학자들이 트위터와 다른 곳에서 그것을 맹비난하는 동안, 토니 파우치는 비공개적으로 몇 가지 반응을 표명했고, 나중에 그의 공개된 이메일에서 밝혀졌다. NIH의 소장인 프랜시스 콜린스(Francis Collins)에게 파우치는 기원 이야기에 대한 사설을 전달하면서 "인도 논문은 정말 괴상하네요"라고 언급했다. 가능한 대응에 대한 지침을 요청하는 이메일 스레드에서 그는 사무실의 동료들에게 "에잉"이라고 답했다.

62

 그렇게 샤오 부부의 프리프린트와 프라드한과 쿤두의 프리프린트는 나왔다가 사라졌다.

초창기 몇 달 동안 제기된 다른 의문의 목소리는 더 끈기 있었고, 일부는 더 신중했다. 그들은 바이러스가 자연스럽게 진화하여 동물 숙주에서 인간으로 자연스럽게 흘러 들어갔다는 전제에 이의를 제기했다.

이 비판가들은 특히 새로운 바이러스와 그 유전체의 세 가지 측면에, 실제적이든 상상에 의해서든 초점을 맞추었다.

첫째, 수용체 결합 영역 RBD는 스파이크 단백질의 끈적끈적한 작은 패치로, 바이러스가 세포의 ACE_2 수용체를 잡을 수 있게 해준다.

그것은 어디에서 왔을까?

지금까지 알려진 가장 가까운 박쥐 바이러스인 RaTG13의 RBD와 왜 그렇게 달랐을까?

그것이 SARS-CoV-2로 조작되었을까?

둘째, 퓨린 절단 부위는 — 스파이크의 두 주요 부분 사이의 접히는 영역 — 적절한 단백질(퓨린)이 닿으면 반응하여 부분이 분리(절단)되고 바이러스 외피가 세포막과 융합할 수 있게 되면, 그 후 바이러스의 유전체가 세포로 들어간다. 다시 말하지만, 이건 RaTG13에는 없다.

다시 말해, 그 출처는 무엇이었을까?

알려지지 않은 박쥐 바이러스, 마술사의 실크 모자, 아니면 실험실?

자연적 기원 시나리오에 대한 세 번째 반대 의견은 이 신종 코로나바이러스가 우한에서 처음 나타났을 때부터 인간에게 너무 잘 적응한 것처럼 보였다는 것이다.

너무나 편안하게, 너무나 우연히, 박쥐 바이러스치고는 너무나 잘 적응했다.

어떻게든 사람들 사이에서 감염되고 전파되도록 "사전에 미리 적응"되었을까?

2020년 2월 16일에 프리프린트로 게시되고 *Nature Medicine*에 게재된 "근위 기원" 논문의 크리스천 앤더슨과 그의 공저자들은 내가 이미 언급한 바와 같이 이러한 주장을 예견했다. 그들은 심지어 RBD와 퓨린 절단 부위에 대한 초기엔 모두 당혹스러워했었지만, 매트 윙이 야생 코로나바이러스에서 유사한 RBD가 있다고 경고하고, 다른 요인들이 절단 부위에 대한 그들의 불안을 해소할 때까지만 그랬다.

하지만 회의론자들은 여전히 의심하고 있었다. 많은 과학자와 신문과 소셜 미디어에서 의견을 표명한 몇몇 의견이 있는 비과학자를 포함해서 말이다.

윌리엄 R. 갤러허(William R. Gallaher)는 절단 부위에 대해 이렇게 의심하는 의견들에 즉각적으로 반응했다. 갤러허는 루이지애나 주립 대학교 의대의 명예 교수이자 바이러스 분자 유전학 전문가이며, "근위 기원" 논문의 공동 저자 중 한 명인 로버트 개리(Robert Garry)와 오랜 기간 협력해 왔다. 그는 동료들에게 높은 평가를 받는 독특한 인물이며, 과학 논문뿐만 아니라 소설과 시를 출판하는 박식한 인물이고, 자신의 의견이나 다른 사람의 의견에 대해 날카로운 의견 불일치나 잘못된 진술이 있으면 이를 수정하는 것을 꺼리지 않는다.

갤러허와 그가 온라인에 게시한 퓨린 절단 부위에 대한 댓글을 주목하라고 나에게 알려준 사람은 에디 홈즈였다. — 2월 초, "근위 기원" 논문이 발표되기 3일 전이었다.

"매우 흥미롭네요." 홈즈가 말했다. "빌 갤러허의 글을 읽어보세요."

그 글은 Virological 웹사이트에 있었고, 찾기 쉬웠다. 갤러허는 "저는 바이러스가 화난 시장이나 그 근처에서 우연히 또는 고의로 유출된, 조작된 실험실에서 생성된 바이러스로서 의심스러운 기원을 가지고 있을 수 있는지에 대한 소문과 문의를 비공개적으로 처리해 왔습니다"라고 썼다.

그 의혹의 대부분은 그러한 절단 부위가 없는 유사한 박쥐 바이러스인 RaTG13에 집중되었다. 누군가가 박쥐 바이러스를 가져와 이 기능을 추가하여 인간에게 더 감염성이 강한 조작된 바이러스를 만들었을까?

그는 "그런 주장을 뒷받침할 증거는 전혀 보이지 않습니다"라고 쓰고 그 이유를 설명했다.

그의 이유는 기술적이었지만, 절단 부위 양쪽에 있는 RNA 코드도 RaTG13에서 볼 수 있는 코드와 19개의 돌연변이로 달랐다는 사실이 포함되었다. 바이러스를 조작하는 경우 그렇게 하는 것은 말이 되지 않는다. 이러한 증거가 시사하는 바는, SARS-CoV-2가 먼 과거의 어떤 조상 바이러스로부터 퓨린 절단 부위를 물려받았다는 것이라고 갤러허는 썼다.

그는 "기원은 의심스러운 게 아닙니다"라고 결론지었다. 그러니까 RaTG13은 원조에서 맨 처음 갈라져 나온 사촌도 아니고 실험실 조작을 위한 틀도 아니었다. 그것은 갤러허가 게시하고 다른 사람들이 댓글을 다는 Virological의 긴 스레드의 시작일 뿐이었는데, 마치 분자 바이러스학자들이 사우나에서 SARS-CoV-2에 대해 논의하는 대본처럼 읽힌다.

그가 그 게시물을 처음 올린 이후 거의 3개월이 지난 5월 2일에 갤러허는 "삽입물로 추정되는 것의 가능한 출처를 찾았습니다"라고 썼다. 즉, 4개의 아미노산을 코딩하는 12개의 RNA 문자로 이루어진 구간으로, 퓨린 절단 부위를 구성하는 것 말이다.

그는 그 구간이 2011년 광둥성의 *Rousettus* 과일박쥐에서 분리한 HKU9라는 또 다른 박쥐 코로나바이러스의 시퀀스와 거의 동일하다고 보고했다.

이 발견은 약간 예상치 못한 것이었다.

SARS-CoV-2와 가장 유사한 코로나바이러스는 과일박쥐가 아니라 작은 곤충을 먹는 편자박쥐에서 유래했기 때문이다. 하지만 갤러허는 지리적 범위가 겹치고 과일박쥐는 때때로 곤충을 먹는 박쥐와 둥지를 틀 동굴을 공유한다고 지적했다. 그들은 동굴뿐만 아니라 바이러스도 공유할 것이다.

더 중요한 것은 갤러허가 제안한 기전으로, HKU9의 퓨린 절단 부위가 추가되어 SARS-CoV-2가 되었다는 것.

여기에는 특정 종류의 재조합이 포함되었다.

첫 번째 단계는 두 바이러스가 모두 단일 숙주 동물을 감염시키고, 그 숙주 동물 내에서 단일 세포를 감염시키는 것이었다.

두 번째 단계는 두 바이러스 유전체가 스스로 복제되는 동안 그 세포 내에서 우연히 발생한 사건으로, "복사 선택 오류(copy-choice error)"라고 불린다.

바이러스 유전체가 스스로를 복제할 때 원래 유전체가 템플릿 역할을 하는 반면 복제 기즈모(gizmo; 중합효소라고 하는 효소)는 길이를 따라 움직이면서 두 번째 선형 가닥을 만들어낸다. 이 가닥을 사본이라고 부른다. 원래 유전체는 템플릿 A라고 부른다. 일반적으로 이 과정에서는 템플릿 A의 완벽한 쌍둥이가 생성된다. 하지만 어떤 경우에는 중합효소가 어떤 장애물에 어쩌다 부딪혀 템플릿 A에서 점프하여 다른 바이러스 게놈인 템플릿 B에 떨어진다. 맙소사, 잘못된 템플릿을 복사하기로 선택한 것이다. 하지만 그 유전체의 한 구간을 생성하던 것과 같은 선형 가닥으로 복사한다. 그런 다음 다시 튀어 올라 템플릿 A로 돌아간다. 그 결과 새로운 바이러스 유전체, 재조합이 생성되고 B의 한 구간이 A에 패치되어 달라붙는다. 갤러허는 SARS-CoV-2의 경우 HKU9의 퓨린 절단 부위가 SARS-CoV-2의 전구체가 된 다른 박쥐 바이러스에 패치 되었다고 제안했다.

그는 "이걸 증명하기 위해 필요한 유일한 실험실은 다양한 종류의 박쥐와 박쥐 코로나바이러스가 있는 박쥐 동굴이라는 자연 실험실입니다"라고 썼다.

"정말 멋진 의견이오, 빌" 하고 앤드류 램보우가 댓글을 달았다.

그것은 퓨린 절단 부위의 기원을 제공했고, 적어도 바이러스의 그 특징에 있어서는 중간 혼합 그릇으로 천산갑이나 다른 생물의 필요성을 없앴다.

"서열 분석은 모두 매우 타당해 보입니다"라고 다른 사람이 게시했다. "특히 사본 선택 오류에 대한 논의 말입니다."

5일 후, 갤러허는 다시 게시물을 올렸다: 복사 선택 오류를 일으킨 원인에 대한 후보의 내용이었다.

그는 복사 기즈모가 복사 중간에 한 템플릿에서 다른 템플릿으로 이동하는 속도

범프(일종의 걸림돌)를 발견했다고 썼다. 그것은 RNA 문자의 짧은 팰린드롬(palindrome; 회문) 스트레치였다. 팰린드롬이 무엇인지 기억하시는가? 앞에서 뒤로 또는 뒤에서 앞으로 어느 방향으로 읽든 똑같이 읽히는 문자열이다. 나폴레옹 관련 팰린드롬: ABLE WAS I ERE I SAW ELBA(내가 엘바 섬에 왔을 때는 능력이 있었지). 페르디낭 드 레셉스에 대한 팰린드롬: A MAN, A PLAN, A CANAL: PANAMA(한 사람이 있었고, 계획을 세웠고, 운하를 파니, 파나마가 세워졌지). 갤러허가 SARS-CoV-2에서 발견한 팰린드롬은 더 짧았다.

그는 "SARS-CoV-2의 완전히 자연스러운 기원은 **CAGAC**처럼 간단합니다"라고 썼다.

그 회문 서열 또는 그에 가까운 근사치인 CAGAT는 퓨린 절단 부위와 수용체 결합 영역 바로 앞에 있다. Virological의 모든 사람이 동의한 것은 아니지만 갤러허는 자신감을 보였다.

복사 선택 오류에 대한 이러한 아이디어는 글래스고 대학교의 젊은 그리스 출신 박사 과정 학생인 스파이로스 리트라스(Spyros Lytras)를 포함한 다른 과학자들에 의해 다시금 지지를 받았다. 아테네에서 태어난 리트라스는 18세에 에든버러 대학교에서 학부생으로 스코틀랜드에 왔다가 글래스고로 옮겨가 데이비드 L. 로버트슨(David L. Robertson)을 비롯한 다른 고문들과 함께 일한다. 로버트슨은 MRC-글래스고 대학교 바이러스 연구 센터(Centre for Virus Research, CVR)의 생물정보학 책임자이며, 크리스천 앤더슨과 에디 홈즈의 더 흥미로운 SARS-CoV-2 논문의 공동 저자다.

리트라스는 칼날 같은 코와 넓은 갈색 눈을 가진 똑똑한 청년으로, 긴 머리를 쾌활하고 다양하게 염색(내가 그를 만났던 주에는 노란색)하고 검은색 뿌리 중간에서 양쪽으로 우아하게 늘어뜨렸다. 그는 에든버러에서 고전적 진화생물학을 공부했다고 Zoom 통화를 했을 때 말했지만, 파리 바이러스를 연구하는 진화 바이러스학자와 함께 여름 인턴십을 했고, 그것이 그를 바이러스 유전체학으로 이끌었다. 윌리엄 갤러허가 Virological에 "복사 선택 오류" 게시물을 올린 지 몇 달 후, 리트라스는 같은 사이트에 게시물을 올려 갤러허의 아이디어에 동의하고 다른 바이러스 서열의 "간과된 절편"에서 흥미로운 것을 발견했다고 덧붙였으며, SARS-CoV-2가 퓨린 절단 부위를 획득했을 수 있는 출처에 대한 "단서"를 제공했다.

그것은 절단 부위 자체 내의 짧은 서열이었으며, SARS-CoV-2와 최근 박쥐에서 발견된 다른 바이러스 사이에서 유사했다.

이쯤에서 우리는 SARS-CoV-2의 "기원"에 대한 생각을 멈추고, 그 기원'들', 즉 복수형에 대해 생각해야 한다. 코로나바이러스가 재조합을 하고, 유전체의 일부를 다른 코로나바이러스와 교환하는 경향과 SARS-CoV-2가 그러한 교환에서 비롯되었다는 증거는 우리가 단일 기원을 찾고 있는 게 아니라는 것을 의미한다. 우리는 복수의 기원들을 찾고 있다. 바이러스가 의도적으로 조작되어 방출되었건, 실험실에서 조작되다가 실수로 유출되었건, 코로나바이러스에 사용 가능한 프로세스에 의해 자연스럽게 진화했다고 믿는 것을 선호하건, SARS-CoV-2는 어느 정도 여러 스타일이 혼합된 결과라는 것은 분명하다.

리트라스가 언급한 또 다른 바이러스는 RmYN02로, 이 논의에서 새롭게 등장한 바이러스다. RmYN02는 또 다른 박쥐 매개 코로나바이러스(Rm은 *Rhinolophus malayanus*, 즉 말레이시아 편자박쥐의 약자)로, 2019년 윈난성(YN) 멩라 현의 박쥐에서 수집되었다.

더 정확히 말해서, 그것은 바이러스의 조립된 유전체로, 그 박쥐의 배설물 샘플 11개에서 추출한 겹치는 부분을 조각하여 모은 것이다.

그것은 그 샘플에서 조립된 두 개의 유전체 중 두 번째다. 그래서 RmYN02 다. 쉬 웨이펑(Weifeng Shi)이 이끄는 연구팀에는 산둥, 베이징, 우한의 다른 10명의 중국 과학자와 중국과 동남아시아에서 오랫동안 일해 온 영국 생태학자인 앨리스 휴즈(Alice C. Hughes), 그리고 에디 홈즈가 포함되었다. 2020년 5월 초, 이 그룹은 프리프린트를 게시했고, 그 후 곧 *Current Biology*에 게재되었는데, 여기서 RmYN02를 소개하고 이에 대한 두 가지 주목할 만한 사실을 설명했다.

첫 번째는 SARS-CoV-2와의 유사성이다.

이 바이러스는 전체 RNA 서열의 93.3%를 코로나 바이러스와 공유했지만, 스파이크 부분에서는 현저히 달랐다. 그리고 유전체의 대부분에서 97.2%로 SARS-CoV-2와 더 가까웠다.

두 번째로 주목할 만한 측면은 스파이크 단백질의 접히는 부위 바로 위에 세 개의 아미노산을 가지고 있다는 것이다.

퓨린 절단 부위와 같은 지점인데, SARS-CoV-2에서 그러한 부위를 미리 보여주는 듯하다. 쉬 웨이펑과 그의 공저자들이 지적했듯이, 그것은 그러한 절단 부위가 박쥐 유래 코로나바이러스에서 자연스러운 것이라고 시사했다.

그래서 스파이로스 리트라스는 2020년 8월 Virological에 실린 글에서 RmYN02를 언급했다. 그는 이 바이러스가 SARS-CoV-2와 거의 모든 유전체에서 유사했기 때문에 두 바이러스가 대략 1970년대에 공통 조상 바이러스를 공유했을 것이라고 적었다. 혈통이 갈라지면서 "이 바이러스들은 같은 지리적 위치에 있는 박쥐에서 함께 전파되었을 것이고, 가끔은 같은 개체에 공동 감염되었을 것이다."

그것은 갤러허가 설명한 종류의 복사 선택 오류에 의해 그들 사이에 재조합의 기회를 제공했다. 리트라스는 SARS-CoV-2의 절단 부위 바로 앞에 있는 갤러허의 팰린드롬을 인용했는데, 그는 복사 장치가 한 균주에서 다른 균주로 옮겨가 RmYN02 계통의 절단 부위를 잡아 SARS-CoV-2 계통에 패치한 것이 "매우 유력한 원인"이라고 생각했다. 리트라스는 또한 오스카 맥클린(Oscar Ma-cLean)이라는 박사 후 과정 연구원과 데이비드 로버트슨(David Robertson)을 포함한 몇몇 베테랑 동료들과 함께 논문을 공동 집필했으며, 이 논문은 프리프린트로 출판되었고 결국 학술지에 실렸다. 그것은 SARS-CoV-2가 1976년경에 어떤 박쥐를 감염시킨 RmYN02와 조상을 공유했을 것이며, SARS-CoV-2 전구체는 박쥐에서 계속 진화하여 그 과정에서 다른 박쥐 바이러스에서 퓨린 절단 부위와 수용체 결합 영역을 가져왔다고 제안했다.

그들은 천산갑이나 다른 숙주에서의 중간 기착이 불가능한 것은 아니지만 "전체적으로, 우리의 결과는 SARS-CoV-2의 선조가 인간이 아닌 박쥐에서의 적응적 진화 역사의 결과로 인간끼리의 효율적인 전파가 가능하다는 것을 뒷받침한다"라고 썼고, 그런 다음 그들은 "비교적 범용적인 바이러스를 만들어냈다"라는 중요한 태그를 추가했다.

비교적 범용적인 바이러스?

즉, 박쥐뿐만 아니라 인간도 감염시키고, 거기에 더해서 밍크, 흰족제비, 집고양이, 사자, 호랑이, 눈표범, 고릴라, 하마, 사슴쥐, 흰꼬리사슴을 감염시킬 수 있는 바이러스를 의미한다. 그리고 이것이 바로 우리가 가진 바이러스다.

63

범용적 바이러스라는 것은 우리를 자연적 기원에 대한 초기 비판가들의 세 번째 반대 의견 지점으로 되돌아가게 한다: 즉, 우한에서 처음 데뷔한 이 바이러스는 인간을 감염시키기에 **너무 잘 적응된 것처럼** 보였다는 것 말이다. 어쨌든 단순히 박쥐 바이러스가 탈출한 것치고는 너무 잘 적응된 것이란 말이다.

"너무 잘 적응되었다는" 주제는 2020년 5월 초에 올라온 프리프린트에 등장했는데, 이전에 코로나바이러스 연구자는 아니었지만 유전체에 대해 많이 알고 있는 세 명의 과학자가 썼다.

첫 번째 저자는 당시 브리티시 컬럼비아 대학교의 유전체 분석가였던 잔 성헤이(Shing Hei Zhan)로, 동물과 식물 유전체학에 대해 다양한 논문을 출판했다.

세 번째 저자는 보스턴에 있는 MIT와 하버드 제휴 연구 센터인 브로드 연구소(Broad Institute)의 분자 생물학자이자 박사 후 연구원생인 알리나 찬(Alina Chan)이었다. (두 번째 저자는, 자문 논의에 기여한 것으로 알려졌고, 브로드에서 찬의 지도 교수였던 벤자민 디버먼, Benjamin Deverman이었다.)

잔, 디버먼, 찬은 2003년의 원래 SARS 바이러스인 SARS-CoV가 그 전염병 과정에서 여러 가지 적응을 획득했으며, 이로 인해 인간 간 전파가 향상된 것으로 보인다고 언급했다.

그들은 "우리의 관찰에 따르면 SARS-CoV-2가 2019년 말에 처음 발견되었을 때 이미 후기 전염병 SARS-CoV와 비슷한 정도로 인간 전파에 미리 적응되어 있었다"라고 기술하였다.

그들은 그것을 "인간에 적응된" 형태의 바이러스라고 불렀다.

다른 과학자들은 이미 궁금해하고 있었다. SARS-CoV-2가 2019년 12월 이전에 사람들에게 알려지지 않은 전파 기간 동안 인간에 더 잘 적응했을지 여부를. 심지어 앤더슨과 그의 동료들도 "근위 기원" 논문에서 그 가능성을 고려했다.

하지만 알리나 찬이 주도한 세 명으로 구성된 이 그룹은 바이러스가 "인간에 적응되었다"는 것을 전제로 받아들인 다음, 그것이 어디서 어떻게 발생했는지 물었다.

그것은 사람들의 눈에 띄지 않게 순환하는 동안 자연스러운 과정으로 생겼을까? 아니면 연구실에서 연구하는 동안 원조 바이러스에서 변화한 것일까?

찬은 캐나다인으로 밴쿠버에서 자랐지만, 부모님은 컴퓨터 과학자이자 모바일 전문가였고, 어린 시절과 중학교 시절 대부분을 싱가포르에서 보냈다. 그녀는 2003년 최초의 SARS가 싱가포르를 강타했을 때 그곳에 있었고, 격리된 증례, 중환자실에 있는 환자, 감염을 피하라는 대중의 권고에 대한 뉴스 보도를 기억했다. 그녀는 또한 그녀와 다른 학생들이 선생님에게 큰 절을 해야 했고(문자 그대로), 성적이 좋지 않거나 반항하면 큰 자로 학생들 앞에서 때리는 등의 체벌을 받는 등 잔혹한 학교 체제에서 겪었던 좌절과 나쁜 취급을 기억했다. 그녀는 보스턴 매거진의 한 작가에게 "저는 자주 체벌 받으며 지냈어요"라고 회상했다.

악순환: 그녀는 그 환경을 싫어했고, 수업을 빼먹었고, 동네 오락실에 가서 놀았고, 시험에서 나쁜 성적을 받았고, 벌을 받았다. "중학교 때 저를 퇴학시키려

고 했어요"라고 찬이 나에게 말했다. 하지만 불만에 찬 소녀의 내면에는 강렬한 지성이 있었다. 찬은 정신적 도전을 즐겼지만, 다른 종류의 도전이었다.

"저는 아무도 관심을 주지 않는 아이였어요"라고 그녀가 말했다. "저는 퍼즐을 생각하고, 어떻게 풀어야 할지에 대해 몇 시간 동안 생각하는 것을 정말 좋아했어요."

통찰력 있는 선생님이 그것을 알아차리고 어린 알리나의 잠재력을 발휘할 방법을 찾았다.

"그분은 학교에서 퇴학당할 위기에 처한 저를 구해줬어요"라고 찬이 말했다. "수학과 퍼즐에 참여하게 해서요."

찬의 성적은 바닥에서 최상으로 올라갔다. 그녀는 수학 마법사가 되었고, 수학 올림피아드에 참가했다.

"너무 자랑하고 싶진 않아요. 선생님과 반 친구들은 제가 귀찮은 존재라고 생각했을 거예요." 그녀는 그렇게 자조적으로 말했다.

브리티시 컬럼비아로 돌아와서 고등학교를 마치고 대학에 입학한 그녀는 생물학으로 전향하여 바이러스를 연구하기 시작했다.

"바이러스는 일종의 퍼즐과 같아요"라고 그녀가 말했다. 몇 년 지나지 않아 그녀는 박사 학위를 받았고, 하버드 의대에서 박사 후 연구원으로 일했다. 그녀는 합성 생물학이라는 분야에서 인간 인공 염색체를 만드는 일을 했다. 인간 인공 염색체(human artificial chromosome, HAC)는 근위축증과 같은 선천적 질병에 대처하기 위해 인간 세포에 삽입하거나, 실험 세포와 동물에 삽입하여 질병 연구의 모델로 만들 수 있는 DNA다. 하지만 보스턴에서 보낸 박사 후 연구원 시절은 전적으로 만족스럽지 않았다.

"저는 학계를 떠나야 할지 말지 진지하게 검토하게 만든 몇 가지 경험을 했습니다."

그녀가 말한 학계란 실험실, 대학 또는 연구소에서 과학을 하는 것을 의미했다. 그녀는 자세한 내용을 밝히길 정중하게 거부하며 단지 "저는 시험을 받았고 결론은 과학계에 남기로 했다는 것입니다"라고 말했다.

두 번째 박사 후 연구원으로 채용되어 벤 디버먼의 연구실에 들어갔을 때, 그녀는 상황이 훨씬 더 마음에 들었다. 그녀의 작업은 인공 바이러스와 같은 벡터를 설계하여 유전적 물질을 인간 세포와 실험 동물에 전달함으로써 선천성 질환을 개선하는 것을 목표로 하고 있었다.

찬이 SARS-CoV-2에 대해 느낀 경각심은 다른 과학자들이 느꼈던 것과 비슷하게 시작되었다: 2019년 12월 마지막 밤이나 1월 초에 온라인 보고서가 나왔고, 그 다음에는 붐비는 병원에 있는 환자들의 영상이 나왔다.

"저는 정말 약간 당혹감이 들기 시작했어요."

그녀 주변의 다른 사람들은 전 세계적인 위험의 가능성을 무시했다 — 신종 바이러스는 대단한 일이지만, 중국에서 곧 사라질 테니까.

하지만 그녀는 비누, 손 세정제, 콩, 쌀, 그리고 대량의 냉동 생선 등 물자를 비축했다. 그녀는 또한 웹에서 과학 정보를 검색했다. 특히 바이러스와 인간 세포 간의 상호 작용에 대한 정보였다. 그녀의 전문 분야였고, 바이러스가 점점 더 많은 사람들에게 퍼지면서 바이러스의 유전체적 다양성에 대한 정보도 검색했다.

유전체적 다양성: 그녀가 보기에 처음에는 거의 없는 것 같았다.

그녀는 "3월이었던 것 같아요"라고 말했다. "바이러스는 유전적으로 안정적이었어요."

그녀는 하던 말을 잠시 멈췄다.

"그때 머릿속에서 전구가 확 켜진 것 같았어요. 이 바이러스에 뭔가 이상한 게 있다는 걸요."

모든 바이러스가 그렇듯이 돌연변이를 일으켰지만 진화하는 것 같지는 않았다. 새로운 숙주에 적응하는 것을 암시하는 고정된 변화를 획득하는 것 같았다. 즉, 돌연변이가 새로운 계통에 축적되는 것이 아니라 순전히 우연의 일치(때로는 충분한 일이지만)에 의한 것이거나 새로운 이점을 제공하고 자연 선택에 의해 선호되었기 때문이라고 그녀는 주장했다. 바이러스가 사람을 감염시키는 더 나은 방법을 우연히 발견한 것은 아니었다. 적어도 아직은.

"D614G는요?" 내가 물었다.

그녀는 물론 내가 무슨 말을 하는지 알고 있었다. 베티 코버와 그녀의 동료들이 발견한 초기 돌연변이로, 전 세계로 빠르게 퍼졌다. 에든버러 추적자들이 더그라고 불렀던 돌연변이이다.

"그 614G 돌연변이는 이미 1월에 나타났습니다"라고 찬이 인정했다. "그러니까 처음 3개월 안에 나타난 거예요."

"그렇죠. 맞아요."

"하지만 단일 돌연변이였어요."

그녀는 2003년으로 거슬러 올라가는 최초의 SARS가 이 돌연변이보다 훨씬 더 많은 초기 돌연변이를 유지했다고 지적했다. 그리고 그 차이로 찬은 논란의 여지가 있는 추론을 내렸다. 즉, 이 새로운 바이러스는 인간을 감염시키는 데 이미 매우 잘 적응했기 때문에 진화할 필요가 없다는 것이었다.

행동에 나선 그녀는 브리티시 컬럼비아 대학교 대학원 시절 친구이자 능숙한 계산 생물학자인 잔 슁헤이에게 연락해 초기 SARS-CoV 유전체와 초기 SARS-CoV-2의 유전적 차이 정도를 비교해 달라고 부탁했다. 잔은 전자 바이러스의 유전체 43개와 후자의 유전체 46개를 살펴보았다.

그렇다, 이 바이러스보다 원조 SARS 바이러스에서 훨씬 더 많은 초기 차이가 있었다는 것을 발견했다. 그리고 그들이 본 데이터에 따르면, 화난 시장의 표면에서 샘플링 한 SARS-CoV-2 유전체들끼리는 다양하게 서로서로 변이하여 갈라져 나간 증거가 없었다.

보스턴 매거진의 작가인 로완 제이콥슨(Rowan Jacobsen)은 그녀의 반응을 이렇게 설명했다.

"찬의 퍼즐 감지기가 다시 펄럭거렸습니다. '쌩,' 그녀는 잔에게 메시지를 보냈습니다. '이 논문은 미친 작품이 될 거야.'"

2020년 5월 2일에 게시된 프리프린트에서 찬과 그녀의 공저자들은 2019년 말에 처음 발견된 SARS-CoV-2가 "이미 인간 전염에 미리 적응했다"고 선언했는데, 이는 SARS-CoV(또한 어느 정도 범용적 바이러스이기도 함)가 한참 시간이 걸려서 나중에 가서야 달성한 수준이었다.

"이를 설명할 수 있는 것은 무엇일까?" 그들은 물었다.

SARS-CoV-2의 전구체가 2019년 초에 동물에서 인간으로 유출되어 수개월 동안 알려지지 않은 채로 유통되었을까?

아니면 박쥐나 중간 숙주에 거주하는 동안 이미 인간에게 잘 적응되었을까?

그들은 세 번째 가능성은 야생 바이러스가 배양된 인간 세포에서 계대 통과하는 것과 같은 어떤 형태의 의도적인 조작으로 인해 "실험실에서 연구하는 동안" 인간에게 잘 적응되었을 것이라고 썼다.

그들은 이 세 번째 시나리오를 "가능성 여부에 관계없이 고려해야 한다"라고 덧붙였다.

그 프리프린트는 다음에 무슨 일이 일어났는지에 대해 조심스럽게 언급했다.

"유출"이라는 단어는 본문 어디에도 나오지 않았다. 하지만 그것은 암시였다. 바이러스가 변형되면 우연히 실험실 직원을 감염시키고 유출됐을 수도 있다.

"당신의 프리프린트는 학술지에 게재되었습니까?" 나는 찬에게 물었다.

"아니요." 그녀는 온화하게 말했다. "이에 대한 반응 때문에 우린 살짝 멈췄어요."

보스턴 매거진 기사에서 제이콥슨은 다른 어조를 포착했다. 찬이 프리프린트를 게시한 지 2주 후에 영국의 타블로이드가 그것을 주목했고, 그 다음 뉴스위크가 주목했다고 그는 썼다.

"그리고 찬이 말하길, '그때가 바로 온갖 도처에서 똥이 터진' 때였죠."

64

 알리나 찬은 코로나19가 실험실 누출로 시작되었다고 주장하는 사람들 중에서 가장 교조적으로 고집불통인 사람은 아니다. 그녀는 그러한 유

출이 일어났을 수도 있으며, 자신의 견해로는 아마도 일어났을 것이라고 보지만, 그 사례는 증명된 것이 아니다. 하지만 그녀는 자연적 기원 가설을 비판하는 사람들 중에서 가장 끈기 있고 폭넓은 정보를 보유한 사람들 중 한 명이다. 영국 황색 언론지가 그녀의 생각을 알아차리고 "모든 곳에서 똥을 터뜨린" 후, 그녀는 그 미디어의 소동에 끌려들어가 더 많은 조사를 주장하는 데 큰 역할을 하기 시작했다.

실험실 유출 가설은 열렬한 관심, 열띤 토론, 아마추어적 조사와 과학적 조사, 그리고 특히 소셜 미디어뿐만 아니라 신문 사설, 텔레비전, 잡지 기사를 통해 광범위하게 다루어지는 주제가 되었다. 그 논란은 2020년 내내 계속되었고, 2021년 초에 WHO가 소집한 우한의 불운하고 결론이 나지 않은 기원에 대한 전 세계 연구(Global Study of the Origins) 임무 이후 더욱 격화되었으며, 그해 봄 대중 매체에서 서사와 추측이 터져 나오면서 일종의 절정에 이르렀다. 그 기사 중 일부는 실험실 유출 가설이 더 유력해졌다고 발표했다. 더 안전하게 말하자면, 그 가설이 더 인기를 끌게 되었다. 그 논란이 과거라면 신문 판매량을 많이 올리지는 않았을지 모르지만, 확실히 많은 클릭과 주목을 끌었다.

한편, 찬 자신은 실험실 기원이 타당하고 조사할 가치가 있다는 자신의 견해를 뒷받침하는 사실, 주장, 증거(정황적 증거 및 기타 증거)를 계속 수집했다. 그녀는 전 세계가 SARS-CoV-2의 기원에 대한 추가 데이터, 심층 연구, 더 나은 명확성이 필요하다고 주장했는데, 이에 대해서는 사려 깊은 관찰자들 중 이견이 없다. 2021년 후반, 그녀는 우한 바이러스학 연구소에서 수행된 코로나바이러스 연구에 대해 더 많이 알게 되자, 실험실 기원이 그럴듯하다는 수준을 넘어서 자연적 기원보다 가능성이 더 높다는 견해로 전환했다. 그녀는 또한 존경받고 도발적인 영국 과학 작가인 맷 리들리(Matt Ridley)와 공동 집필한 *Viral: The Search for the Origin of COVID-19*라는 책을 출간했다.

이제 이해 상충 선언을 하겠다: 저는 맷 리들리를 오랫동안 알고 있었고, 제 친구였으며, 앞으로도 그럴 수 있기를 바랍니다. 어떤 문제에 대해서는 서로의 의견이 다르다는 데 동의합니다.

찬-리들리 공저 책은 잔-디버먼-찬 프리프린트 논문에서 한 것처럼, 새로운 바이러스가 우한의 병원으로 사람들을 입원시키기 시작했을 때 "아마도 이미 새로운 인간 숙주에 잘 적응했을 것"이라고 주장한다.

사실은: 실제로 그렇다.

이와 관련해서 핵심 질문은, 이 바이러스가 설명하기 어려울 만큼, 의심스러울 정도로, 그리고 유독 인간에게만 잘 적응되도록 조작된 것이냐, 아니면 아무 개입 없이 자연적으로 그저 잘 적응한 것에 불과하냐는 것이다. 이 질문을 냄비에 담아 잘 저으면서 몇 가지 추가 데이터를 양념으로 첨가해 보겠다.

65

 인간만이 SARS-CoV-2에 감염되거나 양성 반응을 보이는 유일한 포유류는 아니다. 꽤 많은 다른 포유류들 사이에서도 사례가 있었다.

국제적으로 가장 먼저 경각심을 일으킨 것은 홍콩에서 개가 앓은 사례였다.

2020년 2월 26일, 심장 잡음, 폐 고혈압, 신장 질환 및 기타 이차 질환이 있는 17세 수컷 포메라니안이 바이러스에 양성 반응을 보였다. ProMED는 이틀 후에 이 소식을 전 세계 구독자들에게 전달했다. 많은 사람들이 이 소식을 읽고 생각했다. 음, 이상한데.

그때쯤 포메라니안의 주인이 2주 동안 아팠고 자신도 양성 반응을 보였기 때문에 그 개는 정부가 운영하는 시설에 격리되었다. 한 보고서에 따르면 격리 기간 내내 그 개는 "임상적 상태로는 눈에 띄는 변화 없이 밝고 명료한 의식을 유지했다." 하지만 그의 임상적 상태는 이미 그리 크게 좋은 건 아니었다. 어쨌든 그는 다시 멍멍 짖을 수 있을 만큼 살아남았다.

두 번째로 알려진 반려동물은 홍콩에 있는 어린 독일 셰퍼드였으며 역시 인간 감염 증례가 있는 가정에서 걸렸다.

다음은 고양이였다.

우한의 과학자 그룹은 2020년 1월, 인간들 사이에서 발생한 발병이 헤드라인을 장식하자 바이러스의 징후를 알아보기 위해 집 고양이의 혈액 검사를 즉시 시작했다. 그들은 3월까지 데이터를 수집하고 4월 3일에 프리프린트를 게시했다. 이 팀에는 수의과 대학의 연구자들이 포함되었고, 아마도 그들은 단순히 직감을 따랐을 것이다. 그들은 동물 보호소에 있는 버려진 동물, 애완동물 병원의 고양이, 코로나19가 발생한 가족의 고양이를 포함하여 총 102마리의 고양이에게서 혈액 샘플을 채취했다. (그들은 또한 비교를 위해 발병 전에 채취한 39마리의 고양이 샘플을 살펴보았는데, 모두 음성이었다.) 그들은 15마리의 고양이에서 바이러스의 증거를 발견했고, 그중 11마리에서 바이러스 중화 항체의 강력한 증거를 발견했다. 그들은 프리프린트에 "우리의 데이터는 SARS-CoV-2가 발병 동안 우한의 고양이 개체군을 감염시켰다는 것을 보여주었다"라고 썼다. 그들의 연구가 학술지에 게재될 때를 즈음하여 여기 저기서 다른 고양이들도 감염되었다.

벨기에의 고양이가 양성 반응을 보였다. 프랑스의 고양이가 양성 반응을 보였다. 북쪽의 하얼빈에 있는 수의학 연구소에서 실험을 통해 수행한 중국의 또 다른 연구에 따르면 SARS-CoV-2를 접종한 고양이는 감염 후 공기를 통해 다른 고양이에게 바이러스를 전파할 수 있었다. 홍콩의 고양이가 양성 반응을 보였다. 미네소타의 고양이, 러시아의 고양이, 텍사스의 고양이 두 마리. 앞서 설명했듯이 이탈리아에서는 가브리엘레 파가니의 고양이 지카가 재채기를 시작한 후 양성 반응을 보였는데, 분명히 그에게서 바이러스를 옮은 것이었다. 독일에서는 바이에른의 요양원에 있는 6살 암컷 고양이가 주인이 코로나19로 사망한 후 인후 면봉 검사를 통해 양성 반응을 보였다. 뉴욕 시에서 허드슨 강을 따라 올라간 뉴욕 오렌지 카운티에서는 5살짜리 암고양이가 주인에게 비슷한 증상이 나타난 지 약 8일 후에 재채기, 기침, 코와 눈에서 분비물을 흘리기 시작했다. 그 고양이도 양성 반응을 보였다.

집 고양이는 생태학적으로 사회적 동물이 아니다; 집 고양이는 밀집된 개체군으로 모이지 않는다(강박적인 고양이 수집가와 지나치게 관대한 고양이 구조자의 냄새 나는 집안을 제외하고). 따라서 고양이에서 고양이로 전염될 가능성은 낮은 경향이 있다. 하지만 많은 집 고양이가 밖으로 나가면 헛간, 창고 또는 뒷마당에서 쥐와 상호 작용한다. 이 쥐들은 일반적으로 집쥐(*Mus musculus*)와 사슴쥐(*Peromyscus* 속의 여러 종)의 두 그룹에 속한다. 사슴쥐는 한타바이러스와 라임병 박테리아의 숙주로 잘 알려져 있으며, 최근 실험실 작업에서는 SARS-CoV-2에 감염되기 쉽다는 것을 보여준다. 쥐는 최대 3주 동안 바이러스를 보유하고 다른 쥐에게 효율적으로 전염시킬 수 있다. 사슴쥐는 북미에서 가장 풍부한 (인간이 아닌) 포유류다. SARS-CoV-2가 고양이에서 사슴쥐 집단으로 옮겨가 야생에서 쥐에서 쥐로 전파되기까지는 시간 문제일 수 있다. 이 주제에 대해서는 아래에서 밍크와 흰꼬리사슴에 대해 더 자세히 설명하겠다.

SARS-CoV-2에 감염된 고양잇과 동물은 집고양이뿐만이 아니었다.

뉴욕 브롱크스 동물원에서는 나디아라는 암호랑이가 앓고 있는 기색을 보였고, 바이러스에 양성 반응을 보였는데, 아마도 동물원 관리인 중 한 명을 통해 전파된 것으로 보인다.

그 암호랑이만 그런 것은 아니었던 것 같다. 미국 농무부 산하 동물 및 식물 건강 검사국(the Animal and Plant Health Inspection Service, APHIS)의 성명에 따르면, 나디아의 검사는 동물원의 여러 사자와 다른 호랑이가 호흡 곤란 증상을 보인 후에 실시되었다. 몇 주 안에 브롱크스 호랑이 4마리와 사자 3마리가 양성 반응을 보였다. 남아프리카 공화국의 한 동물원에서 퓨마(American cougar; 미국 쿠거)가 양성 반응을 보였다. 켄터키 주 루이빌 동물원의 암컷 눈표범과 수컷 2마리가 기침과 쌕쌕거림을 시작한 후 양성 반응을 보였다.

네덜란드에서는 2020년 봄에 SARS-CoV-2가 농장 밍크에서 나타나기 시작했다. 이러한 발병은 밍크가 모피를 위해 수천 마리씩 사육되고 붐비는 환경에서 사육되었기 때문에 경제적 손실과 공중 보건적 영향을 미쳤으며, 밍크에서 밍크로, 그리고 (인간이 매개하여) 농장에서 농장으로 바이러스를 전파할 수 있는 능력이 매우 뛰어난 것으로 입증되었다. 최초로 발견된 사례는 벨기에 국경을 따라 네덜란드 남부에 있는 노르트브라반트 지방의 두 농장에서였다. 농업, 자연 및 식품 품질부의 성명에 따르면 "밍크는 호흡기 문제를 포함한 다양한 증상을 보였다." 여러 도로가 폐쇄되었고, 공중 보건 기관은 사람들에게 해당 농장 주변에서 걸어 다니거나 자전거를 타지 말라고 조언했다. 하지만 바이러스는 빠르게 퍼져서 곧 10개 농장, 그다음 18개 농장, 그리고 2020년 7월 중순까지 25개 농장에 영향을 미쳤다. 네덜란드에는 밍크가 많이 있어서, 130개 농장에 약 90만 마리의 밍크가 있었다. 이것들은 거의 모든 농장 밍크와 마찬가지로 모피의 풍부함 때문에 선호된 미국 밍크(*Neovison vison*)였다. 이들은 족제빗과에 속하며 여기에는 소나무담비, 유럽 족제비, 유라시아 오소리도 포함된다. 네덜란드 모피 농장주 연합에 따르면 최근 몇 년 동안 네덜란드의 밍크 모피 수출은 연간 약 9,000만 유로를 벌어들였다. 이 산업은 논란의 여지가 있었다. 모든 종류의 모피 농장은 동물 복지의 이유로 유럽 대부분에서 논란이 되고 있으며 네덜란드는 이미 2024년까지 모피 농장을 폐지시키기 위해 움직였다.

이제 그 일은 더 빨리 진행되었다. 정부의 명령은, 영향을 받은 농장의 모든 동물을 도살하고, 원래 예정된 11월 밍크 양식 폐지일 전까지는 재입고를 하지 말라는 것이었다.

2020년 6월 말까지 네덜란드 밍크 약 60만 마리가 도살되었다. 이 바이러스는 밍크에게 무해하지 않았다. 그것은 호흡기 증상과 일부 사망을 유발했고, 이것이 첫 두 농장에서 바이러스 검사와 검출을 촉발한 원인이었다. 하지만 살처분만큼 빠르게 밍크를 죽이지는 못했다.

네덜란드 과학자 팀은 4월과 6월 사이에 발병을 조사했고, 결국 사이언스에 논문을 발표했다. 그 연구의 수석 저자는 로테르담의 에라스무스 의료 센터의 바이러스학 책임자인 마리온 쿠프만스로, 이미 언급한 바 있다.

그녀는 "2월에 홍콩에서 개의 감염이 발생해서 우리는 회의를 가졌습니다"라고 말했다. 인수공통 감염 바이러스 전문가인 쿠프만스는 국립 공중보건원, 수의학

보건원, 그리고 농장주가 지원하는 독립 기관인 동물 건강 서비스와 정기적으로 소통한다. 늦은 봄이 되자 모든 사람이 SARS-CoV-2가 홍콩의 개 한두 마리뿐만 아니라 집 고양이, 호랑이, 사자에게도 나타났다는 사실을 알게 되었다. 인간 사이에서는 이탈리아에서 맹위를 떨쳤고, 네덜란드는 첫 번째 물결을 겪었으며, 4월 말까지 거의 4만 건의 사례와 엄청나게 높은 사망률을 기록했다.

"우리는 그간 인간 환자에서의 진단을 강화하고 있었습니다"라고 쿠프만스가 말했다. 그녀의 센터에 있는 실험실과 시스템 내의 수의학 실험실에서 말이다. 그런 다음 부검을 위해 제출된 죽은 밍크 두 마리가 왔다.

"그리고 저는 '이봐, 음, 에라 모르겠다. 이 밍크도 테스트해 보자'라고 말했죠." 그것은 인간 진단을 위해 뛰어든 같은 수의학 실험실에서 이루어졌다.

빙고.

농장마다 잇따라 밍크 발병이 나타나고 인간의 팬데믹이 심화되자, 쿠프만스와 그녀의 동료들은 시간과 자원을 들여 동물 현상을 연구했는데, 이는 공중 보건과 모피 산업에 영향을 미칠 것이었다. 그들은 16개 농장에서 밍크와 사람을 표본 조사하여, 감염된 밍크가 많을 뿐만 아니라 농장 직원과 그들의 밀접 접촉자 중에서 감염된 사람이 18명임을 발견했다. 연구팀은 샘플을 서열 분석하여 사람의 바이러스 유전체가 일반적으로 해당 농장의 밍크의 유전체와 일치한다는 것을 확인했다. 이러한 증거와 다른 증거는 각 발병을 시작하는 데 있어 인간에서 밍크로의 전염과 밍크에서 밍크로의 전염이 집단 발병에 계속 불길을 붙였을 뿐만 아니라 밍크에서 인간으로의 전염도 있을 수 있음을 시사했다.

마지막 요점이 불길한 느낌을 주니, 나는 이 문제로 돌아오겠다.

6월 중순, 이번엔 덴마크의 차례였다. 영어 온라인 미디어 서비스인 The Local의 보도에 따르면, "몇몇 동물과 직원 한 명이 코로나바이러스에 양성 반응을 보인 후, 북 월란 반도의 한 농장에서 밍크 무리가 도살되고 있습니다."

그 농장은 격리되었고, 11,000마리의 동물이 모두 도살 당했다. 덴마크는 1,000개가 넘는 농장에서 약 1,400만 마리의 밍크를 사육하고 있어 세계 모피의 상당 부분을 생산했고, 덴마크산 모피의 품질이 최고로 여겨졌기 때문에 이 소식은 크게 보도되었다. 그해 여름 바이러스는 빠르게 퍼졌다. 10월 초까지 덴마크 농장 41곳에서 발병이 기록되었고, 당국은 100만 마리의 밍크를 도살할 것이라고 말했다.

이 정도는 낙관적인 전망이었다.

실제로는 10월 중순까지 63곳의 농장에서 250만 마리의 밍크를 도살할 계획이었다.

하지만 그것도 시작에 불과했다.

한편, 로이터에 따르면 스페인의 보건 당국은 "거기 있는 대부분의 동물이 코로나바이러스에 감염된 것"을 확인한 후 한 농장에서 93,000마리의 밍크를 살처분하라고 명령했다.

이탈리아의 한 농장에서 밍크가 양성 반응을 보였다.

스웨덴에서는 수의사가 남부 해안의 밍크 농장을 방문하여 "오늘 여러 마리의 동물을 검사했고 모두 양성 반응을 보였습니다"라고 보고했다.

유타주의 두 농장에서 밍크가 양성 반응을 보였고, 그 후 더 나쁜 소식이 전해졌다. 미국 농무부의 수의사는 유타주의 야생 방목 밍크도 양성 반응을 보였다고 밝혔다. 그 야생 밍크에서 서열 분석된 바이러스는 근처 농장 밍크의 바이러스와 일치했는데, 야생 개체는 탈출한 밍크에게 감염되었거나 농장 울타리를 통해 거기 갇혀 있는 동족과 코를 맞대고 수다를 떨었을 것이다. 이는 모피의 경제학을 훨씬 넘어 SARS-CoV-2가 미국에 침입할 가능성에 대한 우려를 불러일으켰다. 질병 생태학자의 용어로 표현하면: 산림 순환(sylvatic cycle)[64]이다.

이 용어는 숲을 의미하는 라틴어 *sylva*에서 유래했다. 산림 순환을 가진 바이러

---

64 어떤 감염 질환이 야생동물들끼리 벡터를 매개로 돌고 있는 것을 말한다. 이 개념으로 보면 사실 산림 순환보다는 야생 순환으로 부르는 것이 이해하기엔 더 낫다. 인간은 어쩌다 걸릴 수도 있지만, 어쩌다 개입이 되었을 뿐 이 순환에서 정식 구성원은 아니다. 대표적인 예로 광견병이나 쯔쯔가무시 병을 들 수 있다.

스는 양면성을 가지고 있어서, 다른 마을에 다른 아내와 더 많은 아이들이 있는 순회 세일즈맨 같다. 예를 들어 황열병 바이러스는 모기에 의해 전염되며, 적절한 모기가 있을 때 도시에서 인간을 감염시키지만(도시 순환) 원숭이도 감염시킬 만큼 광범위하게 적응되어 있으며 일부 열대 우림에서 그렇게 하면서 원숭이 개체군에서 순환한다(산림 순환). 황열병은 도시에서는 백신 접종과 모기 구제를 통해 없앨 수 있지만, 백신을 맞지 않은 사람이 바이러스가 순환하는 숲에 들어갈 때마다 그 사람은 감염되어 도시로 돌아와 모기가 여전히 매개가 될 경우 또 다른 도시 순환을 유발할 수 있다. 황열병 바이러스는 결코 근절되지 않았으며, 많은 열대 국가를 여행하는 사람들은 여전히 예방 접종을 받아야 한다. 산림 순환이 모기를 모두 죽이거나 원숭이를 모두 예방 접종 완료하지 않는 한 끝없이 지속되어 또 다른 도시 순환이 위협받을 것이기 때문이다.

이제 이 개념을 SARS-CoV-2로 옮겨서 생각해 보자.

세계의 숲이나 다른 자연 생태계에 바이러스가 순환하는 야생 동물 개체군이 있다면, 원래의 보유 숙주(중국 남부의 편자박쥐?)이거나 인간과의 접촉을 통해 감염되었다면(유타 주의 밍크? 웨스트체스터 카운티의 사슴쥐?) 코로나19는 끝이 없다. (아마도 끝이 없을 테지만, 이는 또 다른 문제이며, 이에 대해서는 나중에 설명하겠다.)

산림 순환이 있는 곳에서는 집단 면역이 없다.

백신을 맞지 않은 사람이 감염된 야생 동물(밍크, 퓨마, 원숭이, 사슴쥐)과 어떤 활동(사냥, 목재 절단, 과일 따기, 오두막에서 오줌이 묻은 먼지 청소)을 하는 동안 접촉하면 바이러스에 감염되어 사람들 사이에 새로운 발병을 유발할 가능성이 있다. 지구상의 모든 사람에게 백신을 접종할 수는 있어도(그럴 일은 없겠지만) 바이러스는 여전히 우리 주변에 존재하면서 순환하고, 복제되고, 돌연변이하고, 진화하고, 새로운 변종을 만들어내면서 다음 기회를 기다리고 있을 것이다.

유럽에서 밍크에서 유래되었을 가능성이 있는 산림 순환의 확률은 많은 밍크가 농장에서 탈출한다는 사실로 인해 높아진다. 덴마크에서만 매년 수천 마리가 탈출한다. 유럽 대륙의 토착종은 아니지만 이 미국 밍크는 야생에서 침입적 개체 군으로 자리 잡았으며 사냥꾼과 덫사냥꾼이 잡는 수를 보면 알 수 있다. 한 전문 가의 추정에 따르면 2020년에 탈출한 덴마크의 농장 밍크의 약 5%가 SARS-CoV-2에 감염되었다. 밍크는 야생에서는 고립적인 경향이 있지만 분명히 짝짓 기를 위해 만나고 먹이 사슬 내에서 포식자이자 먹이가 되므로 다른 동물과 접 촉하게 된다. 밍크 매개 바이러스에 감염될 수 있는 다른 생물 목록의 맨 위에는 야생 족제빗과 친척인 소나무담비, 유럽 족제비, 유라시아 오소리가 있다.

2020년 11월 5일, 덴마크에서 또 다른 불안한 소식이 전해졌다.

정부는 스웨덴 남서부로 발톱처럼 휘어진 낮고 가늘어지는 섬인 북 윌란 반도 주민들의 여행과 공공 모임에 대한 엄격한 제한을 발표했다. 알려지지 않은 중 요성의 여러 돌연변이를 포함하는 밍크 관련 바이러스 변종이 인간에게 다시 퍼졌다는 사실이 발견된 후였다. 12명이 감염되었다. 이 변종은 밍크 변종 시리 즈에서 다섯 번째였기 때문에 클러스터 5로 알려졌지만 인간에서 처음으로 감 지되었다. 이 변종은 스파이크 단백질에 변화된 아미노산 4개를 함유하고 있어 백신이 출시되면 백신의 작용을 회피할 수 있다는 우려가 제기되었다.

정부 성명은 "그게 다입니다. 다 말했습니다"라고 말했다: 남아 있는 밍크는 모 두 살처분될 것이고, 덴마크의 밍크 산업은 끝났다.

하지만 엄격한 봉쇄, 사례 추적 및 기타 통제 조치로 인해 이 변종은 막다른 길 로 접어들었다. 2주 만에 덴마크의 한 연구 기관은 클러스터 5 계통이 적어도 인간 사이에서는 멸종된 것으로 보인다고 발표했다. 야생에서 살아남았는지, 탈출한 밍크 사이에서 살아남았는지, 아니면 덴마크 풍경 속의 토종 친척(소나 무 담비, 유럽 족제비, 유라시아 오소리) 사이에서 살아 남았는지는 별도로 탐 구해 볼 문제다.

2020년 마지막 몇 달 동안과 2021년 훨씬 이후에도 비인간 동물에서 SARS-CoV-2에 대한 보고는 산발적이었지만 주목할 만했다. 테네시주 녹스빌에 있 는 동물원의 호랑이가 양성 반응을 보였다. 싱가포르에 있는 동물원의 위기에 처한 아시아계 사자 네 마리가 감염된 동물원 관리인과 접촉한 후 기침과 재채기를 시작했다. 샌디에이고 동물원 사파리 공원에서 기침을 하는 두 마리의 고릴라. 두 고릴라는 몇 주 안에 회복되었지만, 심장병이 있는 48세의 윈스턴이라는 실버백 고릴라는 단일클론 항체로 치료를 받고 나서야 회복되었다. 윈스턴은 또한 심장병 약물을 복용했고, 박테리아에 의한 2차 감염을 예방하기 위해 항생제를 복용했다. 그가 캐딜락 건강 보험[65]에 들지 않은 아프리카 숲의 야생 고릴라였다면 죽었을지도 모른다. 하지만 그가 동물원 관리인이 없는 야생 고릴라였다면 이 바이러스에 걸리지 않았을 것이다.

2021년 10월, SARS-CoV-2가 네브래스카주 링컨에 있는 링컨 어린이 동물원에 도달하여 수마트라 호랑이 두 마리와 눈표범 세 마리를 감염시켰다. 이 동물원은 통제되고 교육적인 환경에서 야생 동물과의 "직접적인 상호 작용"을 통해 삶, 특히 어린이의 삶을 풍요롭게 하는 사명을 선포하는 곳이다. 그것은 훌륭한 목표이지만, 우리 모두가 배웠듯이 코로나 시대의 근접 접촉은 위험을 수반한다. 이 눈표범은 1년 전 루이빌의 세 마리보다 운이 좋지 않았다. 11월에 스테로이드와 2차 감염에 대한 항생제로 치료했음에도 불구하고 세 마리 모두 죽었다. 그 와중에 물론 사람들도 죽어갔다. 2021년 10월 31일(팬데믹 시대의 두 번째 할로윈)까지 네브래스카 주는 2,975명의 코로나 사망자를 기록했다. 그날 미국에서는 누적 사망자 수가 773,976명이었다. 전 세계적으로 SARS-CoV-2는 500만 명 이상을 죽였다. 총 인구가 1,200만 명도 안되는 작은 나라 벨기에에서는 10명 중 1명이 바이러스에 감염되었고, 곡선이 가파르게 상승했으며 26,119명이 사망했다.

12월에는 벨기에에서도 앤트워프 동물원의 하마 두 마리가 양성 반응을 보였다. 그들은 네브래스카 눈표범이나 죽은 벨기에인 26,119명보다 운이 좋아서

---

65 건강 보험 중에서도 굉장히 비싼 보험을 상징하는 용어다.

콧물(하마는 원래 평소에도 콧물이 많지만, 그보다 더 콧물이 많았음) 외에는 증상이 없었지만, 격리되었다.

2021년 후반에 나온 다른 뉴스는 산림 순환의 가능성을 현실로 가져왔다. 펜실베이니아 주립 대학의 과학자들은 아이오와 야생 동물국과 다른 곳의 동료들과 협력하여 아이오와의 흰꼬리 사슴 사이에서 광범위한 SARS-CoV-2 감염의 증거를 보고했다. 실험 연구에서는 이미 사육된 새끼 사슴에 바이러스를 접종하면 다른 사슴에게 전염시킬 수 있다는 것을 보여주었다. 이 새로운 연구는 훨씬 더 나아가 야생 사슴이 어떻게든 인간에게서 감염되었다는 것을 밝혔다. 단지 몇 마리의 사슴만이 아니었다. SARS-CoV-2는 아이오와 사슴 개체군 전체에 만연했다. 이러한 추세는 팬데믹이 시작된 후 천천히 시작되었지만 2020년 마지막 몇 달 동안에는 압도적이었다.

팀의 훈련된 현장 직원은 거의 300마리의 사슴의 목에서 림프절을 수집했다. 대부분은 아이오와 풍경에서 자유롭게 사는 동물이었고, 일부는 자연 보호 구역이나 사냥감 보호 구역에 포함된 것이었으며, 이들 중 실험을 통해 인위적으로 감염된 동물은 없었다. 샘플링한 사슴은 사냥꾼에게 죽거나 차량의 교통사고로 죽었다. 현장 직원은 다른 전염성 질환인 만성 소모성 질환에 대해 진행 중인 감시 프로그램과 관련하여 림프절을 절개했다. 연구 초기에 2020년 봄과 여름에 샘플링한 사슴은 SARS-CoV-2가 없었다. (아이오와에서 인간 사이에서 처음 유행한 것은 4월.) 첫 번째 양성 동물은 2020년 9월 28일까지 나타나지 않았다.

그 후로는 뜨거운 프라이팬에 넣은 팝콘과 같았다.

2020년 후반부터 2021년 1월 초까지 사냥 시즌 동안 7주 동안 팀은 97마리의 사슴을 표본 추출했고, 양성률은 82.5%였다. 연구는 계속되고 있으며, 두 번째 단계의 표본 추출이 진행 중이고, 그 비율이 거의 일정하게 유지된다면(기밀 업데이트에 따르면 그럴 것으로 보임), 아이오와에 산림 SARS-CoV-2가 있다는 놀라운 증거가 된다.

아이오와만 그런 게 아니다.

APHIS의 연방 야생 동물 관리들이 수행한 다른 연구에서는 림프절이 아닌 혈청 샘플을 사용하여 다른 4개 주의 흰꼬리사슴에서 바이러스를 찾았다. 이 샘플은 2021년 초의 것이다. 일리노이의 사슴은 감염률이 7%에 불과해 코로나에 가장 덜 감염되었다. 당시에 그 통계만 발표했더라면 충격적이었을 것이다. 일리노이 사슴의 7%가 코로나에 감염되었다고? 하지만 뉴욕에서 표본을 채취한 흰꼬리사슴의 감염률은 31%였다. 펜실베이니아에서는 44%, 미시간에서는 67%였다.

현재 미국에는 약 2,500만 마리의 흰꼬리사슴이 있는 것으로 추산되며, 물론 그 누구도 그들에게 SARS-CoV-2가 유독 인간에게 잘 적응된 바이러스라고 알려주지 않았다.

66

 자연적 기원 가설에 대한 비판에서 제기된 다른 두 가지 주제는 기능 획득 실험(gain-of-function experiment[66])과 모장의 광부다. 이것들은 독립적으로 고려되는 게 맞지만 종종 함께 뒤섞인다.

모장 이야기는 부분적으로는 주장된 중요성 때문에(이전에 쉬 정리의 작업을 논할 때 언급했듯이) 그리고 부분적으로는 생생하고 기분 나쁜 이야기이기 때문에 널리 반향을 일으켰다.

현재 "모장 광산"으로 유명한 지하 광산은 2012년 기준으로 중국 윈난성 모장현 통관 향에 있는 버려진 구리 광산으로, 윈난성의 수도인 쿤밍에서 남서쪽으

---

66 Gain of function 실험: 바이러스나 다른 병원체에 인위적으로 변화를 주어 더 위험하거나 감염력이 높아지도록 하는 것. 좀 더 구체적으로 풀어서 설명하자면 기능 증진 또는 기능 강화 실험이라고 할 수 있다. SARS-CoV-2를 예로 들면, 만약 박쥐에서 발견되는 코로나바이러스를 인간에게 더 전염성 있게 만들기 위해 유전공학 기술을 사용하여 조작하였다면 이를 기능 획득 실험이라 할 수 있다.

로 약 200마일 떨어져 있다. 이곳은 라오스와 베트남의 북쪽 국경에서 그리 멀지 않은, 구릉이 많고 부분적으로 삼림이 우거진 지역이다. 2012년 4월, 누군가가 광산 작업을 재개하기로 결정했기 때문에 일단의 일꾼들이 파견되어서 광산에 서식하는 여러 종의 박쥐가 수십 년 동안 배설하여 퇴적된 막대한 양의 박쥐 구아노를 터널에서 청소하기 위해 파견되었다. 4~14일 동안 일한 후 일꾼 6명이 원인 미상의 폐렴에 걸렸고, 증상으로는 기침, 발열, 흉통, 호흡 곤란, (한 경우) 만성 간염의 이차적 상태를 보였다. 그들은 쿤밍의 의대에 부속된 병원에서 치료를 받았다. 간 합병증 환자를 포함하여 그들 중 3명이 사망했다. 나머지 세 명은 회복되었지만, 오랜 입원 기간을 보낸 후에야 회복되었다. 이러한 사실들은 주로 쿤밍 의대에서 임상 및 응급 의학 학위를 취득하기 위해 수 리(Li Xu)가 2013년에 쓴 석사 논문을 출처로 한다.

여러 사람이 이 논문의 상당 부분을 영어로 번역하여 인용했는데, 그중에는 2020년 5월에 트위터의 익명의 출처를 통해 이 논문의 존재를 알게 된 알리나 찬과 현재 미국에 거주하는 베이징 출신의 저널리스트인 내 친구 위 우페이(Wufei Yu)가 있다.

위 우페이는 나를 위해 한 버전을 검토하고 추가로 번역해 주었다.

나는 우페이의 버전을 포함하여 세 가지 버전을 보았는데, 각 버전에서는 6건의 사례가 "바이러스 감염으로 인해 발생했을 수 있다"고 "추론된다"고 하였다.

이 논문은 2003년 SARS 위기에 대한 중국의 대응을 이끈 종 난산과의 협의와 모호한 항체 증거를 바탕으로 감염원이 박쥐에서 유래한 SARS 유사 코로나바이러스라고 결론지었다.

중국의 붉은색 편자박쥐를 언급하지만, 저자는 그 동굴에 적어도 다섯 종류의 박쥐가 서식했다는 사실을 모르는 듯하다.

살인 바이러스에 대한 이 결론은 옳을 수도 있고 그렇지 않을 수도 있다.

수 리는 향후 이러한 상황을 대비해 수정해야 할 임상 및 연구 "결함" 목록의 마지막에서 "광산에서 박쥐 배설물과 살아있는 박쥐를 샘플링하는 것은 매우 중요하다"고 언급했다.

수의 논문이 작성될 무렵, 쉬 정리는 이미 그 작업을 시작했다.

2012년 늦여름, 첫 번째 광부가 사망한 지 3개월 후, 그녀는 현장 작업의 일부를 윈난성의 다른 동굴에서 모쟝 광산으로 옮겼다. 그녀의 팀은 2013년 4월과 7월에 다시 모쟝으로 돌아왔고, 2012~2013년 현장 작업에서 6종의 박쥐에서 276개의 배설물 샘플을 채취했다. (그들은 2014~2015년에 모쟝을 다시 방문했지만, 276개의 샘플은 묶음으로 분석되었다.) 그 샘플의 약 절반이 어떤 종류의 코로나바이러스에 대해 양성 반응을 보였고, 몇몇 경우에는 박쥐 한 마리당 두 개 이상의 바이러스가 검출되었다. 쉬의 그룹은 부분 서열 분석을 수행하여 각 샘플에서 중요한 유전자에 대한 약 400개의 RNA 코드인 짧은 특정 구간을 추출하는 것을 목표로 했다. 결정적인 유전자는 *RdRp* (RNA-dependent RNA polymerase)로, RNA 의존성 RNA 중합효소를 코딩하는데, 이 효소는 바이러스가 숙주 세포 내에서 RNA를 복제할 수 있게 해 준다. *RdRp* 서열은 마치 지문처럼 확실히 해당 바이러스의 신원을 알려줄 수 있다. 쉬의 팀이 회수한 *RdRp* 서열의 대부분은 두 가지 일반 감기 코로나바이러스를 포함하는 그룹인 알파코로나바이러스임을 나타내지만, 이 그룹엔 인간에게 심각한 것으로 알려진 바이러스는 없다.

그들은 또한 베타코로나바이러스임을 나타내는 두 개의 서열을 발견했는데, 이는 더 흥미로운 것으로, 그 그룹에는 SARS-CoV와 MERS-CoV가 포함되기 때문이다. 베타코로나바이러스는 인간에게 위험할 가능성이 더 높았기 때문에, 쉬의 팀은 그 두 가지 바이러스에 해당하진 않는지 특히 주의를 기울였다.

연구자들은 내가 언급했듯이 그중 하나의 샘플을 4991이라고 명명했다. 그것은 중간 크기의 편자박쥐(*Rhinolophus affinis*)에서 유래했기 때문에 전체 태그는 RaBtCoV/4991이었다. (내가 이 명칭 문제로 괜히 독자를 귀찮게 굴지는 않았을 거다 — 이게 SARS-CoV-2를 둘러싼 은밀한 논쟁 속에서 이런 식의 명명이 꽤나 혼란스럽고 격렬한 논쟁에서 필요한 것이 아니었다면 말이다.) 샘플 4991

의 RdRp 서열은 길이가 440자로, 전체 코로나바이러스 유전체의 2% 미만을 나타낸다. 그것은 일부 SARS 유사 코로나바이러스들만큼 인간 SARS 바이러스와 유사한 건 아니었지만, 주목할 정도는 됐다. 그리고 2012~2013년 당시의 SARS 바이러스는 위협적인 코로나바이러스가 어떤 모습일지에 대한 기준이었기 때문에 그 바이러스와의 유사성은 새로운 발견의 가중치에 영향을 미쳤다. 4991 서열은 상대적으로 중요하지 않은 것처럼 보였다. 이때까지 네이처, 사이언스 및 기타 주요 국제 학술지에 공동 저자로 논문을 기고했던 쉬는 이 연구를 우한 바이러스학 연구소 자체 학술지인 *Virologica Sinica*에 발표했다.

이 논문에서 주로 챙길 요점은 이 버려진 광산의 일부 박쥐가 한 번에 두 개 이상의 코로나바이러스 "동시 감염"을 가지고 있다는 것이었다. "이 현상은 재조합을 촉진하고 새로운 바이러스 균주의 출현을 촉진한다."

샘플 4991은 나중에 쉬의 그룹이 냉동고에서 꺼내 거의 완전한 유전체 서열을 추출하고 해당 서열에 RaTG13이라는 명명을 한 후 훨씬 더 많은 주목을 받았다.

이 명칭은 내가 언급했듯이 4991이라는 4자리 숫자에는 없는 정보를 전달해 주었다: Ra는 샘플이 나온 박쥐 종인 *Rhinolophus affinis*이고, TG는 광산이 위치한 모샹 카운티 내의 마을인 통구안이고, 13은 수집 연도인 2013년이다.

RaTG13은 2020년 1월에 유명해진 서열로, 그때는 쉬와 그녀의 동료들이 박쥐에서 유래한 코로나바이러스가 이상하고도 불길한 폐렴을 일으키는 신종 바이러스와 96.2% 일치한다는 증거를 발표했을 때였다. 쉬와 그녀의 연구, 그리고 SARS-CoV-2가 동물에서 자연적으로 출현했다는 가설에 대한 비판가들은 이 명명 문제를 유죄 은폐의 증거로 해석했다.

쉬 정리와 2시간 동안의 Zoom 대화에서 그녀는 다르게 설명했다.

"우리는 RNA 의존 RNA 중합효소를 얻은 후 그것을 SARS-CoV-1과 비교했고, 이 바이러스가 SARS-CoV-1과 먼 친척이라는 것을 발견했습니다."

그녀가 한 설명의 의도는 모샹 광산 샘플에서 베타코로나바이러스의 두 *RdRp*

서열을 말하는 것이었는데, 여기에는 그렇게 비판자들의 주목을 받은 것도 포함된다.

"간단한 ID 번호가 있습니다. 4991입니다." 그녀는 "바이러스 명명은 복잡합니다"라고 덧붙였고, 그녀와 그녀의 그룹이 수집한 바이러스 샘플이 많을수록 질서 있고 이해하기 쉬운 이름이 필요했다.

"아시다시피, 처음에는 샘플이 100개뿐이었습니다. 하지만 나중에는 샘플이 1만 개가 되었습니다."

그들은 개선된 규칙을 고안했다.

"우리는 박쥐 종, 샘플링 위치, 샘플링 연도에 따라 일부 시퀀스, 중요한 시퀀스에 이름을 붙이기로 했습니다."

따라서 샘플 번호 4991은 전체 시퀀스의 이름인 RaTG13으로 바뀌었다.

"그건 좀 헷갈리는 부분이네요." 그녀가 인정했다. "하지만 아시다시피" 그녀는 잠시 멈춰서 웃음을 터뜨렸는데, 좌절한 듯했다. "우리는 헷갈리게 만들려고 의도한 게 아니었어요."

혼란스러운 또 하나도 명확히 해야 할 필요가 있다.

샘플 4991도 RaTG13 도 바이러스가 아니다.

박쥐의 샘플은 DNA와 RNA 조각이 들어 있을 수 있는 작은 배설물 얼룩에서 나온 것이다. 박쥐 자체의 DNA, 박테리아의 DNA, 박쥐가 가지고 있을 수 있는 여러 바이러스의 DNA 또는 RNA다. 이러한 샘플에서 얻은 바이러스 서열은 하나 이상의 바이러스 조각의 유전체가 반영된 것이다. 짧은 서열(예: *RdRp*의 440자)이거나 겹치는 조각에서 패치한 긴 서열로, RaTG13처럼 바이러스의 전체(또는 거의 전체) 유전체를 나타낸다.

다시 말하지만, 바이러스 하나의 전체 유전체를 대변한다.

RaTG13은 바이러스가 아니다.

햄릿, 덴마크의 왕자의 대사 자체가 공연된 연극이 아닌 것과 마찬가지다. 로렌스 올리비에[67]가 빠졌다. 분장용 화장도 안 했고, 의상도 없고, 유령을 위한 특수 효과도 없고, 양날 검도 없다. 대사는 페이지에 있는 단어일 뿐이다. 극적인 단어, 시대를 초월한 단어이지만 여전히 공연이 아닌 대본일 뿐이다.

마찬가지로 RaTG13은 바이러스의 대본이다.

바이러스를 온전하게, 살아있는 바이러스로 포획하려면 완전히 다른 기술이 필요하다.

배양액의 세포 내에서 바이러스를 키워야 한다.

쉽지 않다.

박쥐의 똥은 온전하고 생존 가능한 바이러스의 생존에 이상적인 환경이 아니다. 구아노 샘플에서 살아있는 바이러스를 배양하려는 시도는 대부분 실패한다.

4991에 행한 쉬의 노력은 실패했다.

그녀는 "우리는 모장의 이 동굴에서 채취한 샘플을 배양할 수 없었습니다"라고 말했다. 그 광산에서 "우리는 코로나바이러스를 **배양하는 데 성공하지 못했어요**"라고 그녀는 반복 강조하였다.

이것이 중요한 이유가 여기 있다.

모장 광산과 2012년에 사망한 세 명의 노동자에게 많은 관심이 집중된 이유는 다음과 같다.

일부 논평가들은 세 남자가 악성 코로나바이러스에 의해 사망했다고 주장한다 (가능성이 있다). 그들은 쉬 정리가 그 바이러스나 매우 유사한 바이러스가 포함된 샘플을 우한 연구실로 가져와 세포 배양을 했다고 추정한다(그녀는 나와 다른 사람들에게 이를 부인했다).

또는 아마도 그녀가 세포를 통해 유전체를 발현시켜 전체 유전체에서 그 (가상의) 모장 킬러 바이러스를 역공학적으로 조작했을 수도 있다고 한다(그녀는 부

---

67 영국의 전설적인 셰익스피어 전문 연극배우이자 영화배우. 1948년 '햄릿'을 영화화하며 감독 겸 주연을 맡았으며, 이 작품으로 이듬해 아카데미 감독상과 남우주연상을 받았다.

인했다).

그런 다음 그녀는 그것이 그녀의 연구실에서 유출되도록 두었을 수도 있다(그 녀는 부인했다).

믿을 수 있든 없든 쉬의 부인을 제외하고, 이 모든 시나리오에는 문제가 있다.

RaTG13은 SARS-CoV-2가 아니다.

RaTG13은 뉴클레오타이드 수준에서 96.2%가 유사하지만, 3.8%가 다르다.

코로나바이러스가 돌연변이하고 진화하는 일반적 속도를 감안할 때, 이는 약 50년간의 진화적 발산임을 반영한다.

RaTG13은 우한에서 처음 발견된 기준 바이러스(장과 홈즈가 공개한 서열인 Wuhan-Hu-1로 알려짐)와 약 1,150개의 뉴클레오타이드 위치에서 다르며, 이러한 위치는 유전체 전체에 분산되어 있다.

세계 최고의 진화 바이러스학자들(해당 분야의 전문가이며, 아마추어가 아님) 와 코로나바이러스 전문가들, 그러니까 수잔 와이스, 스탠리 펄만(Stanley Perlman), 데이비드 로버트슨, 로버트 개리(Robert Garry), 크리스천 앤더슨 은 실험실 조작 여부와 관계없이 RaTG13이 SARS-CoV-2의 기원에 대한 답 이 아니라고 확신한다.

따라서 2012년 모장 광산과 사망한 세 명의 노동자에 대한 이야기는 생생한 서 사적 요소를 포함하고 있고 어떤 사람들에게는 큰 매력이 있지만 아마도 관련 성이 없을 것이다.

67

 기능 획득 연구는 실험실 유출 가설에 대한 주장들 사이에서 소용돌이 치는 두 번째 주제다.

지난 3년 동안 TV를 꺼둔 채 컴퓨터로 넷플릭스에 고정해 놓고 보고 계셨다면 (그래서 세상 돌아가는 소식을, 중요한 과학·사회 이슈를 모르고 계셨다면), 여

기에 기술한 기본적인 정의를 보시라: 기능 획득(GOF) 연구는 실험실에서 미생물의 생물학적 능력을 향상시키는 모든 종류의 실험이다. 더 구체적으로, "관심있는 기능 획득 연구"(gain-of-function research of concern, GOFROC)는 감염병을 일으킬 가능성이 있는 병원체(바이러스 또는 기타 등등)에 대한 연구로, 인간을 감염시키거나, 인간 사이에 전파하거나, 인간에게 더 큰 해를 끼칠 수 있는 능력을 더 강화할 수 있는 것이다.

이러한 연구를 시도하는 이유는 과학자들이 발생 가능한 나쁜 결과를 예측하고 대비할 수 있도록 돕기 위해서이다. 야생에서 진화하여 병원체가 더욱 위험해질 경우, 그 특성과 행동 양상을 미리 파악하여 대비할 수 있다는 것이다. 그러나 이 주장은 논란의 여지가 있다.

매우 현명하고 온건한 과학자를 포함한 회의적인 과학자들은 기능 획득 작업 또는 적어도 그 비슷한 작업에 대해 반대한다. 그 이유는 병원체에 어떤 종류의 능력을 증가시키는 것은 항상 형편없는 생각이라는 것이다. 그 물건이 실험실에서 유출되거나 생물학적 무기로 사용될 수 있기 때문이다. 그러나 "기능 획득"이라는 문구 자체는 약간의 모호함을 포함한다. 보스턴 대학교의 국가 신흥 감염병 실험단지(National Emerging Infectious Diseases Laboratories, NEIDL)의 부소장인 제럴드 쿠쉬(Gerald Keusch)는 네이처 기자와의 인터뷰에서 "이 용어가 무엇을 의도하는지는 누가 이 용어를 사용하는지에 따라 달라집니다"라고 말했다.

쿠쉬는 오랜 기간 의학 교수이자 감염병 전문가이며, NIH의 Fogarty International Center의 전임 이사였고, WHO와 세계은행의 한 부서인 Global Preparedness Monitoring Board에 대한 2020년 공중보건 비상사태 보고서의 공동 저자다(Nicole Lurie와 함께). 그는 항상 의사이자 과학자였다. 그가 운영하는 거대한 실험실 단지인 NEIDL에서 연구자들은 생물 안전 수준 4 실험실에서 에볼라 바이러스와 다른 위협적인 미생물을 연구한다.

내가 쿠쉬에게 기능 획득 작업에 대해 물었을 때, 그는 숨을 들이쉬고 나서 직접적으로 답하지 않고 말을 돌려서 대답했다.

그는 "제 어머니는 제가 브롱크스에서 일반의가 되기를 원했습니다"라고 말했다. 컬럼비아 대학교를 졸업하고 하버드 의대를 졸업한 그는 다른 길을 선택했다.

"의학으로 진로를 정하면서, 저는 사물이 어떻게 작동하는지 알고 싶었어요. 그래야 합리적으로 문제를 해결할 수 있으니까요. 그리고 저는 연구와 임상에서 모두 그 문제를 해결하고 싶었어요."

이는 환자를 보는 것뿐만 아니라 과학을 하는 것을 의미했다.

"이러한 바이러스가 어떻게 작동하는지 이해해야 합니다."

실험과 관찰을 통한 진화 유전학은 바이러스를 이해하는 데 도움이 된다.

쿠쉬는 "더 많이 이해할수록 무슨 일이 일어날지 더 잘 예측할 수 있습니다. 이러한 바이러스의 문제적 진화 경로의 징후를 더 잘 찾아내고, 미리 더 많은 대비를 할 수 있습니다"라고 말했다. 이는 치료제, 백신 및 공중 보건 비상 사태 대응과 같은 대비책 마련으로 이어질 수 있다.

그러나 쿠쉬는 "그것은 세상을 순진하게 보는 겁니다. 세상에는 어두운 면이 있고, 그 어두운 면이 음모론에서 증폭됩니다"라고 덧붙였다.

"음모론"이라는 문구는 실험실 유출 가설을 지지하는 사람들이 민감하게 반응하는 것이었다. 그들은 사고와 은폐에 대해 이야기하고 있지, 해를 끼치려는 사전 계획된 음모에 대해 이야기하는 게 아니라고 주장한다.

그래서 나는 제리 쿠쉬가 여기서 의미한 것은 후자, 즉 의도적인 생물 테러리즘이라는 점을 서둘러 덧붙이겠다.

"나쁜 의도로 국내 테러, 국제 테러에 과학을 사용하는 소수의 사람들이 항상 있을 것입니다"라고 그는 말했다.

기초 연구 든 응용 연구 든 과학 연구를 방해해서는 안 된다.

"나쁜 일이 일어날 가능성 때문에 좋은 일에 집중하지 못하는 환경에서는 제대로 일할 수 없습니다."

기능 획득 연구에 대한 핵심 문제는 정책 담당자가 잠재적 팬데믹 병원체(potential pandemic pathogens, PPP; 당신의 정신 건강에 해로운 또 다른 문자열)라고 부르는 것을 만드는지 여부다. 잠재적 팬데믹 병원체는 전염성이 매우 강하고 인간 사이에 통제할 수 없이 퍼질 수 있으며 광범위한 질병과 사망을 일으킬 수 있는 것이다. 이 정의에 따르면 21세기 PPP 작업의 첫 번째 이정표는 2005년 미국 CDC와 다른 곳의 연구원 팀이 1918년의 독감 바이러스를 재구성했을 때였다.

그들은 알래스카 영구 동토층에 묻힌 희생자의 오래된 부검 표본과 얼린 폐 조직에서 유전체를 조립한 다음 역유전학을 통해 살아있는 바이러스로 활성화하고, 배양된 세포에서 바이러스 유전체를 발현시켰다. 이는 논란의 여지가 있었다. 한 과학자는 이를 "재앙으로 가는 처방전"이라고 불렀다. 연구자들은 바이러스를 부활시키고 안전한 실험실에서 연구하는 것이 그 바이러스가 왜 그렇게 치명적이었는지 밝혀냈을 뿐만 아니라 백신 개발, 항바이러스 치료 및 다른 바이러스의 독성 예측과 관련된 인플루엔자 바이러스 전반에 대한 중요한 통찰로 이어졌다는 이유로 자신의 연구를 옹호했다.

두 번째 이정표는 또한 독감과 관련이 있다.

2011년, 키가 큰 네덜란드 바이러스학자인 론 푸셰(Ron Fouchier)는 몰타에서 열린 한 컨퍼런스에서 자신과 동료들이 조류(대부분의 조류 독감과 마찬가지로)뿐만 아니라 포유류 사이에서도 전염될 수 있는 매우 독성이 강한 H5N1 조류 독감의 한 버전을 만들었다고 발표했다. 또한 이는 직접 접촉뿐만 아니라 공기를 통해서도 전염될 수 있다고 하였다.

그들은 바이러스에 돌연변이를 일으킨 다음 일련의 흰족제비를 통해 전파함으로써 이를 증명했다. 첫 번째 실험에서 그들은 감염된 흰족제비와 감염 안 된 흰족제비를 같은 우리에 함께 두었다. 감염 안 된 흰족제비는 감염되었다. 나중에 바이러스가 돌연변이를 축적한 후, 그들은 감염 안 된 흰족제비를 감염된 흰족제비가 있는 다른 우리와 가까운 우리에 두었지만 서로 격리했다. 흰족제비는 서로 만질 수 없었지만 우리 사이에 공기 흐름이 있었다. 결국 감염되었다.

그들이 시도한 네 번 중 세 번은 그런 일이 일어났다. 푸셰의 그룹이 알게 된 것은 H5N1 조류 독감이 흰족제비 사이에서 공기 중 또는 호흡기 물방울 형태로 전염될 수 있고 따라서 바이러스의 단백질 구조에서 아미노산 5개만 변이된 돌연변이를 통해 인간 사이에서도 전염될 가능성이 매우 높다는 것이었다. 그러한 변화 중 네 가지는 혈구 응집 단백질(H5N1의 H로 표현됨; hemagglutinin)에 있었다. 이 단백질은 코로나바이러스의 스파이크 단백질과 유사하게 숙주 세포에 부착하고 융합하는 역할을 한다. 다만, 이러한 변이가 H5N1이 공기나 비말을 통해 전염될 수 있는 유일한 방도는 아니라는 점을 유념해야 한다.

그것들은 전형적일 뿐 철저하지는 않았다. 그래서 푸셰 팀은 그러한 바이러스를 만들어냄으로써 주의해야 할 것의 한 버전, 유전체에서 발생할 수 있는 것의 한 버전을 식별했고, 인간에게 전염될 수 있는 H5N1 조류 독감 바이러스를 만들어냈다. 일부 과학자들은 이 가치 있는 작업을 최대한 신중하게 수행해야 한다고 생각했고, 일부 과학자들은 그것을 매우 무모하다고 생각했다. 또한 비평가들은 이 실험적 작업의 방법론을 공개하는 것은 생물 테러리스트에게 청사진을 제공하는 것과 같다고 주장했다.

그 결과, 기능 획득 연구에 대한 국제적 논의가 심화되었고, 미국에서는 2014년부터 2017년까지 지속된 GOF 연구에 대한 부분적 중단이 있었다. 국립보건원은 이러한 연구에 대한 자금 지원을 중단했다.

중단은 푸셰의 연구와 위스콘신 대학의 H5N1에 대한 유사한 연구뿐만 아니라, 적절하게 불활성화되지 않은 탄저균, 파괴되어야 할 냉동 천연두 바이러스와 같은 위험한 병원균을 잘못 취급한 최근의 실험실 실수에 의해 촉진되었다. 이는 기능 획득 연구와 관련이 있지만 그 결과인 것은 아니다. 이러한 실수는 모든 사람에게 실험실 실수와 사고가 발생할 수 있다는 것을 상기시켰다. 중단 기간 동안 두 개의 심포지엄에서 전 세계 과학자들이 모여 GOF 연구의 위험/이익 균형과 그 균형을 측정하고 조절하는 방법에 대해 논의했다.

두 번째 심포지엄은 미국 정부에 권고안을 제시했고, 새로운 감독 정책이 개발되었으며, 2017년 후반에 NIH는 유예를 해제했다. NIH 책임자인 프랜시스 콜린스는 "GOF 연구는 공중 보건에 위협이 되는 빠르게 진화하는 병원균을 식별, 이해 및 전략과 효과적인 대책을 개발하는 데 있어 중요합니다"라고 결정을 발표했다.

새로운 정책 프레임워크에는 여전히 비판이 있는데, 그중에는 스탠포드 대학의 미생물학자이자 전 미국 생물보안 국가 과학 자문 위원회 위원인 데이비드 렐먼(David Relman)이 있다. 렐먼은 2014년 12월 국가 연구 위원회와 의학 연구소가 소집한 첫 번째 GOF 심포지엄에 참석했다. 그는 프레임워크의 범위와 GOF 보조금 검토 방식에 여전히 불만을 품고 있다. 제리 쿠쉬와 마찬가지로 그는 하버드 의대를 졸업하고 의사이자 과학자가 되었으며, 그의 전문 분야는 인간 마이크로바이옴이다. 2015년에 다른 책에 대한 인터뷰를 위해 렐먼을 방문했을 때, 그는 60세에 가까웠으며, 갈색 머리카락이 회색으로 변하고 있었고, 친절한 태도를 보였으며, 사무실에 산악 자전거를 두었다. 나는 팔로 알토로 가는 수요일 교통 체증을 직접 맞서 통과해서, 50마일 떨어진 길로이(마늘이 많이 나서 마늘 수도 "Garlic Capital"로 불린다)에서 그나마 가장 가까운 모텔 객실을 찾았기에, 렐먼이 왜 두 바퀴짜리 탈 것으로 출근하는지 잘 이해했다. 최근에는 줌(Zoom)으로 만나는 게 훨씬 쉬웠다.

과학적 배경, 2020년 1월의 신종 바이러스에 대한 초기 뉴스에 대한 반응, 모장 광부들의 이야기와 WHO의 우한 파견에 대한 견해를 아우르는 최근 대화가 끝나갈 무렵, 우리는 기능 획득 연구에 대해 논의했다. 일부 과학자들은 이에 단호하게 반대한다. 어떤 형태로든 끔찍한 생각이라고 말한다. 그는 얼마나 동의했을까?

그는 극단적이되 "중간에 더 가까운 어딘가"의 범위에 있다고 말했다. "그저 우유부단해서 그런 게 아닙니다"라고 그는 말했다. 렐먼은 논의의 쉬운 언어 속에서 중요한 뉘앙스들이 사라지기 때문이라고 말했다.

특히 그 부분이다. "'기능 획득'은 어떤 면에서 나쁜 용어입니다." 렐먼은 이 점에 대해 쿠쉬에게 동의하며 말했다. "왜냐하면 그것은 제게는 매우 뚜렷한 많은 것들을 흐릿하게 표현하기 때문입니다."

그렇다.

우리는 주변 세계를 이해할 도덕적 의무가 있다고 그는 말했다.

공원 관리인이 공원 내 현황 목록 없이 공원을 관리하는 것은 불가능하다. 그 목록은 마치 관리인의 공원 관리 지침과 같으며, 그것 없이는 효율적인 관리가 이루어질 수 없다. 연구의 문제가 되는 부분에 대해 그는 "단순히 거기에 있는 것을 이해하거나 인지하는 수준을 넘어, 예측 불가능하고 더욱 위험한 방식으로 조작하려 할 때 문제가 발생합니다"라고 강조했다.

렐먼은 물론 실험 과학이 정의상으로는 조작이라는 것을 잘 알고 있었다. 유전자 조작은 특별한 종류의 조작(여러분은 이를 특히나 오만하다고 볼 수도 있겠지만)이지만 전 세계의 실험실에서 매일 이루어지고 있으며, 인간 건강에 막대한 이점을 가져다준다. 어떤 경우에는 다른 생물과 생태계에도 이점을 가져다준다. 논쟁의 여지가 있는 것은 조작의 적절한 경계와 결과의 잠재적 가치 대 의도치 않은 피해 가능성이다.

가장 두려워하는 것을 만들어내서 유용한 것을 배울 수 있기를 바라는 것인가?

그것은 신중한 행동인가, 어리석은 행동인가?

다시 말해, 위험/이익 분석으로 돌아가야 한다.

각각을 예측 능력으로 측정하는 것은 어렵고 논쟁의 여지가 있다.

표준 정의에 따라 분자 바이러스학의 복잡성에 적용된 GOF 작업이 무엇이고 무엇이 아닌지 판단하는 것은 사소한 일이 아니다.

그래서 브루클린의 면역학자 토니 파우치는 2021년 7월 20일 선서 증언을 하면서 켄터키의 안과 의사 출신 의원인 랜드 폴(Rand Paul)에게 "폴 상원의원, 솔직히 말해서 당신은 자신이 무슨 말을 하는지 모릅니다. 그리고 저는 공식적으로 말하고 싶습니다. 당신은 자신이 무슨 말을 하는지 모릅니다"라고 말했다.

렐먼은 2017년에 쉬 정리와 싱가포르의 Duke-NUS의 왕 린파, 뉴욕의 Eco-

Health Alliance의 피터 다스작을 포함한 많은 공동 저자가 발표한 학술지 논문을 보라고 내게 권했다. 나는 이미 읽었지만 다시 읽어보는 것은 싫었다. 이것은 파우치와 폴이 논쟁했던 것과 같은 논문이었다. 파우치는 폴의 비난을 반박하면서 그 논문의 사본을 들어 보이기도 했다.

긴 제목인 "박쥐 SARS 관련 코로나바이러스의 풍부한 유전자 풀 발견은 SARS 코로나바이러스의 기원에 대한 새로운 통찰을 제공한다"는 이 논문에서 다루는 광범위한 연구는 2017년 당시에도 2003년 사스(SARS) 바이러스의 기원이 여전히 과학적 불확실성으로 남아 있었다는 사실을 보여준다.

이 논문의 첫 번째 저자는 후 번(Ben Hu)이라는 젊은 과학자였으므로 논문을 인용할 때 쓰는 과학적 약어로는 영원히 후와 공동 저자들의 논문, 즉 "Hu *et al.* (2017)" 논문으로 알려질 것이다.

이 연구에 대한 비판자들은 주로 수석 저자인 쉬와 다스작을 공격했는데, 그 이유는 일부 자금 지원이 NIH 보조금을 통해 에코헬스 얼라이언스를 통해 이루어졌고, 파우치는 NIH 내의 그의 연구소인 NIAID가 보조금을 지원했기 때문이다. 쉬와 후와 그들의 동료들은 운남성의 한 동굴(논문에는 이름이 언급되지 않았지만 앞서 언급했듯이 쉬토우 동굴이었다)에서 여러 종의 박쥐를 대상으로 5년간 현장 샘플링을 수행했다고 보고했다.

이 논문에서 두드러진 점 중 하나는 샘플에서 서열 분석을 통해 동굴에서 네 종류의 박쥐를 돌며 순환하는 11개의 새로운 SARS 관련 코로나바이러스 균주를 검출한 것이다. 그 11개 중 어느 것도 원래 SARS 바이러스의 직접적인 유일한 조상인 것처럼 보이지 않았다. 그러나 그 조상은 그 동굴이나 다른 동굴에서 발견된 여러 SARS 유사 바이러스 간의 재조합을 통해 생겨났을 수 있다.

그것만으로도 큰 뉴스였다. 2003년 SARS 바이러스의 저장 숙주는 14년 만에 아마도 확인되었을 것이다. 그것은 원난성의 바이러스가 풍부한 동굴에 있는 편자박쥐였다. 쉬토우 자체이거나 비슷한 동굴일 것이다. 하지만 이 논문에는 4년 후 SARS-CoV-2 시대에 더욱 논란이 될 또 다른 핵심 요점이 포함되어 있었다.

여기에는 새로 감지된 바이러스 중 세 가지가 포함되었다. 후와 그의 동료들은 실험실에서 인간 ACE_2 수용체에 부착할 수 있는 스파이크의 용량으로 판단하여 인간을 감염시킬 가능성이 높다고 보고했다. 저자들은 "따라서 사람에게 종간전파가 발생하고 SARS와 유사한 질병이 출현할 위험이 있다"라고 경고했다.

이 세 가지 새로운 바이러스에 대한 실험적 작업은 팬데믹의 맥락에서 주요 논쟁점이 되었고, 비평가들은 이를 위험한 기능 획득 연구로 해석했다.

렐먼은 "저라면 하지 않을 실험입니다"라고 말했다.

파우치 박사가 랜드 폴 의원에게 말했듯이 그 연구는 파우치 박사나 다른 과학자들, 그리고 그랜트를 검토한 NIAID의 "전반에 걸친 자격을 갖춘 직원들"에 의해 기능획득 연구로 간주되지 않았다. 이러한 의견 불일치는 렐먼과 쿠쉬가 "기능획득"이라는 용어의 모호성에 대해 말한 내용을 반영하며, 설명할 가치가 있다.

우한 팀이 알아내고자 했던 것은 이 세 가지 새로운 바이러스가 지금은 유명해진 수용체인 ACE_2를 부착 지점으로 사용하여 인간 세포를 감염시킨 다음 그 인간 세포 내에서 복제할 수 있는지 여부였다.

팀이 무엇을 했는지 이해하려면 그들이 이 세 가지 바이러스 중 두 가지 바이러스는 가지고 있지 않았다는 것을 기억할 필요가 있다. 그들이 가지고 있었던 것은 유전체 서열이었다. 공연이 아니라 대본을 가지고 있었던 것이다. 그들은 햄릿과 타이터스 앤드러니커스[68]를 가지고 있었지만 종이 위에만 있었다. 그들은 그 두 대본을 Rs4231과 Rs7327이라고 불렀는데, 각각의 Rs는 중국 붉은색 편자박쥐인 *Rhinolophus sinicus*를 의미한다. 세 번째 서열인 Rs4874가 포함된 샘플에서 그들은 살아있는 바이러스를 배양하는 데 성공했다. 다른 두 서열인 Rs4231과 Rs7327에서 바이러스를 배양하려는 시도는 실패했다.

그래서 그들은 해결책을 고안했다. 이 두 바이러스 각각의 스파이크 단백질 서

---

68 셰익스피어의 초기 작품으로 상당히 잔혹한 복수극이다. 일부 비평가들은 그의 작품으로 인정하지 않고 있기도 하다.

열과 이전에 배양에 성공한 코로나바이러스인 WIV1의 기본 틀 서열을 사용하여 하이브리드 바이러스를 생성했다. 다른 과학자들의 이전 연구에서 WIV1이 ACE_2 수용체를 통해 인간 기도 세포에 들어갈 수 있고, 일단 들어가면 효율적으로 복제될 수 있다는 것이 확인되었다.

문제는 야생에서 발견되는 Rs4231과 Rs7327 바이러스가 같은 능력을 가질 수 있는지 여부였다. 쉬의 팀이 배양된 원숭이 세포에 이 바이러스를 시험해 보았더니 살아있는 바이러스의 복제가 더 많았다. 그런 다음 ACE_2 수용체가 있는 것과 없는 배양된 인간 세포에 하이브리드 바이러스를 시험해 보았다. ACE_2가 없는 인간 세포에서는 아무것도 없었다. ACE_2가 있는 인간 세포에서는 바이러스가 효율적으로 들어가 복제되었다.

이 결과가 쉬와 그녀의 동료들에게 알려준 것은 조심하라는 것이었다. 쉬토우 동굴과 아마도 다른 곳에는 Rs4231과 Rs7327 유전체에 해당하는 두 가지 야생 코로나바이러스가 숨어 있었는데, 각각 인간을 감염시킬 수 있는 스파이크 단백질을 가지고 있었다. 여기 이 두 가지 코로나바이러스들은 종간 전파로 발병을 일으키거나 더 나쁜 결과를 초래할 수 있었다. 그들의 발견은 "미래의 SARS 유사 질병 출현에 대비해야 할 필요성을 강조한다"라고 그들은 논문에 썼다.

그들은 자연에 존재하지 않는 위험한 바이러스를 만든 것인가? 이것이 논쟁의 핵심이지만, 합리적인 답은: '아니요'다.

그들은 자연에 이미 존재했던 두 가지 잠재적으로 위험한 바이러스의 요소와 자연에 존재했던 또 다른 바이러스인 WIV1의 중추를 결합한 하이브리드를 조립했다. 이러한 하이브리드를 예시로서 제공함으로써, 쉬의 그룹은 Rs4231과 Rs7327이 모두 인간에게 위협이 된다는 것을 테스트하고 확인하려고 했던 것이다. 이제 셰익스피어를 그의 무덤으로 다시 돌려보내고, 또 다른 비유를 말씀드리겠다. 이러한 바이러스는 뭄바이의 표범들과 같다.

68

 뭄바이의 표범은 세계에서 일곱 번째로 큰 도시에 서식하는 수십 마리의 크고 강력한 고양잇과 동물이다.

뭄바이에는 도시 전체에 1,200만 명의 사람들이 살고 있으며, 인구 밀도는 평방 마일당 약 73,000명으로 지구상에서 가장 높은 수준이다. 최근의 조사에 따르면, 그 광대한 인간과 건물, 도로, 차량이 모여 사는 곳에 표범이 47마리 살고 있다. 물론 표범의 수는 출생과 사망에 따라 약간씩 변동하지만, 뭄바이 사람들에게는 오랫동안 표범의 존재가 당연한 일이고 때로는 불편하기도 했다. 이 고양잇과 동물들은 약 40평방마일의 보호 삼림 지대인 산제이 간디 국립공원(SGNP)에 서식하는데, 여기에는 흐르는 물과 두 개의 호수가 있고 치탈사슴, 삼바사슴, 악어, 코브라, 표범을 포함한 매우 다양한 동식물이 살고 있다. 일부 표범은 공원의 구조 센터에 갇혀 있다가 다른 곳에서 환영받지 못하게 된 후 그곳으로 옮겨졌지만 대부분은 자유롭게 돌아다닌다. 이 공원은 아아레이 콜로니와 반둡 웨스트와 같은 뭄바이 동네로 세 면이 둘러싸여 있다. 사람들은 이곳을 찾아 피크닉을 하고 산책로를 걷고, 호수에서 보트를 타고, 협궤 철도를 타고, 울타리로 둘러싸인 구역을 지나는 버스를 탄다. 그 울타리 안에는 사자와 호랑이가 몇 마리 나른하게 축 늘어져 있다.

그리고 때때로 자유롭게 돌아다니는 표범은 공원 밖으로 나가서 영역이나 음식을 찾아 동네로 온다. 그들은 죽일 수 있는 것을 먹는데, 치탈 사슴과 삼바 사슴, 그리고 길 잃은 개를 포함하여 그들의 구미를 당기는 모든 것을 먹이로 삼는다. 표범은 대체적으로 사람과 마주치길 꺼려해서 눈에 안 띄려 하지만, SGNP에서는 개체 수가 많아 세계에서 가장 높은 표범 밀도 속에 살고 있기에, 때때로 일부 몰지각한 표범 하나가 "문제 동물"이 되어 더 대담하고 더 필사적으로 선을 넘는(지리적 및 행동적) 짓을 감행한다. 그래서 어떤 표범은 아이를 잡거나 인간 성인을 공격한다. 2004년, 너무 많은 정서불안 표범이 있던 시기에 14명의 사망 사고가 있었다. 더 최근인 2021년 가을에는 아마도 2살짜리 암컷에게 5명이 공격을 받았다. 뭄바이 표범들은 악의가 전혀 없지만 야생 동물이고 굶주린 포식자이며 도시 시민, 특히 인근 주민에게는 위험 요소다.

내가 말하고자 하는 바가 바로 여기에 있다.

뭄바이에서 동물 번식 연구소를 운영한다고 상상해 보라. 뭄바이 표범을 복제하기로 결심했다 치자. 현재 사용 가능한 기술과 방법으로도 충분히 가능하다. 과학자들은 고양이, 개, 사슴 및 기타 동물을 복제해 냈다. 미세 수술 장비를 사용하여 SGNP에서 사육 중인 표범의 세포 하나에서 핵을 추출한다. 이것이 복제하려는 표범이다. 새로운 동물 내에서 가능한 한 정확하게 복제한다. 이것이 유전적 쌍둥이다. 수컷일 수도 있고 암컷일 수도 있다. 이걸 제공자 1이라고 하자. 또한 다른 표범에서 채취한 난자, 즉 난모세포에서 핵을 제거한다. 반드시 암컷이어야 한다(암컷만 난자를 생산하니까). 이 암컷을 제공자 2라고 하자. 선택한 핵을 난자에 삽입한 다음 분열을 시작하도록 활성화한다. 수백 개의 세포로 구성된 지점까지 발달하면 해당 세포는 배반포라고 하는 보호 층이 있는 구형체 덩어리 내부에 포함된다. 이것은 착상 전 배아다. 각 세포의 핵 유전체는 클론 타겟인 제공자 1의 유전체와 동일하다.

그리고 각 세포의 세포질, 즉 핵을 둘러싼 젤라틴성 액체에는 미토콘드리아 DNA가 들어 있는데, 이는 난자를 제공한 암컷, 즉 제공자 2에게서만 물려받은 보조 유전체다. 당신은 수술적으로 배아를 양모의 자궁에 이식한다. 편의상, 당신은 이 대리모 역할에 작고 덜 무서운 고양이를 선택할 수도 있다. 예를 들어, 보르네오 구름표범, 양치기 개 보더콜리 크기의 우아한 얼룩 고양잇과 동물같이.

운이 좋고 능숙 하다면, 보르네오 구름표범이 배아를 임신 기간까지 키우고 진짜 표범을 낳는다. 이 표범은 핵 DNA에서 제공자 1의 유전적 쌍둥이다. 제공자 1은 당신이 세포핵에서 시작한 동물이다. 당신의 신생아는 사실 혼종이다. 제공자 2의 미토콘드리아 DNA를 가지고 있기 때문이다. 어쨌든 축하합니다.

당신은 실험실에서 표범을 만들었습니다. 당신은 이 놀라운 작은 생물을 애지중지하며 키운다.

3년 안에, 제대로 잘 양육하면, 실험실 표범은 완전한 크기의 성체가 된다. 이빨이 있고, 발톱이 있고, 얼룩덜룩한 피부 아래에 근육이 울퉁불퉁하다. 덩치가 큰 수컷이라면 190파운드, 암컷이라면 130파운드가 될 수도 있다. 어쨌든, 그것은 양어머니인 작은 구름표범보다 훨씬 크고 강력하다. 당신은 이 녀석(이 애처로운 동물)을 전시하고, "도시에 도사리고 있는 것이 여기 있습니다. 조심하세요. 잘 다뤄 주세요. 공원 근처에서 개나 아이들이 함부로 돌아다니지 못하게 하세요"라고 말한다.

이게 기능 획득 연구인가?

아니요.

왜냐하면 여러분이 아는 표범과 똑같은 표범이 이미 존재하기 때문이다.

그 녀석들은 저기 밖에서 싸돌아다닌다, 산제이 간디 국립공원에서 뭄바이의 거리와 골목으로 간헐적으로 들락거리면서. 여러분이 만든 표범은 다른 표범과 동일한 기능적 능력을 가지고 있지만, 원래 접시에서 잉태되어 실험실 케이지에서 자랐다.

그게 바로 쉬 정리와 그녀의 동료들이 두 개의 바이러스 유전체인 Rs4231과 Rs7327로 해낸 일이었다. 그들은 야생에서 존재하는 것의 하이브리드 형태로 실험실 근사치를 만들었다. 그들은 우리가 귀를 기울인다면, 이 잠재적으로 사나운 코로나바이러스가 저 밖에 있다는 것을 우리에게 경고한 것이다.

69

몇 달 전, 남아프리카 공화국 프리토리아 대학교의 베테랑 바이러스학자 로버트 스와네풀이 온라인에서 발견한 SARS-CoV-2에 대한 학술지 논문의 사전 교정본을 보내주었다. 내가 들어본 적이 없는 세 명의 프랑스인

이 쓴 것이었다. 스와네풀은 내가 이 논문을 흥미로워할 것 같아서 보냈다고 말했다. 그는 그 논문을 지지하지는 않았지만 "lateral thinking(수평적 사고)[69]"를 좋아하고 내가 종간전파에 관심이 있다는 것을 알고 있었기 때문에 볼 만한 가치가 있다고 제안했다.

앞서 다뤘듯이 밥 스와네풀은 신종 바이러스 분야에서 존경받는 원로다. 그는 1999년 콩고 민주 공화국 두르바에서 집단 발병 당시 금광 노동자들이 죽어가고 있을 때 마르부르크 바이러스를 찾는 팀을 이끌었다. 그 전에 그는 수의학과 바이러스학을 전공했고 말라위와 짐바브웨에서 일했으며 1980년 요하네스버그에 설립된 국립전염병연구소에서 특수병원체부장을 맡게 되었다. 그는 남아공을 대표하여 미국 CDC의 칼 존슨(Karl Johnson)과 몇몇 다른 전설적인 인물들과 일하였다. 그는 직설적인 태도와 수십 년간의 위험하고 치명적인 출혈열 바이러스 연구로 유명하다.

스와네풀의 명성이 워낙 자자해서, 2015년 에볼라의 저장 숙주에 대한 (아직 결론이 나지 않은) 수색에 대한 논문들을 조사할 때, 정중하게 이메일로 타진해 본 다음 남아프리카로 날아가 그의 곁에서 3일을 보내며 컴퓨터 화면을 보고 그의 말을 들었다. 그래서 그가 2021년 프랑스인의 새로운 SARS-CoV-2 논문에 주의를 기울이라고 하니, 당연히 그 논문을 읽었다.

제1저자는 프랑스 몽펠리에의 분자 생물학자인 로저 프루토스(Roger Frutos)였다. 그것은 종설이었고, 기원 문제에 대한 개요였으며, 신선하고 다소 다른 각도의 관점을 제시했다.

맞다, SARS-CoV-2는 자연적으로 발생하는 바이러스다.

프루토스와 그의 공저자들은 주장했다.

아니요, 실험실 조작의 산물이 아니다.

---

69 같은 대상에 대해 달리 생각하기 정도로 보면 될 것이다. 익숙한 패턴에서 새롭고 예상치 못한 패턴으로 전환하여 새로운 통찰력을 생성하는 것을 목표로 한다.

아니요, 모쟝 광산의 RaTG13이 아니며, 의도적으로 퓨린 절단 부위가 추가된 것도 아니었다.

그들은 실험실 유출 가능성도 없어 보이며, "실험실 사고를 완전히 배제할 수야 없지만, 현재로서는 이를 뒷받침할 증거가 없다"라고 덧붙였다.

반면에 새로운 바이러스가 어떻게 인간의 병원체가 되어 팬데믹을 일으킬 수 있는지에 대한 전반적인 이해(그들이 종간전파 "spillover" 모델이라고 부름)도 만족스럽지 않았다.

그들은 대안을 제안했다. 그들은 그것을 순환 모델(circulation model)이라고 불렀다.

그들의 논리는 이렇다.

비교적 높은 돌연변이율과 진화적 유연성을 가진 바이러스는 일반적으로 단 하나의 저장 숙주에만 머물지 않는다. 동물 바이러스라면 한 종류의 동물에 국한되지 않는다. 그들은 돌연변이를 통해 바이러스 집단 사이에 엄청난 유전적 다양성을 생성하여 느슨하게 관련된 바이러스 균주 무리가 이리저리 밀려와 다양한 틈새와 전략을 모색할 수 있다.

이러한 바이러스는 동물계에서 광범위하게 순환하며, 종의 경계를 넘어 다양한 숙주를 감염시키고, 어떤 동물에서는 막다른 길에 이르기도 하고, 다른 동물과는 그 접촉에서 일시적으로 성공하기도 하고, 가능성을 모색하며, 진화하고, 기회를 잡을 준비를 한다. 이들은 다중 숙주 바이러스다. 인간이 야생 동물과 밀접하게 접촉하며 사는 지역, 즉 농촌 지역, 변두리 지역, 사람들이 자연 경관을 침범하여 생태계에 엄청난 교란을 일으키는 곳에서 인간은 이러한 바이러스가 순환하는 다양한 숙주 중 하나가 될 것이다.

프루토스 그룹은 전염병이나 팬데믹으로 이어지는 것은 동물 바이러스가 인간에게 넘쳐나서 잘 적응하고 수백만 명의 인간을 더 감염시키는 단일 사건이 아니라 "이중 사건[70]의 발생"이라고 썼다. 이는 실험실 사고와는 매우 다른 것을 의미했다: 유전자 돌연변이 또는 돌연변이 클러스터 또는 재조합 사건으로 잠재적인 이점이 바이러스에게 제공되며, 이어서 바이러스는 그러한 이점이 충분히 보상되는 사회적 환경을 맞이하게 되면 그 이점을 충분히 발휘하여 유리한 이득을 얻게 된다.

일단 그 이중 사건이 일어나면 감염 사슬은 막다른 길로 치닫지 않는다. 어쨌든 전부는 아니다. 바이러스의 유행은 어떤 사람들의 집단 내에서 임계 한계까지 치솟는다. 인간을 포함한 여러 숙주 내에서 불안한 바이러스가 순환하고, 한 번의 사건에 두 번째 사건이 더해지면 새로운 인간 바이러스가 생겨난다.

새로운 질병 비상사태다.

아마도 집단 발병일 수도 있고, 대규모 전염병 유행일 수도 있다.

어쩌면 팬데믹이 될 수도 있다.

"설명해 보세요." 나는 Zoom으로 로저 프루토스에게 질문했다. "이중 사건이 어떻게 발생할 수 있고, 코로나19의 경우 이중 사건은 무엇이었을까요?"

"좋아요. 두 가지 다른 원인에서 발생한 이중 사건입니다"라고 그가 말했다.

먼저 유전적 사건이 있다.

바이러스는 숙주에서 숙주로, 이 종류의 동물에서 저 종류의 동물로 옮겨가면서 풍부하게 돌연변이를 일으키고, 우연히 한 종류의 숙주에서 성공률을 높이는 돌연변이를 일으킨다.

아니면 여러 매개체(모기나 여러 종류의 진드기) 사이를 순환하면서 그중 하나에서만 성공률을 높이는 것일 수도 있다. 예를 들어, 황열병을 옮기는 모기(*Aedes aegypti*)가 옮기는 매개체 바이러스인 치쿤구냐의 경우를 들 수 있다. 따라서 그 모기로 범위가 제한된다.

---

70 단순히 바이러스의 돌연변이 같은 생물학적 변화뿐 아니라 여기에 그 변이 바이러스가 확산하기 쉬운 사회적 조건이 결합되는 상황

이 질병은 1950년대에 모잠비크와 탕가니카(현재 탄자니아)의 국경 지대에서 처음 확인되었다. 모기 매개체 역시 아프리카에서 유래했다. 그런 다음 단일 돌연변이로 인해 바이러스는 다른 종류의 모기인 흰줄숲모기(*Aedes albopictus*)에 서식할 수 있는 능력이 크게 향상되었다. 흰줄숲모기는 동남아시아에서 유래했다. A226V로 알려진 중요한 돌연변이는 2005년경에 발생한 것으로 보인다. 그런 다음 두 번째 사건이 발생했는데, 사회적 사건이었다.

"그 경우는 국제 무역입니다."

흰줄숲모기는 인간 환경에서 잘 지내고 선박, 특히 컨테이너와 중고 타이어와 같은 벌크 상품을 운반하는 화물선에 잘 탑승하는데, 이곳은 빗물을 가두고 모기에게 훌륭한 알을 낳는 서식지를 제공한다. 화물 운송 산업은 또한 홍콩, 샌프란시스코, 마르세유, 제노바, 몸바사와 콜롬보를 포함한 인도양 주변의 항구와 같은 곳에서 많은 적재 및 하역을 포함한다. 이 과정에서 흰줄숲모기도 같이 배를 탄다.

"모기는 그렇게 퍼집니다."

분포 범위를 확장하고 열대 지방뿐만 아니라 온대 지방과 도시에 새로운 장소를 자리 잡은 흰줄숲모기는 현재 세계에서 가장 성공적이고 문제가 많은 침입종 중 하나로 간주된다. 프루토스는 그들이 동아프리카에 도달했다고 말했는데, 이는 운명적인 움직임이었다.

"그곳에서 모기는 그곳 현지의 이 돌연변이 바이러스와 접촉했습니다."

돌연변이 사건(치쿤구냐 바이러스)과 사회적 사건(모기 분포에 영향을 미침) 덕분에 이 모기와 바이러스는 이탈리아, 인도, 남미, 인도양의 레위니옹 섬에서 발병을 일으켰다. 치쿤구냐는 현재 매년 수십만 명의 사람들에게 영향을 미치고 있으며, 특히 브라질과 인도에서 그렇지만 미국, 카리브해, 유럽 및 기타 지역에서도 간헐적인 사례와 집단 발병이 일어난다.

"매우 흥미롭네요. 그럼 이 모델이 COVID-19에 어떻게 적용될까요?"라고 내가 물었다.

첫 번째 사건, 즉 유전적 사건은 프루토스가 가정한 대로, 퓨린 절단 부위를 획득한 것이다. 그로 인해 바이러스가 인간에게 더 쉽게 전염되었다.

"그리고 두 번째 사건은?" 그는 스스로에게 물었고, 난 잠시 숨을 돌렸다.

"왜 우한에서? 왜 그때? 그 당시 우한에서는 여러 가지 일이 합쳐졌기 때문입니다. 동시에 여러 가지 축하 행사가 있었고, 많은 사람들이 모였습니다. 아주, 아주 많은 사람들이요."

그가 의도한 건 매년 1월에 일어나는 춘절 대이동, 즉 춘운을 말했는데, 중국 전역의 사람들이 친척을 방문하여 설을 쇠며, 이 특별한 행사를 위해 운반된 음식과 기타 물품을 공유한다. 우한의 물류에는 매일 수천 명의 승객이 포함되었으며, 최고 10만 명에 달하는 승객이 한커우 기차역을 거쳐 이동했고, 약 4만 가구가 참여하는 각 집안 별로 가족들이 다 모여 하는 식사가 있었다.

한커우 역은 화난 시장에서 반 마일 떨어져 있다. 우한 시장은 도시 전체에 전염성이 매우 강한 바이러스가 확산되고 있다는 경고를 무시했고, 2020년 1월 19일, 계획대로 가정 별로 가족 식사들이 진행되었다. 4일 후, 우한 시 정부는 모든 대중교통을 중단했고, 지방 정부는 고속도로를 끊었고, 우한은 격리되었다. 하지만 너무 늦었다. 많은 사람들이 여행하고, 모임을 갖고, 먹고, 마시고, 축하하면서 "확산이 일어났습니다"라고 프루토스는 말했다.

전염의 연결고리가 모두 막다른 골목에 다다라서 끊긴 것은 아니었다. "발병 기준치를 넘어선 후, 시작된 겁니다."

프루토스의 모델에 따르면, 몇 달 또는 몇 년 동안 인간과 다른 동물에게 감지되지 않은 채로 퍼져 있던 바이러스는 두 번의 사건 기회를 얻었고, 완전히 새로운 단계로 접어들었다.

프루토스와 그의 동료들은 2021년에 출판된 두 편의 논문에서 이 순환 모델을 주장했는데, 그중 첫 번째는 3월에 실렸고, 그게 밥 스와네풀이 나에게 보낸 것이다. 그 종설과 더불어, 프루토스와 Zoom으로 나눈 대화는 같은 그룹에서 기원 문제에 대해 10월에 출판한 두 번째 논문에 대한 관심을 불러일으켰다. 우리는 이전에 얘기를 나눈 인연을 가졌었기 때문에, 이번에는 로저 프루토스가 나에게 그 논문을 보냈다.

그 논문에는 도발적인 제목이 실려 있었다. "SARS-CoV-2에는 **'기원'이 없다.**"

다시 한번, 그들은 그들의 모델의 요소를 설명했다: 순환 단계란 바이러스가 한 종류의 동물 숙주에서 다른 종류의 동물 숙주로 퍼져 나가 광범위하게 적응하여 모두를 감염시킬 수 있는 상태를 유지하는 단계다.

첫 번째 사건은 유전적 변화가 일어나 바이러스가 인간을 상대로 추가적인 이득을 갖게 되는 경우.

두 번째 사건은 바이러스가 증폭되고 확산되어 임계점에 접근하는 사회적 상황이다. (이것은 말콤 글래드웰, Malcolm Gladwell이 그의 책 *The Tipping Point*에서 설명한 것과 같다.)

하지만 이제 프루토스와 그의 동료들은 그들의 이전 설명을 확장했다. "전염병은 결코 한 명의 감염된 개인으로 시작되지 않는다. 그것은 확률적 과정이다"라고 그들은 썼다. 여기에는 우연과 확률이 포함된다.

바이러스가 한 사람에서 다른 사람으로 옮겨가면서 더 잘 전염되고 감염 수가 늘어나 전염 사슬이 시작되면 그러한 사슬 중 적어도 하나가 과거에 모든 그러한 사슬이 그랬던 것처럼 막다른 길에 도달하는 대신 무한정 계속될 가능성이 커진다.

시골에 사는 사람을 감염시킨 후 인구가 더 밀집되어 더 많은 전파가 일어날 가능성이 높은 도시로 이동할 수도 있다. 병원이나 공항에 들어가 전파와 확산의 기회가 더 커질 수도 있다. 붐비는 시장으로 옮겨갈 수도 있다.

두 번째 사건이 생긴 후 어느 시점에서 무슨 일인가가 일어난다. 바이러스는 운이 좋고 인간은 운이 없는 것이다.

"이것을 전염병 유행의 임곗값(epidemic threshold)이라고 한다"라고 프루토스 팀은 이렇게 썼다. 한때 호기심을 불러일으키던 생태적 현상이었던 이 신종 바이러스는 공중 보건 위기가 된다.

따라서 SARS-CoV-2와 다른 새로운 바이러스의 단일하고 결정적인 "기원"은 없지만, 대신 "우연과 환경에 의해 형성된 진화, 적응 및 선택의 영구적인 과정"이 있으며, 이 과정이 "새로운 계통을 낳는다."

이 영구적인 과정을 주도하는 요인 목록에서 상위에 있는 것은 인구의 증가다. 우리가 더 많아질수록, 더 붐비고, 더 상호 연결되고, 더 많은 자원이 요구되고, 더 많은 야생 지역이 침범되고, 더 다양한 생태계가 파괴된다. 더 큰 진화적 성공으로 가는 가능한 경로로 우리를 탐색하는 신종 바이러스에 대한 전염병 임곗값에 더 가까워진다.

로저 프루토스와 그의 동료들의 이 순환 모델은 신선하고 흥미진진하지만 전적으로 독특한 것은 아니다. 이는 조나단 페카(Jonathan Pekar)와 그의 동료들, 마이클 워로비가 후베이에서 SARS-CoV-2 지침 환자 증례의 타이밍에 대해 논문에서 제안한 것과 대략 비슷하다(앞서 설명한 바 있다). 그들은 "팬데믹까지 가는 일은 드물더라도 SARS-CoV-2 유사 바이러스의 종간전파는 빈번할 수는 있다"라고 썼다.

이는 2005년에 돈 버크와 에코헬스 얼라이언스의 바이러스학자 네이선 월프(Nathan Wolfe)와 피터 다스작을 포함한 여러 공동 저자의 논문에서도 예상되었던 것이다. 그 논문은 그들이 "바이러스 채터(viral chatter)"라고 부르는 개념을 제시했는데, 이는 주어진 바이러스가 비인간 동물 숙주에서 개별 인간으로 반복적으로 전파되는 것을 의미하며, 막다른 종간전파로, 인간에서 인간으로의 추가 전파는 없지만 특정 시점에 바이러스가 인간 사이에 자리 잡고 발병이 시작되는 것이다.

프루토스의 두 번째 논문에는 또 다른 주목할 만한 논평이 포함되어 있었는데, 나도 그와 똑같은 생각을 했기 때문에 내 관심을 끌었다.

모장 광부들의 이야기와 실험실 유출에 대한 가정은 종종 자연적 기원 가설에 대한 비판자들에 의해 함께 묶여서, 마치 우한에 있는 과학자들이 사악하고 무책임하며 은밀한 일을 저질렀다는 의심을 상호 강화하는 것처럼 보였다. 프루토스와 그의 공저자에 따르면, 그 이야기는 여러 가지 서로 모순되는 요소로 구성된 합성물이다.

① SARS-CoV-2가 모장 광산에서 유래했고, 세 명의 광부가 이로 인해 사망했다.

② SARS-CoV-2가 우한 바이러스학 연구소의 실험실에서 우연히 유출되었다.

③ SARS-CoV-2가 인간을 감염시키도록 조작되었다.

하지만 그것이 광산에 자연스럽게 서식하는 위험한 바이러스라면, 그것은 조작되지 않았고 쉬 정리의 실험실에서 기능 획득 연구를 통해 만들어진 게 아니다. 연구자들이 동굴에 들어갔을 때 감염되었다면 실험실에서 유출된 것이 아니다. 실험실에서 사악한 목적으로 조작되었거나 무모한 기능 획득 연구로 만들어진 후 실험실에서 유출된 경우, 이미 말했듯이 모장 광산은 무관하다.

RaTG13은 모장 광산에서 유래한 것이 맞지만, '바이러스' 자체가 아니라 단지 그 '유전체 서열'일 뿐이다.

저명한 분자 바이러스학자들 역시 RaTG13은 SARS-CoV-2와 동일하지 않으며, 지금까지 상상할 수 있는 어떤 합리적인 실험실 절차를 통해서도 SARS-CoV-2로 만들어질 수 없다는 데 의견을 같이한다.

실험실 유출설, 인위적으로 조작된 바이러스설, 그리고 모장 광산 기원설 — 이 세 가지 가설 중 하나를 선택하여 일부 증거가 이를 뒷받침한다고 주장할 수는 있을 것이다.

하지만, 이 세 가지 가설이 마치 하나의 통합된 설명체계를 이루며, 각각의 세부 사항들이 서로를 '상호 보완'하고 '확증'한다고 주장하는 것은 비논리적이다.

그 가설들은 서로를 뒷받침하는 것이 아니라, 서로를 배제한다.

70

2021년 내내 SARS-CoV-2와 그 기원에 대한 어두운 이야기들이 오락가락하며, 다양한 지지를 받거나 반박을 불러일으키고, 논설 페이지, 특정 잡지, 그리고 특히 트위터와 같은 소셜 미디어에서 경각심, 매혹, 또는 냉소를 부추겼다. 대부분의 떠들썩 함은 이번에 어쩌다 바이러스학을 조금 맛본 아마추어와 권위자들이 만들었다. (나도 이 분야에서는 아마추어이지만, 2021년 초에는 잠시 조용히 있으면서 듣기만 했다.) 한편 전문가들은 이 소동을 다양한 정도의 당혹감과 좌절감으로 지켜보며 묵묵히 자신이 하는 일에 임했다. 데이비드 렐먼과 같은 똑똑하고 정직한 과학자 중 일부는 실험실 유출 가설에 대한 추가 조사를 요구했고, 전문가와 그렇지 않은 많은 사람들은 그것이 유용할 것이라고 동의했다. 자연적 종간전파 가설과 프루토스 순환 모델, 중국 남부와 중부의 박쥐가 옮기는 바이러스, 후베이 성과 그 너머 지역에서 이루어지는 너구리와 다른 야생 동물의 거래, 그리고 해당 동물의 바이러스 감염에 대한 추가 조사도 유용할 것이었다.

하지만 중국 과학자들과 국제 과학계 사이의 상호작용은 이 전염병의 정치적 차원으로 인해 냉각되고 손상되었다. 덜 섬세하게 말하자면, 그 관계는 경직된 발작 상태에 있다고 말할 수도 있다. 그래서 지금으로서는 우리가 가지고 있는 데이터에서만 결론을 도출할 수 있다.

그 노력은 계속된다.

2021년 9월 16일, 생물학 연구와 사고(思考)의 세계적 선두 매체 중 하나인 학술지 *Cell*은 "SARS-CoV-2의 기원: 비판적 종설"이라는 제목의 논문을 게재했다.

이 논문은 대부분의 서사와 반박보다 더 설득력이 있었다. 그 이유는 논문이 말하고 있는 내용과 저자들 때문이었다. 첫 번째 저자는 에디 홈즈였고, 마지막 저자는 앤드류 램보우였으며, 그 사이 공동 저자 목록에는 크리스천 앤더슨, 마이클 워로비, 수잔 와이스, 데이비드 로버트슨, 로버트 개리, 안젤라 라스무센(Angela Rasmussen), 스튜어트 닐(Stuart Neil), 웬디 바클리(Wendy Barclay), 마시에 보니(Maciej Boni), 제레미 패러가 있었다. 이 이름들은 특히 진화 바이러스학과 코로나바이러스 생물학 분야에서 높은 신뢰성과 전문성을 나타낸다. 그들이 알고 있는 것과 하는 일은 속일 수 없으며, 단기간에 공부해서 얻을 수 있는 것도 아니다.

"코로나바이러스는 전부터 오랫동안 높은 팬데믹 위험을 초래하는 것으로 알려져 왔다."

이 저자들은 논문 서두를 이렇게 시작했다.

몇 가지 사실을 고려해 보라.

SARS-CoV-2는 인간을 감염시키는 것으로 알려진 7가지 코로나바이러스 중 가장 최신에 나온 것이며, 지난 20년 동안 발견된 5번째 코로나바이러스다. 대부분의 인간 바이러스와 마찬가지로 이전의 모든 인간 코로나바이러스는 동물에서 유래되었다. 2002년 후반에 처음 출현한 최초의 SARS 바이러스와 2003년 가을에 재등장한 바이러스는 야생 동물, 특히 사향 고양이와 너구리를 판매하는 시장과 관련이 있었다. 2003년 이러한 시장에서 일하는 동물 상인 중 13%가 SARS 항체에 양성 반응을 보였고, 사향 고양이를 전문으로 하는 사람의 경우 50% 이상이 양성 반응을 보였다. (이것이 암시하는 것: 이것에 상응하는 2019년 동물 상인들의 데이터가 필요하다.)

또 다른 인간 코로나바이러스인 HKU1은 비교적 무해한 코로나바이러스 중 하나로, 2004년 중국의 대도시 선전에서 출현했다. 이 코로나바이러스는 스파이크 단백질에 퓨린 절단 부위를 포함하고 있다. 이 코로나바이러스는 인간 폐렴 사례에서 처음 확인되었다. (이것이 암시하는 것: 우한 지역에서의 출현과 SARS-CoV-2에서의 퓨린 절단 부위는 드문 일이 아니다.)

가장 먼저 알려진 코로나19 사례 3건 중 2건과 2019년 12월에 보고된 모든 사례의 28%는 화난 수산물 도매시장과 직접 관련이 있었다. 그리고 12월 사례의

55%는 해당 시장이나 다른 우한 시장에서 유래되었다. 이러한 시장 관련 사례의 대부분은 그 달 상반기에 나타났으며, 출현 시기에 더 가까웠다. 시장과 관련이 없는 다른 사례는 무증상 확산으로 쉽게 설명할 수 있다. 우한의 시장(화난 시장과 여러 다른 시장)은 2019년에 사향고양이와 너구리와 같이 잘 알려진 코로나바이러스 보균자를 포함하여 수천 마리의 야생 동물을 살아 있는 채로 거래했다. 화난 시장이 문을 닫은 후, 특히 야생 동물과 가축이 판매된 시장의 서쪽 구역에서 SARS-CoV-2의 흔적이 환경 샘플에서 나타났다. 일부 동물 사체는 바이러스에 대해 음성 반응을 보였지만, 그 검사에는 너구리나 사향고양이가 포함되지 않았다. (여기서 추론할 수 있는 것: 그렇다. 중국 당국은 화난 시장에서 동물을 제거하거나 도살하기 전에 더 철저하게 표본을 추출했어야 했다.)

유전체 비교를 통해 도출한 SARS-CoV-2 가계도에서 가장 빠르게 가지를 쳐 나오는 일은 실제로 매우 일찍 발생했다. 아마도 12월 중순이나 그 이전이었을 것이다.

그것은 A와 B로 표기된 두 개의 뚜렷한 계통이 당시에 독립적으로 돌아다녔다는 사실에 반영되어 있다. B 계통은 화난 시장과 관련된 사례와 그곳에서 채취한 환경 샘플에서 나타났다. 그 계통은 빠르고 멀리 퍼져 전 세계적 우세 계통이 되었다. 이것이 영국에서 처음 확인된 알파 변종(B.1.1.7)과 남아프리카에서 처음 발견된 베타 변종(B.1.351), 인도에서 굉음을 울리며 나온 델타 변종(B.1.617.2), 그리고 남아프리카 과학자들이 다시 처음 확인한(아래에서 다시 자세히 설명하겠다) 오미크론 변종(B.1.1.529)이 모두 문자 B를 가지고 있는 이유다. 지금까지 발견된 그 나무의 유일한 뿌리는 화난 시장에 묻혀 있다. 그러나 모든 계통이(적어도 이 논문이 발표되었을 당시에는 그렇게 보였다) 그 시장에서 유래한 것은 아니다.

우한과 중국의 다른 지역에서 더 두드러지게 된 계통 A에는 도시의 다른 시장과 관련된 초기 사례가 포함되어 있다. 홈즈와 그의 공동 저자들은 그 패턴이 SARS-CoV-2가 감염된 야생 동물로부터, 또는 그 동물들을 여러 시장에 공급한 상인들로부터 발생했을 가능성과 일치한다고 썼다. (여기서 추론되는 것: 이 패턴이 양자강 건너 10마일 떨어진 우한 바이러스학 연구소의 치명적인 실험실 유출에서 나왔다고 보는 것은 더 어렵다.)

게다가 SARS-CoV-2와 밀접한 관련이 있는 코로나바이러스는 중국 남부, 캄보디아, 태국, 라오스, 일본의 여러 지역에서 박쥐(그리고 천산갑)에서 발견되었다. 홈즈 자신은 윈난 성 멩글라 군의 말레이시아 편자박쥐에서 채취한 유전체 대부분에서 SARS-CoV-2와 가장 유사한 RmYN02를 발견한 것에 대한 논문을 공동 집필했다.

태국에서는 수파폰 와차라플루에사디(Supaporn Wacharapluesadee)라는 과학자가 태국과 국제 동료들로 구성된 대규모 그룹과 협력하여 SARS-CoV-2와 91.5% 유사하고 퓨린 절단 부위의 일부를 공유하는 또 다른 코로나바이러스를 발견했다. 그들은 야생 동물 보호 구역에 둥지를 틀고 있는 편자박쥐의 배설물 샘플에서 그것을 검출했다. 더 최근에는 라오스에서 프랑스 연구원 팀이 편자박쥐에서 RaTG13을 포함하여 지금까지 본 어떤 것보다 SARS-CoV-2와 더 유사한 세 가지 코로나바이러스를 검출했다. 이러한 일치는 RBD에서 특히 가까웠다. 라오스 연구에서 나온 세 가지 종류의 박쥐와 태국 연구에서 나온 종은 모두 동남아시아 전역에 널리 분포하며 그중 두 가지는 중국 남부에도 있다. 박쥐의 영역에 국가적 경계란 없으므로, 이 광범위한 종들 중 일부 개체가 한 국가에서 다른 국가로 바이러스를 옮기고 있다는 것은 확실하다.

이러한 요인과 편자박쥐가 여러 종의 보금자리에 모이는 경향, 그리고 두 개 이상의 바이러스에 감염될 수 있는 취약성은 코로나바이러스가 재결합하여 한 바이러스에서 다른 바이러스로 유전체 일부를 바꿀 수 있는 풍부한 기회를 제공한다. (이게 암시하는 것: SARS-CoV-2가 스스로 조립한 조각들과 그 조립이 이루어진 상황은 모두 중국 남부와 동남아시아의 하늘과 동굴에서 찾을 수 있다.)

홈즈와 그의 공저자들은 이 정도까지 확립해 놓은 후, 실험실 유출 가설에 대해 고찰했다.

그렇다.

실험실 사고와 잘못된 백신 실험으로 위험한 바이러스가 실험실 근로자나 대중에게 유입된 적이 있긴 했다. 하지만 그것은 H1N1 독감과 같은 알려진 바이러스이거나, 1967년 마르부르크 감염과 같은 작고 격리된 사건이었다.

저자들은 "새로운 바이러스가 유출되어 전염병이 발생한 적은 없었다"라고 언급했고, 이 팬데믹이 시작되기 전에 우한 바이러스학 연구소나 다른 기관이 SARS-CoV-2나 이와 밀접한 관련이 있는 선조에 대해 연구하고 있었다는 증거는 없었다고 하였다.

2020년 3월, 쉬 정리 연구실에서 근무하는 모든 직원은 SARS-CoV-2 항체에 대해 음성 반응을 보였다. WHO가 준 미션에 대해 거짓말을 한 것이 아니라면 말이다.

WIV는 박쥐에서 SARS 유사 코로나바이러스 3종을 배양했지만, 그중 어느 것도 SARS-CoV-2와 유사하지 않다. 그리고 그 바이러스는 원숭이 세포에서 연속적으로 증폭시켜 키웠고, 이 과정을 SARS-CoV-2에 적용하면 퓨린 절단 부위가 사라져 버리는데, 그 이유는 이 부위는 세포 배양에서는 필요하지 않기 때문이다.

기능 획득 연구에 관해 논하자면, 홈즈 그룹이 논문에서 밝혔듯이 이러한 바이러스를 소스로 써서 기능 획득 연구라는 범주에 맞춰 실험한다는 것은 매우 불가능해 보였다.

왜냐하면 "미지의 바이러스인데다가 정식으로 발표되지도 않은 바이러스를 사용하여 새로운 유전학적 시스템을 개발할 합리적인 실험적 이유가 없기 때문이다." 이는 기능 획득 연구가 특정 기능을 추가하려는 바이러스에 대한 심층적인 이해를 전제로 한다는 점을 고려하면 더욱 설득력이 있다.

유용한 실험에는 변수를 최소화해야 한다.

어떤 실험실 유출 시나리오에 따르면 SARS-CoV-2는 팬데믹 전에 우한 실험실에 존재해야 했지만, 그러한 상태가 존재한다는 증거는 없었고, 존재하더라도 은폐할 이유가 없었다. 쉬 정리가 하는 일은 새로운 코로나바이러스를 발견하고 전 세계에 알리는 작업이었으니까.

언급할 것은 더 있다.

저자들은 자신의 전문 분야인 RNA 바이러스, 특히 SARS-CoV-2의 유전체 구조와 지속적인 진화에 대해 기술적인 섹션에 상당한 분량을 할애했다(웬만큼 해서는 기술적인 내용이 충분히 전달되지 못하기라도 한 듯이).

SARS-CoV-2는 의심할 여지없이 인간에게만 잘 적응한 것이 아니라, 오히려 밍크, 호랑이, 고릴라 및 기타 포유류를 모두 감염시킬 수 있는 범용 바이러스라는 점을 상기시켰다.

여기에 저자들은 바이러스가 2019년 12월에 인간에게 비정상적으로 잘 적응했으니 하물며 그 이후로도 확실히 훨씬 더 많이 적응했을 것이라고 덧붙였다. 대표적인 사례로 Doug (D614G) 돌연변이, 그 다음이 Nelly (N501Y), Eek (E484K), Karen (K417N), 그리고 모든 변종이다. 저자들은 퓨린 절단 부위에 대한 음모론적 주장에 대응하여 퓨린 절단 부위는 다른 코로나바이러스의 스파이크 단백질에서 흔하다고 반박했다.

윌리엄 갤러허의 팰린드롬에 대한 언급이 있었는데, 이는 퓨린 절단 부위가 그러한 복사 선택 중단점에서 재조합을 통해 이 바이러스에 들어갔을 수 있다는 것을 암시한다. 그리고 다른 여러 실험실 유출이나 조작된 바이러스 주장에 대한 활발한 반박이 있었는데, 그건 전문 영역으로 너무 나가는 것이라 내가 독자 분에게 나와 함께 거기에 휘말려 들자고 요청하지는 않겠다.

홈즈와 공동 저자들은 간략함의 원칙에 따라, 현상을 가장 단순하게 설명하는 것이 최선일 가능성이 높다고 결론지었다. 복잡한 설명은 잘못된 정보, 단순한 우연 또는 오류가 있는 가정을 포함할 위험성을 높이기 때문이다.

대부분의 인간 바이러스와 마찬가지로, 이 그룹은 "SARS-CoV-2의 기원에 대한 가장 간결한 설명은 동물성 감염"이라고 결론지었다. 그들은 인간이 아닌 동물에서 유래한 종간전파를 의미했다.

"동물성 감염 종간전파는 그 정의상 인간을 감염시킬 수 있는 바이러스를 선택한다."

그들은 바이러스가 실험실에서 유래했을 수 있다는 의심은 "코로나바이러스를 연구하는 주요 바이러스학 실험실이 있는 도시에서 처음 발견되었다는 우연의 일치에서 비롯된다"라고 기술했다. 하지만 그들은 우한과의 연관성은 중국 중부에서 가장 큰 도시에다, 여행과 상업의 중심지이며, 1,100만 명이 거주하고, 여러 동물 시장이 중앙에 있다는 사실이 반영된 가능성이 더 크다고 덧붙였다.

그렇다, 홈즈와 그의 공저자들은 실험실 사고의 가능성을 완전히 무시할 수는 없다는 데는 동의했다.

더욱이 그 가설은 반증하기 거의 불가능할 수도 있다.

하지만 그들은 "야생동물 무역에서 일상적으로 발생하는 수많은 반복적인 인간-동물 접촉과 비교하면" "매우 가능성이 낮다"고 판단했다.

공동 연구를 통해 그 동물성 차원을 조사하지 못하고 국가 사이의 경계와 종 사이의 경계를 넘나들지 못한다면 이 팬데믹은 악화되고 세계는 여전히 다음 팬데믹에 매우 취약할 것이다.

71

내가 이 글을 쓰는 시점에서, 우리는 기원의 문제에 대한 최종 답을 아직 가지고 있지 않으며, 독자분이 이 글을 읽을 때도 최종 답을 얻지 못할 수도 있다. 우리는 결코 최종 해답을 얻지 못할 수도 있으며, 그것은 에디 홈즈와 그의 동료들이 언급한 것처럼 큰 불행이 될 것이다.

그동안 나는 '우연'과 '가능성이 낮음'이라는 단어들을 계속 생각하고 있다. 이 단어들은 '간략함'이라는 더 화려한 단어만큼이나 각자의 방식으로 관련이 있다. 우연은 무엇이고, 드러나는 패턴이란 무엇일까?

무엇이 가능성이 높고 무엇이 가능성이 낮을까?

이것은 나를 처음 수십 건의 증례와 화난 수산물 도매시장과의 연관성, 또는 연관성의 부족으로 돌아가게 한다.

대니얼 루시는 유용한 서비스를 제공했다. 내가 앞에서 설명했듯이, 그는 블로그 독자들에게 발병을 화난 시장과 연관시키는 초기 설명에서 중요한 사실, 즉 예외를 간과했다는 사실을 알렸다. 가장 초기의 41건 중 27건은 시장과 직접 관련이 있었다. 한 여성은 남편을 통해 옮았다. 루시는 이렇게 물었다. 나머지 13건은 어디에서 감염되었을까? 이는 시장 유래라는 전제에 의심을 던지는 데 도움이 되었다.

마이클 워로비는 여기서 다시 이전 이야기로 돌아간다.

워로비는 기원에 대한 지속적인 논의에서 선구자 역할을 했다. 그의 명성이 훌륭하고 그의 마음이 열려 있고 예리하기 때문이다. 내가 이 책에서 간략하게 설명했고 다른 곳에서 더 자세히 설명했듯이, 그가 HIV-1의 기원을 연구할 때, 그는 콩고 민주 공화국으로 가서 영국의 생물학자 윌리엄 해밀턴과 함께 침팬지 분변을 모았는데, 해밀턴이 구강 소아마비 백신 가설을 시험하고 싶어했을 때였다.

워로비는 그 가설을 고수하지 않았지만, 조사할 만한 가치가 있는 듯했다. 한 동료 과학자는 콩고 모험을 염두에 두고 워로비가 "기상천외한 이론에 약한 면이 있다"고 말했다.

워로비는 또한 2021년 5월에 사이언스에 편지를 보냈고, 결국 데이비드 렐먼과 알리나 찬을 포함한 다른 17명의 과학자가 서명했으며, 기원 문제에 대한 심층적인 조사를 요구했다. 이는 제한된 시간, 제한된 기록 접근, 중국 관료의 제한된 협력으로 인해 심각하게 제약을 받았던 WHO 임무보다 더 철저한 것이다. 그 서명자 그룹과 기원에 대한 홈즈의 『비판적 종설』의 공동 저자들 사이에 워로비가 있는 것은 그의 독립성과 유연성을 반영한다. 그의 견해는 호기심과 데이터에 의해 주도되는 경향이 있다. 호기심 때문에 그는 화난 시장으로 돌아갔다.

2021년 11월 18일, 워로비는 "우한의 초기 코로나19 사례 분석"이라는 제목의 논문을 사이언스에 발표했다. 그의 분석과 그로부터 도출한 결론은 충분히 뉴스 가치가 있었고, 특히 그가 "추가 조사" 서한에 서명했다는 점을 감안할 때, 뉴욕 타임스, 워싱턴 포스트, 월스트리트 저널은 모두 같은 날 이에 대한 주요 기사를 실었다.

워로비는 가장 널리 보고된 데이터에서 시작했다. 이 책의 시작 부분에서 언급했고 홈즈 그룹도 인용한 황과 그의 동료들의 초기 연구에 따르면, 우한에서 보고된 처음 41건의 사례 중 27건이 화난 시장과 관련이 있었다.

그건 66%였다. 처음 19건 중 10건이 시장과 관련이 있었다.

그래서 53%였다. WHO 발원지 조사단은 보고서에서 12월 한 달 동안 알려진 사례가 168건 발생했으며, 그중 33%가 시장과 관련이 있었다. 여전히 높은 수치이며, 이 수치는 그 달 초에 시장과의 연관성이 더 높았다는 사실을 묻어 버린다.

워로비는 초기 발병지가 화난 시장이라는 주장에 대해, 왜 초기 확진 증례의 3분의 1에서 3분의 2만이 시장과 연관되었는지 의문을 제기하는 사람들이 일부 있을 수 있다고 언급했다. 하지만 이는 바이러스의 높은 전염성과 무증상 전파 가능성을 간과한 것이다.

더 나은 질문은 다음과 같다: 바이러스가 그렇게 빠르고 미묘하게 확산되고 있다면 왜 모든 사례가 시장과 관련이 있을 것으로 *기대*하는가? 그리고 화난 시장이 발원지가 *아니었다면*, 그 모든 사례는 무엇으로 설명할 수 있는가?

마지막 질문에 대한 가능한 답은 있었고, 그것이 워로비의 관심을 끈 것 같다: 과학적 함정인 확증 편향[71]이다.

쉽게 말해, 과학 연구에서 특정 요인을 찾고 있다고 생각하면, 그 요인이 존재

---

71 자신이 갖고 있는 신조에 호응하는 정보만 선택적으로 취하고, 믿고 싶지 않은 건 의도적으로 배제하는 경향. 즉, 듣고 싶은 것만 듣고, 유리한 것만 취하는 체리 피킹이다.

하는 곳만 집중적으로 찾게 되므로 그 요인이 더 잘 발견될 가능성이 높아진다는 것.

2019년 12월 우한에 적용해 보면: 의사와 보건 당국이 화난 시장이 이 이상한 새로운 폐렴의 근원이라고 생각했다면, 그들은 그 시장과 관련된 사람들 중에서만 증례를 더 열심히 찾았을 것이고, 따라서 바이러스가 도시 전체에 퍼지고 있는데도 거기서만 더 많은 증례들을 찾아냈을 것이다. 그들의 추정과 검색 노력은 결과에 편향을 일으켰을 것이다. 워로비는 의료 기록과 기타 문서를 입수하여 그 가능성을 조사했고, 그런 일이 일어나지 않았다는 것을 발견했다. 가장 먼저 증례를 접수한 병원의 의사들은 환자들이 화난과 연관성이 있는 걸로 의심된다는 것을 몰랐다.

12월 29일까지는 화난에서 발생했다는 사실을 알지들 못했다. 그 의사들은 역학적 정보(시장에서 일했거나 방문했는지 여부)가 아닌 임상적 증상을 기준으로 이 초기 환자들을 진단했다. 그래서 워로비는 그 데이터에는 그러한 편향이 없다고 결론지었다.

워로비는 2020년 1월 랜싯의 보고서에서 확립되었고 대니얼 루시가 선의로 강조한 중요한 전제를 면밀히 조사했다. 즉, 우한에서 가장 먼저 확인된 증례 중 하나 또는 두 건은 시장과 관련이 없었다고 했다. 그것은 잘못된 것으로 밝혀졌다. 그 논문에서 지적한 대로, 12월 1일에 병이 난 것으로 추정되는, 시장과 관련이 없는 사람인 바로 그 첫 번째 증례는 사실 12월 말까지 병에 걸리지 않았었다. 그것에 대한 수정은 WHO 임무 보고서에서 이루어졌다.

워로비는 또한 WHO 보고서에서 묻힌 또 다른 통찰을 건져냈다. 알려진 첫 번째 증례는 41세의 회계사인 천 씨로, 그의 증상은 12월 8일에 시작된 것으로 보인다. 천 씨가 화난 시장을 방문한 적이 없다는 사실(그는 엉성한 노점과 골목길에서 야생 식품을 쇼핑하지 않고 슈퍼마켓에서 식료품을 구입했다)은 적어도 일부 사람들에게는 시장을 출처로 주장하는 데 반대하는 것처럼 보였다. (워로비: 아니요, 초기 전염 건은 발병의 진원지에서 멀리 떨어진 곳에서 한두 번

발생할 것으로 예상할 수 있습니다.)

어쨌든 첫 번째 증례는 시장과 관련이 없는가?

하지만 천이 첫 번째 증례가 아니었을 수도 있다. 워로비는 천의 증례를 설명하는 과학 논문과 병원 기록에서 그의 증상 발병 시간이 12월 8일이 아니라 12월 16일로 표시되어 있다고 언급했다. 인터뷰에서 천 씨 자신은 열이 16일에 시작되었다고 말했다. WHO 보고서는 이에 대해 전혀 언급하지 않는다. WHO 임무를 받은 과학자들은 중국 관리들로부터 천 씨의 증상이 12월 8일에 시작되었다는 간단한 통보를 받았다.

가장 이른 증례로 알려진 사람이 하나 더 있었다: 화난 시장에서 일했던 여성 해산물 상인이라고 워로비는 썼다.

그녀의 이름은 웨이 구이시안(Guixian Wei)이었다. 그녀는 새우를 팔았다. 그녀는 12월 10일에 코로나에 걸렸다. 그녀는 직장에서 많은 사람들 중 첫 번째 코로나 양성 확진자였다. 그 여성을 포함하여, 가장 이른 시기에 병원 치료를 받은 증례들의 절반 이상이 화난 시장과 관련이 있었다. 워로비는 워싱턴 포스트에 "그 전염병이 그곳에서 시작되지 않았다면 그 패턴을 설명하는 것은 거의 불가능할 것입니다"라고 말했다.

설명하기란 거의 불가능하지만 상상으로 시도해 보기는 할 수 있다:

우한 바이러스학 연구소의 한 실험실 근무자가 코로나바이러스에 대한 실험을 하고 있다. 그 바이러스는 세상에 알려지지 않았고, 인간을 감염시킬 수 있는 능력은 불확실하다. 왜냐하면 사람들 사이에 전파된 적이 없기 때문이다. 흥미로운 바이러스이긴 하지만 굉장히 흥미로운 수준은 아니다. 2003년 악명 높은 인간 코로나바이러스인 SARS-CoV와의 유전체 유사성이 79%에 불과하기 때문이다.

실험실 근무자가 실수를 하거나 다른 사람이 실수를 해서 이 불운한 근무자가 감염된다. 아마도 병을 쏟은 것일 수도 있고, 결함이 있는 음압 후드일 수도 있고, 무엇이든 말이다.

아무도 감염 사실을 알지 못한다. 불운한 근무자(unfortunate worker, UW)조차도.

하지만 5일 후 불운한 근무자는 열이 나기 시작한다.

기침을 시작한다.

감기일 수도 있고, 더 심한 경우 독감일 수도 있다. 직장에서 하루 동안 기침을 한 후, 예방 조치와 다른 사람들에 대한 예의로 UW는 병가를 낸다. 이 사건은 실험실 기록에 기록되지 않거나, 기록이 있다 하더라도 나중에 그 기록은 은폐 되거나 파기된다.

다행히도, UW가 기침을 한 날에도 우한 연구소의 다른 사람은 감염되지 않았 다. UW는 2~3일 동안 집에 머물며 점점 더 기분이 나빠지고, 기침이 심해지고, 심지어 숨을 쉬는 것조차 어려워졌다. 하지만 UW는 병원에 가지 않는다.

대신 저녁 식사로 신선한 생선을 사고 싶다는 갑작스러운 의욕이 생겨, 뱀, 대 나무 쥐, 아니면 가족 잔치에 너구리를 사고 싶다는 충동으로 UW는 양자 강을 건너 10마일을 이동하여 화난 수산물 도매시장으로 간다.

UW는 대중교통을 이용할 수도 있지만 UW가 차를 소유할 만큼의 여건이 된다 면 더 좋다. 어쨌든 그 이동 중에 아무도 감염되지 않는다.

화난에 도착하여 시장 안에서 UW는 특히 심한 기침 발작을 겪고 다른 사람 또 는 여러 사람에게 전염시킨다.

그 사람들 중 한 명이 다른 사람을 전염시키고, 그 다음에 또 다른 사람을 전염 시키고, 그 다음에 두 명을 더 전염시킨다. 새우 장수가 전염된다. UW는 강을 건너 집으로 돌아가 우한 바이러스학 연구소에 다시 출근하게 되고, 그 후론 다 시는 별 소식을 듣지 못한다.

연구소에서 나온 신종 바이러스가 시장에 퍼졌다.

이상의 가상 과정은 불가능한 일은 아니다.

하지만 이런 시나리오는 실현 가능성이 없어 보인다.

제8부

모든 걸 다 아는 사람이란 없다

72

이 책은 SARS-CoV-2의 **과학**에 대한 책이다.

코로나19의 의료 위기, 의료 종사자와 필수 서비스를 수행하는 다른 사람들의 영웅적 행위, 불공평하게 분배된 인간의 고통, 그리고 이 모든 것을 악화시킨 엄청난 정치적 부정 행위는 다른 책에서 다룰 주제다.

하지만 과학도 인간의 활동이다; 과학자들은 우리와 마찬가지로 노력하고 희생하고 실수를 저지르고 불운을 겪고 직업적 인센티브와 개인적 압박에 반응하는 사람들이다. 그들도 잘못을 저지를 수 있다. 그들은 우리 모두가 모르는 것을 알고 있지만 SARS-CoV-2에 대한 모든 시급한 질문에 대한 정답은 가지고 있지 않다.

그들이 알고 있는 것 가운데 가장 지혜로운 통찰을 하나 꼽자면, 자신들의 지식이 언제나 단편적이고 잠정적이라는 사실을 알고 있다는 점일 것이다. 과학은 원래 잠정적인 법이다.

이 바이러스에 대한 과학적 논의는 소방 호스에서 발사된 것같이 엄청난 물량의 프리프린트와 출판된 연구물들로 데이터와 분석, 추측, 본의 아닌 실수와 성급한 주장 및 철회, 지난달에 잠정적으로 말한 것을 이번 달에 수정하는 것, 그리고 신중하게 수집된 사실로부터 신중한 추론을 통해 시간이 지나도 유효할 것 같은 통찰을 제공하는 등 다양한 요소들로 이루어져 있었다.

이 담론은 또한 소수의 요약 보고서, 특별 조사, 거창한 선언 및 증언 진술로 구분되었으며, 각각은 엇갈린 반응들을 받았다.

그중 첫 번째는 2020년 3월 7일 랜싯에 게재된 레터로, 전 세계의 저명한 과학자 27명이 공동 서명하여, 이미 위협적인 팬데믹으로 보일 수 있는 상황에서 중국의 동료들을 지지하는 내용을 담고 있었다. 그러한 연대의 표현은 논란의 여지가 있는 부분이 아니었다.

이것은 다음과 같았다: "우리는 코로나19가 자연적 기원에서 온 것이 아님을 암시하는 음모론을 강력히 비난하기 위해 함께 서 있다."

공동 저자들은 이러한 음모론이 "이 바이러스와의 싸움에서 우리의 세계적 협력을 위태롭게 하는 두려움, 소문, 편견을 조성하는 것 외에는 아무것도 하지 않는다"고 덧붙였다.

이 레터는 처음 게재되었을 때 상당한 지지를 받았지만, 부분적으로는 "음모론"이라는 표현 때문에 실험실 유출설의 지지자들을 도발했고, 결과적으로 이 가설은 조용히 묻히기는커녕 오히려 더 많은 주목을 받게 되었고, 논란은 수그러들기보다는 더욱 격화되고 말았다.

저자 목록은 알파벳 순으로 정리되었다. CDC에서 거의 30년의 경력을 쌓은 저명하고 매우 독립적인 바이러스학자인 찰스 캘리셔(Charles Calisher)가 첫 번째였다. 그는 당시 학계에서 활동했고 2010년에는 콜로라도 주립 대학에서 명예 교수가 되었다. 이 그룹에는 데니스 캐롤(Dennis Carroll; 텍사스 A&M 및 Global Virome Project), 리타 콜웰(Rita Colwell; 메릴랜드 대학), 피터 다스작(EcoHealth Alliance), 제랄드 쿠쉬(보스턴 대학), 래리 매도프(Larry Mad-off; 매사추세츠 대학 의대 및 ProMED), 제레미 패러(Wellcome Trust), 조나 마젯(Jonna Mazet; UC-Davis 및 PREDICT 프로젝트 책임자)도 포함되었으며, 몇 명은 독자분께서 이미 이 책에서 만나 보셨다.

다스작은 이 레터의 작성에 착수하고 초안을 마련한 인물이었기에, 이후 이해상충 문제와 관련해 비난의 대상이 되었다. 그는 중국 과학자들을 지지하는 목소리를 낸다는 점에서 확실히 이해 관계가 있었는데, 그 자신은 15년 동안 쉬정리와 긴밀히 협력해 왔었다.

그것이 이해 상충을 구성하느냐 여부는 또 다른 문제다.

나도 이 문제에 대해 편견을 가지고 있다고 비난받을 것으로 예상한다, 왜냐하면 나는 피터 다스작과 오랜 세월 알고 지냈고 그의 조직의 사명에 매료되어 있었고 그의 에코헬스 사람들과 힘든 현장 시간을 보냈었기 때문이다. 그는 내 친구다.

하지만 앞서 언급했듯이 나는 알리나 찬의 공동 저자인 매트 리들리를 오랫동안 알고 있고 그는 내 친구다.

그것이 무엇을 증명할까?

나는 찰리 캘리셔와 오랫동안 알고 지냈고 내 친구다.

나는 에볼라 연구의 창시자인 칼 존슨과 오랫동안 알고 지냈고 내 친구다.

나는 신종 바이러스를 연구하는 과학자를 꽤 많이 알고 있으며, 그들 중 일부와 힘든 경험을 공유했다. 나는 이 주제를 20년 동안 다루었기 때문이다.

나는 언론인이 친구를 가져서는 안 된다는 명제를 알고 있다. 하지만 역사, 캐릭터, 서사의 더 넓은 궤적을 다루는 작가에게는 허용된다.

캘리셔는 실험실 벤치에 앉아서 하는 연구에 전념한 구식 바이러스학자로, 위험한 바이러스를 배양하고 바이러스가 할 수 있는 일을 연구하는 데 평생을 바친 이다. 바이러스 유전체 서열은 바이러스가 아니라는 구별을 나에게 심어준 사람이 누구보다도 바로 그였다.

바이러스는 유기체이고 유전체 서열은 정보다.

캘리셔는 뉴욕 출신으로, 자메이카와 퀸즈의 베이사이드에서 자랐다. 그는 매일 지하철을 타고 맨해튼의 스터이버산트 고등학교에 다니던 시절의 강인한 소년의 모습 그대로 말하곤 한다. 결국 그는 미생물학 박사 학위를 받고, 기꺼이 일부 불쾌한 병원균과 마주할 만큼 단단해졌다.

현재는 콜로라도주 포트 콜린스에서 반쯤 은퇴한 생활을 하고 있지만, 평생 양키스 팬으로서 텔레비전 중계를 놓치는 것을 누구보다 싫어하는 사람이기도 하다.

랜싯 레터가 발표되고 몇 달이 지난 뒤, 그는 나를 포함한 여러 질문자들에게 이렇게 말했다.

SARS-CoV-2의 실험실 유출 기원설이 가능성 자체는 있다고 본다. 하지만 그 가설을 뒷받침할 만한 데이터는 없다는 것이다.

"잠깐만요, 찰리." 내가 물었다.

"중국 과학자들을 지지한다는 그 성명은요? 당신이 제1저자입니다. 알파벳 순서 때문인가요?"

"맞아요. 그거 참 짜릿하죠"라고 그는 건조하게 말했다. "저는 항상 전화를 받습니다. '이 논문을 당신이 썼어요?' 아니요. 저는 동의한 겁니다. 지금도 동의합니다."

그 레터에 있는 말로 내게 상기시킨 내용은 이렇다.

"우리에겐 아무런 데이터가 없습니다! 데이터를 갖고 있지 않은 사람을 비난해서는 안 됩니다."

그는 "유죄 추정의 원칙"이 지배 원칙이 되어선 안 된다고 덧붙였다.

사람들은 계속 물었다. 저자 목록의 맨 위에 있는 그의 이름 때문에 캘리셔는 마지못해 대변인이 되었다. 그는 미국 정부 내의 조직에서 연락을 받았고, 그게 무슨 조직인지는 신경 쓰지 않았다. 낯선 사람들이 그에게 보고서, 메시지, 내부 통신 자료를 보내왔는데, 이 자료들은 외부로 유출된 것이었으며, 그에게 실험실 유출 가설에 대한 의견을 요청했다.

"데이터가 없습니다!"라고 그는 대답했다. 찰리는 이야기를 해 줄 때 모든 등장인물 역할을 맡아 연기를 하며 말하곤 한다.

"음, 중국 정부는 전적으로 협조하지 않아요."

"그게 데이터가 없는 이유입니다. 하지만 데이터가 없습니다! 데이터를 보기 전까지는 이걸 인정하지 않겠습니다!"

다른 사람들도 더 많은 데이터를 요구했고, 2020년 5월 WHO는 일부 데이터를 발굴하기 위한 제도적 조치를 취했다. 제네바에서 열린 제73차 세계보건총회에서 WHO는 다른 두 국제기구인 세계동물보건기구(the World Organization for Animal Health, OIE)와 유엔 식량농업기구(the Food and Agriculture Organization, FAO)와 협력하여 "바이러스의 동물 기원을 추적"하고 인간으로의 경로를 파악하고 가능한 중간 숙주를 식별하기로 결의했다. 이러한 과정을 통해 우한에 파견될 국제 사절단의 '참조 조건'을 둘러싼 중국과의 협상이 이루어졌다.

이 조건들은 7월 말 공식 문서에 명시되었고, 이는 WHO 사절단의 활동 방향과 범위를 결정짓는 기준이 되었다.

두 단계가 있을 것이다.

1단계는 기존에 알려진 정보에서 중요한 차이를 파악하고, 작업 가설을 수립하기 위한 단기 연구 그룹으로 구성되었다.

2단계에서는 보다 장기적인 역학적, 바이러스학적, 혈청학적 조사가 포함될 예정이었다.

혈청학 조사(즉, 지금까지 알려진 시간 창과 지리적 범위를 넘어 바이러스에 노출되었다는 증거를 찾기 위해 보관된 혈액 샘플을 검사)는 인간뿐만 아니라 동물 집단도 선별한다. 역학 조사는 SARS-CoV-2가 어디서, 언제, 어떻게 왔는지에 대한 단서를 얻기 위해 멀리 떨어진 사람들을 인터뷰하는 것을 수반한다. 이 2단계 조사에서 가장 흥미로운 사실은 팬데믹이 시작된 지 2년이 지났지만, 아직도 조사가 이루어지지 않았고, 앞으로도 이루어질 가능성이 보이지 않는다는 것이다. 중국 정부는 기원 문제의 정치화, 실험실 유출 가설에 대한 관심 증가, 그리고 1단계에 대한 부정적인 반응 이후 2단계 계획을 거부했다.

1단계는 WHO가 소집한 국제 전문가들이 약 한 달간 우한에 파견되어 수행한 공동 조사 임무였다.

이 팀은 중국인 17명과 네덜란드, 러시아, 베트남, 영국, 수단, 미국 및 기타 국가의 외국인 17명으로 구성되었다. 외국인 구성원에는 로테르담의 에라스무스 의료 센터의 마리온 쿠프만스, WHO의 피터 벤 엠버렉(Peter Ben Embarek), 덴마크의 누르드스야엘란즈 대학병원(Nordsjaellands University Hospital)의 테아 피셔(Thea Fischer), 에코헬스 얼라이언스의 피터 다스작이 포함되었다. 이 임무는 2021년 1월 14일부터 2월 10일까지 비교적 짧은 기간 동안 수행되었다. 그중 처음 2주 동안 외국인 사절단 구성원들은 우한 남동쪽 외곽, 호수 한가운데 위치한 소프트웨어 공원 내 제이드 부티크 호텔 객실에 격리된 상태로 머물러야 했다.

나머지 2주 동안, 사절단은 중국 측과 공식 회동을 가졌고, 전문 분야와 주제별 (역학, 분자 역학, 동물 및 환경)로 세 개의 작업 그룹으로 나뉘어 활동했다.

이들은 데이터를 검토하고, 관련 증인을 인터뷰했으며, 화난 시장 방문을 포함한 현장 조사를 수행했다.

또한 다양한 사안을 논의하며 합의 가능한 부분에 대해서는 공동의 결론을 도출했고, 그 결과를 바탕으로 최초 보고서 초안을 작성했다.

이 보고서는 2021년 3월 30일 WHO를 통해 공식 발표되었다.

이 보고서는 합동 조사팀이 논의했던 바에 따라, SARS-CoV-2가 인간에게 전파되었을 가능성이 있는 네 가지 시나리오를 제시하고 있다.

비인간 동물 숙주에서 직접 종간전파;

중간 동물을 통해 저장 숙주에서 인간으로 전파;

다른 곳에서 우한으로 운송된 냉동 식품을 통해 인간에게 유입;

실험실 유출 사고.

냉동 식품은 냉장 체인 가설로 알려졌는데, 냉동 바이러스가 생선이나 고기 포장지 외부에 붙어 있거나 포장지 내부에 싸여 있어도 긴 공급망이 끝날 때 패키지가 냉동된 상태로 유지되는 한 다시 깨어날 가능성이 있다는 생각을 반영한 것이다.

합동 팀은 다른 과학자들이 이미 그 개념을 설득력 있게 반박했다는 이유로 조작된 바이러스 가설을 고려하지 않았다. 각 시나리오에 대한 가능성에 대한 그들의 합의된 평가는 다음과 같았다:

자연적 종간전파 ─ 가능함(possible)부터 유력함(likely)까지;

중간 숙주를 통한 전파 ─ 유력함에서 매우 유력함까지;

냉장 체인 경로(주로 중국 멤버들이 선호) — 가능함;

실험실 유출 — "매우 아님(extremely unlikely)."

즉각적으로 비판가들이 비난했다.

실험실 유출 가설에 너무나 신뢰를 주지 않았고, 냉동 식품 수입(돼지머리, 연어 등)에 대한 신뢰가 너무 높다고 그들은 주장했다.

다스작의 개입이 다시 문제가 되었다.

그의 그룹은 2020년 4월 11일 런던의 타블로이드지인 데일리 메일이 익명의 정부 소식통의 말을 인용하여 기사를 실었을 때 정치적 주목을 받았다. 기사에서는 균형 잡힌 증거들을 보면 우한 시장에서 바이러스가 자연스럽게 퍼졌다는 것을 시사하고 있지만 "중국 도시의 실험실에서 발생한 사고는 '더 이상 무시할 수 없다'"고 말했다. 이 기사에서는 에코헬스 얼라이언스에 대해 언급하지 않았지만 우한 바이러스학 연구소의 일부 코로나바이러스 연구에 대해 설명했고 "미국 정부로부터 370만 달러의 보조금을 지원받았다"고 암시했다. 이러한 의혹은 에코헬스 얼라이언스가 2014년부터 NIAID를 통해 NIH로부터 감염병 관련 광범위한 연구를 위해 매년 증액되는 형태로 총 370만 달러 규모의 다년간 보조금을 받아왔으며, 그 자금의 일부가 쉬 정리와의 공동 연구를 지원하는 데 사용되었다는 사실에 기반한 것이었다. 이 해석은 종종 혼란스럽고 과도하게 단순화된 방식으로 제기되었다.

6일 후 워싱턴에서 보수적 뉴스 웹사이트 뉴스맥스의 기자가 기자 회견에서 도널드 트럼프에게 보조금에 대해 질문하여 이야기와 혼란을 가중시켰는데, 이는 WIV에 370만 달러가 지급되었을 가능성을 시사하는 것 때문이었다. 트럼프는 "우리는 그 보조금을 즉각 종결시킬 것입니다"라고 말했다. 그리고 1주일 후, 프랜시스 콜린스와 토니 파우치의 우려에도 불구하고 NIH는 그렇게 했다. 이 시점에서 실험실 유출 시나리오는 주로 중국 혐오적 보수주의자들이 휘두르는 정치적 곤봉처럼 보였지만, 알리나 찬과 그녀의 두 공동 저자가 프리프린트를 게시한 무렵부터 상황이 바뀌기 시작했다. 그럼에도 불구하고 늦여름과 가을에 WHO가 코로나19 기원에 대한 연구를 위한 구성원을 선별하기 시작하면서 피터 다스작을 선택하는 것은 논란이 될 것으로 예상되지 않았다. 적어도 금지할 정도는 아니었다.

다스작 본인은 그 자리를 원하진 않았다.

그는 우한에서 돌아온 직후 줌 통화 중에 팀 리더인 피터 벤 엠버렉과 WHO의 다른 임원이 그를 영입했다고 말했다. 벤 엠버렉으로부터 이메일이 도착했는데, 다스작이 중국에서 장기간 일했기 때문에 중국에 적합하고 아마도 거기서도 용인 가능할 것이라고 제안했다.

"당신은 엄청난 전문 지식을 가지고 있어요, 어쩌고 저쩌고'" 다스작은 그 이메일을 떠올리며 느슨하게 인용했다. "저는 가지 않을 겁니다."

다스작은 에코헬스의 동료들과 상의했다. 그는 한 달 동안 집을 비우는 것에 대해 아내와 의논했다. 그는 마음이 내키지 않았다. 하지만 그는 벤 엠버렉과 이야기해야 한다고 생각했다.

"그래서 그에게 전화를 걸었어요" 다스작이 내게 말했다.

"그는 솔직하고 정직한 사람이었죠. 그래서 제가 말했어요. '제가 이 일에 개입하면, 정치적 논란과 온갖 음모론이 쏟아질 겁니다. 그로 인해 WHO에도 큰 부담이 생길 수 있어요.' 그러자 그가 이렇게 말하더군요. '글쎄요, 그게 새삼스러울 일인가요? 우리는 매일같이 비판을 받고 있는데요.'"

다스작은 관련 경험과 지식을 가지고 있었고 제네바뿐만 아니라 다른 곳에서도 그를 원했다. "솔직히 말해서" 그는 벤 엠버렉이 "중국에서 당신을 이 여행에 적합한 사람으로 꼽았어요"라고 말한 것을 기억해 내었다.

그는 다른 팀원들의 목록을 보고 그들이 탄탄한 그룹이라는 것을 알아봤다.

그들은 WHO의 건강 비상사태 프로그램을 이끈 직설적인 아일랜드 역학자 마이크 라이언(Mike Ryan)으로부터 "강력한 격려의 말"을 들었다.

다스작의 아내는 "당신이 해야 해요"라고 말했다.

그래서 그는 갔다.

당시에는 좋은 생각처럼 보였다.

하지만 그가 비판, 비난, 위협의 주요 타깃으로 떠오르면서 쉬 정리와의 과학적 협업과 에코헬스 얼라이언스의 연구 활동 전반, 그리고 WHO 임무에서의 그의 역할도 타깃이 되었다.

그 소동은 SARS-CoV-2의 기원에 대한 의문을 밝히기보다는 주의를 돌리는 데 더 큰 역할을 했다.

제이드 부띠크 호텔에서 해외팀이 2주간 격리되어 온라인으로 서로 소통하고 이용 가능한 데이터를 연구한 후, 2주간 공동 브리핑과 인터뷰, 외출을 한 후 두 팀은 함께 공동 보고서를 작성했다. 이 작업을 조율하는 것은 3개 작업 그룹의 리더에게 맡겨졌고, 각 그룹은 해당 섹션을 초안했다. 분자 역학의 리더는 마리온 쿠프만스와 중국 국가 생물정보 센터의 부소장인 양 윤귀(Yungui Yang)였다. 동물 및 환경 그룹의 리더는 다스작과 베이징 화학기술 대학의 미생물학자인 통 이강(Yigang Tong)이었다. 위원회에서 보고서를 작성해 본 적이 있는가? 이번엔 더 나빴다. 많은 고위험성 실랑이, 투표, 번역이 필요했다.

"동물 보고서는 오전 9시부터 다음날 새벽 4시까지 걸렸습니다"라고 다스작이 말했다.

토론은 힘들었다.

그들은 긴 테이블에 앉았고, 양쪽에 사람들이 줄을 지어 앉았다. 전문가와 그룹 리더는 첫 번째 줄에, 지원자는 뒤에 앉았다. 테이블의 중국 쪽에서는 네 줄 뒤로 물러나 있었고, 다스작은 과학자와 외무부 직원, 그리고 다른 사람들이 "이 보고서에서 나오는 것이 중국의 평판을 손상시키지 않도록" 확실히 하기 위해 거기에 있었다고 말했다.

"충분히 공평했습니다."

그리고 그것은 단지 예비 심의에 불과했다.

"실제로 보고서 텍스트를 쓸 때가 되자, 갑자기 흑백으로 나누어져 다투는 장이 되었습니다. 그리고 그것은 전투였습니다.”

19시간 후, 오전 4시에 “반대편 진영은 녹초가 되었습니다. 그러니까, 그들은 잠을 청하거나, 나가 버렸고, 남은 사람들은 긴 휴식을 취했고, 밖에서 담배를 피웠습니다.”

다스작은 그저 거기 서 있었고, 다른 사람들에게 “보세요, 저는 오전 6시까지, 아니 오전 9시까지 여기 있을 거예요. 우리는 이걸 써야 해요”라고 말했다.

몇 가지 걸림돌이 있었다.

다스작은 “그들은 야생 동물의 기원에 대한 언급을 줄이고 냉장 유통망에 대한 언급을 늘리기를 원했습니다”라고 말했다.

중국 회원들은 화난 시장에서 살아있는 야생 포유류가 판매된다는 전제에 반대했다.

아니요, 다스작의 기억에 따르면 그들이 주장하길, 유일한 야생 포유류는 죽어서 냉동되어 있었다고 했다.

다스작 본인은 그 주장에 동의하지 않았다. 판매 시점에 동물이 살아 있다는 사실은 미식가들 사이에서 가치를 높이는 요소 중 하나였고, 에디 홈즈가 2014년에 촬영한 사진 역시 그러한 주장을 반박하는 증거로 여겨졌다. (WHO 임무 이후에 발표된 샤오 부부가 2019년 11월에 두 눈 크게 뜨고, 하지만 다른 사람들 눈에 띄지 않게 수행한 시장 조사도 마찬가지였다.)

다스작은 중국이 내놓은 반증 중 하나가 살아있는 야생 포유류의 판매를 제한하는 법률이었다고 회상했다. 그걸 불법으로 규정했으니, 그런 판매 행위는 일어나지 않았어야 했다.

“우리는 야생 포유류와 냉장 유통 제품 모두를 포함하는 합의 보고서를 작성했습니다. 이는 중요하며, 데이터에 대해 명시적이고 추가 권장 사항에 대해서도 명시적입니다.”

권장 사항 중 상위에 있는 것은 더 많은 데이터와 추가 연구다.

다스작의 그룹은 코로나바이러스 감염에 취약한 것으로 알려진 야생 동물(예:

너구리, 사향 고양이, 밍크)에 대한 조사를 실시하고 식품으로 사육되는 야생 동물의 공급망과 냉장 유통 공급업체 네트워크를 추적할 것을 권고했다.

전문가로 구성된 글로벌 그룹이 이러한 추적을 공동으로 수행해야 한다.

보고서의 마지막 단어는 기원에 대한 연구를 계속할 것을 요구했다. 이는 단지 1단계, 시작일 뿐이었고, 2단계는 더 심도 있게 진행되어야 했다.

2단계를 했다면 어땠을까?

우리가 기다리고, WHO가 중국 정부와 추가 조사에 대해 교착 상태에 빠져 있는 가운데, 다스작이 야생 동물 거래에서 왔다는 것과 냉장 유통 중에 생긴 것이라는 두 가지 시나리오를 놓고 벌인 갈등에 대한 진술을 들으면 또 다른 생각이 떠오른다.

서방의 비평가들은 중국이 실험실 사고를 은폐하고 있다고 말한다.

아마도 그건 요점이 아닐 수도 있다.

아마도 그건 중국 관리들이 2단계 연구에 저항하고, 그럴듯하지만 증거가 없는 냉장 유통 가설을 선호하는 이유에 대한 설명이 아닐 수도 있다.

요점은 중국이 실험실 유출이 아니라 동물로부터의 누출(종간전파)로 인해 당혹감을 느끼고 은폐하고 있다는 것이다.

나만 이런 의견을 갖고 있는 게 아니다.

나는 몇몇 과학자도 이를 표명하는 것을 보았다.

가장 설득력 있게 표현한 사람은 존스 홉킨스 대학의 면역학자이자 글로벌 생물 보안 학자이며 국제 전략 연구 저널인 *Survival*에 기고한 지지 퀵 그론벌 (Gigi Kwik Gronvall)이다.

그론벌이 쓴 에세이는 2021년 말에 "SARS-CoV-2의 논란이 되는 기원"이라는 제목으로 게재되었다. 그녀는 모든 주요 주장과 모든 가설을 다루었고, 2002년에서 2004년 사이의 원래 SARS 공포 이후에 제정된 법률에도 불구하고 2019년 말까지 중국에서 계속된 야생 동물의 불법 식품 거래에 간략하게 초점을 맞추었다. 그 거래는 수십억 달러의 가치가 있었다. 추산에 따르면 연간

180억 달러에서 750억 달러 사이였다. 그것은 지역 경제에 큰 도움이 되었다. 그론벌은 내가 앞서 언급한 샤오 부부와 동료들의 연구를 인용했다. 그들은 2017년 5월부터 2019년 11월 사이에 우한의 수산 시장 4곳에서 17개의 별도 상점을 조사하면서 야생 동물과 관련된 다른 질병을 연구했다. 팬데믹 이전에 수행된 샤오 연구에서 팬데믹에 대한 회고적 관련성이 큰 데이터가 나온 것은 우연의 일치였다. 샤오의 그룹은 너구리, 돼지 오소리, 사향 고양이, 대나무 쥐, 고슴도치, 밍크를 포함하여 시장에서 판매되는 38종의 야생 동물을 발견했다. 그들은 논문에서 모피용 너구리와 같은 일부 야생 동물은 합법적으로 사육될 수 있지만, 이를 야생에서 포획해 식용으로 판매하는 행위는 불법이라고 설명했다. 보호받는 야생 동물을 판매하는 자는 사육 상태에서 해당 동물을 번식시킬 수 있는 허가를 확인하는 면허증과 어디서 이 동물을 확보했는지를 보여주는 인증서, 질병을 피하기 위해 격리되었다는 인증서를 표시해야 했다. 시장에서 데이터 수집을 담당한 샤오는 감금 상태에서 사육된 것으로 추정되는 포유류 중 다수가 (앞서 언급했듯이) 총상이나 함정에 의한 상처를 입어 불법적인 야생 포획임을 암시하는 걸 보았다.

샤오가 방문한 17개 상점 중 어느 곳에도 원산지 또는 검역 증명서가 벽에 게시되어 있지 않았다. "그래서 모든 야생 동물 거래는 근본적으로 불법이었다."

중국의 야생 동물은 국가 소유로 간주된다. 보호종(너구리, 대나무 쥐, 사향 고양이 등)의 동물을 포획하고 거래하는 경우 3년 징역형과 벌금이 부과된다. 샤오의 연구에서 얻은 교훈은 2019년 11월 현재 이러한 조치가 전혀 시행되지 않은 것으로 보인다는 것이었다.

그론벌은 화난 시장이 폐렴 발병과 관련이 있다는 사실을 시 당국이 알게 된 직후인 2020년 1월 1일에 재빨리 폐쇄되고, 비우고, 살균된 이유가 이런 과실 때문일 수 있다고 지적했다.

야생동물 거래자들은 사라졌다.

그론발은 "시장을 재빨리 비운 것은 그들과 그들의 위법을 눈 감아 주고 있던

법 집행관과 지역 정치인들을 보호하기 위한 의도였을 수 있다"라고 썼다. "질병이 시장에서 유래해서 퍼지는 것처럼 보인다면, 불법 활동을 덮어두는 것이 비난을 피하고 이익을 유지하는 데 우선 순위가 될 것이다."

그녀는 전염병이 중국에서 시작되었다는 것만으로도 충분히 "부끄러운" 일이라고 적었다. 법 집행의 과실과 부패 가능성을 반영한다면 더 나쁘다. "야생동물 거래는 알려진 질병 위험 요소였고, 이를 제한하는 법률이 있었지만 중단되지 않았다."

반면, 바이러스가 그린란드에서 수입한 냉동 대구 패키지로 우한에 도달했다고 전 세계 사람들을 설득할 수 있다면, 비난받을 이는 아무도 없다. 아마도 그린란드 생선 판매업자들을 제외하고는.

73

3월 30일, WHO — 중국 공동 보고서는 제네바에서 열린 공식 브리핑을 통해 공개되었으며, 이 자리에서 피터 벤 엠버렉과 그의 중국 측 대표인 량 완녠(Wannian Liang)이 주요 결과를 발표했다. 그들이 보고서를 마치자 테드로스 사무총장은 마이크를 다시 잡고 도발적인 마무리 발언을 했다. 언론의 헤드라인을 장식한 것은 다음과 같은 문장들이었다.

"이 평가가 충분히 광범위하진 않다고 생각합니다. (중략)"

"팀은 실험실 유출이 가장 가능성이 낮은 가설이라고 결론 내렸지만, 추가 조사가 필요합니다. (중략)"

"WHO와 관련하여 모든 가설이 여전히 논의 대상이라는 점을 분명히 말씀드립니다."

하지만 이러한 발언의 맥락은 대부분 헤드라인에 담기지 않았다.

그래서 나 역시 많은 사람들처럼, 테드로스가 그의 팀이 거의 불가능한 임무를 수행한 방식에 대해 공개적으로 불만을 표한 것에 놀랐다.

혹은, 다른 말로 하면 ─ 그 제한된 참조 조건을 알고 있었기 때문에, 나는 이렇게 생각했다.

"흥미롭군. 그는 그들을 희생양으로 삼고 있군."

그러고 나서 그의 전체 성명을 읽고 나서야 알았다:

"이 보고서는 매우 중요한 시작이지만 이걸로 끝이 아닙니다. 우리는 아직 바이러스의 출처를 찾지 못했으며, 과학을 준수하며 계속 따라가고 모든 돌멩이들을 뒤집어 보며 샅샅이 찾아야 합니다."

누가 테드로스 사무총장에게 이의를 제기할 수 있었을까?

그는 처음부터 계획대로 2단계 조사를 요청해 왔다.

물론, 이의를 제기할 수 있었던 사람들도 있었다.

하지만 결과적으로 그는 2단계를 성사시키지 못했다.

"관련 전문 지식을 갖춘 과학자로서 우리는 WHO 사무총장의 의견에 동의합니다"라고 6주 후 18명의 과학자 그룹이 사이언스에 보낸 레터에 이렇게 적었다. 이 과학자들은 또한 미국, 유럽 연합, 그리고 다른 13개국이 실험실 유출과 자연적 종간전파 가설에 대한 추가 조사를 요구했다고 언급했다. 서명자 중에는(캘리셔 레터처럼 알파벳 순은 아니지만 거의) 알리나 찬, 랄프 바릭(Ralph Baric), 그리고 마크 립시치(Marc Lipsitch)가 있었다. 노스캐롤라이나 대학교의 바릭은 코로나바이러스에 대한 대담한 실험실 연구로 잘 알려져 있으며(현재 논란의 와중에서) 6년 전에 쉬 정리와 공동으로 연구를 진행한 것으로도 유명하다. 하버드 T.H. 찬 공중보건대학원의 립시치는 기능 획득 연구의 주요 비평가다. 알파벳 순서가 아닌 배치로 주요 역할을 암시하는 마지막 서명자는 앞서 언급한 기능 획득 실험의 비평가인 스탠포드의 데이비드 렐먼이었다. 마이클 워로비의 이름은 마지막에서 두 번째로 나왔지만, 다른 사람들에게 그러한 레터를 제안한 사람은 바로 그였다. 워로비가 2019년 12월 사례와 화난 시장에 대한 자신의 추가 연구를 바탕으로 그 데이터가 "팬데믹이 살아있는 동물 시장에서 기원했다는 강력한 증거"를 제공한다고 결정하기 6개월 전이었다. 새로운 레터의 첫 번째 저자는 시애틀의 프레드 허친슨 암 연구 센터의 진화 바이러스학자 제시 블룸(Jesse Bloom)이었다. 이 그룹이 WHO의 테드로스와 동의한 원칙은 "이 펜데믹의 기원에 대한 더 큰 명확성이 필요하며 이는 달성이 가능하다"는 것이었다. 공중 보건 기관과 실험실은 기록을 대중에게 공개해야 한다. 조사는 투명하고 객관적이며 데이터 중심적이어야 하며 이해 상충이 없는 것이어야 한다.

몇 주 전에 나는 제시 블룸과 이야기를 나누었다.

그때까지 나는 그의 견해를 알지 못했지만, 그는 나에게 사이언스 레터로 실릴 일종의 미리 보기 본을 주었다.

그는 "SARS-CoV-2의 기원은 여전히 잘 이해되지 않았습니다"라고 말했다. 일부 시나리오는 분명히 배제할 수 있다고 하였다. 내가 알아낸 바에 따르면, 배제할 대상으로는 생물 테러를 목적으로 한 바이러스 조작설인 것 같았다.

"하지만 지금으로서는 일종의 우연한 실험실 탈출을 배제할 수는 없다고 생각합니다. 그리고 박쥐에서 인간에게 직접 왔다는 것도 배제할 수 없습니다. 박쥐에서 중간 숙주를 거쳐 인간에게 옮았다는 것도 배제할 수 없습니다. 그 모든 것이 여전히 가능성의 영역입니다."

그는 SARS-CoV-2와 밀접한 관련이 있을 수 있는 바이러스에 대해서는 잘 모른다고 덧붙였다. 이는 태국과 라오스에서 추가로 SARS 유사 박쥐 코로나바이러스가 발표된 직후였지만, 나는 아직 그 소식을 접하지 못했었고, 아직은 그의 견해를 바꿀 만큼 충분히 근접하지 않았던 것 같다.

"실제로 무슨 일이 일어났는지에 대한 자세한 증거는 많지 않습니다"라고 블룸이 나에게 말했다.

"어떤 종류의 증거가 필요한가요?"

그는 인간에게 치명적임을 보였던 다른 두 코로나바이러스와 비교하며 내 질문에 답했는데, 그 바이러스 둘 다 동물에서 유래된 것으로 알려져 있다. 블룸은 메르스 바이러스 또는 거의 동일한 바이러스가 낙타와 같은 다양한 동물에서 발견되었다고 언급했다. 원래의 SARS 바이러스는 더 복잡하고 시간이 오래 걸렸지만 결국 사향고양이에서 중간 매개체로서 발견되었고, 그 후 모든 RNA 절편이 박쥐에서 발견되었다.

"지금 SARS-CoV-2에 대해선 그런 종류의 정보가 없습니다."

솔직하고 사려 깊은 답변이었지만, 여전히 내 질문에 대한 답은 반밖에 안 나왔다.

대안으로 무슨 종류의 대안 근거가 필요할까요 ─ 실험실 유출 가설에 대한 증명이나 반박을 위해서요?

그 가설은 언젠가 반박될 수 있기는 한 걸까요?

현장 연구자들이 SARS-CoV-2와 96.2% 유사(RaTG13과 같은) 또는 96.8% 유사(라오스 박쥐에서 발견된 바이러스 중 하나와 같은)가 아닌 99.5% 유사한 박쥐 코로나바이러스를 발견하더라도, 모든 사람이 속으로 품고 있는 그 의문이 해결될까요?

"아마도 절대 발견되지 않을 거예요"라고 블룸이 말했다.

그는 지금 반박할 수 없게 일치를 보이는 야생 바이러스에 대해 말하고 있는 듯했다.

"우리는 전 세계의 모든 바이러스 중에서 아주 아주 작은 일부만 알고 있죠?"

매우 유사한 일치가 발견될 때까지는 "많은 사람들이 자신의 선입견에 강하게 의지하는 것 같아요"라고 그는 말했다. 그는 웃었다.

"어떤 사람들에게는 그 선입견이 실험실 작업에 강하게 집중되어 있어요. 그리고 어떤 사람들에게는 그 선입견이 자연적 동물감염증에 강하게 집중되어 있어요."

나는 반대를 표하지 않았다.

그는 과학에 대한 매우 중요한 현실을 상기시켜 주었다: 과학은 물질 세계에 대한 더 명확한 이해를 향한 합리적인 과정이지만, 인간이 수행하는 활동이기도 하다.

2021년 5월 26일, 마치 블룸-렐먼 레터를 읽고 2주 동안 심사숙고한 듯이, 조

바이든 대통령은 미국 정보 커뮤니티(Intelligence Community, IC)에 팬데믹의 기원에 대한 의문을 조사하고 90일 이내에 그 판단을 보고해 달라고 요구했다고 발표했다.

그렇다.

미국 정보 커뮤니티는 1981년에 설립된 공식적인 기관으로, 현재 17개 기관으로 구성되어 있다. 물론 CIA와 해군 정보국(Office of Naval Intelligence, ONI), 국방정보국(Defense Intelligence Agency, DIA), 국가안보국(National Security Agency, NSA), FBI 산하 정보부(Intelligence Branch, IB), 해병대 정보부(Marine Corps Intelligence, MCI), 스페이스 델타 7(미국 우주군 내에 있다, 그게 뭐든 간에), 해안 경비대 지부, 재무부, 국무부, 국토안보부, 마약 단속국 등이 속해 있다.

대단한 정보의 집합체다.

IC 위원들은 아마도 눈살을 찌푸리며 과학 논문을 읽었을 것이고, 아마도 과학자들을 인터뷰했을 것이고, 아마도 2019년 말과 2020년 초에 중국에서 온 모든 인간 및 신호 정보를 검토했을 것이고, 아마도 몇몇 사람들을 고문했을 것이다(이런 일이 전에도 있었거든).

그들이 무슨 짓을 했는지는 아무도 모른다. 그러고 나서 그들의 발견 사항을 그들의 상사인 국가정보국장(Director of National Intelligence, DNI)이나 그녀의 핵심 부하 중 한 명에게 전달했을 것이다. 그들은 이 모든 것을 이해할 의무가 있었다.

DNI 사무국은 명령에 따라 90일 이내에 대통령에게 기밀 보고서를 작성했고, 그중 비밀이 아닌 버전이 10월에 공개되어 SARS-CoV-2의 기원에 대해 IC가 심층 고찰한 지혜를 공유했다. 그 보고서는 다음과 같았다: 글쎄요, 우리는 확신하지 못하고 서로서로의 의견에 동의하지 않습니다.

74

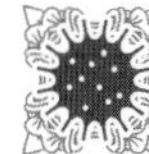 팬데믹이 3년 차에 접어들자, 그 기원에 대한 의문도 커졌다.
확신은 아직 오지 않았다.

결코 오지 않을 수도 있지만, 한 가지 중요한 점에 대한 확신은 더욱 증가한 듯했는데, 2022년 2월 26일 마이클 워로비와 공동 저자들이 "화난 시장은 SARS-CoV-2 출현의 진원지였다"는 제목으로 새로운 프리프린트를 게시했을 때였다.

저자 명단에는 크리스천 앤더슨, 에디 홈즈, 앤드류 램보우, 마리온 쿠프만스, 데이비드 로버트슨, 안젤라 라스무센, 로버트 개리 등이 포함되었다. 이들은 전문가 집단으로, 블룸-렐만-찬 논문 저자들과 비슷한 강력함을 보였다.

하지만 이는 논리학자들이 당연히 경멸하는 *argumentum ab auctoritate*, 즉 권위에 의한 논증의 문제가 아니었다.

이는 전문가들의 새로운 주요 연구였다.

워로비는 이제 이렇게 많은 공동 저자와 함께 2019년 12월 중 딱 언제, 그리고 우한시 내에서도 *바로 어디서* 코로나19의 가장 초기 확진 증례가 나타났는지에 대한 문제를 더욱 심도 있게 파고들었다.

그들은 12월의 증례가 화난 수산물 도매시장에서 혹은 그 주변을 중심으로 출현했다는 매우 명확한 신호를 발견했는데, 이는 바이러스가 먼저 시장에서 주변 지역 사회로 퍼졌다는 것을 나타낸다.

시장을 방문했거나 그곳에서 일했던 환자들 중 "압도적으로 많은 수가 화난 시장의 서쪽 구역과 구체적으로 연관이 있었는데, 거기에는 대부분의 살아있는 포유류 동물을 파는 상인들이 있었다."

맨 처음 발병했던 두 의심 증례는, 그러니까 당시 대니얼 루시가 황의 논문에 집중하였을 때 시장과의 연관이 없어 보였던 그 두 증례는 증례 자료에 대해 보다 심층 조사가 진행되자 더 이상 시장과 무관한 증례였다고 할 수 없게 되었다.

시장의 서쪽 부분에서 식용으로 판매되는 살아있는 포유류 중에는 SARS-CoV-2에 감염되기 쉬운 것으로 알려진 너구리가 있었다. 살아있는 포유류를 판매하던 그곳의 노점 중 하나는 바이러스의 징후로 특히 한창이었다. 그곳에서 SARS-CoV-2에 양성 반응을 보인 환경 샘플이 5개 나왔다. 그 샘플은 모두 동물 판매와 관련된 물건에서 나왔다. 금속 우리, 동물을 옮기는 카트, 깃털 제거기였다. 그리고 이것은 2014년 에디 홈즈가 방문했을 때 판매를 위해 우리에 갇혀 있는 살아있는 너구리를 사진으로 찍은 노점과 같은 곳이었다.

이 프리프린트에서 또 다른 신호가 드러났는데, 이는 두 가지 기원 시나리오와 관련이 있어서, 바이러스의 두 가지 뚜렷한 계통인 계통 A와 계통 B가 가장 초기 환자 중에서 검출되었다는 사실에 근거한다.

B는 화난 시장과 직접 연결된 모든 증례를 포함하여 2019년 12월의 거의 모든 환자들에서 발견된 계통이다.

계통 A는 2019년 12월 30일에 채취된 샘플에서 처음 발견되었고, 이어 2020년 1월 5일에 채취된 또 다른 샘플에서도 확인되었다.

이들 모든 계통 A 증례는 화난 시장과 직접적인 관련이 없었다.

그렇기 때문에, 계통 A가 시장이 아닌 다른 장소에서의 사람들 사이에서 먼저 등장했을 가능성을 가정하는 것이 훨씬 자연스러워 보였다.

하지만 세밀한 지리적 분석을 담은 새로운 프리프린트에서 워로비와 그의 동료들은 놀랍게도 두 가지 초기 계통 A 증례가 시장 내에 위치하지는 않았지만 매우 무작위적이지 않은 방식으로 시장을 중심으로 발생했다고 보고했다.[72]

우한은 대도시다. 인구 밀도가 고려되었다. 그래도 여기 데이터 맵에 두 개의 점이 있는데, 이는 계통 A를 나타내며 시장에서 1마일 이내에 표시되어 있다.

---

72 우연에 의해 발생한 것이 아니라 어떤 특정한 패턴이나 경향성이 있다는 의미. 즉, 두 개의 초기 Lineage A 사례들이 시장 내부에 위치하지 않았음에도 불구하고, 그 주변에 집중되어 있었던 현상이 단순히 우연의 결과가 아니라 통계적으로나 지리적으로 의미 있는 분포를 보인다는 것. 이를 통해 연구자들은 이 증례들의 위치가 우연히 발생한 것이 아니라, 시장과 어떤 관련이 있을 가능성을 시사한다고 해석할 수 있다.

왜 그럴까?

워로비의 팀은 "이러한 결과는 두 계통이 모두 우한의 코로나 팬데믹 초기 단계에 화난 시장으로 넘어왔을 수 있음을 시사합니다"라고 하였다.

이 프리프린트가 올라온 날, 과학자들의 또 다른 조합(첫 번째 저자로 워로비, 홈즈, 앤더슨, 조나산 페카와 "Epicenter" 논문의 다른 저자, 그리고 추가 저자 포함)이 프리프린트(다시 말하지만 아직 심사를 거치지 않음)를 동반 게시하여 두 기원 가설을 더욱 뒷받침했다. 이 저자들은 두 가지 종간전파가 모두 화난 시장에서 발생했을 가능성이 있다는 다른 형태의 증거를 제시했다. 그 증거는 지리적 증거가 아니라 유전체적 증거였으며, A와 B 계통 사이의 검증된 중간 유전체가 샘플에서 발견되지 않았다는 사실이 포함되었다. 두 가지가 인간 내에서 진화하는 동안 공통 계통에서 갈라졌다는 증거는 없었다.

그들은 인간에게 들어가기 전에 갈라진 것처럼 보였다. 그것은 두 번의 종간전파를 암시한다.

이 저자들은 그들의 증거에서 얻은 또 다른 추론은 SARS-CoV-2가 인간을 감염시킬 수 있도록 하기 위해 추가적인 적응이나 실험실 조작이 필요하지 않았다는 것이라고 지적했다. 그것은 갈 준비가 되었고, 그래서 갔다 ― 두 번이나.

두 프리프린트는 완전히 다른 팀이 작성한 세 번째 프리프린트로 뒷받침되었는데, 이는 딱 하루 전에 게시되었다.

이는 중국 CDC의 사무총장인 조지 가오가 이끄는 대부분이 중국인 과학자인 그룹에서 나왔다. 이 논문은 가오의 CCDC와 다른 두 보건 기관의 현장 직원이 2020년 1월 1일에서 3월 초 사이에 시장 안팎에서 수행한 환경 샘플링(벽과 문 손잡이, 남겨진 동물 사체, 길 고양이, 쓰레기통, 배수구 면봉 검사)에 대해 많은 새로운 세부 정보를 제공했다. 가오 논문은 다른 데이터와 함께 시장 내부에서 수집된 828개의 환경 샘플을 보고했다. 그중 64개의 샘플에서 바이러스에 대해 양성 반응이 나왔으며, 대부분의 경우 유전체 절편을 검출했다. SARS-CoV-2의 완전한 유전체는 단 3개의 샘플에서 회수되었다. 유전체 중 하나는 계통 A에 속했다. 그것은 1월 1일 시장이 마감된 날 채취한 샘플에서 나왔다. 이는 동물에서 두 차례의 독립적인 종간전파가 시장에서 발생했을 가능성을 확인했다.

아이러니가 하나 있다.

가오 그룹과 장-홈즈 그룹 사이에는 증거 측면에서 상호 보완적인 상승 효과가 있었고, 이 연구가 처음 시작될 때 존재했던 암묵적인 '우선권 경쟁'을 완화하기 위한 긍정적인 중첩도 일부 존재했다.[73] 더 많은 증거가 나오기 전까지는, 비판적인 시각을 가진 이들이 여전히 이 지점을 놓고 논쟁을 이어가겠지만, 이번 새로운 발견은 SARS-CoV-2가 야생 동물과의 직접적이고 재앙적으로 불행한 상호작용을 통해 인간에게 전파되었을 가능성을 더욱 강하게 뒷받침하는 것이었다.

75

 이 바이러스에 대해 모든 걸 아는 사람은 없으며, 이를 이해하려는 우리의 노력은 이제 막 시작에 불과하다.

코로나19 팬데믹 — 이 글을 쓰고 있는 지금 이 순간까지도 여전히 팬데믹이다 — 의 길고 지루한 몇 달과 몇 년이 우리에게는 참으로 오래 느껴졌을지 모르지만, 사실 우리는 아직 초기 단계에 머물러 있다.

다가올 과제들과 팬데믹의 후기 국면에 우리 자신과 사회를 어떻게 적응시킬지에 대한 고민조차 우리는 아직 본격적으로 시작하지 않았다. 이 바이러스는 영원히 우리와 함께 할 것이다.

그것은 인간 체내에 있을 것이다 — 항상 어딘가에 있을 것이다 — 그리고 우리 주변을 둘러싸고 있는 일부 동물에게도 있을 것이다.

---

73 경쟁 관계에 있던 두 연구팀이 서로 별개의 연구 결과를 내놓았지만, 결국 두 그룹의 증거가 서로가 서로를 보완해 주면서 긍정적인 시너지를 이루고 동일한 결론을 지지하게 된 상황.

"결코 안 된다고 말하지 마라"는 규칙은 현명하지만, 어떤 전문가도 SARS-CoV-2가 어떻게 근절되기라도 할 수 있을지 지금 당장은 알 수 없다.

우리는 수십 년간의 노력에도 불구하고 소아마비를 근절하지 못했다. 우리는 홍역을 근절하지 못했다. 그리고 그 바이러스들은 인간만 은신처로 삼는다.

이 바이러스는 훨씬 더 많은 선택권을 가지고 있다. 우리는 지구상의 모든 인간에게서 그것을 없앨 수 있을지도 모르지만(가능성은 낮음) 아이오와의 흰꼬리사슴, 덴마크의 떠돌이 밍크에서는 여전히 존재할 것이다.

그것은 계속 변할 것이다. 그것은 우리의 적응에 적응할 것이다. 이 글을 쓰는 동안 가장 최근의 변종인 오미크론이 그 극적인 예인 듯싶다.

오미크론은 2021년 11월 말 남아프리카 공화국 과학자들이 제네바에서 WHO에 그 존재를 보고하면서 국제적으로 주목을 받았다. 남아프리카 공화국 팀의 리더는 현재 스텔렌보스 대학교의 전염병 대응 및 혁신 센터 소장인 툴리오 드 올리베이라였다. 그는 또한 국가의 유전체 감시 네트워크 책임자이며 아직 콰줄루나탈 대학교의 교수로 재직하고 있다. 11월 중순, 드 올리베이라와 그의 동료들은 요하네스버그와 프리토리아를 포함하는 작지만 인구 밀도가 높은 지방인 하우텡에서 특이한 중례들이 증가하는 것을 발견했다. 네트워크 과학자들은 유전체 감시를 강화했고, 드 올리베이라의 그룹은 한 연구실에서 돌연변이 발생률이 높은 6개의 유전체를 받았다. 그때가 11월 23일 화요일이었다. 우려를 느낀 팀은 다른 데이터를 살펴보고 같은 균주가 남아공 가우텡(Gauteng)에서 유병률이 증가하고 있다는 증거를 발견했다.

드 올리베이라가 나중에 뉴요커 지에 말했듯이, 다음 날 아침인 11월 24일에 "우리는 그것이 매우 갑자기 나타난 변종일 수도 있다는 것을 알게 되었습니다." 그는 WHO에 경고를 보냈다.

하루 후, 드 올리베이라의 팀은 가우텡 주변에서 무작위로 추출한 100개의 샘플에서 간이 결과를 얻었고, 이는 이러한 감염이 모두 동일한 변종이라는 신호를 보냈다. 그날 아침, 그는 보건부 장관과 남아프리카 공화국 대통령인 시릴라마포사에게 브리핑했다. 금요일에 WHO는 이례적으로 재빠르게 이 새로운 균주를 우려 변종으로 선언했다. 그것은 B 계통 내의 또 다른 변종이었지만 다른 모든 변종과 매우 달랐고, PANGOLIN 시스템에 따르면 B.1.1.529로 분류되었다. WHO는 그리스 알파벳 그 다음 순서들을 건너뛰어[74] 오미크론이라고 명명했다.

오미크론이 경각심을 불러 일으키게 한 것은 53개의 돌연변이가 존재했다는 사실이었다. 이 돌연변이는 기본 우한 유전체와 53군데 차이가 있고, 대부분이 스파이크 단백질에 존재하여 스파이크에 30개 이상의 아미노산 변화를 일으켰고, 그중 절반은 RBD 내에 있었다. 또한 퓨린 절단 부위 근처에 두 개의 돌연변이가 있었다. 아무도 그 돌연변이가 가우텡에 퍼지면서 어떤 일을 했는지 한눈에 알아차릴 수 없었고, 다른 곳에서 무슨 일이 일어날지 예측할 수 없었지만, 이 소식은 빠르게 퍼졌는데, 오미크론 자체보다 더 빨리 퍼졌다. 11월 24일 아침 라호야에서, 에든버러에서는 오후에, 크리스천 앤더슨은 앤드류 램보우로부터 Slack[75]을 통해 "이 변종은 완전히 미쳤어"라는 메시지를 받았다. 앤더슨은 몇 분 안에 "방금 돌연변이 목록을 봤는데 정말 미쳤어"라는 답장을 보냈다.

오미크론에 대해 즉시 두 가지 주요 의문이 제기되었다. 이 의문은 모든 사람이 SARS-CoV-2 자체에 대해 더 광범위하게 답을 알고 싶어 하는 두 가지 의문과 동일하다.

어디에서 유래했으며 어떻게 행동을 할까?

오미크론 돌연변이의 모든 것은 활발하고 광범위한 진화의 시기를 반영한다.

74　여담이지만 이를 두고 구설수가 많았다. 원래는 12번째 글자인 '뮤'(μ) 변이까지 나온 만큼 이번 변이는 13번째 글자 '뉴'(ν)를 사용하리라는 예상이 많았는데, WHO는 '뉴', 그리고 그 다음 글자인 '크시'(ξ)마저 건너뛰고 15번째 글자인 오미크론을 새 이름으로 정했다. 크시마저 건너뛴 이유로, 크시의 영어 철자(xi)가 시진핑 중국 국가주석의 성인 시(Xi)와 같기 때문이 아니냐는 의심이 고조되었다. 이에 WHO가 해명하길, 뉴는 영어 '뉴'(new)와 혼동되기 쉽고, 영어로 표기하면 시(xi)가 되는 크시는 흔하게 성씨로 쓰이기 때문에 사용하지 않았다고 하였다. 이런 의심이 전혀 근거 없는 건 아니었던 듯하다.

75　클라우드 컴퓨팅 기반 인스턴트 메신저 및 프로젝트 관리용 협업 툴.

돌연변이는 발생했을 뿐만 아니라 계통 내에서 보존되었기 때문에 적응적 가치를 제공했을 수 있다(아니면 일부는 운이 좋았을 수도). 지금까지 알려지지 않은 어떤 맥락에서 일어났다. 갑자기 나타난 변화가 그냥 존재했고, 드 올리베이라의 그룹이 본 유전체에 반영된 것처럼 번성하고 있던 단일 바이러스 균주 내에 묶여 있었다. 사용 가능한 데이터에는 이러한 돌연변이의 절반만 포함된 중간 형태의 흔적이 없었다.

중간체가 없는 이유는 무엇일까?

툴리오 드 올리베이라 자신을 포함한 많은 과학자 그룹이 곧 Virological 웹사이트에 두 부분으로 된 장문의 게시물을 통해 그 미스터리와 다른 미스터리를 다루었다. 이 그룹의 첫 번째 저자는 케이프타운 대학교의 계산 생물학자인 대런 P. 마틴(Darren P. Martin)이었다.

마틴과 그의 공동 저자들은 오미크론으로 가는 길에서 중간 단계가 사라진 것에 대한 세 가지 가능한 설명을 제시했다.

첫째, 남아프리카에서는 샘플링과 염기서열 분석을 너무 드물게 하기 때문에 환자들 사이에서 일어나는 일을 감지하지 못했을 가능성이 있다. 이 시나리오에 따르면, 중간 단계는 이미 군중 속에 퍼져 있었지만 과학은 이를 발견하지 못했다.

둘째, 오미크론 변이는 만성적으로 감염된 환자에서 진화했을 가능성이 있다. 이 시나리오에 따르면 중간 단계는 한 명의 환자 내에서 모두 발생했으며, 반복적으로 샘플링되지 않았기 때문에 과학이 이를 발견하지 못하고 변이는 완전히 발현되었다. 면역력이 약한 환자는 SARS-CoV-2에 장기간 감염될 가능성이 더 높으며, 페니 무어가 상기시켜준 것처럼 남아프리카에는 HIV를 가지고 있는 면역력이 약한 사람들이 많이 있다.

세 번째 가능성은 산림 순환과 야생 동물로 거슬러 올라간다.

아마도 오미크론은 역방향 인수공통감염증 이벤트로 유래했을 것이다.

즉, 인간이 비인간 동물에게 전염시키고, 그 후 동물 개체군에서 진화 기간이 이어지고, 그 후 인간에게 새로운 종간전파가 이어졌다.

이 시나리오의 한 틀은 1년 전 덴마크에서 밍크로부터 사람으로 유래한 클러스터 5 변종이었다. 차이점은 클러스터 5와 달리 오미크론은 돌연변이를 결합하여 인간에게 극도로 전염될 수 있다는 것이다. 중간 단계는 숲 속에 있을 수 있지만, 남아프리카에서 야생 동물(사자, 표범, 줄무늬 족제비?)을 샘플링 하지 않았기 때문에 그것을 보지 못했다.

마틴의 그룹은 "현재 오미크론의 기원에 대한 이러한 가설을 뒷받침하거나 반박할 직접적인 증거는 없다"라고 적었다. "하지만 새로운 데이터가 수집됨에 따라 그 기원을 더 정확하게 정의할 수 있을 것이다."

그게 안 되면 정의를 내리지 못할 수도 있다.

오미크론에 구현된 많은 혁신, 특히 다른 SARS-CoV-2 변종에는 나타나지 않은 스파이크 단백질의 아미노산 13가지 변화는 마틴과 그의 공저자들에게 다윈의 자연 선택이 돌연변이를 개별적으로 또는 집단적으로 선호한다는 것을 시사했다. 그 이유는 바이러스의 복제, 전파 또는 면역 방어 회피 능력을 증가시켰기 때문이다. (중요하니까 명심해야 할 사항: 중립적이거나 부정적인 영향을 개별적으로 미치는 일부 돌연변이는 순전히 우연히 전파될 수 있지만 한 계통에서 53개가 한꺼번에 전파될 가능성은 없다.)

변종은 얼마나 더 잘 전파되었을까?

백신과 부스터가 모이는 종류를 포함하여 면역 방어를 얼마나 효과적으로 회피했을까?

이러한 질문 역시 "새로운 데이터가 수집됨에 따라" 더 잘 답하게 될 것이다.

상황은 유동적이다.

이 글을 읽을 때쯤이면 독자분은 오미크론을 지금 당장 대런 마틴과 튤리오 드 올리베이라(나는 말할 것도 없고)보다 더 명확하게 이해할 수 있을 것이다.

공동 저자들은 또 다른 흥미로운 불확실성에 대해 논의했고, 나는 바로 위에서 그것에 대해 언급했다.

진화적 선택은 오미크론의 모든 중요한 변화를 개별적으로, 아미노산 하나하나씩 선호했을까, 아니면 그것들을 묶어서 선호했을까?

결합된 효과, 복잡한 상호작용, 집단적 최종 결과를 위해서. 마틴과 그의 공동 저자들이 지적했듯이 두 번째 명제는 유전학에서 호사스러운 이름인 긍정적 상호작용을 가지고 있다.

이 개념은 간단하다(세부 사항만 복잡할 뿐).

상호작용은 유전체의 다른 부분에 있는 유전자들이 서로에게 영향을 미치거나 조화를 이루는 상호 작용 효과를 말한다. 마치 오케스트라의 다른 부분에 있는 악기처럼. 개별적으로 중립적이거나 부정적인 영향을 미치는 경향이 있는 돌연변이는 그 유전자가 다른 유전자와 상호 작용할 때 유익한 기능을 수행할 수 있다. 나아가, 돌연변이 된 유전자 하나의 효과는 다른 유전자의 돌연변이가 존재 여부에 따라 달라질 수 있다. 오미크론의 맥락에서 긍정적 상호작용은 여러 돌연변이가 서로의 적응적 가치를 향상시킨다는 것을 의미한다. 이 변종은 많은 돌연변이를 가지고 있으며, 상호 작용의 복잡한 특성이 더욱 강력하게 만들고 있는 생물일 수 있다.

크리스천 앤더슨은 자신의 연구실에 에디스 파커(Edyth Parker)라는 박사 후 과정 연구원을 두고 있는데, 그녀는 "이 바이러스의 상호 작용적 빌어먹을 cirque du soleil(태양의 서커스)는 혼란스럽습니다"라는 식으로 더 생생하게 표현했다.

76

 한편, 팬데믹이 시작된 지 2년이 지났지만 사람들은 여전히 죽어가고 있었다.

대런 마틴과 그의 공저자들이 오미크론의 돌연변이에서 긍정적 상호작용에 대한 분석을 게시한 날인 2021년 12월 5일, 남아프리카 공화국은 "겨우" 수십

명의 사망자를 기록했지만, 이 나라의 총 코로나 사망자 수는 90,466명에 달했다.

영국은 팬데믹이 시작된 이후 총 146,622명이 사망했다.

이탈리아는 다섯 번째 물결에 휩쓸리고 있었고, 증례 수는 다시 많아졌지만, 의심할 여지없이 부분적으로는 백신 접종 덕분에 사망자가 이전 물결 때만큼 급격히 증가하지 않았다: 그날 "딱" 48명의 이탈리아인이 사망했다.

이제 독일의 차례가 되어 새로운 확진자, 사망자, 일일 사망자가 모두 급격히 증가하였다.

한국도 확진자와 사망자가 급격히 증가했다. 그 나라가 바이러스를 통제하는 데 모범적인 것처럼 보였던 긴 기간을 지나서 말이다.

또 다른 모범 사례인 싱가포르도 2021년 가을에 최악의 물결을 맞았고, 그 시기를 기점으로 해서 확진자와 사망자가 감소 추세를 보이기 시작했다.

이러한 팬데믹 내내 불규칙한 지리적 패턴을 설명하는 것은 무엇일까?

한 나라가 강타당하는 동안 다른 나라는 가볍게 지나가고 나중에 강타당하는 이유는 무엇일까?

비참함과 죽음의 파도가 바람에 휘날리는 바다의 파도처럼 여기저기서 오르락내리락하는 이유는 무엇일까?

부분적인 답은 많을 수 있지만, 포괄적인 답은 하나도 없다.

그 전 세기와 수천 년 동안 선지자와 설교자들은 이처럼 다양하게 할당된 비참함이란 종잡을 수 없고 벌을 잘 주는 신의 변덕과 판단에 기인하는 걸로 봤을 것이다.

오늘날에는 과학이 있지만 과학도 하나의 답을 제공하지 못했다.

아직은 말이다.

여기서 말해야 할 마지막 단어들 중 가장 분명한 단어는 다음과 같다.

코로나19는 인류에게 끔찍한 슬픔이었고, 특히 불리함, 불운, 나이 또는 자신의 용감한 선택으로 인해 가장 취약하게 노출된 사람들에게 그러했다.

우리 사회는 그들을 보호하기 위해 더 잘해야 했다.

이 책은 분명히 큰 슬픔을 완화하는 것이 아니라 과학자들의 어깨 너머로 보이는 책임 있는 바이러스의 생물학과 역사를 이해하려는 시도일 뿐이다.

그저 책일 뿐이다.

과학자들은 바이러스가 어디에서 왔고 어디로 갈지에 대해 많은 것을 말해줄 수 있지만, 모든 것을 말해줄 수는 없다. 그리고 그들은 그것을 알고 있다.

에디 홈즈, 크리스천 앤더슨, 수잔 와이스, 마이클 워로비, 아인 오툴, 에디스 파커 등이 실천하는 종류의 분자 진화 바이러스학은 엄청나게 강력한 방법과 기본 원리, 도구의 집합이지만 한계와 제약이 있다.

그것은 우리에게 전체 중 일부만을 제공한다.

그 조각들은 종종 정교하게 초점이 맞춰져 있지만 여전히 조각일 뿐이다.

진화 바이러스학자들은 더 넓은 세상에서 얻은 것, 또는 그들에게 온 것으로만 작업할 수 있다. 박쥐 구아노 샘플, 인간 타액 샘플, 세포 배양에서 자랄 수 있는 살아있는 바이러스, 전자 현미경으로 볼 수 있는 바이러스 입자 이미지, 유전체 RNA 또는 DNA의 분자 서열, 무엇보다도 그 분자 서열이다.

그 서열은 8피트 높이의 거석에서 발굴된 함무라비 법전, 로제타 스톤에 있는 세 가지 버전의 법령, 원래 콥트어로 쓰인 영지주의 복음서이다. 야생에서 발견된 바이러스의 유전체 서열은 종종 겹치는 섹션의 단서를 사용하여 조각들을 모아 조립한다. 당신이 모나리자의 직소 퍼즐을 조립하느라 각각 같은 퍼즐이 들어 있는 다섯 개의 다른 상자에서 조각을 꺼내 본다면, 그 난제를 이해하기 시작할 것이다.

예를 들어, 29,671글자 길이의 바이러스 서열 RmYN02는 남부 윈난의 동굴에서 포획하여 면봉으로 채취한 11마리의 말레이시아 편자박쥐의 배설물 샘플 11개에서 읽은 수천 개의 유전체 절편에서 조립되었다. 이 발견을 발표한 논문에는 홈즈를 포함한 13명의 저자가 있다. 아무도 모든 것을 알지 못한다. 심지어 그도 마찬가지다.

이것은 가난한 사람 버전의 보급형 불확정성 원리다.

어떤 질문의 어떤 측면에 대해 큰 확신을 얻은 과학자조차도 다른 측면에 대해서는 무지하거나 적어도 확실한 지식을 가지고 있지 못할 것이다.

마지막으로 개인적으로 말씀드리자면, 나는 분자 진화 바이러스학자의 업적을 대단히 존경하지만, 무지라는 이름의 길고 흐릿하고 뒤집힌 망원경을 통해 존경을 표하고 있는 셈이다.

나는 과학이 아니라 주로 문학에서 학문적 교육을 받았고, 이 불확정성 원리는 물리학자 베르너 하이젠베르크가 아니라 소설가 윌리엄 포크너에게서 물려받았다.

50년 전, 내가 처음 포크너를 읽고 그의 문학에 매료되었을 때, 가장 깊은 인상을 남긴 것은 그의 이야기, 그리고 그 이야기를 전하는 방식에 깃든 한 조각의 지혜였다.

모든 사건과 인간의 진실은 본질적으로 단편화되어 있으며, 그 단편들은 서로 다른 다양한 관점들을 통해서만 비로소 드러난다는 것.

그의 작품 중 최고의 작품, 중년 시절의 위대한 책들, 즉 『음향과 분노』, 『내가 죽어 누워 있을 때』, 『8월의 빛』, 『야생의 야자수』, 『내려가라』, 『모세』, 그리고 가장 강력한 『압살롬, 압살롬!』을 읽은 사람이라면 내가 무슨 말을 하는지 알 것이다.

다른 사람들은 소설까지 읽을 필요 없이 배웠을 것이다:

즉, 다양한 관점을 더해야만 전체적인 현실을 두루두루 이해할 수 있다는 것.

무엇이 진실인지 아닌지를 분별하는 일은 ― 그러니까, 일단 "진실"이라는 단어를 쓰기로 하자. 물론 이 단어가 지나치게 권위적이고 의심스러운 뉘앙스를 지닌다는 점은 인정하면서도 ― 결국 여러 목소리에 귀 기울이는 데서 시작된다.

대표적인 예로, 우리의 팬데믹이 있다.

우리는 많은 사람들의 목소리를 들어야 하고, 서로 이해하도록 도와야 한다. 아마도 그것이 긍정적 상호 작용의 인간 버전일 것이다.

불확실성의 소용돌이 속에서도 한 가지는 거의 확실하다고 나는 믿는다.

코로나19는 21세기의 마지막 팬데믹이 아닐 것이다.

아마도 최악도 아닐 것이다.

뭄바이 주변에는 훨씬 더 많은 표범이 있다. SARS-CoV-2가 어디에서 왔든, 이보다 훨씬 더 무서운 바이러스들은 존재한다.

후기:

아직도 논쟁 중인

코로나19 바이러스의 기원에 대한 미스테리[76]

팬데믹이 시작된 지 3년이 넘었고, 셀 수 없이 많은 사람들이 죽었지만, 우리는 여전히 이렇게 질문을 던지고 있다: 이건 어디서 온 걸까? SARS-CoV-2 코로나바이러스의 기원에 대한 의문은, 이 책이 처음 출간된 1년 전과 마찬가지로 2023년 후반인 지금까지도 여전히 논란 속에 남아 있다. 확정된 답은 아직 없으며, 분석과 가정이 복잡하게 얽혀 있는 그 어두운 풍경 속에서 진실은 마치 가지 많은 나무에 드리운 크리스마스 불빛처럼 희미하게, 그러나 분명히 반짝이고 있다.

한 학파는 여전히 바이러스가 인간이 아닌 동물에서 인간으로 전파됐다고 주장하는데, 아마도 음식으로 판매되는 생선, 육류, 야생 동물로 가득 찬 혼란스러운 상점인 화난 수산물 도매시장에서 일어났을 것이라 한다. 다른 학파는 여전히 바이러스가 인간을 감염시키고 해를 끼치도록 실험실에서 조작된 것이라고 주장한다. 즉, 생물 무기이며 중국 인민 해방군이 후원한 "그림자 프로젝트"에서 고안되었을 가능성이 있다는 것이다. 세 번째 학파는 두 번째 학파보다 온건하지만 실험실 작업에서 기원했음을 암시하기도 하는데, 바이러스가 도시 동쪽에 있는 우한 바이러스학 연구소(WIV)에서 사고로 인해 첫 번째 인간에게 감염되었을 것이라고 여전히 제기하고 있다. 아마도 선의에 의한 것이었겠지만 무모

---

76 이 장은 이 책의 초판에는 없었으나, 현재까지도 코로나19 바이러스의 기원설에 대해 자연에서의 종간전파설과 인위적인 조작설 내지 실험실 유출설, 심지어 음모론까지 논란 속에 팽팽히 대립하고 있어서, 이 문제를 다시 정리해 보자는 의도에서 저자가 개정판을 내며 추가한 장이다.

한 유전자 조작으로 인해 사람들에게 더 위험한 바이러스가 됐을 것이다.

이러한 가능성에 혼란스러워하거나, 결정을 내리지 못하거나, 지나치게 자신만만한 주장에 의심을 품거나, 팬데믹과 그 원인이 된 그 작은 병원체에 대해 지쳤다면, 독자분만 그런 것이 아니라는 것을 확실히 알아 두시라.

일부 반대론자들은 이제 바이러스의 출처는 중요하지 않다고 말한다. 중요한 것은 바이러스가 가져온 재앙, 바이러스가 계속 일으키는 질병과 죽음에 어떻게 대처하느냐는 것이다.

그러나 그 반대론자들은 틀렸다.

출처는 중요하다.

연구 우선순위, 전 세계의 팬데믹 대비, 건강 정책, 과학 자체에 대한 여론은 바이러스의 기원이 어디냐는 답에 의해 지속적으로 영향을 받을 것이다. 확실한 답을 얻을 수 있다면 말이다.

하지만 그 답을 제공할 수 있는 증거의 대부분은 사라졌거나 여전히 이용할 수 없다. 관련 자료를 신속히 수집하지 못했기 때문에 사라졌고, 특히 여러 단계의 중국 관료들이 완강하게 고집하고 은폐했기 때문에 이용할 수 없다.

예를 들어 자연적 종간전파 가설을 택해서, 바이러스가 야생 동물(아마도 너구리 — 여우와 비슷한 개 — 나 말레이시아 고슴도치)로부터 화난 시장 어딘가에서 인간에게 전파되었다고 가정해 보겠다. 그 가설을 검증하려면 시장에서 우리에 갇혀 비실비실 대며 잡아 먹힐 운명인 너구리, 고슴도치 및 기타 야생 동물에게서 즉시 채취한 혈액, 대변 또는 점액 샘플이 필요하다. 그런 샘플을 가지고 바이러스의 징후가 있는지 검사할 것이다. 거기서 바이러스 자체 또는 적어도 상당한 양의 유전체를 발견했다면 가장 초기 인간 증례에서 얻은 일부를 포함한 유전체를 비교 분석하여 사람들이 야생 동물에서 바이러스를 받았는지 또는 그 반대인지 추론할 것이다.

하지만 그렇게 할 수 없다.

2019년 12월에 시장에서 판매되었던 너구리나 고슴도치 또는 기타 야생 동물은 2020년 1월 1일부로 사라졌기 때문이다. 그날은 중국 당국의 명령에 따라 시장이 폐쇄되고 비워진 날짜로, 가장 의심스러운 야생 동물을 샘플링하려는 시도는 전혀 없었다(보고된 바로는).

혹은, 2023년 6월에 발행된 런던의 선데이 타임즈 기사에서 제시된 실험실에서 조작된 생물무기 가설을 살펴보자. 두 타임즈 기자는 신원이 밝혀지지 않은 "미국 조사관"을 인용하여 "극비 도청된 통신을 면밀히 조사"한 결과, 중국 군 당국이 무기화된 코로나바이러스를 개발하는 비밀 프로젝트를 지원하고 있다고 결론지었다. 이 기사는 또한 살인 바이러스가 일단 세계에 퍼진 후 중국 국민을 보호하기 위해 관련된 백신 개발에 노력을 다하고 있다고 가정했다.

매혹적인 이야기다.

이 기사에 따르면 바이러스 조작은 우한 바이러스학 연구소에서 이루어졌다.

기자들은 정보 출처를 밝히지 않았고 주장을 구체적으로 입증할 증거도 제공하지 않았지만, 만약 그렇게 했다면 폭발적인 뉴스가 되었을 것이다.

아니면, 실험실 유출 시나리오를 살펴보자. 일부 버전은 동물-인간 질병의 상호 연관성을 연구하는 뉴욕 소재 비영리 기관인 에코헬스 얼라이언스와 WIV의 쉬 정리와의 협력 관계를 비난조로 지적한다. 쉬와 그녀의 팀이 코로나바이러스를 연구하고 박쥐의 배설물과 다른 신체 물질 샘플에서 바이러스 RNA 조각과 가끔은 살아있는 바이러스를 추출하고 조각에서 전체 유전체를 조립한다는 사실, 쉬의 연구는 지속적으로 부정적인 관심을 불러일으켜 왔다.

그녀의 연구팀이 특정 바이러스의 유전적 요소를 다른 바이러스의 '골격'에 결합시켜, 그 요소가 야생 환경에서 어떤 기능을 수행하는지를 탐색하는 실험을 수행한다는 사실은, 방법론을 이해하는 일부 과학자들로부터는 신중한 평가를, 그러나 이를 이해하지 못한 많은 이들로부터는 비판을 받았다.

또한 쉬가 인간에게 위협이 될 가능성이 있는 박쥐 바이러스에 대해 경고를 담아 발표했던 여러 과학 논문들 역시, 경고의 기록이라기보다는 마치 '경솔한 실험의 증거'인 양 면밀히 조사되며 의심의 대상으로 여겨졌다.

쉬의 통솔 아래 있는 연구자나 기술자가 *SARS-CoV-2*와 매우 유사한 어떤 바이러스를 다루다가 우연히 감염되어 다른 사람들에게 감염을 퍼뜨렸다면?

그 질문은 팬데믹 초기부터 의심이 되었고, 그 다음에는 가설이 되었고, 그 다음에는 비난이 되었다.

주장과 반박을 주고받는 것은 여전히 활발하게 이루어져 왔다. 2023년 6월, Substack 뉴스레터인 *Public*에서 세 명의 저자는 이름을 밝히지 않은 "미국 정부 관리"를 인용하여 SARS-CoV-2에 감염된 최초 환자 중 한 명이 쉬의 연구실에 있는 후 벤(Ben Hu)이라는 과학자라고 주장했다. 그 주장은 유의미했고 사실이라면 중요했겠지만 이를 뒷받침하는 증거나 확인된 출처는 없었다. 열흘 후, 미국에서 국가정보국장실은 (3개월 전에 통과된 법률에 따라) 우한 바이러스학 연구소와 팬데믹의 기원 사이의 잠재적 연관성에 대해 미국 정보 커뮤니티에 알려진 모든 내용을 설명하는 기밀 해제 보고서를 공개했다. 이 보고서는 무엇보다도 WIV 인력이 때때로 인민해방군과 관련된 과학자들과 코로나바이러스 연구 작업을 같이 했지만 (현재까지 알려진 증거에 따르면) 그러한 연구 작업에는 "SARS-CoV-2의 전구체일 가능성이 있는 것으로 알려진 바이러스는 없었다"고 결론지었다.

그리고 2023년 7월 11일, 오하이오 공화당 의원 브래드 웬스트럽이 이끄는 코로나바이러스 팬데믹에 대한 하원 특별 소위원회는 그와 동료들이 "The Proximal Origin of SARS-CoV-2 (SARS-CoV-2의 근위 기원)"이라는 제목의 영향력 있는 2020년 논문의 저자들인 두 과학자 크리스천 앤더슨과 로버트 개리를 심문하는 청문회를 소집했다. 청문회의 분위기는 이미 제목에서 예고되어 있었다 — "은폐의 근위 기원 조사(Investigating the Proximal Origin of a Cover-Up)."

그날 청문회는 바이러스 기원에 대한 명확한 해명은커녕, 새로운 과학적 가능성조차 제시하지 못한 채, 비난과 방어로 가득한 공방의 장이 되고 말았다.

확실성이라는 것은 — 과학자에게도, 국가정보국장에게도, 일부 의회 소위원회

위원장에게조차 — 달성하기 어려운 목표이며, 결국은 고도로 정련된 추정에 불과하다.

철학자들은 오래전부터 이 사실을 인식해 왔고, 소설가와 시인들 역시 마찬가지였다.

월리스 스티븐스(Wallace Stevens)는 "*나는 세 가지 마음을 가졌네*"라는 시를 썼다.

"*나는 세 가지 마음을 가졌네/*

마치 세 마리 찌르레기가 앉아 있는 나무처럼."

스티븐스는 이 시에서 찌르레기를 바라보는 열세 가지 방법을 발견했다.[77]

SARS-CoV-2의 기원을 보는 방법은 적어도 그만큼 많으며, 이 질문에 공정하게 답하려면 그 시인과 마찬가지로 동시에 여러 가지 가능성을 염두에 두어야 한다.

찌르레기를 바라보든, 기원 가설을 어떻게 생각하든, 그것은 당신의 배경에 따라 영향을 받을 수 있다. 이는 오래된 진리지만, 나는 시애틀의 프레드 허친슨 암 센터에 있는 진화 생물학자 제시 블룸과 대화하는 동안 그것을 새삼 상기하게 됐다.

블룸은 두 가지 이유로 바이러스의 진화를 연구한다: 바이러스의 진화는 빠르게 일어나기 때문에 이를 통해 일반적인 진화를 밝혀낼 수 있고, 그래서 공중 보건에 시사하는 바가 크다는 것. 그는 실험실 유출 가설은 추가 조사를 할 가치가 있다고 주장하는 사람들 중에서 가장 자격을 갖춘 사람 중 한 명이다.

2021년 2월, 블룸과 대화를 나누며 바이러스 기원에 대한 질문을 했을 때, (앞서 언급했듯이) 그는 이렇게 말했다.

77　미국의 시인 월리스 스티븐스가 1917년에 발표한 '찌르레기를 보는 13가지 방법'에서 인용했다. 어떤 사물을 보더라도 다양한 시각과 해석의 가능성이 있음을 보여주고, 단일한 진리나 확실성이 존재하지 않음을 암시하였다.

"많은 사람들은 자신이 이미 갖고 있는 신념을 강하게 고수하고 있다고 생각합니다."

인수공통감염병을 연구하는 과학자들은 자연 발생 기원에 무게를 둘 가능성이 높고, '기능 획득(gain-of-function)' 연구의 위험성을 오래 전부터 비판해 온 과학자들은 실험실 유출설을 더 쉽게 받아들일 수 있다.

또한, 중국 정부의 억압적이고 비밀주의적인 태도에 비판적인 국가안보 전문가들 역시, 중국의 은폐 및 부정 행위에 초점을 맞춘 시나리오에 기울 가능성이 크다.

최근의 통화에서 블룸은 자신 역시 사전(prior) 인식으로는 자연적 종간전파가 더 가능성 있어 보인다고 느꼈다고 밝혔다.

그러면서도 그는 덧붙였다.

"하지만 그것이 99.99% 확실한 설명이라고는 생각하지 않습니다. 다른 가능성도 있을 수 있습니다."

그 말을 듣고, 나는 잠시 멈춰서 나 자신의 '사전 인식'이 무엇이었는지 되돌아보게 되었다.

지난 40년 동안 나는 자연 세계와 이를 연구하는 과학, 특히 생태학과 진화 생물학에 대한 논픽션을 써 왔다. 그 기간의 전반부에는 곰, 악어, 땅벌과 같은 크고 눈에 띄는 생물과 아마존 정글과 소노란 사막과 같은 야생 지역에 주로 관심을 기울였다.

나는 1999년 내셔널 지오그래픽 업무를 하면서 중앙 아프리카 숲의 에볼라 바이러스 서식지를 열흘간 걸으며 신종 바이러스에 대해 다루기 시작했다. 나중에는 5년 동안 동물성 질병과 이를 유발하는 병원체에 대한 책을 썼다(2012년 'Spillover' 말이다). 여기에는 2002년에 출현하여 2003년에 홍콩에서 싱가포르, 토론토 및 기타 지역으로 여행하는 인간을 통해 퍼진 SARS 바이러스(이전의 살인 코로나바이러스는 현재 SARS-CoV-1이라고도 함)도 포함된다. 이 바이러스는 일부 중국 남부 시장과 레스토랑에서 식품으로 판매되는 고양이와 비숫한 야생 육식동물인 야자 사향 고양이에서 유래되었다. 이전에 설명했듯이 사향 고양이는 단순한 중간 숙주인 것으로 판명되었고, 자연 숙주(또는 적어도 그들 중 하나)는 나중에 편자박쥐로 확인되었다.

SARS-CoV-1의 이야기는 동물에서 출현한 위험한 신종 바이러스의 서사시에서 단 한 장에 불과하다. HIV가 어떻게 인간에게 침투하여 AIDS 팬데믹을 일으켰는지에 대한 암울한 이야기는 또 다른 이야기다. 이 이야기는 부분적으로는 추론으로, 부분적으로는 분자적 증거로 알려져 있으며, 20세기 초 카메룬 남동부에서 사냥꾼과 사냥감이었던 침팬지 사이에 피가 혼합되었던 단 한 번의 사건으로 거슬러 올라갈 수 있다. 인간 외의 동물과 접촉하는 것은 우리가 걸리는 독감에 대한 설명이 되기도 하는데, 이런 경우는 보통 야생 수생 조류에서 사람에게 전염되는 것이다.

호주의 헨드라 바이러스는 박쥐에서 사람으로 옮겨오는데, 일반적으로 중간 숙주인 말을 통해 전파된다. 볼리비아의 마추포 바이러스는 사람을 감염시키지 않을 때는 설치류에 기생한다. 한국에서 발견된 한탄 바이러스와 미국 남서부의 신 놈브레 바이러스도 설치류에서 사람에게 옮겨온다. 방글라데시와 주변 국가의 니파 바이러스는 박쥐에서 유래한다. 박쥐의 배설물, 타액, 소변으로 배출되며, 달콤한 수액을 채취하고 있는 중인 — 방글라데시의 관습 — 대추 야자나무로 특정 과일박쥐가 날아와 거기서 박쥐가 배설한 바이러스로 수액이 오염된다. 이 수액은 길거리에서 신선한 상태로 지역 고객에게 판매되며, 그걸 사마신 사람들 중 일부는 죽기도 한다.

이런 사례들과 이와 비슷한 다른 많은 사례들은 내가 겪은 사전 경험 사례들이다. 그래서 그렇게 축적된 경험들은 의심할 여지도 없이 나로 하여금 자연스럽게 종간전파(spillover)라는 설 쪽으로 기울게 한다. 자연스러운 종간전파는 종종 일어나는 일이고, 때로는 나쁜 결과를 초래한다.

위험한 신종 바이러스의 역사에서 실험 중 사고(事故)들 또한 종종 발생했으며, 이러한 사고들에 대한 오랜 우려는 코로나19 실험실 유출 가설을 선호하는 일부 사람들의 사전 선입견을 구성한다. 이러한 사고는 사고라고 말할 수 있는 기준 문턱을 어디에 두고 "사고"를 어떻게 정의하느냐에 따라 수백 개 내지 수천 개에 이를 수도 있다.

1977년에는 1950년대 인플루엔자 바이러스 주(아마도)가 다시 유입되어 그해 독감 팬데믹을 일으켜 수십만 명이 사망한 일이 있었고, 2004년에는 신중한 과학자 켈리 워필드가 메릴랜드주 포트 데트릭에 있는 USAMRIID (the United States Army Medical Research Institute of Infectious Diseases, 미국 육군 감염병 의학 연구소)에서 에볼라 연구를 하던 중 바늘에 찔려 다친 사건이 있었다. 나는 워필드와 하루 종일 같이 보냈고, 전작 『Spillover』에서 그녀의 종간전파 경험에 11페이지를 할애해 주었다. 그녀는 불운하게도 주사를 놓으려던 쥐가 발로 차서 바늘이 그녀 자신의 엄지손가락 기저부에 튀었다. 그리고 그녀는 USAMRIID의 고밀도 의료실(슬래머; 교도소라고도 함)에서 3주 격리되었는데, 결국 에볼라에 걸리지는 않았으니, 운이 좋았다. 그녀는 슬래머에서 지낸 후 건강하게 나왔다.

또한 2004년, 전 세계 SARS 공포가 발생 했었던지 불과 1년 후 베이징의 바이러스 연구실에서 일하는 두 명의 직원이 그 바이러스에 각각 따로따로 감염되어, 나중에 총 9명에게 전염되었고 그중 한 명이 사망했다. 이는 그 전년도에 싱가포르와 대만에서 발생한 두 건의 SARS 바이러스 실험실 사고 감염에 이어서 이듬 해에 생긴 사고였다.

2019년 말, 우한의 병원들에서 '비정형 폐렴' 사례들이 처음 나타나기 시작했고, 2020년 초에는 코로나바이러스 감염이 폭발적으로 증가했다.

그렇기에 '우한'이라는 발병 장소 자체는 자연 기원설이든 실험실 유출설이든 어느 쪽을 지지하는 선입견에도 타당성을 부여하는 것처럼 보였다.

잠재적인 실험실 유출 연관성은 주목하기 가장 쉬웠다: 이 도시는 코로나바이러스 연구에 특화된 기관으로 잘 알려진 우한 바이러스학 연구소를 보유하고 있었다.

한편, 우한은 식품, 모피, 전통 의약품 등을 위한 야생 동물 거래의 주요 국가적 중심지이기도 했다. 그 무역 규모는 연간 700억 달러 이상으로 추산되며, 다양한 동물들과 그들이 보유한 바이러스들이 사람들로 붐비는 시장에서 거래되곤 했다.

그러한 시장 중 하나인 화난 시장은, 가장 초기 확진 사례들의 공간적 분포상 중심에 있거나 그와 매우 가까운 위치에 있었다.

단순히 그런 상황에서 논의가 출발한다면, 과연 실험실 사고가 자연적 종간전파보다 더 가능성이 높았을까?

그리고 그 두 시나리오에서 중국 정부의 압력과 몽매주의(obscurantism)[78]는 이 둘 중 어느 쪽이 맞는지 평가할 증거들을 얼마나 제한했을까?

SARS-CoV-2가 인간에게 전파된 특정 사건에 대한 결정적인 설명은 없기 때문에 — 아직은 말이다 — 전문가들조차도 데이터와 상황에 기반하여, 세상이 어떻게 작동하는지에 대해 각자 갖고 있는 기존 신념에 따라 다양한 영향을 받으며, 그들의 견해는 확률로 표현할 수밖에 없다.

당신은 스스로 확률을 평가할 때, 논점을 흐리게 만드는 잡음, 분노, 악의, 정치화에서 한 걸음 물러나 우리가 가진 증거에 집중하고 싶을 것이다.

그런 목적을 위해, 여기서 특정 조짐을 보인 사건들을 발생한 순서대로 요약하는 것이 유용할 수 있다.

독자 여러분은 이 책에 실린 이전 내용에서 이러한 사건 중 일부에 대해 읽었지만, 기억을 되살리고 최근에 나타난 새로운 사실과 요인을 결합하면, 바라건대, SARS-CoV-2의 기원에 대한 의문이 된 서사적 세부 사항, 격렬한 의견, 완강한 논쟁, 혼란스러운 불확실성의 흐름을 더 잘 이해하는 데 도움이 될 것이다.

---

78 반계몽주의로도 번역되는데, 한마디로 반지성적인 관행을 말한다. 이는 알아야 할 것을 의도적으로 제한하고, 고의로 모호하게 뭉뚱그려서 대중들이 정확한 정보를 알지 못하게 하는 것이다.

2020년 1월 11일, 우한에서 발생한 발병에 대한 첫 보고가 상하이에서 전 세계로 퍼진 지 불과 11일 후, 앞서 말했듯이, 푸단 대학의 장 용전이 이끄는 과학자 팀이 웹사이트 Virological.org를 통해 새로운 바이러스의 유전체 서열 초안을 공개했다.

유전체는 시드니에 거주하는 영국 호주 진화 생물학자인 에드워드 C. 홈즈가 전달했다. 그는 RNA 바이러스(코로나바이러스 포함)의 진화에 대한 연구, 깔끔한 대머리, 그리고 신랄한 솔직함으로 바이러스 학자들 사이에서 유명하다. 자기가 대머리 호머 심슨과 닮았다고 자랑하는 사람인데, 이 분야의 모든 사람은 에디라고 부른다. 홈즈는 유전체 조립 프로젝트에서 장의 동료로 일했었다. 그들의 데이터 게시는 스코틀랜드 시간으로 오전 1시 5분에 Virological에 올라갔고, 그때 에든버러에 있는 해당 사이트의 큐레이터이고 홈즈의 오랜 친구이자 동료인 앤드류 램보우는 경각심을 가지고 서둘러 작업을 진행할 준비가 되어 있었다. 램보우와 홈즈는 유전체에 대한 간략한 서문 노트를 다음과 같이 작성했다: "이 데이터를 자유롭게 다운로드하고, 공유하고, 사용하고, 분석하세요"라고 적혀 있었다. (이 책의 하드커버 버전에서 그 문구를 인용한 후, 나는 "두 사람 모두 '데이터'가 복수형이라는 것을 알고 있었지만, 그들은 서둘렀다"라고 언급했다. 이 게시물을 여전히 찾을 수 있는 Virological 웹사이트에는 서문 노트에 바로 이 각주가 추가되었다. "우리는 '데이터'가 복수형이라는 것을 알고 있었지만, 우리는 서둘렀습니다.")

즉각적으로 홈즈와 몇몇 동료는 바이러스의 진화적 역사에 대한 단서를 찾기 위해 유전체를 분석하기 시작했다. 그들은 알려진 코로나바이러스의 배경과 그러한 바이러스가 야생에서 어떻게 형성되는지에 대한 그들만의 이해를 활용했다(홈즈의 2009년 저서, *RNA 바이러스의 진화와 출현*에 반영됨). 그들은 빈번한 돌연변이(유전체 약 30,000개 문자당 1개의 변이), 재조합(한 바이러스가 다른 바이러스와 유전체 절편을 교환하고, 둘 다 단일 세포에서 동시에 복제됨) 및 다윈의 자연 선택이 코로나바이러스의 무작위적인 변이에 작용해서 바이러스의 진화가 빠르게 발생할 수 있다는 것을 알고 있었다. 홈즈는 에든버러의 램보우와 다른 두 동료인 캘리포니아 라호야 스크립스 연구소의 크리스천 앤더슨 그리고 뉴 올리언스 툴레인 의과대학의 로버트 개리와 의견을 교환했다. 컬럼비아 대학교 메일먼 공중보건대학원의 이언 립킨이 나중에 이 무리에 합류했다. 이 5명은 SARS-CoV-2의 유전체와 그 기원에 대한 논문을 발표하는 것을 목표로 하는 일종의 장거리 연구 그룹을 형성하게 된다.

홈즈, 앤더슨, 그리고 그들의 동료들은 이 바이러스가 박쥐 바이러스와 유사하다는 것을 알아챘지만, 더 많은 연구를 통해 그들을 주저하게 만든 "주목할 만한 특징" 두 가지를 발견했다.

이 특징, 즉 유전체 내에서 깜박거리며 나타난 짧은 돌연변이(blip) 두 개는 전체를 통틀어서도 아주 작은 비율을 구성했지만, 바이러스가 인간 세포를 잡아 감염시키는 능력에 잠재적으로 큰 의미를 가졌다. 그것은 바이러스학자들에게 기술적으로 친숙하게 들리는 요소였지만, 지금은 코로나 기원을 표현하는 용어들의 일부가 되었다: 즉 퓨린 절단 부위(FCS)와 예상치 못한 수용체 결합 영역(RBD)이다. 모든 바이러스에는 세포에 부착하는 데 도움이 되는 RBD가 있다. FCS는 특정 바이러스가 내부로 들어가는 데 도움이 되는 특징이다. 전 세계 과학자들을 공포에 떨게 했지만 단지 약 800명의 사망자만 낸 원래의 SARS 바이러스는 어떤 면을 봐도 신종 코로나바이러스와 비슷하지 않았다. SARS-CoV-2는 어떻게 이런 형태를 갖게 되었을까?

앤더슨과 홈즈는 처음에는 그것이 인위적으로 만들어진 것일지도 모른다고 진심으로 우려했다.

그 두 가지 특징은 과연 유전자 조작을 통해 어떤 코로나바이러스의 틀에 고의적으로 추가되어, 의도적으로 바이러스를 인간에게 더 쉽게 전염시키고 병원성을 높이려고 만든 것일까?

이 문제는 깊게 성찰해 봐야 했다.

홈즈는 당시 런던에 있는 보건 연구를 지원하는 재단인 웰컴 트러스트의 이사였던 질병 전문가 제러미 패러에게 전화를 걸었다. 패러는 요점을 파악하고 재빨리 국제 과학자 그룹 간의 컨퍼런스 소집을 마련하여 유전체의 수수께끼 같은 측면과 그 기원에 대한 가능한 시나리오를 논의했다. 이 그룹에는 툴레인의 로버트 개리와 약 12명의 사람들이 포함되었는데, 그들 중 다수는 에든버러의 램보우, 네덜란드의 마리온 쿠프만스, 독일의 크리스천 드로스텐(Christian Drosten)같이 관련 전문 지식을 가진 저명한 유럽 또는 영국의 과학자였다.

또한 그 소집에는 당시 미국 국립 알레르기 및 감염병 연구소 소장이었던 앤서니 파우치와 미국 국립보건원 소장이자 파우치의 상사였던 프랜시스 콜린스가 참여했다. (당시 미국 질병통제예방센터 소장이자 실험실 유출을 주장했던 로버트 레드필드는 이 모임에 초대받지 못했는데, 이는 선택 사항이었고 레드필드는 나중에 이를 지적하고 자기를 배제한 것에 언짢아 했다.) 이것이 유명한 2월 1일 소집으로 — 일부 비판적인 목소리를 믿는다면 — 파우치와 콜린스가 다른 사람들을 설득하여 바이러스가 조작되었을 수 있다는 생각을 억누르게 했다고 한다.

"파우치가 우리에게 생각을 바꾸라고 지시했다느니, 우리가 돈을 받았다는 식의 이야기가 퍼졌죠. 완전히 헛소리입니다."

에디 홈즈는 내게 이렇게 말했다.

앤더슨도 이에 전적으로 동의했다.

"어떤 평행우주에 가더라도, 그런 일은 일어나지 않습니다."

그는 이어서 말했다.

"토니 파우치가 미국의 주요 연구비 지원 기관을 이끄는 인물이라는 이유만으로, 에디 홈즈나 앤드류 램보우 같은 과학자들의 진화 바이러스학적 판단에 영향을 미칠 수 있다고 — 혹은 그럴 의도가 있었을 것이라고 — 전제하는 건, 슬쩍 보기만 해도 터무니없는 이야기 아닙니까?"

로테르담의 마리온 쿠프만스나 베를린의 크리스티안 드로스텐을 파우치가 '이용'했을 것이라는 가정 역시 마찬가지다.

그건 도저히 성립할 수 없는 시나리오다.

7월 소위원회 청문회 직후, 비공개 이메일과 Slack 트래픽이 공개되자 앤더슨과 그의 동료들은 은폐와 위장 혐의를 받았다: 비판하는 이들은 그들의 메시지가 비공개적으로는 조작된 바이러스나 실험실에서 유출되었을 가능성에 대해 깊은 우려를 표명했지만, 두 가능성 모두에 대해 대중의 논의에서 제외하려고 노력했다는 것을 보여준다고 주장했다.

하지만 연구자들이 설명했듯이, 이러한 명백한 모순은 단순히 그들의 빠르게 진화하는 견해를 반영한 것이다. 예를 들어, 그들은 소집 전 초기에는 SARS-CoV-2의 수용체 결합 영역이 조작의 징후일 수 있다고 우려했지만, 2월 1일 컨퍼런스 소집 직후에 천산갑을 감염시키는 코로나바이러스에서 매우 유사한 RBD를 발견된 것을 알게 되었다. 휴스턴의 생물정보학자인 매트 웡이 공개 데이터베이스에서 이를 발견하여 Virological 웹사이트에 게시했고, 결국 그룹의 주목을 받게 되었다. 매트 웡은 주목을 받지 못했지만 매력적인 사람이다(이런 일에 다른 일화에서는 그의 이름이 언급된 걸 나는 본 적이 없다). 그는 @torp-tube에서 자신의 웹 게시물에 서명했고, 친구들과 당구 토너먼트에 갔으며, 2020년 1월 26일 코비 브라이언트가 사망한 헬리콥터 추락 사고로 인해 삶의 목적에 대한 갈망이 갑자기 강해졌다.

웡이 천산갑 바이러스 유전체와 일치하는 것을 발견한 것은 그러한 RBD가 야생에서 적어도 한 번은 진화했으며, SARS-CoV-2에 들어갔을 가능성이 있음을 보여주었다, 자연적인 유전자 교환 과정인 재조합을 통해. 앤더슨과 그의 동료들은 또한 퓨린 절단 부위가 메르스 바이러스같이 다른 종의 코로나바이러스에서는 자연적으로 발생하지만, SARS-CoV-2가 소속된 아속(subgenus; genus의 바로 아래 단계이자 종, species의 바로 위 단계)을 이루는 다른 바이러스 종들에서는 없다는 것(지금까지 발견된 바에 따르면)을 알아냈다.

이러한 새로운 데이터는 앤더슨이 트위터에서 "과학적 과정의 명확한 예"라고 부른 새로운 결론으로 이어졌다. 컨퍼런스 소집 16일 후, 그들은 "SARS-

CoV-2의 근위 기원"이라는 제목의 논문 프리프린트를 게시했고, 4주 후 학술지 *Nature Medicine*에 게재되었다. 앤더슨과 그의 공저자들은 논문 맨 앞 시작 문단에 다음과 같이 결론을 밝혔다: "우리가 분석한 결과, SARS-CoV-2는 실험실 구성물이나 의도적으로 조작된 바이러스가 아니라는 것을 분명히 보여준다." 그래도 여전히 동물 숙주에서 진화하여 동물 감염을 통해 인간에게 전파된 "자연" 바이러스의 가능성은 남아 있었다. 아니면 우연히 자연 바이러스가 "유출"되었을까?

논문의 마지막 부분에서 그들은 좀 더 미묘한 내용을 언급했다: 바이러스의 의도적인 조작은 배제할 수 있지만, "현재로선 그 기원에 대해 여기 설명된 다른 이론들을 증명하거나 반증하는 것은 불가능하다."

유전자 편집이나 전달을 통한 실험실 조작을 제외하고 RBD와 FCS를 만드는 다른 이론이란

① 야생 동물 숙주에서의 자연 선택

② 종간 전파 이후, 인간의 자연 선택이었다.

그럼에도 불구하고 저자들은 "실험실 기반 시나리오는 그 어떤 유형도 타당하다고 믿지 않는다"라고 재확인했다.

또 다른 코로나바이러스 하나는 SARS-CoV-2와 가장 유사하게 매치되는 것으로 알려지며 빠르게 주목을 받았다. 그것은 **실제로는 "실체로 존재하는" 바이러스가 아니었다 ― 즉, 물리적으로 존재하는 바이러스가 아니었다**는 것이다. 그것은 몇 년 전 광산에서 수집한 박쥐의 배설물 면봉 샘플에서 추출한 RNA 조각으로 조립된 유전체 서열일 뿐이었다. 그곳은 우한에서 남서쪽으로 1,200마일 떨어진 윈난성 모장 구의 통관이라는 마을에 있는 악명 높은 "모장 광산"이었다. 유전체는 팬데믹 초기에 사람들에게서 샘플링한 SARS-CoV-2 유전체와 96.2% 동일했다. 그 정도 유사성(또는 3.8% 차이)이 의미하는 것은 이 바이러스가 몇 년 전에 SARS-CoV-2와 공통적인 바이러스 조상을 두고 있었고 그 이

후로 **독립적으로** 진화했음을 시사한다. 따라서 이것은 SARS-CoV-2의 **사촌이**지 조상이 아님을 나타낸다.

박쥐 표본을 채취하고 서열을 조립하는 작업(처음에는 일부만, 그런 다음 더 나은 기술을 사용하여 거의 전부)은 우한 바이러스학 연구소의 쉬 정리가 주도했다. 쉬와 그녀의 팀은 그 서열에 RaTG13이라는 라벨을 붙여 2013년 통관(TG)의 광산에서 포획한 중간 편자박쥐인 *Rhinolophus affinis* (Ra) 개체에서 유래했다는 사실을 코딩화했다. RaTG13은 꽤 유명해졌는데, 박쥐 바이러스에서 SARS-CoV-2의 조상에 대한 강력한 증거를 구성했을 뿐만 아니라 모쟝 광산이 실험실 유출 기원에 대한 더욱 끔찍한 시나리오 중 일부에 등장하기 때문이기도 했다.

'모쟝'이라는 이름이 어딘가 음산하게 느껴지는 이유 중 하나는, 2012년, 그 지역 광산에서 일하던 노동자 세 명이 며칠간 지하 작업을 한 뒤 정체불명의 호흡기 감염으로 사망했기 때문이다.

그들의 폐 안에 무엇이 들어갔던 것일까?

곰팡이였을까?

바이러스였을까?

일부 실험실 유출설 지지자들은, 중국어로 작성된 두 편의 모호한 의학 논문에서 묘사된 이 사망 사례들이, 바이러스 — 아마도 RaTG13 — 로 인한 가장 초기의 사망 사례였다고 주장한다.

그들의 주장에 따르면, 그 바이러스는 이미 SARS-CoV-2였거나, 혹은 쉬 정리의 연구실에서 실험된 SARS-CoV-2 또는 그 직접적인 조상(즉, 단순한 사촌이 아닌 훨씬 더 가까운 계통)일 수 있었다는 것이다.

이러한 추론은 결국, 광산 노동자들이 사망한 1년 뒤, 쉬의 연구팀이 해당 바이러스를 우한으로 가져왔을 가능성을 시사한다.

하지만 그 모쟝 사망자들에 대해서는 **2014년에도** *Emerging Infectious Diseases*(미국 CDC의 과학 학술지로, 만다린어로 쓰인 바람에 간과된 논문만큼

이국적이지는 않음)에 보고되었는데, 과학자들은 완전히 다른 바이러스를 발견했고, 니파와 헨드라 바이러스와 관련이 있어서 잠재적으로 위험했으며, 모쟝 광산에서는 박쥐가 아닌 쥐가 갖고 있었다.

챙겨야 할 요점 하나: 광산에서 쥐와 박쥐, 그리고 다른 다양한 종의 동물들에게서 표본을 채취하면 당신은 제발 자신의 폐에 들어가지는 않았으면 하는 다양한 바이러스를 발견할 수 있다는 것.

RaTG13 시나리오의 또 다른 문제: 그 유전체는 전장에 걸쳐 분산된 1,100군데 이상 위치에서 각 서열들이 SARS-CoV-2와 다르다는 것이다. 홈즈와 다른 코로나바이러스 유전체학 전문가들의 의견에 따르면, RaTG13으로 시작하여 SARS-CoV-2로 만들어지는 것은 비합리적이고 비실용적이었을 것이다. 게다가 RaTG13은 살아있는 바이러스가 아니라 유전체 서열이라는 점을 명심하는 것이 중요하다: 그것은 생물학적 개체가 아니라 정보다. 박쥐의 배설물 속에서 잠자고 있던 바이러스를 구슬려 깨워서 세포 배양에서 자라게 하는 일은 어렵고, 보통은 실패한다. 쉬 정리는 이메일로 한 질문에 대한 답변에서 사이언스 학술지의 수석 기자인 존 코헨에게 자기는 연구실에서 RaTG13을 키운 적이 없다고 했다. 그녀는 줌으로 2시간 동안 나와 대화하는 동안에도 같은 말을 했다.

"아니요, 아니요. **우리는 모쟝의 이 동굴에서 채취한 샘플을 배양할 수 없었습니다.**"

쉬는 내게 설명하기를, 자기는 2019년 12월 30일 밤 상하이에서 열리는 컨퍼런스에 참석 중이었는데, 그때 우한에 사는 사람들 사이에 위험할 정도로 퍼지고 있는 신비한 호흡기 질환에 대한 소식을 접했다. 예비 검사 결과 코로나바이러스(SARS 바이러스는 아니지만 비슷한 바이러스)가 원인일 수 있다는 결과가 나왔다. 그녀는 그 바이러스를 식별해 달라는 요청을 받았다. 즉시 연구실 팀을 투입하여 작업을 시작하게 했고, 다음 날 기차를 타고 우한으로 돌아갔다.

몇 시간 만에 그녀의 연구실은 다른 연구실에서 부분적인 서열을 받았다.

그녀에게 든 첫 번째 직감은 스스로 작업하여 얻었던 바이러스 서열과 비교하는 것이었다.

"그리고 우리는 그것이 다르다는 것을 발견했습니다"라고 그녀는 말했다. **"그래서 12월 31일 오후에 저는 그것이 우리 연구실에서 한 일과 아무 관련이 없다는 것**을 이미 알고 있었습니다."

일부 비판가들은 그녀가 그리도 황급히 자신의 실험 기록을 확인해 봤다는 건 그녀 자신이 오류를 저질렀거나 죄책감에서 그런 걸 인정했음을 내포하고 있다는 의견을 제기했으며, 그녀는 그들이 그렇게 주장했다는 걸 잘 알고 있었다.

"원래 그렇게 하는 겁니다!" 이게 그녀의 대답이었다.

존 코헨은 2020년 1월 31일 사이언스에 게재된 보고서에서 실험실 유출 가능성을 언급하면서, 가장 초기에 확인된 증례 모두가 화난 시장과 직접적인 관련이 있었던 것은 아니라고 언급했다. 한 연구에 따르면, 처음 41건 중 14건은 그렇지 않았다.

그 사람들은 다른 곳에서 감염되었을 수도 있고, 아예 동물에게서 감염되지 않았을 수도 있을까?

SARS-CoV-2가 뱀 바이러스와 비슷하다는 생각(그리고 뱀은 우한 수산 시장에서 판매됨)을 포함하여 생생하지만 근거가 없는 몇 가지 주장을 설명한 후, 코헨은 "박쥐와 인간 코로나바이러스를 연구하는 중국 최고의 실험실인 우한 바이러스학 연구소도 비난을 받고 있다"라고 덧붙였다. 그는 WIV의 생물 안전 절차와 시설의 보안에 대한 우려가 제기되었다고 썼다.

바이러스의 기원에 대한 증거는 유전체 자체에서 읽을 수 있는 것 외에는 초기 몇 달 동안은 거의 없었다. 증거 대신 한쪽에는 과학적 권위의 무게가 있었고 다른 한쪽에는 엄청난 비난이 있었다. 2020년 2월 19일, 영국의 학술지 랜싯에 27명의 과학자가 서명한 공개 레터가 온라인에 게재되었는데, 그중 일부는 바이러스학 및 공중 보건 분야의 저명한 고위 인사였고, 다른 일부는 저명한 경력을 쌓은 연구자들이었다. 그것은 당시 바이러스를 이해하고 통제하기 위한 노력의 최전선에 있었던 중국 과학자 및 의료 전문가와의 연대를 표명하는 성명이었다. 이 레터는 영국계 미국인 질병 생태학자이자 에코헬스 얼라이언스의 회장이며 쉬 정리와 협력한 피터 다스작이 작성했다. 중국 동료들에 대한 지지를 표명하는 것 외에도 "우리는 코로나19가 자연적 기원이 아니라는 음모론을 강력히 비난하기 위해 함께 서 있다"라고 말했다. 그런 자신감의 표현은 곧 역효과를 낳을 뿐이었고, "음모론"이라는 표현은 캠프파이어를 하며 프라이팬에 두른 베이컨 기름처럼 퍼져 나가 회의론자들을 들끓게 했다.

한편, 실험실 유출이라는 설은 일부 정치권에서 받아들여졌는데, 부분적으로는 중국 정부 그리고 그들의 억압적인 정책, 비밀주의 성향에 대한 태도와 맞아 떨어졌기 때문이었다. 2020년 1월 말, 코헨의 1월 31일 기사가 나오기 전에도 워싱턴 타임스는 WIV와 중국군의 은밀한 생물학 무기 프로그램 사이의 연관성을 시사하는 기사를 실었다. 이 기사(나중에 편집자 주와 함께 철회)는 주로 전 이스라엘 군 정보 장교의 주장에 근거했다. 몇 주 후, 아칸소주 상원의원 톰 카튼은 폭스 뉴스에서 우한 실험실에 대한 비슷한 의심을 표명했다. 카튼은 "이 질병이 그곳에서 유래했다는 증거는 없다"고 말했다. "하지만 중국이 처음부터 보인 이중성과 부정직함 때문에 적어도 그 질문을 해야 한다."

얼마 지나지 않아 도널드 트럼프의 마음이 바뀌기 시작했다.

대통령은 팬데믹 초기 몇 주 동안 중국에 대해 지지적인 발언을 했고, 2월 7일에는 시진핑 주석에 대해 "그가 정말 잘 처리했다고 생각한다"고 말했다. 그런 다음 상황이 바뀌었고, 4개월 후 트럼프는 코로나19를 "쿵 플루(the kung flu; 중국 독감)"라고 부르며 집회 군중을 선동했다.

실험실 유출설의 매력은 당파를 가리지 않았다. 제이미 메츨은 클린턴 행정부에서 근무했고, 한때 상원 위원회 직원으로 조 바이든 상원의원과 긴밀히 협력한 작가이자 정치 평론가다. 메츨은 옥스퍼드에서 박사 학위를, 하버드 로스쿨에서 법학 박사 학위를, 대서양 협의회에서 수석 펠로우십을, 13번의 철인 삼종경기를 포함하여 눈부시게 빛나고 진보적인 이력을 가지고 있다. WHO 인간 유전체 편집 전문가 자문 위원회의 전 위원인 메츨은 일찍부터 팬데믹의 기원에 대한 조사를 촉구했는데, 그의 말에 따르면 "이 위기가 우한에서 발생한 실험 연구 관련 사건에서 비롯되었을 가능성이 크다"고 하였다.

2020년 초, 메슬이 이 문제에 대해 공개적으로 입을 열었을 때, 그는 주변의 반응에 놀람과 분노를 동시에 느낀 듯했다.

"제가 상황을 다른 시각에서 보기 시작했고, 그에 대해 공개적으로 말하기 시작했을 때" 그는 이렇게 말했다. "제 친구들은 두 가지 반응을 보였습니다."

첫 번째는 이랬습니다.

"당신은 진보적이고 자유주의적인 민주당원이잖아. 그런데 지금 당신이 하는 말은 트럼프에게 유리한 메시지를 전달하고 있어."

이 말이 함축한 뜻은 분명했다.

메슬은 '스크럼을 짠 대열'의 '올바른 편'으로 돌아가야 한다는 것이다.

두 번째 반응은 보다 직접적이었다.

"당신 지금 뭐 하는 거야? 자연기원설을 주장하는 수많은 고위 과학자들, 노벨상 수상자들, 그 외의 권위자들이 이미 말한 내용을 듣고도 그런 소리를 할 수 있어? 그런 상황에서 당신이 스스로 분석과 연역적 추론을 근거로 추가적인 질문을 던질 자격이 있다고 정말로 생각해?"

나는 그의 말에서 느껴지는 섬세한 감정의 결을 흥미롭게 지켜보았다.

그러나 그가 이어서 이렇게 덧붙였을 때, 분위기는 달라졌다.

"그 두 가지 질문에 대한 제 대답은 단 하나였어요. '꺼져.'"

메슬과 그 일파들이 자연적 종간전파와는 "다른 이야기"를 보았다면서 자신들의 의견을 강요하던 활동, 거기에 더해 트럼프의 메시지가 바뀐 것, 또 거기에 더해서 전문가를 상당히 불신하는 문화의 팽배, 거기에 또 얹어서 확실하게 다른 기타 요인들이 여론과 언론 매체가 주목하는 데에 영향을 미쳤다, 과학적으로 합의된 의견을 도출하는 데 영향을 미친 게 아니라.

퓨 연구 센터(Pew Research Center)에 따르면, 2020년 3월 미국인을 대상으로 한 여론 조사에서 43%는 바이러스가 자연적으로 발생했다고 믿었고, 30%

미만이 우연히 또는 의도적으로 개발된 실험실에서 유래했다고 생각했다. 2020년 9월까지 또 다른 여론 조사 기관에서는 자연적 옵션과 실험실 옵션이 거의 동등하게 받아들여졌다는 것을 발견했다.

2021년 6월까지 Politico-Harvard 여론 조사에서는 실험실 기원설이 2대 1로 앞서 나갔다. 미국인들 중에서 52% 대 28%였다.

메슬 자신은 우발적 유출이 가능성이 있지만 유일한 가능성은 아니라는 다소 불가지론적인 입장을 고수했다. 결국 2023년 3월 선별 소위원회에서 증언했을 때(의회에서 한 그의 의견 표명은 "당신 도대체 뭐야?"라던 친구들에게 한 것보다 더 절제된 표현을 쓰고 있었다), 그는 "모든 관련 기원 가설을 철저히 검토해야 합니다. 물론 실험실 기원만이 아니라, 제가 존경하는 일부 전문가들이 더 가능성이 높다고 생각하는 시장 기원도 포함해서 말입니다"라고 했다. 그 전문가들 중에서 그는 애리조나 대학교의 진화 바이러스학자 마이클 워로비를 소환했다.

워로비는 캐나다 태생의 옥스퍼드 대학 출신 과학자로, 온화한 말투에 때로는 도발적인 이론을 내놓기도 한다. 그러한 이론 중 하나가 OPV, 즉 HIV/AIDS 팬데믹의 기원에 대한 "경구 소아마비 백신" 가설이다. 나는 12년 전에 처음으로 워로비를 인터뷰하여 그것에 대해 들었다. OPV 가설이란, 수십만 명의 어린이를 포함해서 이 효능을 의심치 않던 아프리카의 "자원자들"에게 경구 소아마비 백신을 주다가 팬데믹 AIDS 바이러스(HIV-1, M군)가 본의 아니게 인간에게 주입되었다고 주장한 것이다. 백신은 침팬지 세포 배양에서 개발되었고 HIV-1-M이 된 침팬지 바이러스로 오염되었다고 주장한 가설이었다. 2000년 초, 워로비는 옥스퍼드에서 박사 과정을 마치고 콩고 민주 공화국의 전쟁터로 날아가 몇 주 동안 숲에서 침팬지 똥을 수집하여 그 가설을 검증했다.

이 무모한 탐험에서 그의 수석 파트너는 OPV 가설을 그럴듯하다고 여긴 유명한 옥스퍼드 생물학자 윌리엄 해밀턴이었다. 워로비와 해밀턴(워로비의 친구인 제프 조이와 함께)은 지역 산림 가이드의 도움을 받아 침팬지 샘플을 수집한 다음 키산가니에서 급히 나왔다. 워로비는 산림에서 팔에 생긴 상처가 심하게 감염되어 그 팔을 팔걸이 붕대에 매달고 있었고 해밀턴은 말라리아에 걸렸다. 그들은 영국에 도착했고 해밀턴은 그 직후 합병증으로 사망했다. 샘플은 짐을 처리하는 동안 분실되었다가 발견된 후 침팬지 바이러스에 대해 음성으로 나왔다. 최종 판정 보류된 샘플 하나만 제외하고.

이것이 과학의 노고와 좌절이다.

워로비는 다른 과학자들과 함께 다른 증거를 바탕으로 결국 경구 백신 가설이 거짓임을 보여주었다. 도발적인 가설에 대한 열린 마음, 그리고 증거에 따라 이를 확인하거나 반박하려는 의지는 그가 가지고 있는 사전 경험들이다.

20년 후 SARS-CoV-2의 경우, 워로비 역시 도발적이고 이단적인 가설을 충분히 고려하고 싶어 했다. 실험실 유출 가능성을 성급하게 기각한 것에 우려를 느낀 그는 2021년 봄에 다른 과학자 17명과 함께 공개 레터에 서명하면서 주장하였다.

"이 팬데믹의 기원에 대한 더 큰 명확성이 필요하며 이는 실현 가능합니다. 우리는 충분한 데이터를 얻을 때까지 자연적 종간전파와 실험실 유출에 대한 가설을 진지하게 받아들여야 합니다."

레터의 다른 공동 서명자 중 한 명으로, 실제로 나열된 첫 번째 저자는 제시 블룸이었다. 워로비는 그해 3월 21일에 블룸에게 이메일을 보내 "저는 과학 관점이나 뉴욕 타임스의 사설과 같은 것을 생각해 왔습니다"라는 제안을 포함하여 레터를 시작하는 데 도움을 주었다.

이 레터는 처음에 블룸과 다른 두 사람, 즉 보스턴 브로드 연구소의 분자 생물학자인 알리나 찬과, 생물 보안 문제와 일부 기능 획득 연구에 대한 장기적인 우려를 가진 저명한 미생물학자인 스탠포드의 데이비드 렐먼이 초안을 작성했다. 그룹 내 다른 사람들이 의견도 제공했고, 이 레터는 2021년 5월 14일 "코로나19의 기원을 조사하라"라는 명령조의 제목으로 사이언스에 실렸다. 하지만 그 시점부터 몇 달이 지나고 더 많은 연구가 진행되면서 워로비는 "충분한 데이터"를 구성하는 것에 대해 목소리를 가장 크게 낸 공동 서명자들과 의견을 달리하게 된다.

2021년 봄, SARS-CoV-2 기원을 둘러싼 여론은 한층 더 격화되었다. 세계보건기구(WHO)가 중국과 공동으로 구성한 국제 과학자팀은, 우한에서 한 달간 조사를 수행한 뒤 1단계 보고서를 발표하며, 실험실 유출 가능성은 "극히 낮다(extremely unlikely)"고 결론지었다.

하지만 이 결론은 몇 주 뒤 사이언스(*Science*)에 실린 공개서한에서 마이클 워로비, 제시 블룸 등 여러 공동 저자들의 비판을 받았다.

또한, 에코헬스 얼라이언스(EcoHealth Alliance)의 피터 다스작이 WHO 조사팀의 일원으로 참여했다는 사실 역시 이해 상충 문제로 지적되며 이후 비판의 대상이 되었다.

WIV와의 협력 관계 때문이었다(전에 언급했듯이 그가 선정될 당시에는 WHO에게는 타당한 것으로 보였지만). WHO 사무총장인 테드로스 아드하놈 게브레예수스 박사조차도 추가 조사를 바랐다. 보고서 발간을 기념하는 기자 회견에서 테드로스는 "WHO와 관련하여 모든 가설이 여전히 논의 대상"이라고 말하며 지속적인 연구가 필요하다고 지적했다.

테드로스의 바람에도 불구하고, 주로 중국의 저항 때문에 공식적인 2단계 후속 연구는 없었다. 그 대신, WHO는 SARS-CoV-2와 다른 위험한 새로운 병원체의 기원을 계속 연구할 질병 과학자 기구인 새로운 병원체의 기원에 대한 과학 자문 그룹(Scientific Advisory Group for the Origins of Novel Pathogens, SAGO)을 만들었다.

WHO의 코로나 기술 책임자인 마리아 반 케르코브(Maria Van Kerkhove)는 조사의 진전을 가로막는 장벽에 대해 목소리를 높였다. 그녀는 "실험실 유출, 생물 안전 또는 생물 보안 위반과 관련하여 접근할 수 있는 정보가 거의 없으며, 그것이 문제입니다"라고 말하며 중국 관리들과 직접 이 문제를 논의했다고 말했다.

"그게 실망스러운 점입니다"라고 그녀는 덧붙였다. "정보가 부족하면 이런 엄청난 구멍이 남게 됩니다."

실험실 유출설을 지지하는 인기 기사도 이 무렵 잡지, 신문, 웹 플랫폼에서 꽃을 피우기 시작했다. 2021년 1월, 뉴욕 매거진은 1950년대 초 미국의 생물무기 연구와 정보공개법의 좌절에 대한 책을 최근에 출판한 니컬슨 베이커(Nicholson Baker)의 코로나19 기원 기사를 실었다. 베이커는 여기서 코로나바이러스 연구에 대해 "만약 그랬다면(What if)?"이라는 질문을 제기했다.

2021년 5월, 니콜라스 웨이드(Nicholas Wade)는 ─ 한때 뉴욕 타임스에서 근무 ─ *Bulletin of the Atomic Scientists*에 장문의 기사를 게재하여 에코헬스 얼라이언스가 인간 건강에 잠재적 위협이 되는 박쥐 코로나바이러스에 대한 연구를 위해 쉬 정리의 연구실과 협력했다고 보도하였다. 웨이드는 이 연구가 인간에게 의도적으로 더 위험하게 만든 바이러스의 유출로 이어질 수 있었다는 의견을 제안했다.

얼마 지나지 않아, 뉴욕 타임스와 이전에 관계가 있었던 또 다른 과학 작가인 도널드 G. 맥닐 주니어(Donald G. McNeil Jr.)는 웨이드의 기사에 고무되어 더 자세히 탐문 및 조회를 하고 나서 "지금까지 우리가 가진 것은 추측일 뿐이며, 모든 설명이 만족스럽지 않다"라는 결론을 내린 더욱 신중한 글을 게시했다.

6월 초, 베이너티 페어는 저널리스트 캐서린 이번(Katherine Eban)의 기사를 실었는데, WIV에서의 연구(또는 박쥐 표본의 현장 수집과 현장 작업자의 우연한 감염)로 인해 사람에게 감염되었을 수 있다는 의견을 비쳤다 ─ 그것이 인위적으로 조작된 바이러스거나 아니거나 상관없이.

그리고 존 스튜어트(Jon Stewart)가 등장한다. 2021년 6월 14일, 이 코미디언은 스티븐 콜베르(Stephen Colbert)의 쇼에 출연하여 숭고한 자신감과 아무도 신경 안 쓰는 천박함으로 무장하고, 우한에서 처음 발견된 바이러스가 우한 실험실에서 유래했다는 확신의 근거가 있다고 공언했다. 그는 "이름을 보시면 말이죠!"라고 외쳤다. "이름을 보라고요!" 스튜어트는 연구소 이름을 잘못 불렀다,

사실은 말이다 — 그는 WIV를 "우한 신종 호흡기 코로나바이러스 연구소(Wuhan Novel Respiratory Coronavirus Lab)"라고 불렀던 것이다. 비록 도시 이름은 제대로 말했지만. 그런 오류가 얼마나 문제가 되는지는 수백만 콜베르 쇼 시청자는 알 바 아니었다.

2020년과 2021년 내내, 특히 분자 진화 바이러스학, 수의 바이러스학 및 분자 계통학(유전체를 비교하여 가계도를 그리는 것)과 같은 관련 분야에 대한 심층적인 전문 지식을 갖춘 과학자들도 바쁘게 돌아갔다. 그들의 노력으로 인해 저울의 자연 기원설 쪽에 자료들과 분석이 추가됐다.

두 명의 중국 연구원과 세 명의 서양인(샤오 등, 2021)이 실시한 한 연구에 따르면, 우한의 수산 시장(악명 높은 화난 시장뿐만 아니라 다른 세 곳도 포함)에는 2017년 5월부터 2019년 11월까지 식용으로 야생 동물을 판매하는 수많은 가게가 있었다. 판매된 동물에는 너구리, 가면사향고양이, 말레이시아 고슴도치 등이 포함되었으며, 이들 중 많은 개체는 총상이나 덫에 의한 외상을 입고 있었던 것으로 보아 농장에서 사육된 개체가 아니라 야생에서 포획된 동물일 가능성이 높았다.

그럼에도 불구하고, 중국의 야생동물 보호법상 합법적인 판매에 반드시 필요한 문서들은 대부분 구비되어 있지 않았다.

이는 팬데믹이 확산되면서 지방 당국에서 시장을 폐쇄하고(2020년 1월 1일에 그랬듯이) 그곳의 집행관이 눈 감고 넘어간 불법 행위를 은폐할 인센티브를 제공했기 때문에 중요하다.

중국이 실험실 유출을 은폐하려는 동기에 대한 모든 가정을 고려해 보면, 그들이 치명적인 결과를 초래할 수 있는 시장 유출을 은폐하려는 유사한 동기를 가졌을 것이라는 점은 기억해 놓을 가치가 있다 — 그중에는 700억 달러 규모의 국가 산업도 포함된다.

2022년 7월 사이언스에 게재된 또 다른 연구에서는 마이클 워로비가 제1저자로 참여하고 에디 홈즈, 마리온 쿠프만스 및 기타 여러 사람이 참여했으며,

2019년 12월에 발생한 가장 초기의 코로나19 확진 사례 150건 이상에 대한 공간적 분포 양상을 분석하였다. 워로비와 그의 동료들은 화난 시장과 밀접한 공간에서 발생한 증례들은 시장 고객과 직원들(그리고 고객이나 직원과 접촉한 사람들)만 있었던 게 아니라, 시장을 방문한 적이 없고 밀접 접촉력이 없는 12월 증례들 또한 역시 시장 근처에 서 *거주하고 있어* 왔음을 발견했다. 따라서 그 시장은 논문의 제목이 선언한 대로 "팬데믹의 초기 발원지"였다.

거의 같은 시기에 실린 독특하지만 관련이 있는 연구는, 워로비와 여러 공동 저자가 있지만 이번에는 조너선 페카(Jonathan Pekar)가 제1저자였는데, SARS-CoV-2 가계도의 모양을 검토해 보았다. 거기서 예상치 못한 결과가 나왔다.

팬데믹 초기에 채취한 인간 샘플에서 서열이 분석된 유전체들을 비교한 결과, 그 유전체들은 주요 줄기에서 갈라진 두 개의 두꺼운 가지로 구성되어 있었고, 각 가지가 중간 가지 없이 따로따로 많은 작은 줄기로 폭발했다. 이는 장작 통나무가 아니라 마시멜로 구이용 막대기를 위해 재배되는 나무의 이상한 벌채 조각처럼 보였다.

두 가지 주요 가지는 모든 바이러스의 후기 다양성이 발생한 계통으로, 계통 A와 계통 B로 표시되었다. 계통 B는 더 풍부하고 성공적이었으며, 시장과 직접 관련된 모든 초기 증례를 포함하여 전 세계 코로나19 증례의 대부분을 차지했다. A 계통은 중국 팀(조지 가오와 동료들이 썼는데, 결국 리우 등이라는 저자 명단으로서 2023년 출판)이 그 장소가 완전히 폐쇄된 후의 시장에서 면봉으로 채취했을 때도 발견되었다. 그 A의 흔적은 버려진 장갑 한 켤레에서 나타났다. A 계통은 또한 시장 근처에 사는 두 명의 코로나 환자에서도 발견되었다. 페카와 그의 동료들은 나무 패턴(두 개의 큰 가지, 그리고 각각의 가지에서 나온 폭발적인 줄기)에 대한 하이테크 분석을 수행했고, **바이러스가 아마도 여러 번 반복해서 인간에게 들어왔을 것**이라고 결론지었다. 그들은 **인간 감염의 발병이 (적어도) 두 번 이상의 별도의 시작점을 가졌을 가능성이 가장 높다**고 판단했다.

이 발견이 중요한 이유는 무엇일까?

감염된 너구리를 파는 시장 노점에서 사람에게 두 번 종간전파가 발생한 것은 별도로 감염된 두 명의 실험실 근무자가 같은 시장으로 각자의 감염체를 운반하는 것보다 더 생기기 힘든 시나리오였다.

부분적으로는 지리적 이유 때문이었다.

존 스튜어트가 우기려고 했듯이, 우한 바이러스학 연구소는 실제로 우한시에 있지만, 양자강 건너편에 위치하고 있으며, 화난 시장에서 (직선거리로) 7마일 이상 떨어져 있다.

2020년부터 시작되어 2022년까지 꾸준히 인기를 끌었던 실험실 사고설의 인기는 2023년 초부터 몇 차례 더 상승했다. 2023년 2월 26일, 월스트리트 저널은 바이든 대통령이 바이러스 기원 문제를 조사하도록 지정한 기관 중 하나인 미국 에너지부(Department of Energy, DOE)가 새로운 판단을 내렸다고 보도했다.

그간 결론을 유보해 왔던 에너지부 산하 정보기관들은, 이제 "높지는 않지만 일정 수준의 확신을 가지고" 팬데믹이 실험실 유출로 시작되었을 가능성이 가장 높다고 판단한 것으로 전해졌다.

월스트리트 저널 기자들에 따르면, 이 정보는 공식적으로 검토 가능한 문서는 아니었으며, 백악관과 신원이 공개되지 않은 "의회의 핵심 관계자"들에게 전달된 "기밀 정보 보고서"로부터 취득한 것이었다.

다음 날, CNN 웹사이트는 후속 기사를 게시했다: 세 명의 신원이 확인되지 않은 소식통이 CNN에 제보했는데, DOE가 우한 바이러스학 연구소에서 7마일 이상 떨어진 도시의 또 다른 질병 관련 시설인 우한 질병 통제 및 예방 센터에서 수행된 연구에 대한 정보를 바탕으로 입장을 변경했다는 것이었다.

이 기사는 나의 관심을 끌었다. 우한 질병통제예방센터는 최근 이전했기에, 화난 시장에서 불과 수백 야드 떨어진 곳에 있다는 것을 알고 있었기 때문이었다. 나는 우한 질병통제예방센터에서 바이러스가 유출되면 워로비와 그의 동료들이 분석한 대로 시장 주변의 초기 사례의 공간적 집단 발생과 일치할 수 있다는 불안한 생각이 들었다. WIV에서 유출된 것으로 추정되는 증례와는 다른 방식이었다.

하지만 그 이후 몇 달 동안 CNN이나 다른 어떤 뉴스 매체에서도 그 도발적인 주장에 대한 더 이상의 보도는 나오지 않았다. WHO-중국 공동 보고서에 따르면 우한 CDC는 공식적으로 2019년 12월 2일에야 시장 근처의 새로운 위치로 이전했다. 중국 내부에서 나에게 전해준 다른 정보에 따르면 센터가 이사한 것은 실제로는 이보다 더 이른 2019년 11월 11일에 이루어졌다. 이 중에서 12월 2일이란 날짜라면 11월 말에 시작되었을 가능성이 가장 높은 바이러스 발병과 맞지 않는 듯하지만, 더 이른 날짜인 11월 11일이라면 맞을 수도 있다.

더 중요한 것은 이것이다: 중국 연구 커뮤니티에 잘 접근할 수 있는 두 개의 다른 출처에서 우한 CDC(베이징의 국가 CDC와는 다름)가 팬데믹 전에는 코로나바이러스 연구 프로그램이 없었다고 했다. 그 출처 중 한 명인 중국 태생의 독립 언론인인 제인 츄(Jane Qiu)는 우한 CDC의 임무는 연구가 아닌 질병 감시와 같은 기술적 업무라고 덧붙였다. (츄는 자신에게 알려준 이들이 누구인지는 그들이 중국에서 위험에 처할 잠재성이 있기 때문에 밝힐 수 없었다.)

나의 다른 출처(같은 이유로 신원을 알 수 없음)는 에디 홈즈를 통해 알려주길, 박쥐 샘플을 우한 CDC에서 작업하거나 장기간 보관하지 않았다고 하였다. 박쥐는 우한 CDC의 일부 인력이 다른 실험실에 대한 용도로 포획하여 샘플을 채취했지만, 샘플은 계속 운송되었고 새로운 위치로 이전할 때까지 모두 밖으로 운송되었다고 들었다.

2023년 6월 중순에 앞서 언급한 Substack 뉴스레터 퍼블릭 기사가 나왔는데, 쉬 정리 연구실의 후 벤과 다른 두 사람이 "바이러스에 감염된 첫 번째 사람"이었고 따라서 이게 팬데믹의 시작점이라고 주장했다.

마이클 셸렌버거(Michael Shellenberger)와 두 명의 공동 저자가 게시한 이 기사는 "미국 정부 내부"의 알려지지 않은 출처를 인용했다. 후는 2017년 논문의 제1저자였으며, 그 논문에서 쉬 그룹이 중국 남부의 동굴(모쟝 광산이 아님)의 박쥐에서 SARS-CoV-2와 관련된 여러 코로나바이러스를 발견한 것과 일부 비평가들이 위험하다고 여긴 그 바이러스 중 세 가지에 대한 실험 작업을 기술한 바 있다. 셸렌버거와 공동 저자에 따르면 후와 다른 두 과학자는 2019년 11월에 "코로나19와 유사한 질병"에 걸렸으며, 이는 그들이 연구실 유출의 매개자였을 것이라고 시사했다.

후 자신은 사이언스의 존 코헨에게 보낸 이메일에서 즉시 이 주장을 부인했다. "저는 2019년 가을에 병에 걸리지 않았고, 당시 코로나19와 유사한 증상도 없었습니다."

게다가 후는 코헨에게 말하길, 자신과 두 동료가 2020년 3월 당시 코로나 감염에 막 걸렸는지를 알아보는 검사(항체 검사)에서 음성 판정을 받았다고 했다.

실험실 유출설에 대해 쏟아지던 여론은 2023년 3월에 뚝 그쳤다. 그때는 프랑스 국립과학연구센터에서 일하는 과학자 플로렌스 드바르(Florence Débarre)가, 오랫동안 안 보이다가 뒤늦게서야 발견된 또 다른 흥미로운 증거를 발견했을 때였다.

그 증거란, 2020년 초에 화난 시장에서 수행되었지만 그 이후로 공개되지 않은 문 표면과 장비 및 폐기된 장갑 한 켤레를 포함한 기타 품목의 면봉 샘플링에서 얻은 유전체 데이터였다. 이 데이터는 실수로 공개되었을 수 있는데, 드바르는 이를 발견하고 그 의미가 무엇인지 알아볼 만큼 충분히 예민했다. 워로비와 홈즈를 포함하고 알렉산더 크릿츠-크리스토프(Alexander Crits-Christoph)를 제1저자로 한 연구진은 데이터에서 패턴을 발견했다.

시장 남서쪽 구석의 노점에서 야생 동물용 음식으로 판매한 너구리 DNA가 포함된 샘플과 SARS-CoV-2 단편이 포함된 샘플(그리고 둘 다 포함된 일부 샘플) 사이에 강한 근접성이 있었다. 말레이시아 고슴도치 DNA와 아무르 고슴도치 DNA도 바이러스 근처에서 발견되었지만, 너구리는 SARS-CoV-2에 감염이 잘된다는 것이 입증된 바 있기에 특별한 관심을 받았다.

이렇게 발견되었다고 해서 너구리가 바이러스를 시장에 가져왔다는 것을 확실하게 증명한 것은 아니었다. 그러나 그 시나리오에 타당성과 세부 사항을 추가했다.

드바르 그룹이 이렇게 밝혀냈음에도 불구하고 실험실 유출설은 여전히 강력하게 선호되는 여론이며, 이는 미국만이 아니었다.

한 여론 조사에 따르면 2023년 4월 현재 이탈리아 응답자의 62%, 프랑스의 56%, 영국의 50%가 실험실 유출설이 가장 설득력 있다고 여겼고, 나머지는 결정을 못 한 (그리고 당황한) 사람들이었으며, 소수만이 자연스러운 종간전파를 수용했다.

이전 여론 조사에서는 실험실 관련 시나리오를 훨씬 더 강력하게 선호하는 나라가 더 많았으며, 케냐의 73%, 헝가리의 64%, 브라질의 58%에 이르렀다.

실험실 유출설에 대한 대중의 이러한 흐름에는 다양한 요인이 있을 수 있다.

내 생각에는 경험적 증거가 우세해서 그런 게 아니다. 실험실 유출 가능성에 대해서는 열린 마음을 갖는 것이 중요하다는 데 동의하지만, 그 가능성을 뒷받침하는 주장의 대부분은 상황에 따른 추측과 근거 없는 비난으로 귀결된다.

복수가 아닌 단수로 "실험실 유출 가설"이라고 말하는 것은 물론 오해의 소지가 있다. 실험실 유출 가설은 여러 가지가 있고, 자연스러운 종간전파가 발생할 수 있는 방법도 여러 가지가 있다. 더 포괄적이고 완화적인 표현은 제이미 메츨과 다른 비평가들이 선호하는 "실험 연구 관련 사건"이다. 여기에는 WIV나 우한 CDC, 또는 어디에서 유래했는지 알 수 없는 곳에서 행해진 잘못된 기능 획득 연구가 위험한 새로운 잡종 바이러스를 생성했고, 이 바이러스가 오작동하는 고압 살균으로 인해 혹은 감염된 연구원 또는 대학원생을 통해 유출되었을 가능성을 포함하여 여러 가능한 상황들이 있을 것이다(이 시나리오를 지지하는 사람들은 2018년에 에코헬스 얼라이언스가 미국 국방 연구 기관에 제출한 DEFUSE라는 보조금 제안을 지적한다. 이 제안은 결국 자금 지원을 받지 못했지만, 일부 비평가들은 이를 잠재적으로 위험한 기능 획득 연구로 해석한다).

또 다른 "실험 연구 관련" 가능성: 중국의 생물전 프로그램이 의도적으로 살인적인 바이러스를 만들었지만 치명적인 실수로 인해 세상으로 유출되었다는 악몽.

여전히 제기되는 또 하나의 가능성은 이렇다: 쉬 정리의 팀이 RaTG13을 발견한 모장 광산에서 박쥐로부터 샘플을 채취하던 중, 현장 연구원이 감염되었다는 가설이다.

이러한 가설들은 각기 생생하고 극적인 서사를 갖고 있지만, 모두가 논리적인 것은 아니며, 무엇보다 서로를 보강해 주지도 않는다.

예컨대, 모장 광산의 야생 코로나바이러스가 실제로 인간을 감염시키고 전파할 수 있었다면, 굳이 위험을 무릅쓰고 실험실에서 퓨린 절단 부위를 인위적으로 삽입할 이유는 없다.

또한, 2013년에 현장 연구원이 해당 바이러스에 감염되어 우한으로 돌아갔다고 가정하더라도, 그 바이러스는 2019년 도시 인구에 폭발적으로 퍼지기 전까지 무려 6년간 어디에 숨어 있었던 것인가?

그리고 만약에 — 그 바이러스가 정교한 유전자 편집 기술을 통해 쉬의 실험실에서 조작되었거나, 세포 배양 또는 생쥐 계대 접종을 통해 더 위험한 병원체로 변화되었다가 유출되었다고 가정한다면 (물론 이 시나리오는 지나치게 과격한 추정일 수 있지만), 그 순간부터 모장 광산이라는 공간은 서사적 매력에도 불구하고 본 사건과 무관해진다.

요컨대, 이러한 연구 관련 가설들은 각각은 그럴듯해 보일 수 있으나, 서로 병렬적으로 놓고 보면 '자기가 옳다'는 주장을 하며 논리적으로 충돌하고 만다.

이들 가설을 모두 저울 위에 올려놓고 그 무게를 합산한다고 해서, 우리가 '자연이 아닌 기원'이라는 결론에 정확히 도달할 수 있는 것은 아니다.

실험실 유출설을 열성적으로 지지하는 이들은 쉬 정리와 그녀의 연구실에 집요하게 주목해 왔다.

그러나 쉬는 '위험 가능성이 있는 코로나바이러스'를 야생에서 발견하고 이를 연구하여 발표하며, 공개적으로 경고를 발령함으로써 경력을 쌓아온 인물이지, 그러한 정보를 숨기며 활동해온 사람은 아니다.

만약 그녀가 2018년이나 2019년 즈음에 ― 예컨대 원래의 SARS 바이러스와 유사하되, 수용체 결합 영역(RBD)과 인간 감염에 적합한 퓨린 절단 부위를 가진, 즉 더 위험하게 진화할 수 있는 특성을 지닌 바이러스를 자신의 실험실에서 보유하고 있었더라면, 그녀는 틀림없이 그 중대한 발견을 자신의 전문성을 입증하고 인류에 기여하기 위한 목적으로 주요 학술지에 발표했을 것이다.

하지만 그녀는 그런 발표를 하지 않았다.

그리고 이러한 논리를 뒷받침하는 소규모이지만 의미 있는 정황 증거들도 이후 일부 회수되었다.

2018년에 쿠이 지에(Jie Cui)라는 과학자가 박쥐에서 SARS 관련 코로나바이러스에 대한 연구를 주도했다. 그의 목적은 원래 SARS 바이러스의 진화를 그 바이러스의 친척의 가계도에 올려 놓고 밝히는 것이었다. 쿠이는 에디 홈즈의 연구실에서 박사 후 연구원으로 일했고, 그곳에서 몇 년 동안 WIV로 갔다가 상하이에서 직책을 맡았다. 쿠이와 홈즈, 쉬 정리를 포함한 동료 그룹은 2011년부터 2016년까지 수집된 박쥐 샘플에서 발견된 60개의 코로나바이러스의 부분 유전체 서열을 분석했다. 그들은 논문을 작성하여 주요 바이러스학 학술지에 제출했다.

거부되었다.

그들은 다른 학술지에 시도했다.

거부되었다.

학술지의 심사자는 완전한 유전체 서열을 원했지만 팀은 부분만 가지고 있었다. 그래서 2018년 10월에 그들은 그 논문을 포기했다.

그들은 제출 과정에서 그것을 철회했다. 그리고 잊고 있었다. 그동안 그들은 부분적이지만 의미 있는 유전체 데이터를 국제 데이터베이스인 GenBank에 제출했는데, 이 경우 4년간 일반 공개 금지 조치를 취한다는 관례적 조건이 있었다. 그 조치 덕분에 그들은 그 기간 동안 프로젝트를 되살리고 싶을 경우 자기들만이 그 데이터에 대한 독점적 접근 자격을 유지할 수 있었다.

4년이 지나, 2022년 10월에 금지령이 만료되었다. 팬데믹 직전에 보류되었던 데이터가 이제 공개되었으며, 포함되지 않은 내용이 무엇인지 드러났다: 팬데믹 바이러스의 조상이었다.

여기에는 2018년에 쉬 정리와 다른 사람들이 흥미롭게 여겼던 60개의 코로나바이러스가 있었다. 그러나 SARS-CoV-2와 일치하는 것은 없었다.

"그 바이러스는 어디에 있을까요?" 에디 홈즈가 2023년에 나에게 이 이야기를 들려주며 말했다. "그런 바이러스(SARS-CoV-2)는 절대 거기에 없거든요."

실험실 유출에 대한 다른 두 가지 주장은 주목할 만하다. 각각은 질문으로 표현할 수 있다.

SARS-CoV-2가 처음부터 인간에게 매우 잘 적응한 것처럼 보였던 이유는 무엇일까?

그리고 자연 숙주가 박쥐였다면, 3년이 넘은 지금도 그 숙주가 아직 발견되지 않은 이유는 무엇일까?

첫 번째 질문은 알리나 찬이 두 명의 공동 저자와 함께 2020년 봄에 게시한 프리프린트에서 강력하게 제기했었다. 그들은 SARS-CoV-2에서 발견된 돌연변이율을 2003년의 원래 SARS 바이러스의 돌연변이율과 비교한 결과 "SARS-CoV-2가 2019년 말에 처음 발견되었을 때 이미 인간 전염에 잘 적응되어 있었다"는 것을 발견했다.

사실, 그건 초기 SARS 바이러스가 사람들 사이에서 불과 몇 달간 유통된 후에야 달성한 수준이었다. 흥미로운 관점이지만, 이는 두 바이러스만을 비교한 것이었다. 찬의 프리프린트는 심사평가를 거쳐 학술지에 게재된 적이 없지만, 그녀는 2021년에 영국의 과학 작가 매트 리들리와 공동 저술한 『*Viral*』이라는 책을 출판했다.

최근에 내가 찬에게 초기 SARS-CoV-2가 인간에게 비정상적으로 잘 적응했는지, 아니면 단순히 인간뿐만 아니라 고양이, 개, 사자, 호랑이, 고릴라, 덴마크와 네덜란드의 밍크, 아이오와 전역의 흰꼬리사슴, 앤트워프 동물원의 하마 두 마리 등 광범위한 포유류를 감염시키는 데 잘 적응했는지 물었을 때, 그녀는 "이 바이러스는 종에서 종으로 옮기는 데 매우 능숙합니다"라고 동의하면서 "2003년 SARS 바이러스와 똑같습니다"라고 덧붙였다. 하지만 그녀는 2003년 바이러스와 달리 SARS-CoV-2는 "전파에 매우 능숙하게" 만드는 퓨린 절단 부위가 있다고 지적했다. 그녀는 의심스럽다고 생각한다. 나보다 더.

두 번째 질문, 즉 아직 자연 숙주가 발견되지 않은 이유는 무엇인가?

이는 새로운 바이러스의 역사에 대한 지식 부족을 드러낸다. 새로운 바이러스가 인간에게 갑자기 나타나 질병과 경각심을 유발하면 자연 숙주를 찾는 것은 항상 시급한 과제다. 하지만 그러한 생태학적 작업은 집단발병이라는 공중 보건 비상 상황에서는 하기 어렵고, 일단 집단발병(또는 집단유행, 팬데믹)이 통제되면 긴박감과 이용 가능한 연구 자금은 사라지는 경향이 있다.

숙주 동물을 찾는 것은 때로는 재수가 좋으면 쉽고, 때로는 어렵다. 편자박쥐를 원래 SARS 바이러스의 유력한 숙주로 높은 확신을 가지고 식별하는 데 15년이 걸렸다. 이집트 과일박쥐를 마르부르크 바이러스의 저장 숙주로 밝히기까지 추적하여 잡아내는 데는 41년이 걸렸다(발표까지 걸리는 시간을 포함하면 42년). 그리고 에볼라 바이러스의 자연 숙주는 여러분이 들었을 법한 것과 달리, 당시 자이르였던 외딴 선교 병원에서 출현한 지 47년이 지난 지금도 여전히 확인되지 않았다. 에볼라 바이러스와 어떤 종류의 박쥐 사이의 가정된 연관성은 여전히 가정일 뿐, 확정된 과학적 사실이 아니며, 이 주제와 관련된 가정은 이미 충분히 많다.

그렇다면, 왜 대중의 의견은 점점 실험실 유출설 쪽으로 기울게 되었을까?

그 답은 내가 지금까지 훑어본 복잡하고 난해한 과학적 데이터 속에 있지는 않다.

내가 보기에, 그 경향은 오히려 '냉소주의'와 '이야기'가 지닌 매력에서 비롯된 것 같다.

이 점에 대해 나는 생물보안 전문가이자, 제시 블룸과 함께 '기원 조사를 촉구하는 공개서한'에 참여했던 데이비드 렐먼(David Relman)과 이야기를 나누었다.

그는 어느 정도 동의하며 이렇게 말했다.

"당신이 불신의 씨앗을 뿌리거나, 지금 우리가 알고 있는 것이 전부가 아니라고 암시하기 시작하면, 그때부터 사람들은 점진적이고 은밀한 방식으로 지속적인 불신을 갖게 됩니다."

그 결과, 사람들은 "무언가 고의적이었거나, 의도적으로 감춰진 것이 있다"고 가정하게 된다.

불신의 씨앗은 미국 시민들 속에서, 그리고 전 세계 사람들 사이에서도 오랜 시간에 걸쳐 자라왔다.

지난 몇 년간의 여론조사를 보면, 미국인의 60% 이상은 여전히 리 하비 오스월드가 단독으로 존 F. 케네디를 저격했다는 설명을 믿지 않는다.

왜일까?

그들이 워렌 위원회의 보고서를 정독한 결과, '마법의 총알 이론'이 설득력이 없다고 판단했기 때문일까?

그렇지는 않다.

사람들은 '불신하는 법'을 배워온 것이다.

그리고 13달러짜리 저가 라이플로, 한 무모한 인생 패배자가 세 발 중 두 발을 정확히 명중시켜 대통령을 암살할 수 있었다는 설명보다, 거대한 사건 뒤에는 거대한 음모가 있었을 것이라는 이야기가 훨씬 더 극적이고, 이해하기 쉬우며, 심리적으로 만족스럽게 들리기 때문이다.

대부분의 사람들은 경험적 증거를 꼼꼼히 검토해 가며 자신의 의견을 형성하지 않는다.

제시 블룸(Jesse Bloom)의 말처럼, 우리는 흔히 '선입견'에 기대고, 단순한 줄거리, 선과 악의 명확한 캐릭터, 그리고 극적인 전개를 갖춘 '이야기'를 받아들이기 쉽다.

그 이야기의 규모와 단순성은 대체로 사건의 중요도와 비례하는 것처럼 느껴지기 때문이다.

반면, 과학적 발견의 실제 과정은 훨씬 더 복잡하다.

데이터의 수집, 가설의 설정과 검증, 반증과 수정, 추가 검정, 그리고 그 모든 과정을 수행하는, 탁월하지만 실수할 수도 있는 '인간들'이 존재한다.

그에 비해, 오만함이 불러온 과학적 부정행위가 걷잡을 수 없는 결과를 낳는다는 줄거리는 훨씬 더 단순하고 직관적이다, 적어도, 메리 셸리의 프랑켄슈타인(1818) 이후로는 말이다.

칼 버그스트롬(Carl Bergstrom)은 진화생물학자이자, 과학 내·외부의 허위 정보에 대해 비판적으로 논평해 온 작가다.

그는 특히, 과학을 공부하는 학생들에게 '과학이 실제로 무엇을 말하고자 하는지' 혹은 '과학이란 무엇인가'를 어떻게 가르칠 것인가에 대해 깊이 고민하는 사람이다.

나는 그에게 물었다.

왜 사람들은 커다란 사건이 발생할 때마다 그에 얽힌 어두운 음모론적 해석에 그렇게 집착하게 되는 걸까?

그는 이렇게 말했다.

"토마스 하디의 소설에서 그런 이야기가 나옵니다. '더버빌가의 테스'에서 테스의 운명은 불운한 우연의 연쇄로 인해 결정되죠. 정말 끔찍한 이야기입니다. 우리가 그런, 운에 휘둘리는 세계에 살고 있다는 사실 말입니다."

나는 부끄럽게도 '더버빌가의 테스'를 읽어본 적이 없어 그 부분은 넘기고 SARS-CoV-2 이야기로 되돌아왔다.

"이제 공공 영역에서 벌어지는 논쟁은 증거들 간의 대결이 아니라, 이야기들 간의 경합이 된 것 같습니다"라고 내가 말했다.

버그스트롬은 즉시 동의했다.

"그럼요! 정확히 그렇습니다."

저자 소개

데이비드 콰멘(DAVID QUAMMEN)

데이비드 콰멘이 지금까지 쓴 16권의 저서로는 『The Tangled Tree』, 『The Song of the Dodo』, 『The Reluctant Mr. Darwin』, 『Spillover』[78]가 있으며, 『Spillover』는 National Book Critics Circle Award의 최종 후보에 올랐으며 로마에서 Premio Letterario Merck를 수상했다. 그는 『The New Yorker』, 『Harper's Magazine』, 『The Atlantic』, 『National Geographic』, 『The New York Review of Books』 등의 정기 간행물에 글을 썼으며 National Magazine Award를 세 번 수상했다. 그는 몬태나주 보즈먼에 있는 집에서 『American Zion』의 저자인 아내 베시 게인스 콰멘과 세 마리의 러시안 울프하운드, 사시 고양이, 구조된 비단 뱀과 함께 살고 있다.

그의 홈페이지는 DAVIDQUAMMEN.COM이니 방문해 보시라.

---

78 국내에는 『인수공통 모든 전염병의 열쇠』라는 제목으로 번역되어 출간되어 있다. 역자는 소아과 의사 출신이자 출판사 대표, 번역가이기도 한 강병철 선생이다.

역자 소개

유진홍

약력 가톨릭대학교 의과대학 내과학 교실 감염내과 교수
Journal of Korean Medical Science 편집장
전 대한감염학회 회장(2020~2022)
전 대한의료관련감염학회 회장(2015~2017)
전 대한감염학회 교과서 편찬위원회 위원장

저서 『유진홍 교수의 이야기로 풀어보는 감염학』, 『항생제 열전』, 『열, 패혈증, 염증』, 『내 곁의 적 – 의료관련감염』, 『유진홍 교수의 감염강의 42강 – 총론』, '유진홍 교수의 감염강의 42강 – 임상 각론』, 『감염학』(대표저자), 『항생제의 길잡이』(대표저자), 『성인예방접종』(공저자), 『한국전염병사 Ⅱ』(공저자), 『의료관련감염관리』(공저자)

번역 『착한 바이러스』(톰 아이얼런드 저), 『의사과학자 애로우스미스』(싱클레어 루이스 저)

블로그 https://blog.naver.com/mogulkor

역자 후기

데이비드 쾀멘 옹(2025년 현재 77세; 영어 발음으로는 콰먼이 맞지만 기존 번역서에서 쾀멘으로 표기되어 검색의 통일을 위해 이를 따르기로 했음)은 일면식도 없지만, 그동안 집필한 저작들만 보아도 절로 존경심이 솟는다.

그의 경력부터가 놀랍다.

이 책 한 권만 읽고 보면, 그는 처음부터 과학자였을 것이라 짐작하기 쉽지만, 사실 그는 철저한 문과 출신이다.

예일대와 옥스퍼드에서 윌리엄 포크너를 비롯한 문학을 전공했고, 생물학과는 거리가 먼 길을 걸어왔다.

그러던 그가 바이러스에 흥미를 느껴 생명과학의 세계로 뛰어들었고, 지금은 세계 유수의 미생물학자들과 교류하며 사이언스와 네이처를 마치 시집이나 소설 읽듯 즐겨 읽고, 그 안의 지식을 자기화한 뒤 일반 대중이 이해할 수 있도록 정확하고도 쉽게 전달한다.

물론 '문과냐, 이과냐' 하는 구분은 대한민국에서나 통용되는 임의의 분류일지 모른다.

하지만 그럼에도 불구하고, 사고방식의 축을 감성 중심의 언어에서 이성 중심의 분석으로 전환한다는 것은 결코 만만한 일이 아니다.

그만큼 이 저자의 자질은, 단순히 '박식하다'는 말로는 담아낼 수 없는 범상치 않은 깊이를 지니고 있다.

쾀멘이 가장 널리 알려지게 된 계기는 2012년에 출간한 『Spillover』였다(본 번역자는 이 제목을 다소 딱딱하게는 "종간전파"로 옮겼다. 이 책은 국내에서는 『인수공통, 모든 전염병의 열쇠』라는 제목으로, 소아과 의사 출신 번역가이자 출판사 대표인 강병철 선생의 번역으로 출간되었다. 최근에는 1만 부 돌파 기념 에디션까지 나왔다. 참 부럽다, 하하).

이 작품의 중요성은 분명하다.

앞으로 인류에게 닥칠 감염병, 나아가 팬데믹은 대부분 동물에게 국한되었던 바이러스가 인간으로 '점프'하여 '누출(spillover)'되면서 발생하는 종간전파의 결과라는 사실을, 그는 이 책을 통해 강력하게 경고하고 있다.

그리고 그런 일은 한 번이 아니라, 반복적으로, 언제든 일어날 수 있다는 점을 상기시킨다.

이 논리대로라면 코로나19 역시 단순한 우연이 아니라, 구조적 필연으로 보아야 할 것이다.

그런 의미에서 이 책은 단지 하나의 과학 교양서가 아니라, 일종의 교과서이자 예언서로서의 가치를 지닌 작품이라 할 수 있다.

이번 저서 역시 『Spillover』의 연장선에 있다고 볼 수 있다.

그가 일관되게 파고드는 질문은 하나다.

"결국, 이 바이러스는 어디에서 왔는가?"

이것이 필연적인 진화의 산물인가, 아니면 인위적인 조작의 결과인가 — 수많은 추론과 의심이 분분하다.

하지만 중요한 것은, 과학적 사실을 다룰 때 의심이나 미움 같은 감정을 개입시켜서는 안 된다는 점이다. 냉정하고 이성적으로 접근해야만 진실에 가까워질 수 있다.

그런 의미에서, 우리는 여러 가설들 중에서 가장 '섹시한' 유혹 — 즉 음모론 — 에 휘말려서는 안 될 것이다.

아무리 중국이 미워도 말이다(물론, 나도 중국에 대해 썩 좋은 감정은 갖고 있지 않다. 나도 결국 인간이니까).

코로나19를 다룬 책들은 정말 많이 쏟아져 나왔다.

대부분은 "코로나19로 인한 의료 위기, 의료 종사자들과 필수 인력들의 영웅적

헌신, 불공정하게 분배된 인간의 고통, 그리고 이를 더욱 악화시킨 정치적 실패" — 이 책 제8부에서 인용된 내용이다 — 이러한 이야기들을 중심으로 서술하고 있다.

하지만 의료계에 몸담고 있는 나로서는 늘 갈증을 느꼈던 부분이 있었다.

'과학자의 입장에서 본 코로나19란 과연 무엇인가?'

진짜 본질은 결국 '그 바이러스' 자체일 텐데, 정작 그 바이러스를 깊이 파고든 책은 좀처럼 눈에 띄지 않았다(아니면, 내가 그동안 게을렀던 걸 수도 있겠다).

그러던 차에, 이처럼 "과학자들의 시선"으로, 연대기 순으로 정리된 본격적인 기록을 접하게 된 것은 내 입장에서 참으로 반가운 일이 아닐 수 없었다.

사실, 이처럼 '바이러스 자체'를 깊이 파고들어야만, 이전에도 그랬고 앞으로도 닥쳐올 팬데믹을 제대로 이해할 수 있다는 것이 나의 생각이다.

그 분석이 빠지면 결국 남는 것은 정치적 계산과 편견뿐이다.

그렇기에, 데이비드 쾀멘의 이 저서는 그 자체로 매우 크고도 깊은 의미를 지닌다.

나는 항상 강조해 왔다.

"방역은 과학이지, 정치가 아니다."

방역이 정치라고 나팔을 불며 혹세무민하는 이들에게 휘둘리지 않으려면, 무엇보다 그 역병의 원인 병원체를 철저히 파악하는 것이 선행되어야 한다.

그런 의미에서, 이 책에 기록된 과학자들의 숨 가쁜(『Breathless』 — 이 책의 원제다) 투쟁의 과정을 독자 여러분이 함께 따라가 보는 일은, 분명 깊고도 보람 있는 시간이 될 것이라 자신 있게 말씀드릴 수 있다.

옮긴이 유진홍

출처 노트

이 출처 노트는 출판된 자료의 인용에만 적용됩니다. 과학적 출처는 모호성을 없애기 위해 더 많은 정보가 필요한 경우를 제외하고 단순히 제1저자가 인용됩니다. 해당 출처의 전체 인용은 참고문헌에 나와 있습니다. 저에게 직접 말한 인용문은 전문가인 글로리아 티데(Gloria Thiede)가 필사한 녹음된 인터뷰에서 나온 것입니다. 해당 인터뷰의 날짜는 크레딧에 나와 있습니다. 다른 모든 사실에 대한 출처는 www.davidquammen.com에서 요청 시 제공됩니다.

"*urgent notice on the treatment*": ProMED-mail에서, 12/30/19, Finance Sina 기사를 번역기로 돌림. https://scholar.harvard.edu/files/kleelerner/files/20191230_promed_-_undiagnosed_pneumonia_-_china_hu-_rfi_archive_number-_20191230.6864153.pdf.

"*REQUEST FOR INFORMATION*": ProMED-mail post, 12/30/19.

"*Patients with unknown cause*": ProMED-mail post, 12/31/19.

"*They just called us and said*": Caixin Global, 2/29/20. https://www.caixinglobal.com/2020-02-29/in-depth-how-early-signs-of-a-sars-like-virus-were-spotted-spread-and-throttled-101521745.html.

"*many similar patients*": Caixin 2/29/20, behind paywall. https://www.caixinglobal.com/2020-02-29/in-depth-how-early-signs-of-a-sars-like-virus-were-spotted-spread-and-throttled-101521745.html.

"*7 confirmed cases of SARS*": Jianxing Tan, 1/30/20. Caixin (in Chinese). Archived from the original on 1/31/20. Retrieved to Wikipedia on 2/6/20.

"*Don't circulate this information*": BBC/Frontline, 2/2/21. https://www.pbs.org/wgbh/frontline/article/a-timeline-of-chinas-response-in-the-first-days-of-COVID-19/.

"*Other severe pneumonia*": Reuters, 12/31/21. https://www.reuters.com/article/us-china-health-pneumonia/chinese-officials-investigate-cause-of-pneumonia-outbreak-in-wuhan-idUSKBN1YZ0GP.

"*stop testing and destroy*": Caixin Global, 2/29/20. https://www.caixinglobal.com/2020-02-29/in-depth-how-early-signs-of-a-sars-like-virus-were-spotted-spread-and-throttled-101521745.html.

"*But there's no need to panic*": South China Morning Post, 12/31/20. https://www.scmp.com/news/china/politics/article/3044050/mystery-illness-hits-chinas-wuhan-city-nearly-30-hospitalised.

"*sanitation and renovation*": South China Morning Post, 1/1/20. https://www.scmp.com/news/china/politics/article/3044207/china-shuts-seafood-market-linked-mystery-viral-pneumonia.

"*It took us less than forty hours*": Charlie Campbell, Time, 8/24/20. https://time.com/5882918/zhang-yongzhen-interview-china-coronavirus-genome/.

"*I asked Eddie to give me*": Charlie Campbell, Time, 8/24/20. https://time.com/5882918/zhang-vongzhen-interview-china-coronavirus-genome/.

"*Please feel free to download*": Virological.org, 1/10/20. https://virological.org/t/novel-2019-coronavirus-genome/319.

"*These cryptic cases*": Chan et al. (2020).

"*novel coronavirus-infected pneumonia*": China CDC Weekly, Vol. 2, No. 5, 1/31/20. https://weekly.chinacdc.cn/en/article/doi/10.46234/ccdcw2020.022.

"*Evolvability of Emerging Viruses*": Burke (1998).

"*serves both to hybridize*": Ibid.

"*with near-optimal efficiency*": Ibid.

"*I made a lucky guess*": First DQ 인터뷰 대상은 Don Burke, 11/30/11.

"*The guy to my left was praying*": Khan (2016), p. 4.

"*All of them will be killed today*": The New York Times, 1/7/04. https://www.nytimes.com/2004/01/07/world/the-sars-scare-in-china-slaughter-of-the-animals.html.

"*That was the defining moment*": DQ 인터뷰 대상은 Brenda Ang, Singapore, 1/30/09.

"*The concept of 'super-spreader'*": Khan et al. (1999), S76, S84.

"*What were the animals?*": Pollack et al. (2012), 143-44.

"*camel flu*": https://www.thetimes.co.uk/article/travel-alert-after-eighth-camel-flu-death-2k8j83mzgq2.

"*Nobody had any idea*": https://www.youtube.com/watch?v=AE8G4cVj038; https://www.thebulwark.com/a-timeline-of-trumps-press-briefing-lies/; https://www.yahoo.com/entertainment/trump-claims-nobody-had-any-idea-coronavirus-deadly-despite-saying-otherwise-recording-055843938.html.

"*Bats Are Natural Reservoirs*": Li et al. (2005).

"*may become infectious to humans*": Ren et al. (2008), 1900.

"*Our results provide the strongest evidence*": Ge et al. (2013), 535.

"*severe pulmonary infection*": Xu (2013), 2.

"*a phenomenon that fosters recombination*": Ge et al. (2016), 31.

"*smoking gun*": Cyranoski (2017), 15.

"*This work provides new insights*": Hu et al. (2017), 1.

"*Snakes were also sold*": Ji et al. (2020), 436.

"*provides some insights to the question*": Ibid., 438.

"*unique*" stretches of amino acids: Pradhan et al. (2020), 1.

"*To avoid further misinterpretation*": 이건 bioRxiv의 논평 페이지에 적어도 잠시 동안은 게재됨; hard copy in DQ files. 여기도 참조하실 것 https://www.biorxiv.org/content/10.1101/2020.01.30.927871v2.

"*Mining Coronavirus Genomes*": Cohen (2020a).

"*It seems humans can't resist controversy*": Jon Cohen, Science, "*Mining Coronavirus Genomes for Clues to the Outbreak's Origins,*" 1/31/20. https://www.science.org/content/article/mining-coronavirus-genome-clues-outbreak-s-origins.

"*This just came out today*": 파우치가 앤더슨에게 보낸 이메일, 그리고 앤더슨의 답장은 1/31/20. Variously published on the web after a FOIA-request release. Hard copies in DQ files.

"*What the email shows*": Andersen tweet, June 1, 2021; hard copy in DQ files.

"*There's a lot of finger-pointing*": Sarah Heinrich와 인터뷰, 7/6/20.

"*Such was the magnitude*": Challender et al. (2020), 265.

"*If you go into a restaurant*": Daniel Challender와 인터뷰, 5/29/20.

"*I know we're serving as a transit point*": 인터뷰 대상은 Olajumoke Morenikeji, 5/28/20.

"*lurking ailments in our stomachs*": Wufei Yu, The New York Times, March 5, 2020. https://www.nytimes.com/2020/03/05/opinion/coronavirus-china-pangolins.html.

"*It's not a matter of tradition*": 인터뷰 대상은 Zhou Jinfeng, 6/4/20.

"*This result indicates*": torptube on Virological.org. https://virological.org/t/ncov-2019-spike-protein-receptor-binding-domain-shares-high-amino-acid-identity-with-a-coronavirus-recovered-from-a-pangolin-viral-metagenomic-dataset/362.

"*The Proximal Origin of SARS-CoV-2*": Andersen et al. (2020).

"*considerable discussion*": Andersen et al. (2020), 450.

"*provides a much stronger*": Ibid., 452.

"*the involvement of an immune system*": Ibid.

"*More scientific data could swing*": Ibid.

"*a temporary public panic*": Chen et al. (2020), 2.

"*to isolate patients and trace*": Chan et al. (2020), 523.

"*If the cruise ship epidemic*": Hung et al. (2020), 1058.

"*I shall defend*": Lwoff (1957), 240.

"No virus is known to do good": Medawar and Medawar (1983), 275.

"the surprises expected": Philippe et al. (2013), 281.

"ancestral protocell": Abergel et al. (2015), 793.

"Our analyses clearly show": Andersen et al. (2020), 450.

"might have" originated by recombination: Xiao et al. (2020), 287.

"gradually showed signs of respiratory disease": Ibid., 286.

"were mostly inactive and sobbing": Ibid., 7 (in the accelerated preview version; *"crying,"* 290, in the published version).

"suggests that pangolins": Lam et al. (2020), 282.

"should be removed from wet markets": Ibid.

"the shared history of exposure": Huang et al. (2020), 498.

"which has been closed down": Sarah Boseley, The Guardian, 1/24/20. https://www.theguardian.com/science/2020/jan/24/calls-for-global-ban-wild-animal-markets-amid-coronavirus-outbreak.

"an evidence-based hypothesis": Daniel Lucey, Science Speaks, 1/25/20. https://www.idsociety.org/science-speaks-blog/2020/update-wuhan-coronavirus—2019-ncov-qa-6-an-evidence-based-hypothesis/.

"appreciate the criticism": Cao is quoted in Jon Cohen, Science, 1/26/20. https://www.science.org/content/article/wuhan-seafood-market-may-not-be-source-novel-virus-spreading-globally.

"The number of deaths": Huang et al. (2020), 501.

"the best place to live": https://www.mundopositivo.com.br/noticias/turismo/20181033-veja_o_que_fazer_em_florianopolis_e_se_encante.html.

"cough" and *"diarrhea"* were trending: Nsoesie et al. (2020), preprint posted on DASH, 4. https://dash.harvard.edu/bitstream/handle/1/42669767/Satellite_Images_Baidu_COVID19_manuscript_DASH.pdf?isAllowed=y&sequence=3.

BavPat1, as in *"Bavarian Patient 1"*: Worobey et al. (2020), 564.

"The public health response": Ibid., 569.

"The value of detecting cases early": Ibid.

acting a little *"crazy"*: Abutaleb and Paletta (2021), 231.

"my job at the White House": https://www.foxnews.com/transcript/peter-navarro-on-how-us-is-fighting-the-spread-of-coronavirus.

"They knew Trump would have a fit": Abutaleb and Paletta (2021), 97.

"The global novel coronavirus situation": https://www.cdc.gov/media/releases/2020/t0225-cdc-telebriefing-covid-19.html.

"People have their televisions on": Abutaleb and Paletta (2021), 101.

"A Dynamic Nomenclature Proposal": Rambaut et al. (2020).

"a technician," Zhou told me modestly: Email from Zhaomin Zhou, 9/27/21.

"an objective observer unconnected": Xiao et al. (2020), 2.

"the sort of cachet attached": Ibid., 3.

"a substantial desire to purchase": Ibid. 5.

"lift all protein boats": https://research.rabobank.com/far/en/sectors/animal-protein/
rising-african-swine-fever-losses-to-lift-all-protein.html.

"will create challenges": Ibid.

"may have increased the transmission": Xia et al. (2021), preprint, 1. https://www.pre-
prints.org/manuscript/202102.0590/v1.

"It is highly probable that SARS-CoV-2": Pekar et al. (2021), 414.

"unlikely to be valid": Ibid., 416.

"spillover of SARS-CoV-2-like viruses": Ibid., 415.

"remarkably low" genetic diversity: Rausch et al. (2020), 24614.

"little evidence" of natural selection: Dearlove et al. (2020), 23652.

"is being transmitted more rapidly": Ibid.

"Our data show that": Korber et al. (2020), 819.

"To this end": Ibid., 823.

"The speed with which": Ibid.

"red zone": https://www.politico.eu/article/italy-coronavirus-covid19-lombardy-lodi/.

"Unfortunately, we couldn't have known": https://www.si.com/soccer/2020/03/25/ata-
lanta-valencia-coronavirus-champions-league-san-siro-milan-italy.

"This is a lower-than-expected prevalence": Pagani et al. (2020), 9.

"a large part of the population": Ibid., 1.

"There were doubters": Sharon Peacock (2020), December 17.

"snake flu" virus had reached Scotland: The Scottish Sun, 1/24/20, as reported by the
BBC, https://www.bbc.com/news/uk-scotland-51233161.

"stay at home": https://www.instituteforgovernment.org.uk/sites/default/files/time-
line-lockdown-web.pdf.

"an emergent SARS-CoV-2 lineage": https://virological.org/t/preliminary-genomic-char-
acterisation-of-an-emergent-sars-cov-2-lineage-in-the-uk-defined-by-a-novel-set-
of-spike-mutations/563.

"enhanced genomic surveillance worldwide": Ibid.

"We have enough sequencers": Amy Maxmen, Nature, 4/7/21. https://www.nature.com/

articles/d41586-021-00908-0.

leading to further surges": Washington et al. (2021), preprint posted on medRxiv, 2/7/21, 3.

So what?" he said with a shrug: Tom Phillips, The Guardian, 4/29/20. https://www.theguardian.com/world/2020/apr/29/so-what-bolsonaro-shrugs-off-brazil-rising-coronavirus-death-toll.

an explosive epidemic": Buss et al. (2021), 288.

excess mortality": Ibid.

attack rate": Ibid.

spurt" in the number: Cherian et al. (2021), 4.

variant of concern": Stephanie Nebehay and Emma Farge, Reuters, 5/10/21. https://www.reuters.com/business/healthcare-pharmaceuticals/who-designates-india-variant-being-global-concern-2021-05-10/.

to either the epidemiological containment measures": Tchesnokova (2021), 15.

viral loads" more than a thousand: Li et al. (2021) on Virological.org, 7/7/21. https://virological.org/t/viral-infection-and-transmission-in-a-large-well-traced-outbreak-caused-by-the-delta-sars-cov-2-variant/724/1.

We have done an incredible job": https://www.cnn.com/interactive/2020/10/politics/covid-disappearing-trump-comment-tracker/; https://www.c-span.org/video/?469786-1/president-trump-hosts-african-american-history-month-reception.

like a miracle—it will disappear": https://www.cnn.com/interactive/2020/10/politics/covid-disappearing-trump-comment-tracker/index.html.

powers of resistance": Robertson (2021), 1474.

These facts show something": Ibid.

abortion disease," now known as brucellosis: Eichhorn and Potter (1917), 3.

Thus a herd immunity seems": Ibid., 9.

Our aim," Vallance said: https://www.bbc.com/news/uk-politics-54252272.

a clear plan": https://www.gov.uk/government/speeches/pm-statement-on-coronavirus-12-march-2020.

We want to suppress it": https://www.youtube.com/watch?v=2XRc389TvG8.

A Contribution to the Mathematical Theory of Epidemics": Kermack and McKendrick (1927).

During the years that the herd": Eichhorn and Potter (1917), 9.

mop-up" clinics: Bowes (1967), 413. Bowes spelled it "*mopup,*" but I judged that might be confusing.

"suggests a possible prophylactic and therapeutic use": Vincent et al. (2005), 9.

"If they work": https://www.c-span.org/video/?470503-1/president-trump-coronavirus-task-force-hold-briefing-white-house.

"The answer is no": Abutaleb and Paletta (2021), 223-24.

"anecdotal": https://abcnews.go.com/Politics/fauci-throws-cold-water-trumps-declaration-malaria-drug/story?id=69716324.

"I've spent my life being 'against'": Scott Sayare, The New York Times Magazine, 5/12/20. https://www.nytimes.com/2020/05/12/magazine/didier-raoult-hydroxy chloroquine.html.

"I'm a big fan": Abutaleb and Paletta (2021), 224.

"are unlikely to be effective": https://www.fda.gov/news-events/press-announcements/coronavirus-COVID-19-update-fda-revokes-emergency-use-authorization-chloroquine-and.

"circulating zoonotic strains": Sheahan et al. (2017), 5.

"highly effective" against SARS-CoV-2: Manli Wang et al. (2020), 271.

"did not significantly improve": Yeming Wang et al. (2020), 1575.

"an adult drank an injectable ivermectin": https://emergency.cdc.gov/han/2021/han00449.asp.

"the reliable evidence does not": https://www.cochranelibrary.com/cdsr/doi/10.1002/14651858.CD015017.pub2/epdf/full.

"has potent antiviral activity": Shuntai Zhou et al. (2021), 415.

"I would probably take molnupiravir": RS email to DQ, 10/26/21.

"The biochemical pathways and our data": Ibid.

"molnupiravir reduced the risk": https://www.merck.com/news/merck-and-ridgebacks-investigational-oral-antiviral-molnupiravir-reduced-the-risk-of-hospitalization-or-death-by-approximately-50-percent-compared-to-placebo-for-patients-with-mild-or-moderat/.

"Clinton summoned Fauci": Another account of this meeting appears in Gina Kolata and Benjamin Mueller, The New York Times, 1/15/22. https://www.nytimes.com/2022/01/15/health/mrna-vaccine.html?searchResultPosition=6.

"vaccine-enhanced disease": Ibid., 149.

by one account it *"haunted"* him: David Heath and Gus Garcia-Roberts, USA Today, 1/26/21.

"provide an important step": Pallesen et al. (2017), E7354.

"Vaccine inequity is the world's biggest obstacle": https://www.who.int/news/item/22-07-2021-vaccine-inequity-undermining-global-economic-recovery.

"gave up on waiting": Olivia Goldhill, Rosa Furneaux, and Madlen Davies, STAT News, 10/8/21. https://www.statnews.com/2021/10/08/how-covax-failed-on-its-promise-to-vaccinate-the-world/.

"appalled," he told a news conference: James Keaton, AP, 9/8/21. https://apnews.com/article/business-health-coronavirus-pandemic-united-nations-world-health-organization-6384ff91c399679824311ac26e3c768a.

"More and more epidemiological data": DQ 인터뷰 대상은 Jonathan Towner, 8/11/09.

"It was really unnerving": DQ 인터뷰 대상은 Brian Amman, 8/11/09.

"The Possible Origins of 2019-nCov Coronavirus": Xiao and Xiao (2020).

"The probability was very low": Ibid., 2.

"The speculation about the possible origins": James T. Areddy, The Wall Street Journal, 3/5/20. https://www.wsj.com/articles/coronavirus-epidemic-draws-scrutiny-to-labs-handling-deadly-pathogens-11583349777.

"uncanny similarity": Pradhan et al. (2020), 1.

"insertions" in the SARS-CoV-2 spike: Ibid.

"unconventional evolution": Ibid., 9.

"It was not our intention": Note by Prashant Pradhan on the Comments page of bioRxiv; hard copy in DQ files. See also Jessica McDonald, 2/7/20, posting on FactCheck.org, *"Baseless Conspiracy Theories Claim New Coronavirus Was Bio-engineered."* https://www.factcheck.org/2020/02/baseless-conspiracy-theories-claim-new-coronavirus-was-bioengineered/.

"We still stand by what we had published": Abhinandan Mishra and Dibyendu Mondal, The Sunday Guardian, 6/5/21. https://www.sundayguardianlive.com/news/fauci-described-indian-research-man-made-covid-outlandish.

"The Indian paper is really outlandish": Ibid.

"I have been privately dealing": William R. Gallaher (writing as profbillg1901) on Virological.org, 2/6/20. https://virological.org/t/tackling-rumors-of-a-suspicious-origin-of-ncov2019/384.

"I have found a probable source": Ibid.

"The only laboratory required": Ibid.

"This is a really nice finding, Bill": Andrew Rambaut (posting as arambaut) on Virological.org, 5/3/20. https://virological.org/t/tackling-rumors-of-a-suspicious-origin-of-ncov2019/384/5.

"The sequence analysis all seems very cogent": Steve Barger (posting as swbarg), ibid.

"The entirely natural origin": William R. Gallaher (posting as profbillg1901), 5/7/20, ibid.

"an overlooked fragment": Spyros Lytras (posting as spyroslytras) on Virological.org, 8/8/20. https://virological.org/t/the-sarbecovirus-origin-of-sars-cov-2-s-furin-cleavage-site/536.

"these viruses must have co-circulated": Ibid.

"collectively, our results support": MacLean et al. (2021), 1.

"Our observations suggest": Zhan, Deverman, and Chan (2020), 1.

"I got whacked so many times": Rowan Jacobsen, Boston Magazine, 9/9/20. https://www.bostonmagazine.com/news/2020/09/09/alina-chan-broad-institute-coronavirus/.

"Chan's puzzle detectors pulsed again": Ibid.

"was already pre-adapted": Zhan et al. (2020), 1.

"And that, Chan says": Jacobsen, Boston Magazine.

"very likely already well adapted": Chan and Ridley (2021), 96.

"remained bright and alert": Sit et al. (2020), 776.

"Our data demonstrated": Qiang Zhang et al. (2020), 2013.

"The minks showed various symptoms": ProMED-mail post, 4/26/20.

"a herd of mink is being slaughtered": ProMED-mail post, 6/17/21.

"most of the animals there had been infected": Reuters, 7/16/20.

"We tested a number of animals": ProMED-mail post, 10/24/20.

"firsthand interaction": https://www.lincolnzoo.org.

"it is inferred": Xu (2013), anonymous translation, corrected by Wufei Yu, 19.

"deficiencies" that should be fixed: Ibid., 20.

"a phenomenon that fosters": Ge et al. (2016), 31.

"What we mean by the term": Amber Dance, Nature, 10/27/21.

"a recipe for disaster": van Aken (2007), 1.

"GOF research is important": https://www.nih.gov/about-nih/who-we-are/nih-director/statements/nih-lifts-funding-pause-gain-function-research.

"Senator Paul, you do not know what you are talking about": https://www.cnbc.com/2021/07/20/if-anybody-is-lying-here-senator-it-is-you-fauci-tells-sen-paul-in-heated-exchange-at-senate-hearing.html. This statement is also available as video on YouTube (with transcript) here: https://www.youtube.com/watch?v=pFoaBV_cTek; and here from The Guardian: https://www.theguardian.com/us-news/video/2021/jul/20/fauci-to-rand-paul-you-do-not-know-what-you-are-talking-about-video.

"Discovery of a Rich Gene Pool": Hu et al. (2017).

"Thus, the risk of spillover": Ibid., 19.

"highlights the necessity": Ibid., 1.

"*although a laboratory accident*": Frutos, Gavotte, and Devaux (2021), 3.

"*the occurrence of a double accident*": Ibid., 5.

"*There Is No 'Origin' to SARS-CoV-2*": Frutos, et al. (2021).

"*An epidemic never starts*": Ibid., 7.

"*This is referred to as the epidemic threshold*": Ibid.

"*a permanent process of evolution*": Ibid.

"*spillover of SARS-CoV-2-like viruses*": Pekar et al. (2021), 415.

"*viral chatter*": Wolfe et al. (2005), 1824.

"*The Origins of SARS-CoV-2: A Critical Review*": Holmes et al. (2021).

"*Coronaviruses have long been known*": Ibid., 1.

"*No epidemic has been caused by*": Ibid., 3.

"*no rational experimental reason*": Ibid., 4.

"*the most parsimonious explanation*": Ibid., 5.

"*stems from the coincidence*": Ibid., 6.

"*highly unlikely,*" they judged: Ibid.

"*a soft spot for wild theories*": David Robertson, quoted in Jane Qiu, MIT Technology Review, 11/19/21. https://www.technologyreview.com/2021/11/19/1040390/covid-wuhan-natural-spillover-wuhan-wet-market-huanan/.

"*Dissecting the Early COVID-19 Cases in Wuhan*": Worobey (2021).

"*It becomes almost impossible*": Joel Achenbach, The Washington Post, 11/18/21. https://www.washingtonpost.com/health/2021/11/18/coronavirus-origins-wuhan-market-animals-science-journal/.

"*We stand together to strongly condemn*": Calisher et al. (2020), e42.

"*trace the animal origin of the virus*": WHO-convened Global Study of the Origins of SARS-CoV-2: Terms of References for the China Part, 11/5/20, 2. https://www.who.int/publications/m/item/who-convened-global-study-of-the-origins-of-sars-cov-2.

and a lab leak, "*extremely unlikely*": WHO-convened Global Study of Origins of SARS-CoV-2: China Part (2021).

"*an accident at the laboratory*": Glen Owen, Daily Mail, 4/11/20. https://www.dailymail.co.uk/news/article-8211257/Wuhan-lab-performing-experiments-bats-coronavirus-caves.html.

"*We will end that grant*": Sarah Owermohle, Politico, 4/27/20. https://www.politico.com/news/2020/04/27/trump-cuts-research-bat-human-virus-china-213076.

"*The Contested Origin of SARS-CoV-2*": Gronvall (2021).

"*so all wildlife trade was fundamentally illegal*": Xiao et al. (2021), 3.

"The swift clear-out": Gronvall (2021), 12.

"Once it looked as if": Ibid., 21-22.

"I do not believe that this assessment": https://www.who.int/director-general/speeches/detail/who-director-general-s-remarks-at-the-member-state-briefing-on-the-report-of-the-international-team-studying-the-origins-of-sars-cov-2.

"As scientists with relevant expertise": Bloom et al. (2021), 694.

"strong evidence of a live-animal market origin": Worobey (2021), 1204.

"greater clarity about the origins": Bloom et al. (2021), 694.

"The Huanan Market Was the Epicenter": Worobey et al. (2022), 1.

"the overwhelming majority were specifically linked": Ibid., 4.

"These findings suggest": Ibid., 11.

"we began to see it might be": Isaac Chotiner, The New Yorker, 11/30/21. https://www.newyorker.com/news/q-and-a/how-south-african-researchers-identified-the-omicron-variant-of-covid.

"This variant is completely insane": Kai Kupferschmidt, Science, 11/27/21. https://www.science.org/content/article/patience-crucial-why-we-won-t-know-weeks-how-dangerous-omicron.

"At present there is no direct evidence": Martin et al. post on Virological.org, 12/5/21. https://virological.org/t/selection-analysis-identifies-significant-mutational-changes-in-omicron-that-are-likely-to-influence-both-antibody-neutralization-and-spike-function-part-1-of-2/771.

"the epistatic fucking cirque du soleil": Quoted on Twitter by Kristian Andersen, 12/5/21; used here with permission of Edyth Parker.

참고 문헌

Abbate, Jessie L., et al. 2020. "Pathogen Community Composition and Co-Infection Patterns in a Wild Community of Rodents." Preprint, bioRxiv, posted September 2, 2020.

Abdelnabi, Rana, et al. 2021. "Comparing Infectivity and Virulence of Emerging SARS-CoV-2 Variants in Syrian Hamsters." *EBioMedicine* 68 (103403).

Abergel, Chantal, Matthiew Legendre, and Jean-Michel Claverie. 2015. "The Rapidly Expanding Universe of Giant Viruses: Mimivirus, Pandoravirus, Pithovirus and Mollivirus." *FEMS Microbiology Reviews* 39 (6).

Abraham, Thomas. 2004. *Twenty-First Century Plague: The Story of SARS*. Baltimore: Johns Hopkins University Press.

Abutaleb, Yasmeen, and Damian Paletta. 2021. *Nightmare Scenario: Inside the Trump Administration's Response to the Pandemic That Changed History*. New York: HarperCollins.

Afelt, Aneta, Roger Frutos, and Christian Devaux. 2018. "Bats, Coronaviruses, and Deforestation: Toward the Emergence of Novel Infectious Diseases?" *Frontiers in Microbiology* 9 (702).

Albery, Gregory F., et al. 2020. "Predicting the Global Mammalian Viral Sharing Network Using Phylogeography." *Nature Communications* 11 (1).

Allen, Arthur. 2020. "Government-Funded Scientists Laid the Groundwork for Billion-Dollar Vaccines." *Kaiser Health News*, November 18.

Al-Tawfiq, Jaffar A., 2013. "Middle East Respiratory Syndrome-Coronavirus Infection: An Overview." *Journal of Infection and Public Health* 6 (5).

Alwan, Nisreen A., et al. 2020. "Scientific Consensus on the COVID-19 Pandemic: We Need to Act Now." *The Lancet* 396 (10260).

Aly, Mahmoud, et al. 2017. "Occurrence of the Middle East Respiratory Syndrome Coronavirus (MERS-CoV) Across the Gulf Corporation Council Countries: Four Years Update." *PLOS ONE* 12 (10).

Amendola, Antonella, et al. 2021. "Evidence of SARS-CoV-2 RNA in an Oropharyngeal Swab Specimen, Milan, Italy, Early December 2019." *Emerging Infectious Diseases* 27 (2).

Amendola, Antonella, et al. 2021b. "Molecular Evidence for SARS-CoV-2 in Samples Collected from Patients with Morbilliform Eruptions Since Late Summer 2019 in Lombardy, Northern Italy." Preprint at *The Lancet*, posted August 6, 2021.

Amman, Brian R., et al. 2014. "Marburgvirus Resurgence in Kitaka Mine Bat Population after Extermination Attempts, Uganda." *Emerging Infectious Diseases* 20 (10).

Andersen, Kristian G., et al. 2015. "Clinical Sequencing Uncovers Origins and Evolution of Lassa Virus." *Cell* 162 (4).

Andersen, Kristian G., et al. 2020. "The Proximal Origin of SARS-CoV-2." *Nature Medicine* 4.

Anderson, Danielle E., et al. 2020. "Lack of Cross-Neutralization by SARS Patient Sera Towards SARS-CoV-2." *Emerging Microbes & Infections* 9 (1).

Anderson, Roy, et al. 2020. "Challenges in Creating Herd Immunity to SARS-CoV-2 Infection by Mass Vaccination." *The Lancet* 396 (10263).

Anthony, Simon J., et al. 2017. "Global Patterns in Coronavirus Diversity." *Virus Evolution* 3 (1).

Apolone, Giovanni, et al. 2020. "Unexpected Detection of SARS-CoV-2 Antibodies in the Prepandemic Period in Italy." *Tumori Journal* 107 (5).

Aschwanden, Christie. 2020. "The False Promise of Herd Immunity for COVID-19." *Nature* 587 (7832).

Assiri, Abdullah, et al. 2013. "Hospital Outbreak of Middle East Respiratory Syndrome Coronavirus." *The New England Journal of Medicine* 369 (5).

Avanzato, Victoria A., et al. 2020. "Case Study: Prolonged Infectious SARS-CoV-2 Shedding from an Asymptomatic Immunocompromised Individual with Cancer." *Cell* 183 (7).

Barberia, Lorena G., and Eduardo J. Gómez. 2020. "Political and Institutional Perils of Brazil's COVID-19 Crisis." *The Lancet* 396 (10248).

Baric, Ralph S. 2020. "Emergence of a Highly Fit SARS-CoV-2 Variant." *The New England Journal of Medicine* 383 (27).

Baric, Ralph S., et al. 1985. "Characterization of Leader-Related Small RNAs in Coronavirus-Infected Cells: Further Evidence for Leader-Primed Mechanism of Transcription." *Virus Research* 3 (1).

Barry, John M. 2004, 2005. The Great Influenza: *The Epic Story of the Deadliest Plague in History*. London: Penguin.

Bartsch, Yannic C., et al. 2021. "Discrete SARS-CoV-2 Antibody Titers Track with Functional Humoral Stability." *Nature Communications* 12 (1018).

Bedford, Trevor, et al. 2020. "Cryptic Transmission of SARS-CoV-2 in Washington State." *Science* 370 (6516).

Bermingham, A., et al. 2012. "Severe Respiratory Illness Caused by a Novel Coronavirus, in a Patient Transferred to the United Kingdom from the Middle East, September 2012." *Euro Surveillance* 17 (40).

Bertuzzo, Enrico, et al. 2020. "The Geography of COVID-19 Spread in Italy and Implications for the Relaxation of Confinement Measures." *Nature Communications* 11 (4264).

Biek, Roman, et al. 2015. "Measurably Evolving Pathogens in the Genomic Era." *Trends in Ecology & Evolution* 30 (6).

Blanco-Melo, Daniel, et al. 2020. "Imbalanced Host Response to SARS-CoV-2 Drives Development of COVID-19." *Cell* 181 (5).

Bloom, Jesse D. 2021. "Recovery of Deleted Deep Sequencing Data Sheds More Light on the Early Wuhan SARS-CoV-2 Epidemic." *Molecular Biology and Evolution* 38 (12).

Bloom, Jesse D., et al. 2021. "Investigate the Origins of COVID-19." *Science* 372 (6543).

Böhmer, Merle M., et al. 2020. "Investigation of a COVID-19 Outbreak in Germany Resulting from a Single Travel-Associated Primary Case: A Case Series." *The Lancet Infectious Diseases* 20 (8).

Boni, Maciej F., et al. 2020. "Evolutionary Origins of the SARS-CoV-2 Sarbecovirus Lineage Responsible for the COVID-19 Pandemic." *Nature Microbiology* 5 (11).

Borrell, Brendan. 2021. The First Shots: *The Epic Rivalries and Heroic Science Behind the Race to the Coronavirus Vaccine*. New York: Mariner, HarperCollins.

Bowes, James E. 1967. "Rhode Island's End Measles Campaign." *Public Health Report* 82 (5).

Brian, D. A., and R. S. Baric. 2005. "Coronavirus Genome Structure and Replication." *Current Topics in Microbiology and Immunology* 287.

Brilliant, Larry, et al. 2021. "The Forever Virus: A Strategy for the Long Fight Against COVID-19." *Foreign Affairs* 100 (4).

Brook, Cara E., and Andrew P. Dobson. 2015. "Bats as 'Special' Reservoirs for Emerging Zoonotic Pathogens." *Trends in Microbiology* 23 (3).

Brook, Cara E., et al. 2020. "Accelerated Viral Dynamics in Bat Cell Lines, with Implications for Zoonotic Emergence." *eLife* 9 (e48401).

Bryant, Andrew, et al. 2021. "Ivermectin for Prevention and Treatment of COVID-19 Infection: A Systematic Review, Meta-analysis, and Trial Sequential Analysis to Inform Clinical Guidelines." *American Journal of Therapeutics* 28 (4).

Burke, Donald S. 1998. "Evolvability of Emerging Viruses." In *Pathology of Emerging Infections 2*. Edited by Ann Marie Nelson and C. Robert Horsburgh Jr. Washington, D.C.:

American Society for Microbiology.

Buss, Lewis F., et al. 2021. "Three-quarters Attack Rate of SARS-CoV-2 in the Brazilian Amazon During a Largely Unmitigated Epidemic." *Science* 371 (6526).

Butler, Colin D., et al. 2021. "Call for a Full and Unrestricted International Forensic Investigation into the Origins of COVID-19." Open letter, posted online March 4, 2021.

Butler, Delcan. 2015. "Engineered Bat Virus Stirs Debate Over Risky Research." *Nature News & Comment*, November 12.

Calisher, Charles H. 2013. *Lifting the Impenetrable Veil: From Yellow Fever to Ebola Hemorrhagic Fever and SARS*. Red Feather Lakes, Colorado: Rockpile Press.

Calisher, Charles H., et al. 2006. "Bats: Important Reservoir Hosts of Emerging Viruses." *Clinical Microbiology Reviews* 19 (3).

Calisher, Charles, et al. 2020. "Statement in Support of the Scientists, Public Health Professionals, and Medical Professionals of China Combatting COVID-19." *The Lancet* 395 (10226).

Callaway, Ewen. 2021. "Rare Reactions Might Hold Key to Variant-Proof COVID Vaccines." *Nature* 592 (7852).

Candido, Darlan S., et al. 2020. "Evolution and Epidemic Spread of SARS-CoV-2 in Brazil." *Science* 369 (6508).

Capua, Ilaria. 2018. "Discovering Invisible Truths." *Journal of Virology* 92 (20).

Capua, Ilaria, and Mario Rasetti. 2020. "Here, the Huge Rainbow Within the COVID-19 Storm." *EClinicalMedicine* 29-30.

Capua, Ilaria, and Carlo Giaquinto. 2021. "The Unsung Virtue of Thermostability." *The Lancet* 397 (10282).

Carlson, Colin J., et al. 2019. "Global Estimates of Mammalian Viral Diversity Accounting for Host Sharing." *Nature Ecology & Evolution* 3 (7).

Carrion, Malwina, and Lawrence C. Madoff. 2017. "Pro-MED-mail: 22 Years of Digital Surveillance of Emerging Infectious Diseases." *International Health* 9 (3).

Carroll, Dennis, et al. 2018. "Building a Global Atlas of Zoonotic Diseases." *Bulletin of the World Health Organization* 96 (4).

Carroll, Dennis, et al. 2019. "The Global Virome Project: Expanded Viral Discovery Can Improve Mitigation." *Science* 359 (6378).

Castro, Marcia C., et al. 2021. "Spatiotemporal Pattern of COVID-19 Spread in Brazil." *Science* 372 (6544).

Celum, Connie, et al. 2020. "COVID-19, Ebola, and HIV—Leveraging Lessons to Maximize Impact." *The New England Journal of Medicine* 383 (19).

Challender, Daniel W. S., Stuart R. Harrop, and Douglas C. MacMillan. 2015. "Understanding Markets to Conserve Trade-Threatened Species in CITES." *Biological Conservation* 187.

Challender, Daniel W. S., Helen C. Nash, and Carly Waterman, volume editors. Philip J. Nyhus, series editor. 2020. *Pangolins: Science, Society and Conservation.* London: Academic Press, Elsevier.

Chan, Alina, and Matt Ridley. 2021. VIRAL: *The Search for the Origin of COVID-19.* New York: HarperCollins.

Chan, Jasper F. W., et al. 2012. "Is the Discovery of the Novel Human Betacoronavirus 2c EMC/2012 (HCoV-EMC) the Beginning of Another SARS-like Pandemic?" *Journal of Infection* 65 (6).

Chan, Jasper Fuk-Woo, et al. 2020. "A Familial Cluster of Pneumonia Associate with the 2019 Novel Coronavirus Indicating Person-to-Person Transmission: A Study of a Family Cluster." *The Lancet* 395 (10223).

Chan, Yujia Alina, and Shing Hei Zhan. 2020. "Single Source of Pangolin CoVs with a Near Identical Spike RBD to SARS-CoV-2." Preprint, bioRxiv, posted October 23, 2020.

Chavarria-Miró, Gemma, et al. 2021. "Time Evolution of Severe Acute Respiratory Syndrome Coronavirus (SARS-CoV-2) in Wastewater During the First Pandemic Wave of COVID-19 in the Metropolitan Area of Barcelona, Spain." *Applied and Environmental Microbiology* 87 (7).

Chen, Albert Tian, et al. 2021. "COVID-19 CG Enables SARS-CoV-2 Mutation and Lineage Tracking by Locations and Dates of Interest." *eLife* 10 (e63409).

Chen, Chi-Mai, et al. 2020. "Containing COVID-19 Among 627,386 Persons in Contact with the Diamond Princess Cruise Ship Passengers Who Disembarked in Taiwan: Big Data Analytics." *Journal of Medical Internet Research* 22 (5).

Chen, Dongsheng, et al. 2020. "Single-Cell Screening of SARS-CoV-2 Target Cells in Pets, Livestock, Poultry and Wildlife." Preprint, bioRxiv, posted June 14, 2020.

Chen, Yu, et al. 2013. "Human Infections with the Emerging Avian Influenza A H7N9 Virus from Wet Market Poultry: Clinical Analysis and Characterisation of Viral Genome." *The Lancet* 381 (9881).

Cheng, Vincent C. C., et al. 2007. "Severe Acute Respiratory Syndrome Coronavirus as an Agent of Emerging and Reemerging Infection." *Clinical Microbiology Reviews* 20 (4).

Cheng, Wenda, Shuang Xing, and Timothy C. Bonebrake. 2017. "Recent Pangolin Seizures in China Reveal Priority Areas for Intervention." *Conservation Letters* 10 (6).

Cherian, Sarah, et al. 2021. "SARS-CoV-2 Spike Mutations, L452R, E478K, E484Q and P681R, in the Second Wave of COVID-19 in Maharashtra, India." *Microorganisms* 9 (7).

Chik, Holly. 2020. "China CDC Chief Defends Early Outbreak Action: 'I Never Said There Was No Human-to-Human Transmission.'" *South China Morning Post*, April 20.

Chinazzi, Matteo, et al. 2020. "The Effect of Travel Restrictions on the Spread of the 2019 Novel Coronavirus (COVID-19) Outbreak." *Science* 368 (6489).

Christakis, Nicholas A. 2020. *Apollo's Arrow: The Profound and Enduring Impact of Coronavirus on the Way We Live*. New York: Little, Brown Spark.

Chu, Daniel K. W., et al. 2014. "MERS Coronaviruses in Dromedary Camels, Egypt." *Emerging Infectious Diseases* 20 (6).

Chu, Hin, et al. 2020. "Comparative Replication and Immune Activation Profiles of SARS-CoV-2 and SARS-CoV in Human Lungs: An *ex vivo* Study with Implications for the Pathogenesis of COVID-19." *Clinical Infectious Diseases* 71 (6).

Clausen, Thomas Mandel, et al. 2020. "SARS-CoV-2 Infection Depends on Cellular Heparan Sulfate and ACE2." *Cell* 183 (4).

Claverie, Jean-Michel. 2006. "Viruses Take Center Stage in Cellular Evolution." *Genome Biology* 7 (6).

Claverie, Jean-Michel. 2020. "All Viruses Are Unconventional." Preprint, posted on Preprints, September 19, 2020.

Claverie, Jean-Michel, et al. 2006. "Mimivirus and the Emerging Concept of 'Giant' Viruses." *Virus Research* 117 (1).

Claverie, Jean-Michel, and Hiroyuki Ogata. 2009. "Ten Good Reasons Not to Exclude Viruses from the Evolutionary Picture." *Nature Reviews Microbiology* 7 (8).

Claverie, Jean-Michel, and Chantal Abergel. 2016. "Giant Viruses: The Difficult Breaking of Multiple Epistemological Barriers." *Studies in History and Philosophy of Biological and Biomedical Sciences* 59.

Cohen, Jon. 2013. "Structural Biology Triumph Offers Hope Against a Childhood Killer." *Science* 342 (6158).

———. 2020a. "Mining Coronavirus Genomes for Clues to the Outbreak's Origins." *Science* 367 (6477).

———. 2020b. "Wuhan Coronavirus Hunter Shi Zhengli Speaks Out. China's 'Bat Woman' Denies Responsibility for the Pandemic, Demands Apology from Trump." *Science* 369 (6503).

———. 2020c. "Wuhan Seafood Market May Not Be Source of Novel Virus Spreading Globally." www.sciencemag.org., January 26.

———. 2021. "Vaccines That Can Protect Against Many Coronaviruses Could Prevent Another Pandemic." www.sciencemag.org., April 15.

Conceicao, Carina, et al. 2020. "The SARS-CoV-2 Spike Protein Has a Broad Tropism for Mammalian ACE2 Proteins." *PLOS Biology* 18 (12).

Corbett, K. S., et al. 2020a. "Evaluation of the mRNA-1273 Vaccine Against SARS-CoV-2 in Nonhuman Primates." *The New England Journal of Medicine* 383 (16).

Corbett, Kizzmekia S., et al. 2020b. "SARS-CoV-2 mRNA Vaccine Design Enabled by Prototype Pathogen Preparedness." *Nature* 586 (7830).

Cottle, Lucy E., et al. 2013. "A Multinational Outbreak of Histoplasmosis Following a Biology Field Trip in the Ugandan Rainforest." *Journal of Travel Medicine* 20 (2).

Cowling, Benjamin J., et al. 2015. "Preliminary Epidemiological Assessment of MERS-CoV Outbreak in South Korea, May to June 2015." *Euro Surveillance* 20 (25).

Cui, Jie, Fang Li, and Zheng-Li Shi. 2019. "Origin and Evolution of Pathogenic Coronaviruses." *Nature Reviews Microbiology* 17 (3).

Cyranoski, David. 2017. "Bat Cave Solves Mystery of Deadly SARS Virus—And Suggests New Outbreak Could Occur." *Nature* 552 (7683).

Dai, Wenhao, et al. 2020. "Design, Synthesis, and Biological Evaluation of Peptidomimetic Aldehydes as Broad-Spectrum Inhibitors Against Enterovirus and SARS-CoV-2." *Journal of Medicinal Chemistry* (Oc02258).

Dallmeier, Kai, Geert Meyfroidt, and Johan Neyts. 2021. "COVID-19 and the Intensive Care Unit: Vaccines to the Rescue." *Intensive Care Medicine* 47 (7).

Dance, Amber. 2021. "The Shifting Sands of Gain-of-Function Research." Nature 598 (7882).

Daszak, Peter, et al. 2021. "Infectious Disease Threats: A Rebound to Resilience." *Health Affairs* 40 (2).

Davies, Nicholas G., et al. 2021a. "Estimated Transmissibility and Impact of SARS-CoV-2 Lineage B.1.1.7 in England." *Science* 372 (6538).

Davies, Nicholas G., et al. 2021b. "Increased Mortality in Community-Tested Cases of SARS-CoV-2 Lineage B.1.1.7." *Nature* 593 (7858).

Davis, Jessica T., et al. 2021. "Cryptic Transmission of SARS-CoV-2 and the First COVID-19 Wave." *Nature* 600 (7887).

Dearlove, Bethany, et al. 2020. "A SARS-CoV-2 Vaccine Candidate Would Likely Match All Currently Circulating Variants." *Proceedings of the National Academy of Sciences* 117 (38).

Decaro, Nicola, Alessio Lorusso, and Ilaria Capua. 2021. "Erasing the Invisible Line to Empower the Pandemic Response." *Viruses* 13 (348).

Delaune, Deborah, et al. 2021. "A Novel SARS-CoV-2 Related Coronavirus in Bats from Cambodia." *Nature Communications* 12 (1).

Deslandes, A., et al. 2020. "SARS-CoV-2 Was Already Spreading in France in Late December 2019." *International Journal of Antimicrobial Agents* 55 (6).

Devaux, Christian A., et al. 2021. "Spread of Mink SARS-CoV-2 Variants in Humans: A Model of Sarbecovirus Interspecies Evolution." *Frontiers in Microbiology* 12.

Di Giallonardo, Francesca, et al. 2021. "Emergence and Spread of SARS-CoV-2 Lineages B.1.1.7 and P.1 in Italy." *Viruses* 13 (5).

Dinnon III, Kenneth H., et al. 2020. "A Mouse-Adapted Model of SARS-CoV-2 to Test Covid-19 Countermeasures." *Nature* 586 (7830).

Dobson, Andrew P., et al. 2020. "Ecology and Economics for Pandemic Prevention." *Science* 369 (6502).

Duchene, Sebastian, et al. 2020. "Temporal Signal and the Phylodynamic Threshold of SARS-CoV-2." *Virus Evolution* 6 (2).

Duffy, Siobain, Laura A. Shackelton, and Edward C. Holmes. 2008. "Rates of Evolutionary Change in Viruses: Patterns and Determinants." *Nature Reviews Genetics* 9 (4).

du Plessis, Louis, et al. 2021. "Establishment and Lineage Dynamics of the SARS-CoV-2 Epidemic in the UK." *Science* 371 (6530).

Düx, Ariane, et al. 2020. "Measles Virus and Rinderpest Virus Divergence Dated to the Sixth Century BCE." *Science* 368 (6497).

Eban, Katherine. 2021. "The Lab-Leak Theory: Inside the Fight to Uncover COVID-19's Origins." *Vanity Fair*, June 3.

Eckerle, Isabella, and Benjamin Meyer. 2020. "SARS-CoV-2 Seroprevalence in COVID-19 Hotspots." *The Lancet* 396.

Eckerle, Lance D., et al. 2010. "Infidelity of SARS-CoV Nsp 14-Exonuclease Mutant Virus Replication Is Revealed by Complete Genome Sequencing." *PLOS Pathogens* 6 (5).

Eichhorn, Adolph, and George M. Potter. 1917. "Contagious Abortion of Cattle." United States Department of Agriculture *Farmers' Bulletin* 790, January.

Epstein, Jonathan H., et al. 2020. "Nipah Virus Dynamics in Bats and Implications for Spillover to Humans." *Proceedings of the National Academy of Sciences* 117 (46).

Erkens, K., et al. 2002. "Histoplasmosis Group Disease in Bat Researchers Returning from Cuba." *Deutsche Medizinische Wochenschrift* 127 (1-2).

Fang, Fang, translated by Michael Berry. 2020. *Wuhan Diary: Dispatches from a Quarantined City*. New York: HarperVIA, HarperCollins.

Faria, Nuno R., et al. 2021. "Genomics and Epidemiology of the P.1 SARS-CoV-2 Lineage in Manaus, Brazil." *Science* 372 (6544).

Farrar, Jeremy, with Anjana Ahuja. 2021. *Spike: The Virus vs the People, The Inside Story*. London: Profile.

Ferreira, Isabella A. T. M., et al. 2021. "SARS-CoV-2 B.1.617 Mutations L452R and E484Q Are Not Synergistic for Antibody Evasion." *Journal of Infectious Diseases* 224 (6).

Finch, Courtney L., et al. 2020. "Characteristic and Quantifiable COVID-19-like Abnormalities in CT-and PET/CT-imaged Lungs of SARS-CoV-2-infected Crab-Eating Macaques." Preprint, bioRxiv, May 14, 2020.

Fine, Paul, E. M. 1993. "Herd Immunity: History, Theory, Practice. *Epidemiologic Reviews* 15 (2).

Fiorentini, Simona, et al. "First Detection of SARS-CoV-2 Spike Protein N501 Mutation in Italy in August, 2020." *The Lancet Infectious Diseases* 21 (6).

Fongaro, Gislaine, et al. 2021. "The Presence of SARS-CoV-2 RNA in Human Sewage in Santa Catarina, Brazil, November 2019." *Science of the Total Environment* 778.

Forterre, Patrick. 2006. "The Origin of Viruses and Their Possible Roles in Major Evolutionary Transitions." *Virus Research* 117 (1).

———. 2011. "Manipulation of Cellular Synthesis and the Nature of Viruses: The Virocell Concept." *Comptes Rendus Chimie* 14 (4)

———. 2013. "The Virocell Concept and Environmental Microbiology." *International Society for Microbial Ecology Journal* 7 (2).

———. 2016. "To Be or Not to Be Alive: How Recent Discoveries Challenge the Traditional Definitions of Viruses and Life." *Studies in History and Philosophy of Biological and Biomedical Sciences* 59 (100-108).

Forterre, Patrick, and David Prangishvili. 2013. "The Major Role of Viruses in Cellular Evolution: Facts and Hypotheses." *Current Opinion in Virology* 3 (5).

Fox, John P. 1983. "Herd Immunity and Measles." *Reviews of Infectious Diseases* 5 (3).

Fox, John P., et al. 1971. "Herd Immunity: Basic Concept and Relevance to Public Health Immunization Practices." *American Journal of Epidemiology* 94 (3).

French, Rebecca K., and Edward C. Holmes. 2020. "An Ecosystems Perspective on Virus Evolution and Emergence." *Trends in Microbiology* 28 (3).

Frutos, Roger, et al. 2020a. "COVID-19: The Conjunction of Events Leading to the Coronavirus Pandemic and Lessons to Learn for Future Threats." *Frontiers in Medicine* 7 (223).

Frutos, Roger, et al. 2020b. "COVID-19: Time to Exonerate the Pangolin from the Transmission of SARS-CoV-2 to Humans." *Infection, Genetics, and Evolution* 84.

Frutos, Roger, et al. 2021. "There Is No 'Origin' to SARS-CoV-2." *Environmental Research* 30 (40).

Frutos, Roger, Laurent Gavotte, and Christian A. Devaux. 2021. "Understanding the Origin of COVID-19 Requires to Change the Paradigm on Zoonotic Emergence from the Spill-over to the Circulation Model." *Infection, Genetics, and Evolution* 95.

Fuller, Thomas, et al. 2020. "A Coronavirus Death in Early February Was 'Probably the Tip of an Iceberg.'" *The New York Times*, April 22.

Gallaher, William R., 2020. "A Palindromic RNA Sequence as a Common Breakpoint Contributor to Copy-Choice Recombination in SARS-CoV-2." *Archives of Virology* 165 (10).

Garde, Damian, and Jonathan Saltzman. 2020. "The Story of mRNA: How a Once-Dismissed Idea Became a Leading Technology in the Covid Vaccine Race." *Boston Globe*, November 10.

Garry, Robert F. 2019. "Ebola Mysteries and Conundrums." *The Journal of Infectious Diseases* 219 (4).

Gautret, Philippe, et al. 2020. "Hydroxychloroquine and Azithromycin as a Treatment of COVID-19: Results of an Open-Label Non-Randomized Clinical Trial." *International Journal of Antimicrobial Agents* 56 (1).

Ge, Xing-Yi, et al. 2013. "Isolation and Characterization of a Bat SARS-like Coronavirus That Uses the ACE2 Receptor." *Nature* 503 (7477).

Ge, Xing-Yi, et al. 2016. "Coexistence of Multiple Coronaviruses in Several Bat Colonies in an Abandoned Mineshaft." *Virologica Sinica* 31 (1).

Ghebreyesus, Tedros Adhanom. 2021. "Five Steps to Solving the Vaccine Inequity Crisis." *PLOS Global Public Health*, October 13.

Giovanetti, Marta, et al. 2020. "A Doubt of Multiple Introduction of SARS-CoV-2 in Italy: A Preliminary Overview." *Journal of Medical Virology* 92 (9).

Gire, Stephen K., et al. 2014. "Genomic Surveillance Elucidates Ebola Virus Origin and Transmission During the 2014 Outbreak." *Science* 345 (6202).

Goes de Jesus, Jaqueline, et al. "Importation and Early Local Transmission of COVID-19 in Brazil, 2020." *Revista do Instituto de Medicina Tropical de São Paulo* 62 (e30).

Goldstein, Tracey, et al. 2018. "The Discovery of Bombali Virus Adds Further Support for Bats as Hosts of Ebolaviruses." *Nature Microbiology* 3 (10).

Gollakner, Rania, and Ilaria Capua. 2020. "Is COVID-19 the First Pandemic That Evolves into a Panzootic?" *Veterinaria Italiana* 56 (1).

Gonzalez-Reiche, Ana S., et al. 2020. "Introductions and Early Spread of SARS-CoV-2 in the New York City Area." *Science* 369 (6501).

Gozzi, Nicolò, et al. 2021. "Estimating the Spreading and Dominance of SARS-CoV-2 VOC 202012/01 (Lineage B.1.1.7) Across Europe." Preprint, medRxiv, posted February 23, 2021.

Graham, Barney S. 2011. "Biological Challenges and Technological Opportunities for Respiratory Syncytial Virus Vaccine Development." *Immunological Review* 239 (1).

———. 2020. "Rapid COVID-19 Vaccine Development." *Science* 368 (6494).

Graham, Barney S., and Nancy J. Sullivan. 2017. "Emerging Viral Diseases from a Vaccinology Perspective: Preparing for the Next Pandemic." *Nature Immunology* 19 (1).

Graham, Barney S., Morgan S. A. Gilman, and Jason S. McLellan. 2019. "Structure-Based Vaccine Antigen Design." *Annual Review of Medicine* 70.

Graham, Rachel L., and Ralph S. Baric. 2010. "Recombination, Reservoirs, and the Modular Spike: Mechanisms of Coronavirus Cross-Species Transmission." *Journal of Virology* 84 (7).

———. 2020. "SARS-CoV-2: Combating Coronavirus Emergence." *Immunity* 52 (5).

Graham, Rachel L., Eric F. Donaldson, and Ralph S. Baric. 2013. "A Decade After SARS: Strategies for Controlling Emerging Coronaviruses." *Nature Reviews Microbiology* 11 (12).

Graham, Rachel L., et al. 2018. "Evaluation of a Recombination-Resistant Coronavirus as a Broadly Applicable, Rapidly Implementable Vaccine Platform." *Communications Biology* 1 (179).

Grange, Zoë I., et al. 2021. "Ranking the Risk of Animal-to-Human Spillover for Newly Discovered Viruses." *Proceedings of the National Academy of Sciences* 118 (15).

Greaney, Allison J., et al. 2021. "Comprehensive Mapping of Mutations in the SARS-CoV-2 Receptor-Binding Domain that Affect Recognition by Polyclonal Human Plasma Antibodies." *Cell Host & Microbe* 29 (3).

Gronvall, Gigi Kwik. 2021. "The Contested Origin of SARS-CoV-2." *Survival* 63 (6).

Grubaugh, Nathan D., et al. 2019. "Tracking Virus Outbreaks in the Twenty-First Century." *Nature Microbiology* 4 (1).

Grubaugh, Nathan D., Mary E. Petrone, and Edward C. Holmes. 2020. "We Shouldn't Worry When a Virus Mutates During Disease Outbreaks." *Nature Microbiology* 5 (4).

Grützmacher, Kim S., et al. 2018. "Human Respiratory Syncytial Virus and Streptococcus pneumoniae Infection in Wild Bonobos." *EcoHealth* 15 (2)

Gryseels, Sophie, et al. 2020. "Risk of Human-to-Wildlife Transmission of SARS-CoV-2."

Mammal Review, October 6, 2020.

Guan, Y., et al. 2003. "Isolation and Characterization of Viruses Related to the SARS Coronavirus from Animals in Southern China." *Science* 302 (5643).

Guo, Hua, et al. 2020. "Evolutionary Arms Race Between Virus and Host Drives Genetic Diversity in Bat Severe Acute Respiratory Syndrome-Related Coronavirus Spike Genes." *Journal of Virology* 94 (20).

Han, Guan-Zhu. 2020. "Pangolins Harbor SARS-CoV-2 Related Coronaviruses." *Trends in Microbiology* 28 (7).

Harcourt, Jennifer, et al. 2020. "Severe Acute Respiratory Syndrome Coronavirus 2 from Patient with Coronavirus Disease, United States." *Emerging Infectious Diseases* 26 (6).

Hasan, Anwarul, et al. 2020. "A Review on the Cleavage Priming of the Spike Protein on Coronavirus by Angiotensin-Converting Enzyme-2 and Furin." *Journal of Biomolecular Structure and Dynamics* 39 (8).

He, Wan-Ting, et al. 2021. "Total Virome Characterization of Game Animals in China Reveals a Spectrum of Emerging Viral Pathogens." Preprint, bioRxiv, posted November 12, 2021.

Heinrich, Sarah, et al. 2016. "Where Did All the Pangolins Go? International CITES Trade in Pangolin Species." *Global Ecology and Conservation* 8.

Hensley, Matthew K., et al. 2021. "Intractable Coronavirus Disease 2019 (COVID-19) and Prolonged Severe Acute Respiratory Syndrome Coronavirus 2 (SARS-CoV-2) Replication in a Chimeric Antigen Receptor-Modified T-Cell Therapy Recipient: A Case Study." *Clinical Infectious Diseases* 73 (3).

Hessler, Peter. 2020. "Nine Days in Wuhan, The Ground Zero of The Coronavirus Pandemic." *The New Yorker*, October 5.

Hodcroft, Emma B., et al. 2021. "Spread of a SARS-CoV-2 Variant Through Europe in the Summer of 2020." *Nature* 595 (7869).

Hodcroft, Emma B., et al. 2021. "Emergence in Late 2020 of Multiple Lineages of SARS-CoV-2 Spike Protein Variants Affecting Amino Acid Position 677." Preprint, medRxiv, posted February 14, 2021.

Holmes, Edward C. 2008. "Evolutionary History and Phylogeography of Human Viruses." *The Annual Review of Microbiology* 62 (307).

———. 2009. *The Evolution and Emergence of RNA Viruses*. Oxford: Oxford University Press.

Holmes, Edward C., and Andrew Rambaut. 2004. "Viral Evolution and the Emergence of SARS Coronavirus." *Philosophical Transactions of the Royal Society of London* 359

(1447).

Holmes, Edward C., et al. 2016. "The Evolution of Ebola Virus: Insights from the 2013-2016 Epidemic." *Nature* 538 (7624).

Holmes, Edward C., Andrew Rambaut, and Kristian G. Andersen. 2018. "Pandemics: Spend on Surveillance, Not Prediction." *Nature* 558 (7709).

Holmes, Edward C., et al. 2021. "The Origins of SARS-CoV-2: A Critical Review." Cell 184 (19).

Holmes, Kathryn V. 2005. "Adaptation of SARS Coronavirus to Humans." *Science* 309 (5742).

Holshue, Michelle L., et al. 2020. "First Case of 2019 Novel Coronavirus in the United States." *The New England Journal of Medicine* 382 (10).

Honigsbaum, Mark. 2019. *The Pandemic Century: One Hundred Years of Panic, Hysteria, and Hubris.* New York: W. W. Norton.

Hoong, Chua Mui. 2004. *A Defining Moment: How Singapore Beat SARS.* Singapore: Institute of Policy Studies.

Hotez, Peter J., foreword by Arthur L. Caplan. 2018. *Vaccines Did Not Cause Rachel's Autism: My Journey as a Vaccine Scientist, Pediatrician, and Autism Dad.* Baltimore: Johns Hopkins University Press.

Hotez, Peter. 2020. "COVID-19 in America: An October Plan." *Microbes and Infection* 22 (9).

Hotez, Peter J. 2021. "Anti-Science Kills: From Soviet Embrace of Pseudoscience to Accelerated Attacks on US Biomedicine." *PLOS Biology* 19 (1).

Hotez, Peter J. 2021. *Preventing the Next Pandemic: Vaccine Diplomacy in a Time of Anti-Science.* Baltimore: Johns Hopkins University Press.

Hotez, Peter J., Jorge A. Huete-Perez, and Maria Elena Bottazzi. 2020. "COVID-19 in the Americas and the Erosion of Human Rights for the Poor." *PLOS Neglected Tropical Diseases* 14 (12).

Hotez, Peter J., Alan Fenwick, and David Molyneux. 2021. "The New COVID-19 Poor and the Neglected Tropical Diseases Resurgence." *Infectious Diseases of Poverty* 10 (1).

Hou, Yixuan J., et al. 2020. "SARS-CoV-2 D614G Variant Exhibits Efficient Replication *ex vivo* and Transmission *in vivo*." *Science* 370 (6523).

Hsieh, Ching-Lin, et al. 2020. "Structure-Based Design of Prefusion-Stabilized SARS-CoV-2 Spikes." *Science* 369 (6510).

Hu, Ben, et al. 2017. "Discovery of a Rich Gene Pool of Bat SARS-Related Coronaviruses Provides New Insights into the Origin of SARS Coronavirus." *PLOS Pathogens* 13 (11).

Huang, Canping. 2016. "Novel Virus Discovery in Bat and the Exploration of Receptor of Bat Coronavirus HKU9." PhD dissertation submitted to Chinese Center for Disease Control and Prevention. June.

Huang, Chaolin, et al. 2020. "Clinical Features of Patients Infected with 2019 Novel Coronavirus in Wuhan, China." *The Lancet* 395 (10223).

Huong, Nguyen Quynh, et al. 2020. "Coronavirus Testing Indicates Transmission Risk Increases Along Wildlife Supply Chains for Human Consumption in Viet Nam, 2013-2014." *PLOS ONE* 15 (8).

Hung, Ivan Fan-Ngai, et al. 2020. "SARS-CoV-2 Shedding and Seroconversion Among Passengers Quarantined After Disembarking a Cruise Ship: A Case Series." *The Lancet Infectious Diseases* 20 (9).

Ingram, Daniel J., et al. 2018. "Assessing Africa-Wide Pangolin Exploitation by Scaling Local Data." *Conservation Letters*, 11 (2).

Ingram, Daniel J., et al. 2019. "Characterising Trafficking and Trade of Pangolins in the Gulf of Guinea." *Global Ecology and Conservation* 17.

Irving, Aaron T., et al. 2021. "Lessons from the Host Defences of Bats, a Unique Viral Reservoir." *Nature* 589 (7842).

Jackson, L. A., et al. 2020. "An mRNA Vaccine Against SARS-CoV-2—Preliminary Report." *The New England Journal of Medicine* 383 (20).

Jacobsen, Rowan. 2020. "Could COVID-19 Have Escaped from a Lab?" *Boston Magazine*, September 9.

Jalal, Hawre, Kyueun Lee, and Donald S. Burke. 2021. "Prominent Spatiotemporal Waves of COVID-19 Incidence in the United States: Implications for Causality, Forecasting, and Control." Preprint, medRxiv, posted July 3, 2021.

Ji, Wei, et al. 2020. "Cross-Species Transmission of the Newly Identified Coronavirus 2019-nCoV." *Journal of Medical Virology* 92 (4).

Jimi, Hanako, and Gaku Hashimoto. 2021. "Challenges of COVID-19 Outbreak on the Cruise Ship Diamond Princess Docked at Yokohama, Japan: A Real-World Story." *Global Health & Medicine* 2 (2).

Johnson, Bryan A., Rachel L. Graham, and Vineet D. Menachery. 2018. "Viral Metagenomics, Protein Structure, and Reverse Genetics: Key Strategies for Investigating Coronaviruses." *Virology* 517 (30-37).

Johnson, Bryan A., et al. 2020. "Furin Cleavage Site Is Key to SARS-CoV-2 Pathogenesis." Preprint, bioRxiv, posted August 26, 2020.

Johnson, Bryan A., et al. 2021. "Loss of Furin Cleavage Site Attenuates SARS-CoV-2

Pathogenesis." *Nature* 591 (7849).

Johnson, Christine Kreuder, et al. 2015. "Spillover and Pandemic Properties of Zoonotic Viruses with High Host Plasticity." *Scientific Reports* 5.

Johnson, K. M., et al. 1965. "Chronic Infection of Rodents by Machupo Virus." *Science* 150 (3703).

Jonas, Olga, and Richard Seifman. 2019. "Do We Need a Global Virome Project?" *The Lancet Global Health* 7 (10).

Juma, Carl Agisha, et al. 2019. "COVID-19: The Current Situation in the Democratic Republic of Congo." *American Journal of Tropical Medicine and Hygiene* 103 (6).

Karikó, Katalin. 2019. "*In vitro*-transcribed mRNA Therapeutics: Out of the Shadows and into the Spotlight." *Molecular Therapy* 27 (4).

Karikó, Katalin, et al. 2005. "Suppression of RNA Recognition by Toll-Like Receptors: The Impact of Nucleoside Modification and the Evolutionary Origin of RNA." *Immunity* 23 (2).

Karikó, Katalin, et al. 2008. "Incorporation of Pseudouridine into mRNA Yields Superior Nonimmunogenic Vector With Increased Translational Capacity and Biological Stability." *Molecular Therapy* 16 (11).

Kaur, Taranjit, et al. 2008. "Descriptive Epidemiology of Fatal Respiratory Outbreaks and Detection of a Human-Related Metapneumovirus in Wild Chimpanzees (Pan troglodytes) at Mahale Mountains National Park, Western Tanzania." *American Journal of Primatology* 70 (8).

Kemp, Steven A., et al. 2021. "SARS-CoV-2 Evolution During Treatment of Chronic Infection." *Nature* 592 (7853).

Kennedy, David A., and Andrew F. Read. 2020. "Monitor for COVID-19 Vaccine Resistance Evolution During Clinical Trials." *PLOS Biology* 18 (11).

Kermack, W. O., and A. G. McKendrick. 1927. "A Contribution to the Mathematical Theory of Epidemics. *Proceedings of the Royal Society*, A, 115.

Khan, Ali S., et al. 1999. "The Reemergence of Ebola Hemorrhagic Fever, Democratic Republic of the Congo, 1995." *The Journal of Infectious Diseases* 179 (Supplement 1).

Khan, Ali S., with William Patrick. 2016. *The Next Pandemic: On the Front Lines Against Humankind's Gravest Dangers*. New York: PublicAffairs.

Ki, Moran. 2015. "2015 MERS Outbreak in Korea: Hospital-to-Hospital Transmission." *Epidemiology and Health* 37.

Kim, K. H., et al. 2017. "Middle East Respiratory Syndrome Coronavirus (MERS-CoV) Outbreak in South Korea, 2015: Epidemiology, Characteristics and Public Health Implications." *Journal of Hospital Infection* 95 (2).

Kirchdoerfer, Robert N., et al. 2016. "Pre-Fusion Structure of a Human Coronavirus Spike Protein." *Nature* 531 (7592).

Kissler, Stephen M., et al. 2020. "Projecting the Transmission Dynamics of SARS-CoV-2 Through the Postpandemic Period." *Science* 368 (6493).

Kogan, Nicole E., et al. 2021. "An Early Warning Approach to Monitor COVID-19 Activity with Multiple Digital Traces in Near Real Time." *Science Advances* 7 (10).

Köndgen, Sophie, et al. 2008. "Pandemic Human Viruses Cause Decline of Endangered Great Apes." *Current Biology* 18 (4).

Koonin, Eugene V., et al. 2020. "Global Organization and Proposed Megataxonomy of the Virus World." *Microbiology and Molecular Biology Reviews* 84 (2).

Koopmans, Marion. 2021. "SARS-CoV-2 and the Human-Animal Interface: Outbreaks on Mink Farms." *The Lancet Infectious Diseases* 21 (1).

Korber, Bette, et al. 2020. "Tracking Changes in SARS-CoV-2 Spike: Evidence That D614G Increases Infectivity of the COVID-19 Virus." *Cell* 182 (4).

Kress, W. John, Jonna A. K. Mazet, and Paul D. N. Hebert. 2020. "Intercepting Pandemics Through Genomics." *Proceedings of the National Academy of Sciences* 17 (25).

Kucharski, Adam. 2020. *The Rules of Contagion: Why Things Spread—And Why They Stop*. New York: Hachette.

Kuchipudi, Suresh V., et al. 2021. "Multiple Spillovers and Onward Transmission of SARS-CoV-2 in Free-Living and Captive White-Tailed Deer (*Odocoileus virginianus*). Preprint, bioRxiv, posted November 1, 2021.

Kuhn, Jens H., edited by Charles H. Calisher. 2008. *Filoviruses: A Compendium of Forty Years of Epidemiological, Clinical, and Laboratory Studies*. New York: Springer.

Kuhn, Jens H., et al. 2019. "Classify Viruses—The Gain Is Worth the Pain." *Nature* 566 (7744).

Kupferschmidt, Kai. 2021a. "Viral Evolution May Herald New Pandemic Phase." *Science* 371 (6525).

———. 2021b. "Patience Is Crucial: Why We Won't Know for Weeks How Dangerous Omicron Is." *Science* 374 (6572).

Kuppalli, Krutika, and Angela L. Rasmussen. 2020. "A Glimpse into the Eye of the COVID-19 Cytokine Storm." *EBioMedicine* 55 (102789).

Lai, Alessia, et al. 2020. "Early Phylogenetic Estimate of the Effective Reproduction Number of SARS-CoV-2." *Journal of Medical Virology* 92 (6).

Lam, Tommy Tsan-Yuk, et al. 2020. "Identifying SARS-CoV-2 Related Coronaviruses in

Malayan Pangolins." *Nature* 583 (7815).

La Rosa, Giuseppina, et al. 2020. "SARS-CoV-2 Has Been Circulating in Northern Italy Since December 2019: Evidence from Environmental Monitoring." *Science of the Total Environment* 750.

Larson, Heidi J. 2020. Stuck: *How Vaccine Rumors Start—And Why They Don't Go Away.* New York: Oxford University Press.

Larson, Heidi, and David A. Broniatowski. 2021. "Why Debunking Misinformation Is Not Enough to Change People's Minds About Vaccines." *American Journal of Public Health* 111 (6).

La Scola, Bernard, et al. 2003. "A Giant Virus in Amoebae." *Science* 299 (5615).

Latinne, Alice, et al. 2020. "Origin and Cross-Species Transmission of Bat Coronaviruses in China." *Nature Communications* 11 (4235).

Lau, Susanna K. P., et al. 2005. "Severe Acute Respiratory Syndrome Coronavirus-like Virus in Chinese Horseshoe Bats." *Proceedings of the National Academy of Sciences* 102 (39).

Laxminarayan, Ramanan, and T. Jacob John. 2020. "Is Gradual and Controlled Approach to Herd Protection a Valid Strategy to Curb the COVID-19 Pandemic?" *Indian Pediatrics* 57 (6).

Laxminarayan, Ramanan, Shahid Jameel, and Swarup Sarkar. 2020. "India's Battle Against COVID-19: Progress and Challenges." *American Journal of Tropical Medicine and Hygiene* 103 (4).

Laxminarayan, Ramanan, et al. 2020. "Epidemiology and Transmission Dynamics of COVID-19 in Two Indian States." *Science* 370 (6517).

Lee, Jimmy, et al. 2020. "No Evidence of Coronaviruses or Other Potentially Zoonotic Viruses in Sunda Pangolins (Manis javanica) Entering the Wildlife Trade via Malaysia." *EcoHealth* 17 (3).

Lee, Juhye M., et al. 2021. "Mapping Person-to-Person Variation in Viral Mutations That Escape Polyclonal Serum Targeting Influenza Hemagglutinin." *eLife* 8.

Lehman, David, et al. 2020. "Pangolins and Bats Living Together in Underground Burrows in Lopé National Park, Gabon." *African Journal of Ecology* 10 (1111).

Lemieux, Jacob E., et al. 2020. "Phylogenetic Analysis of SARS-CoV-2 in Boston Highlights the Impact of Superspreading Events." *Science* 371 (6529).

Lentzos, Filippa. 2020. "Natural Spillover or Research Lab Leak? Why a Credible Investigation Is Needed to Determine the Origin of the Coronavirus Pandemic." *Bulletin of the Atomic Scientists*. May 1.

Lescure, Francois-Xavier, et al. 2020. "Clinical and Virological Data of the First Cases of COVID-19 in Europe: A Case Series." *The Lancet Infectious Disease* 20 (6).

Letko, Michael, Andrea Marzi, and Vincent Munster. 2020. "Functional Assessment of Cell Entry and Receptor Usage for SARS-CoV-2 and Other Lineage B Betacoronaviruses." *Nature Microbiology* 5 (4).

Lewis, Gregory, et al. 2020. "The Biosecurity Benefits of Genetic Engineering Attribution." *Nature Communications* 11 (1).

Lewis, Michael. 2021. *The Premonition: A Pandemic Story*. New York: W. W. Norton.

Li, Fang, et al. 2005. "Structure of SARS Coronavirus Spike Receptor-Binding Domain Complexed with Receptor." *Science* 309 (5742).

Li, Qun. 2020. "An Outbreak of NCIP (2019-nCoV) Infection in China—Wuhan, Hubei Province, 2019-2020." *Chinese Center for Disease Control and Prevention Weekly* 2 (5).

Li, Qun, et al. 2020. "Early Transmission Dynamics in Wuhan, China, of Novel Coronavirus-Infected Pneumonia." *The New England Journal of Medicine* 382 (13).

Li, Wendong, et al. 2005. "Bats Are Natural Reservoirs of SARS-like Coronaviruses." *Science* 310 (5748).

Li, Yize, et al. 2021. "SARS-CoV-2 Induces Double-Stranded RNA-Mediated Innate Immune Responses in Respiratory Epithelial-Derived Cells and Cardiomyocytes." *Proceedings of the National Academy of Sciences* 118 (16).

Li, Zhencui, et al. "Notes from the Field: Genome Characterization of the First Outbreak of COVID-19 Delta Variant B.1.617.2—Guangzhou City, Guangdong Province, China, May 2021." *China Center for Disease Control and Prevention Weekly* 3 (27).

Lim, Poh Lian. 2015. "Middle East Respiratory Syndrome (MERS) in Asia: Lessons Gleaned from the South Korean Outbreak." *Transactions of the Royal Society of Tropical Medicine and Hygiene* 109 (9).

Lim, Poh Lian, et al. 2004. "Laboratory-Acquired Severe Acute Respiratory Syndrome." *The New England Journal of Medicine* 350 (17).

Lin, Xian-Dan, et al. 2017. "Extensive Diversity of Coronaviruses in Bats from China." *Virology* 507 (1-10).

Lipkin, W. Ian. 2013. "The Changing Face of Pathogen Discovery and Surveillance." *Nature Reviews Microbiology* 11 (2).

———. 2021. "The Known Knowns, Known Unknowns, and Unknown Unknowns of COVID-19." *Bulletin of the Atomic Scientists* July 21.

Lipsitch, Marc. 2018. "Why Do Exceptionally Dangerous Gain-of-Function Experiments in Influenza?" In *Influenza Virus: Methods and Protocols*. Methods in Molecular Biology. Yohei Yamauchi, editor. Berlin: Springer Science+Business Media.

Lipsitch, Marc, and Alison P. Galvani. 2014. "Ethical Alternatives to Experiments with Novel Potential Pandemic Pathogens." *PLOS Medicine* 11 (5).

Liu, Ping, Wu Chen, and Jin-Ping Chen. 2019. "Viral Metagenomics Revealed Sendai Virus and Coronavirus Infection of Malayan Pangolins (Manis javanica)." *Viruses* 11 (11).

Liu, Ping, et al. 2020. "Are Pangolins the Intermediate Host of the 2019 Novel Coronavirus (SARS-CoV-2)?" *PLOS Pathogens* 16 (5).

Liu, Shan-Lu, et al. 2020. "No Credible Evidence Supporting Claims of the Laboratory Engineering of SARS-CoV-2." *Emerging Microbes & Infections* 9 (1).

Liu, Yinghui, et al. 2021. "Functional and Genetic Analysis of Viral Receptor ACE2 Orthologs Reveals a Broad Potential Host Range of SARS-CoV-2." *Proceedings of the National Academy of Sciences* 118 (12).

Lloyd-Smith, J. O., et al. 2005. "Superspreading and the Effect of Individual Variation on Disease Emergence." *Nature* 438 (7066).

Loomba, Sahil, et al. 2021. "Measuring the Impact of COVID-19 Vaccine Misinformation on Vaccination Intent in the UK and USA." *Nature Human Behaviour* 5 (3).

Lu, Guangwen, Qihui Wang, and George F. Gao. 2015. "Bat-to-Human: Spike Features Determining 'Host Jump' of Coronaviruses SARS-CoV, MERS-CoV, and Beyond." *Trends in Microbiology* 23 (8).

Lu, Hongzhou, Charles W. Stratton, and Yi-Wei Tang. 2020. "Outbreak of Pneumonia of Unknown Etiology in Wuhan, China: The Mystery and the Miracle." *Journal of Medical Virology* 92 (4).

Lucey, Daniel, and Annie Sparrow. 2020. "China Deserves Some Credit for Its Handling of the Wuhan Pneumonia." *Foreign Policy*, January 14.

Lucey, Daniel, and Kristen Kent. 2020. "Coronavirus—Unknown Source, Unrecognized Spread, and Pandemic Potential." *Think Global Health*, February 6.

Lurie, Nicole, and Gerald T. Keusch. 2020. "The R&D Preparedness Ecosystem: Preparedness for Health Emergencies." Report to the US National Academy of Medicine. August 9.

Lurie, Nicole, Gerald T. Keusch, and Victor J. Dzau. 2021. "Urgent Lessons from COVID 19: Why the World Needs a Standing, Coordinated System and Sustainable Financing for Global Research and Development." *The Lancet* 397 (10280).

Lwoff, A. 1957. "The Concept of Virus." *Journal of General Microbiology* 17 (1).

Lytras, Spyros, et al. 2021. "Exploring the Natural Origins of SARS-CoV-2 in the Light of

Recombination." Preprint, bioRxiv, posted May 27, 2021.

MacLean, Oscar A., et al. 2021. "Natural Selection in the Evolution of SARS-CoV-2 in Bats Created a Generalist Virus and Highly Capable Human Pathogen." *PLOS Biology* 19 (3).

Maganga, Gael Darren, et al. 2020. "Genetic Diversity and Ecology of Coronaviruses Hosted by Cave-Dwelling Bats in Gabon." *Scientific Reports* 10 (1).

Mai, Jun. 2020. "Paper on Human Transmission of Coronavirus Sets Off Social Media Storm in China." *South China Morning Post*, January 31.

Manes, Costanza, Rania Gollakner, and Ilaria Capua. 2020. "Could Mustelids Spur COVID-19 into a Panzootic?" *Veterinaria Italiana* 56 (2-3).

Mari, Lorenzo, et al. 2021. "The Epidemicity Index of Recurrent SARS-CoV-2 Infections." *Nature Communications* 12 (1).

Mbala-Kingebeni, P., et al. 2021. "Ebola Virus Transmission Initiated by Relapse of Systemic Ebola Virus Disease." *The New England Journal of Medicine* 384 (13).

McCarthy, Kevin R., et al. 2021. "Recurrent Deletions in the SARS-CoV-2 Spike Glycoprotein Drive Antibody Escape." *Science* 371 (6534).

McKee, Clifton D., et al. 2021. "The Ecology of Nipah Virus in Bangladesh: A Nexus of Land-Use Change and Opportunistic Feeding Behavior in Bats." *Viruses* 13 (2).

McLellan, Jason S., et al. 2013a. "Structure of RSV Fusion Glycoprotein Trimer Bound to a Prefusion-Specific Neutralizing Antibody." *Science* 340 (6136).

McLellan, Jason S., et al. 2013b. "Structure-Based Design of a Fusion Glycoprotein Vaccine for Respiratory Syncytial Virus." Science 342 (6158).

McNeil, Donald G. Jr. 2021. "How I Learned to Stop Worrying and Love the Lab-Leak Theory." Medium, May 17.

Medawar, P. B., and J. S. Medawar. 1983. *Aristotle to Zoos: A Philosophical Dictionary of Biology*. Cambridge: Harvard University Press.

Memish, Ziad A., et al. "Middle East Respiratory Syndrome Coronavirus in Bats, Saudi Arabia." *Emerging Infectious Diseases* 19 (11).

Menachery, Vineet D., et al. 2015. "A SARS-like Cluster of Circulating Bat Coronaviruses Shows Potential for Human Emergence." *Nature Medicine* 21 (12).

Menachery, Vineet D., et al. 2016. "SARS-like WIV1-CoV Poised for Human Emergence." *Proceedings of the National Academy of Sciences Early Edition* 113 (11).

Menachery, Vineet D., Rachel L. Graham, and Ralph S. Baric. 2017. "Jumping Species—A Mechanism for Coronavirus Persistence and Survival." *ScienceDirect* 23 (1-7).

Menachery, Vineet D., et al. 2020. "Trypsin Treatment Unlocks Barrier for Zoonotic Bat

Coronavirus Infection." *Journal of Virology* 94 (5).

Meredith, Luke W., et al. 2020. "Rapid Implementation of SARS-CoV-2 Sequencing to Investigate Cases of Health-Care Associated COVID-19: A Prospective Genomic Surveillance Study." *The Lancet Infectious Diseases* 20 (11).

Mistry, Dina, et al. 2021. "Inferring High-Resolution Human Mixing Patterns for Disease Modeling." *Nature Communications* 12 (1).

Mitjà, O., et al. 2021. "A Cluster-Randomized Trial of Hydroxychloroquine for Prevention of Covid-19." *The New England Journal of Medicine* 384 (5).

Moore, Kristine A. 2020. "COVID-19: The CIDRAP Viewpoint, Part 1: The Future of the COVID-19 Pandemic: Lessons Learned from Pandemic Influenza." Center for Infectious Disease Research and Policy, University of Minnesota. April 30.

Morens, David M., and Anthony S. Fauci. 2020. "Emerging Pandemic Diseases: How We Got to COVID-19." *Cell* 182 (5).

Morens, David M., et al. 2020. "The Origin of COVID-19 and Why It Matters." *American Journal of Tropical Medicine and Hygiene* 103 (3).

Morens, David M., Peter Daszak, and Jeffery K. Taubenberger. 2020. "Escaping Pandora's Box—Another Novel Coronavirus." *The New England Journal of Medicine* 382 (14).

Morse, Stephen S., editor. 1993. *Emerging Viruses*. New York: Oxford University Press.

Mughal, Fizza, Arshan Nasir, and Gustavo Caetano-Anollés. 2020. "The Origin and Evolution of Viruses Inferred from Fold Family Structure." *Archives of Virology* 165 (10).

Munnink, Bas B. Oude, et al. 2021. "Transmission of SARS-CoV-2 on Mink Farms Between Humans and Mink and Back to Humans." *Science* 371 (6525).

Murray, Christopher J. L., and Peter Piot. 2021. "The Potential Future of the COVID-19 Pandemic: Will SARS-CoV-2 Become a Recurrent Seasonal Infection?" *Journal of the American Medical Association* 325 (13).

Nachega, Jean B., et al. 2020. "Responding to the Challenge of the Dual COVID-19 and Ebola Epidemics in the Democratic Republic of Congo—Priorities for Achieving Control." *American Journal of Tropical Medicine and Hygiene.* 103 (2).

Nakazawa, Eisuke, Hiroyasu Ino, and Akira Akabayashi. 2020. "Chronology of COVID-19 Cases on the Diamond Princess Cruise Ship and Ethical Considerations: A Report from Japan." *Disaster Medicine and Public Health Preparedness* 14 (4).

Nasir, Arshan, and Gustavo Caetano-Anollés. 2015. "A Phylogenetic Data-Driven Exploration of Viral Origins and Evolution." *Science Advances* 1 (8).

Nasir, Arshan, Kyung Mo Kim, and Gustavo Caetano-Anollés. 2017. "Long-Term Evolution of Viruses: A Janus-Faced Balance." *BioEssays* 39 (8).

Nasir, Arshan, Ethan Romero-Severson, and Jean-Michel Claverie. 2020. "Investigating the Concept and Origin of Viruses." *Trends in Microbiology* 28 (12).

National Intelligence Council. 2021. "Updated Assessment on COVID-19 Origins." October 29.

Neher, Richard A., et al. 2020. "Potential Impact of Seasonal Forcing on a SARS-CoV-2 Pandemic." *Swiss Medical Weekly* 150.

Norton, Alice, et al. 2020. "The Remaining Unknowns: A Mixed Methods Study of the Current and Global Health Research Priorities for COVID-19." *BMJ Global Health* 5 (7).

Nsoesie, Elaine Okanyene, et al. 2020. "Analysis of Hospital Traffic and Search Engine Data in Wuhan China Indicates Early Disease Activity in the Fall of 2019." Digital Access to Scholarship at Harvard (DASH), June 8.

Offit, M.D., Paul A. 2007. *Vaccinated: One Man's Quest to Defeat the World's Deadliest Diseases*. New York: HarperCollins.

Okada, Pilailuk, et al. 2020. "Early Transmission Patterns of Coronavirus Disease 2019 (COVID-19) in Travellers from Wuhan to Thailand, January 2020." *Euro Surveillance* 25 (8).

Okba, Nisreen M. A., et al. 2020. "Severe Acute Respiratory Syndrome Coronavirus 2—Specific Antibody Responses in Coronavirus Disease Patients." *Emerging Infectious Diseases* 26 (7).

Olival, Kevin J., et al. 2020. "Possibility for Reverse Zoonotic Transmission of SARS-CoV-2 to Free-Ranging Wildlife: A Case Study of Bats." *PLOS Pathogens* 16 (9).

Omrani, Ali S., Jaffar A. Al-Tawfiq, and Ziad A. Memish. 2015. "Middle East Respiratory Syndrome Coronavirus (MERS-CoV): Animal to Human Interaction." *Pathogens and Global Health* 109 (8).

Ortiz, Nancy, et al. 2021. "Epidemiologic Findings from Case Investigations and Contact Tracing for First 200 Cases of Coronavirus Disease, Santa Clara County, California, USA." *Emerging Infectious Diseases* 27 (5).

Osnas, Erik E., Paul J. Hurtado, and Andrew P. Dobson. 2015. "Evolution of Pathogen Virulence Across Space During an Epidemic." *The American Naturalist* 185 (3).

Osterholm, Michael T., and Mark Olshaker. 2017. *Deadliest Enemy: Our War Against Killer Germs*. New York: Little, Brown Spark.

———. 2020. "Chronicle of a Pandemic Foretold. Learning from the COVID-19 Failure—Before the Next Outbreak Arrives." *Foreign Affairs*, July/August 2020.

———. 2021. "The Pandemic That Won't End. COVID-19 Variants and the Peril of Vaccine Inequity." *Foreign Affairs*, March 8.

Pagani, Gabriele, et al. 2020. "Seroprevalence of SARS-CoV-2 Significantly Varies with Age: Preliminary Results from a Mass Population Screening." *Journal of Infection* 81 (6).

Pagani, Gabriele, et al. 2021a. "Human-to-Cat SARS-CoV-2 Transmission: Case Report and Full-Genome Sequencing from an Infected Pet and Its Owner in Northern Italy." *Pathogens* 10 (2).

Pagani, Gabriele, et al. 2021b. "Prevalence of SARS-CoV-2 in an Area of Unrestricted Viral Circulation: Mass Seroepidemiological Screening in Castiglione d'Adda, Italy." *PLOS ONE* 16 (2).

Palacios, Gustavo, et al. 2011. "Human Metapneumovirus Infection in Wild Mountain Gorillas, Rwanda." *Emerging Infectious Diseases* 17 (4).

Pallesen, Jesper, et al. 2017. "Immunogenicity and Structures of a Rationally Designed Prefusion MERS-CoV Spike Antigen." *Proceedings of the National Academy of Sciences* 114 (35).

Pardi, Norbert, et al. 2018. "mRNA Vaccines—A New Era in Vaccinology." *Nature Reviews Drug Discovery* 17 (4).

Patrono, Livia V., et al. 2018. "Human Coronavirus OC43 Outbreak in Wild Chimpanzees, Côte d'Ivoire, 2016." *Emerging Microbes & Infections* 7 (1).

Patrono, Livia Victoria, et al. 2021. "Archival Influenza Virus Genomes from Europe Reveal Genomic and Phenotypic Variability During the 1918 Pandemic." Preprint, bioRxiv, posted May 14, 2021.

Peacock, Sharon. 2020. "History of COG-UK: A Short History of the COG-UK Consortium." COVID-19 Genomics UK Consortium website, December 17.

Peacock, Thomas P., et al. 2021. "The SARS-CoV-2 Variants Associated with Infections in India, B.1.617, Show Enhanced Spike Cleavage by Furin." Preprint, bioRxiv, posted May 28, 2021.

Pekar, Jonathan, et al. 2021. "Timing the SARS-CoV-2 Index Case in Hubei Province." *Science* 372 (6540).

Pereira, H. G., Bela Tumova, and R. G. Webster. 1967. "Antigenic Relationship Between Influenza A Viruses of Human and Avian Origins." *Nature* 215 (5104).

Peters, C. J., and Mark Olshaker. 1997. *Virus Hunter: Thirty Years of Battling Hot Viruses Around the World.* New York: Doubleday.

Philippe, Nadège, et al. 2013. "Pandoraviruses: Amoeba Viruses with Genomes Up to 2.5 Mb Reaching That of Parasitic Eukaryotes." *Science* 341 (6143).

Piot, Peter, with Ruth Marshall. 2012. *No Time to Lose: A Life in Pursuit of Deadly Virus-*

es. New York: W. W. Norton.

Piot, Peter, Moses J. Soka, and Julia Spencer. 2019. "Emergent Threats: Lessons Learnt from Ebola." *International Health* 11 (5).

Plante, Jessica A., et al. 2020. "Spike Mutation D614G Alters SARS-CoV-2 Fitness." *Nature* 592 (7852).

Plowright, Raina K., et al. 2008. "Reproduction and Nutritional Stress Are Risk Factors for Hendra Virus Infection in Little Red Flying Foxes (*Pteropus scapulatus*)." *Proceedings of the Royal B Society Biological Sciences* 275 (1636).

Plowright, Raina K., et al. 2021. "Land Use-Induced Spillover: A Call to Action to Safeguard Environmental, Animal, and Human Health." *The Lancet Planet Health* 5 (4).

Pollack, Marjorie P., et al. 2012. "Latest Outbreak News from ProMED-Mail Novel Coronavirus—Middle East." *International Journal of Infectious Diseases* 17 (2).

Pradhan, Prashant, et al. 2020. "Uncanny Similarity of Unique Inserts in the 2019-nCoV Spike Protein to HIV-1 gp120 and Gag." Preprint, bioRxiv, posted January 31, 2020. Later withdrawn.

Putcharoen, Opass, et al. 2021. "Early Detection of Neutralizing Antibodies Against SARS-CoV-2 in COVID-19 Patients in Thailand." *PLOS ONE* 16 (2).

Qiu, Jane. 2020. "How China's 'Bat Woman' Hunted Down Viruses from SARS to the New Coronavirus." *Scientific American*, April 27.

———. 2021. "This Scientist Now Believes COVID Started in Wuhan's Wet Market. Here's Why." *MIT Technology Review*, November 19.

Rahalkar, Monali C., and Rahul A. Bahulikar. 2020. "Lethal Pneumonia Cases in Mojiang Miners (2012) and the Mineshaft Could Provide Important Clues to the Origin of SARS-CoV-2." *Frontiers in Public Health* 8.

Rambaut, Andrew, et al. 2020. "A Dynamic Nomenclature Proposal for SARS-CoV-2 Lineages to Assist Genomic Epidemiology." *Nature Microbiology* 5 (11).

Raoult, Didier, et al. 2004. "The 1.2-Megabase Genome Sequence of Mimivirus." *Science* 306 (5700).

Raoult, Didier, and Patrick Forterre. 2008. "Redefining Viruses: Lessons from Mimivirus." *Nature Reviews Microbiology* 6 (4).

Rasmussen, Angela L. 2020. "Vaccination Is the Only Acceptable Path to Herd Immunity." *Med* 1 (1).

———. 2021. "On the Origins of SARS-CoV-2." *Nature Medicine* 27 (1).

Rausch, Jason W., et al. 2020. "Low Genetic Diversity May Be an Achilles Heel of SARS-CoV-2." *Proceedings of the National Academy of Sciences* 117 (40).

Relman, David A. 2020. "To Stop the Next Pandemic, We Need to Unravel the Origins of COVID-19." *Proceedings of the National Academy of Sciences* 117 (47).

Ren, Wuze, et al. 2006. "Full-Length Genome Sequences of Two SARS-like Coronaviruses in Horseshoe Bats and Genetic Variation Analysis." *Journal of General Virology* 87 (Pt 11).

Ren, Wuze, et al. 2008. "Difference in Receptor Usage Between Severe Acute Respiratory Syndrome (SARS) Coronavirus and SARS-like Coronavirus of Bat Origin." *Journal of Virology* 82 (4).

Reusken, Chantal B. E. M., et al. 2013. "Middle East Respiratory Syndrome Coronavirus Neutralising Serum Antibodies in Dromedary Camels: A Comparative Serological Study." *The Lancet Infectious Diseases* 13 (10).

Richard, Mathilde, et al. 2020 "SARS-CoV-2 Is Transmitted Via Contact and Via the Air Between Ferrets." *Nature Communications* 11 (1).

Rimoin, Anne W., et al. 2018. "Ebola Virus Neutralizing Antibodies Detectable in Survivors of the Yambuku, Zaire Outbreak 40 Years After Infection." *The Journal of Infectious Diseases* 217 (2).

Robertson, David. 2021. "Of Mice and Schoolchildren: A Conceptual History of Herd Immunity." *American Journal of Public Health* 111 (8).

Rocha, Rudi, et al. 2021. "Effect of Socioeconomic Inequalities and Vulnerabilities on Health-System Preparedness and Response to COVID-19 in Brazil: A Comprehensive Analysis." *The Lancet Global Health* 9 (6).

Rocklöv, J., H. Sjödin, and A. Wilder-Smith. 2020. "COVID-19 Outbreak on the Diamond Princess Cruise Ship: Estimating the Epidemic Potential and Effectiveness of Public Health Countermeasures." *Journal of Travel Medicine* 27 (3).

Rohwer, Forest, and Katie Barott. 2013. "Viral Information." *Biology and Philosophy* 28 (2).

Rojas, Maria, et al. 2021. "Swabbing the Urban Environment—A Pipeline for Sampling and Detection of SARS-CoV-2 from Environmental Reservoirs." *Journal of Visualized Experiments* 170.

Rothe, Camilla, et al. 2020. "Transmission of 2019-nCoV Infection from an Asymptomatic Contact in Germany." *The New England Journal of Medicine* 382 (10).

Sabeti, Pardis, and Lara Salahi. 2021. *Outbreak Culture: The Ebola Crisis and the Next Epidemic*. Cambridge: Harvard University Press.

Sabino, Ester C., et al. 2021. "Resurgence of COVID-19 in Manaus, Brazil, Despite High Seroprevalence." *The Lancet* 397 (10273).

Sahin, Ugur, Katalin Karikó, and Özlem Türeci. 2014. "mRNA-Based Therapeutics—Developing a New Class of Drugs." *Nature Reviews Drug Discovery* 13 (10).

Salvatore, Maxwell, et al. 2021. "Resurgence of SARS-CoV-2 in India: Potential Role of the B.1.617.2 (Delta) Variant and Delayed Interventions." Preprint, medRxiv, posted June 30, 2021.

Santini, Joanne M., and Sarah J. L. Edwards. 2020. "Host Range of SARS-CoV-2 and Implications for Public Health." *The Lancet Microbe* 1 (4).

Scott, H. Denman, MD. 1971. "The Elusiveness of Measles Eradication: Insights Gained from Three Years of Intensive Surveillance in Rhode Island." *American Journal of Epidemiology* 94 (1).

Shairp, Rachel, et al. 2016. "Understanding Urban Demand for Wild Meat in Vietnam: Implications for Conservation Actions." *PLOS ONE* 11 (1).

Sheahan, Timothy P., et al. 2017. "Broad-Spectrum Antiviral GS-5734 Inhibits Both Epidemic and Zoonotic Coronavirus." *Science Translational Medicine* 9 (396).

Sheahan, Timothy P., et al. 2020. "An Orally Bioavailable Broad-Spectrum Antiviral Inhibits SARS-CoV-2 in Human Airway Epithelial Cell Cultures and Multiple Coronaviruses in Mice." *Science Translational Medicine* 12 (541).

Shi, Jianzhong, et al. 2020. "Susceptibility of Ferrets, Cats, Dogs, and Other Domesticated Animals to SARS-coronavirus 2." *Science* 368 (6494).

Shi, Zhengli. 2021. "Origins of SARS-CoV-2: Focusing on Science." *Infectious Diseases & Immunity* 1 (1).

Shi, Zhengli, and Zhihong Hu. 2008. "A Review of Studies on Animal Reservoirs of the SARS Coronavirus." *Virus Research* 133 (1).

Siciliano, Bruno, et al. 2020. "The Impact of COVID-19 Partial Lockdown on Primary Pollutant Concentrations in the Atmosphere of Rio de Janeiro and São Paulo Megacities (Brazil)." *Bulletin of Environmental Contamination and Toxicology* 105 (1).

Siegel, Dustin, et al. 2017. "Discovery and Synthesis of a Phosphoramidate Prodrug of a Pyrrolo[2, 1-f][triazin-4-amino] Adenine C-Nucleoside (GS-5734) for the Treatment of Ebola and Emerging Viruses." *Journal of Medicinal Chemistry* 60 (5).

Sirotkin, Karl, and Dan Sirotkin. 2020. "Might SARS-CoV-2 Have Arisen Via Serial Passage Through an Animal Host or Cell Culture?" *BioEssays* 42 (10).

Sit, Thomas H. C., et al. 2020. "Infection of Dogs with SARS-CoV-2." *Nature* 586 (7831).

Slavitt, Andy. 2021. *Preventable: The Inside Story of How Leadership Failures, Politics, and Selfishness Doomed the U.S. Coronavirus Response*. New York: St. Martin's Press.

Souza, Thiago Moreno L., and Carlos Medicis Morel. 2021. "The COVID-19 Pandemics and the Relevance of Biosafety Facilities For Metagenomics Surveillance, Structured Disease

Prevention and Control." *Biosafety and Health* 3 (1).

Specter, Michael. 2020. "The Good Doctor: How Anthony Fauci Became the Face of a Nation's Crisis Response." *The New Yorker*, April 20.

Starr, Tyler N., et al. 2020. "Deep Mutational Scanning of SARS-CoV-2 Receptor Binding Domain Reveals Constraints on Folding and ACE2 Binding." *Cell* 182 (5).

Stein, Richard A. 2011. "Super-Spreaders in Infectious Diseases." *International Journal of Infectious Diseases* 15 (8).

Sugerman, David E., et al. 2010. "Measles Outbreak in a Highly Vaccinated Population, San Diego, 2008: Role of the Intentionally Undervaccinated." *Pediatrics* 125 (4).

Swanepoel, Robert, et al. 2007. "Studies of Reservoir Hosts for Marburg Virus." *Emerging Infectious Diseases* 13 (12).

Tan, Chee Wah, et al. 2021. "A SARS-CoV-2 Surrogate Virus Neutralization Test Based on Antibody-Mediated Blockage of ACE2-Spike Protein-Protein Interaction." *Nature Biotechnology* 38 (9).

Tang, Xiaolu, et al. 2020. "On the Origin and Continuing Evolution of SARS-CoV-2." *National Science Review* 7 (6).

Taubenberger, Jeffery K., and David M. Morens. 2006. "1918 Influenza: The Mother of All Pandemics." *Emerging Infectious Diseases* 12 (1).

Tchesnokova, Veronika, et al. 2021. "Acquisition of the L452R Mutation in the ACE2-Binding Interface of Spike Protein Triggers Recent Massive Expansion of SARS-CoV-2 Variants." *Journal of Clinical Microbiology* 59 (11).

Tegally, Houriiyah, et al. 2020. "Emergence and Rapid Spread of a New Severe Acute Respiratory Syndrome-Related Coronavirus 2 (SARS-CoV-2) Lineage with Multiple Spike Mutations in South Africa." Preprint, medRxiv, posted December 22, 2020.

Temmam, Sarah, et al. 2021. "Coronaviruses with a SARS-CoV-2-like Receptor-Binding Domain Allowing ACE2-Mediated Entry into Human Cells Isolated from Bats of Indochinese Peninsula." Preprint, Research Square, posted September 17, 2021.

Thomson, Emma C., et al. 2021. "Circulating SARS-CoV-2 Spike N439K Variants Maintain Fitness While Evading Antibody-Mediated Immunity." *Cell* 184 (5).

Topley, W. W. C., and G. S. Wilson. 1923. "The Spread of Bacterial Infection. The Problem of Herd-Immunity." *Journal of Hygiene* 21 (3).

Towner, Jonathan S., et al. 2009. "Isolation of Genetically Diverse Marburg Viruses from Egyptian Fruit Bats." *PLOS Pathogens* 5 (7).

Traynor, Bryan J. 2009. "The Era of Genomic Epidemiology." *Neuroepidemiology* 33 (3).

Tumpey, Terrence M., et al. 2005. "Characterization of the Reconstructed 1918 Spanish

Influenza Pandemic Virus." *Science* 310 (5745).

Urakova, Nadya, et al. 2018. "β-D-N4-Hydroxycytidine Is a Potent Anti-Alphavirus Compound That Induces a High Level of Mutations in the Viral Genome." *Journal of Virology* 92 (3).

van Aken, J. 2007. "Ethics of Reconstructing Spanish Flu: Is it Wise to Resurrect a Deadly Virus?" *Heredity* 98 (1).

van Dorp, Lucy, et al. "Emergence of Genomic Diversity and Recurrent Mutations in SARS-CoV-2." *Infection, Genetics and Evolution* 83.

Vandyck, Koen, et al. 2021. "ALG-09711, A Potent and Selective SARS-CoV-2 3-Chymotrypsin-like Cysteine Protease Inhibitor Exhibits *in vivo* Efficacy in a Syrian Hamster Model." *Biochemical and Biophysical Research Communications* 555.

Vetter, Pauline, et al. 2020. "Daily Viral Kinetics and Innate and Adaptive Immune Response Assessment in COVID-19: A Case Series." *mSphere* 5 (6).

Vijgen, Leen, et al. 2005. "Complete Genomic Sequence of Human Coronavirus OC43: Molecular Clock Analysis Suggests a Relatively Recent Zoonotic Coronavirus Transmission Event." *Journal of Virology* 79 (3).

Vincent, Martin J., et al. 2005. "Chloroquine Is a Potent Inhibitor of SARS Coronavirus Infection and Spread." *Virology Journal* 2 (69).

Vlasova, Anastasia N., et al. 2021. "Novel Canine Coronavirus Isolated from a Hospitalized Pneumonia Patient, East Malaysia." *Clinical Infectious Diseases*, May 20.

Voight, Christian C., and Tigga Kingston, editors. 2016. *Bats in the Anthropocene: Conservation of Bats in a Changing World*. New York: Springer Open.

Volz, Erik, et al. 2021. "Evaluating the Effects of SARS-CoV-2 Spike Mutation D614G on Transmissibility and Pathogenicity." *Cell* 184 (1).

Wacharapluesadee, Supaporn, et al. 2013. "Group C Betacoronavirus in Bat Guano Fertilizer, Thailand." *Emerging Infectious Diseases* 19 (8).

Wacharapluesadee, Supaporn, et al. 2015. "Diversity of Coronavirus in Bats from Eastern Thailand." *Virology Journal* 12 (57).

Wacharapluesadee, Supaporn, et al. 2020. "Identification of a Novel Pathogen Using Family-Wide PCR: Initial Confirmation of COVID-19 in Thailand." *Frontiers in Public Health* 8.

Wacharapluesadee, Supaporn, et al. 2021. "Evidence for SARS-CoV-2 Related Coronaviruses Circulating in Bats and Pangolins in Southeast Asia." *Nature Communications* 12 (1).

Wade, Nicholas. 2021. "The Origin of COVID: Did People or Nature Open Pandora's Box at Wuhan?" *Bulletin of the Atomic Scientists*, May 5.

Wahl, Angela, et al. 2021. "SARS-CoV-2 Infection Is Effectively Treated and Prevented by EIDD-2801." *Nature* 591 (7850).

Wan, Yushun, et al. 2020. "Receptor Recognition by the Novel Coronavirus from Wuhan: An Analysis Based on Decade-Long Structural Studies of SARS Coronavirus." *Journal of Virology* 94 (7).

Wang, Lin-Fa, and Christopher Cowled, editors. 2015. *Bats and Viruses: A New Frontier of Emerging Infectious Diseases*. Hoboken, N.J.: Wiley Blackwell.

Wang, Lin-Fa, et al. 2020. "From Hendra to Wuhan: What Has Been Learned in Responding to Emerging Zoonotic Viruses." *The Lancet* 395 (10224).

Wang, Manli, et al. 2020. "Remdesivir and Chloroquine Effectively Inhibit the Recently Emerged Novel Coronavirus (2019-nCoV) *in vitro*." *Cell Research* 30 (3).

Wang, Ning, et al. 2018. "Serological Evidence of Bat SARS-Related Coronavirus Infection in Humans, China." *Virologica Sinica* 33 (1).

Wang, Weier, Jianming Tang, and Fangqiang Wei. 2020. "Updated Understanding of the Outbreak of 2019 Novel Coronavirus (2019-nCoV) in Wuhan, China." *Journal of Medical Virology* 92 (4).

Wang, Yeming, et al. 2020. "Remdesivir in Adults with Severe COVID-19: A Randomised, Double-Blind, Placebo-Controlled, Multicentre Trial." *The Lancet* 395 (10236).

Washington, Nicole L., et al. 2021. "Emergence and Rapid Transmission of SARS-CoV-2 B.1.1.7 in the United States. *Cell* 184.

Webb, P. A., et al. 1967. "Some Characteristics of Machupo Virus, Causative Agent of Bolivian Hemorrhagic Fever." *The American Journal of Tropical Medicine and Hygiene* 16 (4).

Webster, Robert G. 2018. *Flu Hunter: Unlocking the Secrets of a Virus*. Dunedin, New Zealand: Otago University Press.

Weisblum, Yiska, et al. 2020. "Escape from Neutralizing Antibodies by SARS-CoV-2 Spike Protein Variants." *eLife* 9.

Weiss, Susan R. 2020. "Forty Years with Coronaviruses." *Journal of Experimental Medicine* 217 (5).

Welkers, Matthijs R. A., et al. 2021. "Possible Host-Adaptation of SARS-CoV-2 Due to Improved ACE2 Receptor Binding in Mink." *Virus Evolution* 7 (1).

Wells, H. L., et al. 2021. "The Evolutionary History of ACE2 Usage Within the Coronavirus Subgenus Sarbecovirus." *Virus Evolution* 7 (1).

Wertheim, Joel O., and Michael Worobey. 2009. "Dating the Age of the SIV Lineages That

Gave Rise to HIV-1 and HIV-2." *PLOS Computational Biology* 5 (5)

Wertheim, Joel O., et al. 2013. "A Case for the Ancient Origin of Coronaviruses." *Journal of Virology* 87 (12).

White, Tracie. 2020. "The Virus Hunter Becomes Prey: Renowned Microbiologist's Battle Against the Coronavirus Gets Personal." *Stanford Medicine* 2.

WHO-China Study. 2021. "WHO-convened Global Study of Origins of SARS-CoV-2: China Part." March 30.

Wolfe, Nathan D., et al. 2005. "Bushmeat Hunting, Deforestation, and Prediction of Zoonoses Emergence." *Emerging Infectious Diseases* 11 (12).

Wolff, Jon A., et. al. 1990. "Direct Gene Transfer into Mouse Muscle *in vivo*." *Science* 247 (4949 Pt 1).

Wong, Gary, et al. 2015. "MERS, SARS, and Ebola: The Role of Super-Spreaders in Infectious Disease." *Cell Host & Microbe* 18 (4).

Wong, Matthew C., et al. 2020. "Evidence of Recombination in Coronaviruses Implicating Pangolin Origins of nCoV-2019." Preprint, bioRxiv, posted February 13, 2020.

Woo, Patrick C. Y., Susanna K. P. Lau, and Kwok-yung Yuen. 2006. "Infectious Diseases Emerging from Chinese Wet-Markets: Zoonotic Origins of Severe Respiratory Viral Infections." *Current Opinion in Infectious Diseases* 19 (5).

Woo, Patrick C. Y., et al. 2006. "Molecular Diversity of Coronaviruses in Bats." *Virology* 351 (1).

Worobey, Michael. 2021. "Dissecting the Early COVID-19 Cases in Wuhan." *Science* 374 (6572).

Worobey, Michael, et al. 2004. "Origin of AIDS: Contaminated Polio Vaccine Theory Refuted." *Nature* 428 (6985).

Worobey, Michael, et al. 2008. "Direct Evidence of Extensive Diversity of HIV-1 in Kinshasa by 1960." *Nature* 455 (7213).

Worobey, Michael, Jim Cox, and Douglas Gill. 2019. "The Origins of the Great Pandemic." *Evolution, Medicine, & Public Health* 2019 (1).

Worobey, Michael, et al. 2020. "The Emergence of SARS-CoV-2 in Europe and North America." *Science* 370 (6516).

Worobey, Michael, et al. 2022. "The Huanan Market Was the Epicenter of SARS-CoV-2 Emergence." Preprint, Zenodo, posted February 26, 2022.

Wrapp, Daniel, et al. 2020. "Cryo-EM Structure of the 2019-nCoV Spike in the Prefusion Conformation." *Science* 367 (6483).

Wright, Lawrence. 2021. *The Plague Year: America in the Time of COVID*. New York: Alfred A. Knopf.

Wrobel, Antoni G., et al. 2020. "SARS-CoV-2 and Bat RaTG13 Spike Glycoprotein Structures Inform on Virus Evolution and Furin-Cleavage Effects." *Nature Structural & Molecular Biology* 27 (8).

Wu, Fan, et al. 2020. "A New Coronavirus Associated with Human Respiratory Disease in China." *Nature* 579 (7798).

Wu, Kai, et al. 2021. "Serum Neutralizing Activity Elicited by mRNA-1273 Vaccine." *The New England Journal of Medicine* 384 (15).

Wu, Zhiqiang, et al. 2014. "Novel Henipa-like Virus, Mojiang Paramyxovirus, in Rats, China, 2012." *Emerging Infectious Diseases* 20 (6).

Xia, Hongjie, et al. 2020. "Evasion of Type 1 Interferon by SARS-CoV-2." *Cell Reports* 33 (1).

Xia, Wei, et al. 2021. "How One Pandemic Led to Another: ASFV, the Disruption Contributing to SARS-CoV-2 Emergence in Wuhan." Preprint, on Preprints, posted February 25, 2021.

Xia, Yuanqing, et al. 2020. "How to Understand 'Herd Immunity' in COVID-19 Pandemic." *Frontiers in Cell and Developmental Biology* 8.

Xiao, Botao, and Lei Xiao. 2020. "The Possible Origins of 2019-nCoV Coronavirus." Preprint, Research Gate, posted February 6, 2020. Later withdrawn.

Xiao, Chuan, et al. 2020. "HIV-1 Did Not Contribute to the 2019-nCoV Genome." *Emerging Microbes & Infections* 9 (1).

Xiao, Kangpeng, et al. 2020. "Isolation of SARS-CoV-2-related Coronavirus from Malayan Pangolins." *Nature* 583 (7815).

Xiao, Xiao, et al. 2021. "Animal Sales from Wuhan Wet Markets Immediately Prior to the COVID-19 Pandemic." *Scientific Reports* 11 (1).

Xie, Xuping, et al. 2021. "Engineering SARS-CoV-2 Using a Reverse Genetic System." *Nature Protocols* 16 (3).

Xu, Li. 2013. "The Analysis of Six Patients with Severe Pneumonia Caused by Unknown Viruses." Master's thesis, Kunming Medical University, Kunming, China.

Yan, Li-Meng, et al. 2020. "Unusual Features of the SARS-CoV-2 Genome Suggesting Sophisticated Laboratory Modification Rather Than Natural Evolution and Delineation of Its Probable Synthetic Route." Preprint, Zenodo, posted September 14, 2020.

Yang, Xing-Lou, et al. 2016. "Isolation and Characterization of a Novel Bat Coronavirus Closely Related to the Direct Progenitor of Severe Acute Respiratory Syndrome Coronavirus." *Journal of Virology* 90 (6).

Yount, Boyd, et al. 2003. "Reverse Genetics with a Full-Length Infectious cDNA of Severe Acute Respiratory Syndrome Coronavirus." *Proceedings of the National Academy of Sciences* 100 (22).

Yu, Wufei. 2020. "Coronavirus: Revenge of the Pangolins?" *The New York Times*, March 5.

Yuen, Kwok-Yung. 2020. "Reflections from a Clinician-Scientist During COVID-19 Pandemic: Facing Unknowns, Breaking Dogmas." *Synapse*, October.

Yurkovetskiy, Leonid, et al. "Structural and Functional Analysis of the D614G SARS-CoV-2 Spike Protein Variant." *Cell* 183 (3).

Zakj, Ali Moh, et al. 2012. "Isolation of Novel Coronavirus from a Man with Pneumonia in Saudi Arabia." *The New England Journal of Medicine* 367 (19).

Zehender, Gianguglielmo, et al. 2020. "Genomic Characterization and Phylogenetic Analysis of SARS-CoV-2 in Italy." *Journal of Medical Virology* 92 (9).

Zeng, Lei-Ping, et al. 2016. "Bat Severe Acute Respiratory Syndrome-like Coronavirus WIV1 Encodes an Extra Accessory Protein, ORFX, Involved in Modulation of the Host Immune Response." *Journal of Virology* 90 (14).

Zhan, Shing Hei, Benjamin E. Deverman, and Yujia Alina Chan. 2020. "SARS-CoV-2 Is Well Adapted for Humans. What Does This Mean for Re-Emergence?" Preprint, bioRxiv, posted May 2, 2020.

Zhang, Meng, et al. 2021. "Transmission Dynamics of an Outbreak of the COVID-19 Delta Variant B.1.617.2—Guangdong Province, China, May-June 2021." *China Center for Disease Control and Prevention Weekly* 3 (27).

Zhang, Qiang, et al. 2020. "A Serological Survey of SARS-CoV-2 in Cat in Wuhan." *Emerging Microbes & Infections* 9 (1).

Zhang, Tao, Qunfu Wu, and Zhigang Zhang. 2020. "Probable Pangolin Origin of SARS-CoV-2 Associated with the COVID-19 Outbreak." *Current Biology* 30 (7).

Zhang, Yong-Zhen, and Edward C. Holmes. 2020. "A Genomic Perspective on the Origin and Emergence of SARS-CoV-2." *Cell* 181 (2).

Zhao, Guo-ping. 2007. "SARS Molecular Epidemiology: A Chinese Fairy Tale of Controlling an Emerging Zoonotic Disease in the Genomics Era." *Philosophical Transactions of the Royal Society* 362 (1482).

Zhou, Hong, et al. 2020. "A Novel Bat Coronavirus Closely Related to SARS-CoV-2 Contains Natural Insertions at the S1/S2 Cleavage Site of the Spike Protein." *Current Biology* 30 (11).

Zhou, Hong, et al. 2021. "Identification of Novel Bat Coronaviruses Sheds Light on the Evolutionary Origins of SARS-CoV-2 and Related Viruses." *Cell* 184 (17).

Zhou, Peng, et al. 2020a. "A Pneumonia Outbreak Associated with a New Coronavirus of Probable Bat Origin." *Nature* 579 (7798).

Zhou, Peng, et al. 2020b. "Addendum: A Pneumonia Outbreak Associated with a New Coronavirus of Probable Bat Origin." *Nature* 588 (7836).

Zhou, Shuntai, et al. 2021. "β-D-N4-hydroxycytidine Inhibits SARS-CoV-2 Through Lethal Mutagenesis but Is Also Mutagenic to Mammalian Cells." *The Journal of Infectious Diseases* 224 (3).

Zhu, Na, et al. 2020. "A Novel Coronavirus from Patients with Pneumonia in China, 2019." *The New England Journal of Medicine* 382 (8).

Zuckerman, Gregory. 2021. *A Shot to Save the World: The Inside Story of the Life-or-Death Race for a COVID-19 Vaccine*. London: Portfolio Penguin.

색인

크레딧

수많은 저명한 과학자들과 용기 있는 공중 보건 전문가들이 시간을 내어 이 주제에 대해 저를 가르쳐 주셨고, 깊은 신뢰와 인내를 보여주셨습니다. 2021년 1월 7일부터 저는 줌을 통해 95명을 인터뷰했으며, 대부분 한 시간 반 이상 심도 있는 대화를 나눴습니다. 인터뷰 질문은 각자의 연구와 과학적 견해에 관한 전문적인 내용부터 개인적인 경험에 대한 질문까지 다양하게 구성되었으며, 모든 이에게는 동일한 질문지를 사용했습니다. 저는 그들의 삶, 코로나19 팬데믹 기간의 경험, 그리고 전문적인 판단과 통찰에 대해 듣고 싶었습니다. 95명 모두 대화 녹음을 허락해 주셨으며, 인용된 내용은 30년 동안 저의 신뢰받는 필사자 글로리아 티데가 작성한 정확한 필사본을 바탕으로 합니다. 필사본에는 숨소리, 웃음, 주저함, 문법적 오류, 다시 시작하는 부분까지 모두 포함되어 있습니다. 이 책에는 "재구성된 대화"는 없습니다. 직접 인용된 경우를 제외하고는 인용 부호를 사용하지 않았습니다.

95명 중 일부만이 서사 구조에 따라 선별되어 이 책에 등장합니다. 96번째로 알리 칸도 포함되었습니다. 저는 2009년부터 2020년 사이에 그와 여러 차례 인터뷰를 진행했었습니다(이 책을 집필하기 전인 2020년에는 뉴요커, 내셔널 지오그래픽, 뉴욕 타임스 기고를 위해 일반적인 바이러스 진화, 백신 개발, 박쥐, 천산갑 등 SARS-CoV-2 및 팬데믹 관련 주제에 대한 전문가 인터뷰를 진행했습니다. 이 인터뷰에서 인용된 내용은 부록 마지막 부분에 날짜별로 정리하여 감사의 말을 전합니다). 95명 중 다른 분들은 팬데믹 관련 개인적인 경험을 공유하며 제 이야기에 큰 도움을 주셨습니다. 이분들은 보이지 않는 곳에서 큰 기여를 해주었습니다. 저는 이분들을 모두 모아 '나의 그리스 합창단'이라고 생각하게 되었는데, 고전 그리스 비극의 합창단과는 달리 각자의 목소리로 다양한 이야기를 들려주었습니다. 이분들 모두에게 깊은 감사를 드립니다.

이분들의 인용문은 제 노트에 출처가 명시되어 있지는 않지만, 아래 나열된 날짜에 진행된 줌 인터뷰에서 나온 것임을 밝힙니다. 저와 함께해 주신 95분과 알리 칸을 포함하여, 알파벳 순으로 소개하자면:

JESSIE ABBATE(제시 아바테)   2021년 2월 18일

제시 아바테는 병원체 발생의 공간적 패턴을 연구하는 감염병 생태학자입니다. 프랑스 몽펠리에에 거주하며, 공간 정보 처리 및 분석 서비스를 제공하는 IT 기업 Geomatys에서 역학 및 변환 데이터 과학을 담당하고 있습니다. 또한, 프랑스어권 아프리카 지역의 코로나19를 비롯한 질병 발생에 대해 WHO 아프리카 지역 사무소(WHO-AFRO)에 자문을 제공하고 있습니다.

2020년 1월 초, 그녀는 중국 및 기타 지역에 원격 교육 서비스를 제공하는 미국 소재 국제 기업으로부터 연락을 받았습니다. 그들은 중국 내 학교들이 새로운 바이러스로 인해 어떤 영향을 받을 수 있는지에 대한 보고서 작성을 의뢰했습니다. 이에 아바테는 그 질문을 전 세계적인 관점에서 고려해야 할 필요성을 강조하며, "이것은 중국에만 국한되지 않을 것입니다"라고 답변했습니다.

KRISTIAN G. ANDERSEN(크리스천 앤더슨)   2021년 1월 7일

면역학을 전공하고 현재 진화생물학, 유전체학, 바이러스학의 경계를 넘나들며 연구하는 감염병 전문가입니다. 그는 캘리포니아 라호야의 스크립스 연구소에서 면역학 및 미생물학 교수로 재직 중입니다. 2009년부터 서아프리카에서 에볼라 바이러스와 라싸 바이러스를 연구하며 유전체 역학 분야 발전에 크게 기여했습니다. 그는 백신 접종을 통해 코로나19가 결핵이나 홍역과 같은 반복적인 재앙 수준으로 통제될 수 있다고 전망하지만, 일각에서 주장하는 것처럼 단순한 감기 수준으로 축소되지는 않을 것이라고 생각합니다.

2시간에 걸친 인터뷰 말미에 저는 그에게 코로나19 팬데믹이 인류의 이해와 행동에 충분한 변화를 가져와 다음번 팬데믹에는 더 나은 대비를 할 수 있을지 물었습니다. 그는 "저는 그것에 대해 '아니요'라고 말할 것입니다"라고 대답했습니다.

DANIELLE ANDERSON(대니엘 앤더슨)   2021년 7월 6일

바이러스학자인 대니엘 앤더슨은 멜버른 대학교의 피터 도허티 감염 및 면역 연구소의 선임 연구원입니다. 이전에 그녀는 싱가포르의 듀크-싱가포르 국립대학교 의대의 ABSL-3 연구실에서 조교수와 과학 책임자로 재직했습니다. 그녀는 또한 우한 바이러스학 연구소의 방문 과학자로 BSL-4 연구실에서 교육을 받았습니다. 앤더슨은 2019년 10월과 11월에 WIV에 있었는데, 이는 팬데믹이 시작되기 전에 그곳에서 일하는 마지막 외국인이었습니다. 실험실 유출 가설의 일부 지지자들은 WIV의 직원 3명이 2019년 11월에 호흡기 증상으로 병원 치료를 받았다는 공개되지 않은 "정보 보고서"를 인용했습니다. 앤더슨은 "저는 무슨 일이 일어나고 있는지 전혀 몰랐습니다"라고 말했습니다. 그녀는 그런 사건이 그녀의 눈에 띄지 않았을 리가 없다고 주의 깊게 언급했습니다. 그녀는 "누군가가 아플 수도 있고, 제가 모를 수도 있습니다"라고 말했습니다. "하지만 세 명이 병원에 입원했다고요? 제 생각에는 논의의 여지가 있었을 겁니다." 그녀는 "저는 그런 일에 대해 아무 말도 듣지 못했습니다"라고 덧붙였습니다.

SIMON ANTHONY(사이먼 앤서니)   2021년 1월 9일

캘리포니아 데이비스 대학의 병리학, 미생물학 및 면역학과의 부교수입니다. 그는 코로나바이러스의 유전학 및 생태학을 연구하며, 다른 새로운 바이러스와 함께 박쥐와의 관계에 대한 광범위한 현장 및 실험실 연구를 수행했습니다.

RALPH S. BARIC(랄프 바릭)   2021년 3월 23일

노스캐롤라이나 대학교 채플힐 캠퍼스 역학과의 윌리엄 R. 케난 주니어 최고 교수이며, 미생물학 및 면역학과 교수입니다. 그는 코로나바이러스 유전학 분야에서 세계를 선도하는 전문가 중 한 명으로 인정받고 있습니다. 그는 1970년대 중반에 수영선수 장학금을 받고 노스캐롤라이나 주립대를 다녔고, 미생물학 박사 학위를 취득하기 위해 그곳에 남았습니다. 2015년에 그는 쉬 정리를 포함한 13명의 과학자와 공동 저술한 논문 "SARS와 유사한 순환 박쥐 코로나바이러스 클러스터가 인간에서 출현 가능성을 보여준다"의 선임 저자였습니다. 일부에서는 기능 획득 연구라고 비판했지만, 다른 일부에서는 매우 계시적이라고 평가

한 이 연구는 우한이 아닌 노스캐롤라이나 채플힐에서 수행되었습니다.

JESSE BLOOM(제시 블룸)   2021년 2월 16일

진화 생물학자이자 시애틀의 프레드 허친슨 암 연구 센터의 교수입니다. 그는 유기체의 분자적 특성이 진화 가능성과 유전적 상호작용 같은 보다 추상적인 진화적 특성과 어떻게 관련이 있는지에 대해 오랫동안 관심을 가지고 있습니다. 이러한 질문은 특히 바이러스의 높은 진화 속도에 의해 잘 밝혀집니다.

BRANDON J. BONIN(브랜든 J. 보닌)   2021년 4월 14일

현재 캘리포니아주 산호세에 있는 산타 클라라 카운티 공중보건 연구소의 소장입니다. 그는 법의학 DNA 및 혈청학 석사 학위를 취득했으며 공중보건 박사 학위를 마치고 있습니다. 그는 미국 해군에서 4년간 복무했습니다.

DONALD S. BURKE(도널드 S. 버크)   2021년 7월 8일

피츠버그 대학교 공중보건대학원의 명예 학장이자 피츠버그 대학교의 역학 및 의학 교수입니다. 그는 미국 육군에서 23년간 복무했으며, 여기에는 미 국군 HIV/AIDS 연구 프로그램의 책임자와 월터 리드 육군 연구소의 신흥 위협 및 생명공학 부소장으로 근무한 기간이 포함됩니다.

CHARLES H. CALISHER(찰스 H. 캘리셔)   2021년 4월 9일

콜로라도 주립 대학교 수의과 및 생물의학 대학의 미생물학 명예 교수입니다. 그는 16년 동안 CDC의 Arbovirus Reference Branch 책임자였습니다. 그는 또한 바이러스 분류학의 전문가입니다. 바이러스의 정체성, 특성 및 다양성에 대한 지식을 과학자들이 정리하고 전달할 수 있도록 하는 구분, 분류 및 명명의 중요한 업무입니다. 그는 문법적 오류와 분류적 실수(그리고 헛소리)에 대한 예리하고 비판적인 눈을 가지고 있으며 많은 책의 편집자로 일했습니다. 그의 저서 『Lifting the Impenetrable Veil: From Yellow Fever to Ebola Hemorrhagic Fever and SARS』는 2013년에 출판되었습니다.

ILARIA CAPUA(일라리아 카푸아)   2021년 3월 17일

플로리다 대학교의 교수이자 연구 및 훈련을 위한 원 헬스 센터 오브 엑설런스의 이사입니다. 그녀는 또한 전직 이탈리아 의회 의원입니다. 그녀는 자신을 수의사 교육자이자 열정적인 바이러스학자로 묘사했으며, 이는 바이러스의 능력에 그녀가 매혹되었음을 반영합니다. 그녀는 "바이러스가 무엇을 하는지, 어떻게 하는지 이해하는 데도 시간이 걸립니다"라고 말했습니다. 카푸아는 초기 연구 중 일부를 코로나바이러스 질병인 닭의 감염성 기관지염에 대해 수행했습니다. 그녀는 동물 건강과 인간 건강을 분리할 수 없고 상호 작용하는 두 가지 문제로 보는 원 헬스 관점의 적극적인 옹호자였습니다.

COLIN J. CARLSON(콜린 J. 칼슨)   2021년 6월 21일

조지타운 대학교의 글로벌 건강 과학 및 보안 센터에서 조교수로 재직 중입니다. 그는 지구 기후 변화, 생물학적 다양성의 상실, 새로운 감염병의 상호 연관성을 연구합니다. 그는 수학적 모델러의 도구와 관점으로 감염병에 접근하여 정량적 데이터를 사용하여 발생했고, 앞으로 발생할 일에 대한 임시 예측을 시도합니다. 동료들과 함께 수행한 일부 작업에서 200종 이상의 박쥐 종이 베타코로나바이러스(원래의 SARS 바이러스, SARS-CoV-2, MERS 바이러스를 포함하는 속의 바이러스)를 보유하고 있을 수 있다는 추정치를 도출했습니다.

DENNIS CARROLL(데니스 캐롤)   2021년 2월 9일

분자 생화학자로 교육받은 데니스 캐롤은 15년 동안 미국 국제개발처의 신흥 위협 부서의 책임자로 재직했습니다. 그는 PREDICT 프로젝트를 포함한 신흥 팬데믹 위협 프로그램을 설계하고 감독했으며, 동물 숙주에서 인간으로 확산될 가능성이 있는 병원체, 특히 바이러스를 식별하기 위한 연구에 5년간 총 2억 달러의 보조금을 지원했습니다. 캐럴은 현재 University Research Co (URC)에서 글로벌 건강 보안에 대한 수석 고문을 맡고 있습니다. 그는 워싱턴 D.C.의 보트에서 살고 있습니다.

ALINA CHAN(알리나 찬)   2021년 6월 7일

이전에 하버드와 MIT의 브로드 연구소에서 박사 후 연구원으로 일했으며, 현재는 그곳에서 과학 고문을 맡고 있습니다. 그녀의 연구는 벤 디버먼(Ben Deverman) 연구실에서 진행되며, 인간 유전자 치료에 사용되는 비병원성 바이러스 벡터의 연구와 엔지니어링을 포함합니다. 찬은 맷 리들리와 함께 『Viral: The Search for the Origin of COVID-19』의 공동 저자입니다.

SARA H. CODY(새러 H. 코디)   2021년 4월 7일

캘리포니아주 산타클라라 카운티의 보건 책임자이자 공중 보건 책임자로 근무하는 의사이자 역학자입니다. 의대와 인턴십을 마친 후, 그녀는 CDC의 유명한 전염병 정보국에서 2년간 펠로우십을 하며 질병 발생을 조사했습니다. 코로나19 팬데믹 초기에 그녀는 미국 본토에서 처음으로 집에 머물라는 명령을 내리고 이행했습니다. 그녀는 산타클라라 카운티가 강력한 공중 보건 전문가 팀을 보유하고 있을 뿐만 아니라 카운티 변호사 사무실에 "공중 보건법과 우리가 할 수 있는 일과 할 수 없는 일을 정말, 정말, 정말 잘 이해하는" 변호사 그룹이 있었기 때문에 그런 과감한 조치를 취할 수 있었다고 말했습니다.

PETER DASZAK(피터 다스작)   2021년 2월 15일

에코 얼라이언스의 사장입니다. 그는 영국에서 기생충 생태학자로 교육을 받았고, 그의 초기 연구로는 진균성 질병인 chytridiomycosis를 전 세계 양서류의 재앙적 감소 원인으로 식별하는 것이 포함되었습니다. 이는 야생 동물 질병과 야생 동물 질병과 인간의 새로운 감염 간의 역학에 대한 더 광범위한 우려로 이어졌습니다. 그는 Consortium for Conservation Medicine의 전무 이사가 되었고, 그 후 Consortium for Conservation Medicine이 변모한 조직인 에코헬스 얼라이언스의 책임자가 되었습니다. 저는 2006년에 내셔널 지오그래픽에서 동물성 질병에 대한 기사를 써달라고 요청했을 때 그를 만났습니다.

JESSICA DAVIS(제시카 데이비스) 2021년 3월 22일

현재 보스턴 노스이스턴 대학교 네트워크 과학 프로그램의 박사 후 연구원으로, 네트워크와 확산 현상, 특히 질병 확산 네트워크를 연구하는 물리학자 알레산드로 베스피냐니(아래 참조)와 함께 일하고 있습니다. 제가 베스피냐니를 인터뷰했을 때, 그는 우한에서 확산된 신종 바이러스에 대한 초기 소식이 젊은 대학원생들에게 어떤 영향을 미쳤는지 말해 주었습니다. 곧 그들의 모델링은 그것이 팬데믹이 될 수 있다는 것을 알려 주었습니다. 베스피냐니는 "저는 항상 후배들의 눈을 기억할 겁니다"라고 말했습니다. "그들이 '좋아요, 이게 진짜예요. 어떡하죠?'라고 말했기 때문입니다. 그래서 그날 저녁 저는 큰 부담을 안고 집에 돌아갔습니다." 그 대학원생 중 한 명이 데이비스였습니다. 베스피냐니는 연구실로 돌아와서 그녀에게 영화 '컨테이전'을 본 적이 있느냐고 물었습니다. 그녀가 없다고 말하자, 그는 그녀에게 준비를 하라고 제안했습니다. 데이비스는 "그때가 제가 '아, 이게 문제가 될 거야'라고 생각한 순간이었던 것 같아요"라고 말했습니다.

ANDREW DOBSON(앤드류 돕슨) 2021년 5월 11일

앤디 돕슨은 프린스턴 대학의 생태학 및 진화생물학과 교수이자 질병 생태학자입니다. 그는 야생 동물 질병의 생태적 역학, 생물학적 다양성의 손실을 초래하는 인간 행동, 그리고 이 두 분야의 교차점에 대해 많은 글을 썼고 영향력 있는 글을 썼습니다. 돕슨이 잘 알고 있는 것 중 하나는 독성의 진화입니다. 저는 그에게 물었죠. 이 바이러스, SARS-CoV-2가 감기에 걸리는 코로나바이러스처럼 무해한 방향으로 진화할까요? 아니요, 반드시 그렇지는 않다고 말했습니다. 왜 그럴까요? "전파는 독성이 발현되기 전에 일어납니다." 다시 말해, 바이러스는 사망자 수에 관계없이 성공하고 있습니다. 많은 사람을 죽이든 적은 사람을 죽이든 "관심이 없습니다." 확산을 늘릴 수 있는 모든 기회를 잡을 수만 있다면요.

PAUL DUPREX(폴 듀프렉스) 2021년 2월 17일, 3월 4일, 3월 12일

분자 바이러스학자로, 피츠버그 대학교 미생물학 및 분자 유전학과 교수이며, 해당 대학의 백신 연구 센터 소장입니다. 그는 아마 카운티에서 태어난 자부심 높은 얼스터 사람이며, 벨파스트 퀸스 대학교에서 교육을 받았고, 너무나 열정적이어서 그와의 인터뷰는 세 세션에 걸쳐 진행되었습니다. 그는 호흡기 RNA 바이러스의 발병 기전과 약화의 분자적 기초를 연구합니다. 그와 동료 그룹은 SARS-CoV-2가 비교적 느린(RNA 바이러스의 경우) 돌연변이 속도를 초월하여 중화 항체에 대한 저항성을 부여하는 스파이크 단백질의 변이를 획득하는 기전을 발견했습니다. 즉, 특정 아미노산을 변경하는 것이 아니라 완전히 삭제하는 것입니다.

ISABELLA ECKERLE(이사벨라 엑커를)　　　　　2021년 3월 12일

독일의 바이러스학자이자 의사이며, 제네바 대학교의 신흥 바이러스 질병 센터의 부교수이자 책임자입니다. 그녀는 경력 초기에 아프리카에서 현장 작업을 하는 동안 박쥐의 장기 샘플을 급속 동결하여 실험실에서 박쥐 유래 세포주를 배양하는 방법을 고안했습니다. 그녀의 최근 연구로는 성인과 어린이의 SARS-CoV-2에 대한 인간 면역 반응 연구가 있습니다.

JONATHAN H. EPSTEIN(조너선 엡스타인)　　　　2021년 5월 17일, 6월 23일

수의사이자 질병 생태학자로 에코헬스 얼라이언스의 과학 및 홍보 담당 부사장입니다. 그는 중국, 호주, 사우디 아라비아 및 기타 지역의 동료들과 함께 Nipah, Hendra, Ebola, MERS-CoV 및 SARS-CoV를 포함한 박쥐 매개 바이러스의 생태에 대한 광범위한 현장 조사를 수행했습니다. 그는 쉬 정리, 왕 린파 및 기타 사람들과 함께 2005년에 특정 박쥐가 원래 SARS 바이러스와 유사한 코로나바이러스의 저장 숙주임을 보여준 팀의 일원이었습니다. 저는 한밤중에 방글라데시의 버려진 창고의 형편없는 사다리와 지붕을 따라 그를 따라갔고, 그와 그의 팀이 박쥐를 잡아서 표본을 채취하는 것을 지켜보았습니다. 엡스타인은 치명적인 바이러스를 품고 있을 수 있는 거대한 과일박쥐를 잡을 때, 위로 올라가려는 경향을 보이기 때문에 팔을 머리 위로 들어 올리라고 말한 적이 있습니다. 팔을 내리면 박쥐가 발톱으로 소매를 기어올라 얼굴에 닿을 것입니다. 아직은 제가 실제로 적용할 필요가 없지만, 귀중한 조언입니다.

ANTHONY S. FAUCI(앤서니 C. 파우치)   2021년 2월 1일

1984년부터 국립 알레르기 및 감염병 연구소(NIAID) 소장으로 재직하고 있습니다. 그는 브루클린에서 태어나 맨해튼의 예수회 고등학교에 다녔는데, 그곳에서 그는 좋은 슛 능력을 가진 5피트 7인치의 빠른 가드로서 농구팀을 이끌었습니다. 그가 자신의 체구보다 더 큰 이들과 경기에서 뛰는 것은 그때가 마지막이 아니었습니다. 그는 의학 학위를 취득하고 면역학 실험실에서 일했으며, 연구 과학자이자 공중 보건 공무원으로서 AIDS 팬데믹의 초기 수십 년 동안 NIAID를 이끌었습니다. 매우 진지한 Zoom 인터뷰가 끝나고, 저는 잠시 분위기를 바꾸어 그에게 브래드 피트와 케이트 매키넌 중 누가 더 나은 토니 파우치 흉내꾼인지 물었습니다. 그는 "두 사람 다 훌륭하다고 생각했습니다"라고 말했습니다. 피트가 Saturday Night Live에서 연기한 것[79]으로 에미상 후보에 오른 것을 보는 것은 대단했지만, 케이트 매키넌[80]은 그가 본 가장 히스테리컬하게 재밌는 여배우입니다. "그녀는 정말 재능이 있습니다."

HUME FIELD(흄 필드)   2021년 6월 21일

브리즈번에 거주하는 수의사, 환경 과학자, 신종 질병 역학자입니다. 그는 Hendra 바이러스(호주), Nipah 바이러스(말레이시아), SARS-CoV(중국), Reston 바이러스(필리핀의 에볼라바이러스)의 자연적 저장고 역할을 하는 박쥐의 종류를 식별하는 데 중요한 역할을 했습니다. 퀸즐랜드 대학교 수의학부의 시간강사이며, 중국 및 동남아시아에 대한 에코헬스 얼라이언스의 과학 및 정책 고문이며, 야생 동물 관련 신종 질병에 대한 민간 컨설팅 회사를 이끌고 있습니다.

ROGER FRUTOS(로저 프루토스)   2021년 3월 25일

신종 감염병 역학을 연구하는 분자생물학자인 그는 프랑스 몽펠리에의 국제 개발농업 연구센터(CIRAD) 교수이자 연구 책임자입니다. 그는 기존의 단순한 종간 전파 모델이 실제 데

---

79 https://youtu.be/uW56CL0pk0g?si=KNOUUZT8BhlH-uu9.

80 https://youtu.be/Au2tgLjdGIs?si=CIzipM4A0jjuJZg6. 그런데, 사실 그녀의 최고 연기는 힐러리 클린턴 흉내였다.

이터와 맞지 않는다는 점에 의문을 품고, SARS-CoV-2의 기원에 대한 새로운 순환 모델을 제시했습니다.

그는 "뭔가 잘못됐어요. 데이터가 일치하지 않아요. 퍼즐 조각들이 제대로 맞춰지지 않는 느낌이었죠"라고 말하며 기존 모델의 문제점을 지적했습니다. 이러한 불일치는 동물 유래 바이러스로 인한 다음 팬데믹에 대한 대비 실패로 이어질 수 있다고 우려했습니다.

"지금처럼 대응해서는 너무 늦습니다. 우리가 현재의 소프트웨어와 의료 시스템을 계속 사용한다면, 다음 질병이 발생해도 똑같은 상황에 놓일 겁니다. 우리는 예방이 아닌 사후 대응에만 집중할 겁니다. 다음 전염병이 온다면, 그것도 매우 치명적이고 전염성이 강한 스페인 독감과 같은 것이라면 어떻게 될까요? 정말 심각한 문제가 될 겁니다."

인터뷰 후반부에 저는 그에게 이번 팬데믹이 인류에게 충분한 교훈을 주어 다음 팬데믹을 막을 수 있을지 물었습니다. 그는 단호하게 "아니요. 사람들은 일하는 방식을 바꾸지 않을 겁니다. 그래서 다음 팬데믹에 대비하지 못할 겁니다. 다음 팬데믹은 반드시 올 겁니다"라고 답했습니다.

GEORGE FU GAO(조지 가오)   2021년 6월 7일

중국 질병통제예방센터(CCDC) 사무총장인 가오푸는 산시성 북서부 외딴 지역인 잉셴에서 성장했습니다. 6남매 중 한 명이었던 그의 아버지는 목수였고, 어머니는 글을 읽지 못하는 평범한 주부였습니다. 대학에 진학할 자격을 얻은 그는 산시 농업대학 수의학과에 배정되었습니다.

"하지만 저는 수의사가 되고 싶지 않았어요." 그는 대학에서 절반의 시간을 영어 공부에 할애하며, 수의학이 인간 의학과 연결될 수 있음을 깨달았습니다. "그래서 저는 미생물학에 더 많은 시간을 투자하기로 했습니다." 그는 베이징에서 석사 학위를 취득하여 오리 간염 바이러스를 연구했고, 이후 옥스퍼드 대학에서 박사 학위를 받으며 다른 바이러스에 대한 연구를 이어갔습니다. 옥스퍼드에서 4년간 박사 후 연구원으로 머문 후 하버드 의대에서 3년을 보냈고, 다시 옥스퍼드로 돌아와 강의를 하다가 2004년에 중국으로 돌아와 교수가 되었습니다. 잉셴의 목수 아들에게는 긴 여정이었습니다.

팬데믹 이전 그의 연구는 SARS-CoV(이후 SARS-CoV-2)와는 다른 수용체 단백질을 사용하여 MERS-CoV가 인간 세포에 어떻게 결합하고 침투하는지에 대한 연구를 포함했습니다. 이 논문은 수용체 결합 영역의 변이가 베타 코로나바이러스의 숙주 다양성에 영향을 미칠 수 있음을 시사했습니다. 가오푸 연구팀은 Eli-Lilly, Junshi와 협력하여 12세 미만 COVID-19 환자에게 사용되는 최초의 단일클론 항체(etesevimab)를 개발했고, Zhifei Longcom과 함께 바이러스에 사용되는 단백질 서브유닛 백신 ZF2001을 개발했습니다.

ROBERT F. GARRY(로버트 개리)   2021년 1월 13일

뉴올리언스 툴레인 의과대학에서 미생물학 및 면역학 교수로 재직하고 있습니다. 그의 경력의 많은 부분은 레트로바이러스, 특히 HIV의 발병 메커니즘에 집중되어 있습니다. 그는 또한 에볼라, 마르부르크 및 기타 위협적인 RNA 바이러스에 대해 연구했으며, 라사 바이러스에 대한 장기 연구를 위해 시에라리온에 연구실을 설립했습니다. 현재 루지애나 주립 의대의 명예 교수인 윌리엄 갤러허와 함께 그는 SARS-CoV와 같은 코로나바이러스의 스파이크 단백질이 세포에 결합하고 침투하는 기능을 처음으로 밝혀냈습니다. SARS-CoV-2는 유사점과 중요한 차이점을 보였습니다. 그는 "스파이크 단백질을 보면 시퀀스에서 이것이 어떤 것일지 알 수 있습니다"라고 말했습니다. 그는 어쨌든 그것을 보고 볼 수 있습니다. 그는 겸손하지만 "단백질 서열을 보고 그 단백질이 무엇을 할지 알아낼 수 있는 사람은 많지 않죠"라고 자신감 있게 말했습니다.

MARINO GATTO(마리노 가토)   2021년 2월 22일

엔지니어로 교육을 받았지만 생태학에 더 매력을 느꼈습니다. 그는 현재 밀라노 공과대학에서 생태학 명예교수로 재직하고 있습니다. 가토와 동료들은 이탈리아에서 코로나19의 지리적 확산을 차트로 작성하고 전염병 곡선 정점을 낮추기 위한 다양한 봉쇄 및 통제 조치의 잠재적 효과를 모델링했습니다.

THOMAS R. GILLESPIE(토마스 R. 길레스피)   2021년 2월 22일

애틀랜타에 있는 에모리 대학교의 환경 과학과 교수입니다. 그는 질병 생태학자로 훈련을 받았고 분자 역학에서 박사 후 과정을 했습니다. 그의 연구에는 인간과 다른 영장류 사이에 퍼지는 동물성 병원체 연구와 인간이 야생 경관을 생태적으로 교란하는 것이 그 과정에 어떤 영향을 미치는지가 포함됩니다. 팬데믹 동안 그의 우려 중 하나는 SARS-CoV-2가 야생 침팬지를 감염시켜 아마도 산림 순환을 확립할 가능성이었습니다.

BARNEY S. GRAHAM(바니 S. 그레이엄)   2021년 6월 1일

최근 NIAID의 바이러스 연구 센터 부소장이ㅇ자 바이러스 병원성 연구실 책임자로 재직하다 은퇴했습니다. mRNA 백신에 대한 아이디어로 이어진 호흡기 세포융합 바이러스(RSV)에 대한 그의 연구는 30년 전으로 거슬러 올라갑니다. 은퇴 후 그와 그의 아내는 자녀 및 손주들과 가까이 지내기 위해 애틀랜타로 이사했습니다.

LISA GRALINSKI(리자 그랄린스키)   2021년 6월 29일

노스캐롤라이나 대학교 역학과의 조교수입니다. 그녀는 랄프 바릭의 연구실에서 5년 동안 박사 후 연구원으로 일했습니다. 현재 코로나바이러스와 인간 면역 체계 간의 상호 작용을 연구합니다.

BARBARA A. HAN(바바라 A. 한)   2021년 3월 9일

뉴욕 밀브룩에 있는 캐리 생태계 연구소의 질병 생태학자입니다. 그녀는 컴퓨터 알고리즘과 머신 러닝(알고리즘을 개선할 수 있는 방법)을 사용하여 병원균의 인수공통감염 확산에 관련된 패턴과 프로세스를 분석하고 다가올 발병을 예측하려고 합니다. 그녀가 우한의 새로운 바이러스에 대한 첫 정보를 얻은 것은 다른 사람들과 마찬가지로 2019년 후반이었습니다. 그녀는 "그 소식을 듣자마자 '이제 시작 되려나 보군' 하고 생각했습니다"라고 말했습니다.

VERITY HILL(베리티 힐)   2021년 2월 2일

현재 예일 보건대학의 네이선 그루보(Nathan Grubaugh) 연구실에서 박사 후 연구원으로 일하고 있습니다. 에든버러 대학교에서 분자 진화, 계통 발생학, 역학을 전공하는 대학원생으로서, 그녀는 앤드류 램보우 연구실에서 일했습니다. 그녀는 2014년 전염병 동안 에볼라가 서아프리카에 어떻게 퍼졌는지 연구하기 위해 유전체학을 사용하는 박사 학위 과정 3년 차 중반에 있었고, 그때 우한에서 온 소식이 전해졌습니다. 램보우는 그녀의 에볼라 아이디어를 승인하면서 "전염병 유행이 발생하면 아마도 바꿔야 할 것입니다"라고 경고했습니다. 그녀는 램보우 연구실의 다른 사람들과 마찬가지로 SARS-CoV-2로 초점을 바꿨습니다. 그녀는 놀라지 않았습니다. 그녀는 논문을 완성하는 데 걸릴 4년이라는 기간이라면 그동안에 위험한 신종 바이러스가 출현할 가능성이 높다는 것을 깨달았습니다.

EMMA HODCROFT(엠마 호드크로프트)   2021년 2월 9일

분자 계통학 학자로, 현재 베른 대학교의 크리스티안 알타우스 연구실에서 박사 후 연구원으로 일하고 있습니다. 그녀는 최신 유전체 데이터를 사용하여 SARS-CoV-2를 포함한 병원균 균주의 진화와 관련성을 추적하는 국제 협력자 그룹인 Nextstrain 팀의 일원입니다. 2020년 1월 중순, SARS-CoV-2 샘플의 약 10개 시퀀스만 온라인에서 사용 가능했을 때, 호드크로프트는 Nextstrain 동료들과 가상 회의에 참석하여 바이러스 서열의 계통학적 트리를 구축하기로 결정했습니다. 그녀는 "사람들은 서열이 서로 어떻게 관련되어 있는지, 돌연변이가 무엇인지 볼 수 있어서 유용할 것이라고 생각하기 때문입니다"라고 말했습니다. "물론 Nextstrain을 사용하면 작은 지도에 표시하고 작은 선을 그릴 수 있으며, 사람들이 나오는 정보를 이해하는 데 도움이 될 것이라고 생각했습니다."

EDWARD C. HOLMES(에드워드 C. 홈즈)   2021년 2월 8일

시드니 대학교의 ARC 호주 로리트 펠로우이자 교수이며, 런던 왕립 학회 펠로우입니다. 그는 RNA 바이러스의 진화에 대한 책을 썼습니다.

PETER J. HOTEZ(피터 호테즈)   2021년 3월 18일

의사이자 과학자이고, 휴스턴에 있는 베일러 의대의 두 부서에서 교수로 재직하고 있으며, 국립 열대 의학 대학의 학장이고, 텍사스 어린이 병원 백신 센터의 공동 이사이며, 잊힌 사람들, 잊힌 질병 및 기타 책의 저자이며, 약 600개의 기사에 공동 저자로 참여했고, 전국에 방송되는 TV에서 자주 해설을 합니다. 그는 독자분이나 저보다 잠을 적게 잡니다. 그의 300페이지 분량의 이력서를 텍스트로 검색해도 "취미"라는 단어는 나오지 않습니다. 취미에 시간을 할애할 수 없을 테니까요. 하지만 그는 그럼에도 불구하고 친절하고 대화가 잘 통하는 사람으로, 과학을 전달하는 데 아낌없이 노력합니다. 그의 팀은 재조합 단백질 방법론을 사용하고 개발도상국의 백신 제조업체와 협력하여 저렴한 코로나19 백신을 개발하는 데 도움을 주었습니다. Biological E라는 회사와 함께 개발한 백신 중 하나가 인도에서 긴급 사용 허가를 받았으며 곧 전 세계적으로 출시될 수 있습니다. 요점은 열적으로 안정적이고 저렴하며 널리 구할 수 있는, 경구 또는 코에 뿌리는 백신을 만드는 것입니다. 그는 "가능하다고 생각합니다"라고 말했습니다. "시간과 추가 비용의 문제입니다." 호테즈는 또한 전국적으로 규모가 커진 적대적인 반과학 운동에 맞서 백신의 열렬한 공식 옹호자이며, 이 주제에 대한 그의 애착은 그의 막내 딸에 대한 2018년 책인 『백신은 레이철의 자폐증을 야기하지 않았다』에 반영되어 있습니다.

PETER J. HUDSON(피터 J. 허드슨)   2021년 4월 12일, 5월 3일

야생 동물 질병 생태학자로, 펜실베이니아 주립 대학의 윌라만 생물학 교수이자 허크 연구소의 전 소장입니다. 그의 연구에는 야생 동물 질병이 인간 질병이 되는 경우가 포함되지만 이에 국한되지는 않습니다. 그의 생일을 맞아 처음에는 작았지만 결국 수백 명에 달하는 같은 생각을 가진 사람들이 모여 감염성 질병의 생태 및 진화(Ecology and Evolution of Infectious Diseases, EEID) 연례 미팅을 만들었습니다. 슘과 그의 아내는 90에이커의 삼림 자연 보호 구역에서 살면서 관리합니다. 그는 야생 동물 사진을 찍고 가구를 만듭니다.

WILLIAM B. KARESH(윌리엄 B. 카레쉬) 2021년 4월 23일

야생 동물 수의사로, 이전에는 국제 현장 수의학 프로그램 책임자였고 야생 동물 보호 협회 부사장이었으며 현재는 에코헬스 얼라이언스의 건강 및 정책 담당 전무이사입니다. 제가 알기로 그는 동물 건강, 인간 건강, 생태계 건강을 분리할 수 없는 것으로 보는 기업을 지칭하는 "원 헬스"라는 용어를 만들어냈습니다. 1999년 저서 『Appointment at the Ends of the World』에서 설명한 대로 아픈 야생 동물을 연구하고 치료하고 동물성 질병을 조사하기 위해 널리 여행하며 많은 야생 동물 바이러스를 봅니다. 신종 코로나바이러스가 무증상 전파 능력이 알려지기 전 우한에서 처음 인간에게 나타났을 때, 그는 SARS-CoV처럼 통제 가능할 것이라고 생각했습니다. 하지만 2020년 2월 초, 그는 "우리는 이 질병과 영원히 함께 살아야 할 겁니다"라고 말합니다.

"앞으로도 그럴 것이라고 봅니다."

MATT KELLEY(매트 켈리) 2021년 4월 22일

11년 동안, 팬데믹이 시작된 지 1년 반을 포함하여, 몬태나주 갤러틴 카운티의 보건 책임자였습니다. 그 덕분에 저는 (제가 갤러틴 카운티에 살고 있기 때문에) 그가 얼마나 열심히 일했는지, 그의 노력이 얼마나 심하게 방해를 받았는지, 그리고 코로나19 동안 그가 봉사하려 했던 특정 계층에 의해 얼마나 심하게 갑질을 당했는지 가까이서 볼 수 있었습니다(화가 난, 위협적인 사람들이 그의 집 밖에 매복하고 있었습니다. 우리는 반대의 지지를 표하기 위해 도심 거리에서 피켓 시위를 했습니다). 위스콘신에서 자랐고, 미식축구 그린베이 패커스 팬이었으며, 대학 졸업 후 오마하 월드 헤럴드의 경제 기자로 계약했습니다. 월드 헤럴드는 그를 워싱턴 D.C.로 보냈고, 그는 수년간 정치 기자로 일했습니다. 그런 다음 큰 변화를 원해서 그는 아내와 함께 평화봉사단에서 일했고, 2년 동안 서아프리카 말리의 작은 마을에서 물과 위생 시설 확장 요원으로 일했습니다. 미국으로 돌아온 켈리는 공중보건학 석사 학위를 취득하고 워싱턴 D.C. 시장실에서 공중보건 및 정신건강 시스템을 담당한 후 몬태나주 보즈먼에서 일자리를 제안받았습니다. 면접 후 보즈먼에서 결정 전화를 받았을 때, 그는 2순위였지만 솔직히 1순위 후보가 거절했다는 사실을 들었습니다. 켈리는 "빈스 롬바르디[81]도 2순위였다는 것을 항상 기억합니다"라고 말했습니다. "그래서 합리화할 수 있을 것 같았습니다." 그는 카운티 일자리를 그만두었지만 여전히 몬태나주에서 공중보건을 담당하고 있습니다.

GERALD T. KEUSCH(제럴드 T. 쿠쉬)　　　　　　　　　　2021년 3월 19일

보스턴 대학교의 의학 및 국제 보건 교수이며, 국립 신흥 감염병 연구소의 부소장입니다. 그는 또한 국제적으로 의학 연구와 연구자 교육을 지원하는 국립 보건원의 포가티 국제 센터의 전임 소장이기도 합니다. 그는 전염병 위협에 대한 대비 문제에 대해 깊고 신중하게 생각했으며, 이는 WHO와 세계은행의 한 부서인 글로벌 대비 모니터링 위원회에 제출한 2020년 보고서인 'R&D 대비 생태계: 건강 비상 사태 대비'를 공동 집필한 데 반영되어 있습니다. 쿠쉬가 공중 보건 분야에서 평생 일하면서 얻은 "가장 좋아하는" 교훈은 "공중 보건이 제대로 작동하면 아무 일도 일어나지 않는다"는 것입니다. 아무 일도 일어나지 않으면 정치인들은 '뭐, 우리가 아무것도 지불하지 않는 거야?'라고 말합니다. 다른 곳에 돈을 투자하자.' 그래서 그들은 무슨 일이 일어날 때까지 공중 보건에서 돈을 훔쳐내고, 그런 다음 '우리가 공중 보건이 필요할 때 공중 보건은 어디 있었어?'라고 말합니다. 글쎄요, 당신은 그들에게 자금을 지원하지 않았습니다. 그리고 이런 순환이 계속해서 반복됩니다. 그리고 그것은 절대적으로 역전되어야 할 것입니다."

(드디어 등장했습니다.)

ALI S. KHAN(알리 S. 칸)　　　　2009년 8월 11일, 2020년 3월 17일, 19일, 23일

네브래스카 의대 공중보건대학 학장이자 역학 교수입니다. 제가 그를 처음 만난 것은 2006년으로, 그는 애틀랜타 CDC의 NCZVED (the National Centre for Zoonotic, Vector-Borne, and Enteric Diseases; 동물원성, 매개체 매개, 장 질환 국립 센터) 부소장이

81　전 그린베이 패커스 감독이자 전설적인 명장. 미식 축구 슈퍼볼 우승 트로피가 그의 이름을 딴 것이다.

었습니다. 2010년에는 CDC 공중보건 대비 및 대응 사무소의 소장이 되었습니다. 2014년에는 네브래스카로 자리를 옮겼습니다.

2015년에는 서아프리카에서 에볼라가 유행하는 동안 시에라리온에서 WHO 대응팀에 참여했습니다. 에볼라는 그가 이미 끔찍할 정도로 잘 알고 있던 바이러스였습니다. 2016년에는 『The Next Pandemic』이라는 책을 출판했습니다. 2021년 말에는 북마리아나 제도에서 코로나19에 맞서 싸우는 데 자원했습니다. 지난 30년 동안 그는 오만 술탄국의 크림-콩고 출혈열부터 브라질의 한타바이러스 폐 증후군, 인디애나의 원숭이두창까지 감염병 대응을 위한 20개 이상의 다른 현장 배치를 했습니다. 자신의 일을 너무나 사랑하고, 고통받는 사람들을 돕기 위해 자신의 기술을 아낌없이 바치고, 그 모든 일 속에서도 유머 감각을 침착하게 유지하는 사람은 축복받은 사람입니다.

EMER KINIRY(에머 키니리)   2021년 6월 13일

브리티시 컬럼비아 밴쿠버에 있는 캐넉 플레이스 어린이 호스피스의 수석 행정 보조원입니다. 이곳은 복잡한 의학적 문제가 있는 어린이에게 포괄적인 서비스를 제공하는 북미 최초의 독립형 호스피스입니다. 에머라는 이름은 아일랜드계이고 그녀의 배경도 아일랜드입니다. 그녀는 더블린에서 태어나고 자랐습니다. 그녀는 캐넉 플레이스에서 어린이들은 일반적으로 면역 체계가 약화되어 코로나19에 대한 백신을 맞을 수 없다고 말했습니다. 그래서 호스피스는 서비스를 계속 제공하기 위해 극단적인 조치를 취했습니다. 직원 감축, 가능한 경우 원격 근무, 자원봉사자 교대 중단, 정기적인 건강 검진, 물리적 거리 두기, 마스크 착용 의무화, 가족 및 친구 방문 금지, 가능한 경우 가상 상담 및 가상 의료 회의 등이 포함됩니다. 한 가지 보상은 있습니다. "코로나19 동안 거의 가장 안전한 장소인 것 같아요"라고 키니리가 말했습니다. 철저한 경계로 방역을 하면 이미 건강이 좋지 않은 어린이와 부모를 안전하게 보호할 수 있는 겁니다.

MARION KOOPMANS(마리온 쿠프만스)   2021년 3월 8일

수의사이자 수의 내과 전문의로 로테르담에 있는 에라스무스 의료 센터의 기부 교수이자 바이러스학과장입니다. 그녀는 2003년 네덜란드에서 조류 독감 유행에 대한 연구 대응을 주도했고, 2014년 아라비아 반도와 아프리카에서 중간 숙주인 드로메다리 낙타에서 MERS-CoV를 추적하는 데 중요한 역할을 했습니다. 또한 2013~2016년 에볼라 전염병 동안 네덜란드에서 시에라리온과 라이베리아까지 이동식 진단 검사실을 배치하는 일을 담당했습니다. 그녀는 또한 WHO 협력 센터와 신종 질병에 초점을 맞춘 국제 연구 컨소시엄(VEO)을 이끌고 있습니다.

JEFFREY P. KOPLAN(제프리 코플란)   2021년 2월 18일

의사이자 공중 보건 전문가이며 CDC의 전임 이사입니다. CDC에서 근무한 후 그는 에모리 대학교의 에모리 글로벌 건강 연구소 소장이 되었고, 나중에는 대학의 글로벌 건강 담당 부사장이 되었습니다.

트럼프 행정부 시절 로버트 레드필드가 CDC 이사로 재임한 기간에 대해 물었을 때 그는 "CDC 이사는 까다로운 역할을 하며, 수행하기 까다로운 업무를 맡고 있습니다"라고 말했습니다. 당신의 직속 상사는 보건복지부 장관으로 재직 중인 정치적 임명자입니다. 그 사람의 상사는 백악관에 있습니다. "당신 위에 있는 사람들이 과학을 신뢰하면 덜 힘들어요." 코플란에게 미국적 정신의 일부가 된 반과학주의를 어떻게 뒤집을 수 있을지에 대한 묘안이 있는지 물었습니다. 그는 "맙소사, 정말 우울하네요"라고 말했습니다.

BETTE KORBER(베티 코버)   2021년 6월 18일

로스앨러모스 국립연구소의 계산 생물학자이자 이론 생물학 및 생물물리학 연구실 펠로우입니다. 그녀는 로스앨러모스의 HIV 데이터베이스 및 분석 프로젝트를 감독하고 있으며, 경력의 대부분을 HIV 연구에 바쳤습니다. 그녀의 주요 연구는 면역 압력하에서 바이러스 진화를 연구하는 것이었습니다. 그녀는 이 정보를 사용하여 매우 가변적인 바이러스에 대한 백신 전략을 설계합니다. 2000년에 그녀와 동료들은 전염병 HIV 하위 유형(HIV-1 그룹 M)이 침팬지 바이러스 전구체에서 갈라지기 시작한 시점을 결정하기 위한 연구 결과를 발표했습니다. 즉, 그 전염병의 시작을 알리는 운명적인 종간전파가 발생한 시점입니다. 그들은 1930년으로 추정했습니다. 이는 마이클 워로비와 동료들이 몇 가지 오래된 샘플을 활용하여 추정치를 1908년경으로 늦추기 몇 년 전이었습니다. 코버와 그녀의 협력자들은 코로나

19에 대한 작업에서 감사하게도 SARS-CoV-2 유전체의 GISAID 데이터베이스에서 많은 것을 얻었습니다. 이 데이터베이스는 바이러스가 계속 돌연변이하고 진화함에 따라 매우 풍부하고 빠르게 이용할 수 있습니다. 그녀는 HIV 연구 분야에서 게시되고 공유되는 "새로운" 유전체 데이터는 이미 1~2년 전 것인 경우가 빈번하다고 말했습니다.

"반면에 SARS-CoV-2 분야의 새로운 데이터는 지난주에 샘플링 되었습니다. 이 변화는 GISAID 때문입니다." 그녀와 그녀의 동료들은 작업을 가능하게 하는 일일 데이터 피드를 받고 있으며, GISAID는 전 세계의 생물정보학 그룹에 동일한 서비스를 제공합니다.

JENS H. KUHN(젠스 H. 쿤)   2021년 4월 15일, 5월 3일

바이러스학자, 바이러스학 역사가, 생물방어 전문가입니다. 그는 메릴랜드주 포트 데트릭에 있는 통합 연구 시설의 수석 과학자이자 바이러스학 책임자입니다. 2001년 그는 노보시비르스크에 있는 구 소련 생물무기 시설인 Vektor에서 연구실 순환을 하도록 초대받은 최초의 서방 과학자가 되었습니다. 그는 또한 에볼라 바이러스, 마르부르크 바이러스 및 이들의 사촌에 대한 40년간의 연구를 요약한 『Filoviruses』의 저자이기도 합니다. 저는 가봉 리브르빌에서 열린 필로바이러스 컨퍼런스에서 그를 처음 만났습니다. 우연히 작고 호사스럽지 않은 호텔에 머물게 되어 매일 아침 버스를 타고 컨퍼런스 호텔로 갔고, 친구가 되었습니다. 그는 MD와 박사 학위가 두 개 있지만 재미있는 사람입니다.

MARCUS V. G. dE LACERDA(마커스 V. G. 드 라세르다)   2022년 2월 10일

마나우스에 있는 Fundação de Medicina Tropical Doutor Heitor Vieira Dourado에서 활동하는 의사이며, Oswaldo Cruz Foundation (Fiocruz)의 연구원이며, 아마조나스 대학교의 열대 의학 교수입니다. 그는 또한 마나우스에 있는 Carlos Borborema 임상 연구소를 조정합니다. 20년 이상 말라리아에 대해 연구해 왔으며, 클로로퀸을 치료제로 처방했습니다. 말라리아 병원균은 바이러스가 아닙니다. 그의 최근 연구는 동료들과 함께 코로나19에 대한 고용량 클로로퀸 사용에 반대하는 강력한 데이터를 제공했습니다. 가족 중에 코로나에 걸린 사람이 있습니까? 저는 그에게 물었습니다. "오, 맞아요, 모두요!" 그가 말했습니다.

"모두요." 하지만 그들은 운이 좋았습니다.

HEIDI J. LARSON(하이디 라슨)　　2021년 6월 11일

인류학자이자 백신 신뢰 프로젝트의 창립자입니다. 그녀의 2020년 저서는 『Stuck: How Vaccine Rumors Start — And Why They Don't Go Away』입니다. 백신 반대 루머에 대해 논의하기 전에, 저는 그녀에게 SARS-CoV-2가 실험실 유출에서 유래했다는 루머에 대해 물었습니다. 그녀는 "루머는 명확한 답이 나올 때까지 계속해서 다시 표면화될 겁니다" 라고 대답했습니다. 특히 불확실성의 맥락에서 말입니다. "그리고 이 경우, 아시다시피, 루머를 퍼뜨릴 완벽한 비옥한 토양이 됩니다. 정보가 불완전하기 때문이죠."

RAMANAN LAXMINARAYAN(라마난 랙스미나라얀)　　2021년 4월 23일

워싱턴 D.C.에 있는 질병 역학, 경제 및 정책 센터의 설립자이자 이사이며, 프린스턴 대학의 수석 연구원입니다. 그는 항생제 내성 박테리아 문제와 정책 및 정의 측면에서 항생제 효과를 공유된 글로벌 리소스로 보는 것에 대해 많은 연구를 했습니다. 그의 최근 저술 중 일부는 인도에서 코로나19의 역학 및 전파와 코로나 사망률 추정치를 조사했습니다.

PHILIPPE LEMEY(필리페 르메이)　　2021년 6월 18일

벨기에 KU 루벤 대학교 미생물학, 면역학 및 이식학과 임상 및 역학 바이러스학 연구실의 부교수입니다. 그는 바이러스 진화 및 분자 역학을 연구하고 있으며 유럽, 브라질, 미국 및 기타 지역에서 SARS-CoV-2의 진화 및 확산에 대한 논문을 공동 저술했습니다. 저는 그에게 실험실 유출 가설의 지지자들이 주장하듯이 처음부터 바이러스가 인간을 감염시키는 데 의심스럽게 잘 적응한 것처럼 보였는지 물었습니다. 아니요. "우리가 보고 있는 것은 이것이 박쥐 개체군에(in the bat population) 이미 있는 인간에게 전염될 수 있는 합리적인 능력을 가진 일반 병원체로 진화했다는 것입니다."

그는 잠시 말을 멈췄습니다. 저는 마지막 네 단어(in the bat population)가 이해되도록 기다렸습니다. 박쥐 개체군에서, 종간전파 전에 말입니다. 그는 "그것에 대해 실험실 이론을 적용할 필요는 없습니다"라고 덧붙였습니다. 저는 명확히 하고 싶어서 물었습니다. 그것은 포유류 전체에서 ACE_2 수용체를 사용하는 데 광범위하게 적합한 바이러스가 되었습니까? "정확히 그렇습니다. 네"라고 그는 말했습니다.

YIZE (HENRY) LI(리, 헨리, 이제) 2021년 2월 10일

애리조나 주립 대학교의 바이오디자인 연구소에서 조교수로 재직 중입니다. 서양의 동료와 친구들은 그를 헨리라고 부릅니다. 그는 충칭에서 생명공학을, 상하이에서 바이러스학을 공부했고, 펜실베이니아 대학교의 수잔 와이스 연구실에서 바이러스학 및 면역학으로 박사 후 과정을 밟았습니다. 그의 멘토인 와이스와 다른 많은 사람들과 마찬가지로 그는 코로나바이러스가 유행하기 전에 바이러스-숙주 상호 작용과 선천적 면역 반응에 초점을 맞춰 연구했습니다. 2018년 상하이에서 열린 컨퍼런스에서 만난 일과 그 후의 WeChat 커뮤니케이션을 통해 리는 SARS-CoV-2의 전체 유전자 서열을 처음으로 공개한 에디 홈즈의 협력자였던 장 용전을 알게 되었습니다. 리는 "그는 중국 정부로부터 허가를 받지 못했습니다. 그래서 그들은 매우 화가 났습니다"라고 말했습니다. 그는 장이 용감한 사람이고 다소 고분고분하지 않았다고 말했습니다. "그리고 그들은 그의 연구실을 폐쇄했습니다." 리에 따르면, 장은 "더 이상 SARS-CoV-2에 대해 작업할 수 없습니다"라는 말을 들었다고 합니다.

POH LIAN LIM(림 포 리앤) 2021년 6월 16일

의사이자 공중 보건 관리자로 싱가포르 국립감염병센터의 고수준 격리실 책임자이며, 보건부의 수석 컨설턴트입니다. 2004년에 그녀는 2003년 8월 싱가포르 실험실에서 발생한 사고에 대한 연구를 이끌었습니다. 그 당시 대학원생이 SARS 발병이 종식된 지 3개월 후 원래의 SARS 바이러스에 감염된 것입니다. 그 대학원생은 웨스트 나일 바이러스를 연구하고 있었고, 학생이 배양하던 원숭이 신장 세포에서 두 바이러스가 동시에 성장했기 때문에 SARS 바이러스에 노출되었을 가능성이 있습니다. 저는 림에게 질문했습니다: 우한 바이러스학 연구소에서 SARS-CoV-2와 관련된 실험실 유출 가능성에 대해 어떻게 생각하십니까? 그녀는 "저는 보통 이런 일에 대해 언급하지 않으려고 노력합니다"라고 말했습니다. 그녀는 "일어날 수 있는 일과 실제로 일어난 일은 다르죠, 그렇죠?"라고 덧붙였습니다.

W. IAN LIPKIN (W. 이언 립킨)   2021년 1월 9일

의사이자 바이러스학자로 컬럼비아 대학교의 존 스노우 역학 교수이자 컬럼비아 메일먼 공중보건대학원의 감염 및 면역 센터 소장입니다. 그는 니파 바이러스와 같은 새로운 병원체를 식별하기 위한 분자적 방법의 사용 및 개발 분야의 전문가입니다. 그는 스티븐 소더버그가 감독한 2011년 영화 컨테이전에서 과학 고문을 역임했는데, 이 영화에서 전염병 병원체는 살짝 니파를 기반으로 합니다. 립킨은 앤더슨과 동료들이 2020년 초에 발표한 논문 "SARS-CoV-2의 근위 기원"의 공동 저자였지만, 거의 1년 후에 그는 실험실 사고 가능성을 기각하는 데 있어 일부 공동 저자들보다 편안하지 못했다고 말했습니다. 아마도 쉬 정리의 연구실에 있는 대학원생이나 연수생이 박쥐 샘플에서 새로운 바이러스를 배양하려고 시도했고, 성공했지만 엉성했을 것입니다. 쉬 정리 자신은 그런 바이러스를 결코 숨기지 않았을 것이라고 그는 주장했습니다. 그녀는 양심적이고 발견을 발표하려는 직업적 동기를 가지고 있습니다. 리프킨은 "이런 바이러스를 발견했다면"이라고 말했습니다. "그녀가 그것에 대해 알고 있었다면, 그녀는 그것을 서열분석 하고 발표했을 것입니다." 따라서 그녀가 알고 있었다는 가능성은 배제될 수 있습니다. "하지만 그것은 그것이 이 연구실에서 나올 수 없다고 말하는 것과 같은 것은 아닙니다." 그는 그런 사람이 부주의했을 것이라고 믿을 이유가 없다고 덧붙였습니다. "하지만 배제할 수는 없습니다."

MARC LIPSITCH(마크 립시치)   2021년 6월 30일

하버드 T.H. 찬 공중보건대학원의 역학과 교수이자 전염병 역학 센터 소장입니다. 그는 잠재적인 전염병 병원체를 이용한 기능 획득 연구에 대해 공개적으로 비판해 왔습니다. 하지만 그는 과학계에서 자신의 역할이 바뀔 예정이기 때문에 대화에서 그 주제에 대해 공식적으로 말하는 것을 신중하게 거부했습니다. 현재 발표된 대로 그는 CDC 내 새로운 센터인 예측 및 발병 분석 센터에서 과학 책임자가 될 예정입니다. 그와 사이언스에 실린 논문의 공동 저자들은 2020년 5월에 "중환자 치료 시설이 코로나19 사례로 인해 압도되는 것을 막기 위해 2022년까지 장기적 또는 간헐적인 사회적 거리 두기가 필요할 수 있다"고 예측했습니다. 그들은 "바이러스가 겉보기에 없어지는 경우에도" "SARS-CoV-2 감시는 유지되어야 한다"고 덧붙였습니다. "2024년까지 전염이 다시 일어날 가능성이 있기 때문입니다."

DANIEL R. LUCEY(대니얼 R. 루시)　　　　　2021년 1월 11일, 1월 14일

의사이자 공중 보건 전문가이며 다트머스의 Geisel School of Medicine에서 교수로 재직하고 있습니다. 그는 2020년 1월부터 코로나19와 SARS-CoV-2(질병과 바이러스)에 대한 영향력 있는 블로그를 Infectious Diseases Society of America 웹사이트의 "Science Speaks" 페이지에 게시하여 팬데믹에 대한 다양한 사실과 아이디어를 보고하고 이에 이의를 제기했습니다. 발병의 가능한 기원과 본질에 대한 질문과 답변의 형태로 된 그의 첫 번째 게시물은 2020년 1월 6일에 작성되었습니다. 정확히 1년 후, 미국 의사당에서 폭도들이 공격한 날, 펜실배니아 애비뉴 바로 옆의 아파트에서 나와 사람들 사이를 걸어갔습니다. 어떤 사람들은 플래카드와 깃발, 붉은 MAGA 모자를 들고 있었고, 어떤 사람들은 의상과 무기를 들고 있었습니다. 그들은 방금 Ellipse에서 도널드 트럼프의 선동적인 연설을 마치고 의사당으로 행진했습니다. 루시 자신은 "연어처럼" 그 흐름 속으로 들어갔다고 나에게 말했습니다. "나는 그들이 어떻게 생겼는지 보고 싶어서 그들과 마주보며 상류로 걸어갔어요. 그리고 이 모자를 썼어요." 그는 줌에서 나에게 그것을 모델로 보여주었다. 그를 위해 맞춤 제작한 노란색 야구 모자로, "메네, 데겔 다니엘 5:25"라는 문구가 적혀 있었다. 그것은 다니엘서에 나오는 벨사살의 만찬에 대한 이야기를 말하는데, 그 이야기에서 바빌론 왕은 벽에 마법의 손으로 쓴 글씨를 통해 "하느님께서 당신의 왕국을 세어 끝내셨으니, 당신은 저울에 달려서 부족함이 드러났습니다"라는 경고를 받는다.[82] 루시는 강렬한 양심과 강렬한 견해를 가진 사람입니다. 그는 그의 단독 시위가 어딘가에 FBI 영상에 잡혔을 것이라고 나에게 말했습니다. 그는 화가 나 있는 상태로 행진하는 자들 중 누군가가 그 암시를 알아볼까 봐 약

82　'메네'는 '숫자를 센다'는 뜻이고, '데겔'은 '저울을 단다'는 뜻이다. 느부갓네살의 아들이자 바빌론 왕 벨사살의 오만함에 여호와가 보내는 경고이다. 당연히 이를 빗대어 트럼프에게 경고를 보낸 셈.

간 걱정했습니다. "하지만 아무도 알아보지 못했습니다."

NICOLE LURIE(니콜 루리) ·   2021년 3월 25일

의사이자 공중 보건 전문가로 오바마 행정부 시절 보건복지부에서 대비 및 대응(ASPR) 담당 차관보를 지냈습니다. 그녀는 제럴드 쿠시와 함께 WHO와 세계은행의 산하 기관인 Global Preparedness Monitoring Board에 제출한 2020년 보고서인 "R&D Preparedness Ecosystem: Preparedness for Health Emergencies"의 공동 저자입니다. 그녀는 세계은행 국제 백신 태스크포스 보고서의 주 저자였습니다. 루리는 하버드 의대에서 강의를 하고 있으며, Coalition for Epidemic Preparedness Innovations의 CEO를 위한 전략 고문을 맡고 있으며, 기타 컨설팅 업무를 담당하고 있습니다.

HOLLY L. LUTZ(홀리 L. 루츠)   2021년 5월 10일

박쥐의 미생물 군집을 연구하는 진화 생물학자입니다. 그녀는 캘리포니아 라호야에 있는 스크립스 연구소의 박사 후 연구원이자 시카고에 있는 필드 자연사 박물관의 네가우니 통합 연구 센터의 연구원입니다. 그녀는 케냐, 모잠비크 및 아프리카의 다른 지역에서 포유류와 그 병원체에 대한 현장 연구를 수행했습니다. 2013년 우간다의 큰 속이 빈 나무에 박쥐를 가두는 동안 그녀와 그녀의 동료 몇 명은 박쥐의 배설물에 있는 곰팡이 포자로 인해 발생한 폐 감염에 걸렸고 나중에 히스토플라즈마 감염증으로 진단되었습니다. 같은 나무는 2년 전에 방문 생물학 학생들 사이에서 히스토플라즈마 감염증이 다시 발생한 데 연루되었습니다. 루츠의 증상에는 발열, 두통, 쇠약, 체중 감소 및 마른 기침이 포함되었습니다. 일부에서는 바이러스 감염으로 추정하지만(확실히 증명된 적은 없음) 진균 감염일 가능성이 있는 모잠광부 3명과 달리, 루츠와 그녀의 동료들은 살아남았습니다.

SPYROS LYTRAS(스파이로스 리트라스)   2021년 6월 24일

글래스고 대학 바이러스학 박사과정 학생으로 데이비드 L. 로버트슨과 다른 지도 교수들과 함께 일하고 있습니다. 그는 SARS-CoV-2와 SARS 유사 코로나바이러스 중 그 친척을 포

함한 바이러스의 분자적 진화를 연구합니다. 그는 오스카 A. 맥클린과 공동으로 PLOS Bi-
ology에 실린 "박쥐에서 SARS-CoV-2의 진화에서 자연선택이 일반 바이러스와 고도로
유능한 인간 병원체를 만들었다"라는 제목의 논문 주 저자입니다.

LAWRENCE C. MADOFF(로렌스 C. 매도프) 2021년 3월 4일

매사추세츠 대학교 챈 의대의 의학 교수입니다. 그는 신종 병원균의 역학과 국제적 공중 보
건을 전문으로 하는 감염병 의사입니다. 그는 2018년부터 매사추세츠 공중 보건부의 감염
병 의료 책임자로 재직했으며, 최근에는 ProMED-Mail 편집자에서 은퇴했습니다.

JONNA A. K. MAZET(조나 A. K. 마젯) 2021년 5월 11일

야생 동물 수의사이자 역학자로 교육을 받았으며, 캘리포니아-데이비스 대학의 부교무처장
이자 대학 수의학부의 One Health Institute에서 역학 및 질병 생태학의 총장 리더십 교수입
니다. 그녀는 10년 이상 미국 국제개발처의 PREDICT 프로젝트의 글로벌 디렉터였으며, 다
국적 컨소시엄을 이끌며 야생 동물로부터 샘플을 수집하고 인간 병원체가 될 가능성이 있는
새로운 바이러스를 감지했습니다. 프로젝트 팀은 160개 이상의 코로나바이러스를 포함하여
인간 질병을 일으킬 가능성이 있는 것으로 보이는 1,200개의 동물 바이러스를 식별했습니다.
PREDICT 프로젝트는 전염병 대비 및 대응과 관련하여 과학적 의견의 복잡한 발견 대 감시
이분법의 발견 측면을 구현했습니다. "발견"은 위험한 바이러스가 퍼지기 전에 찾는 것을 의
미하고, "감시"는 전염병이 유행하기 전에 발병을 감시하고 통제하는 것을 의미합니다. 이 프
로젝트는 트럼프 행정부가 5년 자금 조달 주기를 두 번 완료한 2020년에 종료할 것을 목표로
했습니다. 그런 다음 SARS-CoV-2가 미국에 도착한 직후에 적당한 보조금으로 부분적으로
연장되었는데, 트럼프 관리들(일부는)조차도 새로운 팬데믹 위협의 심각성을 부인할 수 없었
습니다. 앞의 문장은 저의 언어와 견해를 나타내며, 그녀는 이에 대한 책임이 없습니다.

PLACIDE MBALA-KINGEBENI(플라시드 음발라-킹게베니) 2021년 4월 18일

의사이자 미생물학자로 콩고 민주 공화국 킨샤사에 있는 국립 생물 의학 연구소의 역학 부

서와 병원체 서열분석 연구실의 책임자입니다. 그는 PREDICT 프로젝트(위의 데니스 캐럴과 조나 마젯 참조)에 참여했고, 콩고 민주 공화국 군대의 HIV 유병률을 연구했으며, 에볼라 바이러스 열병이 유행하는 동안 연구소의 바이러스성 출혈열 부서를 이끌었습니다. 그는 최근 콩고 민주 공화국이 힘든 시기를 보내고 있다고 말했습니다. 그들은 2017년 바스 우엘레 주에서 에볼라가 창궐했고, 2018년에는 에콰퇴르 주에서 또 다른 창궐이 있었습니다. 그것을 종식시킨 후, 그들은 2018년 8월에 시작된 북 키부 주에서 또 다른 창궐을 감지했고, 마침내 2020년 6월에 종식되었습니다. "동시에, 같은 기간 동안 우리는 코로나19 팬데믹에 직면해 있습니다." 그리고 "홍역은요?" 제가 물었습니다. "새로운 창궐입니다." 그는 동의했습니다. "홍역, 새로운 창궐, 2020년에 에콰퇴르에서 다시 에볼라가 창궐하고, 2021년에는 북 키부에서 새로운 에볼라가 창궐합니다." 그와 장-자크 무엠베 탐품(Jean-Jacques Muyembe Tamfum)과 같은 콩고 민주공화국의 의료 전문가와 질병 과학자들은 극심한 자원 부족에도 불구하고 위험한 바이러스에 맞서 놀랍고 영웅적인 성과를 거두고 있습니다. 그들은 경험이 있습니다.

JASON S. McLELLAN(제이슨 S. 맥클레란)　　　　　　　　　**2021년 8월 12일**

텍사스 대학교 오스틴 캠퍼스의 분자생물학 교수입니다. NIAID의 백신 연구 센터에서 피터 D. 윙의 박사 후 과정 연구원으로, 그리고 나중에는 다트머스와 텍사스 대학교에서 학술적 직책을 맡는 동안 그는 윙, 바니 그레이엄, 그리고 다른 동료들과 함께 호흡기 세포융합바이러스와 SARS-CoV-2를 포함한 다양한 바이러스의 세포 부착과 침입에 사용되는 융합 단백질의 3차원 구조와 그에 따른 특성을 결정했습니다. 이를 통해 그는 자신의 연구실 그룹과 다른 연구자들과 함께 화이자와 모더나의 mRNA 백신 개발에 중요한 요소인 SARS-CoV-2의 스파이크 단백질의 안정화된 형태를 만드는 데 참여하게 되었습니다.

VINEET DAVID MENACHERY(비닛 데이비드 메나처리)　　　　　　　　　**2021년 4월 16일**

숙주에 질병을 유발하는 바이러스-숙주 상호작용의 역학과 주어진 동물 바이러스가 인간에게 종간전파될 수 있음을 시사하는 요인을 연구합니다. 그는 역유전 시스템(유전체에서 생명을 얻은 바이러스), 동물 실험 및 기타 방법을 사용합니다. 그는 갤버스턴에 있는 텍사스 대학교 의대의 미생물학 및 면역학과 조교수입니다. 그는 채플힐에 있는 랄프 바릭의 연구실에서 거의 7년 동안 박사 후 과정을 밟았습니다. 그 기간 동안 발표된 한 연구는 그가 수석 연구원이고 바릭이 수석 저자였으며, 역유전학을 사용하여 중국의 편자박쥐에서 얻은 야생 코로나바이러스의 스파이크 단백질로 구성된 키메라 바이러스를 생성하는 것이었습니다. 이 바이러스는 실험실에서 쥐에서 자라도록 적응된 원래 SARS 바이러스의 틀에 장착되었습니다. 가장 중요한 질문은 박쥐 코로나바이러스인 SHC014가 인간에게 출현할 위협이 되는지 여부였습니다. 키메라 바이러스는 인간 세포에서 자랐으므로 답은 '예'였습니다. 채플힐에서 수행된 이 연구는 논란의 여지가 있었습니다. 일부 과학자들은 경고를 제공했다는 이유로 칭찬했고, 다른 과학자들은 위험한 기능 획득 연구라고 비난했습니다. "약간의 위험성은 있겠죠. 저는 동의하지 않습니다." 메나처리는 저에게 말했습니다. "하지만 그 바이러스가 존재한다는 것을 모르고 지내는 것이 과연 더 나은 것인지는 모르겠네요." 즉, SCH014를 모르는 것이 그것이 초래할 수 있는 위협을 보여주는 것보다 정말 나은 것인지는 모르겠다는 것입니다. "그리고 불행히도 우리가 해낸 것이 그 위협이 있음을 보여줄 수 있는 유일한 방법이었습니다."

PENNY L. MOORE(페니 L. 무어)　　　　　　　　　　2021년 6월 15일

남아프리카 공화국 위트워터스랜드 대학교와 국립 전염병 연구소에서 바이러스-숙주 역학의 남아프리카 연구 의장을 맡고 있습니다. 그녀는 HIV와 항체에 대한 감수성을 변화시켜 면역 방어를 피해 진화하는 능력을 연구합니다. 이 주제는 HIV 백신 설계 노력과 관련이 있습니다. 또한 어느 정도 SARS-CoV-2와 그 변종의 진화와 유사합니다. 베타 변종은 제가 그녀와 이야기를 나누었을 때 남아프리카 공화국에서 최근에 나타났고 오미크론 변종은 그 이후로 나타났습니다. 다른 일부 과학자들과 마찬가지로 그녀는 변종이 면역이 약한 환자에게서 나타날 가능성이 가장 높을 것이라고 우려했습니다. 면역이 약한 환자에게는 지속적인 감염(따라서 지속적인 바이러스 돌연변이와 진화)이 가능합니다. 남아프리카 공화국에는 HIV 감염자가 750만 명 있지만, 이들은 지속적인 감염 위험이 있는 유일한 사람은 아닙니다. "이러한 변종은 HIV 양성자에서만 나타나는 것이 아닙니다." 무어가 나에게 말했다. "미국에서는 지금 다른 면역억제 환자들이 어떤 이유에서든 바이러스를 제거하는 데 어려움을 겪는다는 것을 보여주는 많은 연구가 있다고 생각합니다.”

CARLOS MEDICIS MOREL(카를로스 메디시스 모렐)　　　　2021년 3월 26일, 4월 28일

리우데자네이루에 있는 오스왈도 크루즈 재단(Fiocruz)의 건강 기술 개발 센터 소장입니다. 그는 Fiocruz의 명예 소장입니다. 그는 또한 세계보건기구의 열대병 연구 및 훈련 프로그램(TDR)의 전 소장이기도 합니다. 그는 두 번의 길고 유쾌한 Zoom 대화에서 제 질문에 답하고 코로나19와의 투쟁을 회상하는 것 외에도, 그의 친구인 조지 가오와 연락을 취하게 주선해 주었습니다.

DAVID M. MORENS(데이비드 M. 모렌스)　　　　2021년 2월 26일

의사이자 역학자인 데이비드 모렌스는 NIAID 소장인 앤서니 파우치의 수석 고문입니다. 즉, 그는 무엇보다도 파우치와 공동으로 과학 논문을 작성합니다. 저널 *Cell*에 게재된 “Emerging Pandemic Diseases: How We Got to Covid-19”가 한 예입니다. 그리고 모렌스는 때때로 파우치의 이름을 달기에는 약간 논란이 많은 논문을 발표합니다. 예를 들어, 찰리 캘리셔, 제리 쿠쉬, 그리고 다른 7명의 저명한 과학자들과 공동으로 작성한 “The Origin of COVID-19 and Why It Matters”가 있습니다. 이 논문의 마지막 부분에서 저자들은 “SARS-CoV-2가 우연히 실험실에서 방출되었을 가능성은 매우 낮다. 어떤 실험실에도 바이러스가 없었고, 그 유전자 서열이 GenBank에 처음 등록되기 전(2020년 1월 초)에는 어떤 서열 데이터베이스에도 존재하지 않았기 때문이다”라고 언급합니다. 바이러스가 사악한 목적을 위해 조작되었다는 개념에 대해, “자연은 나쁜 바이러스를 만드는 방법을 ‘알고’ 있으며, 자연이 만든 바이러스는 인간에게 나쁜 바이러스라는 것을 알게 된다”라고 모렌스는 제게 말했습니다. “하지만 인간은 시작 물질을 정말 나쁜 새로운 것으로 바꿀 바이러스를 조작할 지식이 없습니다.” 그는 백만 번의 실험을 시도하면 999,999번 실패할 것이라고 덧붙였습니다. 그리고 백만 번째 시도에서 성공했다는 사실조차 모를 것입니다. 사람을 대상으로 실험하지 않는 한 말이죠.

JOHAN NEYTS(요한 네이츠)　　　　　2021년 6월 10일

벨기에 KU 루벤(루벤 대학교) 의대의 바이러스학 교수이며, 국제 항바이러스 연구 협회의 전 회장입니다. 그는 코로나바이러스, 파라믹소바이러스(예: RSV), 플라비바이러스(예: 뎅기 바이러스)를 포함한 다양한 바이러스에 대한 백신과 항바이러스 약물 후보를 연구합니다. 그는 2020년 1월 20일에 아들과 함께 프랑스에서 스키 휴가를 보내고 있었는데, 막간에 커피를 한 잔 마시며 뉴스를 확인했습니다. 그는 중국의 신종 코로나바이러스가 사람 간에 전염될 수 있다는 사실이 막 밝혀졌다는 것을 알게 되었습니다. 그는 즉시 자신의 연구실에 전화해서 "좋아요, 이제 백신 개발을 시작하겠습니다"라고 말했습니다.

KEVIN J. OLIVAL(케빈 J. 올리발)　　　　　2021년 2월 25일

박쥐와 박쥐가 옮기는 바이러스를 연구하는 생태학자이자 진화 생물학자입니다. 그는 에코헬스 얼라이언스의 연구 담당 부사장입니다. 그는 공동 저자가 많은 2020년 논문의 첫 번째 저자로서 SARS-CoV-2가 인간에서 밍크와 다른 지상 포유류뿐만 아니라 전 세계의 박쥐를 포함한 야생 동물로 다시 퍼질 가능성이 있다고 경고했습니다. 박쥐에게 침투하면 공동 및 다종 서식지가 되어 바이러스가 빠르고 멀리 퍼질 수 있습니다. 그는 결국 SARS-CoV-2의 산림 순환 주기가 있을 수 있으며 전 세계의 박쥐 개체군과 인간 사이를 간헐적으로 이동할 수 있다고 말했습니다. 그러한 주기의 위험은 사람들에게 재감염될 수 있는 환경뿐만 아니라 박쥐에서 새로운 변종이나 재조합 바이러스가 출현할 가능성도 있다고 지적했습니다.

MICHAEL T. OSTERHOLM(마이클 T. 오스터홀름)　　　　　2021년 4월 28일

미네소타 대학교의 명예 교수이자, 여러 가지 기능을 가진 감염병 연구 및 정책 센터(CIDRAP)의 창립 이사입니다. 이 센터에는 새로운 감염병에 대한 일일 온라인 업데이트 발행이 포함됩니다. 그는 세계경제포럼에서 외교관계위원회, 바이든-해리스 COVID-19 자문위원회, 내셔널 미식축구 리그에 이르기까지 다양한 맥락에서 공중 및 직업 건강 고문으로 광범위하게 활동했습니다. 그는 "사람에게 감염되는 바이러스를 보고 있자면, 갑자기 고양이,

개, 고릴라, 사자, 호랑이에게 빠르게 옮겨 갑니다"라고 말했습니다. "그것들은 꽤나 잘 적응했습니다." 그는 "이것은 SARS와 MERS가 그랬던 것처럼 자연에서 유래한 것이 실제로 사람에게 옮겨간 것"이라고 덧붙였습니다.

ÁINE O'TOOLE(아인 오툴)　　　　　　　　　　　　　　　　　2021년 2월 3일

현재 에든버러 대학교의 앤드류 램보우 연구실에서 박사 후 연구원으로 일하고 있으며, 분자 진화, 계통 발생학, 역학을 연구하고 있습니다. 그녀는 SARS-CoV-2의 유전체 서열을 분류하고 바이러스 가계도에서 관련성에 적합한 위치에 할당하고 각 계통에 레이블(예: B.1.1.7)을 지정하는 소프트웨어 도구 PANGOLIN의 수석 개발자입니다. PANGOLIN은 전 세계적으로 SARS-CoV-2 샘플을 진화적 맥락에 맞추는 데 사용되었습니다. 그녀는 어느 날 밤 늦게까지 깨어 있었고, 다음 날 아침 일어나 보니, 그것이 거기에 있었다고 합니다.

GABRIELE PAGANI(가브리엘 파가니)　　　　　　　　　　　　2021년 4월 16일

현재 밀라노 북서쪽에 있는 Legnano 병원에서 근무하는 감염병 전문의입니다. 그는 2020년 초 Luigi Sacco 병원에서 감염내과 레지던트였습니다. 그가 병원과 Castiglione d'Adda 연구(본문에 설명되어 있음)에서 하루에 12, 14, 16시간을 일할 때, 그는 70대 부모님과 사회적 거리를 두었지만, 그의 어머니는 그에게 배불리 먹였습니다. "네, 전형적인 이탈리아인 어머니요, 아시죠?"라고 그는 저에게 말했습니다. 어머니는 매일 저녁 한 명 더 먹을 만큼 요리하고 그에게 쟁반을 남겨 두었습니다. "그게 제가 살아남는 데 도움이 된 것 중 하나예요." 그렇지 않았다면 그는 일주일에 6일은 피자를 먹었을 것이고, 일곱 번째 날에는 아무것도 먹지 않았을 것이라고 말했습니다.

SHARON J. PEACOCK(샤론 J. 피콕)　　　　　　　　　　　　2021년 3월 31일

의사이자 미생물학자로, 케임브리지 대학교에서 공중 보건 및 미생물학 교수로 재직하고 있습니다. 그녀는 2020년 4월(피콕의 주도로)에 설립된 기관 및 대학 연구실 협업 단체인 COVID-19 Genomics UK Consortium (COG-UK)의 전무 이사로, SARS-CoV-2의 유전체를 수집하고 서열분석합니다. 그녀의 삶과 경력의 궤적, 즉 그녀를 매장 조수에서 치과 간호사, 영국 공중 보건의 가장 높은 직책까지 닫힌 문을 열어 젖히며 이끌어준 지적 갈증과 용기는 찰스 디킨스 소설 풍의 웅장함을 지녔지만, 그녀는 그 모든 것을 멜로드라마 없이 즉흥적으로 말합니다. 영화로 만든다면 여배우 헬렌 미렌이 그녀를 연기해야 합니다.

JOSEPH F. PETROSINO(조지프 F. 페트로시노)   2021년 8월 26일

휴스턴에 있는 베일러 의과대학의 바이러스학 및 미생물학 교수이자 Center for Metage-nomics and Microbiome Microbiome Research의 창립 이사입니다. 그는 생물 방어에 초점을 맞춘 연구 경력을 시작하여 탄저병과 야토병을 유발하는 박테리아와 같이 잠재적으로 무기화된 병원균에서 백신 표적을 찾았습니다. NIH가 2007년에 Human Microbiome Project를 시작한 후 그는 "나쁜 놈에서 좋은 놈으로" 관심을 돌렸고 유전학과 유전체학을 사용하여 인간 미생물군의 공생 미생물을 연구하기 시작했습니다. 매트 웡은 계산 전문가로서 그의 연구실에 와서 미생물군 혼합물에서 바이러스 유전체 데이터를 채굴하기 위한 도구를 설계하는 데 도움을 주었습니다.

PETER PIOT(피터 피오트)   2021년 4월 1일, 4월 6일

최근 London School of Hygiene and Tropical Medicine (LSHTM)의 학장에서 은퇴했으며, 여전히 그곳의 Handa Professor of Global Health로 재직하고 있습니다. 그는 또한 『No Time to Lose: A Life in Pursuit of Deadly Viruses[83]』의 저자이기도 합니다. 헨트에서 의사로 수련을 받았고, 앤트워프에서 미생물학 연구원으로 일했으며, 1976년 박사 학위를 취득하기 위해 노력하던 중, 자이르(현재는 콩고 민주 공화국)의 상황 때문에 그 나라로 가게 됐습니다. 그곳에서 그는 칼 존슨(Karl Johnson)이 이끄는 팀의 일원으로, 외딴 선교 병원을 중심으로 발생한 질병 발병에 대응하고, 질병 사슬을 일으키는 바이러스를 분리하고, 그 바이러스를 에볼라라고 명명했습니다. 그 후 몇 년 동안 주로 아프리카에서 일했

---

83 국내에 『바이러스 사냥꾼』이라는 제목으로 번역서가 나와 있다.

고, 고향 벨기에, 싱가포르, 런던에서 교수직을 역임했습니다. 그는 유엔 HIV/AIDS 프로그램(UNAIDS)의 창립 전무 이사였고, 유엔 사무차장을 역임했습니다. 2020년 3월 중순, LSHTM이 원격 학습과 재택근무로 전환하던 시기에 SARS-CoV-2에 감염되었습니다. "정말 갑자기 생겼어요." 그가 저에게 말했습니다. "갑자기 머리가 쪼개지는 듯한 증상이 나타났어요. 기침을 한번도 하지 않았어요. 나중에 가서야 했죠." 그는 근육통, 인후통, 설사, 피로감을 겪었지만 기침이 없어서 사례 정의에 맞지 않아 공립 병원에서 검사를 받을 수 없었습니다. 그는 사립 병원에 가서 양성 판정을 받았고, 열이 화씨 104도까지 치솟을 때까지 집에서 버텼습니다. 그런 다음 그의 아내(위에서 소개한 인류학자 하이디 라슨)가 택시를 타고 병원에 가는 것을 도왔고, 폐 엑스레이 검사에서 2차 세균성 폐렴이 나타났습니다. 그는 7일간 입원했습니다. "제가 개인적으로 알게 된 것 중 하나이자 임상적 경험을 통해 알게 된 것 중 하나는" 코로나19는 호흡기 경로를 통해 전파되기는 하지만 "실제로는 전체에 영향을 미치는 전신 감염"이라는 것입니다. 그것은 전형적인 바이러스가 아니었습니다. 그가 예상했던 것보다 훨씬 더 심했습니다.

RAINA K. PLOWRIGHT(레이나 플로우라이트)　　　　　　　　2021년 3월 10일

수의사이자 생태학자로 몬태나 주립 대학에서 역학 조교수로 재직하고 있습니다. 그녀는 오랫동안 동물성 바이러스, 특히 헨드라 바이러스의 생태학을 연구해 왔습니다. 헨드라 바이러스는 그녀의 고향인 호주에서 날여우(과일박쥐 무리)가 저장 숙주이고 중간 숙주인 말을 통해 전파됩니다. 플로우라이트와 동료들은 이러한 박쥐의 임신 상태, 새끼 수유, 영양 스트레스가 헨드라 바이러스에 감염될 가능성을 높이는 방식을 밝혀냈습니다. 그녀는 또한 삼림 서식지 파괴와 같은 토지 이용 변화가 박쥐 개체군 간의 바이러스 확산, 바이러스 배출, 인간으로의 전파 주기를 촉진하는 방식에 대해서도 글을 썼습니다.

MARJORIE P. POLLACK(마조리 P. 폴락)　　　　　　　　　2021년 2월 3일

의사이자 역학자로, ProMED-mail의 부편집장입니다. 그녀는 의대 레지던트 과정을 마친 후 CDC의 전염병 정보 서비스(EIS)에서 2년을 보냈고, 그 후 예방 의학 레지던트 과정을 1

년 더 마쳤으며, 40년 이상 컨설팅 의료 역학자로 일했습니다. 그녀는 2019년 12월 30일 밤 ProMED-mail의 책상에 있었는데, 그때 우한에서 첫 번째 경고음이 여기 저기서 들리기 시작했습니다.

VINCENT RACANIELLO(빈센트 라카니엘로)   2021년 3월 29일

컬럼비아 대학교에서 미생물학 및 면역학의 히긴스 교수입니다. 그의 연구 전문 분야는 소아마비 바이러스, A형 간염 바이러스 및 일부 감기 바이러스를 포함하는 피코르나바이러스입니다. 그의 연구실은 소아마비 바이러스가 인간 세포를 잡고 감염시키는 데 사용하는 수용체 CD155를 식별했습니다. 라카니엘로는 또한 This Week in Virology라는 탐구적이지만 활기찬 팟캐스트의 진행자이기도 합니다. 저는 바이러스의 기원에 대한 그의 생각과 연구실 유출 가설이 추가 고려될 만한지 물었습니다. "우리는 그것을 알아내려고 노력하고 있습니다. 야생 동물 샘플링을 하려고 노력하고 있습니다! 그것이 방법입니다. 우리는 연구실 기록을 보고 그들이 무엇을 연구했는지 알아낼 필요가 없습니다. 그것은 우리에게 도움이 되지 않을 것입니다." 그와 제가 이야기했을 당시 가장 가까운 것으로 알려진 바이러스인 RaTG13은 SARS-CoV-2와 96%만 유사했습니다. 그는 그것이 공학적이든 우발적 방출이든 기원일 수 없다고 말했습니다. "아무도 실험실에 비슷한 것을 가지고 있지 않았어요. 그리고 만약 있었다면, 그들은 그것을 출판했을 겁니다. 그것이 과학이 작동하는 방식이니까요! 멋진 것을 출판하죠, 맞죠? 그리고 우한 바이러스학 연구소에는 그것이 없었어요."

ANDREW RAMBAUT(앤드류 램보우)   2021년 3월 8일

에든버러 대학교의 분자 진화 교수입니다. 그는 소프트웨어 플랫폼 BEAST (Bayesian Evolutionary Analysis Sampling Trees)의 공동 제작자입니다. 이 플랫폼은 분자 시퀀스를 가계도의 위치에 할당하는 데 영향력 있는 도구입니다. "베이지안" 통계는 더 많은 데이터가 제공됨에 따라 가설의 확률이 업데이트되는 추론의 한 형태를 암시합니다. 이는 과학에서 유용하며 공적 담론에서도 유용할 것입니다. 또한 과학자들이 SARS-CoV-2에 대해 가장 흥미롭고 중요한 숙고를 한 내용이 게재된 웹사이트 Virological.org의 제작자이기도 합니다.

ANGELA L. RASMUSSEN(안젤라 L. 라스무센)　　　　　2021년 2월 2일

바이러스학자이며, 사스캐처원 대학교 백신 및 감염병 기구(the Vaccine and Infectious Disease Organization, VIDO)의 부교수입니다. 그녀는 또한 조지타운 글로벌 건강 과학 및 보안 센터에 소속되어 있습니다. 그녀는 "PREDICT 프로그램과 같은 것에 대한 비판 중 하나는 본질적으로 우표 수집이라는 것입니다"라고 말했습니다. "왜냐하면 야생에서 순환하는 수천, 수백만 개의 바이러스 중에서 실제로 위험한 바이러스는 어느 것일까요?" 어떤 것이 인간을 감염시킬 수 있을까요? 어떤 것이 사람들 사이에서 전염될 수 있을까요? 어떤 것이 심각한 해를 끼칠 수 있을까요? 그녀는 알려진 바이러스 병원체의 맥락에서 특정 바이러스 요소(예: 수용체 결합 영역 또는 퓨린 절단 부위)의 기능을 조사하기 위해 키메라를 만드는 것과 같은 매우 구체적인 기능 획득 연구를 언급하며 "그리고 그게 바로 기능 획득 연구가 쓸모 있는 분야라고 생각합니다"라고 덧붙였습니다. 그녀의 견해에 따르면, 그런 연구는 특정 바이러스가 인간의 병원체로서 지닌 잠재력을 이해하거나, 그 독성 기전을 밝히는 데 가치가 있을 수 있습니다.

DAVID A. RELMAN(데이비드 A. 렐먼)　　　　　2021년 3월 23일

스탠포드 대학교의 Thomas C. 및 Joan M. Merigan 의학 교수이자 미생물학 및 면역학 교수이며 국제 안보 협력 센터의 수석 연구원입니다. 그는 또한 팔로 알토의 재향군인 의료 시스템에서 전염병 책임자를 맡고 있습니다. 그는 인간 마이크로바이옴 연구의 선구자였으며 생물 보안과 관련된 여러 국가 자문 위원회와 위원회에서 활동했습니다. 그는 잠재적인 전염병 병원체와 관련된 기능 획득 연구에 회의적이었고 WHO가 소집한 SARS-CoV-2의 기원에 대한 세계적 연구에 비판적이었습니다.

ANNE W. RIMOIN(앤 W. 리모인)　　　　　2021년 3월 24일

UCLA 필딩 공중보건대학원에서 감염성 질환 및 공중보건 분야의 고든-레빈 기부 교수직을 맡고 있으며, UCLA의 글로벌 및 이민자 건강 센터 소장입니다. 그녀는 20년 동안 콩고 민주 공화국에서 일했으며, 원숭이두창, 에볼라, 마르부르크와 같은 감염성 질환과 인간과 비인간 동물이 상호작용하는 경계면에서 발생하는 질병에 집중했습니다. 그녀는 미국과 콩고 역학자들이 어려운 환경에서 일할 수 있도록 교육하기 위해 UCLA-DRC 건강 연구 및 교육 프로그램을 설립했습니다. 리모인은 "어디에서든 감염되면 어디에서나 감염될 가능성이 있습니다"라고 말했습니다. "그리고 이 팬데믹이 교훈을 주지 못했다면, 무엇이 교훈을 줄지 모르겠습니다."

DAVID L. ROBERTSON(데이비드 L. 로버트슨)　　　　2021년 2월 22일

MRC-University of Glasgow Centre for Virus Research에서 연구 교수이자 생물정보학 책임자로 일하고 있습니다. 그는 컴퓨터 도구를 사용하여 바이러스 진화, 숙주 내부 및 숙주 간 감염 역학, 숙주 종 특이성을 연구합니다. 그의 그룹(그 중 스파이로스 리트라스와 공동 지도 교수인 조지프 휴즈)은 모두 컴퓨터 작업 전문가이며 COG-UK 컨소시엄에서 적극적인 역할을 수행하여 전례 없는 규모로 유전체 서열을 수집하고 분석하여 진화적 추세와 우려되는 변종의 출현을 식별했습니다. 로버트슨은 HIV/AIDS 연구의 초기와 같았다고 말했습니다. "제가 과학에 관심을 갖게 된 이유는 무언가에 대해 무언가를 하려고 한다는 느낌이었기 때문입니다." 그는 중요한 무언가에 대해 덧붙였습니다. 연구비에 대해 걱정할 필요가 없었고 논문을 발표하는 것이 최우선 순위가 아니었습니다. 치명적이고 알려지지 않은 것을 이해하려고 노력했습니다. "그 긴박감은" 그는 말했습니다. "매우 설득력 있고 흥미로웠습니다. 특히, 바이러스와 바이러스의 진화에 대해 25년을 연구했다면요." 그런데 갑자기 코로나19로 인해 긴급성이 돌아왔고, 진화 바이러스학의 중요성이 다시 심각하고 전 세계적입니다. 로버트슨은 잠시 멈추어 적절한 단어를 찾았습니다. "그리고 지금은 그저 압도적으로 치이고 있습니다." 그는 말했습니다. 너무 많은 정보, 너무 많은 프리프린트와 출판된 논문, 너무 많은 데이터에.

DAVID RODRÍGUEZ-LÁZARO(데이비드 로드리게스-라자로)　　　　2021년 4월 13일

스페인 부르고스 대학교의 미생물학과 조교수이자 미생물학 부서장입니다. 수의사이자 미생물학자로 교육을 받았으며, 그는 식품 과학을 전문으로 했습니다. 그와 브라질과 스페인 동료 그룹은 브라질 해안에 있는 플로리아노폴리스 시의 폐수에 대한 PCR 연구를 수행하여 브라질에서 첫 번째 코로나19 확진자가 나오기 91일 전인 2019년 11월 27일만 해도 SARS-CoV-2의 증거를 발견했다고 보고했습니다. 이 팬데믹이 충분히 심각해서 우리가 교훈을 얻고 다음에 더 잘 대비할 수 있을 것이라고 생각하시나요? 그는 부드럽게 웃었습니다. "아니요." 그러고 나서 그는 스페인어로 "인간은 난로를 두 번 만지는 유일한 동물이다"라는 속담을 말해 주었습니다.

FOREST ROHWER(포레스트 로워)   2021년 5월 4일

깊고 광범위한 호기심을 가진 바이러스학자입니다. 그는 해양 바이러스와 바이러스가 진화적 요인이자 정보 저장소로서 전 세계적으로 어떤 역할을 하는지 연구하는데, 그저 알고자 하는 마음에서 그런 것입니다. 그는 또한 일부 박테리아 감염이 인간의 면역 체계를 방해하고 통제 불능으로 자라는 유전적 질환인 낭포성 섬유증을 연구합니다. 특히 폐에서 그렇습니다. 저는 포레스트의 건전한 판단력, 선견지명, 인간성을 신뢰합니다. 저는 한때 그와 함께 러시아 북극의 연구선에서 6주를 보냈고, 그는 에스프레소 머신과 커피를 가져왔고, 다른 사람들이 일어나지 않은 아주 이른 아침에 그것을 나눠주었습니다. 포레스트는 아이다호 대학을 졸업했고 지금은 샌디에이고 주립 대학의 교수입니다. 그는 2020년 3월 타호 호수에서 열린 바이러스학자 회의에서 새로운 코로나바이러스에 대한 첫 번째 본질적인 관점을 얻었고, 그 회의에서 에디 홈즈가 프레젠테이션을 했습니다.

그 후, 그는 밤새도록 당시 구할 수 있는 문헌을 읽고, "무엇을 해야 할지 알아내는 게 낫겠다"고 생각했다고 나에게 말했습니다. CDC가 무엇을 하고 있는지 전혀 모른다는 게 분명했기 때문입니다. 그는 진단 검사가 왜 효과가 없는지 이해하고 싶었습니다. 그는 바이러스의 병리학을 이해하고 싶었습니다. "특히 CF 집단이 걱정이었기 때문입니다." 어떤 집단이라고요? 내가 되물었습니다. "낭포성 섬유증(cystic fibrosis, CF) 집단입니다"라고 그가 말했습니다.

PARDIS C. SABETI(파디스 사베티)   2021년 4월 29일

하버드 대학 시스템 생물학 센터와 하버드 T.H. Chan 공중보건대학원의 교수입니다. 그녀의 연구실은 치명적인 바이러스성 질병을 탐지, 격리, 치료하는 데 도움이 되는 유전체 및 계산 도구 개발에 중점을 두고 있습니다. 그녀는 2014년 시에라리온에서 발생한 에볼라 바이러스 유전체를 서열 분석하는 작업을 공동으로 주도했는데, 이를 통해 그 전염병의 초기 몇 주 동안의 전파 패턴을 밝혀냈습니다. 사베티는 2018년 책 『Outbreak Culture: The Ebola Crisis and the Next Epidemic』의 공동 저자(Lara Salahi, 라라 살라히와 함께)입니다.

PEI-YONG SHI(쉬 페이-용)　　　　　　　　　　　　　　　　2021년 2월 13일

텍사스 대학교 의과대학 갈베스턴 캠퍼스에서 분자생물학 혁신 분야의 John Sealy Distinguished Chair를 맡고 있습니다. 그는 민간 부문(Novartis, Bristol Myers Squibb)과 공공 부문(New York State Department of Health) 및 대학 연구실에서 일했습니다. 그의 연구 초점은 RNA 바이러스, 특히 바이러스 복제 메커니즘으로, 항바이러스 약물, 백신 및 진단 도구를 개발하는 목표를 향해 나아갑니다. 그와 동료들(위에 소개된 비닛 메나처리 포함)은 백신 평가 및 항바이러스 약물 후보 스크리닝 목적으로 유용한 SARS-CoV-2 바이러스 변종을 빠르게 엔지니어링하기 위한 역유전 시스템을 개발했습니다. 6단계 시스템인데, 그렇게 말하면 거의 간단해 보이지만 무려 108개의 하위 단계가 있습니다.

ZHENGLI SHI(쉬 정리)　　　　　　　　　　　　　　　　　2021년 7월 30일

우한 바이러스학 연구소의 수석 과학자입니다. 그녀는 우한에서 학사 및 석사 학위를 취득한 후 프랑스 몽펠리에 대학교에서 바이러스학 박사 학위를 취득했습니다. 그녀는 2005년 사이언스에 게재된 획기적인 논문 "박쥐는 SARS 유사 코로나바이러스의 자연적 저장소"로 거슬러 올라가는 코로나바이러스에 대한 70개 이상의 과학 논문을 공동 저술했으며, 이는 SARS-CoV의 기원을 가리키는 것입니다.

EMMA C. THOMSON(엠마 C. 톰슨)　　　　　　　　　　　　2021년 3월 5일

글래스고 대학교의 MRC-바이러스 연구 센터(Centre for Virus Research, CVR)와 런던 위생 열대의학 대학원(London School of Hygiene and Tropical Medicine, LSHTM)에

서 감염병 교수로 재직하고 있습니다. 그녀는 임상 작업을 계속하면서 퀸 엘리자베스 대학교 병원에서 환자를 진찰하고 우간다와 사하라 이남 아프리카 국가, 영국에서 바이러스 감염을 탐지하는 실험실 및 현장 연구를 진행하고 있습니다. 2020년 초에 그녀의 연구실은 SARS-CoV-2 유전체를 서열분석 하기 시작했습니다. 그녀는 "3월에 전략적 결정을 내렸습니다"라고 말했습니다. CVR 운영위원회 회의가 있었고 "SARS-CoV-2 외의 모든 것을 중단해야 한다고 결정했습니다. 정말 심각한 문제가 될 것이고, 우리나라에서 발병이 일어나도 대응하지 않고는 그냥 지켜볼 수 없다고 결정했습니다." 그녀와 이야기를 나누었을 때 그녀는 1년 동안 여행을 하지 않았습니다. 그녀는 "짜증 나요. 지금은 우간다에 있고 싶은데"라고 말했습니다.

NATALIE J. THORNBURG(나탈리 J. 손버그)　　　　　2021년 5월 6일

애틀랜타에 있는 CDC의 수석 연구 미생물학자입니다. 그녀는 바이러스 면역학자이자 백신 연구원으로, 호흡기 세포융합바이러스, 엡스타인-바 바이러스, 우두 바이러스, MERS 바이러스 및 대부분의 인간 코로나바이러스를 포함한 기타 바이러스에 대해 연구했습니다. 그녀는 미국에서 처음으로 확진된 코로나19 환자로부터 SARS-CoV-2를 분리하고 특성화한 그룹의 공동 리더였습니다. 그녀는 2019년 12월 31일에 방문을 마치고 집으로 돌아와서 설거지를 하던 중 남편이 트위터를 훑다가 "어, 중국에서 폐렴이 발병했다는 소식 들었어?"라고 물었습니다. 그녀는 "아… 젠장. 아니, 그런 소리는 못 들었어요"라고 말했습니다. 3주 후 워싱턴 주 스노호미시에서 특급 택배 배송된 검체가 CDC에 도착했고, 이는 새로운 바이러스에 대한 양성 반응을 보였으며, 미국에서 알려진 첫 증례가 되었습니다. "그리고 그게 두 번째 '젠장' 순간이었어요"라고 나에게 말했다.

ALESSANDRO VESPIGNANI(알레산드로 베스피냐니)　　　　　2021년 3월 12일

보스턴에 있는 노스이스턴 대학교의 스턴버그 명예 교수이자 네트워크 과학 연구소 소장입니다. 로마에서 물리학을 전공한 그는 컴퓨터 과학과 복잡한 사회 및 기술 네트워크가 어떻게 진화하는지에 대한 연구에 관심을 가졌습니다. 이러한 분야는 역학과 겹치며, 그의 최근 연구에는 여행 제한이 우한에서 SARS-CoV-2의 초기 확산에 어떤 영향을 미쳤는지, 알파 변종이 (2021년 2월 현재) 유럽 전역으로 확산될 것으로 예상되는 방식에 대한 연구가 포함되었습니다. 다른 사람들에게 물었을 때와 마찬가지로 그에게도 물었습니다. 2020년에 내린 가장 중요한 결정은 무엇이었습니까? "저는 사람들에게 '이건 매우 나쁠 거야. 이건 팬데믹이 될 거고, 우리는 공상 과학 영화 속에 나올 거야'라고 말하기로 결심한 날이 가장 큰 결정이었다고 생각합니다"라고 그는 말했습니다. "2월에 다른 사람들이 당신을 완전히 미친 사람처럼 바라보는 느낌이 실감났습니다." 그가 그렇게 말한 사람 중 한 명은 그의 대학원생 제시카 데이비스(위 참고)로, SARS-CoV-2 연구의 공동 저자였습니다. "그녀의 얼굴을 기억해요." 아마도 영화 Contagion을 봐야 할 거라고 그는 그녀에게 말했습니다.

SUPAPORN WACHARAPLUESADEE(수파로른 와차라플루에사디)　　　2021년 7월 25일

방콕에 있는 King Chulalongkorn Memorial Hospital의 태국 적십자 신흥 감염병 임상 센터에 근무하는 분자 생물학자입니다. 그녀는 박쥐를 숙주로 한 바이러스를 비롯한 신흥 감염병 병원체를 연구합니다. 그녀는 태국에서 첫 번째 MERS 사례를 발견한 팀을 이끌었고, 그녀의 그룹은 2020년 1월에 중국 외에서 코로나19 사례를 처음으로 확인했습니다. 5개월 후, 그녀와 동료들은 방콕 동쪽의 야생 동물 보호 구역에 둥지를 틀고 있는 말발굽박쥐를 표본 조사하여 RNA 조각을 발견했고, 이를 통해 SARS-CoV-2와 91.5% 유사한 RacCS203이라는 전체 유전체 서열을 조립했습니다. 이 연구는 부분적으로 King Chulalongkorn Memorial Hospital에서, 부분적으로는 미국 국방부 산하 Biological Threat Reduction Program에서 자금을 지원했습니다.

LINFA WANG(왕 린파)　　　2021년 3월 9일

박쥐 바이러스를 연구하는 분자 생물학자입니다. 그는 최근 수십 년 동안 가장 흥미로운 박쥐 바이러스 논문의 공동 저자로, 2005년에 처음으로 박쥐가 SARS 유사 코로나바이러스의 저장고임을 밝힌 논문과 2017년에 편자박쥐가 SARS-CoV의 저장 숙주임을 설득력 있게 확립한 논문을 포함합니다. 그는 상하이에서 태어났고 최고의 학교인 동중국사범대학에

서 공학을 지망했습니다. 그는 입학 자격을 얻었지만 수학 능력으로는 물리 및 공학 프로그램에 들어갈 수 없었고 생물학으로 배정되었습니다. 그는 생화학으로 전공을 바꾸었는데, 그것은 살아있는 동물이 아니라 분자 작업이 포함되었기 때문입니다. 왕은 "저는 동물을 좋아하지 않습니다"라고 말했습니다. 그는 박쥐의 신비, 독특한 생물학, 행동을 좋아하지만 애완동물로는 원하지 않습니다. 우리 중 많은 사람들이 그렇게 하지 않습니다(인정하기 싫지만, 저도 어렸을 때 그러려고 노력하긴 했습니다). 그는 캘리포니아 대학교 데이비스에서 생화학으로 박사 학위를 받았고, 그 후 빅토리아주 질롱에 있는 호주 동물 건강 연구소(AAHL)에 연구실을 세웠습니다. 저는 한때 그를 방문해서 BSL-4 시설을 둘러봤습니다. 왕은 호주 시민이지만 지금은 싱가포르에서 일하고 있으며, 듀크-NUS(싱가포르 국립대학교) 의대의 신흥 및 감염성 질환 프로그램 교수입니다. 그는 뛰어난 연구실 직원이라, 연구실 밖으로 나가 동굴을 기어 다니고 박쥐를 잡고 구아노를 채취하는 일은 다른 사람에게 맡기는 것을 좋아합니다.

ROBERT G. WEBSTER(로버트 G. 웹스터)　　　　　2021년 6월 3일

인플루엔자 바이러스 학자들의 수장이라 할 수 있겠습니다. 그는 1968년부터 근무해 온 멤피스의 세인트 주드 어린이 연구 병원 감염병과에서 로즈 마리 토마스 교수직을 맡았습니다. 웹스터는 친구이자 동료 과학자인 그레임 레이버(Graeme Laver)와 함께 1967년 호주 남동쪽 해안의 해변을 걷다가 인플루엔자 바이러스의 기원에 대한 현대적 이해로 이어지는 단서를 발견했습니다. 단서는 모래 위에 떠밀려 온 죽은 쇠부리슴새 무리였습니다. 웹스터와 레이버는 이 새들이 인플루엔자 바이러스에 의해 죽었을지도 모른다고 생각했고, 그로 인해 두 사람은 일련의 조사를 시작했으며, 결국 동물성 질병 분야에서 중요한 사실을 확립했습니다. 즉, 새로운 인간 인플루엔자 바이러스는 야생 수생 조류에서 유래한다는 것입니다. 인플루엔자는 변이와 빠른 진화에 대한 큰 용량을 가진 RNA 바이러스로, 이것이 전염병의 잠재력을 제공합니다. 이것이 일부 코로나바이러스와 마찬가지로 위험할 뿐만 아니라 매우 예측할 수 없게 만드는 것입니다. 자신과 WHO의 독감 전문가들은 다음 인간 팬데믹이 H5N1과 같은 고병원성 조류 독감으로 인해 발생할 가능성이 높지만 인간 사이에서 전염되도록 진화된 균주일 것이라고 예상했습니다. 그가 우한에서 처음으로 신종 코로나바이러스에 대해 들었을 때, 그는 이 바이러스가 큰 문제가 아닐 것이라고 생각했습니다. 왜냐하면 인간은 비교적 가벼운 코로나바이러스에 많이 노출되어 왔기 때문입니다. 그는 "솔직히 말해서 심각하게 받아들이지 않았습니다"라고 말했습니다. 교훈: RNA 바이러스가 로버트 웹스터를 놀라게 할 수 있다면, 누구에게나 놀라움을 줄 수 있습니다.

SUSAN R. WEISS(수잔 R. 와이스)　　　　2021년 2월 2일

40년 이상 코로나바이러스를 연구했고, 그중 30년 동안 그녀는 펜실베이니아 대학교 미생물학과 교수로 재직했습니다. 그녀는 1980년 가을 독일 뷔르츠부르크에서 개최된 최초의 국제 코로나바이러스 컨퍼런스를 기억합니다. 당시에는 전 세계 코로나바이러스 연구자 약 60명이 모였습니다. 그녀의 최근 연구에는 이전 박사 후 연구원인 리 이제와 다른 연구자들과 공동 집필한 논문이 포함되어 있으며, SARS-CoV-2에 대한 면역 반응의 상호 작용을 설명합니다. 그들의 연구 결과에 따르면 이 바이러스는 MERS-CoV보다 선천 면역 체계를 방해하는 능력이 떨어지는 것으로 나타났으며, 이는 SARS-CoV-2가 인간 숙주에서 종종 병원성이 낮은 이유를 부분적으로 설명할 수 있습니다.

HEATHER L. WELLS(헤더 L. 웰즈)　　　　2021년 6월 1일

컬럼비아 대학교 생태학, 진화 및 환경 생물학과의 박사 과정 학생으로, 사이먼 앤소니(Simon Anthony)와 마리아 디우크-와서(Maria Diuk-Wasser)의 지도하에 코로나바이러스 재조합의 유전적 및 생태적 동인에 대해 연구하고 있습니다. 그녀는 SARS 유사 바이러스 계통의 코로나바이러스에 의한 ACE_2 수용체 결합의 진화적 역사에 대한 흥미로운 연구의 첫 번째 저자입니다. 그녀와 다른 팀원들은 우간다와 르완다에서 박쥐를 표본 조사하여 SARS-CoV와 SARS-CoV-2 사이의 SARS 유사 코로나바이러스 중간체 조각을 발견했지만, ACE_2 수용체를 사용할 수 없는(SARS-CoV 계통의 많은 알려진 바이러스의 경우와 같이) 수용체 결합 영역(RBD)이 있었습니다. 웰즈와 그녀의 동료들은 이 세 가지 바이러스를 다른 많은 박쥐 코로나바이러스와 비교해서 가장 가능성 있는 가계도를 구축했는데, 이는

SARS-CoV가 재조합 사건을 통해 RBD를 얻었고 조상 형태인 SARS-CoV-2가 오랫동안 RBD를 가지고 있었을 가능성을 지적합니다.

MATTHEW WONG(매튜 웡)   2021년 9월 9일

휴스턴에 있는 MD Anderson Cancer Institute의 제니퍼 와고(Jennifer Wargo)와 네이덤 어드자미(Nadim Adjami)의 지도하에 있는 Program for Innovative Microbiome and Translational Research의 생물정보학 전문가입니다. 이전에 그는 베일러 의과대학의 조지프 페트로시노(위 참조) 연구실에서 같은 역할을 맡았습니다. 그의 희소하지만 흥미로운 관찰 결과는 온라인에서 @torptube로 찾을 수 있습니다.

MICHAEL WOROBEY(마이클 워로비)   2021년 6월 14일

애리조나 대학교의 Louise Foucar Marshall 과학 연구 교수입니다. 그는 감염성 질병의 진화를 연구하는 분자 바이러스학자입니다. 그가 이 팬데믹이 일어나기 전 몇 년 동안 공동 집필한 더 중요한 논문 중에는 팬데믹 HIV 균주가 1908년경까지 인간에게 퍼졌다는 것을 밝힌 논문(Worobey et al. 2008)과 1918년 인플루엔자 바이러스의 기원과 병원성을 밝힌 논문(Worobey, Han, and Rambaut 2014)이 있습니다. 후자의 논문은 1918년 바이러스인 H1N1 균주가 20~40대에게 특히 높은 사망률을 초래했다고 제안했습니다(오랫동안 지속된 미스터리). 그 이유는 나이가 많거나 젊은 사람들과 달리 그 연령대들은 매우 다른 바이러스인 H3N8의 형태로 인플루엔자에 처음 노출되었고, 이 바이러스는 대략 1889년에서 1900년 사이에 유행했으며, 그렇게 해서 만들어진 면역 체계는 H3N8이 아닌 H1N1이라는 번지수가 틀린 바이러스와 만났기 때문입니다. 2014년 논문은 그의 가장 중요한 기여를 나타낼 수 있습니다. 적어도 "Epicenter" 프리프린트가 출판될 때까지는 말입니다. 저는 변명할 일이 있을 때마다 그를 인터뷰하고, 그의 이름만 보였다 하면 그 글을 읽습니다.

KWOK-YUNG YUEN(위엔 궉-융)   2021년 5월 25일

의사, 외과의, 미생물학자입니다. 홍콩대학교에서 감염성 질환의 Henry Fok 교수이자 미생물학과의 학과장입니다. 그는 1997년부터 인간의 조류 독감을 연구했고 2003년부터 인간의 코로나바이러스를 연구했습니다. 그는 2005년에 홍콩 특별행정구 내에서 편자박쥐가 SARS 유사 코로나바이러스의 숙주 역할을 하는 것을 발견한 그룹을 이끌었고, 다른 과학자들(왕 린파, 쉬 정리, 리 원동, 피터 다스작, 존 엡스타인 포함)이 중국의 다른 지역에서 박쥐가 같은 역할을 한다고 보고한 것과 같은 시기였습니다. 그는 또한 수산 시장에서 식용으로 판매되는 사향고양이를 SARS-CoV가 인간에게 유출된 중간 숙주로 확인한 그룹의 일원이었습니다. 그는 인간 코로나바이러스 HKU1(여전히 전 세계적으로 감기 코로나바이러스로 유통 중)을 발견한 것 외에도 박쥐 코로나바이러스 HKU2(돼지 전염성 설사병 발병과 관련)와 잠재적으로 인수공통감염증의 중요성을 지닌 다른 여러 코로나바이러스를 발견했습니다. 그는 일반적으로 가금류와 포유류에서 인간으로 새로운 바이러스가 종간전파되는 것에 대한 살아있는 동물 시장이 제기하는 위험에 대해 목소리를 높여 왔습니다.

하지만 사람들은 그들만의 요리 관습과 지속적인 취향을 가지고 있습니다. 홍콩 시장에서 냉동 닭고기는 신선한 도축된 살아있는 닭고기의 절반 가격에 판매된다고 그는 저에게 말했습니다. 고기와 질감에 차이가 있습니다. 그는 "저는 그럴 가치가 없습니다"라고 말했습니다. 저는 그가 질병 위험과 가격의 가치를 저울질하는 의미로 말했다고 생각합니다. 닭고기를 먹습니까? 제가 그에게 물었습니다. "저는 먹지요. 닭고기는 먹어요." 그가 말했습니다. 하지만 냉동된 거라도 상관 없습니까? "냉동됐는지는 신경 안 씁니다." 그는 동물성 바이러스와 인간의 행동에 대한 다른 많은 흥미로운 관찰 결과를 제시했는데, 우리는 그 내용을 공개하지 않기로 동의했습니다. 이 팬데믹이 충분히 심각해서 사람들과 정부가 이로부터 교훈을 얻을 수 있을까요? 다른 사람들에게 물었듯이 그에게 물었습니다. "유감스럽게도 그럴 가능성은 낮습니다." 그는 기억이 생생할 잠깐 동안을 제외하고는 그렇다고 덧붙였습니다.

또한, 저는 전화나 Skype 또는 이메일로 팬데믹 기간 동안 다른 과학자와 환경 보호론자들과 바이러스 진화, 새로운 바이러스 병원체, 천산갑의 국제적 거래,

박쥐를 포함한 여러 주제에 대해 교류하는 데 도움을 받았습니다. 채플힐에 있는 노스캐롤라이나 대학교의 로널드 스완스트롬은 제 작업 후반에 특정 항바이러스 약물의 복잡성과 복잡한 역사를 이해하는 데 큰 도움을 주었습니다. 유타 대학교의 에클스 인간 유전학 연구소 엘드 연구실의 스티븐 골드스타인은 기원 문제에 대한 몇 가지 중요한 섹션을 면밀히 읽는 데 시간을 할애했습니다. 저는 또한 Chantal Abergel, Brenda Ang, Steve Blake, Gustavo Caetano-Anollés, Beth Cameron, Dan Challender, Jean-Michel Claverie, Florence Débarre, Luc Evouna Embolo, Mike Fay, Amanda Fine, Patrick Forterre, Winifred Frick, Sarah Heinrich, Alice Hughes, Lisa Hywood, Zhou Jinfeng, Karl Johnson, Vivek Kapur, Thomas Ksiazek, Ade Kurniawan, Fabian Leendertz, David Lehman, Sonja Luz, Olajumoke Morenikeji, Paul Offit, Jonathan Pekar, C. J. Peters, Jane Qiu, Pierre Rollin, Chris Shepherd, Jason Shepherd, Brent Stirton, Bob Swanepoel, Eric Kaba Tah, Paul Thomson, Johanna Wysocka, Zhaomin Zhou, 그리고 제가 실수로 이름을 빠뜨린 분들께도 사과와 함께 따뜻한 감사를 표합니다. 또한 코로나 관련 프로젝트 중 일부에 대한 편집 파트너인 The New Yorker의 David Remnick과 Willing Davidson(이 책의 일부 내용이 처음 소량 게재됨), National Geographic의 John Hoeffel과 Susan Goldberg(다른 일부가 게재됨), The New York Times의 Stephanie Giry(2020년 1월에 사설을 요청하여 이 바이러스에 대해 알게 됨)에게도 감사드립니다. Christian Frei는 이 주제와 관련된 영화에 대한 대화에 저를 참여시키면서 출처와 생각을 아낌없이 공유해 주었습니다.

저는 과학적 정확성을 위해 책 전체를 읽고 귀중한 수정 사항과 다른 피드백을 준 Charlie Calisher, Larry Gold, Jens Kuhn, Kristian Andersen, David Luce, Mike Gilpin에게 특별히 감사드려야 합니다. 마찬가지로 상당 부분을 읽어준 Sheli Radoshitzky와 정확성을 위해 일부를 검토하고 주석을 달아 반환해 준 Greek Chorus(위)의 대부분 멤버에게 감사드립니다. Gloria Thiede 와 Emily Krieger는 지난 책에서 그랬듯이 필수적인 방식으로 저를 도와주었 습니다. Gloria가 저의 녹음된 인터뷰를 필사한 지 이제 30년이 넘었고, 그녀 의 귀는 더 좋아졌고, 음성적 뉘앙스에 대한 주의가 더욱 예민해졌습니다. Emily는 모든 논픽션 작가가 원해야 할 뒷받침을 전문적으로 제공합니다. 그녀 는 사실을 확인합니다. Wudan Yan도 사실 확인의 일부에 세심한 주의를 기울 여 시간이 부족했을 때 도움을 주었습니다. Wufei Yu는 자신의 저널리즘 작업 과 만다린어 통역 및 번역으로 특별하고 필수적인 도움을 제공했습니다. 두 명 의 중요한 Dan인 Dan Krza와 Dan Smith는 각각 컴퓨터 전문 지식과 웹사이 트 운영을 위해 다시 한번 제가 찾아가는 사람들이었습니다.

이 작업에서 제가 깊은 감사를 드리고 싶은 다른 필수 파트너로는 편집자 밥 벤 더, CEO 조나단 카프, 요한나 리, 그리고 Simon & Schuster의 모든 팀, 훌륭 하고 빈틈없는 책 편집을 해준 프레드 체이스, 그리고 제 에이전트, 비할 데 없 는 아만다 어반과 ICM의 팀입니다.

제 아내 벳시 게인스 쾀멘(Betsy Gaines Quammen)도 책을 쓰고, 우리 둘 다 재택근무를 하기 때문에 코로나19로 인한 집에 머물고 격리하라는 명령이 많 은 사람들에게 닥쳤던 것처럼 우리에게는 낯선 고난으로 다가오지 않았습니다. 저는 신에게 감사드리고, 벳시에게도 감사드립니다. 웃음과 사랑, 활기찬 대화, 상호 지원, 개들로 가득 차고 작은 탑이 있는 나무 집에서 일할 수 있어서요. 우 리 고양이와 비단뱀도 그 모든 것을 감사하게 여기는 듯합니다.

코로나19 기원 논쟁 주요 연대기

2002년

- SARS 바이러스(SARS-CoV-1) 출현. 중국 남부 시장의 야자 사향 고양이 유래설.

2003년

- SARS 바이러스(SARS-CoV-1)가 홍콩에서 싱가포르, 토론토 등지로 확산. 편자 박쥐가 자연 숙주로 확인됨.
- 싱가포르와 대만에서 SARS 바이러스 실험실 사고 감염 발생.

2004년

- 베이징 바이러스 연구실에서 두 명의 직원이 SARS 바이러스에 감염되어 9명에게 전염, 1명 사망.

2009년

- 에드워드 C. 홈즈의 저서 『RNA 바이러스의 진화와 출현』 출판.

2011~2016년

- 쿠이 지에, 에디 홈즈, 쉬 정리 등 연구팀이 박쥐 샘플에서 60개의 코로나바이러스 부분 유전체 서열 분석. 이 데이터는 2022년 10월 GenBank에 공개됨.

2012년

- 윈난성 모장 광산에서 일하던 노동자 세 명이 원인 불명의 호흡기 감염으로 사망. 일부 실험실 유출설 지지자들은 이를 초기 바이러스 사망 사례로 주장.

2013년

- 쉬 정리 팀이 모장 광산에서 *Rhinolophus affinis* (Ra) 박쥐로부터 RaTG13 유전체 서열 추출.

2014년

- 모장 사망자들에 대해 *Emerging Infectious Diseases* 저널에 보고됨.

2015년

- 대한민국에 MERS-CoV(메르스) 발생.

2017년

- 후 벤(Ben Hu)이 제1저자로 참여한 논문 발표. 쉬 정리 그룹이 중국 남부 동굴 박쥐에서 SARS-CoV-2 관련 코로나바이러스와 위험할 수 있는 바이러스에 대한 실험 작업 기술.
- 5월: 우한의 수산 시장(화난 시장 포함)에서 식용 야생동물 판매 시작(2019년 11월까지 지속).

2019년

- 11월 11일(중국 내부 정보)/12월 2일(WHO-중국 공동 보고서): 우한 질병 통제 및 예방 센터(Wuhan CDC)가 화난 시장 근처의 새로운 위치로 이전.
- 11월: 후 벤과 두 명의 과학자가 "코로나19와 유사한 질병"에 걸렸다는 주장이 제기됨(2023년 Substack 기사에서 인용).
- 12월: 우한 병원에서 '비정형 폐렴' 사례 처음 보고되기 시작. 화난 시장 주변에서 초기 코로나19 확진 사례들이 공간적으로 집중.
- 12월 30일 밤: 쉬 정리, 상하이에서 우한에서 원인 모를 호흡기 질환 소식 접함.
- 12월 31일: 쉬 정리 연구팀, 바이러스 식별 작업 시작. 쉬 정리, 우한으로 돌아옴.

자신의 연구실 작업과 관련 없음을 확인.

2020년

- 1월 1일: 중국 당국 명령으로 화난 시장 폐쇄 및 비워짐. 야생동물 샘플 채취 시도 없음.
- 1월 11일: 푸단 대학 장 용전 팀, Virological.org를 통해 새로운 바이러스 (SARS-CoV-2) 유전체 서열 초안 공개(시드니 에드워드 C. 홈즈 전달).
- 1월 31일: 존 코헨, 사이언스에 실험실 유출 가능성 언급하며 화난 시장과 직접 관련 없는 초기 환자 사례 지적.
- 1월 말: 워싱턴 타임스, WIV와 중국군의 생물학 무기 프로그램 연관성 시사 기사 게재(이후 철회).
- 2월 1일: 제러미 패러 주관 국제 과학자 그룹 회의(일명 "2월 1일 소집") 개최. SARS-CoV-2 유전체 및 기원 시나리오 논의. 앤서니 파우치, 프랜시스 콜린스 참여.
- 2월 17일: 매트 윙, 공개 데이터베이스에서 천산갑 코로나바이러스에서 SARS-CoV-2의 수용체 결합 영역(RBD)과 매우 유사한 RBD 발견 및 Virological 웹사이트에 게시.
- 2월 19일: 피터 다스작이 작성한 공개 레터가 랜싯에 게재됨. 27명의 과학자 서명, 코로나19가 자연적 기원이 아니라는 "음모론" 강력 비난.
- 2월 20일: "SARS-CoV-2의 근위 기원" 논문 프리프린트 게시(크리스천 앤더슨, 에디 홈즈 등).
- 3월: 미국인 여론조사, 43%가 바이러스 자연 발생, 30% 미만이 실험실 기원이라 믿음.
- 4주 후(프리프린트 게시 후): "SARS-CoV-2의 근위 기원" 논문이 네이처 메디신 (*Nature Medicine*)에 게재됨.
- 6월: 도널드 트럼프, 코로나19를 "쿵 플루"라고 부르며 집회 군중 선동.
- 9월: 또 다른 여론조사, 자연 기원설과 실험실 기원설이 거의 동등하게 받아들여짐.

2021년

- 1월: 뉴욕 매거진에 니컬슨 베이커의 코로나19 기원 기사 게재.

- 봄: SARS-CoV-2 기원을 둘러싼 여론 격화.

- 5월: 니콜라스 웨이드, *Bulletin of the Atomic Scientists*에 에코헬스 얼라이언스와 쉬 정리 연구실 협력에 대한 장문의 기사 게재.

- 5월 14일: 제시 블룸, 알리나 찬, 데이비드 렐먼 등이 작성한 공개 레터 "코로나19의 기원을 조사하라"가 사이언스에 실림.

- WHO, 중국과 공동으로 우한에서 한 달간 조사를 수행한 1단계 보고서 발표. 실험실 유출 가능성을 "극히 낮다"고 결론.

- WHO 사무총장 테드로스 아드하놈 게브레예수스, WHO 관련 "모든 가설이 여전히 논의 대상"이라고 언급하며 추가 조사 필요성 강조.

- 6월 초: 베이너티 페어에 캐서린 이번이 기사 게재. WIV 연구 또는 현장 작업자 감염으로 인한 유출 가능성 언급.

- 6월 14일: 코미디언 존 스튜어트, 스티븐 콜베르 쇼에 출연하여 우한 실험실 기원설에 대한 확신 표명.

2022년

- 7월: 마이클 워로비 등, 사이언스에 초기 코로나19 확진 사례 150건 이상에 대한 공간적 분포 분석 연구 발표. 화난 시장이 "팬데믹의 초기 발원지"임을 선언.

- 7월: 조너선 페카 등, SARS-CoV-2 계통도 분석 연구 발표. 바이러스가 여러 번 반복해서 인간에게 유입되었을 가능성 시사. 특히 A, B 두 계통이 별도로 발생했을 가능성 제기.

- 10월: 쿠이 지에 팀이 GenBank에 제출했던 박쥐 샘플의 코로나바이러스 유전체 데이터(2011~2016년 수집)의 4년간 공개 금지 조치 만료로 일반에 공개됨. SARS-CoV-2와 일치하는 바이러스 없음.

2023년

- 2월 26일: 월스트리트 저널, 미국 에너지부(DOE)가 "높지는 않지만 일정 수준의 확신을 가지고" 팬데믹이 실험실 유출로 시작되었을 가능성이 가장 높다고 판단했다고 보도(정보 보고서 인용).

- 2월 27일: CNN, DOE의 입장 변경이 우한 질병 통제 및 예방 센터(Wuhan CDC)에서 수행된 연구 정보에 기반한 것이라고 보도.

- 3월: 프랑스 국립과학연구센터 과학자 플로렌스 드바르, 화난 시장에서 수집된 문 표면, 장비, 폐기된 장갑 등 면봉 샘플 유전체 데이터 발견. 너구리 DNA와 SARS-CoV-2 단편의 강한 근접성 확인.

- 3월: 제이미 메츨, 선별 소위원회에서 증언하며 "모든 관련 기원 가설을 철저히 검토해야 한다"고 주장.

- 4월: 이탈리아 62%, 프랑스 56%, 영국 50% 응답자가 실험실 유출설이 가장 설득력 있다고 생각하는 여론조사 결과. (케냐 73%, 헝가리 64%, 브라질 58%)

- 6월: Substack 뉴스레터 Public, 마이클 셸런버거 등 3명의 저자가 쉬 정리 연구실의 후 벤과 다른 두 명이 "바이러스에 감염된 첫 번째 사람"이었다고 주장. (후 벤은 이 주장을 부인)

- 6월: 런던 선데이 타임즈, 익명의 "미국 조사관" 인용하여 중국군이 무기화된 코로나바이러스를 개발하는 비밀 프로젝트를 지원했다고 보도.

- 6월 20일: 미국 국가정보국장실, 우한 바이러스학 연구소와 팬데믹 기원 사이의 잠재적 연관성에 대한 기밀 해제 보고서 공개. WIV 인력이 인민해방군 관련 과학자들과 협력했지만, 알려진 전구체 바이러스는 없다고 결론.

- 7월 11일: 하원 특별 소위원회, 크리스천 앤더슨과 로버트 개리 청문회 소집. 청문회는 바이러스 기원 해명보다 비난과 방어의 공방이 됨.

2025년 현재까지 SARS-CoV-2 기원 논쟁 여전히 진행 중.

숨 가쁜 추적: 코로나19는 어디서 왔는가?

첫째판 1쇄 인쇄 | 2025년 08월 25일
첫째판 1쇄 발행 | 2025년 09월 08일

지 은 이   David Quammen
옮 긴 이   유진홍
발 행 인   장주연
출 판 기 획   김도성
책 임 편 집   이민지, 김형준
편집디자인   김영준
마 케 팅   박예진
표지디자인   군자출판사
발 행 처   군자출판사(주)
            등록 제4-139호(1991. 6. 24)
            본사 (10881) 파주출판단지 경기도 파주시 회동길 338(서패동 474-1)
            전화 (031) 943-1888   팩스 (031) 955-9545
            홈페이지 | www.koonja.co.kr

* 파본은 교환하여 드립니다.
* 검인은 저자와의 합의 하에 생략합니다.

ISBN 979-11-7068-326-1
정가   30,000원